Hochschultext

S. Brandt H. D. Dahmen

Physik

Eine Einführung in Experiment und Theorie

Band 1 Mechanik

Zweite, überarbeitete und erweiterte Auflage

Mit 162 Abbildungen

Springer-Verlag
Berlin Heidelberg New York Tokyo 1984

Dr. rer. nat. Siegmund Brandt
o. Professor der Physik

Dr. phil. nat. Hans Dieter Dahmen
o. Professor der Theoretischen Physik

Universität Siegen, Fachbereich Physik, Adolf-Reichwein-Straße 2,
D-5900 Siegen

ISBN 3-540-13806-4 2. Auflage Springer-Verlag Berlin Heidelberg New York Tokyo
ISBN 0-387-13806-4 2nd edition Springer-Verlag New York Heidelberg Berlin Tokyo

ISBN 3-540-08410-X 1. Auflage Springer-Verlag Berlin Heidelberg New York
ISBN 0-387-08410-X 1st edition Springer-Verlag New York Heidelberg Berlin

CIP-Kurztitelaufnahme der Deutschen Bibliothek
Brandt, Siegmund:
Physik : e. Einf. in Experiment u. Theorie / S. Brandt ; H. D. Dahmen –
Berlin ; Heidelberg ; New York ; Tokyo : Springer
(Hochschultext)
Teilw. mit d. Erscheinungsorten Berlin, Heidelberg, New York
NE: Dahmen, Hans D.:
Bd. 1. Mechanik. – 2., überarb. u. erw. Aufl. – 1984
ISBN 3-540-13806-4 (Berlin, Heidelberg, New York, Tokyo);
ISBN 0-387-13806-4 (New York, Heidelberg, Berlin, Tokyo)

Repro- und Druckarbeiten: Beltz, Offsetdruck, 6944 Hemsbach/Bergstr.
Bindearbeiten: J. Schäffer OHG, 6718 Grünstadt
2153/3130-543210

Vorwort zur zweiten Auflage

Für die vorliegende zweite Auflage unseres Mechanik-Bandes haben wir das Kapitel 11 über Wellen neu geschrieben. Ausgehend vom mechanischen Modell einer Oszillatorkette wird die d'Alembert-Wellengleichung gewonnen. Als besonders anschauliche Beispiele werden Solitonwellen und harmonische Wellen betrachtet. An ihnen werden die Begriffe Superposition, Reflexion und Brechung eingeführt und mit vielen Computergraphiken illustriert. Der Transport von Energie und Impuls durch Wellen wird ausführlich besprochen, weil er sowohl (z.B. in der Fernmeldetechnik) von großer technischer Bedeutung als auch (z.B. in der Quantenphysik) begrifflich wichtig ist. Die Transformationseigenschaften der Wellengleichung führen direkt zur Lorentz-Transformation und zwar unabhängig von der Diskussion im Kapitel 12 über relativistische Mechanik, die vom Michelsen-Morley-Experiment ausgeht. Durch Erweiterung des mechanischen Modells gelangen wir schließlich zur Klein-Gordon-Wellengleichung, konstruieren Wellenpakete und diskutieren die Begriffe Phasen- und Gruppengeschwindigkeit, Dispersion und Unschärferelation. In dieser Form bietet das Wellenkapitel den Übergang zu vielen Diskussionen in Band 3 dieses Kurses (Atomphysik und Quantenmechanik, in Vorbereitung).

Außer zum Thema Wellen haben wir gegenüber der ersten Auflage nur kleine Korrekturen und Ergänzungen vorgenommen.

Die Computergraphiken aus Kapitel 11 wurden zum großen Teil mit einem von Herrn stud.rer.nat. Martin S. Brandt geschriebenen Programm erstellt. Die Handzeichnungen führte Herr M. Euteneuer aus, der gemeinsam mit Herrn R. Bender Aufbau und Photographie der Experimente besorgte. Frau G. Kreuz fertigte das erste maschinenschriftliche Manuskript. Ihnen gilt unser herzlicher Dank.

Dem Springer-Verlag und insbesondere Herrn Dr. H.K.V. Lotsch sind wir dankbar für die kompetente und freundschaftliche verlegerische Betreuung dieses Werkes.

Siegen, Juli 1984 *S. Brandt · H.D. Dahmen*

Vorwort

Der vorliegende Band ist der erste Teil der Niederschrift eines Physikkurses, der die grundlegenden experimentellen Befunde und die theoretischen Methoden zur Beschreibung und zum Verständnis der Phänomene und ihrer Gesetzmäßigkeiten gleichgewichtig behandelt. Entsprechend dieser Zielsetzung ist der Kurs gemeinsam von einem experimentellen und einem theoretischen Physiker geschrieben worden. Der Inhalt dieses Bandes wird in einem Semester behandelt. Der Stoffumfang entspricht vier Vorlesungsstunden in der Woche und zusätzlich drei Ergänzungsstunden in kleinen Gruppen. Der Kurs wendet sich an Studenten der Physik, Mathematik und Chemie im Grundstudium.

Experimente von grundsätzlicher oder beispielhafter Bedeutung werden besonders ausführlich und quantitativ beschrieben. Mit Hilfe von stroboskopischen Aufnahmen sind Bewegungsabläufe oft fotographisch so dargestellt, daß der Leser quantitative Messungen an den Abbildungen nachvollziehen kann. Ergänzt wurde das Beispielmaterial in vielen Fällen durch Computerzeichnungen physikalischer Vorgänge, die ebenfalls streng quantitativ sind.

Die theoretische Begriffsbildung geht nicht wesentlich über die der klassischen Anfängerausbildung hinaus, wird jedoch oft strenger gefaßt und vertieft. Erweitert wird sie aber um eine Diskussion der Transformationen und Erhaltungssätze und ihres wechselseitigen Zusammenhangs und um die relativistische Mechanik. Eine knappe Darstellung wird duch konsequente Benutzung von Vektor- und Tensorschreibweise erreicht. Die nötigen mathematischen Hilfsmittel werden in einem besonderen Kapitel bereitgestellt. Vorausgesetzt werden nur elementare Kenntnisse der Differential- und Integralrechnung. Die benutzten Methoden sind behutsam in den physikalischen Zusammenhang eingeführt. Ihre Auswahl wurde so getroffen, daß wichtige mathematische Hilfsmittel an anschaulichen physikalischen Beispielen eingeübt werden.

Herrn Professor Dr. W. Walcher danken wir für sein Interesse an unserem Kurs und dessen freundschaftliche Förderung.

Vielen unserer Siegener Kollegen sind wir für nützliche Diskussionen über Einzelprobleme verpflichtet.

Die Computerzeichnungen des Buches wurden mit einem Programm berechnet, das von Professor Dr. H. Schneider entwickelt wurde. Viele Zeichnungen wurden von Professor Schneider beigetragen. Weitere Computerbeispiele haben Herr P. Janzen und Herr A. Spill bearbeitet. Herr Dr. Simon hat bei der Entwicklung von Experimenten mitgewirkt. Aufbau und Durchführung der Vorlesungsexperimente lagen in den kundigen Händen von Herrn M. Euteneuer; er wurde tatkräftig von den Herren J. Bandorf, A. Heide, O. Hartmann und K. Schmeck unterstützt. Die Korrekturen wurden von den Herren Dr. F. Bopp, Dipl.Phys. J. Nölle, Dipl. Phys. B. Ragutt, Priv.-Doz.Dr. D. Schiller, Dr. J. Willrodt gelesen. Ihnen allen gilt unser Dank.

Zur Niederschrift der letzten Kapitel haben wir uns in die Abtei Maria-Laach zurückgezogen. Wir danken dem Abt und dem Konvent für die Gastfreundschaft im Kloster. Mit Pater Athanasius Wolff haben wir viele anregende Gespräche geführt.

Frau G. Kreuz, die das maschinenschriftliche Manuskript herstellte und Herrn M. Euteneuer, der alle Photographien und Zeichnungen dieses Bandes anfertigte, sind wir für ihren unermüdlichen Einsatz zu ganz besonderem Dank verpflichtet.

Siegen, Juni 1977 *S. Brandt* *H.D. Dahmen*

Inhaltsverzeichnis

Symbole und Bezeichnungen

In dieser Liste sind die Schreibweisen für Skalare, Vektoren und Tensoren erläutert und die wichtigsten im Buch benutzten Symbole für physikalische Größen zusammengestellt. Wird - was manchmal unvermeidbar ist - das gleiche Symbol in verschiedenen Bedeutungen benutzt, so schafft die hinter der Erläuterung angegebene Kapitelnummer Klarheit.

$\vec{a}$	(Dreier-)Vektor
$\hat{\vec{a}}$	(Dreier-)Einheitsvektor
$(\vec{a})$	dreikomponentige Spalte
$(\vec{a})^+$	dreikomponentige Zeile
a	Betrag eines (Dreier-)Vektors
$\underline{\underline{A}}$	Dreier-Tensor 2.Stufe
$(\underline{\underline{A}})$	3×3 Matrix
$\lvert\underline{\underline{A}}\rvert$	Determinante der Matrix $(\underline{\underline{A}})$
$\underline{\underline{\underline{\varepsilon}}}$	Dreier-Tensor 3.Stufe
$\vec{\nabla}$	Nabla-Operator in 3 Dimensionen
$\underset{\sim}{a}$	Vierervektor
$(\underset{\sim}{a})$	vierkomponentige Spalte
$\underset{\approx}{A}$	Vierer-Tensor 2.Stufe
$(\underset{\approx}{A})$	4×4 Matrix

A	Fläche
$\vec{a}$	Beschleunigung
$\vec{\beta}$	Quotient aus Teilchengeschwindigkeit und Betrag der Lichtgeschwindigkeit
c	Lichtgeschwindigkeit
C	komplexe Amplitude (Kap.10)
$\vec{C}$	Lenzscher Vektor (Kap.4)
D	Federkonstante
$\vec{D}$	Drehmoment
δ	Phase
$\vec{e}_1, \vec{e}_2, \ldots$	Basis-Dreier-Vektoren
$\underset{\sim}{e}_\mu$	Basis-Vierer-Vektoren
E	Energie
E_{kin}	kinetische Energie
E_{pot}	potentielle Energie
ε	Energie im Schwerpunktsystem
ε	Phase (Kap.10)
$\vec{F}$	Kraft
$\vec{F}_C$	Corioliskraft
$\vec{F}_g$	Gewicht
$\vec{F}_z$	Zentrifugalkraft
$\vec{g}$	Erdbeschleunigung
$\underset{\approx}{G}$	metrischer Tensor
$(\underset{\approx}{g})$	Matrix des metrischen Tensors
γ	Gravitationskonstante
γ	Lorentz-Faktor (Kap.12)
γ	Resonanzbreite (Kap.10)
$\underset{\sim}{K}$	Minkowski-Kraft

$\vec{L}$	Drehimpuls	ρ	Dichte
ℓ	Länge	$\vec{\rho}$	Ortsvektor relativ zum Schwerpunkt
$\underset{\approx}{\Lambda}$	Lorentz-Transformations-Tensor	t	Zeit
m, M	Masse	T	Periode
m_0	Ruhmasse	T	kinetische Energie (Kap.8)
μ	reduzierte Masse	τ	Eigenzeit
N	Leistung	$\underline{\underline{\Theta}}$	Trägheitstensor
ν	Frequenz	$\Theta_{\hat{\omega}}$	Trägheitsmoment bezüglich Achse $\hat{\omega}$
$\vec{p}$	Impuls	$\underset{\sim}{u}$	Vierergeschwindigkeit
$\underset{\sim}{p}$	Viererimpuls	$\vec{v}$	Geschwindigkeit
$\vec{P}$	Gesamtimpuls eines Systems	V	Potential, potentielle Energie
$\vec{\pi}$	Impuls im Schwerpunktsystem	W	Arbeit
$\vec{r}$	Ortsvektor	$\vec{\omega}$, Ω	Winkelgeschwindigkeit
$\vec{R}$	Ortsvektor des Schwerpunkts	$\vec{x}$	Ortsvektor
$\underline{\underline{R}}$	Rotationstensor	$\underset{\sim}{x}$	Vierervektor

1. Einleitung

Bevor wir uns im Rahmen dieses Buches mit einzelnen physikalischen Vorgängen und Gesetzen befassen, wollen wir kurz die Stellung der Physik innerhalb der Naturwissenschaften charakterisieren und eine grobe Strukturierung der Physik in Teilgebiete versuchen.

1.1 Stellung der Physik innerhalb der Naturwissenschaften

Bis in die beginnende Neuzeit hinein wurde alle Naturwissenschaft als Physik bezeichnet. Neuerdings unterscheidet man zwischen Biologie, Chemie, Geologie, Astronomie und Physik (Astronomie und Physik werden unter manchen Gesichtspunkten noch als Einheit aufgefaßt) und bezeichnet dabei als Physik das Gebiet derjenigen Naturerscheinungen, die besonders gut einer quantitativen Messung und mathematischen Beschreibung zugänglich sind. Ziel aller physikalischen Forschung ist eine geschlossene Beschreibung aller physikalischen Vorgänge, die auf ganz wenigen Grundgesetzen beruht. Dieses Ziel ist bisher nicht für das Gesamtgebiet der Physik erreicht worden, jedoch gibt es große Teilgebiete die durch geschlossene Theorien beschrieben werden können.

In der Tabelle 1.1 sind einige typische Objekte der Naturforschung mit ihren ungefähren Massen und Längenausdehnungen aufgeführt. Es fällt auf, daß die Objekte am Anfang und Ende der Tabelle Gegenstand physikalischer Forschung sind, während die Objekte im Mittelbereich hauptsächlich von den anderen Naturwissenschaften untersucht werden. Das liegt daran, daß die atomphysikalischen oder astronomischen Objekte entweder besonders einfach sind (ein Atom besteht nur aus sehr wenigen Bausteinen) oder mit großer Genauigkeit durch ein sehr einfaches Modell angenähert werden können. So ist es bei der Beschreibung der Bewegungen im Planetensystem unwichtig, den Aufbau der Planeten aus verschiedenen Materialien zu berücksichtigen. Man kann sie vielmehr ab-

Tabelle 1.1. Typische Objekte der Naturforschung, ihre Massen und Längenausdehnungen

	Masse [kg]	Längenausdehnung [m]
Universum	10^{53}	10^{26}
Galaxie	10^{42}	10^{21}
Planetensystem	10^{30}	10^{15}
Fixstern	10^{30}	10^{9}
Erde	10^{25}	10^{7}
Mensch	10^{2}	10^{0}
Einzeller	10^{-12}	10^{-4}
Makromolekül (DNS)	10^{-16}	10^{-8}
Einfaches Molekül (Na Cl)	10^{-25}	10^{-9}
Atom (C)	10^{-26}	10^{-10}
Proton	10^{-28}	10^{-15}
Elektron	10^{-30}	$<10^{-17}$

strahierend als Massenpunkte auffassen. Ebenso kann die Physik der Atomhülle ohne genauere Kenntnis der Struktur des Atomkerns betrieben werden. Dagegen ist es im allgemeinen nicht möglich, ein Säugetier oder auch nur eine Mikrobe durch wenige Konstituenten zu charakterisieren. Natürlich gibt es auch im Zwischenbereich (Größenordnung 1 m) Objekte physikalischen Interesses. Es handelt sich dabei aber meist um sorgfältig konstruierte Apparaturen, die ihrerseits nur aus wenigen Komponenten bestehen.

Im Bereich der Atomphysik ist es gelungen, die physikalischen Sachverhalte der Verbindung von Elektronen und Kernen zu Atomen qualitativ und quantitativ vollkommen aufzuklären. Es liegt eine geschlossene Theorie in Form der "Quantenelektrodynamik" vor. Sie erlaubt auch im Prinzip die vollständige Beschreibung der Bindungsverhältnisse bei Molekülen, d.h. Verbänden von mehreren Atomen. Allerdings sind hier die mathematischen Schwierigkeiten so groß, daß eine Berechnung der Eigenschaften komplizierter Moleküle nicht möglich ist. Trotz der vorhandenen Grundkenntnisse, müssen daher diese Moleküle experimentell vermessen werden. Es besteht zusätzlich die Notwendigkeit einer phänomenologischen (halbtheoretischen) Beschreibung auf der Basis dieser Meßergebnisse. Die Erforschung und Beschreibung der molekularen Bindung ist die Domäne der Chemie.

Geht man zu noch größeren materiellen Objekten über, so erreicht man die Gebiete der Mineralogie, Geologie und Biologie, in denen die Abstraktion auf einfache Modelle und die Aufstellung einer Theorie immer schwieriger wird.

Lediglich Systeme aus zwar sehr vielen aber gleichartigen Atomen oder Molekülen sind wieder einer sauberen mathematischen Beschreibung zugänglich. Allerdings können dabei nicht mehr einzelne Atome und Moleküle verfolgt werden, jedoch wird das Verhalten der Gesamtheit mit statistischen Methoden beschrieben. Die statistische Physik hat z.B. auf den Gebieten der Wärmelehre, des Sternaufbaus, der Festkörperphysik und der Plasmaphysik große Erfolge erzielt.

1.2 Strukturierung der Physik

Herkömmlich ist eine Einteilung der Physik in die klassischen vier Teilgebiete Mechanik (Bewegungslehre), Thermodynamik (Wärmelehre), Elektrodynamik (Elektrizitätslehre), Optik (Physik des Lichtes) und in die Atomphysik, die sich in jüngster Zeit in die Teilgebiete Atom- und Molekülphysik, Festkörperphysik, Kernphysik, Elementarteilchenphysik und Plasmaphysik aufgespalten hat. Obwohl diese Einteilung für viele Zwecke praktisch ist und wir sie auch in unserem Buch im großen und ganzen beibehalten, gibt es doch keine wirklich überzeugenden Gründe für eine derart scharfe Aufteilung. Die Gesetze der Mechanik sind auch in der Elektrizitätslehre (Bewegung von Elektronen) und der Wärmelehre (Molekularbewegung) von grundlegender Bedeutung. Die Quantentheorie hat einen bis dahin vermuteten grundsätzlichen Unterschied zwischen Lichtwellen und materiellen Teilchen aufgelöst. Schließlich sind alle elektrischen und thermodynamischen Vorgänge ohne atomphysikalische Kenntnisse wenig verständlich.
Für viele Zwecke ist es nützlich, eine Einteilung der Beschreibungen physikalischer Sachverhalte in vier Gruppen vorzunehmen, die den Grad der Abstraktion oder gewissermaßen die Voraussetzungen der Rechnung erkennen lassen. Diese Klassen können folgende Bezeichnung tragen:

I) Klassische Physik der Massenpunkte und Felder

Hier sind die Verhältnisse besonders einfach, wie etwa bei der Beschreibung der Bewegung der Erde im Schwerefeld der Sonne. Eine Struktur der Materie tritt in diesem Modell überhaupt nicht auf. Es gibt nur Massenpunkte und Kraftfelder (die ihrerseits möglicherweise von Massenpunkten erzeugt werden). Für die Bewegung eines Massenpunktes unter dem Einfluß eines Kraftfeldes gelten die Newtonschen Gesetze. Erfolgen die Bewegungen sehr schnell, so sind sie durch die Gesetze der relativistischen Punktmechanik zu ersetzen, die die Newtonschen Gesetze als Grenzfall enthalten. Ein sehr großer Teil der bekannten physikalischen Erscheinungen kann mit Hilfe dieses Modells beschrieben werden. Es ist interessant hier festzustellen, daß bisher nur vier grundsätzlich verschiedene Arten von Feldern bekannt sind (das Schwerefeld, das elektrische Feld und die Felder der starken bzw. der schwachen Wechselwirkung, die in der Kernphysik von Bedeutung sind). Nur zwei, das Schwerefeld und das elektromagnetische Feld spielen in der klassischen Physik eine Rolle.

II) Phänomenologie der Materie

Hier werden die Eigenschaften der Materie auf Grund der Ergebnisse einfacher Experimente durch wenige Zahlgrößen beschrieben (Elastizitätsmodul, Kompressibilität, optischer Brechungsindex, usw.). Ein näheres Verständnis dieser Größen wird nicht angestrebt. Auf diese Weise können weitere große Gebiete der Physik (Elastizitätstheorie, klassische Thermodynamik, Akustik, usw.) befriedigend beschrieben werden.

III) Quantentheorie der Massenpunkte und Felder

Im mikroskopischen Bereich, z.B. bei der Beschreibung eines Elektrons im elektrischen Feld eines Atomkerns, versagt die klassische Physik der Massenpunkte und Felder. Sie liefert Vorhersagen, die dem Experiment widersprechen. So kann nach der klassischen Physik das Elektron im Atom jeden beliebigen Energiewert annehmen, während man experimentell nur ganz bestimmte scharf getrennte Energien beobachtet. Man kann jedoch auch im mikroskopischen Bereich das Konzept der Massenpunkte und Felder aufrecht erhalten, indem man an die Stelle der Newtonschen Gleichungen die im ersten Drittel unseres Jahrhunderts gefundenen Grundbeziehungen der Quantentheorie setzt. Für elektromagnetische Felder, die das Geschehen in der Atomhülle bestimmen, beschreibt die Quantentheorie die experimentellen Befunde in allen Einzelheiten. Man ist der Ansicht, daß sie auch auf die Physik der Atomkerne und Elementarteilchen anzuwenden sei. Hier hat man bisher jedoch in manchen Bereichen nur qualitative Übereinstimmung zwischen Theorie und Experiment. Man kann die Schwierigkeiten darauf zurückführen, daß die im Atomkern wirkenden Kraftfelder nur sehr unvollkommen bekannt sind.

IV) Struktur der Materie

Ausgangspunkt ist die experimentell gesicherte Erkenntnis, daß alle makroskopische Materie aus Atomen aufgebaut ist, die ihrerseits aus Kernen und Elektronen bestehen. Da die Atome durch die Quantentheorie exakt beschrieben werden, kann man die Quantentheorie nun auch auf Systeme vieler Atome anwenden und Eigenschaften wie Elatizitätsmodul, elektrische Leitfähigkeit, Oberflächenspannung usw., also die gesamte Struktur der makroskopischen Materie, mit den Grundgesetzen der Quantentheorie berechnen. Das ist jedenfalls prinzipiell möglich, wenn auch in vielen Fällen die mathematischen Schwierigkeiten nur Näherungslösungen zulassen und manche Rechnungen völlig verhindern.

Man bemerkt sofort, daß die "Phänomenologie der Materie" unbefriedigend und im Prinzip entbehrlich ist. Tatsächlich ist es allerdings so, daß eine Reihe von physikalischen Effekten bisher nur phänomenologisch beschrieben werden können, weil ihr Verständnis auf der Basis der mikroskopischen Struktur der Materie nur sehr unvollständig ist. Darüberhinaus bietet die Phänomenologie der Materie bei der täglichen Rechnung wie auch beim Aufbau eines Lehrbuchs der Physik jedoch den Vorteil, eine Beschreibung ohne genaue Kenntnis der begrifflich und mathematisch besonders anspruchsvollen Atomphysik zu gestatten. Allein die erst beginnende Mathematikausbildung der Physikstudenten läßt eine Behandlung der Atomphysik vor dem dritten Semester nicht zu. Wir werden uns daher in den ersten Bänden fast ausschließlich mit "Massenpunkten und Feldern" und "Phänomenologie der Materie" beschäftigen. Um jedoch gelegentlich die Begriffsbildungen in der Phänomenologie qualitativ zu untermauern, werden wir gelegentlich (insbesondere in der Elektrizitätslehre) einige wichtige Ergebnisse aus der Atomphysik vorwegnehmen.

1.3 Gliederung und Stoffauswahl

Im zweiten Kapitel werden mathematische Hilfsmittel der Vektor- und Tensorrechnung eingeführt. Die Tensorrechnung wird nur in den Kapiteln 7 und 9 sowie in den letzten Abschnitten des Kapitels 12 benutzt. Ihre frühe Einführung erlaubt jedoch das Einüben an anschaulichen physikalischen Beispielen, so daß sie für die Verwendung in der Elektrizitätslehre, Quantenphysik, usw. bereits zur Verfügung steht.

Die Kinematik im dritten Kapitel führt die für die Behandlung mechanischer Vorgänge wichtigen Grundbegriffe der Geschwindigkeit und Beschleunigung ein.

Kapitel 4 ist dann der Dynamik des einzelnen Massenpunktes gewidmet. Die Grundbegriffe Masse und Kraft werden durch die Diskussion eines Grundlagenexperimentes mit der Beschleunigung verknüpft. Die abgeleiteten Größen Impuls, Arbeit, Energie, Potential, Drehimpuls werden allgemein eingeführt. Dabei wird von vorneherein die vektorielle Formulierung verwendet. Die Diskussion der Grundbegriffe wird durch eine Reihe von Anwendungen und beispielhaften Experimenten vertieft.

Das fünfte Kapitel erweitert die bisher entwickelten Begriffe und Strukturen auf Mehrkörpersysteme. Die Erhaltungssätze für abgeschlossene Systeme werden hergeleitet und auf die Diskussion von Zweikörpersystem und Stoßprozessen angewandt. Weitere Konsequenzen werden im Kapitel 6 für die Bewegung des starren Körpers um eine feste Achse gewonnen.

Von zentraler Bedeutung in der modernen Physik und Chemie sind Symmetrien bezüglich verschiedener Transformationen. Im Kapitel 7 diskutieren wir die einfachsten Transformationen, d.h. Translationen, Rotationen und Spiegelungen und die darausfolgende Klassifikation physikalischer Größen als Skalare, Vektoren und Tensoren. Darüberhinaus untersuchen wir mechanische Vorgänge in beschleunigten Bezugssystemen und die in ihnen auftretenden Scheinkräfte (Zentrifugalkraft, Corioliskraft).

Im achten Kapitel gewinnen wir Zusammenhänge zwischen Symmetrieeigenschaften des physikalischen Raumes und den grundlegenden Erhaltungssätzen von Impuls, Energie und Drehimpuls. Zudem zeigen wir die über Symmetrietransformationen bestehende Verknüpfung zwischen verschiedenen Bewegungen am Beispiel von Stoßprozessen.

Kapitel 9 behandelt die Bewegung des starren Körpers um beliebige Achsen, insbesondere die Kreiselbewegung. Sie wird hier diskutiert, da sie die physikalische Grundlage für viele bedeutende Erscheinungen in Atomphysik und Chemie bildet (Larmorpräzession, Rotationsspektren von Molekülen).

Ebenfalls von grundsätzlicher Bedeutung für alle Teilgebiete der Physik und viele der Chemie sind Schwingungsvorgänge. Ihnen ist Kapitel 10 gewidmet. Neben ungedämpften, gedämpften und gekoppelten Schwingungen wird insbesondere das Resonanzphänomen genau studiert, da es die Basis vieler spektroskopischer Verfahren ist. Unter anderem wird der Zusammenhang zwischen Stationarität, Unitaritätsrelation und Argand-Diagramm diskutiert.

Kapitel 11 handelt von Wellenvorgängen. Aus einem mechanischen Modell wird die d'Alembert-Gleichung gewonnen. Solitonen und harmonische Wellen dienen als Lösungs-Beispiele, ihr Verhalten bezüglich Superposition, Reflexion und

Brechnung wird durch zahlreiche Computergraphiken illustriert. Die Symmetrie der Wellengleichung führt auf die Lorentztransformationen unabhängig von den Betrachtungen in Kapitel 12. Nach der Diskussion von Energie- und Impulstransport in Wellen gewinnen wir die Klein-Gordon-Gleichung durch Erweiterung des Modells und studieren an Wellenpaketen die Begriffe Phasen- und Gruppengeschwindigkeit, Dispersion und Unschärfe.

Das letzte Kapitel wendet sich der speziellen Relativitätstheorie zu. Auf der Basis der Diskussion des Michelson Experiments werden die Lorentztransformationen hergeleitet. Sodann wird die relativistische Verallgemeinerung der Newtonschen Mechanik eingeführt und auf Stoßprozesse von Teilchen bei großen Geschwindigkeiten angewendet. An Zerfallsprozessen wird die Energieäquivalenz der Masse diskutiert.

Das Schema in Abb.1.1 kann beim Durcharbeiten des Bandes helfen: Zum Verständnis eines Kapitels sind jeweils Vorkenntnisse aus den Kapiteln erforderlich, von denen Pfeile auf es hinführen.

Einige Abschnitte und Kapitel sind mit einem Stern gekennzeichnet. Sie enthalten Ergänzungen, Anwendungsbeispiele und Vertiefungen, gelegentlich (Kap. 9, Kap. 12 - hier Abschnitte 12.7-10 -) auch mathematisch etwas anspruchsvollere Passagen. Diese bilden einen Teil der Themen für die Kleingruppenarbeit unseres Kurses. Sie können beim ersten Durcharbeiten überschlagen werden. Es wird jedoch sehr empfohlen, sie dann später zu bearbeiten, da sie den Studenten der Anfangssemester zeigen, wie weit bereits einfache physikalische Begriffsbildungen tragen.

Drei Anhänge beschließen den Band. In zwei kurzen Abschnitten werden komplexe Zahlen und Funktionen eingeführt (Anhang A) und die SI-Einheiten der Mechanik zusammengestellt (Anhang C). In einer Formelsammlung (Anhang B) sind die wichtigsten Gesetze und Formeln noch einmal sehr knapp im physikalischen Zusammenhang angegeben. Diese Sammlung sollte nicht nur dem raschen Nachschlagen dienen, sondern auch nach dem Durcharbeiten des Bandes eine Hilfe bei der Stoffwiederholung oder Prüfungsvorbereitung sein.

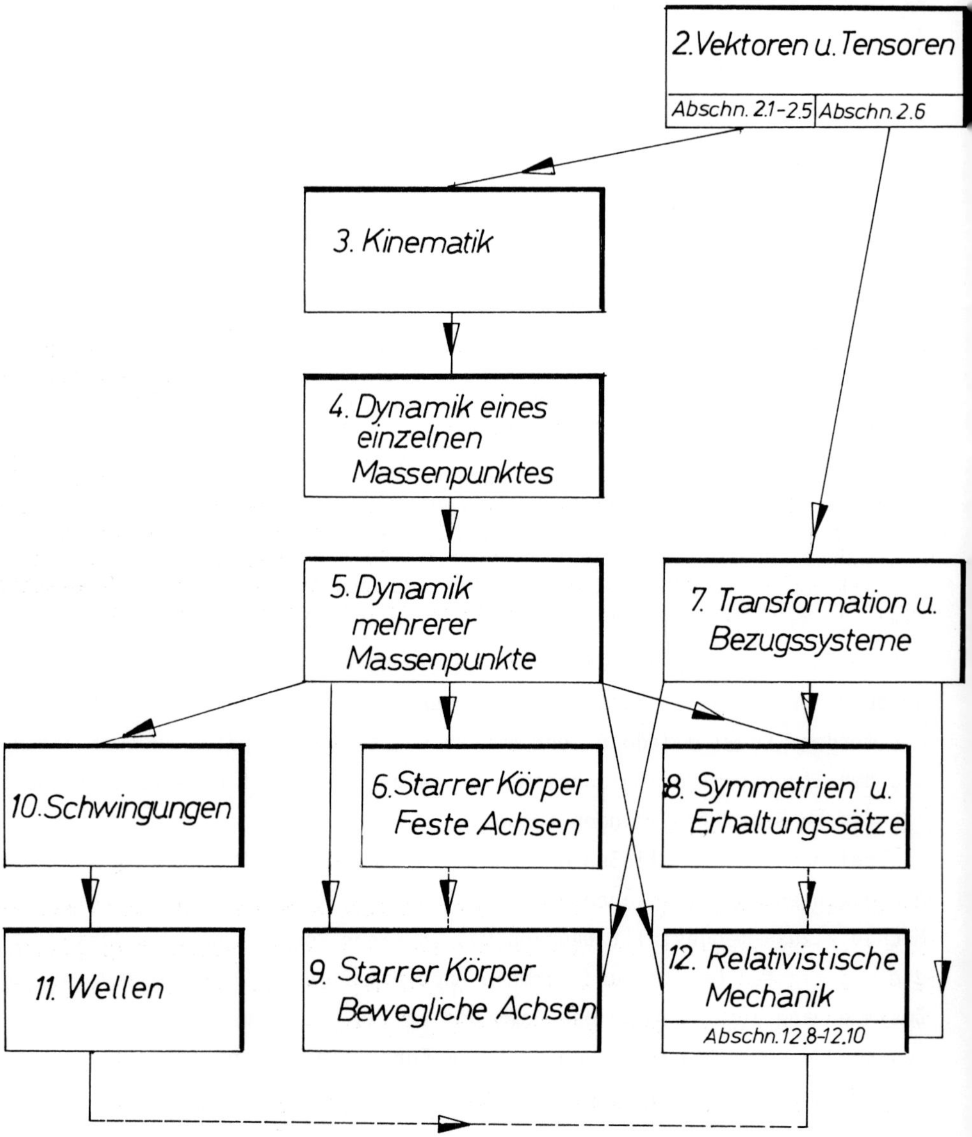

Abb. 1.1 Kapitel dieses Bandes in ihrer logischen Abhängigkeit

2. Vektoren und Tensoren

Viele Größen in der Physik zeichnen sich dadurch aus, daß sie einen (zahlenmäßig erfaßbaren) *Betrag* und eine *Richtung* besitzen. Ein Beispiel ist die Geschwindigkeit eines Autos. Ihr Betrag kann als Zahl am Tachometer abgelesen werden. Sie gibt an, wieviele Kilometer das Auto in einer Stunde zurücklegen würde, wenn es unter unveränderten Bedingungen weiter führe. Die Richtung der Geschwindigkeit ist die Fahrtrichtung des Autos. Sie ist offenbar zur Kennzeichnung der Bewegung so unentbehrlich wie der Betrag der Geschwindigkeit.

Größen mit Betrag und Richtung heißen *Vektoren*. In diesem Kapitel wollen wir die wichtigsten Rechenregeln über Vektoren zusammenstellen, um sie dann für alle physikalischen Überlegungen zur Verfügung zu haben. In der Sprache der Mathematik könnte dieses Kapitel mit *Vektoralgebra* überschrieben werden. Zu einem späteren Zeitpunkt werden wir uns auch mit *Vektoranalysis* beschäftigen müssen, die die Infinitesimalrechnung auf Vektoren anwendet.

2.1 Begriff des Vektors

Wir definieren einen Vektor als eine gerichtete Strecke endlicher Länge im Raum und stellen ihn graphisch durch einen Pfeil dar, dessen Länge gleich dem Betrag des Vektors ist und dessen Richtung mit der des Vektors übereinstimmt (Abb.2.1). Wir bezeichnen Vektoren mit Symbolen

$\vec{a}$, $\vec{b}$ usw. und ihre Beträge mit $|\vec{a}| = a$, $|\vec{b}| = b$ usw.

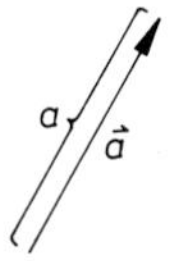

Abb. 2.1. Vektor $\vec{a}$ der Länge $|\vec{a}| = a$

Es ist wichtig, festzustellen, daß in der Definition der Ort, an dem sich der Vektor im Raum befindet, nicht auftritt. Demzufolge sind zwei Vektoren im Raum *gleich*, solange sie gleichen Betrag und gleiche Richtung haben. Das Pfeilsymbol ist im Raum frei verschiebbar, solange die Richtung erhalten bleibt, also eine Parallelverschiebung vorgenommen wird (Abb.2.2).

Wir werden sehen, daß sich die Vektoralgebra ganz in diesem einfachen geometrischen Bild der Vektoren aufbauen läßt, (d.h., daß die Beziehungen zwischen Vektoren *unabhängig von der Wahl eines bestimmten Koordinatensystems* sind).

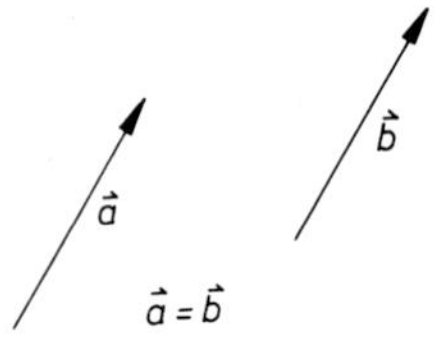

Abb. 2.2. Zwei Vektoren $\vec{a}$ und $\vec{b}$ mit $\vec{a} = \vec{b}$

2.2 Vektoralgebra in koordinatenfreier Schreibweise

2.2.1 Multiplikation eines Vektors mit einer Zahl

Ein Vektor wird mit einer Zahl multipliziert, indem man seinen Betrag mit der Zahl multipliziert und die Richtung ungeändert läßt, d.h. der Vektor

$$\vec{b} = c\vec{a} \qquad (2.2.1)$$

hat die Richtung von $\vec{a}$ und den Betrag $b = ca$. Durch die Wahl von $c = -1$ kann jedem Vektor $\vec{a}$ der Vektor

$$-\vec{a} = (-1)\vec{a} \qquad (2.2.2)$$

zugeordnet werden, der gleiche Länge aber entgegengesetzte Richtung hat. Durch Multiplikation mit der Zahl 0 entsteht aus jedem Vektor $\vec{a}$ der *Nullvektor*

$$\vec{0} = 0\vec{a} \qquad (2.2.3)$$

mit der Länge Null und *unbestimmter* Richtung.

2.2.2 Addition und Subtraktion von Vektoren

Im geometrisch anschaulichen Bild wird der Summenvektor

$$\vec{c} = \vec{a} + \vec{b} \qquad (2.2.4)$$

konstruiert, indem man den Fußpunkt des Vektorpfeils $\vec{b}$ an der Spitze des Vektorpfeils $\vec{a}$ ansetzt und als $\vec{c} = \vec{a} + \vec{b}$ den Vektorpfeil gewinnt, der vom Fußpunkt von $\vec{a}$ zur Spitze von $\vec{b}$ zeigt (Abb.2.3a). Wegen der Symmetrie der Abbildungen 2.3a und 2.3b ist die Vektoraddition offenbar *kommutativ*:

$$\vec{a} + \vec{b} = \vec{b} + \vec{a} \quad . \qquad (2.2.5)$$

Durch Konstruktionen wie in Abb.2.4 überzeugt man sich, daß sie auch *assoziativ* ist, d.h.

$$(\vec{a}+\vec{b}) + \vec{c} = \vec{a} + (\vec{b}+\vec{c}) \quad . \qquad (2.2.6)$$

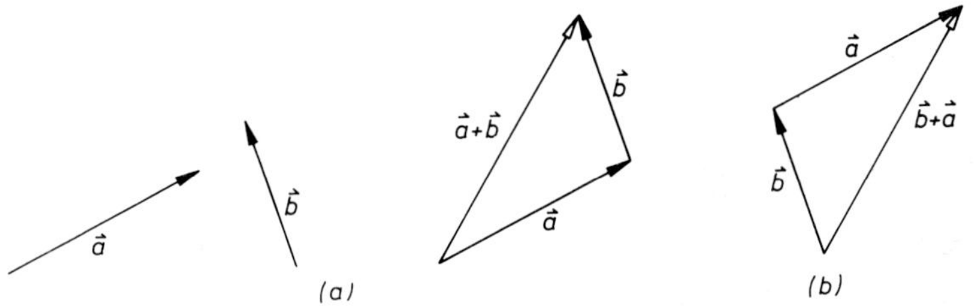

Abb. 2.3. Addition von Vektoren. (a) $\vec{c} = \vec{a} + \vec{b}$, (b) $\vec{c} = \vec{b} + \vec{a}$

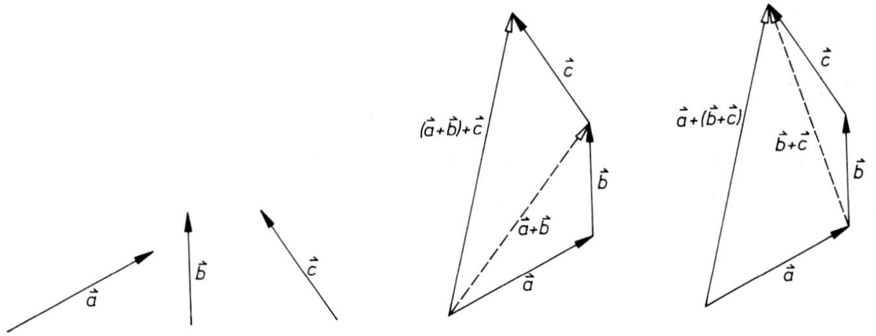

Abb. 2.4. Die Vektoraddition ist assoziativ

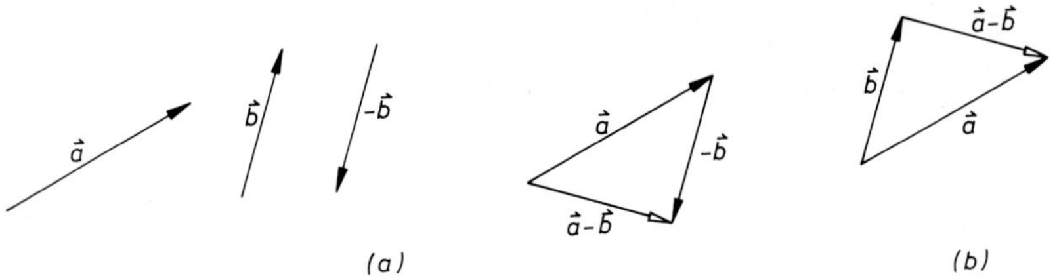

Abb. 2.5. Konstruktionen der Vektorsubtraktion $\vec{c} = \vec{a} - \vec{b}$

Mit Hilfe der Definition (2.2.2) können wir Subtraktion

$$\vec{c} = \vec{a} - \vec{b}$$

als Summe

$$\vec{c} = \vec{a} + (-\vec{b})$$

auffassen. Im geometrischen Bild wird also der Vektor $-\vec{b}$ an der Spitze von $\vec{a}$ angesetzt und der Summenvektor $\vec{c}$ gezeichnet (Abb.2.5a). Zum gleichen Ergebnis kommt man, wenn man den Fußpunkt von $\vec{b}$ am Fußpunkt von $\vec{a}$ ansetzt, und den Vektor $\vec{c} = \vec{a} - \vec{b}$ von der Spitze von $\vec{b}$ zur Spitze von $\vec{a}$ zeichnet (Abb.2.5b).

2.2.3 Skalarprodukt

Als *Skalarprodukt* zweier Vektoren $\vec{a}$ und $\vec{b}$ definieren wir die *Zahl*

$$c = \vec{a} \cdot \vec{b} = |\vec{a}||\vec{b}| \cos\alpha \quad . \tag{2.2.7}$$

Dabei ist

$$\alpha = \sphericalangle(\vec{a},\vec{b}) \tag{2.2.8}$$

der von beiden Vektoren eingeschlossene Winkel.

Das Skalarprodukt hat offenbar folgende Eigenschaften:

Kommutativität:

$$\vec{a} \cdot \vec{b} = \vec{b} \cdot \vec{a} \tag{2.2.9}$$

weil $\sphericalangle(\vec{a},\vec{b}) = 2\pi - \sphericalangle(\vec{b},\vec{a})$ und $\cos\alpha = \cos(2\pi-\alpha)$ für beliebige α.

Linearität:

$$(c\vec{a})\cdot\vec{b} = \vec{a}\cdot(c\vec{b}) = c(\vec{a}\cdot\vec{b}) \qquad (2.2.10)$$

Distributivität:

$$\vec{a}\cdot(\vec{b}+\vec{c}) = \vec{a}\cdot\vec{b} + \vec{a}\cdot\vec{c} \qquad (2.2.11)$$

d.h.

$$|\vec{a}||\vec{b}+\vec{c}|\ \cos\sphericalangle(\vec{a},\vec{b}+\vec{c}) = |\vec{a}||\vec{b}|\ \cos\sphericalangle(\vec{a},\vec{b}) + |\vec{a}||\vec{c}|\ \cos\sphericalangle(\vec{a},\vec{c}) \quad .$$

Die Gültigkeit dieser Beziehung zeigt Abb.2.6.

Ein wichtiger Spezialfall ist das Skalarprodukt eines Vektors mit sich selbst. Wir bezeichnen es als Quadrat eines Vektors. Nach (2.2.7) ist

$$\vec{a}\cdot\vec{a} = \vec{a}^2 = |\vec{a}||\vec{a}| = |\vec{a}|^2 \quad , \qquad (2.2.12)$$

weil cos0 = 1. Der Betrag eines Vektors kann also auch in der Form

$$a = |\vec{a}| = \sqrt{\vec{a}\cdot\vec{a}} \qquad (2.2.13)$$

geschrieben werden.

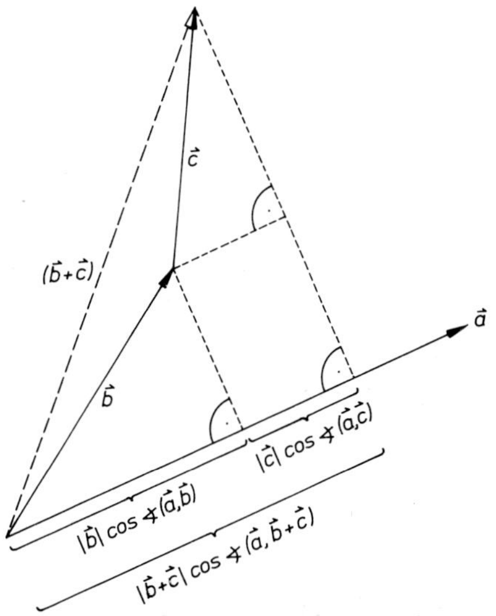

Abb. 2.6. Zur Distributivität des Skalarprodukts

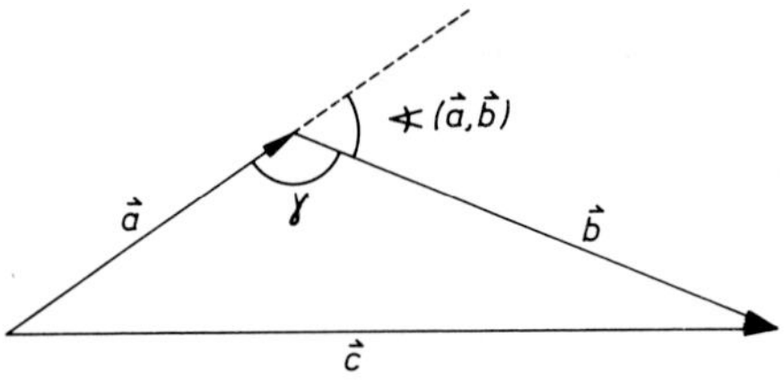

Abb. 2.7. Zum Kosinussatz

Wir berechnen jetzt das Quadrat der Vektorsumme (2.2.4)

$$\begin{aligned}\vec{c}^{\,2} &= (\vec{a}+\vec{b})^2 = (\vec{a}+\vec{b}) \cdot (\vec{a}+\vec{b}) = \vec{a} \cdot (\vec{a}+\vec{b}) + \vec{b} \cdot (\vec{a}+\vec{b}) \\ &= \vec{a}^{\,2} + 2\vec{a}\cdot\vec{b} + \vec{b}^{\,2} = a^2 + b^2 + 2ab \cos \sphericalangle(\vec{a},\vec{b}) \quad .\end{aligned} \tag{2.2.14}$$

Dieser Ausdruck ist der Kosinussatz der ebenen Geometrie (Abb.2.7)

$$c^2 = a^2 + b^2 - 2ab \cos\gamma \quad ,$$

da

$$\gamma = \pi - \sphericalangle(\vec{a},\vec{b}) \quad .$$

2.2.4 Vektorprodukt

Im Gegensatz zum Skalarprodukt definieren wir noch eine weitere Produktbildung zweier Vektoren, die als Ergebnis einen Vektor liefert. Unter dem *Vektorprodukt* zweier Vektoren

$$\vec{c} = \vec{a} \times \vec{b} \tag{2.2.15}$$

verstehen wir einen Vektor, der auf $\vec{a}$ und $\vec{b}$ senkrecht steht, so daß $\vec{a}$, $\vec{b}$ und $\vec{c}$ ein Rechtssystem bilden. Seine Länge ist

$$|\vec{a}\times\vec{b}| = |\vec{a}|\,|\vec{b}| \sin \sphericalangle(\vec{a},\vec{b}) \quad . \tag{2.2.16}$$

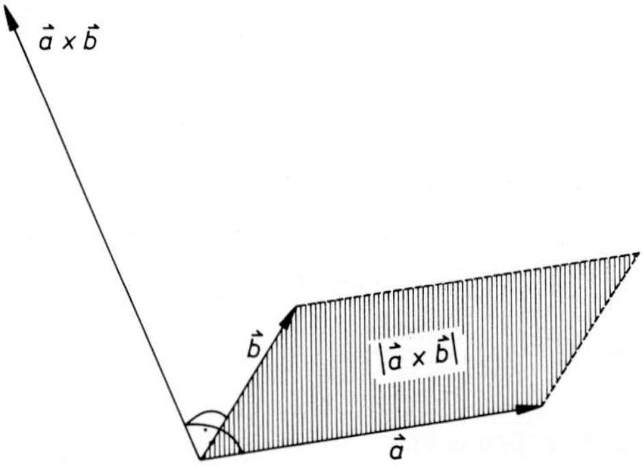

Abb. 2.8. Vektorprodukt

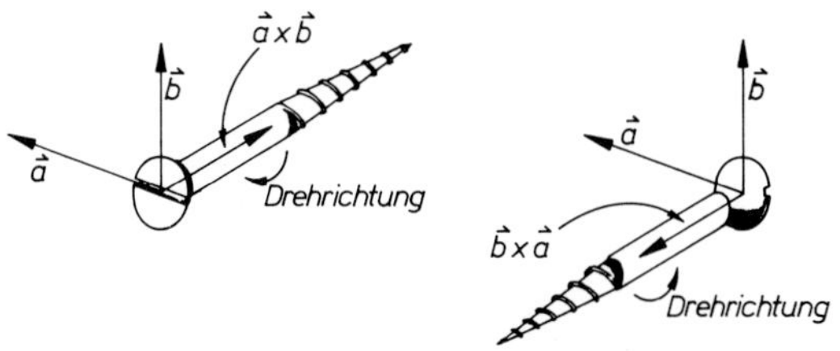

Abb. 2.9. Rechtssystem und Rechtsschraube

Eine geometrische Veranschaulichung bietet Abb.2.8. Die Vektoren $\vec{a}$ und $\vec{b}$ spannen eine Ebene im Raum auf. Das durch sie definierte Parallelogramm hat den Flächeninhalt (2.2.16), ist also ein Maß für den Betrag von $(\vec{a}\times\vec{b})$. Die Forderung, daß $\vec{a}\times\vec{b}$ senkrecht auf dieser Ebene steht, läßt noch genau zwei (entgegengesetzte) Richtungen zu. Da man jedoch zusätzlich ein Rechtssystem fordert, ist die Richtung eindeutig. Der Begriff *Rechtssystem* hat dabei folgende Bedeutung: Wenn man $\vec{a}$ in Richtung von $\vec{b}$ um den kleineren Winkel dreht, so hat $\vec{c}$ die Richtung einer Rechtsschraube, die man bei dieser Drehung festdrehen würde (Abb.2.9).

Hieraus ergibt sich sofort, daß das Vektorprodukt *antikommutativ* ist

$$\vec{a} \times \vec{b} = -(\vec{b}\times\vec{a}) \quad . \tag{2.2.17}$$

Wie das Skalarprodukt ist das Vektorprodukt *linear* und *distributiv*, d.h.

$$c\vec{a} \times \vec{b} = \vec{a} \times c\vec{b} = c(\vec{a}\times\vec{b}) \quad , \tag{2.2.18}$$

$$\vec{a} \times (\vec{b}+\vec{c}) = \vec{a} \times \vec{b} + \vec{a} \times \vec{c} \quad . \tag{2.2.19}$$

2.2.5 Spatprodukt

Eine Kombination von Skalar- und Vektorprodukt läßt sich aus drei Vektoren bilden. Der Ausdruck

$$\vec{a} \cdot (\vec{b}\times\vec{c}) \tag{2.2.20}$$

heißt *Spatprodukt* (oder gemischtes Produkt) der Vektoren $\vec{a}$, $\vec{b}$ und $\vec{c}$. Spannen wir aus diesen Vektoren ein Parallelepiped (Abb.2.10) (zu deutsch "Spat" wie in Kalkspat) auf, so ist $\vec{d} = \vec{b} \times \vec{c}$ ein Vektor senkrecht zur Grundfläche des Spats. Deren Flächeninhalt ist d. Die Höhe des Spats ist $|\vec{a}||\cos\sphericalangle(\vec{a},\vec{d})|$. Damit ist sein Rauminhalt (Grundfläche mal Höhe)

$$V = |\vec{a}||\vec{d}||\cos\sphericalangle(\vec{a},\vec{d})| \quad , \tag{2.2.21}$$

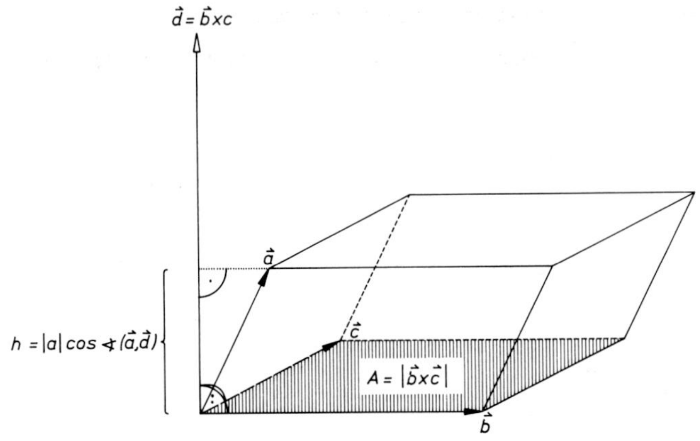

Abb. 2.10. Spatprodukt

also gleich dem Betrag des Spatprodukts. Aus dieser geometrischen Bedeutung des Spatprodukts folgt, daß sein Betrag unabhängig von der Reihenfolge der drei Faktoren ist. Diese kann also nur das Vorzeichen beeinflussen. Als Vorzeichenregel findet man, daß *zyklische Vertauschung* der Faktoren das Vorzeichen nicht ändert, während bei Vertauschung benachbarter Faktoren ein Vorzeichenwechsel eintritt

$$\vec{a} \cdot (\vec{b} \times \vec{c}) = \vec{c} \cdot (\vec{a} \times \vec{b}) = \vec{b} \cdot (\vec{c} \times \vec{a}) \quad , \tag{2.2.22a}$$

$$\vec{a} \cdot (\vec{b} \times \vec{c}) = -\vec{a} \cdot (\vec{c} \times \vec{b}) = -\vec{b} \cdot (\vec{a} \times \vec{c}) = -\vec{c} \cdot (\vec{b} \times \vec{a}) \quad . \tag{2.2.22b}$$

2.2.6 Entwicklungssatz

Betrachten wir jetzt das Vektorprodukt aus einem Vektor $\vec{a}$ mit dem Produktvektor $\vec{b} \times \vec{c}$, d.h. den Ausdruck

$$\vec{p} = \vec{a} \times (\vec{b} \times \vec{c}) = \vec{a} \times \vec{d} \quad .$$

Da $\vec{d}$ senkrecht zu der von $\vec{b}$ und $\vec{c}$ aufgespannten Ebene steht, das Vektorprodukt $\vec{a} \times \vec{d}$ aber wieder senkrecht auf $\vec{d}$, so liegt der Vektor $\vec{p}$ selbst in der gleichen Ebene wie $\vec{b}$ und $\vec{c}$. Er kann daher als Summe zweier Vektoren mit den Richtungen von $\vec{b}$ und $\vec{c}$ dargestellt werden,

$$\vec{p} = \beta\vec{b} + \gamma\vec{c} \quad , \tag{2.2.23}$$

falls nur die Zahlfaktoren β und γ geeignet gewählt sind.

Da der Produktvektor $\vec{p}$ auch senkrecht auf $\vec{a}$ steht, verschwindet das Skalarprodukt $\vec{a}\cdot\vec{p}$

$$0 = \vec{a}\cdot\vec{p} = \beta(\vec{a}\cdot\vec{b}) + \gamma(\vec{a}\cdot\vec{c}) \quad .$$

Damit ist eine Beziehung zwischen den beiden zunächst unbekannten Zahlen (β,γ) hergestellt, die sich in der Form

$$\beta = \alpha(\vec{a}\cdot\vec{c}), \qquad \gamma = -\alpha(\vec{a}\cdot\vec{b})$$

ausdrücken läßt und die nur noch eine unbekannte Zahl α enthält. In der Aufgabe 2.5 wird nachgerechnet, daß $\alpha = 1$ ist, so daß

$$\vec{a} \times (\vec{b}\times\vec{c}) = (\vec{a}\cdot\vec{c})\vec{b} - (\vec{a}\cdot\vec{b})\vec{c} \quad . \tag{2.2.24}$$

Diese Beziehung heißt Entwicklungssatz. Er zeigt, daß das Vektorprodukt nicht assoziativ ist. Denn

$$\vec{a} \times (\vec{b}\times\vec{c}) = -(\vec{b}\times\vec{c}) \times \vec{a} \neq -\vec{b} \times (\vec{c}\times\vec{a}) \quad ,$$

weil der Vektor links des $\neq$- Zeichens in der $\vec{b},\vec{c}$ - Ebene liegt, der Vektor rechts aber in der $\vec{a},\vec{c}$ - Ebene.

2.3 Vektoralgebra in Koordinatenschreibweise

Obwohl die Aussagen über Vektoren unabhängig von der Wahl eines speziellen Koordinatensystems gültig sind, ist es oft günstig, Vektoren in einem Koordinatensystem zu betrachten, etwa bei der Messung einer vektoriellen physikalischen Größe.

2.3.1 Einheitsvektor. Kartesisches Koordinatensystem. Vektorkomponenten

Einen Vektor der Länge Eins nennen wir *Einheitsvektor*. Zu jedem Vektor $\vec{a}$ gehört der Einheitsvektor

$$\hat{\vec{a}} = \frac{\vec{a}}{a} \quad , \tag{2.3.1}$$

den wir durch ein besonderes Symbol kennzeichnen. Auch der Buchstabe $\vec{e}$ wird häufig zur Kennzeichnung eines Einheitsvektors benutzt. Das Symbol ^ wird dann weggelassen.

Ein *kartesisches Koordinatensystem* wird durch drei Basisvektoren, die Einheitsvektoren $\vec{e}_x$, $\vec{e}_y$, $\vec{e}_z$, definiert, die *senkrecht aufeinander* stehen und ein Rechtssystem bilden (Abb.2.11). Oft werden die Einheitsvektoren auch mit $\vec{e}_1$, $\vec{e}_2$, $\vec{e}_3$ bezeichnet. Diese Schreibweise erlaubt die Benutzung des Summationszeichens, wenn über die Indizes summiert wird. Wir werden beide Schreibweisen nebeneinander benutzen.

Betrachten wir zunächst die Skalarprodukte aller Basisvektoren. Offenbar verschwinden alle Skalarprodukte von zwei verschiedenen Basisvektoren (Orthogonalität)

$$\vec{e}_x \cdot \vec{e}_y = \vec{e}_x \cdot \vec{e}_z = \vec{e}_z \cdot \vec{e}_y = 0 \quad , \tag{2.3.2a}$$

während die Quadrate aller Basisvektoren gleich Eins sind (Normierung)

$$\vec{e}_x \cdot \vec{e}_x = \vec{e}_y \cdot \vec{e}_y = \vec{e}_z \cdot \vec{e}_z = 1 \quad . \tag{2.3.2b}$$

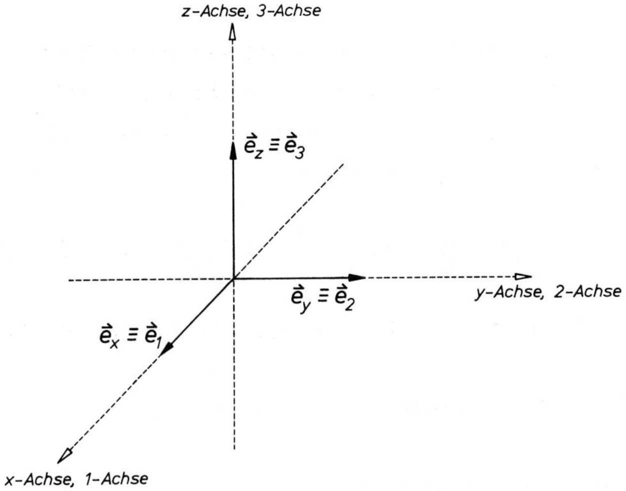

Abb. 2.11. Kartesisches Koordinatensystem

Mit Hilfe des Kroneckersymbols

$$\delta_{ij} = \begin{cases} 0 \text{ für } i \neq j \\ 1 \text{ für } i = j \end{cases}$$

können wir diese 6 Gleichungen in der Beziehung (Orthonormierung)

$$\vec{e}_i \cdot \vec{e}_j = \delta_{ij} \quad ; \quad i,j = 1, 2, 3 \tag{2.3.3}$$

zusammenfassen.

Jeder Vektor $\vec{a}$ kann nun als Summe dreier Vektoren aufgefaßt werden, die die Richtung der Basisvektoren besitzen und geeignete Vielfache von ihnen sind

$$\vec{a} = a_1\vec{e}_1 + a_2\vec{e}_2 + a_3\vec{e}_3 = a_x\vec{e}_x + a_y\vec{e}_y + a_z\vec{e}_z \tag{2.3.4}$$

Die Komponenten $a_1 = a_x$, $a_2 = a_y$, $a_3 = a_z$ erhält man einfach durch skalare Multiplikation des Vektors mit dem entsprechenden Basisvektor, z.B.

$$\vec{a} \cdot \vec{e}_x = a_x\vec{e}_x \cdot \vec{e}_x + a_y\vec{e}_y \cdot \vec{e}_x + a_z\vec{e}_z \cdot \vec{e}_x = a_x \quad ,$$

oder allgemein

$$\vec{a} \cdot \vec{e}_j = \sum_{i=1}^{3} a_i\vec{e}_i \cdot \vec{e}_j = \sum_{i=1}^{3} a_i\delta_{ij} = a_j \quad . \tag{2.3.5}$$

Geometrisch haben die Vektorkomponenten die Bedeutung der senkrechten Projektion des Vektors auf die Koordinatenrichtungen. Zeichnen wir nämlich am Fußpunkt des Vektors die Achsenrichtungen ein und bezeichnen die Winkel, die sie mit dem Vektor bilden, mit φ_1, φ_2 bzw. φ_3, so gilt

$$a_i = \vec{a} \cdot \vec{e}_i = |\vec{a}||\vec{e}_i| \cos \sphericalangle(\vec{a},\vec{e}_i) = |\vec{a}| \cos\varphi_i \quad ; \quad i = 1,2,3 \quad . \tag{2.3.6}$$

Der Ausdruck auf der rechten Seite ist gleich der Projektion des Vektors auf die i-Richtung (Abb.2.12).

Mit (2.3.6) können wir (2.3.4) umschreiben

$$\vec{a} = |\vec{a}|(\vec{e}_1 \cos\varphi_1 + \vec{e}_2 \cos\varphi_2 + \vec{e}_3 \cos\varphi_3) = |\vec{a}|\hat{\vec{a}} \quad . \tag{2.3.7}$$

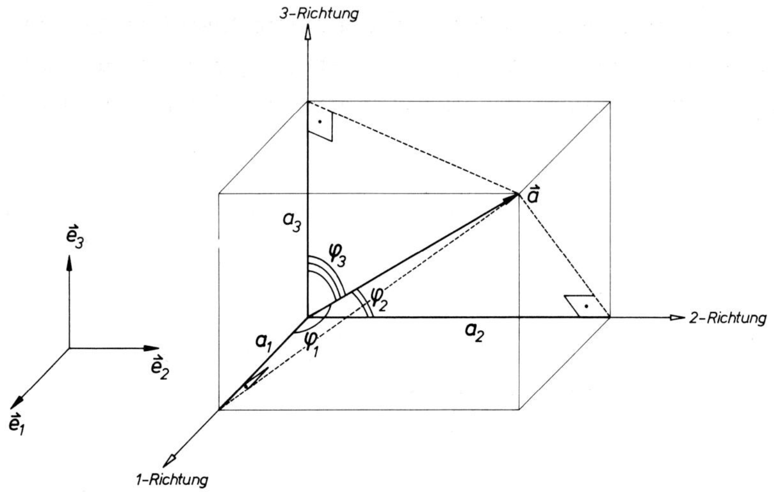

Abb. 2.12. Vektorkomponenten

Jeder Einheitsvektor läßt sich also in der Form

$$\hat{\vec{a}} = \sum_{i=1}^{3} \vec{e}_i \cos\varphi_i \tag{2.3.8}$$

schreiben. Die Ausdrücke

$$\cos\varphi_j = \hat{\vec{a}} \cdot \vec{e}_j \quad , \quad j = 1,2,3 \tag{2.3.9}$$

heißen *Richtungskosinus*, da sie die Richtung des Einheitsvektors festlegen.

2.3.2 Rechenregeln

Ist einmal ein Koordinatensystem festgelegt, so ist jeder Vektor durch seine 3 Komponenten eindeutig gekennzeichnet. Man gibt ihn daher oft einfach in Form dieser Komponenten an

$$(\vec{a}) = \begin{pmatrix} a_1 \\ a_2 \\ a_3 \end{pmatrix} \quad . \tag{2.3.10}$$

Solche Koeffizientenschemata bezeichnet man als "*Spaltenvektor*". Er ist offensichtlich nicht unabhängig von der Wahl des Koordinatensystems.

Um den Unterschied zwischen einem Vektor $\vec{a}$ und seinem Koeffizientenschema anzugeben, bezeichnen wir letzteres als $(\vec{a})$. Man nennt $(\vec{a})$ auch die Darstellung des Vektors $\vec{a}$ bezüglich des gewählten Koordinatensystems. Ein Zahlenbeispiel ist etwa

$$(\vec{a}) = \begin{pmatrix} -3 \\ 5{,}2 \\ 7 \end{pmatrix} \quad .$$

Die *Multiplikation eines Vektors mit einer Zahl* entspricht einfach der Multiplikation aller Vektorkomponenten mit dieser Zahl

$$c(\vec{a}) = c\begin{pmatrix} a_1 \\ a_2 \\ a_3 \end{pmatrix} = \begin{pmatrix} ca_1 \\ ca_2 \\ ca_3 \end{pmatrix} = (c\vec{a}) \qquad (2.3.11)$$

[vgl. (2.2.1) und (2.3.10)].

Die *Addition zweier Vektoren* entspricht der Addition ihrer Komponenten.

$$\vec{c} = \vec{a} + \vec{b}$$

ist gleichbedeutend mit

$$(\vec{c}) = \begin{pmatrix} c_1 \\ c_2 \\ c_3 \end{pmatrix} = \begin{pmatrix} a_1+b_1 \\ a_2+b_2 \\ a_3+b_3 \end{pmatrix} = (\vec{a}+\vec{b}) \quad . \qquad (2.3.12)$$

Das ist in Abb.2.13 für Vektoren gezeigt, die in der 1,2-Ebene liegen, deren 3-Komponente also verschwindet. Die Beziehung (2.3.12) läßt sich auch sofort aus (2.3.4) und dem assoziativen Gesetz (2.2.6) der Vektoraddition herleiten. Mit

$$\begin{aligned} \vec{a} &= \sum_i a_i\vec{e}_i = a_1\vec{e}_1 + a_2\vec{e}_2 + a_3\vec{e}_3 \quad , \\ \vec{b} &= \sum_i b_i\vec{e}_i = b_1\vec{e}_1 + b_2\vec{e}_2 + b_3\vec{e}_3 \end{aligned} \qquad (2.3.13)$$

ist

$$\vec{a} + \vec{b} = \sum_i (a_i+b_i)\vec{e}_i = (a_1+b_1)\vec{e}_1 + (a_2+b_2)\vec{e}_2 + (a_3+b_3)\vec{e}_3 \quad . \qquad (2.3.14)$$

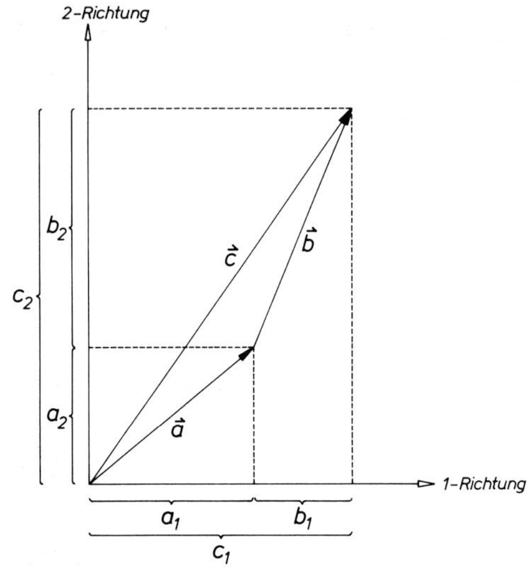

Abb. 2.13. Vektoraddition als Addition der Komponenten

Wegen (2.2.2) sind dann die Komponenten eines Differenzvektors $\vec{c}$ durch die Differenzen der Komponenten der Einzelvektoren gegeben

$$(\vec{c}) = \begin{pmatrix} c_1 \\ c_2 \\ c_3 \end{pmatrix} = \begin{pmatrix} a_1-b_1 \\ a_2-b_2 \\ a_3-b_3 \end{pmatrix} = (\vec{a}-\vec{b}) \quad . \tag{2.3.15}$$

Wenden wir uns jetzt dem *Skalarprodukt* $\vec{a}\cdot\vec{b}$ zu. Mit (2.3.13) und (2.3.3) ist

$$\vec{a}\cdot\vec{b} = (\sum_i a_i\vec{e}_i)\cdot(\sum_k b_k\vec{e}_k) = \sum_{ik}(a_i\vec{e}_i)\cdot(b_k\vec{e}_k) = \sum_{ik} a_i b_k(\vec{e}_i\cdot\vec{e}_k) = \sum_{ik} a_i b_k \delta_{ik} \quad ,$$

also

$$\vec{a}\cdot\vec{b} = \sum_{i=1}^{3} a_i b_i = a_1b_1 + a_2b_2 + a_3b_3 \quad . \tag{2.3.16}$$

Insbesondere ist

$$\vec{a}^2 = a^2 = a_1^2 + a_2^2 + a_3^2 \quad . \tag{2.3.17}$$

Dies ist der Satz des Pythagoras in drei Dimensionen. (Für einen Vektor in der 1,2-Ebene ist $a_3 = 0$. Der Betrag a bildet die Hypothenuse, die Beträge der Komponenten $|a_1|$ und $|a_2|$ sind die Katheten eines rechtwinkligen Dreiecks.)

Um das *Vektorprodukt* $\vec{a}\times\vec{b}$ in Komponenten auszudrücken, betrachten wir zunächst die Vektorprodukte der Basisvektoren. Wir erhalten

$$\vec{e}_1 \times \vec{e}_2 = \vec{e}_3 = -\vec{e}_2 \times \vec{e}_1 \quad ,$$
$$\vec{e}_2 \times \vec{e}_3 = \vec{e}_1 = -\vec{e}_3 \times \vec{e}_2 \quad ,$$
$$\vec{e}_3 \times \vec{e}_1 = \vec{e}_2 = -\vec{e}_1 \times \vec{e}_3 \quad , \tag{2.3.18a}$$

da die Richtungen 1, 2, 3 bzw. 2, 3, 1 und 3, 1, 2 Rechtssysteme bilden, und

$$\vec{e}_1 \times \vec{e}_1 = \vec{e}_2 \times \vec{e}_2 = \vec{e}_3 \times \vec{e}_3 = 0 \quad . \tag{2.3.18b}$$

Die sechs Relationen (2.3.18a,b) lassen sich in einer Formel zusammenfassen

$$\vec{e}_i \times \vec{e}_j = \sum_{k=1}^{3} \varepsilon_{ijk}\vec{e}_k \quad . \tag{2.3.18c}$$

Dabei sind die Komponenten ε_{ijk} ($k = 1,2,3$) des Vektors $\vec{e}_i\times\vec{e}_j$ wie in (2.3.5) gegeben durch skalare Multiplikation des Vektors mit den Basisvektoren $\vec{e}_k$

$$\varepsilon_{ijk} = (\vec{e}_i\times\vec{e}_j) \cdot \vec{e}_k \quad . \tag{2.3.19}$$

Die Größen ε_{ijk} heißen Komponenten des *Levi-Cività-Tensors*. Da sie als Spatprodukts der Basisvektoren definiert sind, sind sie offenbar nur von Null verschieden, wenn alle drei Indizes verschieden sind. Bilden i, j, k ein Rechtssystem, d.h. sind die Indizes in zyklischer Reihenfolge, so ist $\varepsilon_{ijk} = 1$, anderenfalls ist $\varepsilon_{ijk} = -1$.

$$\varepsilon_{ijk} = \begin{cases} 1 \text{ falls } i, j, k \text{ zyklisch} \\ -1 \text{ falls } i, j, k \text{ antizyklisch} \\ 0 \text{ falls zwei Indizes gleich.} \end{cases} \tag{2.3.20}$$

Die Abkürzung "i, j, k zyklisch" bedeutet, daß für i, j, k die Zahlen 1,2,3 in dieser Reihenfolge oder in zyklischer Vertauschung eingesetzt werden können.

Das Vektorprodukt $\vec{a}\times\vec{b}$ gewinnen wir jetzt durch Anwendung des distributiven Gesetzes (2.2.19)

$$\vec{c} = \vec{a} \times \vec{b} = (a_1\vec{e}_1+a_2\vec{e}_2+a_3\vec{e}_3) \times (b_1\vec{e}_1+b_2\vec{e}_2+b_3\vec{e}_3)$$
$$= a_1b_1(\vec{e}_1\times\vec{e}_1) + a_2b_2(\vec{e}_2\times\vec{e}_2) + a_3b_3(\vec{e}_3\times\vec{e}_3)$$
$$+ a_2b_3(\vec{e}_2\times\vec{e}_3) + a_3b_2(\vec{e}_3\times\vec{e}_2)$$
$$+ a_3b_1(\vec{e}_3\times\vec{e}_1) + a_1b_3(\vec{e}_1\times\vec{e}_3)$$
$$+ a_1b_2(\vec{e}_1\times\vec{e}_2) + a_2b_1(\vec{e}_2\times\vec{e}_1)$$

d.h.

$$(\vec{a}\times\vec{b}) = (a_2b_3-a_3b_2)\vec{e}_1 + (a_3b_1-a_1b_3)\vec{e}_2 + (a_1b_2-a_2b_1)\vec{e}_3 \quad . \tag{2.3.21a}$$

Für die Komponenten des Vektorprodukts gilt also

$$c_k = a_ib_j - a_jb_i \quad , \quad i,\ j,\ k \text{ zyklisch} \quad . \tag{2.3.22a}$$

Mit Hilfe des Levi-Cività-Tensors läßt sich (2.3.21a) auch schneller gewinnen, nämlich

$$\vec{c} = \vec{a} \times \vec{b} = (\sum_i a_i\vec{e}_i) \times (\sum_j b_j\vec{e}_j) = \sum_{ij} a_ib_j(\vec{e}_i\times\vec{e}_j)$$
$$= \sum_{ijk} a_ib_j\varepsilon_{ijk}\vec{e}_k = \sum_k c_k\vec{e}_k \tag{2.3.21b}$$

mit

$$c_k = \sum_{ij} a_ib_j\varepsilon_{ijk} \quad . \tag{2.3.22b}$$

Das Vektorprodukt (2.3.21) läßt sich formal als dreireihige *Determinante* schreiben

$$\vec{c} = \vec{a} \times \vec{b} = \begin{vmatrix} \vec{e}_1 & \vec{e}_2 & \vec{e}_3 \\ a_1 & a_2 & a_3 \\ b_1 & b_2 & b_3 \end{vmatrix} \tag{2.3.23}$$

wobei die Vektoren $\vec{e}_1$, $\vec{e}_2$, $\vec{e}_3$ wie Zahlenfaktoren behandelt werden.

Da wir es zunächst nur mit zwei- und dreireihigen Determinanten zu tun haben werden, genügt folgende Definition. Eine n-reihige Determinante ist eine algebraische Verknüpfung von n^2-Zahlen. Sie wird der größeren Übersichtlichkeit wegen durch ein quadratisches Schema symbolisiert. Eine 2-reihige Determinante ist durch

$$D = \begin{vmatrix} a & b \\ c & d \end{vmatrix} = ad - bc \qquad (2.3.24)$$

definiert. Sie ist gleich dem Produkt der Elemente der *Hauptdiagonalen* minus dem Produkt der Elemente der *Nebendiagonalen* der Determinante.

Die Konstruktionsvorschrift für eine dreireihige Determinante

$$D = \begin{vmatrix} a & b & c \\ d & e & f \\ g & h & i \end{vmatrix} = aei + bfg + cdh - ceg - afh - bdi \qquad (2.3.25)$$

kann man sich in Form der *Sarrus'schen Regel* merken: Von der Summe der Produkte der Elemente der Hauptdiagonalen und ihrer zwei Parallelen subtrahiert man die Produkte der Elemente der Nebendiagonalen und ihrer zwei Parallelen. Die Parallelen konstruiert man entsprechend Abb.2.14, indem man die ersten beiden Spalten rechts neben der Determinanten wiederholt.

Mit (2.3.21) bzw. (2.3.23) läßt sich auch das Spatprodukt (2.2.20) sofort in Determinantenform schreiben

$$\vec{a}\cdot(\vec{b}\times\vec{c}) = \begin{vmatrix} a_1 a_2 a_3 \\ b_1 b_2 b_3 \\ c_1 c_2 c_3 \end{vmatrix} \quad . \qquad (2.3.26)$$

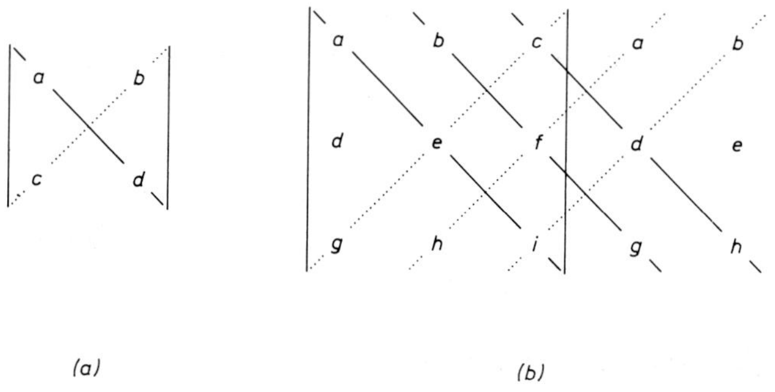

Abb. 2.14. (a) Hauptdiagonale (——) und Nebendiagonale (····) bei zweireihiger Determinante (b) Hauptdiagonale mit Parallelen (——) und Nebendiagonale mit Parallelen (····) einer dreireihigen Determinante nach der Sarrus'schen Regel

Mit Hilfe des Levi-Civitá-Tensors stellt sich das Spatprodukt in der Form

$$\vec{a}\cdot(\vec{b}\times\vec{c}) = \sum_{ijk} \varepsilon_{ijk} b_i c_j a_k = \sum_{ijk} \varepsilon_{ijk} a_i b_j c_k \tag{2.3.27}$$

dar.

2.4 Differentiation eines Vektors nach einem Parameter

2.4.1 Vektor als Funktion eines Parameters. Ortsvektor

Bisher haben wir uns nur mit algebraischen Manipulationen von Vektoren beschäftigt. Für den Fall, daß ein Vektor von Parametern abhängt, kann man auch analytische Operationen, z.B. die Differentiation nach Parametern erklären.

Als Beispiel betrachten wir den Ortsvektor als Funktion der Zeit. Der Ort eines Punktes in einem gegebenen Koordinatensystem ist durch seine Koordinaten x_1, x_2, x_3 gekennzeichnet. Wir können sie als die Komponenten eines Vektors

$$\vec{x} = x_1\vec{e}_1 + x_2\vec{e}_2 + x_3\vec{e}_3 \tag{2.4.1a}$$

des *Ortsvektors* des Punktes interpretieren. Der Ortsvektor wird auch oft mit $\vec{r}$ (Radiusvektor) und seine Komponenten mit x, y, z bezeichnet

$$\vec{r} = x\vec{e}_x + y\vec{e}_y + z\vec{e}_z \quad . \tag{2.4.1b}$$

Bewegt sich nun der Punkt im Laufe der Zeit auf einer vorgegebenen Bahn, so wird diese Bewegung durch die Angabe des Ortsvektors zu jeder Zeit t eindeutig beschrieben

$$\vec{x} = \vec{x}(t) \quad . \tag{2.4.2}$$

Diese Vektorgleichung entspricht den drei Gleichungen

$$\begin{aligned} x_1 &= x_1(t) \quad , \\ x_2 &= x_2(t) \quad , \\ x_3 &= x_3(t) \quad , \end{aligned} \tag{2.4.3}$$

die die einzelnen Koordinaten der Bahnkurve des Punktes als Funktion der Zeit angeben und zusammen als *Parameterdarstellung* der Bahnkurve bezeichnet werden.

2.4.2 Ableitungen

Sind $\vec{x}(t)$ und $\vec{x}(t+\Delta t)$ zwei Ortsvektoren, die den Punkt auf seiner Bahnkurve zu den Zeiten t und $t+\Delta t$ kennzeichnen, und ist $\Delta\vec{x} = \vec{x}(t+\Delta t)-\vec{x}(t)$ der Differenzvektor zwischen beiden (Abb. 2.15), so bezeichnen wir den Grenzwert

$$\lim_{\Delta t\to 0} \frac{\Delta\vec{x}}{\Delta t} = \frac{d\vec{x}}{dt} \tag{2.4.4}$$

als die *Ableitung des Vektors* $\vec{x}$ *nach dem Parameter* t, in unserem speziellen Fall also als die Zeitableitung des Ortsvektors.

Der Vektor $\frac{d\vec{x}}{dt}$ hat die Richtung der Tangenten der Bahnkurve. Er kann durch Ableitung der einzelnen Komponenten von $\vec{x}$ nach t gefunden werden, weil

$$\lim_{\Delta t\to 0} \frac{\Delta\vec{x}}{\Delta t} = \lim_{\Delta t\to 0} \frac{x_1(t+\Delta t)-x_1(t)}{\Delta t}\vec{e}_1 + \lim_{\Delta t\to 0} \frac{x_2(t+\Delta t)-x_2(t)}{\Delta t}\vec{e}_2 + \lim_{\Delta t\to 0} \frac{x_3(t+\Delta t)-x_3(t)}{\Delta t}\vec{e}_3 \quad ,$$

$$\frac{d\vec{x}}{dt} = \frac{dx_1}{dt}\vec{e}_1 + \frac{dx_2}{dt}\vec{e}_2 + \frac{dx_3}{dt}\vec{e}_3 \quad . \tag{2.4.5}$$

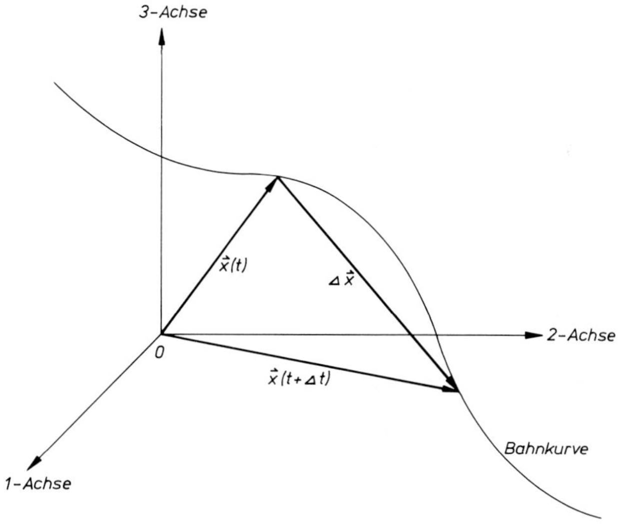

Abb. 2.15. Bahnkurve mit Ortsvektoren zu den Zeiten t und t+Δt

Für die Ableitung (2.4.4) gelten alle Regeln der Differentialrechnung, insbesondere die Produktregel, und zwar für die Multiplikation mit einem Skalar, für das Skalarprodukt und das Vektorprodukt

$$\begin{aligned}
\frac{d}{dt}[a(t)\vec{x}(t)] &= \frac{da(t)}{dt}\vec{x}(t) + a(t)\frac{d\vec{x}(t)}{dt} \quad ,\\
\frac{d}{dt}[\vec{x}(t)\cdot\vec{y}(t)] &= \frac{d\vec{x}(t)}{dt}\cdot\vec{y}(t) + \vec{x}(t)\cdot\frac{d\vec{y}(t)}{dt} \quad ,\\
\frac{d}{dt}[\vec{x}(t)\times\vec{y}(t)] &= \frac{d\vec{x}(t)}{dt}\times\vec{y}(t) + \vec{x}(t)\times\frac{d\vec{y}(t)}{dt} \quad .
\end{aligned} \tag{2.4.6}$$

Durch wiederholte Differentiation können höhere Ableitungen gebildet werden, etwa

$$\frac{d^2\vec{x}}{dt^2} = \frac{d}{dt}\frac{d\vec{x}}{dt} = \frac{d^2x_1}{dt^2}\vec{e}_1 + \frac{d^2x_2}{dt^2}\vec{e}_2 + \frac{d^2x_3}{dt^2}\vec{e}_3 \quad . \tag{2.4.7}$$

2.5 Nicht-kartesische Koordinatensysteme

In einem kartesischen Koordinatensystem sind die drei Basisvektoren $\vec{e}_x$, $\vec{e}_y$, $\vec{e}_z$ ortsunabhängig. Manchmal ist es jedoch sinnvoll, ein Koordinatensystem zu benutzen, bei dem die Richtung der Basisvektoren ortsabhängig ist. Meist behält man die Orthonormierungsbedingung für die Basisvektoren bei. Die gebräuchlichsten ortsabhängigen Koordinatensysteme sind Zylinderkoordinaten und sphärische Koordinaten.

2.5.1 Kugelkoordinaten

Der Ortsvektor $\vec{r}$ kann statt durch seine kartesischen Koordinaten x,y,z auch durch seinen Betrag r und durch den Polarwinkel ϑ und den Azimutwinkel φ charakterisiert werden. Der Polarwinkel ist der Winkel zwischen der z-Achse und dem Ortsvektor, der Azimutwinkel φ ist der Winkel zwischen der x-Achse und der Projektion des Ortsvektors in die xy-Ebene. Aus der Abb.2.16 liest man folgenden Zusammenhang zwischen kartesischen und Kugelkoordinaten ab

$$\begin{aligned}
x &= r\sin\vartheta\cos\varphi \quad ,\\
y &= r\sin\vartheta\sin\varphi \quad ,\\
z &= r\cos\vartheta
\end{aligned} \tag{2.5.1}$$

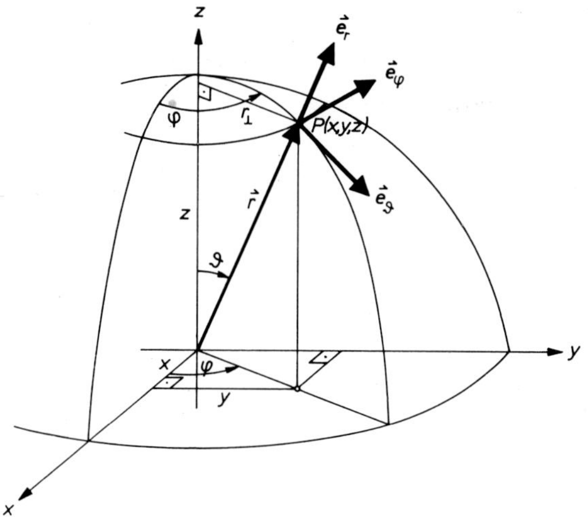

Abb. 2.16. Kugelkoordinaten

und

$$r = \sqrt{x^2+y^2+z^2} \quad ,$$

$$\tan\vartheta = \frac{1}{z}\sqrt{x^2+y^2} \quad ,$$

$$\tan\varphi = \frac{y}{x} \quad . \tag{2.5.2}$$

Als Basissystem am Orte $\vec{r}$ wählt man die Einheitsvektoren, die in die Richtung wachsender Werte von r bzw. ϑ bzw. φ zeigen (dabei werden jeweils die beiden anderen Koordinaten konstant gehalten). Der Einheitsvektor in Richtung wachsender Werte von r ist

$$\vec{e}_r = \frac{\vec{r}}{r} = \hat{\vec{r}} \quad , \tag{2.5.3}$$

der Einheitsvektor in Richtung wachsender Werte von ϑ (bei festen r und φ) ist definiert durch

$$\frac{\partial\vec{e}_r}{\partial\vartheta} = \left|\frac{\partial\vec{e}_r}{\partial\vartheta}\right|\vec{e}_\vartheta \quad , \tag{2.5.4}$$

schließlich ist der Einheitsvektor in Richtung wachsender Werte von φ (bei festen r und ϑ) definiert durch

$$\frac{\partial\vec{e}_r}{\partial\varphi} = \left|\frac{\partial\vec{e}_r}{\partial\varphi}\right|\vec{e}_\varphi \quad . \tag{2.5.5}$$

In kartesischen Koordinaten hat $\vec{e}_r$ offenbar die Darstellung

$$(\vec{e}_r) = \begin{pmatrix} \sin\vartheta \, \cos\varphi \\ \sin\vartheta \, \sin\varphi \\ \cos\vartheta \end{pmatrix} \quad . \tag{2.5.6}$$

Für $\vec{e}_\vartheta$ und $\vec{e}_\varphi$ ergibt sich dann nach den Vorschriften (2.5.4) und (2.5.5)

$$(\vec{e}_\vartheta) = \begin{pmatrix} \cos\vartheta \, \cos\varphi \\ \cos\vartheta \, \sin\varphi \\ -\sin\vartheta \end{pmatrix} \tag{2.5.7}$$

und

$$(\vec{e}_\varphi) = \begin{pmatrix} -\sin\varphi \\ \cos\varphi \\ 0 \end{pmatrix} \quad . \tag{2.5.8}$$

Damit rechnet man die Orthonormierungsrelationen für diese drei Vektoren

$$\begin{aligned} \vec{e}_r \cdot \vec{e}_\vartheta &= \vec{e}_r \cdot \vec{e}_\varphi = \vec{e}_\vartheta \cdot \vec{e}_\varphi = 0 \\ \vec{e}_r \cdot \vec{e}_r &= \vec{e}_\vartheta \cdot \vec{e}_\vartheta = \vec{e}_\varphi \cdot \vec{e}_\varphi = 1 \quad . \end{aligned} \tag{2.5.9}$$

leicht nach.

Für die Ableitungen erhält man mit Hilfe dieser Darstellungen

$$\begin{aligned} \frac{\partial \vec{e}_r}{\partial \vartheta} &= \vec{e}_\vartheta \quad , \quad \frac{\partial \vec{e}_r}{\partial \varphi} = \vec{e}_\varphi \sin\vartheta \\ \frac{\partial \vec{e}_\vartheta}{\partial \vartheta} &= -\vec{e}_r \quad , \quad \frac{\partial \vec{e}_\vartheta}{\partial \varphi} = +\vec{e}_\varphi \cos\vartheta \quad . \end{aligned} \tag{2.5.10}$$

Das Volumenelement entnimmt man sofort aus Abb.2.17

$$dV = r^2 dr \sin\vartheta \, d\vartheta \, d\varphi \quad . \tag{2.5.11}$$

Kugelkoordinaten eignen sich besonders zur Beschreibung von Systemen, die sphärische Symmetrie haben. Als Beispiel berechnen wir das Volumen einer Kugel vom Radius R

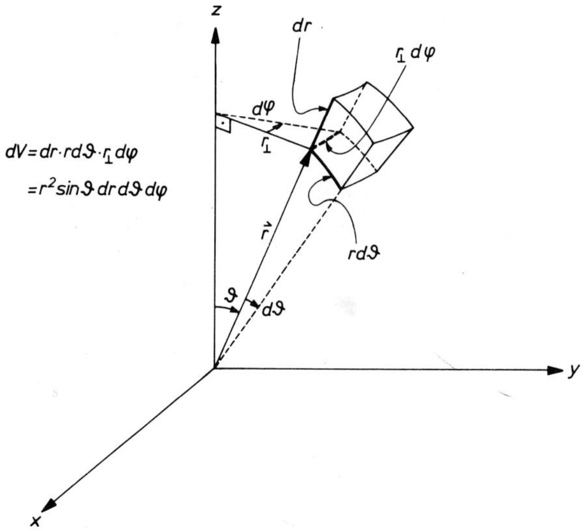

Abb. 2.17. Volumenelement in Kugelkoordinaten

$$V = \int_0^{2\pi} \int_0^{\pi} \int_0^{R} r^2 \, dr \, \sin\vartheta \, d\vartheta \, d\varphi$$

$$= \frac{r^3}{3} (-\cos\vartheta)\varphi \Big/_{\substack{r=0 \\ \vartheta=0 \\ \varphi=0}}^{\substack{r=R \\ \vartheta=\pi \\ \varphi=2\pi}} = \frac{R^3}{3} \, 2 \cdot 2\pi = \frac{4\pi}{3} R^3$$

2.5.2 Zylinderkoordinaten

Eine andere Möglichkeit für die Darstellung des Ortsvektors besteht darin, die z-Koordinate beizubehalten, jedoch in der Beschreibung die x,y-Koordinaten durch ebene Polarkoordinaten $r_\perp$, φ zu ersetzen (Abb.2.18)

$$\begin{aligned} x &= r_\perp \cos\varphi \\ y &= r_\perp \sin\varphi \\ z &= z \quad . \end{aligned} \tag{2.5.13}$$

Die Basisvektoren sind

$$\vec{e}_\perp \quad , \quad \vec{e}_\varphi \quad \text{und} \quad \vec{e}_z \tag{2.5.14}$$

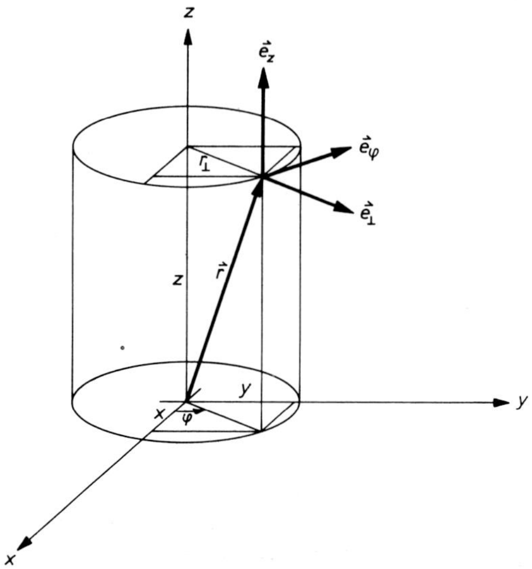

Abb. 2.18. Zylinderkoordinaten

mit den Orthogonalitätsrelationen

$$\vec{e}_\perp \cdot \vec{e}_\varphi = 0 = \vec{e}_\perp \cdot \vec{e}_z = \vec{e}_\varphi \cdot \vec{e}_z \quad . \tag{2.5.15}$$

Ihre Darstellung in kartesischen Koordinaten ist

$$(\vec{e}_\perp) = \begin{pmatrix} \cos\varphi \\ \sin\varphi \\ 0 \end{pmatrix} , \quad (\vec{e}_\varphi) = \begin{pmatrix} -\sin\varphi \\ \cos\varphi \\ 0 \end{pmatrix} , \quad (\vec{e}_z) = \begin{pmatrix} 0 \\ 0 \\ 1 \end{pmatrix} \quad . \tag{2.5.16}$$

Durch Differentiation erhält man

$$\frac{\partial \vec{e}_\perp}{\partial \varphi} = \vec{e}_\varphi \qquad \frac{\partial \vec{e}_\varphi}{\partial \varphi} = -\vec{e}_\perp \quad . \tag{2.5.17}$$

Das Volumelement dV in Zylinderkoordinaten ist nach Abb.2.19

$$dV = r_\perp \, dr_\perp \, d\varphi \, dz \quad . \tag{2.5.18}$$

Zur Übung berechnen wir das Volumen eines Zylinders des Radius R und der Höhe h

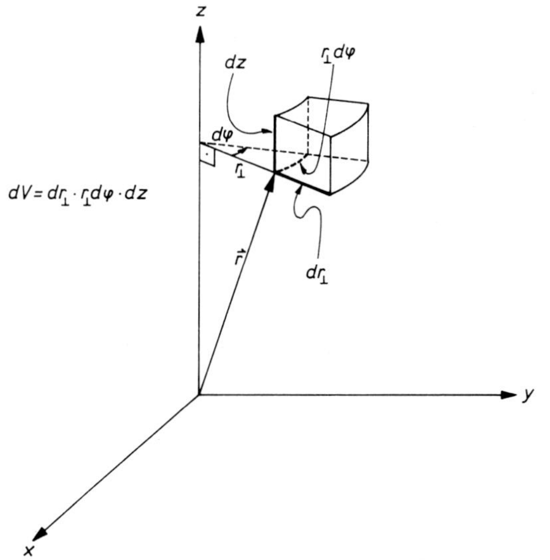

Abb. 2.19. Volumenelement in Zylinderkoordinaten

$$V = \int_0^h \int_0^{2\pi} \int_0^R r_\perp \, dr_\perp \, d\varphi \, dz = \frac{r_\perp^2}{2} \varphi \cdot z \Big|_{\substack{r=0\\ \varphi=0\\ z=0}}^{\substack{r=R\\ \varphi=2\pi\\ z=h}} = \pi R^2 h \quad . \tag{2.5.19}$$

2.5.3 Ebene Polarkoordinaten

In vielen Fällen bleibt der Ortsvektor in einer Ebene. Legen wir die x- und y-Achsen eines kartesischen Koordinatensystems in diese Ebene, so ist

$$\vec{r} = x\vec{e}_x + y\vec{e}_y \tag{2.5.20}$$

durch die Spalte

$$(\vec{r}) = \begin{pmatrix} x \\ y \end{pmatrix} \tag{2.5.21}$$

eindeutig darstellbar. Die z-Koordinate tritt nicht auf.

Kugel- und Zylinderkoordinaten fallen in der x-y-Ebene zusammen. Das zeigt der Vergleich von (2.5.6) und (2.5.8) mit (2.5.16) für $z = 0$, $\vartheta = \pi/2$. Ihre Einheitsvektoren werden durch

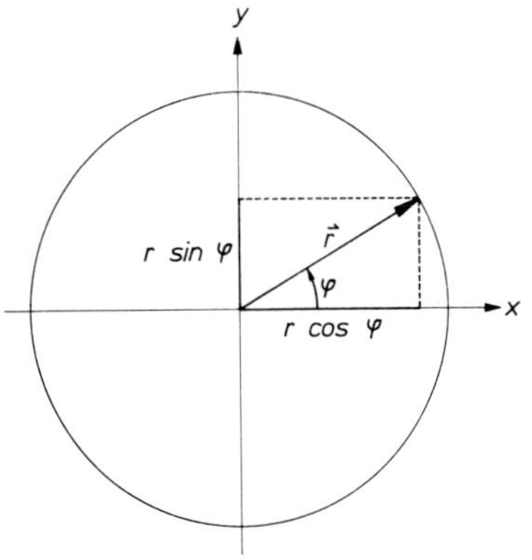

Abb. 2.20. Basisvektoren ebener kartesischer Koordinaten $(\vec{e}_x, \vec{e}_y)$ und ebener Polarkoordinaten $(\vec{e}_r, \vec{e}_\varphi)$

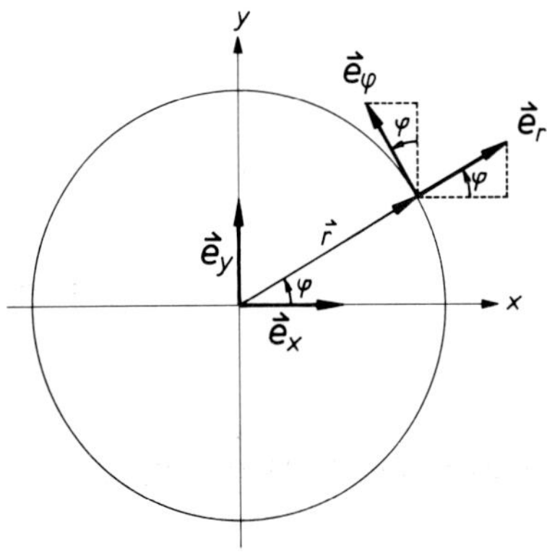

Abb. 2.21. Zur Umrechnung der Komponenten von ebenen kartesischen und Polarkoordinaten

$$(\vec{e}_r) = (\vec{e}_\perp) = \begin{pmatrix} \cos\varphi \\ \sin\varphi \end{pmatrix} \quad , \quad (\vec{e}_\varphi) = \begin{pmatrix} -\sin\varphi \\ \cos\varphi \end{pmatrix} \tag{2.5.22}$$

dargestellt (Abb.2.20). (Die Einheitsvektoren $\vec{e}_\vartheta$ bzw. $\vec{e}_z$ haben keine Bedeutung). Ihre Ableitungen nach φ sind

$$\frac{\partial \vec{e}_r}{\partial \varphi} = \vec{e}_\varphi \quad , \quad \frac{\partial \vec{e}_\varphi}{\partial \varphi} = -\vec{e}_r \quad . \tag{2.5.23}$$

Für die Umrechnung zwischen ebenen kartesischen und ebenen Polarkoordinaten liest man aus Abb.2.21 die Beziehungen

$$x = r\cos\varphi \quad ,$$
$$y = r\sin\varphi \tag{2.5.24}$$

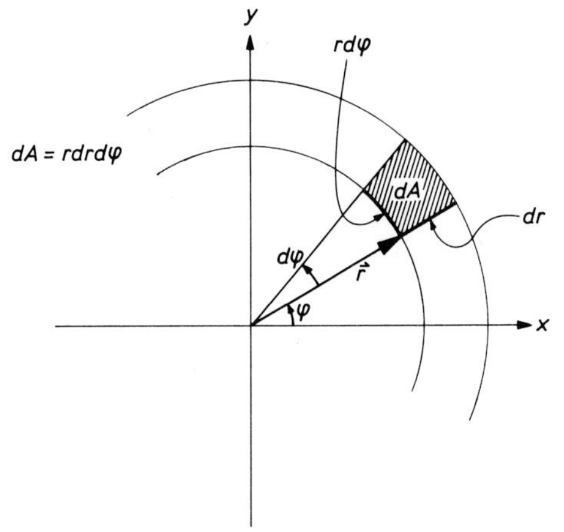

Abb. 2.22. Flächenelement in ebenen Polarkoordinaten

bzw.

$$r = \sqrt{x^2+y^2} \quad ,$$

$$\varphi = \arctan \frac{y}{x} \qquad (2.5.25)$$

ab.

Das Flächenelement hat in ebenen Polarkoordinaten die Darstellung (Abb. 2.22)

$$dA = r\,dr\,d\varphi \quad . \qquad (2.5.26)$$

Damit hat ein Kreis vom Radius R die Fläche

$$A = \int_0^R \int_0^{2\pi} r\,dr\,d\varphi = 2\pi \int_0^R r\,dr = \pi R^2 \quad . \qquad (2.5.27)$$

*2.6 Tensoren

Außer physikalischen Größen, die sich durch Zahlen (Skalare) oder Vektoren beschreiben lassen, gibt es andere, die sich durch Paare von Vektoren darstellen lassen. Sie heißen Tensoren. Beispiele für Skalar, Vektor und Tensor sind Masse bzw. Kraft bzw. Trägheitsmoment.

2.6.1 Basistensoren

Als einfachste Beispiele für Tensoren bilden wir zunächst alle möglichen geordneten Paare $(\vec{e}_i,\vec{e}_k)$ der Basisvektoren $\vec{e}_1$, $\vec{e}_2$, $\vec{e}_3$. Als Bezeichnungsweise für diese Paare führen wir

$$(\vec{e}_i,\vec{e}_k) =: \vec{e}_i \otimes \vec{e}_k \tag{2.6.1}$$

ein. Offenbar gibt es genau neun solche Paare. Wir nennen sie Basistensoren zweiter Stufe. Als Skalarprodukte definieren wir

$$(\vec{e}_i\otimes\vec{e}_k) \cdot (\vec{e}_\ell\otimes\vec{e}_m) = \delta_{i\ell}\delta_{km} \quad , \tag{2.6.2}$$

d.h. das Skalarprodukt eines Basistensors mit sich selbst ist Eins, Skalarprodukte verschiedener Basistensoren verschwinden. Sie bilden ein orthonormiertes Basissystem in neun Dimensionen.

2.6.2 Allgemeine Tensoren. Rechenregeln

Durch Linearkombinationen der Basistensoren können wir einen beliebigen Tensor zweiter Stufe

$$\underline{\underline{A}} = \sum_{i=1}^{3}\sum_{k=1}^{3} A_{ik}\, \vec{e}_i \otimes \vec{e}_k \quad . \tag{2.6.3a}$$

darstellen.

Die Koeffizienten A_{ik} sind reelle Zahlen und heißen Matrixelemente des Tensors $\underline{\underline{A}}$ bezüglich der Basis $\vec{e}_i \otimes \vec{e}_k$ $(i=1,2,3, \quad k=1,2,3)$.

Sie können in dem quadratischen Schema

$$(\underline{\underline{A}}) = \begin{pmatrix} A_{11} & A_{12} & A_{13} \\ A_{21} & A_{22} & A_{23} \\ A_{31} & A_{32} & A_{33} \end{pmatrix} \tag{2.6.3b}$$

angeordnet werden. Es heißt *Matrix* des Tensors $\underline{\underline{A}}$ bezüglich $\vec{e}_i \otimes \vec{e}_k$ $(i,k=1,2,3)$. Hat ein Tensor die spezielle faktorisierte Gestalt

$$\underline{\underline{A}} = \sum_{i=1}^{3}\sum_{k=1}^{3} a_i b_k\, \vec{e}_i \otimes \vec{e}_k \quad , \tag{2.6.4a}$$

so nennt man ihn das *dyadische Produkt* der beiden Vektoren

$$\vec{a} = \sum_{i=1}^{3} a_i \vec{e}_i \quad \text{und} \quad \vec{b} = \sum_{k=1}^{3} b_k \vec{e}_k$$

und bezeichnet ihn durch

$$\sum_{i=1}^{3} \sum_{k=1}^{3} a_i b_k \; \vec{e}_i \otimes \vec{e}_k = \Big(\sum_{i=1}^{3} a_i \vec{e}_i\Big) \otimes \Big(\sum_{k=1}^{3} b_k \vec{e}_k\Big) =: \vec{a} \otimes \vec{b} \; . \qquad (2.6.4b)$$

Seine Matrix hat die Form

$$\begin{pmatrix} a_1 b_1 & a_1 b_2 & a_1 b_3 \\ a_2 b_1 & a_2 b_2 & a_2 b_3 \\ a_3 b_1 & a_3 b_2 & a_3 b_3 \end{pmatrix} = (\vec{a}) \otimes (\vec{b}) \quad .$$

Als *Summe* $\underline{\underline{C}}$ *zweier Tensoren* $\underline{\underline{A}}$, $\underline{\underline{B}}$ definieren wir

$$\begin{aligned} \underline{\underline{C}} = \underline{\underline{A}} + \underline{\underline{B}} &= \sum_{ik} A_{ik} \; \vec{e}_i \otimes \vec{e}_k + \sum_{ik} B_{ik} \; \vec{e}_i \otimes \vec{e}_k \\ &= \sum_{ik} (A_{ik} + B_{ik}) \vec{e}_i \otimes \vec{e}_k = \sum_{ik} C_{ik} (\vec{e}_i \otimes \vec{e}_k) \quad , \end{aligned} \qquad (2.6.5)$$

d.h. die Matrixelemente des Summentensors

$$C_{ik} = A_{ik} + B_{ik} \qquad (2.6.6)$$

sind die Summen der entsprechenden Matrixelemente der Einzeltensoren. Als *Produkt* eines Tensors *mit einer reellen Zahl* definieren wir

$$\underline{\underline{B}} = c\underline{\underline{A}} = \sum_{ik} cA_{ik} \; \vec{e}_i \otimes \vec{e}_k = \sum_{ik} B_{ik} \; \vec{e}_i \otimes \vec{e}_k \quad , \qquad (2.6.7)$$

d.h. die Matrixelemente des Produkts

$$B_{ik} = cA_{ik}$$

erhält man durch Multiplikation der Matrixelemente des ursprünglichen Tensors $\underline{\underline{A}}$ mit der Zahl c.

Man liest sofort ab, daß die Addition von Tensoren kommutativ und assoziativ ist und die Multiplikation mit einer Zahl kommutativ, assoziativ und bei Multiplikation mit einer Summe von Tensoren distributiv ist.

Als *Skalarprodukt zweier Tensoren* $\underline{\underline{A}}$, $\underline{\underline{B}}$ definieren wir nun

$$c = \underline{\underline{A}} \cdot \underline{\underline{B}} = (\sum_{ik} A_{ik}\vec{e}_i \otimes \vec{e}_k) \cdot (\sum_{\ell m} B_{\ell m}\vec{e}_\ell \otimes \vec{e}_m)$$

$$= \sum_{ik\ell m} A_{ik}B_{\ell m}(\vec{e}_i \otimes \vec{e}_k) \cdot (\vec{e}_\ell \otimes \vec{e}_m) \; . \qquad (2.6.8)$$

Mit Hilfe von (2.6.2) erhält man

$$c = \underline{\underline{A}} \cdot \underline{\underline{B}} = \sum_{ik\ell m} A_{ik}B_{\ell m}\delta_{i\ell}\delta_{km} = \sum_{ik} A_{ik}B_{ik} \quad . \qquad (2.6.9)$$

Ganz in Analogie zum Skalarprodukt zweier Vektoren erhält man das Skalarprodukt zweier Tensoren als die Summe der Produkte der gleichstelligen Matrixelemente. Aus der Definition dieses Skalarproduktes liest man sofort ab, daß es kommutativ und distributiv ist. Wiederum analog zu den Vektoren erhält man das Matrixelement $A_{\ell m}$ durch skalare Multiplikation des Tensors $\underline{\underline{A}}$ mit dem Basistensor $\vec{e}_\ell \otimes \vec{e}_m$

$$(\vec{e}_\ell \otimes \vec{e}_m) \cdot A = \sum_{ik} A_{ik}(\vec{e}_\ell \otimes \vec{e}_m) \cdot (\vec{e}_i \otimes \vec{e}_k)$$

$$= \sum_{ik} A_{ik}\delta_{\ell i}\delta_{mk} = A_{\ell m} \quad . \qquad (2.6.10)$$

2.6.3 Multiplikation von Tensoren mit Vektoren bzw. Tensoren

Das *Produkt* $\underline{\underline{A}}\vec{b}$ *eines Tensors* $\underline{\underline{A}}$ mit *einem Vektor* $\vec{b} = \sum_\ell b_\ell \vec{e}_\ell$ definieren wir als den Vektor

$$\vec{c} = \underline{\underline{A}}\vec{b} = \sum_{ik} A_{ik}(\vec{e}_i \otimes \vec{e}_k)\vec{b} = \sum_{ik} A_{ik}\vec{e}_i(\vec{e}_k \cdot \vec{b})$$

$$= \sum_i \sum_k A_{ik}b_k\vec{e}_i = \sum_i c_i\vec{e}_i \quad . \qquad (2.6.11)$$

Seine Komponenten c_i bezüglich der Basis $\vec{e}_i$ $(i=1,2,3)$ sind

$$c_i = \sum_{k=1}^{3} A_{ik}b_k \quad . \qquad (2.6.12)$$

Die Multiplikation eines Vektors mit einem Tensor kann als *Abbildung* eines Vektors $\vec{b}$ auf einen anderen Vektor $\vec{c}$ aufgefaßt werden, die durch den Tensor $\underline{\underline{A}}$ vollständig gekennzeichnet ist.

Definieren wir analog das Produkt

$$\vec{d} = \vec{b}\underline{\underline{A}} = \sum_{ik} A_{ik}\vec{b}(\vec{e}_i \otimes \vec{e}_k) = \sum_{ik} A_{ik}(\vec{b}\cdot\vec{e}_i)\vec{e}_k$$

$$= \sum_k \sum_i b_i A_{ik}\vec{e}_k = \sum_k d_k \vec{e}_k \qquad (2.6.13)$$

mit

$$d_k = \sum_{i=1}^{3} b_i A_{ik} \quad ,$$

so stellen wir fest, daß das Produkt eines Tensors mit einem Vektor nicht kommutativ ist. Der Tensor

$$\underline{\underline{1}} = \sum_{k,\ell=1}^{3} \delta_{k\ell}\, \vec{e}_k \otimes \vec{e}_\ell = \sum_{\ell=1}^{3} \vec{e}_\ell \otimes \vec{e}_\ell \qquad (2.6.14)$$

heißt *Einheitstensor*. Er vermittelt die identische Abbildung

$$\underline{\underline{1}}\vec{a} = \sum_{\ell=1}^{3} \vec{e}_\ell \otimes \vec{e}_\ell\, \vec{a} = \sum_{\ell=1}^{3} \vec{e}_\ell(\vec{e}_\ell\cdot\vec{a}) = \sum_{\ell=1}^{3} a_\ell \vec{e}_\ell = \vec{a}$$

und analog

$$\vec{a}\underline{\underline{1}} = \vec{a} \quad .$$

Die Matrix des Einheitstensors ist die *Einheitsmatrix*

$$(\underline{\underline{1}}) = \begin{pmatrix} 1 & 0 & 0 \\ 0 & 1 & 0 \\ 0 & 0 & 1 \end{pmatrix} \quad .$$

Führt man nacheinander zwei Abbildungen aus, die durch die Tensoren $\underline{\underline{A}}$ und $\underline{\underline{B}}$ beschrieben werden, so ist das Ergebnis der Vektor $\vec{c}\,'$

$$\vec{c}\,' = \underline{\underline{B}}(\underline{\underline{A}}\vec{b}) = \underline{\underline{B}}\vec{c} = \sum_{\ell m} B_{\ell m}(\vec{e}_\ell \otimes \vec{e}_m)\vec{c}$$

$$= \sum_{\ell m} B_{\ell m}\vec{e}_\ell(\vec{e}_m\cdot\vec{c}) = \sum_\ell \sum_m B_{\ell m} c_m \vec{e}_\ell \quad . \qquad (2.6.15)$$

Unter Benutzung von (2.6.12) erhält man

$$\vec{c}\,' = \sum_{\ell k m} B_{\ell m} A_{mk} b_k \vec{e}_\ell \quad . \tag{2.6.16}$$

Diese Abbildung von $\vec{b}$ in $\vec{c}\,'$ erhält man auch durch Anwendung eines einzigen Tensors

$$\underline{\underline{C}} = \sum_{\ell k} C_{\ell k}\, \vec{e}_\ell \otimes \vec{e}_k \tag{2.6.17}$$

auf den Vektor $\vec{b}$

$$\vec{c}\,' = \underline{\underline{C}}\vec{b} = \sum_{\ell k} C_{\ell k} b_k \vec{e}_\ell \quad , \tag{2.6.18}$$

wobei die Matrixelemente durch

$$C_{\ell k} = \sum_{m=1}^{3} B_{\ell m} A_{mk} \tag{2.6.19}$$

bestimmt sind. Man nennt den Tensor $\underline{\underline{C}}$ das *Produkt der beiden Tensoren* $\underline{\underline{B}}$ *und* $\underline{\underline{A}}$

$$\underline{\underline{C}} = \underline{\underline{B}}\,\underline{\underline{A}} = \sum_{\ell k} \Big(\sum_m B_{\ell m} A_{mk}\Big)(\vec{e}_\ell \otimes \vec{e}_k) \quad . \tag{2.6.20}$$

Dieses Produkt kann man auch direkt ohne den Umweg über die Abbildungen so definieren

$$\begin{aligned} \underline{\underline{C}} = \underline{\underline{B}}\,\underline{\underline{A}} &= \Big(\sum_{\ell m} B_{\ell m} \vec{e}_\ell \otimes \vec{e}_m\Big)\Big(\sum_{ik} A_{ik} \vec{e}_i \otimes \vec{e}_k\Big) \\ &= \sum_{\ell m} \sum_{ik} B_{\ell m} A_{ik}\, (\vec{e}_m \cdot \vec{e}_i)\, \vec{e}_\ell \otimes \vec{e}_k \\ &= \sum_{\ell m} \sum_{ik} B_{\ell m} A_{ik}\, \delta_{mi}\, \vec{e}_\ell \otimes \vec{e}_k \\ &= \sum_{\ell k} \Big(\sum_m B_{\ell m} A_{mk}\Big)\, \vec{e}_\ell \otimes \vec{e}_k \quad . \end{aligned} \tag{2.6.21}$$

Der springende Punkt in dieser Definition ist die Reduktion des Produktes der beiden Basistensoren $\vec{e}_\ell \otimes \vec{e}_m$, $\vec{e}_i \otimes \vec{e}_k$ auf den Basistensor $\vec{e}_\ell \otimes \vec{e}_k$ der äußeren Vektoren multipliziert mit dem Skalarprodukt $(\vec{e}_m \cdot \vec{e}_i)$ der inneren Vektoren.

Zum Schluß definieren wir noch zu jedem Tensor $\underline{\underline{A}}$ den *adjungierten Tensor* $\underline{\underline{A}}^+$

$$\underline{\underline{A}}^+ = \sum_{ik} A_{ki}\, \vec{e}_i \otimes \vec{e}_k = \sum_{ik} A^+_{ik}\, \vec{e}_i \otimes \vec{e}_k \quad . \tag{2.6.22}$$

Die Matrixelemente des adjungierten Tensors sind

$$A^+_{ik} = A_{ki} \quad . \tag{2.6.23}$$

Mit Hilfe des adjungierten Tensors läßt sich nun eine Beziehung zwischen den Multiplikationen eines Tensors mit einem Vektor von rechts bzw. von links herstellen

$$\begin{aligned} \vec{a}\underline{\underline{A}} &= \sum_{k=1}^{3} a_k \vec{e}_k \Big(\sum_{\ell m=1}^{3} A_{\ell m} \vec{e}_\ell \otimes \vec{e}_m \Big) = \sum_{km=1}^{3} a_k A_{km} \vec{e}_m \\ &= \sum_{mk=1}^{3} a_k A^+_{mk} \vec{e}_m = \sum_{mk=1}^{3} A^+_{mk}\, \vec{e}_m \otimes \vec{e}_k \Big(\sum_{\ell=1}^{3} a_\ell \vec{e}_\ell \Big) = A^+\vec{a} \quad . \end{aligned} \tag{2.6.24}$$

Diese Beziehung liefert eine Rechenregel für das Skalarprodukt eines Vektors $\vec{b}$ mit einem Produkt $\underline{\underline{A}}\vec{a}$. Zunächst rechnet man leicht nach, daß

$$\vec{b}\cdot(\underline{\underline{A}}\vec{a}) = (\vec{b}\underline{\underline{A}})\cdot\vec{a} \tag{2.6.25}$$

gilt, so daß wir die Klammer weglassen können

$$\vec{b}\cdot(\underline{\underline{A}}\vec{a}) = (\vec{b}\underline{\underline{A}})\cdot\vec{a} = \vec{b}\underline{\underline{A}}\vec{a} \quad . \tag{2.6.26}$$

Mit Hilfe von (2.6.24) folgt daraus sofort

$$\vec{b}\cdot(\underline{\underline{A}}\vec{a}) = \vec{b}\underline{\underline{A}}\vec{a} = (\underline{\underline{A}}^+\vec{b})\vec{a} \quad . \tag{2.6.27}$$

Ein einfacher, aber häufig benutzter Tensor dritter Stufe ist der *Levi-Civitá-Tensor* $\underline{\underline{\underline{\varepsilon}}}$. Er ist definiert durch die Darstellung

$$\underline{\underline{\underline{\varepsilon}}} = \sum_{j,k,\ell=1}^{3} \varepsilon_{jk\ell}\, \vec{e}_j \otimes \vec{e}_k \otimes \vec{e}_\ell \tag{2.6.28}$$

in einer Tensorbasis dritter Stufe.

$\varepsilon_{jk\ell}$ ist das in (2.3.20) eingeführte Levi-Cività-Symbol. Mit seiner Hilfe stellt sich das Vektorprodukt zweier Vektoren in der Form

$$\vec{a} \times \vec{b} = \vec{b}\underline{\underline{\varepsilon}}\vec{a} \quad , \tag{2.6.29}$$

dar, denn

$$\begin{aligned}
\vec{b}\underline{\underline{\varepsilon}}\vec{a} &= \Big(\sum_m b_m\vec{e}_m\Big)\Big(\sum_{jk\ell} \varepsilon_{jk\ell}\vec{e}_j\otimes\vec{e}_k\otimes\vec{e}_\ell\Big)\Big(\sum_n a_n\vec{e}_n\Big) \\
&= \sum_{jk\ell mn} b_m(\vec{e}_m\cdot\vec{e}_j)\ \varepsilon_{jk\ell}\ \vec{e}_k\ a_n(\vec{e}_\ell\cdot\vec{e}_n) \\
&= \sum_{jk\ell mn} b_m\delta_{mj}\varepsilon_{jk\ell}\vec{e}_k a_n\delta_{\ell n} \\
&= \sum_{jk\ell} b_j\varepsilon_{jk\ell}a_\ell\vec{e}_k = \sum_{jk\ell} a_\ell b_j\varepsilon_{\ell jk}\vec{e}_k = \vec{a} \times \vec{b} \quad .
\end{aligned} \tag{2.6.30}$$

Wie erwartet haben wir durch Multiplikation des Tensors $\underline{\underline{\varepsilon}}$ mit zwei Vektoren $\vec{a}$, $\vec{b}$ einen Vektor erhalten, durch Multiplikation von $\underline{\underline{\varepsilon}}$ mit einem Vektor gewinnt man einen Tensor zweiter Stufe, z.B. $\vec{b}\underline{\underline{\varepsilon}}$, $\underline{\underline{\varepsilon}}\vec{a}$, usw.

2.6.4 Matrizenrechnung

Obwohl Tensoren wie auch Vektoren koordinatenunabhängige Objekte sind, ist es doch für Rechnungen in einem festen Koordinatensystem nützlich, Rechenregeln für die Matrixelemente zusammenzustellen, so wie das im Abschnitt 2.3 für die Komponenten von Vektoren geschehen ist:

Alle Regeln ergeben sich unmittelbar aus den vorausgegangenen Abschnitten.

I) Addition von Matrizen $(\underline{\underline{A}}) + (\underline{\underline{B}}) = (\underline{\underline{C}})$

$$\begin{pmatrix} A_{11} & A_{12} & A_{13} \\ A_{21} & A_{22} & A_{23} \\ A_{31} & A_{32} & A_{33} \end{pmatrix} + \begin{pmatrix} B_{11} & B_{12} & B_{13} \\ B_{21} & B_{22} & B_{23} \\ B_{31} & B_{32} & B_{33} \end{pmatrix} = \begin{pmatrix} A_{11}+B_{11} & A_{12}+B_{12} & A_{13}+B_{13} \\ A_{21}+B_{21} & A_{22}+B_{22} & A_{23}+B_{23} \\ A_{31}+B_{31} & A_{32}+B_{32} & A_{33}+B_{33} \end{pmatrix}$$

$$= \begin{pmatrix} C_{11} & C_{12} & C_{13} \\ C_{21} & C_{22} & C_{23} \\ C_{31} & C_{32} & C_{33} \end{pmatrix} \tag{2.6.31}$$

II) Multiplikation einer Matrix mit einer Zahl $c(\underline{\underline{A}}) = (\underline{\underline{C}})$

$$c\begin{pmatrix} A_{11} & A_{12} & A_{13} \\ A_{21} & A_{22} & A_{23} \\ A_{31} & A_{32} & A_{33} \end{pmatrix} = \begin{pmatrix} cA_{11} & cA_{12} & cA_{13} \\ cA_{21} & cA_{22} & cA_{23} \\ cA_{31} & cA_{32} & cA_{33} \end{pmatrix} = \begin{pmatrix} C_{11} & C_{12} & C_{13} \\ C_{21} & C_{22} & C_{23} \\ C_{31} & C_{32} & C_{33} \end{pmatrix} \tag{2.6.32}$$

III) Multiplikation zweier Matrizen $(\underline{\underline{A}})(\underline{\underline{B}}) = (\underline{\underline{C}})$

$$\begin{pmatrix} A_{11} & A_{12} & A_{13} \\ A_{21} & A_{22} & A_{23} \\ A_{31} & A_{32} & A_{33} \end{pmatrix} \begin{pmatrix} B_{11} & B_{12} & B_{13} \\ B_{21} & B_{22} & B_{23} \\ B_{31} & B_{32} & B_{33} \end{pmatrix} = \begin{pmatrix} \sum\limits_k A_{1k}B_{k1} & \sum\limits_k A_{1k}B_{k2} & \sum\limits_k A_{1k}B_{k3} \\ \sum\limits_k A_{2k}B_{k1} & \sum\limits_k A_{2k}B_{k2} & \sum\limits_k A_{2k}B_{k3} \\ \sum\limits_k A_{3k}B_{k1} & \sum\limits_k A_{3k}B_{k2} & \sum\limits_k A_{3k}B_{k3} \end{pmatrix} \tag{2.6.33}$$

Merkregel: Das Element C_{ik} der Produktmatrix ist das Skalarprodukt des i-ten Zeilenvektors von $(\underline{\underline{A}})$ mit dem k-ten Spaltenvektor von $(\underline{\underline{B}})$.

Die Multiplikation einer Matrix von rechts mit einem Spaltenvektor ergibt sich als ein Spezialfall der obigen Regel

$$\begin{pmatrix} A_{11} & A_{12} & A_{13} \\ A_{21} & A_{22} & A_{23} \\ A_{31} & A_{32} & A_{33} \end{pmatrix} \begin{pmatrix} b_1 \\ b_2 \\ b_3 \end{pmatrix} = \begin{pmatrix} \sum\limits_k A_{1k}b_k \\ \sum\limits_k A_{2k}b_k \\ \sum\limits_k A_{3k}b_k \end{pmatrix} \quad . \tag{2.6.34}$$

Das Produkt ist ein Spaltenvektor $\begin{pmatrix} c_1 \\ c_2 \\ c_3 \end{pmatrix}$, dessen i-te Komponente das Skalarprodukt des i-ten Zeilenvektors der Matrix mit dem Spaltenvektor $(\vec{b})$ ist.

Analog ist die Multiplikation einer Matrix mit einem Vektor von links definiert. Damit man die obige Merkregel beibehalten kann, schreibt man das Koeffizientenschema des Vektors jetzt als *Zeilenvektor*:

$$(b_1, b_2, b_3)\begin{pmatrix} A_{11} & A_{12} & A_{13} \\ A_{21} & A_{22} & A_{23} \\ A_{31} & A_{32} & A_{33} \end{pmatrix} = \Big(\sum_i b_i A_{i1}, \sum_i b_i A_{i2}, \sum_i b_i A_{i3}\Big) \quad . \tag{2.6.35}$$

Das Produkt ist ein Zeilenvektor (d_1,d_2,d_3), dessen k-te Komponente das Skalarprodukt des Zeilenvektors $(\vec{b})^+$ mit dem k-ten Spaltenvektor der Matrix ist.

IV) Transposition einer Matrix

Im Zusammenhang mit dem adjungierten Tensor waren Matrixelemente

$$A^+_{ik} = A_{ki} \tag{2.6.36}$$

aufgetreten. Die zu $(\underline{\underline{A}})$ transponierte Matrix

$$(\underline{\underline{A}})^+ = \begin{pmatrix} A^+_{11} & A^+_{12} & A^+_{13} \\ A^+_{21} & A^+_{22} & A^+_{23} \\ A^+_{31} & A^+_{32} & A^+_{33} \end{pmatrix} = \begin{pmatrix} A_{11} & A_{21} & A_{31} \\ A_{12} & A_{22} & A_{32} \\ A_{13} & A_{23} & A_{33} \end{pmatrix} \tag{2.6.37}$$

gewinnt man aus der Matrix $(\underline{\underline{A}})$ durch Spiegelung der Elemente an der Hauptdiagonalen A_{11}, A_{22}, A_{33}.

Bei Vektoren ist die Transposition der Übergang vom Spalten- zum Zeilenvektor

$$(\vec{a}) = \begin{pmatrix} a_1 \\ a_2 \\ a_3 \end{pmatrix} = \begin{pmatrix} a_1, a_2, a_3 \end{pmatrix}^+ \quad ,$$

$$(\vec{b})^+ = \begin{pmatrix} b_1, b_2, b_3 \end{pmatrix} = \begin{pmatrix} b_1 \\ b_2 \\ b_3 \end{pmatrix}^+ \quad .$$

Das Skalarprodukt von Vektoren läßt sich als Matrixmultiplikation eines Zeilenvektors mit einem Spaltenvektor schreiben

$$\vec{b} \cdot \vec{a} = (\vec{b})^+(\vec{a}) = \begin{pmatrix} b_1, b_2, b_3 \end{pmatrix} \begin{pmatrix} a_1 \\ a_2 \\ a_3 \end{pmatrix} = a_1 b_1 + a_2 b_2 + a_3 b_3 \quad . \tag{2.6.39}$$

Die Matrix des dyadischen Produktes zweier Vektoren gewinnt man durch Matrixmultiplikation eines Spaltenvektors mit einem Zeilenvektor

$$(\vec{b}) \otimes (\vec{a}) = (\vec{b})(\vec{a})^+ = \begin{pmatrix} b_1 \\ b_2 \\ b_3 \end{pmatrix} \begin{pmatrix} a_1, a_2, a_3 \end{pmatrix} = \begin{pmatrix} b_1 a_1 & b_1 a_2 & b_1 a_3 \\ b_2 a_1 & b_2 a_2 & b_2 a_3 \\ b_3 a_1 & b_3 a_2 & b_3 a_3 \end{pmatrix} \quad . \tag{2.6.40}$$

2.7 Aufgaben

2.1: Beweisen Sie (2.2.19).

2.2: Beweisen Sie die Beziehungen (2.2.22).
Hinweis: Es ist nützlich, zunächst zu zeigen, daß das Spatprodukt positiv bzw. negativ ist, wenn $\vec{a}$, $\vec{b}$ und $\vec{c}$ ein Rechts- bzw. Linkssystem bilden.

2.3: Konstruieren Sie eine Figur entsprechend Abb.2.12, an der die Beziehung (2.3.12) für Vektoren demonstriert werden kann, die nicht in einer durch Koordinatenachsen definierten Ebene liegen.

2.4: Berechnen Sie das Vektorprodukt der Vektoren

$$(\vec{a}) = \begin{pmatrix} -2 \\ 3 \\ 0 \end{pmatrix} \quad , \quad (\vec{b}) = \begin{pmatrix} 6 \\ -2 \\ 3 \end{pmatrix}$$

2.5: Benutzen Sie (2.3.21) zum Beweis von (2.2.24).

2.6: Gegeben ist die Parameterdarstellung
$x_1 = 0, \quad x_2 = at, \quad x_3 = -\frac{1}{2}bt^2$ einer Bahnkurve. Berechnen Sie $d\vec{x}/dt$.

2.7: Zeigen Sie die Gültigkeit von (2.4.6) durch Zerlegung der Vektoren nach Komponenten und Benutzung von (2.4.5).

2.8: Berechnen Sie die zweite und alle höheren Ableitungen für die Parameterdarstellung aus Aufgabe 2.6.

3. Kinematik

Als Kinematik bezeichnet man die reine Beschreibung von Bewegungsvorgängen. Man bemüht sich dabei nicht, die Ursachen der Bewegung zu untersuchen. Es handelt sich daher in der Kinematik eigentlich um rein mathematische Aufgabenstellungen.

3.1 Massenpunkt. Vektoren von Ort, Geschwindigkeit und Beschleunigung

Wir wollen uns in diesem Abschnitt auf Bewegungen von Objekten beschränken, die durch Angabe eines einzigen Raumpunktes charakterisiert werden können. Ein solches Objekt nennen wir *Massenpunkt*, obwohl wir den Begriff der Masse noch nicht benötigen.

Der Ort eines Massenpunktes ist durch seinen *Ortsvektor* $\vec{r}$ bestimmt. Das ist ein Vektor, der einen festen Punkt, den Aufpunkt, mit dem Ort des Massenpunktes verbindet. Als Aufpunkt wird oft der Ursprung eines Koordinatensystems gewählt, jedoch ist der Ortsvektor völlig unabhängig von einem bestimmten Koordinatensystem definiert. Es ist sinnvoll, allgemeine Beziehungen unabhängig vom Koordinatensystem zu formulieren und erst im Bedarfsfall ein an das jeweilige Problem angepaßtes Koordinatensystem zu wählen. Für einen bewegten Massenpunkt ist ein Ortsvektor von der Zeit abhängig und beschreibt die *Bahnkurve* des Massenpunktes

$$\vec{r} = \vec{r}(t) \quad . \tag{3.1.1}$$

Die *Ableitung des Ortsvektors* nach der Zeit ist ebenfalls ein Vektor.

$$\vec{v}(t) = \frac{d\vec{r}(t)}{dt} = \dot{\vec{r}}(t) \tag{3.1.2}$$

Er heißt *Geschwindigkeitsvektor*. Sein Betrag kann in m/s gemessen werden.

(Die Kennzeichnung der *zeitlichen* Ableitung einer Größe durch einen darübergesetzten Punkt stammt von Newton, die Schreibweise d/dt von Leibniz. Beide haben die Infinitesimalrechnung unabhängig voneinander entwickelt).

Die zeitliche Ableitung des Geschwindigkeitsvektors definieren wir als *Beschleunigungsvektor*

$$\vec{a}(t) = \frac{d\vec{v}(t)}{dt} = \dot{\vec{v}} = \frac{d^2\vec{r}(t)}{dt^2} = \ddot{\vec{r}} \quad . \tag{3.1.3}$$

Obwohl wir die Ableitung einer vektoriellen Funktion $\vec{x}(t)$ eines Parameters t bereits im Abschnitt 2.4.2 behandelt haben, veranschaulichen wir den Begriff des Geschwindigkeitsvektors noch einmal an Hand von Abb.3.1. Ein Massenpunkt bewegt sich auf einer Bahnkurve. Dabei durchläuft er zur Zeit $t = t_0$ den Punkt $\vec{x}_0$. Nach Ablauf von Δt, $2\Delta t$, $\ldots 4\Delta t$ erreicht er die Punkte $\vec{x}_1$, $\vec{x}_2$, $\ldots \vec{x}_4$. Der Geschwindigkeitsvektor zur Zeit t_0 ist durch den Grenzwert

$$\vec{v}_0 = \vec{v}(t_0) = \frac{d\vec{x}}{dt}(t_0) = \lim_{\Delta t \to 0} \frac{\vec{x}(t_0+\Delta t) - \vec{x}(t_0)}{\Delta t}$$

gegeben. In Abb.3.1b sind eine Reihe von Differenzenquotienten

$$\frac{\vec{x}_4 - \vec{x}_0}{4\Delta t} \quad , \quad \frac{\vec{x}_3 - \vec{x}_0}{3\Delta t} \quad , \ldots$$

wiedergegeben, die in Richtung der Sekanten $\vec{x}_4 - \vec{x}_0$, $\vec{x}_3 - \vec{x}_0$, ... zeigen und schließlich auch der Differentialquotient $\vec{v}_0$, der Tangentenrichtung hat. In Abb.3.1c sind die zu den Orten $\vec{x}_0, \ldots \vec{x}_4$ bzw. $t_0, \ldots t_4$ gehörenden Geschwindigkeitsvektoren $\vec{v}_0, \ldots \vec{v}_4$ eingetragen. Trägt man die Geschwindigkeitsvektoren bezüglich eines gemeinsamen Ursprungs auf (Abb.3.1d), so erhält man die Bahnkurve des Massenpunktes im *Geschwindigkeitsraum*. Hier kann man leicht wieder eine zeitliche Ableitung des Geschwindigkeitsvektors zu jeder Zeit bilden und so die Beschleunigungsvektoren $\vec{a}_0, \ldots \vec{a}_4$ [allgemein $\vec{a}(t)$] gewinnen, die die momentane Änderung der Geschwindigkeitsvektoren angeben und Tangentialrichtung bezüglich der Bahnkurve im Geschwindigkeitsraum haben.

Die Kenntnis der Geschwindigkeit erlaubt eine Vorhersage über die Ortsänderung:

$$\vec{r}(t+dt) = \vec{r}(t) + \frac{d\vec{r}(t)}{dt}\,dt = \vec{r}(t) + \vec{v}(t)dt$$

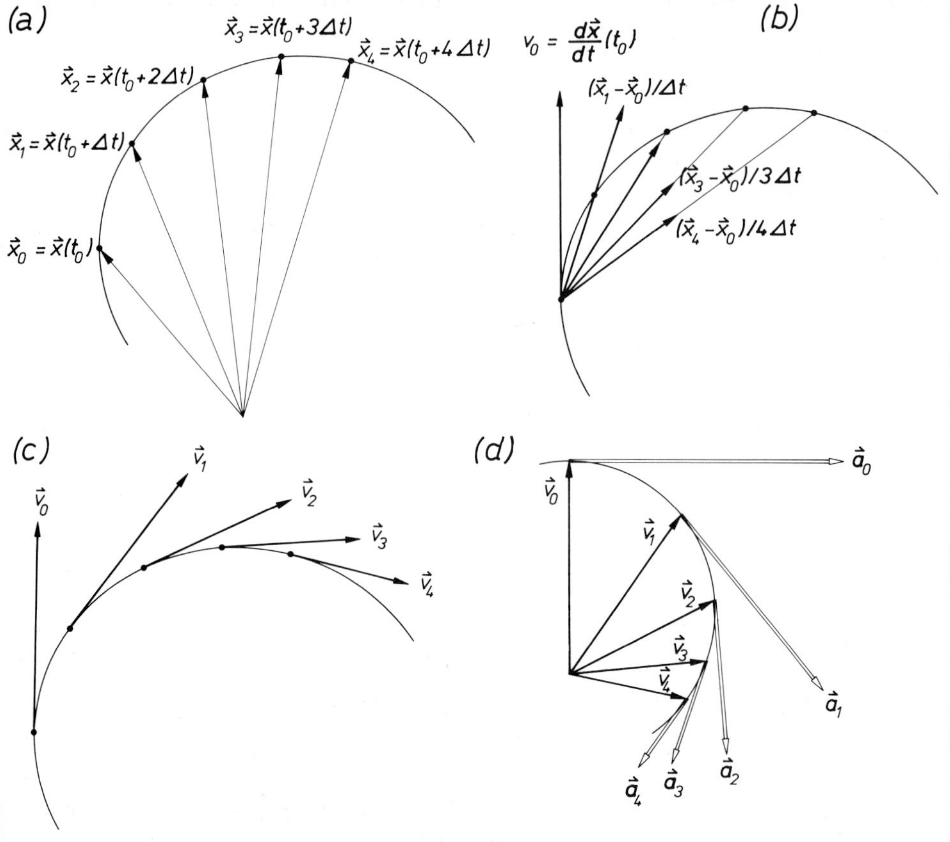

Abb. 3.1 Zur Definition von Geschwindigkeit und Beschleunigung

(a) Bahnkurve $\vec{x} = \vec{x}(t)$ eines Massenpunktes, auf der die Orte $\vec{x}_0$, $\vec{x}_1$, ...$\vec{x}_4$ besonders hervorgehoben sind. Von $\vec{x}_0$ aus erreicht sie der Massenpunkt nacheinander und jeweils nach Ablauf der Zeit Δt.

(b) Der Geschwindigkeitsvektor $\vec{v}(t_0)$ als Grenzwert von Differenzenquotienten

$$\vec{v}(t_0) = \frac{d\vec{x}}{dt}(t_0) = \lim_{\Delta t \to 0} \frac{\vec{x}(t_0+\Delta t)-\vec{x}(t_0)}{\Delta t}$$

(c) Die Geschwindigkeitsvektoren $\vec{v}_0$, $\vec{v}_1$, ...$\vec{v}_4$ an den Punkten $\vec{x}_0$, $\vec{x}_1$, ...$\vec{x}_4$. Der Geschwindigkeitsvektor steht stets in Richtung der Bahntangente.

(d) Durch Auftragen der Geschwindigkeitsvektoren $\vec{v}(t)$ bezüglich eines gemeinsamen Ursprungs erhält man eine "Bahnkurve im Geschwindigkeitsraum" (statt wie in (a), (b) und (c) im Ortsraum). Durch erneute Ableitung nach der Zeit gewinnt man die Beschleunigung $\vec{a}(t)$

oder für die Ortsänderung über größere Zeiten, etwa zwischen $t' = t_0$ und $t' = t$

$$\vec{r}(t) = \vec{r}(t_0) + \int_{t'=t_0}^{t'=t} \vec{v}(t')\,dt' \quad . \tag{3.1.4}$$

Ganz entsprechend der Herleitung von (3.1.4) kann man nun aus der Kenntnis der Beschleunigung die Geschwindigkeit vorhersagen

$$\vec{v}(t+dt) = \vec{v}(t) + \frac{d\vec{v}}{dt}\,dt = \vec{v}(t) + \vec{a}(t)\,dt \quad , \quad \text{bzw.}$$

$$\vec{v}(t') = \vec{v}(t_0) + \int_{t''=t_0}^{t''=t'} \vec{a}(t'')\,dt'' \quad . \tag{3.1.5}$$

Einsetzen in (3.1.4) liefert

$$\begin{aligned}\vec{r}(t) &= \vec{r}(t_0) + \int_{t'=t_0}^{t'=t} \vec{v}(t')\,dt' \\ &= \vec{r}(t_0) + \int_{t'=t_0}^{t'=t} \left[\vec{v}(t_0) + \int_{t''=t_0}^{t''=t'} \vec{a}(t'')\,dt''\right] dt' \\ &= \vec{r}(t_0) + (t-t_0)\,\vec{v}(t_0) + \int_{t'=t_0}^{t'=t} \left[\int_{t''=t_0}^{t''=t'} \vec{a}(t'')\,dt''\right] dt' \quad .\end{aligned} \tag{3.1.6}$$

Dieses Verfahren, den Ort eines Massenpunktes zu beliebiger Zeit aus den *Anfangsbedingungen* - Ort und Geschwindigkeit zur Zeit t_0 - und der Kenntnis der Beschleunigung während des ganzen Zeitraumes zwischen t_0 und t vorherzusagen, ist eine typische Aufgabe der Mechanik. Die Tatsache, daß wir uns mit der Beziehung (3.1.6) begnügen und nicht noch höhere Ableitungen einbeziehen, liegt daran, daß man oft gerade ein Gesetz kennt, das die Beschleunigung als Funktion der Zeit angibt.

3.2 Anwendungen

3.2.1 Gleichförmig geradlinige Bewegung

Als einfachstes Beispiel betrachten wir den Fall einer Bewegung ohne Beschleunigung

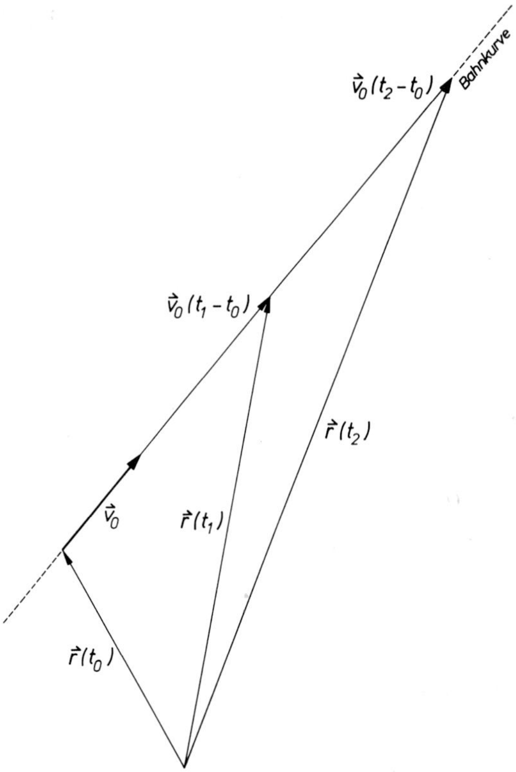

Abb. 3.2. Gleichförmig geradlinige Bewegung

$$\vec{a}(t) = 0 \quad , \quad \vec{v}(t) = \text{const} = \vec{v}_0 \quad . \tag{3.2.1}$$

Aus (3.1.4) erhalten wir

$$\vec{r}(t) = \vec{r}(t_0) + \int_{t'=t_0}^{t'=t} \vec{v}_0 \, dt' \quad ,$$

$$\vec{r}(t) = \vec{r}(t_0) + \vec{v}_0(t-t_0) \quad . \tag{3.2.2}$$

Das gleiche Ergebnis lesen wir auch sofort aus (3.1.6) ab. Es ist in Abb.3.2 graphisch dargestellt. Der Massenpunkt bewegt sich auf einer Geraden, die in Richtung $\vec{v}_0$ durch den Punkt $\vec{r}(t_0)$ läuft. Die Bewegung erfolgt gleichförmig, d.h. in gleichen Zeitintervallen Δt werden gleiche Strecken $|\Delta\vec{r}|$ zurückgelegt.

3.2.2 Gleichmäßig beschleunigte Bewegung

Wir machen jetzt die Annahme, daß die Beschleunigung zwar nicht verschwindet, jedoch konstant bleibt

$$\vec{a}(t) = \text{const} = \vec{a}_0 \quad . \tag{3.2.3}$$

Einsetzen in (3.1.6) ergibt

$$\vec{r}(t) = \vec{r}(t_0) + (t-t_0)\,\vec{v}(t_0) + \vec{a}_0 \int_{t'=t_0}^{t'=t} \int_{t''=t_0}^{t''=t'} dt''\ dt' \quad .$$

Der letzte Term kann sehr einfach stufenweise integriert werden und liefert zunächst

$$\vec{a}_0 \int_{t'=t_0}^{t'=t} (t'-t_0)\, dt' \quad .$$

$= \vec{a}_0 \cdot \left(\int_{t_0}^{t} t' dt' - \int_{t_0}^{t} t_0 dt' \right) = \vec{a}_0 \cdot \left(\frac{1}{2} t^2 - \frac{1}{2} t_0^2 - t_0 (t-t_0) \right) = \left(\frac{1}{2} t^2 - \frac{1}{2} t_0^2 \right) \vec{a}_0 = \frac{1}{2} \vec{a}_0 (t^2 - t_0^2)$

Benutzen wir jetzt

$$\tau = t' - t_0 \quad \text{mit} \quad d\tau = dt'$$

als neue Integrationsvariable, so erhalten wir

$$\vec{a}_0 \int_{\tau=0}^{\tau=t-t_0} \tau\, d\tau = \frac{1}{2}\, \vec{a}_0 \left[\tau^2\right]_0^{t-t_0} = \frac{1}{2}\, \vec{a}_0 (t-t_0)^2 \quad .$$

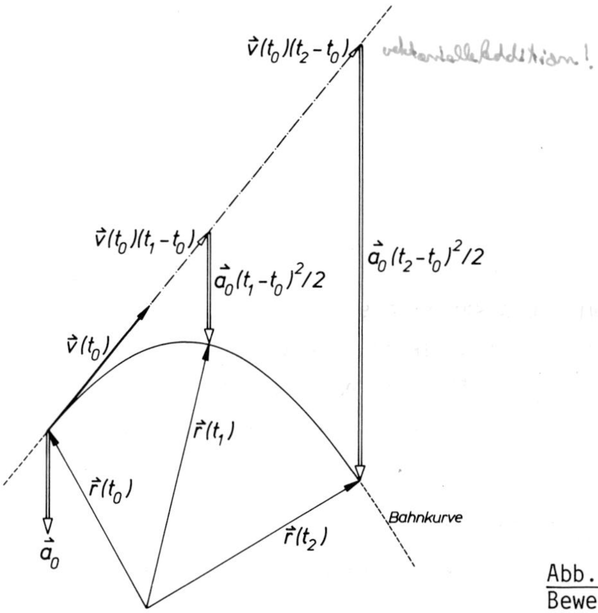

Abb. 3.3. Gleichmäßig beschleunigte Bewegung

$$\vec{r}(t) = \begin{pmatrix} (\vec{e}_x \circ \vec{r})(t) \\ (\vec{e}_y \circ \vec{r}(t)) \end{pmatrix} = \begin{pmatrix} \|\vec{r}(t)\| \cdot \cos\varphi(t) \\ \|\vec{r}(t)\| \cdot \sin\varphi(t) \end{pmatrix}$$

3. Kinematik

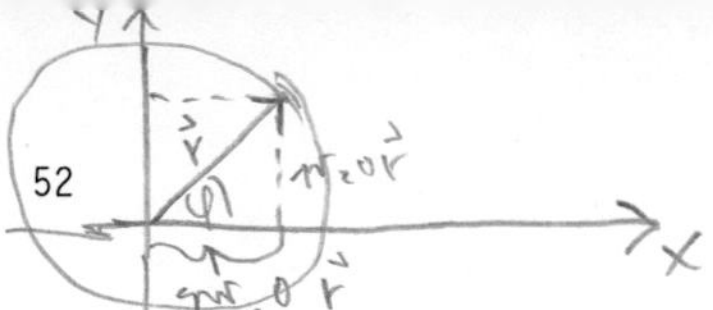

Damit wird die Bahnkurve eines gleichmäßig beschleunigten Massenpunktes durch

$$\vec{r}(t) = \vec{r}(t_0) + (t-t_0)\,\vec{v}(t_0) + \frac{1}{2}\,\vec{a}_0(t-t_0)^2 \tag{3.2.4}$$

beschrieben. Sie ist in Abb.3.3 dargestellt und kann als Überlagerung (*Superposition*) einer geradlinig gleichförmigen Bewegung in Richtung der Anfangsgeschwindigkeit $\vec{v}(t_0)$, gegeben durch die beiden ersten Terme in (3.2.4), und einer geradlinig beschleunigten Bewegung in Richtung von $\vec{a}_0$ aufgefaßt werden. Der Begriff *Superposition* besagt, daß der Ortsvektor der Gesamtbewegung des Massenpunktes zu jeder Zeit t die Vektorsumme der Ortsvektoren dieser beiden Einzelbewegungen zur Zeit t ist.

3.2.3 Gleichförmige Kreisbewegung

Die gleichförmige Kreisbewegung eines Massenpunktes führt auf kinematische Gleichungen, die häufig Anwendung in vielen Teilgebieten der Physik, z.B. in der Schwingungslehre, finden. Sie wird daher sehr ausführlich behandelt.

Zur Beschreibung der Bewegung wählen wir die ebenen Polarkoordinaten aus Abschnitt 2.5. mit dem Ursprung im Mittelpunkt des Kreises (Abb.2.20 und 2.21). Das Basissystem $\vec{e}_x$, $\vec{e}_y$ bezeichnen wir als *ortsfest*, während das Basissystem $\vec{e}_r$, $\vec{e}_\varphi$ sich mit dem Massenpunkt *mitbewegt*. Die Kreisbewegung heißt <u>gleichförmig</u>, wenn φ linear mit der Zeit wächst

$$\varphi = \omega t \quad , \quad \omega = \text{const} \quad . \quad \boxed{\varphi = \omega t + \varphi_0} \tag{3.2.5a}$$

(Der Nullpunkt der Zeitzählung wurde so gewählt, daß $\varphi=0$ für $t = 0$) . Wegen

$$\dot{\varphi} = \frac{d\varphi}{dt} = \omega \tag{3.2.5b}$$

heißt ω die *Winkelgeschwindigkeit*. Im mitbewegten Koordinatensystem ist der Ortsvektor

$$r_{Kreis} = \|\vec{r}(t)\| = \text{const.} =: r$$

$$\vec{r} = r\,\vec{e}_r(\varphi) \quad , \quad r = \text{const} \quad . \quad \vec{r} = r \cdot \begin{pmatrix} \cos\varphi \\ \sin\varphi \end{pmatrix} \tag{3.2.6}$$

Den Geschwindigkeitsvektor erhalten wir durch Ableitung nach der Zeit (unter Benutzung von (2.5.23))

$$\vec{v} = \frac{d\vec{r}(\varphi)}{dt} = \frac{d\vec{r}(\varphi)}{d\varphi}\frac{d\varphi}{dt} = \omega\,\frac{d\vec{r}(\varphi)}{d\varphi} = \omega\,\frac{d}{d\varphi}\left[r\vec{e}_r(\varphi)\right] \quad ,$$

$$\vec{v}(t) = \dot{\vec{r}}(t) = \frac{d}{dt}\begin{pmatrix} r\cos(\omega t+\varphi_0) \\ r\sin(\omega t+\varphi_0) \end{pmatrix} = \begin{pmatrix} -r\sin(\omega t+\varphi_0)\cdot\omega \\ r\omega\cos(\omega t+\varphi_0) \end{pmatrix} = \omega\cdot r\cdot\begin{pmatrix} -\sin\varphi(t) \\ \cos\varphi(t) \end{pmatrix}$$

$\vec v(t)\cdot\vec r(t) = \begin{pmatrix} -\omega r \sin\varphi(t) \\ \omega r \cos\varphi(t)\end{pmatrix}\cdot\begin{pmatrix} r\cos\varphi(t) \\ r\sin\varphi(t)\end{pmatrix} = -\omega r^2 \sin\varphi(t)\cdot\cos\varphi(t) + \omega r^2 \sin\varphi(t)\cos\varphi(t) = 0$

 $\Rightarrow \vec v(t) \perp \vec r(t)\ \forall t$

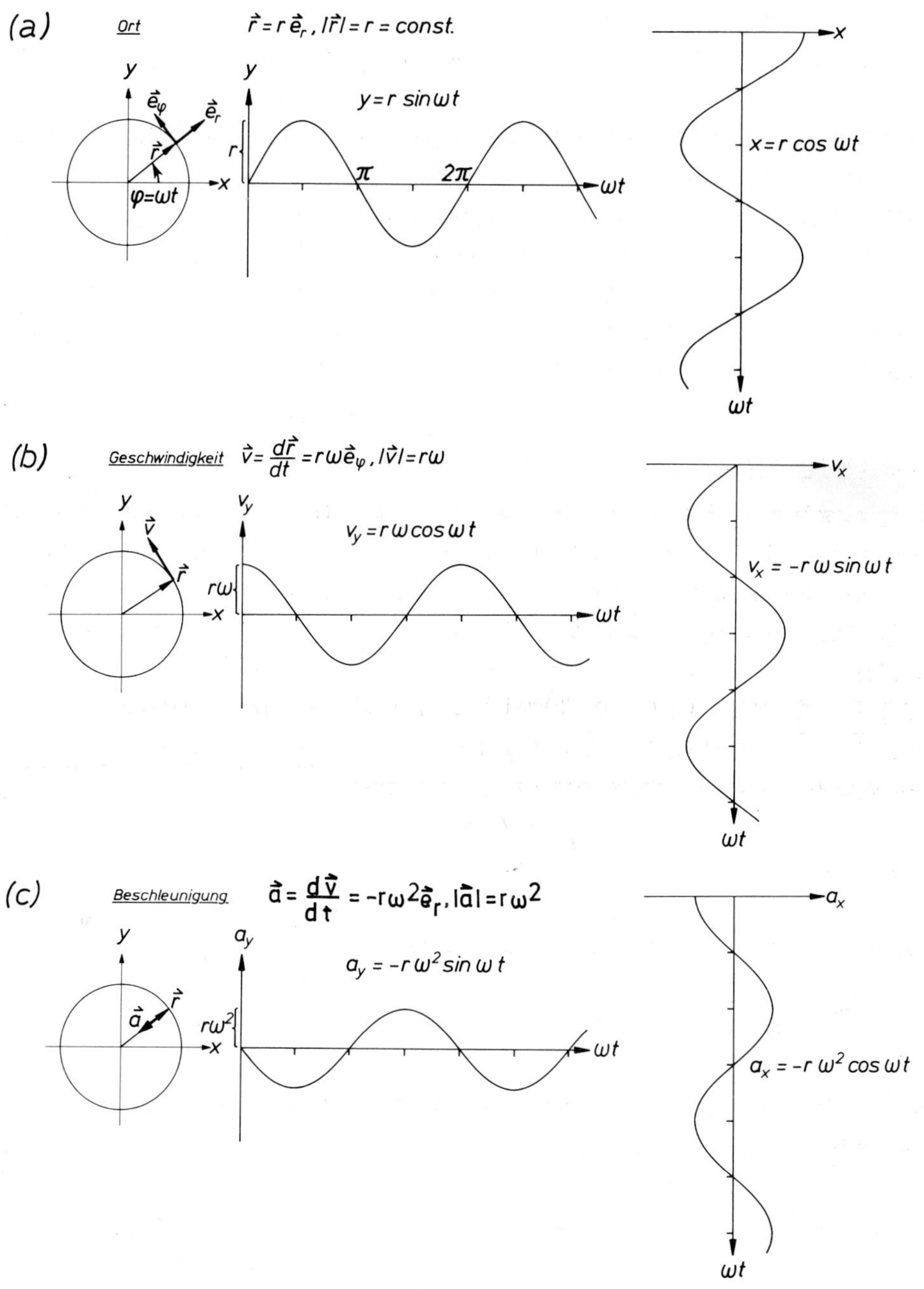

Abb.3.4a-c. Gleichförmige Kreisbewegung

(4) $\vec{a}(t) = \dot{\vec{v}}(t) = \dfrac{d}{dt}\left(\omega\cdot r\cdot\begin{pmatrix}-\sin\varphi(t)\\ \cos\varphi(t)\end{pmatrix}\right) = \omega\cdot r\cdot\begin{pmatrix}-\cos\varphi(t))\cdot\dot\varphi(t)\\ (-\sin\varphi(t))\cdot\dot\varphi(t)\end{pmatrix} = \omega\cdot r\begin{pmatrix}\omega\cdot(-\cos\varphi(t))\\ +\omega\cdot\sin\varphi(t)\end{pmatrix}$

$= \omega^2\cdot r\cdot\begin{pmatrix}-\cos\varphi(t)\\ -\sin\varphi(t)\end{pmatrix} = -\omega^2 r\begin{pmatrix}\cos\varphi(t)\\ \sin\varphi(t)\end{pmatrix}$

$$\vec{v} = \omega r\,\frac{d\vec{e}_r(\varphi)}{d\varphi} = \omega r\,\vec{e}_\varphi \quad , \tag{3.2.7a}$$

$$\vec{v} = \omega r\,[-\sin(\omega t)\vec{e}_x + \cos(\omega t)\vec{e}_y] \quad . \Rightarrow \|\vec{v}(t)\| = \omega\cdot r = \text{const.} \tag{3.2.7b}$$

Die Geschwindigkeit steht also immer senkrecht auf dem Ortsvektor und hat den Betrag v = ωr.

Die nochmalige Ableitung von (3.2.7a) liefert den Beschleunigungsvektor

$$\vec{a} = \frac{d\vec{v}}{dt} = \omega r\,\frac{d\vec{e}_\varphi}{dt} = \omega r\,\frac{d\vec{e}_\varphi}{d\varphi}\frac{d\varphi}{dt} = -\omega^2 r\,\vec{e}_r \tag{3.2.8a}$$

$$\vec{a} = -\omega^2 r\,[\cos(\omega t)\vec{e}_x + \sin(\omega t)\vec{e}_y] \quad . (1) \tag{3.2.8b}$$

Die Beschleunigung hat den Betrag

$$|\vec{a}| = r\omega^2 \qquad\qquad \text{↗ wegen des Minuszeichens!} \;(-\omega^2 r) \tag{3.2.9}$$

und ist immer zum Kreismittelpunkt hin gerichtet. Sie heißt *Zentripetalbeschleunigung*. Abb.3.4 zeigt graphisch die Zeitabhängigkeit von Orts-, Geschwindigkeits- und Beschleunigungsvektor und ihre Komponenten.

$\vec{a}(t)\cdot\vec{v}(t) = \begin{pmatrix}-\omega^2 r\,\cos\varphi(t)\\ -\omega^2 r\,\sin\varphi(t)\end{pmatrix}\cdot\begin{pmatrix}r(-\sin\varphi(t))\\ +r\cos\varphi(t)\end{pmatrix} = +\omega^2 r^2\cos\varphi(t)\sin\varphi(t) - \omega^2 r^2\cos\varphi(t)\sin\varphi(t)$

$\Rightarrow \vec{a}(t)\perp\vec{v}(t)\ \forall t \Rightarrow \vec{a}(t)$ und $\vec{r}(t)$ sind parallel und haben verschiedene [?]

3.3 Einheiten von Länge und Zeit. Dimensionen. Einheitensysteme

Bisher haben wir uns mit allgemeinen mathematischen Betrachtungen über Ort, Geschwindigkeit und Beschleunigung beschäftigt, aber nicht angegeben, wie diese Größen gemessen und die Meßergebnisse mitgeteilt werden können.

Um einen Ortsvektor, etwa den Vektor $\vec{a}$ in Abb.2.12 messen zu können, brauchen wir zunächst ein Koordinatensystem. Wir wählen z.B. das durch $\vec{e}_1$, $\vec{e}_2$, $\vec{e}_3$ aufgespannte kartesische Koordinatensystem. Der Vektor $\vec{a}$ ist dann durch Angabe der Komponenten a_1, a_2, a_3 charakterisiert. Wird eine dieser Komponenten etwa durch Anlegen eines Maßstabes gemessen, so wird das Ergebnis durch Angabe von *Maßzahl* und *Einheit* festgelegt. Die Wahl der Einheit definiert den Betrag (die Länge) des Einheitsvektors. Die Maßzahl gibt dann an, um welchen Faktor die Komponente die Länge des Einheitsvektors übertrifft.

Um Meßergebnisse leicht mitteilbar zu machen, sind Einheiten innerhalb der einzelnen Staaten gesetzlich festgelegt und durch Verträge im allgemeinen auch international vereinheitlicht. Die meisten Staaten benutzen die Einheiten des SI (Système International d'Unités). Sie sind in Deutschland für den "Geschäftsverkehr" bindend vorgeschrieben. Im wissenschaftlichen Bereich kann es natürlich keine Vorschrift geben. Man benutzt jedoch auch hier überwiegend SI-Einheiten. In Teilgebieten werden aber auch andere Einheitensysteme verwandt.

Die Einheiten werden durch Messung von *Einheitennormalen* gewonnen, an die die Forderungen genauer Meßbarkeit und guter zeitlicher Konstanz gestellt werden. Als Normal der Längeneinheit wurde bis vor kurzem ein Platin-Iridium-Stab benutzt, auf dem zwei Marken eingeritzt sind, deren Abstand als 1 *Meter* (1 m) definiert war. Künstliche Normale dieser Art heißten Prototypen. Sie erfüllen im allgemeinen die Forderungen zur Meßbarkeit, jedoch ist ihre zeitliche Unveränderlichkeit trotz aller Sorgfalt natürlich nicht gewährleistet. Man geht daher zu *natürlichen Normalen* über. Ein Meter ist gegenwärtig als das 1 650 763.73 fache der Wellenlänge des Lichtes einer bestimmten Spektrallinie ($5d_5 \to 2p_{10}$) eines Krypton (^{86}Kr) Atoms definiert. Als Einheit der Zeit war die *Sekunde* (1 s) früher als der Bruchteil 1/(24·60·60) eines mittleren Sonnentages definiert. Man ist jedoch auch hier zu einem atomphysikalischen Normal übergegangen. Die Sekunde ist jetzt als das 9 122 631 770 fache der Schwingungsdauer der Strahlung definiert, die ein Cäsium (^{133}Cs) Atom aussendet (und zwar beim Übergang zwischen den beiden Hyperfeinstrukturniveaus seines Grundzustandes).

Wir werden feststellen, daß es möglich ist, das physikalische Geschehen zu beschreiben, indem man zunächst einige *Grundgrößen* einführt, aus ihnen weitere (abgeleitete) Größen aufbaut und - ausgehend von den Ergebnissen grundlegender Experimente - die physikalischen Gesetze als Gleichungen zwischen diesen Größen angibt. Dabei ist es allerdings weitgehend willkürlich, welche Größen als Grundgrößen und welche als abgeleitete Größen betrachtet werden. Für jede Grundgröße braucht man eine *Basiseinheit*. Die Einheiten der abgeleiteten Größen werden aus Basiseinheiten aufgebaut.

Die Zahl der Grundgrößen hängt vom Umfang des Teilgebiets der Physik ab, das man beschreiben will. So braucht man für die Kinematik nur zwei Grundgrößen, Länge und Zeit. Als *Dimension* einer Größe bezeichnet man das Produkt aus Potenzen von Grundgrößen, das der Definition der abgeleiteten Größe entspricht. Nach (3.1.2) und (3.1.3) sind also die Dimensionen von Geschwindigkeit und Beschleunigung

$$\text{dim (Geschwindigkeit)} = \text{Länge/Zeit} = \ell/t \quad ,$$
$$\text{dim (Beschleunigung)} = \text{Länge/Zeit}^2 = \ell/t^2 \quad .$$

Man bemerkt, daß durchaus verschiedene Größen die gleiche Dimension haben können, etwa der (ebene) Winkel (dim(Winkel) = Länge/Länge = 1) und der räumliche Winkel (dim(Raumwinkel) = Fläche/Länge^2 = 1).

Die SI-Einheit einer Größe ist das ihrer Dimension entsprechende Produkt aus Potenzen der Basiseinheiten. Die SI-Einheiten von Geschwindigkeit und Beschleunigung sind also m/s bzw. m/s^2. Multiplikation mit Zahlfaktoren ist bei der Bildung von Einheiten abgeleiteter Größen unzulässig. So ist die Geschwindigkeitseinheit 1 km/h = 1000 m/3600 s $\neq$ 1 m/s keine SI-Einheit.

Für die vollständige Beschreibung der Mechanik wird neben Länge und Zeit noch eine dritte Grundgröße benötigt. Im SI verwendet man die Masse mit der Basiseinheit Kilogramm (kg) (Abschnitt 4.1). Im Anhang C sind die Dimensionen und SI-Einheiten der wichtigsten mechanischen Größen zusammengestellt (Tabelle C.1).

Um unhandliche Zahlwerte zu vermeiden, können den Einheiten Vorsilben angefügt werden, die Zehnerpotenzen ausdrücken (siehe Tabelle C.2). So ist die Wellenlänge λ der oben erwähnten ^{86}Kr-Spektrallinie

$$\lambda \approx (1/1{,}65)\cdot 10^{-6}\,\mathrm{m} = 0{,}606\cdot 10^{-6}\,\mathrm{m} = 0{,}606\ \mu\mathrm{m} = 606\ \mathrm{nm}\ .$$

4. Dynamik eines einzelnen Massenpunktes

Um uns nun nach der rein mathematischen Beschreibung der Bewegung eines Massenpunktes mit ihren Ursachen beschäftigen zu können, müssen wir zunächst zwei wichtige Begriffe einführen: schwere Masse und Kraft.

4.1 Schwere Masse. Dichte

Aller Materie auf der Erde ist eine Eigenschaft gemeinsam: sie ist schwer. Für eine gegebene Art von homogener also räumlich gleichförmiger Materie ist die Schwere offenbar dem Volumen proportional: Je größer das Volumen etwa eines Klotzes Eisen ist, desto schwerer erscheint er uns. Es ist daher sinnvoll die Eigenschaft der Schwere durch eine physikalische Größe, *die schwere Masse*, zu kennzeichnen, die für eine homogene Substanz dem Volumen proportional ist. Suchen wir zunächst ein Verfahren, mit dem die schwere Masse gemessen werden kann.

Experiment 4.1. Messung der schweren Masse mit der Federwaage

Eine Schraubenfeder wird neben einem senkrecht stehenden Maßstab aufgehängt (Abb.4.1). Das untere Ende der Feder markiert den Punkt $x = 0$ des Stabes. Die Feder wird nun mit einem bzw. mehreren völlig gleichartigen Objekten belastet. Man stellt fest, daß die Auslenkung x streng proportional zur Anzahl der Objekte ist. Für die Masse m gilt also

$$x = \alpha m \quad . \qquad (4.1.1)$$

Dabei ist α eine Proportionalitätskonstante, die die Feder kennzeichnet. Eine Schraubenfeder kann also benutzt werden, um die Massen ganz verschiedener Objekte zu messen, wenn eine Masseneinheit festgelegt worden ist.
Das empirische Gesetz (4.1.1) gilt nur für verhältnismäßig kleine Auslenkungen x. Für größere Werte von x geht die Proportionalität verloren.

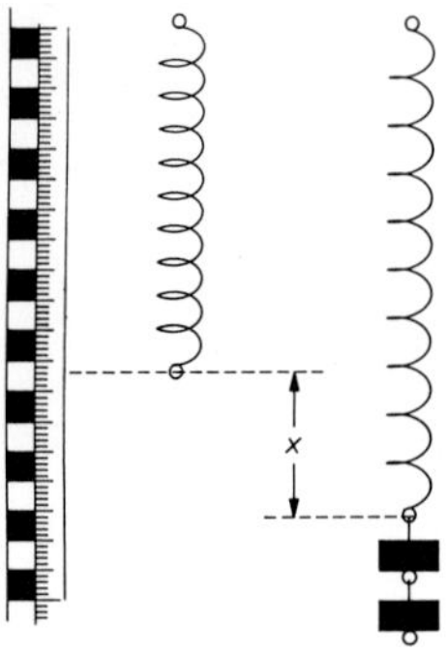

Zahl n der Objekte	Auslenkung x (cm)
0	0
1	5,0
2	9,4
3	12,5
4	16,0
5	20,2

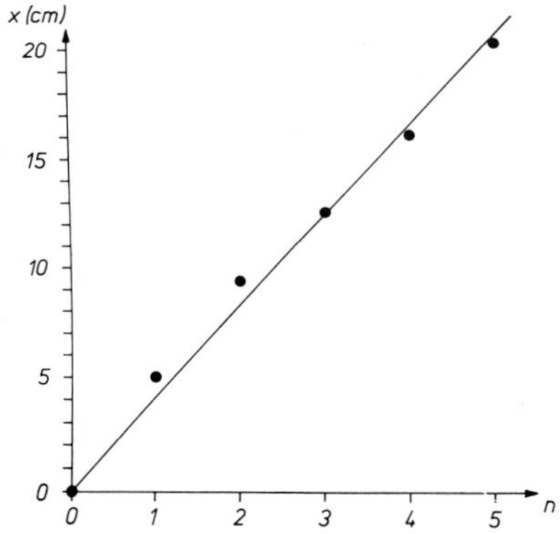

Abb. 4.1. Messung der schweren Masse mit einer Federwaage

Als *Masseneinheit* wird die Masse eines Pt-Ir-Klotzes benutzt, der bei Paris aufbewahrt wird. Sie heißt 1 Kilogramm (1 kg) und ist ziemlich genau gleich der Masse von 1 dm^3 Wasser bei einer Temperatur von $4^{o}C$. Jede Federwaage kann mit einer Skala versehen werden, die direkt in kg oder g ($=10^{-3}$kg) beschriftet ist. Die Skala ist gewöhnlich auf einem Zylinder angebracht, der die Feder selbst umgibt, und der am unteren Ende der Federwaage befestigt ist. Er kann sich in einem etwas größeren schwarzgefärbten Zylinder bewegen, der am oberen Ende der Feder befestigt ist. Bei unbelasteter Feder verschwindet der innere Zylinder gerade völlig im äußeren. Bei belasteter Feder gibt der sichtbare Teil der Skala die Masse an (Abb.4.2).

Die Tatsache, daß für homogene Stoffe die schwere Masse dem Volumen proportional ist, kann man dadurch ausdrücken, daß man dem Stoff eine *Dichte* ρ zuordnet, die in kg/m^3 gemessen wird. Dann hat ein Objekt des Volumens V die schwere Masse

$$m = \rho V \quad . \tag{4.1.2}$$

Wasser bei $4^{o}C$ hat die Dichte 10^3 kg/m^3 = 1 g/cm^3. Andere Dichten sind: Stahl 7,7 g/cm^3, Platin 21,5 g/cm^3, Luft (unter "Normalbedingungen") 0,00129 g/cm^3.

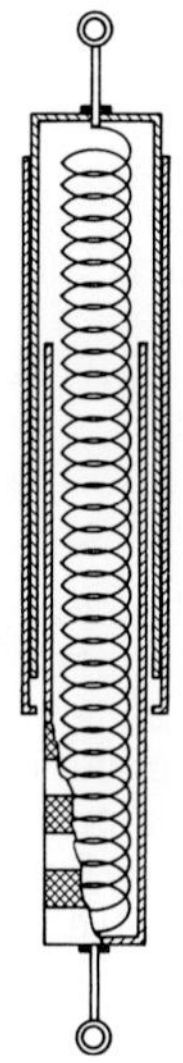

Abb. 4.2. Federwaage

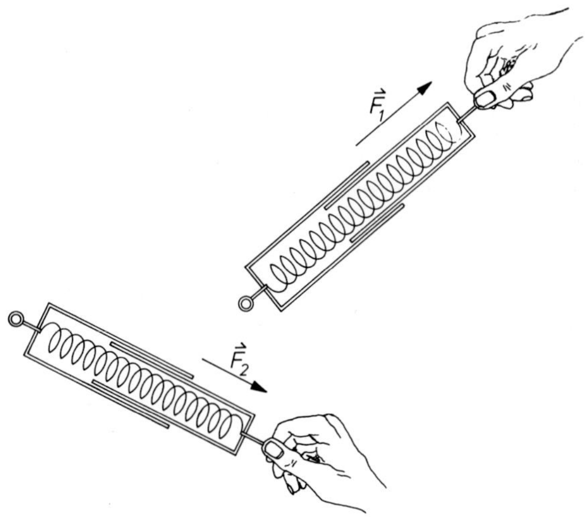

Abb. 4.3. Messung des Kraftvektors mit einer Federwaage

4.2 Kraft

4.2.1 Kraft als Vektorgröße

Eine Federwaage kann offenbar nicht nur durch Belastung mit einer Masse ausgedehnt werden. Wird etwa eine Federwaage an einem Ende befestigt, so kann man mit der Hand am anderen Ende in verschiedener Richtung und mit verschiedener Stärke ziehen. Die Federwaage nimmt dabei die Richtung des Zuges an. Wir sagen, wir üben auf die Federwaage eine *Kraft* aus, deren Richtung durch die Richtung der Federwaage im Raum und deren Betrag durch die Ausdehnung der Feder gegeben ist (Abb.4.3). Die Möglichkeit, die Begriffe Betrag und Richtung zu verwenden, läßt uns vermuten, daß die Kraft ein Vektor ist, d.h.

$$\vec{F} = D\,\vec{x} \quad .$$

Hier ist $\vec{F}$ die an der Federwaage angreifende Kraft, $\vec{x}$ der Vektor, der Ausdehnung und Richtung der Federwaage beschreibt und D eine Konstante, die für die Feder charakteristisch ist (diese *Federkonstante* entspricht der Konstanten in (4.1.1)). Wie bei (4.1.1) gilt die strenge Proportionalität nur für kleine Werte von $|\vec{x}|$. Dazu müssen wir experimentell zeigen, daß die Größe Kraft die Regeln der Vektorrechnung erfüllt. Wir begnügen uns hier damit, die Gültigkeit der Vektoraddition für Kräfte nachzuweisen.

Experiment 4.2. Vektoraddition zweier Kräfte

Drei Federwaagen sind an einem Ende durch einen kleinen Ring miteinander verbunden. Die anderen Enden von zwei der Waagen sind an einer Wandtafel befestigt. Das freie Ende der dritten Waage kann in beliebiger Richtung gezogen werden, d.h. auf diese Waage wird eine beliebige Kraft $\vec{F}$ ausgeübt, die durch Richtung und Ausdehnung der Waage gemessen (und auf der Wandtafel markiert) werden kann. Die beiden anderen Federwaagen zeigen Kräfte $\vec{F}_2$ und $\vec{F}_3$ an. Durch geometrische Konstruktion auf der Tafel entsprechend Abb.4.4 zeigt man leicht, daß $\vec{F}_2 + \vec{F}_3 = \vec{F}_1$, d.h. daß die Vektorsumme von $\vec{F}_2$ und $\vec{F}_3$ gerade gleich $\vec{F}_1$ ist.

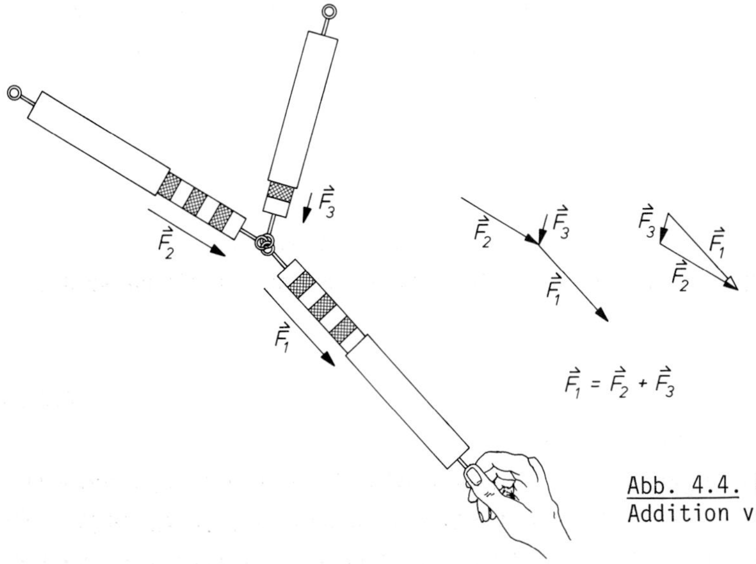

Abb. 4.4. Demonstration der Addition von Kraftvektoren

4.2.2 Beispiele von Kräften. Gewicht, Reibungskraft, Federkraft. Reduzierung der Reibung durch Luftkissen

Gewicht

Wir haben festgestellt, daß die beiden verschiedenen physikalischen Größen "schwere Masse" und "Kraft" mit dem gleichen Instrument, einer Federwaage, gemessen werden können. Die schwere Masse m haben wir als skalare Größe eingeführt, d.h. für ein bestimmtes Objekt ist sie durch eine einzige Zahl und die Einheit kg festgelegt, z.B. m = 5,3 kg. Belastet ein Objekt eine Federwaage, so zeigt diese entsprechend (4.1.1) einen Ausschlag x. Da die Federwaage aber auch ein Kraftmeßinstrument ist, müssen wir sagen: das Objekt übt auf die Federwaage eine Kraft aus, die seiner schweren Masse proportional ist

$$\vec{F}_g = m\vec{g} \quad . \tag{4.2.1}$$

Die Proportionalitätskonstante $\vec{g}$ werden wir im Abschnitt 4.6.2 bestimmen. Sie ist ein in der Nähe der Erdoberfläche etwa konstanter Vektor, der immer nach unten (genauer: etwa zum Erdmittelpunkt hin) gerichtet ist. Die Kraft $\vec{F}_g$, die an der Erdoberfläche auf jedes Objekt mit schwerer Masse wirkt, heißt *Gewicht* des Objekts.

Federkraft. Hookesches Gesetz

Betrachten wir noch einmal die Federwaage. Wir haben festgestellt, daß bei Belastung der Federwaage mit der schweren Masse m die Federwaage um einen Vektor $\vec{x}_0$ gedehnt wird, und daß die Masse eine Kraft in der Größe ihres Gewichts auf die Federwaage ausübt. Nennen wir diese Kraft äußere Kraft $\vec{F}_a$, so gilt

$$\vec{F}_a = D\vec{x}_0 \quad .$$

Dabei ist D eine für die Feder charakteristische Konstante.

Wir können aber auch sagen, die Feder ihrerseits übe auf die Masse die Kraft

$$\vec{F}_{Feder} = -D\vec{x}_0 \tag{4.2.2}$$

aus. Daß die Feder in der Tat eine Kraft ausüben kann, die ihrer Ausdehnung proportional ist, sehen wir an dem in Abb.4.5 dargestellten Experiment. Dehnen wir nämlich die Feder um etwas mehr als den Vektor $\vec{x}_0$ aus, belasten sie dann mit der Masse m und lassen sie los, so bewegt sich die Feder nach oben: Die Federkraft überwiegt das Gewicht. Das Umgekehrte geschieht, wenn wir die Feder ursprünglich um etwas weniger als den Vektor $\vec{x}_0$ ausdehnen. Damit ist die Gültigkeit der Gleichung (4.2.2) gezeigt. Sie heißt *Hookesches Gesetz*. Die strenge Proportionalität dieser Gleichung gilt nur für kleine Ausdehnungen.

Gleichgewicht

In Abb.4.5 haben wir ein Beispiel kennengelernt, in dem sich zwei Kräfte zu Null addieren. Wir sagen: Die beiden Kräfte befinden sich im Gleichgewicht. Zwei andere Gleichgewichtssituationen sind in Abb.4.6 dargestellt.

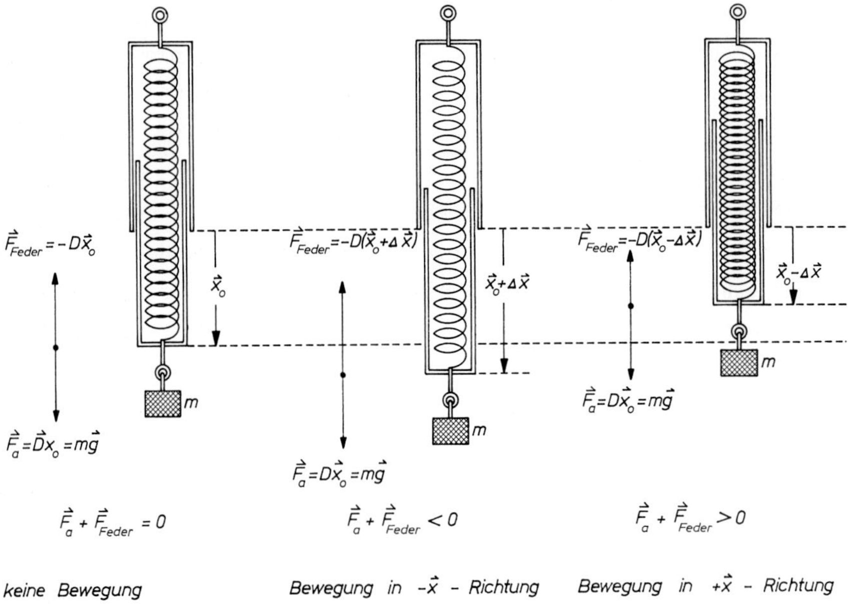

Abb. 4.5. Experiment zum Hookeschen Gesetz

Ein Objekt der schweren Masse m liegt auf einem Tisch. Es übt eine Kraft in der Größe seines Gewichts auf den Tisch aus. Dadurch deformiert es den Tisch soweit, bis dieser ihm (ähnlich wie eine verformte Feder) eine gleich große aber entgegengerichtete Verformungskraft entgegensetzt.

Zwei gleich große Massen sind durch eine (sehr leichte) Schnur verbunden, die über eine Rolle geführt ist. Auf jede Masse wirkt nach unten ihr Gewicht und nach oben das Gewicht der anderen Masse. Wieder sind beide Kräfte gleich. Befinden sich die Massen anfänglich in Ruhe, so werden sie dauernd in Ruhe verharren.

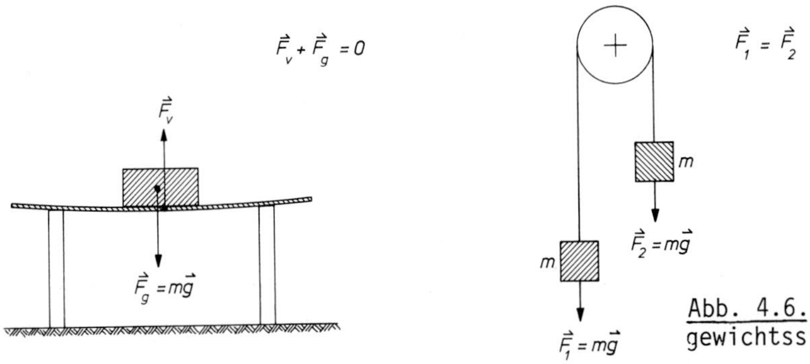

Abb. 4.6. Zwei Gleichgewichtssituationen

Reibungskraft

Wir führen das in Abb.4.7 skizzierte qualitative Experiment aus. Ein quaderförmiger Klotz liegt auf einer ebenen Tischplatte und kann mittels einer Federwaage horizontal über den Tisch gezogen werden. Wir führen diese Bewegung mit konstanter Geschwindigkeit aus und beobachten eine sich einstellende konstante Ausdehnung der Federwaage. Offensichtlich widersetzt sich der Quader der Bewegung mit einer Kraft, die der Bewegungsrichtung d.h. dem Geschwindigkeitsvektor, entgegengesetzt ist. Wiederholen wir nun den Versuch mit vergrößerter Geschwindigkeit, so stellen wir eine größere Kraft fest. Wir bezeichnen sie als Reibungskraft. Für viele Zwecke reicht es aus, den Betrag der Kraft dem der Geschwindigkeit direkt proportional zu setzen

$$\vec{F}_R = - R\vec{v} \quad . \tag{4.2.3}$$

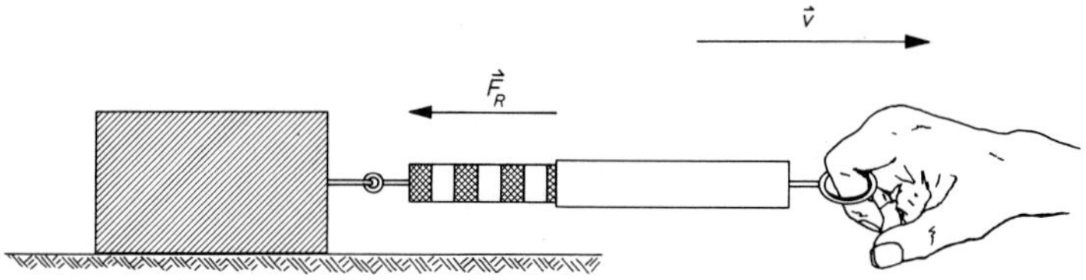

Abb. 4.7. Demonstration der Reibungskraft

Die Konstante R hängt dabei von der Anordnung ab, d.h. insbesondere von der Größe der Auflagefläche des Quaders, von seiner Masse und von der Oberflächenbeschaffenheit des Quaders und der Tischfläche.

Wir kennen die verschiedensten Arten von Reibung, d.h. nicht nur die gleitende Reibung wie in Abb.4.7, sondern auch rollende Reibung in Achslagern oder die Luftreibung, die wichtig wird, wenn ein Objekt (Auto, Flugzeug) gegen den Luftwiderstand bewegt wird. Für die Luftreibung bei hohen Geschwindigkeiten ist

$$\vec{F}_R = -R\, v^2 \frac{\vec{v}}{v} \tag{4.2.4}$$

eine gute Näherung.

Methoden zur Verminderung der Reibung. Luftkissenfahrbahn

Reibungskräfte sind in der Technik und im physikalischen Experiment meist störend. Sie können aber auch notwendig sein. (Die Bremswirkung bei Autos

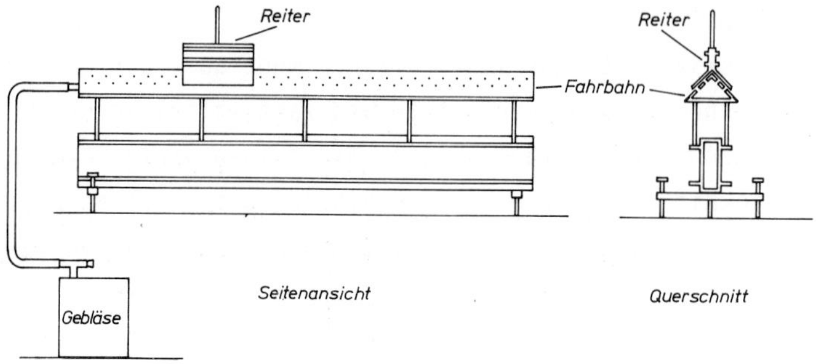

Abb. 4.8. Luftkissenfahrbahn

wird durch Reibungskräfte erreicht). Eine Verminderung der Reibung kann auf verschiedene Weisen erreicht werden, etwa durch Verwendung besonders glatter Flächen von Rädern oder durch Schmierung. Eine besonders drastische Verminderung der Reibung erreicht man mit Hilfe von Luftkissen. Das Prinzip der Luftkissenfahrbahn, die wir häufiger verwenden werden, ist in Abb.4.8 dargestellt. Ein dreieckiges Prisma aus Aluminiumblech wird durch ein Gebläse mit Luft unter Überdruck gefüllt. Die Luft kann durch kleine Bohrungen in den Seitenflächen aus dem Prisma entweichen. Setzt man nun über das Prisma einen winkelförmigen Reiter aus zwei Blechstreifen, so wird dieser Reiter durch die austretende Luft leicht angehoben. Es stellt sich ein Gleichgewicht zwischen dem Gewicht des Reiters und einer durch den Luftdruck bedingten Auftriebskraft ein, so daß keine Kraft in senkrechter Richtung auf den Reiter wirkt. Da keine direkte Berührung zwischen dem Reiter und der prismatischen Fahrbahn besteht, ist die Reibung bei Bewegung des Reiters längs der Fahrbahn minimal. Um die Bahn des Reiters als Funktion der Zeit in der Form $x = x(t)$ beschreiben zu können, muß die Zeit, zu der der Reiter eine gegebene Stelle x passiert, gemessen werden können, ohne den Reiter selbst zu beeinflussen. Das kann z.B. dadurch geschehen, daß man den Reiter eine Lichtschranke durchstoßen läßt, die eine Uhr betätigt. Besonders praktisch ist die Verwendung von stroboskopischen fotographischen Aufnahmen. Beobachtet man nämlich die Fahrbahn mit einer geöffneten Kamera und beleuchtet sie in gleichen Zeitabständen Δt mit einem Blitzlicht, so erhält man nach Entwicklung des Films eine Serie von Positionen

$$x_i(t_i) \quad , \quad t_i = i\Delta t \quad , \quad i = 0, 1, 2 \ldots$$

zu verschiedenen Zeiten.

4.3 Erstes Newtonsches Gesetz

Wir können uns jetzt endlich dem Studium der Bewegung eines Massenpunktes zuwenden. Eine erste wichtige Aussage darüber macht das erste Newtonsche Gesetz: *Ein Massenpunkt verharrt im Zustand der Ruhe oder der geradlinig gleichförmigen Bewegung, wenn die Summe der Kräfte, die auf ihn wirken, gleich Null ist.*

Experiment 4.3. Nachweis des ersten Newtonschen Gesetzes

Ein Reiter der Luftkissenfahrbahn wird einmal mit der Hand angestoßen. Danach bewegt er sich kräftefrei entlang der Fahrbahn. Die stroboskopische Aufnahme des Vorgangs ist in Abb.4.9 wiedergegeben. Der Zeitabstand zwischen den Blitzaufnahmen betrug $\Delta t = 0{,}25$ s. Die Geschwindigkeit v_i zwischen den Aufnahmen i und i + 1 ist näherungsweise durch den Differenzenquotienten

$$\frac{x_{i+1}-x_i}{\Delta t} \approx v_i \qquad (4.3.1)$$

↳ Woher kommt man denn den exakten Wert ohne ihn zu messen? Die Information die zur Verfügung steht hat man durch die Meßergebnisse erhalten. Meßergebnisse sind also immer exakt im Sinne der durch sie gegebenen uniformen Struktur!

gegeben. wir erhalten aus dem Bild

$$v_1 \approx v_2 \approx v_3 \approx \dots \quad .$$

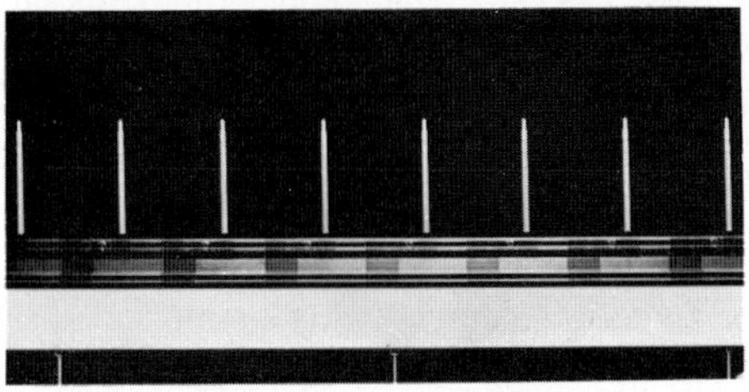

Abb. 4.9. Demonstration des 1. Newtonschen Gesetzes durch stroboskopische Aufnahme der kräftefreien Bewegung eines Reiters auf der Luftkissenfahrbahn

Die Geschwindigkeit ist also im Rahmen unserer Meßgenauigkeit konstant: Die Bewegung ist gleichförmig. Die Geradlinigkeit der Bewegung wird in diesem Experiment nicht nachgewiesen, da die Bewegung auf der Fahrbahn zwangsläufig geradlinig ist. Sie kann durch das entsprechende Experiment auf einem Luftkissentisch (oder einfach durch Anstoßen eines Steines auf einer Eisfläche) demonstriert werden.

4.4 Zweites Newtonsches Gesetz. Träge Masse

Nachdem wir die kräftefreie Bewegung eines Massenpunktes beschrieben haben, wenden wir uns nun der Bewegung eines Massenpunktes unter Wirkung einer konstanten Kraft zu.

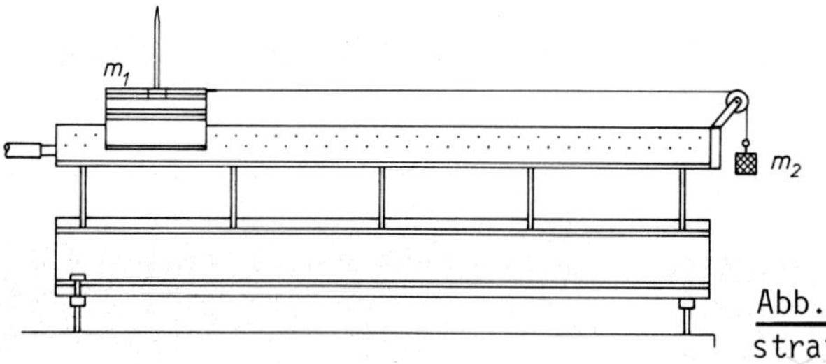

Abb. 4.10. Anordnung zur Demonstration des 2. Newtonschen Gesetzes

Experiment 4.4. Nachweis des zweiten Newtonschen Gesetzes

Am Ende der Luftkissenfahrbahn ist eine kleine Rolle angebracht. Über sie läuft ein Faden, der einen Reiter der Masse m_1 am anderen Ende der Fahrbahn mit einer kleinen Masse m_2 verbindet, die sich senkrecht nach unten bewegen kann. Der Reiter wird in dem gleichen Augenblick (t=0) losgelassen, in dem das erste Blitzlicht aufleuchtet. Da auf die Masse m_2 das Gewicht $\vec{F}_g = m_2\vec{g}$ wirkt, wird auf das System, das aus m_1 und m_2 besteht, dauernd eine konstante Kraft von der Größe des Gewichts ausgeübt.

Abb.4.11 zeigt eine Reihe stroboskopischer Aufnahmen (Δt=0,1s) für verschiedene Werte von m_1 und m_2. In Tabelle 4.1 ist die Abb.4.11a im Detail

Tabelle 4.1. Auswertung von Abb.4.11a

t_i [s]	x_i [m]	$v_i \approx \frac{x_{i+1}-x_i}{\Delta t}$ [ms^{-1}]	$a_i \approx \frac{v_{i+1}-v_i}{\Delta t}$ [ms^{-2}]	$a_i = \frac{2x_i}{t_i^2}$ [ms^{-2}]
0.1	0.004	0.04	-	0.8
0.2	0.013	0.09	0.5	0.65
0.3	0.027	0.14	0.5	0.60
0.4	0.049	0.22	0.8	0.61
0.5	0.077	0.28	0.6	0.62
0.6	0.112	0.35	0.7	0.62
0.7	0.153	0.41	0.6	0.62
0.8	0.202	0.49	0.8	0.63
0.9	0.256	0.54	0.5	0.63
1.0	0.317	0.61	0.7	0.63
1.1	0.386	0.69	0.8	0.64
1.2	0.461	0.75	0.6	0.64
1.3	0.543	0.82	0.7	0.64

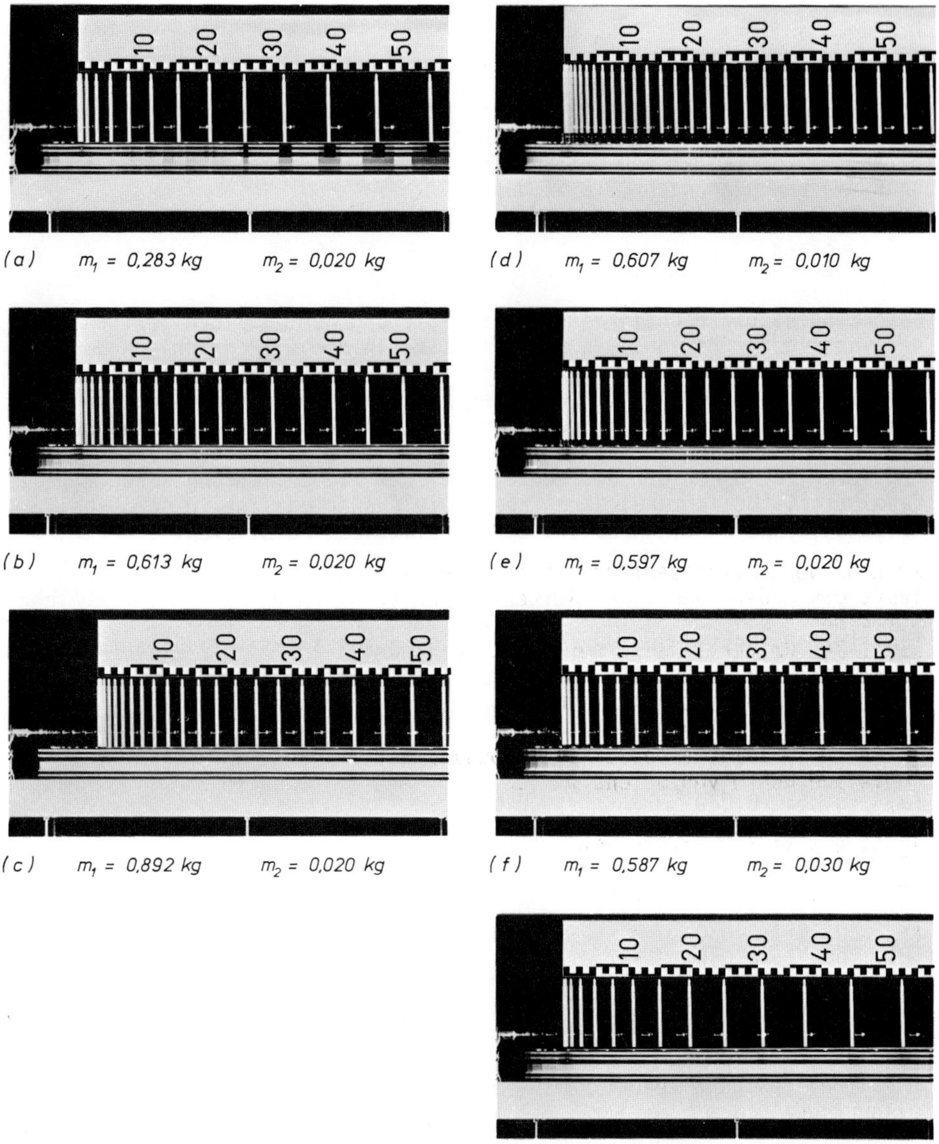

(a) m_1 = 0,283 kg m_2 = 0,020 kg

(b) m_1 = 0,613 kg m_2 = 0,020 kg

(c) m_1 = 0,892 kg m_2 = 0,020 kg

(d) m_1 = 0,607 kg m_2 = 0,010 kg

(e) m_1 = 0,597 kg m_2 = 0,020 kg

(f) m_1 = 0,587 kg m_2 = 0,030 kg

(g) m_1 = 0,577 kg m_2 = 0,040 kg

Abb. 4.11 a-g. Stroboskopaufnahmen der Luftkissenfahrbahn entsprechend Abb. 4.10 für verschiedene Werte von m_1 und m_2

ausgewertet. Neben den Differenzenquotienten (4.3.1) für die Geschwindigkeit ist auch der Differenzenquotient

$$\frac{v_{i+1}-v_i}{\Delta t} \approx a_i \tag{4.4.1}$$

angegeben, der näherungsweise gleich der Beschleunigung ist. Die Werte von a_i lassen vermuten, daß die Beschleunigung a während der Bewegung konstant blieb. Da zur Zeit t = 0 Ort und Geschwindigkeit verschwinden ($x_0=\dot{x}_0=0$) würde dann die Bewegung nach (3.2.4) durch

$$x = \frac{1}{2} at^2 \tag{4.4.2}$$

beschrieben. Die Richtigkeit dieser Beziehung geht aus den Spalten 4 und 5 der Tabelle 4.1 hervor. Die Meßwerte sind in Abb.4.12 graphisch dargestellt.

Die Bewegung ist also gleichmäßig beschleunigt. Die Beschleunigung a erhält man sofort aus (4.4.2) wenn man für x die Laufstrecke und für t die Laufzeit vom Beginn der Bewegung an einsetzt. Wir benutzen diese Methode zur Auswertung der übrigen Aufnahmen in Abb.4.11. In allen Fällen wurde x für t = 1s abgelesen, d.h. der Ort des Reiters bei der 11. Belichtung wurde mit dem Anfangsort (1. Belichtung) verglichen. Die Auswertung ist in der Tabelle 4.2 zusammengefaßt und in Abb.4.13 dargestellt. Es ergibt sich:

Tabelle 4.2. Bestimmung der Beschleunigung aus allen Teilaufnahmen von Abb.4.11

Bild	m_1 [kg]	m_2 [kg]	x [m]	$a = \frac{2x}{t^2}$, t=1s [ms^{-2}]
(a)	0.283	0.020	0.317	0.634
(b)	0.613	0.020	0.152	0.304
(c)	0.892	0.020	0.107	0.214
(d)	0.607	0.010	0.089	0.178
(e)	0.597	0.020	0.154	0.308
(f)	0.587	0.030	0.235	0.470
(g)	0.577	0.040	0.307	0.614

1) Bei festgehaltener Kraft (Abb.4.13a) ist die Beschleunigung umgekehrt proportional zu $m = m_1 + m_2$, d.h.

$$\frac{1}{a} \sim m \quad . \tag{4.4.3}$$

Wir bezeichnen m als die *träge Masse* des Systems. Sie ist die gesamte Masse, die bewegt wird. Je größer m ist, desto kleiner ist die Beschleunigung.

2) Halten wir jetzt die träge Masse fest und variieren die Kraft $\vec{F} = m_2\vec{g}$, so erhalten wir

$$\vec{a} \sim \vec{F} \quad . \tag{4.4.4}$$

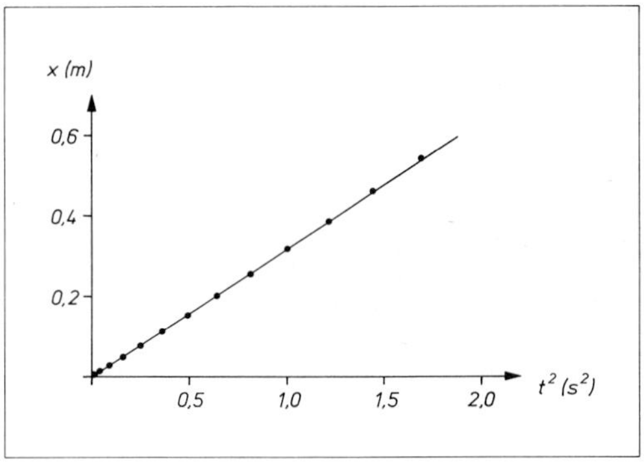

Abb. 4.12. Demonstration der gleichmäßigen Beschleunigung der Bewegung in Abb.4.11a

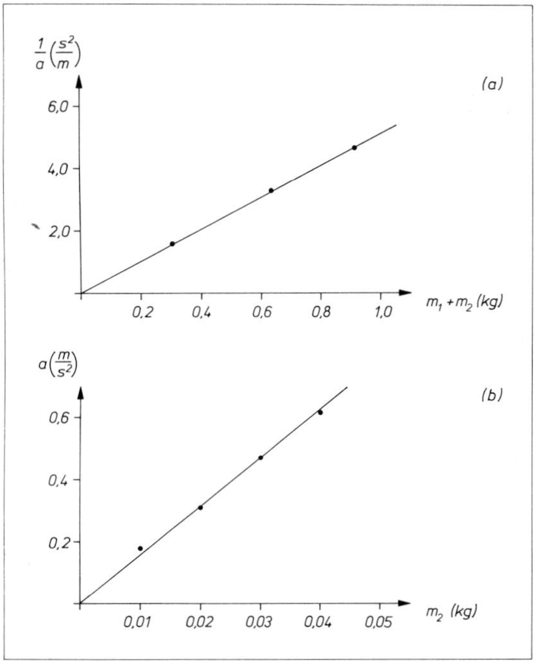

Abb. 4.13 a und b. Experimentelle Bestätigung der Beziehungen (4.4.3) und (4.4.4) aus den Daten der Tabelle 4.2

Die Gleichung gilt nicht nur für die Beträge a und F sondern auch für die Vektoren $\vec{a}$ und $\vec{F}$, da die Beschleunigung jeder der beiden Teilmassen des Systems die Richtung der auf sie wirkenden Kraft hat. Die beiden Proportionalitätsrelationen

$\vec{a} \sim \vec{F}$; m fest, beliebig,

$a \sim 1/m$; $\vec{F}$ fest, beliebig

sind äquivalent der einen Relation

$$\vec{F} \sim m\vec{a} \quad ,$$

d.h.

$$\vec{F} = \text{const}\cdot m\vec{a} \quad . \qquad (4.4.5)$$

Da die träge Masse m sich additiv aus m_1 und m_2 zusammensetzt, insbesondere also m_2 ein Teil der trägen Masse des Systems ist, stellen wir fest, daß die schwere und träge Masse desselben Körpers proportional zueinander sind:

$$(m_2)_{\text{träge}} \sim (m_2)_{\text{schwer}} \quad . \qquad (4.4.6)$$

Es ist Konvention, beide in derselben Einheit (kg) zu messen, d.h. als Proportionalitätskonstante in (4.4.6) die Zahl Eins zu wählen. Durch geeignete Wahl der Einheit der Kraft kann auch die Proportionalitätskonstante in $\vec{F} = \text{const}\cdot m\vec{a}$ zu Eins gewählt werden.

Einheit der Kraft = 1 · (Einheit der Masse) · (Einheit der Beschleunigung)

Die Einheit der Kraft wird als

$$1 \text{ Newton} = 1 \text{ N} = 1 \text{ kg m s}^{-2} \qquad (4.4.7)$$

bezeichnet.

Wir haben dann

$$\vec{F} = m\vec{a} \quad . \qquad (4.4.8)$$

Wirkt auf einen Körper eine Kraft $\vec{F}$, so wird er in Richtung der Kraft beschleunigt. Die Beschleunigung ist der Kraft direkt und der Masse des Körpers umgekehrt proportional. Die Beziehung (4.4.8) ist das *zweite Newtonsche Gesetz* für den Fall, daß sich die träge Masse m des Systems nicht ändert. Die allgemeine Form heißt

$$\vec{F} = \frac{d}{dt}(m\vec{v}) = \frac{d}{dt}(m\dot{\vec{x}}) \quad . \qquad (4.4.9)$$

Dieser einfache Zusammenhang zwischen Kraft und Beschleunigung erlaubt es nun, in vielen Fällen durch Kenntnis einer Gesetzmäßigkeit über die Kraft ein

Beschleunigungsgesetz im Sinne unserer Bewegungsgleichung (3.1.6) zu finden. Dann läßt sich bei vorgegebenen Anfangsbedingungen die Bewegungsgleichung lösen, also die Bahn des Körpers berechnen.

Die Auffindung der Beziehung (4.4.8) ist die geniale Leistung von Newton (1643-1727). Sie bildet den Beginn der Physik im heutigen Sinne. Bis zum Jahre 1905 hat man diese Gleichung für unbegrenzt gültig gehalten. Dann erst zeigte Einstein, daß sie für Körper, die sich mit sehr großer Geschwindigkeit bewegen ($v \approx c$, c = Lichtgeschwindigkeit $\approx 3 \cdot 10^{10}$ cm/s) abgewandelt werden muß.

4.5 Drittes Newtonsches Gesetz

Wir führen folgenden Versuch aus:

Experiment 4.5. Nachweis des dritten Newtonschen Gesetzes

Zwei Kräfte wirken gegeneinander, etwa die Muskelkräfte zweier Menschen (Abb.4.14). Sie werden über Federwaagen gemessen. Die Messung ergibt: Die beiden Kräfte haben gleiche Beträge, aber entgegengesetzte Richtungen.

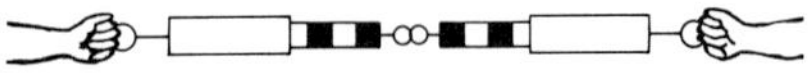

Abb. 4.14. Zum 3. Newtonschen Gesetz

Newton hat diese Tatsache allgemein (unabhängig von der Natur der Körper und der Kräfte) in der berühmten Formulierung

Actio = Reactio ,

d.h. etwa Kraft = Gegenkraft, ausgesprochen (*3. Newtonsches Gesetz*). In etwas moderneren Worten lautet es: *Besteht zwischen zwei Körpern A und B eine Kraftwirkung, so ist die Kraft* $\vec{F}_{AB}$*, welche A auf B ausübt, der Kraft* $\vec{F}_{BA}$*, die B auf A ausübt, entgegengesetzt gleich*

$$\vec{F}_{AB} = -\vec{F}_{BA} \quad . \tag{4.5.1}$$

4.6 Anwendungen: Federpendel. Mathematisches Pendel. Fall und Wurf

Die Newtonschen Gesetze erlauben die Berechnung vieler physikalischer Vorgänge. Wir untersuchen hier einige Beispiele.

4.6.1 Federpendel (eindimensionaler harmonischer Oszillator)

Ein Massenpunkt kann sich entlang der x-Achse bewegen. Eine Schraubenfeder mit der Federkonstante D bewirkt die ortsabhängige Federkraft (4.2.2)

$$\vec{F} = -D\vec{x} \quad .$$

Andererseits gilt

$$\vec{F} = m\vec{a} = m\ddot{\vec{x}} \quad .$$

Beide Beziehungen zusammen ergeben

$$m\ddot{\vec{x}} = -D\vec{x}$$

bzw.

$$\ddot{\vec{x}} = -\frac{D}{m}\vec{x} \quad . \tag{4.6.1}$$

Eine Gleichung dieses Typs, in der eine Funktion - hier $\vec{x} = \vec{x}(t)$ - und mindestens eine ihrer Ableitungen - hier die zweite Ableitung $\ddot{\vec{x}}(t) = d^2\vec{x}(t)/dt^2$ - vorkommt, bezeichnet man als *Differentialgleichung*. Die spezielle Gleichung (4.6.1), die wir auch als

$$\ddot{\vec{x}} = -c\,\vec{x} \quad , \qquad c = \frac{D}{m} = \text{const} > 0 \tag{4.6.2}$$

schreiben können, ist von besonderer Wichtigkeit in der Physik. Wir wollen hier nicht in die Behandlung der Theorie der Differentialgleichungen eintreten, sondern nur mit einigen allgemeineren Bemerkungen die Lösung von (4.6.2) angeben. Da sich der Massenpunkt entlang einer Geraden bewegt, ist $\vec{x}(t) = \vec{e}_x\, x(t)$. Die Richtung $\vec{e}_x$ ist konstant. Dann ist $\dot{\vec{x}}(t) = \vec{e}_x\, \dot{x}(t)$ und $\ddot{\vec{x}}(t) = \vec{e}_x\, \ddot{x}(t)$. Für den Faktor x(t) gilt die Differentialgleichung

$$\ddot{x}(t) = -\frac{D}{m}x \quad . \tag{4.6.3}$$

Die Gleichung hat die Lösung

$$x(t) = A\sin\omega t + B\cos\omega t \quad , \quad \omega = \sqrt{\frac{D}{m}} \quad . \tag{4.6.4}$$

Die Richtigkeit dieser Behauptung läßt sich leicht durch zweimaliges Differenzieren von (4.6.4) zeigen:

$$\dot{x}(t) = \omega(A\cos\omega t - B\sin\omega t) \quad ,$$

$$\ddot{x}(t) = -\omega^2(A\sin\omega t + B\cos\omega t) = -\omega^2 x(t) = -\frac{D}{m}x(t) \quad . \tag{4.6.5}$$

Die Lösung enthält zwei Konstanten (A und B), die durch die Anfangsbedingungen (Ort $x(0)$ und Geschwindigkeit $\dot{x}(0)$ des Körpers zur Zeit $t=t_0=0$) festgelegt werden. Jede Lösung einer Differentialgleichung enthält solche Konstanten. Das wird deutlich, wenn wir die Lösung von (4.6.3) entsprechend (3.1.6) in der Form

$$x(t) = x(0) + t\,\dot{x}(0) + \int_{t'=0}^{t'=t}\left\{\int_{t''=0}^{t''=t'}\ddot{x}(t'')\,dt''\right\}dt' \tag{4.6.6}$$

schreiben.

Die Bewegung der Masse kann also als Überlagerung (Superposition) zweier Bewegungen verstanden werden.

$$x(t) = x_1(t) + x_2(t) \quad , \tag{4.6.7}$$

$$x_1(t) = A\sin\omega t \quad , \tag{4.6.8a}$$

$$x_2(t) = B\cos\omega t \quad , \tag{4.6.8b}$$

die in Abb.4.15a skizziert sind.

Solche Bewegungsvorgänge werden als *Schwingungen* bezeichnet. Beide Schwingungen haben verschiedene *Amplituden* (A bzw. B), die die maximale Auslenkung aus der Ruhelage beschreiben, aber gleiche *Kreisfrequenz* ω. Diese Größe, die die Dimension (Zeit^{-1}) hat, also in s^{-1} gemessen wird, weil das Argument der Winkelfunktionen ein (dimensionsloser) Winkel sein muß, gibt die Zahl der vollen Schwingungen in der Zeit 2πs an. Die Anzahl der vollen Schwingungen in 1s heißt *Frequenz* ν, die Zeit, die für eine volle Schwingung benötigt wird,

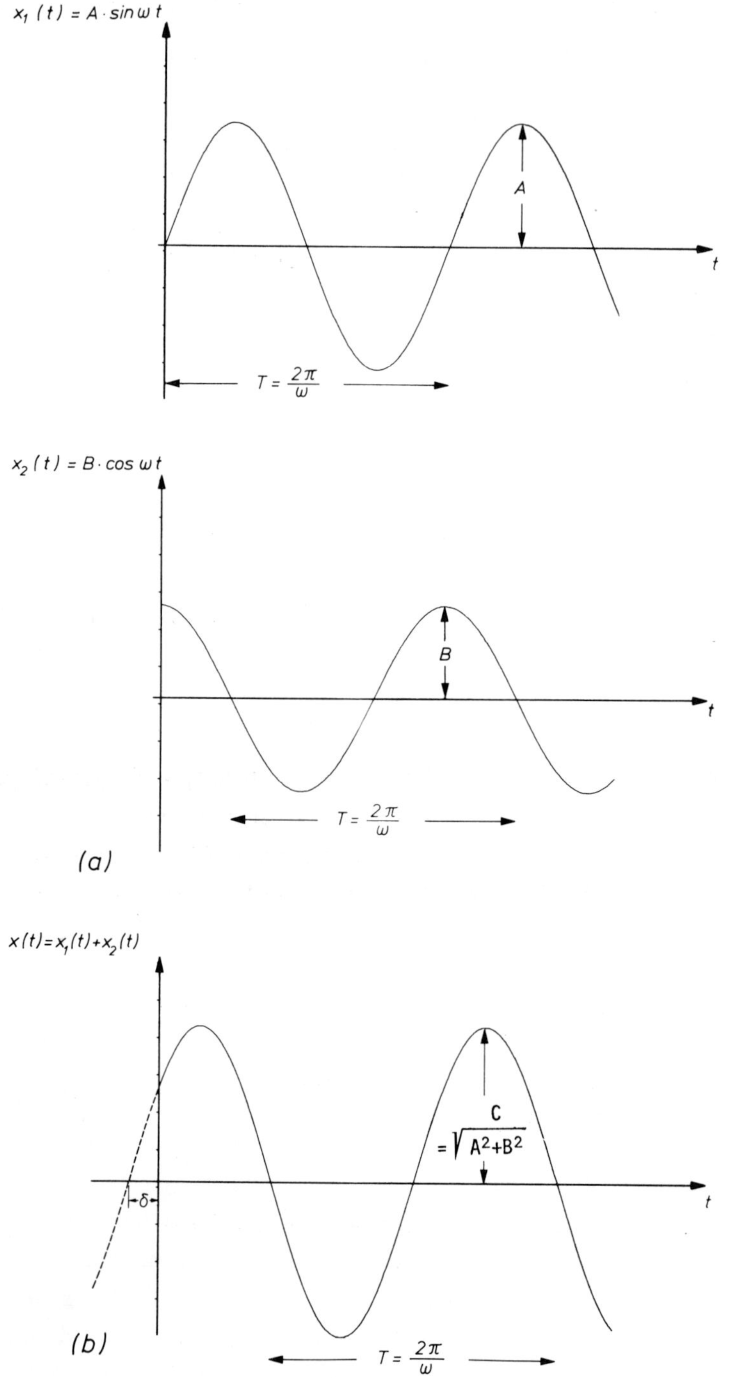

Abb. 4.15 a und b. Darstellung der Beziehungen (4.6.8) und (4.6.14)

heißt *Periode* T. Aus den Definitionen von ν und T folgt sofort

$$\nu = \frac{1}{T} \quad , \quad \omega = 2\pi\nu \quad . \tag{4.6.9}$$

Aus (4.6.9) und (4.6.4) folgt, daß die Schwingungsdauer T durch Masse und Federkonstante gegeben ist

$$T = \frac{1}{\nu} = \frac{2\pi}{\omega} = 2\pi\sqrt{\frac{m}{D}} \quad . \tag{4.6.10}$$

Bezeichnen wir Ort und Geschwindigkeit der Masse zur Zeit $t = 0$ mit x_0 bzw. v_0, so folgt aus (4.6.4) bzw. (4.6.5)

$$x_0 = x(t=0) = B$$

bzw.

$$v_0 = \dot{x}(t=0) = \omega A \quad . \tag{4.6.11}$$

Damit ist der Zusammenhang zwischen den (physikalischen) Anfangsbedingungen und den (mathematischen) Integrationskonstanten hergestellt.

Nun ist es unbequem, die Bewegung des Federpendels als Summe zweier Schwingungen aufzufassen, obwohl dies völlig korrekt ist. Wir formen deshalb die allgemeine Lösung (4.6.4) um

$$\begin{aligned} x(t) &= A \sin\omega t + B \cos\omega t \\ &= \sqrt{A^2+B^2}\left(\frac{A}{\sqrt{A^2+B^2}} \sin\omega t + \frac{B}{\sqrt{A^2+B^2}} \cos\omega t\right) \quad . \end{aligned}$$

Die beiden Koeffizienten in der Klammer können in der Form

$$\begin{aligned} \frac{A}{\sqrt{A^2+B^2}} &= \cos\delta \quad , \\ \frac{B}{\sqrt{A^2+B^2}} &= \sin\delta \end{aligned} \tag{4.6.12}$$

geschrieben werden, weil sie die Beziehung

$$\sin^2\delta + \cos^2\delta = 1$$

erfüllen. Setzen wir außerdem

$$C = \sqrt{A^2+B^2} \quad , \tag{4.6.13}$$

so ergibt sich

$$x(t) = C\,(\sin\omega t\,\cos\delta + \cos\omega t\,\sin\delta) \quad ,$$

$$x(t) = C\,\sin(\omega t+\delta) \quad , \tag{4.6.14}$$

weil für beliebige Winkel α und β das Additionstheorem

$$\sin(\alpha+\beta) = \sin\alpha\,\cos\beta + \cos\alpha\,\sin\beta$$

gilt. Der durch (4.6.14) festgelegte zeitliche Verlauf von x ist in Abb. 4.15b dargestellt.

Das Ergebnis der Überlagerung zweier Schwingungen gleicher Frequenz ist also selbst wieder eine Schwingung mit der gleichen Frequenz. Ihre Amplitude C hängt nach (4.6.13) mit den Amplituden A und B der Einzelschwingungen zusammen. Aus dem Bild entnimmt man, daß die Sinuskurve nicht durch den Ursprung geht. Ihre Verschiebung gegen den Ursprung der Zeitskala wird durch den *Phasenwinkel* δ gegeben. Die Lösung (4.6.14) ist der Lösung (4.6.4) völlig äquivalent. Auch sie enthält zwei Konstanten C und δ, die durch die Anfangsbedingungen bestimmt werden.

Experiment 4.6. Schreibendes Federpendel

Wir können ein Federpendel durch eine an einem Ende befestigte Schraubenfeder realisieren, an deren anderem Ende ein Körper der Masse m hängt. Wird der Körper einmal aus seiner Ruhelage ausgelenkt, so führt er Schwingungen aus. Wir zeigen zunächst, daß die Anordnung durch (4.6.1) beschrieben wird. Dazu benutzen wir eine senkrecht nach oben gerichtete ξ-Achse. Der Aufhängepunkt der Feder sei durch $\xi = \xi_a$, die Lage des Endpunktes der unbelasteten Feder durch $\xi = \xi_a - \ell$ beschrieben (Abb.4.16). Ist die Feder durch den Körper der Masse m belastet und befindet er sich an einem Punkt ξ, so wirkt auf ihn die Schwerkraft vom Betrag mg in $(-\xi)$-Richtung und die Federkraft $-D[\xi-(\xi_a-\ell)]$. Es gilt die Bewegungsgleichung

$$m\ddot{\xi} = -D(\xi-\xi_a+\ell) - mg \quad .$$

Für einen festen Wert $\xi = \xi_0$ (die Ruhelage des Körpers) verschwindet die Kraft auf der rechten Seite

$$\xi_0 = -\frac{m}{D} g + \xi_a - \ell \quad . \qquad \Rightarrow \xi_a = \xi_0 + \frac{m}{D} g + \ell \Rightarrow$$

$$m\ddot{\xi} = m\ddot{x} = -D(\xi - (\xi_0 + \frac{m}{D} g + \ell) + \ell) - mg$$

$$\Rightarrow m\ddot{x} = -D(\xi - \xi_0) = -Dx$$

Gehen wir nun zu einer neuen Variablen

$$x = \xi - \xi_0 \quad \Rightarrow \xi = x + \xi_0 \Rightarrow \ddot{\xi} = \ddot{x} + 0 = \ddot{x} \Rightarrow$$

über, deren Nullpunkt die Ruhelage des Körpers ist, so erhält die Bewegungsgleichung die Form (4.6.1)*. Die Schwerkraft tritt nicht mehr auf.
Durch die in Abb.4.16e dargestellte Anordnung kann man die Bewegung des Pendelkörpers als Funktion der Zeit graphisch darstellen.

Ein senkrecht stehendes Rohr quadratischen Querschnitts wirkt als Leitschiene für einen Pendelkörper (ein ähnliches Rohrstück etwas größeren Querschnitts), der an zwei gleichartigen Federn aufgehängt, über dem stehenden Rohr senkrecht gleiten kann. Die Reibung wird dadurch gering gehalten, daß zwischen Leitschiene und Pendelkörper ein Luftkissen erzeugt wird. Dazu ist die Leitschiene an ein Gebläse angeschlossen und mit kleinen Löchern versehen. Die Lage des Pendelkörpers als Funktion der Zeit wird dadurch festgehalten, daß eine Papierbahn mit gleichmäßiger Geschwindigkeit senkrecht zur Leitschiene am Pendelkörper vorbeigeführt wird und dieser über eine Schreibeinrichtung seine jeweilige Lage auf dem Papier markiert. (In unserer Anordnung wird - wiederum besonders reibungsarm - mit einem elektrischen Verfahren auf aluminisiertem Papier geschrieben.) In Abb.4.16e erkennt man deutlich die Sinusform der Schwingung. Allerdings fällt die Amplitude leicht mit der Zeit ab, weil die Reibung nicht völlig ausgeschaltet werden kann. Im Kapitel 10 werden wir das schreibende Federpendel auch zum Studium gedämpfter, erzwungener und gekoppelter Schwingungen benutzen.

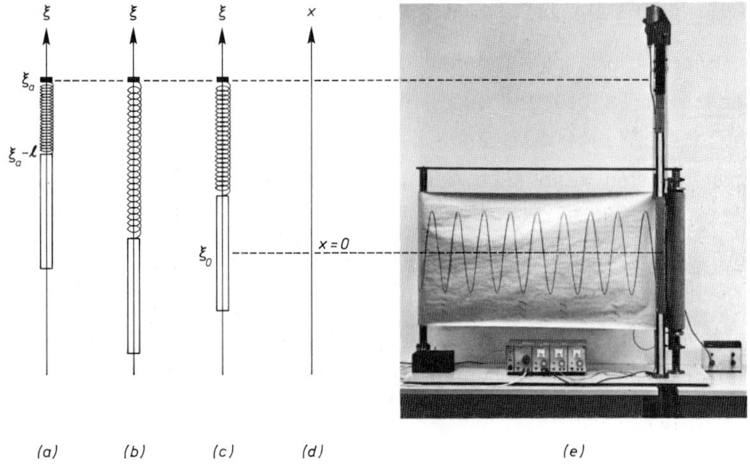

Abb. 4.16 a-e. Gerät zur Demonstration der Sinusform der Federschwingung

Experiment 4.7. Statische und dynamische Bestimmung einer Federkonstanten

Unsere Analyse des Federpendels erlaubt es uns nun, die Federkonstante D nicht nur durch statische Belastung der Feder und Beobachtung der Auslenkung über das Hookesche Gesetz (4.2.2) zu bestimmen, sondern durch Anregung einer Schwingung und Messung der Schwingungsdauer T auch aus (4.6.10). Wir führen beide Messungen aus

a) Statische Messung. Belastung der Feder mit der Masse m = 0,25 kg führt zu einer Auslenkung x = 0,07 m. Damit ist

$$D_{stat} = \frac{F}{x} = \frac{mg}{x} = \frac{0{,}25\cdot 9{,}81}{0{,}07}\,\frac{\mathrm{m\ kg\ s^{-2}}}{\mathrm{m}} \quad ,$$

$$D_{stat} = 35\ \mathrm{kg\ s^{-2}} \quad .$$

b) Dynamische Messung. Bei der gleichen Belastung der Feder mit m = 0,25 kg mißt man für 20 Schwingungsdauern die Zeit 20 T = 11,0 s. Also

$$D_{dyn} = 4\pi^2 \frac{m}{T^2} = \frac{39{,}5\cdot 0{,}25}{0{,}3}\,\frac{\mathrm{kg}}{\mathrm{s^2}} \quad ,$$

$$D_{dyn} = 32{,}9\ \mathrm{kg\ s^{-2}} \quad .$$

Beide Werte stimmen innerhalb unserer Meßfehler überein. (Diese Aussage könnten wir eigentlich erst nach einer Fehlerrechnung machen. Sie würde auch die Frage beantworten, welche der beiden Messungen zuverlässiger ist. Auch ohne Fehlerrechnung können wir eine qualitative Antwort geben: Beide Ergebnisse entstehen durch zwei Teilmessungen, der Massenbestimmung und einer Längenmessung bzw. einer Zeitmessung. Von diesen läßt sich bei etwa gleichem Aufwand die Zeitmessung wesentlich genauer durchführen (Die Zeit 20 T = 11,0 s ist ohne weiteres auf 1% genau zu bestimmen). Man wird daher die dynamische Methode bevorzugen.

4.6.2 Mathematisches Pendel

Das mathematische Pendel bildet seit jeher das beliebteste Beispiel in allen Lehrbüchern der Mechanik. Es besteht aus einem Massenpunkt der Masse m, der mittels einer masselosen Stange der Länge ℓ so aufgehängt ist, daß er sich auf einem Kreisbogen bewegen kann (Abb.4.17). Auf den Massenpunkt wirkt die Schwerkraft

$$\vec{F} = m\vec{g} \quad . \qquad (4.6.15)$$

Wir führen ebene Polarkoordinaten ein und zerlegen die Schwerkraft in einen Radialteil

$$\vec{F}_r = mg\cos\varphi\,\vec{e}_r$$

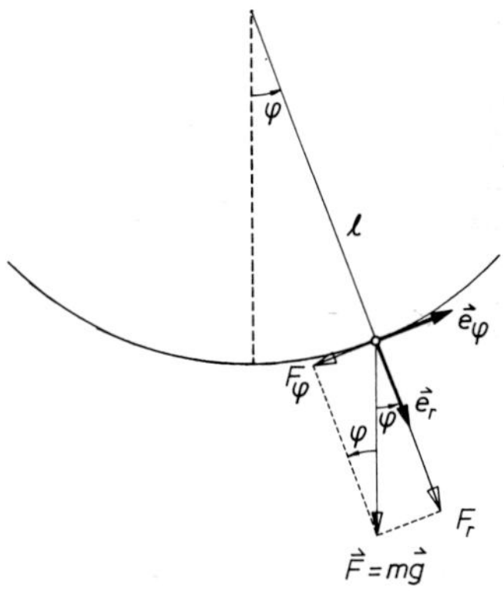

Abb. 4.17. Mathematisches Pendel

und einen Azimutalanteil

$$\vec F_\varphi = -mg \sin\varphi \, \vec e_\varphi \quad . \tag{4.6.16}$$

Wir zerlegen nun Ortsvektor, Geschwindigkeit und Beschleunigung wie in Abschnitt 3.2.3. Mit dem Ortsvektor

$$\vec r = \ell \, \vec e_r$$

kann man den Geschwindigkeitsvektor (vgl. (2.5.23))

$$\dot{\vec r} = \frac{d}{dt} \vec r = \ell \frac{d}{dt} \vec e_r = \ell \frac{d\vec e_r}{d\varphi} \frac{d\varphi}{dt} = \ell\dot\varphi \, \vec e_\varphi$$

und schließlich den Beschleunigungsvektor

$$\ddot{\vec r} = \frac{d}{dt} \ell\dot\varphi \, \vec e_\varphi = \ell\dot\varphi \frac{d}{dt} \vec e_\varphi + \ell\ddot\varphi \, \vec e_\varphi \quad ,$$

$$\ddot{\vec r} = -\ell\dot\varphi^2 \, \vec e_r + \ell\ddot\varphi \, \vec e_\varphi \tag{4.6.17}$$

schreiben. Dabei wurde die Tatsache berücksichtigt, daß die Länge ℓ der Pendelstange konstant bleibt. Die Beschleunigung zerfällt in eine Zentripetalbeschleunigung $-\ell\dot\varphi^2 \, \vec e_r$ und eine Azimutalbeschleunigung $\ell\ddot\varphi \, \vec e_\varphi$. Die Bewegung kann stets nur in Richtung $\vec e_\varphi$ verlaufen. Wir setzen also nach dem zweiten Newtonschen Gesetz die Azimutkomponente (4.6.16) der Kraft mit dem Produkt der Masse und der Azimutkomponente der Beschleunigung (4.6.17) gleich

$$m\ell\ddot\varphi = - mg \sin\varphi$$

bzw.

$$\ddot{\varphi} = -\frac{g}{\ell}\sin\varphi \quad . \tag{4.6.18}$$

In dieser Differentialgleichung tritt außer der zweiten Ableitung $\ddot{\varphi}$ der Variablen φ auch eine nichtlineare Funktion von φ auf, nämlich $\sin\varphi$. Die Lösung dieser Gleichung führt auf spezielle Funktionen, die wir hier nicht einführen wollen. Für kleine Werte von φ können wir jedoch in guter Näherung

$$\sin\varphi \approx \varphi \tag{4.6.19}$$

setzen (Abb.4.18 zeigt die graphischen Darstellungen der Funktionen $f(\varphi) = \varphi$ und $f(\varphi) = \sin\varphi$. Bei $\varphi = 0{,}1 = 5{,}73^{\circ}$ beträgt der Unterschied zwischen beiden nur 0.2%)

$$\ddot{\varphi} = -\frac{g}{\ell}\varphi \quad . \tag{4.6.20}$$

Das ist eine *Schwingungsgleichung* vom Typ (4.6.3) mit der Lösung

$$\varphi = A\sin\omega t + B\cos\omega t \tag{4.6.21a}$$

bzw.

$$\varphi = C\sin(\omega t+\delta) \tag{4.6.21b}$$

mit der Kreisfrequenz

$$\omega = \frac{2\pi}{T} = \sqrt{\frac{g}{\ell}} \tag{4.6.22}$$

Experiment 4.8. Bestimmung der Erdbeschleunigung g

Durch Messung der Zeit 10 T = 20.2 s für 20 Schwingungen eines Fadenpendels der Länge ℓ = 1 m kann man aus (4.6.22) sofort einen relativ genauen Wert der Erdbeschleunigung berechnen

$$g = \frac{4\pi^2\ell}{T^2} = \frac{1\cdot 39{,}6}{2{,}02^2}\,\mathrm{m\,s^{-2}} = \frac{39{,}6}{4{,}08}\,\mathrm{m\,s^{-2}} = 9{,}71\,\mathrm{m\,s^{-2}} \quad .$$

Der Wert g hängt geringfügig von der Höhe über dem Meeresspiegel, der geographischen Breite und der Erdbeschaffenheit in der Nähe des Experimentierorts ab. Der gewöhnlich verwendete Tabellenwert ist

$$g = 9{,}81\,\mathrm{m\,s^{-2}} \quad .$$

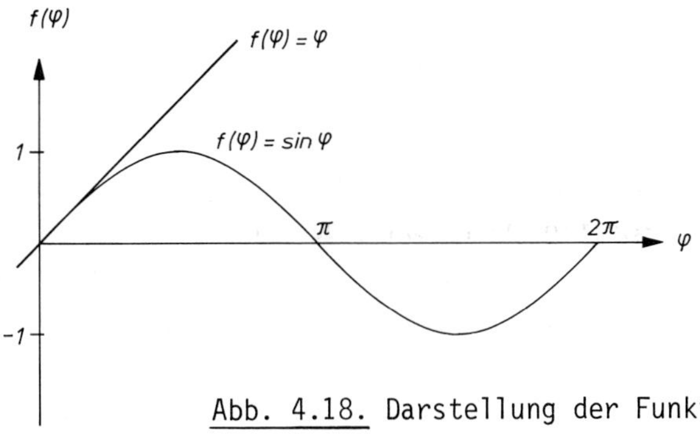

Abb. 4.18. Darstellung der Funktionen $f(\varphi) = \varphi$ und $f(\varphi) = \sin\varphi$

*4.6.3 Mathematisches Pendel bei großen Winkeln

Obwohl wir die exakte Bewegungsgleichung (4.6.18)

$$\ddot{\varphi} = -\frac{g}{\ell}\sin\varphi \quad , \quad \ell = \text{const} \tag{4.6.23}$$

des mathematischen Pendels für große Winkel φ nur mit weiteren mathematischen Hilfsmitteln lösen können, liefert doch auch eine qualitative Diskussion der Gleichung selbst schon interessante Ergebnisse. Abb.4.19 zeigt die Schwingung eines mathematischen Pendels, dessen Anfangsbedingungen auch große Winkel φ zulassen. Dabei wurde eine 3-dimensionale Darstellung gewählt, in der die Zeitachse aus Gründen der übersichtlichen Darstellung nach hinten läuft. (Die Abbildung stellt die Bahn eines Pendels dar, dessen Aufhängepunkt geradlinig gleichförmig nach hinten verschoben wird). Die Anfangsbedingungen in Abb.4.19 sind so gewählt, daß für alle Bahnen der Anfangspunkt $\varphi(t=0) = \varphi_0 = 0$ ist, jedoch die Anfangswinkelgeschwindigkeit $\dot{\varphi}(t=0) = \dot{\varphi}_0$ verschiedene Werte hat. Man beobachtet, daß nun die Schwingungsdauer T nicht mehr unabhängig von den Anfangsbedingungen und von der Amplitude ist, wie das bei kleinen Winkeln der Fall war, sondern mit wachsender Amplitude ansteigt. Das geht besonders deutlich aus Abb.4.20 hervor, in dem der Verlauf von $\varphi(t)$ dargestellt ist.

Dieser Zusammenhang zwischen Amplitude und Periode wird qualitativ sofort aus (4.6.18) und Abb.4.18 verständlich. Während bei kleinen Amplituden dauernd

$$\ddot{\varphi} = -\frac{g}{\ell}\varphi \tag{4.6.24}$$

gilt, ist für größere Amplituden

$$\ddot{\varphi} = -\frac{g}{\ell}\sin\varphi < \frac{g}{\ell}\varphi \tag{4.6.25}$$

Die kleinere Beschleunigung hat natürlich größere Schwingungsdauern zur Folge.

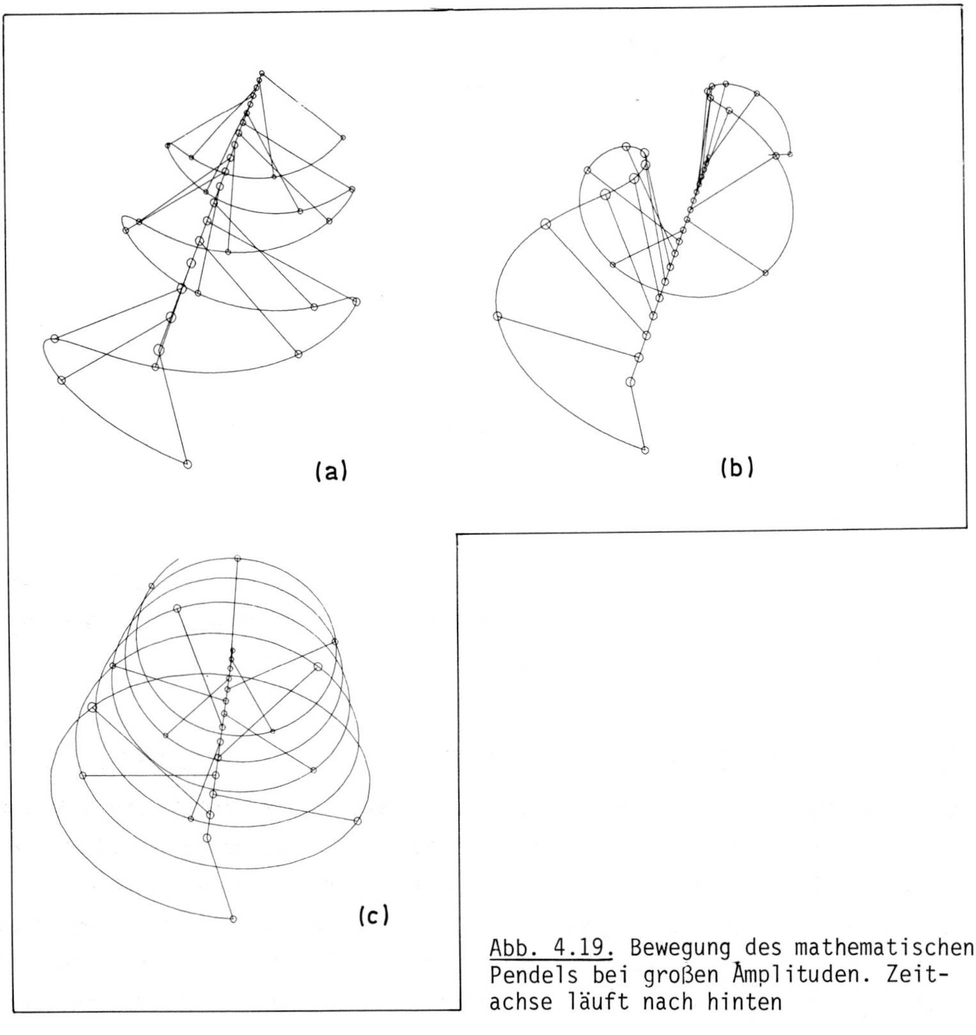

Abb. 4.19. Bewegung des mathematischen Pendels bei großen Amplituden. Zeitachse läuft nach hinten

Abbildung 4.18 zeigt, daß die Winkelbeschleunigung des Pendels nicht nur schwächer als linear mit φ ansteigt, sondern für $\varphi > \pi/2$ sogar abfällt und bei $\varphi = \pi$ das Vorzeichen wechselt. Kommt das Pendel bei einem Winkel $\varphi < \pi$ zur Ruhe, so schwingt es zurück. Es entsteht eine periodische Schwingung (*Libration*), die allerdings nicht harmonisch ist, d.h. nicht die reine Sinusform (4.6.21) hat. Erreicht das Pendel den Winkel $\varphi = \pi$, so wird es also nicht

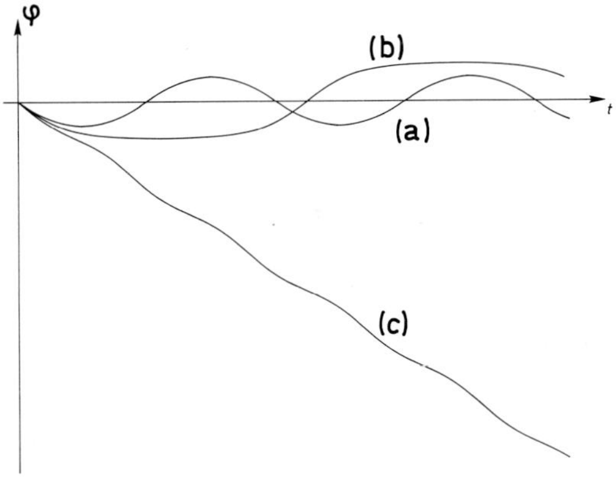

Abb. 4.20. Winkel φ des mathematischen Pendels als Funktion der Zeit für große Amplituden

zurückgetrieben, sondern weiter in Richtung wachsender φ beschleunigt (Überschlagpendel). Auch diese Bewegung ist periodisch. Im Gegensatz zur Schwingung nimmt jedoch φ stets zu (*Rotation*).

*4.6.4 Phasenraumdarstellung der Bewegung des mathematischen Pendels

Eine interessante und übersichtliche Darstellung unserer Ergebnisse über das mathematische Pendel erhält man in der sogenannten *Phasenraumdarstellung*. Als Phasenraum bezeichnen wir einen fiktiven Raum, der aus den Basisvektoren von Ort *und* Geschwindigkeit aufgespannt wird. Für einen ohne Einschränkung beweglichen Massenpunkt sind das 6 Basisvektoren. Der Phasenraum hat 6 Dimensionen. Da beim Pendel jedoch Ort und Geschwindigkeit nur eine φ-Komponente besitzen, kann der Phasenraum durch eine Ebene repräsentiert werden, an deren Abszisse der Winkel φ und an deren Ordinate die Winkelgeschwindigkeit $\dot{\varphi}$ aufgetragen ist.

Zu jedem Zeitpunkt t besitzt das Pendel den Winkel $\varphi(t)$ und die Winkelgeschwindigkeit $\dot{\varphi}(t)$. Es ist also durch einen Punkt im Phasenraum gekennzeichnet. Da sich φ und $\dot{\varphi}$ stetig mit der Zeit ändern, beschreibt dieser Punkt im Verlauf der Zeit eine *Bahn im Phasenraum*. Solche Bahnen sind in Abb.4.21 dargestellt. Auf der Ordinate ist dabei nicht direkt $\dot{\varphi}$ sondern $\dot{\varphi}/\omega$ aufgetragen. Die Winkelgeschwindigkeiten wurden also mit einem Maßstabsfaktor $1/\omega = \sqrt{\ell/g}$ multipliziert. Alle Bahnen beginnen auf dem positiven Teil der Ordinate. Das bedeutet, daß stets $\varphi_0 = 0$ gewählt wurde, während $\dot{\varphi}_0$ verschiedene positive Werte durchläuft.

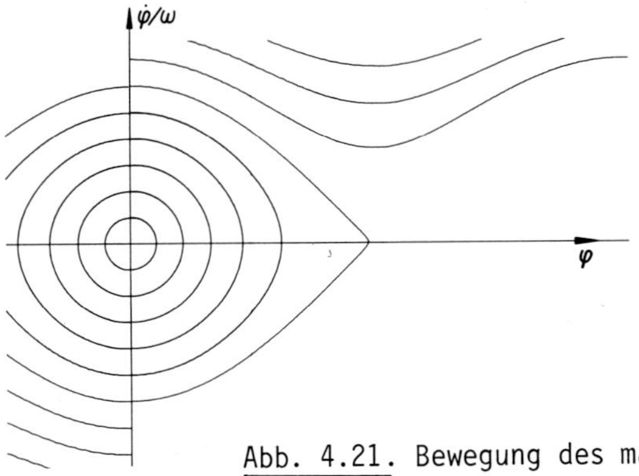

Abb. 4.21. Bewegung des mathematischen Pendels im Phasenraum

Man stellt fest, daß die Bahnen im φ - $\dot{\varphi}/\omega$ -Diagramm für kleine Anfangsgeschwindigkeiten Kreise sind. Das verwundert nicht, denn da die Bewegung durch (4.6.21b) gegeben ist, gilt

$$\dot{\varphi} = C\omega \cos(\omega t+\delta) \tag{4.6.26}$$

also

$$\varphi^2 + \left(\frac{\dot{\varphi}}{\omega}\right)^2 = C^2 \quad . \tag{4.6.27}$$

Die letzte Beziehung ist eine Kreisgleichung. Mit wachsenden Anfangsgeschwindigkeiten geht die Kreisbahn verloren. Die Bahnen bleiben jedoch weiter geschlossen. Bei sehr großen Anfangsgeschwindigkeiten treten offene Bahnen auf, die ein stetiges Wachsen von φ bei periodischer Schwankung von $\dot{\varphi}$ anzeigen und damit die Rotationen kennzeichnen, während geschlossene Bahnen zu Librationen gehören. Dazwischen liegt eine Grenzkurve, die zum Fall der einmaligen Bewegung gehört. Die in Abb.4.21 noch freien Gebiete im Phasenraum gehören zu Bahnen mit negativen Anfangsgeschwindigkeiten.

4.6.5 Fall und Wurf

Ein besonders einfacher Fall liegt dann vor, wenn ein Massenpunkt einer stets konstanten Kraft ausgesetzt ist, z.B., wenn er sich frei im homogenen Schwerefeld bewegt. Die Kraft ist dann immer

$$\vec{F} = m\vec{g} = -mg\,\vec{e}_z \quad . \tag{4.6.28}$$

Nach dem zweiten Newtonschen Gesetz gilt dann

$$m\ddot{\vec{r}} = m\vec{g} \quad .$$

Die Beschleunigung

$$\vec{a} = \ddot{\vec{r}} = \vec{g} = \text{const}$$

ist während der Bewegung konstant. Wir haben also die in Abschnitt 3.2.2 behandelte gleichmäßig beschleunigte Bewegung vor uns, deren Lösung in (3.2.4) angegeben wurde. Sie lautet

$$\vec{r} = \vec{r}(t_0) + (t-t_0)\,\vec{v}(t_0) + \frac{1}{2}\,\vec{g}(t-t_0)^2$$

und wurde in Abb.3.2 graphisch dargestellt. Sie ist unabhängig von der Masse m des Massenpunktes. Wählen wir die Bezeichnungen $\vec{r}(t_0) = \vec{r}_0$, $\vec{v}(t_0) = \vec{v}_0$ und legen Orts- und Zeitnullpunkt so fest, daß sie Anfangsort und -Zeit des Massenpunktes kennzeichnen, $t_0 = 0$, $\vec{r}_0 = 0$, so hat die Lösung der Bewegungsgleichung die einfache Form

$$\vec{r} = \vec{v}_0\, t + \frac{1}{2}\vec{g}\, t^2 \quad . \qquad (4.6.29)$$

Die Größe $\vec{v}_0$ ist die Anfangsgeschwindigkeit des Körpers. Für $\vec{v}_0 = 0$ spricht man vom *freien Fall*, für $\vec{v}_0 \neq 0$ vom *Wurf* des Körpers. Die in Abb.3.2 wiedergegeben Bahnkurve zur Lösung (4.6.29) heißt *Wurfparabel*.

Experiment 4.9. Nachweis der Parabelform der Wurfbahn (Abb.4.22)

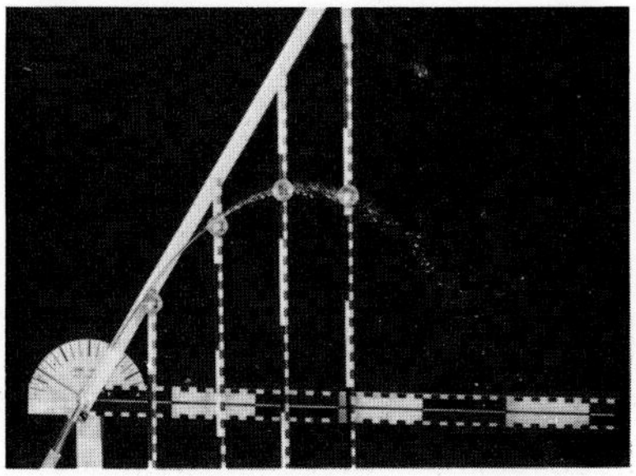

Abb. 4.22. Gerät zum Nachweis der Parabelform eines Wasserstrahls im Erdfeld

Auf einem Lineal ist eine Düse montiert, aus der ein Wasserstrahl in Richtung des Lineals heraustritt. Die Anfangsgeschwindigkeit $\vec{v}_0$ der Wassertropfen liegt also in Richtung des Lineals. Ihr Betrag bleibt bei festgehaltenem Wasserdruck konstant. Am Lineal sind in festen Abständen von der Düse Stäbe angebracht, die frei nach unten hängen und auf denen eine Marke verschoben werden kann. Stellt man die Marken so ein, daß sie die Bahn des Wassers kennzeichnen, so stellt man fest, daß die Stablängen zwischen Lineal und Marke quadratisch mit dem Abstand von der Düse wachsen und daß sie unabhängig von der Orientierung des Lineals im Raum sind. Damit erfüllt das Experiment alle Merkmale der Konstruktion von Abb.3.2.

Experiment 4.10. Bestimmung der Erdbeschleunigung aus dem freien Fall

Für $\vec{v}_0 = 0$ lautet (4.6.29)

$$\vec{r} = \frac{1}{2}\vec{g}\,t^2$$

oder - wegen $\vec{g} = -g\,\vec{e}_z$ -

$$z = -\frac{1}{2} g\,t^2 \quad . \tag{4.6.30}$$

Aus Abb.4.23, die die Stroboskopaufnahme einer fallenden Kugel zeigt, die in Zeitabständen $\Delta t = (1/15)$s belichtet wurde, finden wir für $t = (6/15)$s den Ort $z = -73{,}6$ cm. Damit ist $g = -2z/t^2 = 920\ \mathrm{cm\,s^{-2}} = 9{,}20\ \mathrm{m\,s^{-2}}$.

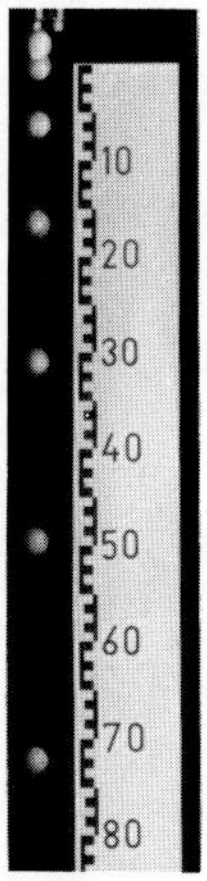

Abb. 4.23. Stroboskopaufnahme einer im Erdfeld frei fallenden Kugel

*4.6.6 Wurf mit Reibung

Wir haben bisher angenommen, daß ein fallender Körper allein unter der Kraftwirkung der Erdanziehung fällt. Das ist jedoch im allgemeinen nicht der Fall. Er wird vielmehr auch durch die Reibungskraft beeinflußt, die das umgebende Medium (z.B. Luft) auf ihn ausübt. Sie ist der Geschwindigkeit entgegengerichtet und möge die Form (4.2.3) haben

$$\vec{F}_R = -R\vec{v} \quad .$$

Die Bewegungsgleichung hat dann die Form

$$m\ddot{\vec{r}} = m\vec{g} + \vec{F}_R = m\vec{g} - R\vec{v} \quad . \tag{4.6.31}$$

Beschränken wir uns auf den Fall, in welchem die Anfangsgeschwindigkeit nur in z-Richtung zeigt, das heißt auf den Wurf nach oben bzw. unten, so hat (4.6.31) nur eine z-Komponente

$$m\ddot{z} + R\dot{z} = - mg \quad . \tag{4.6.32}$$

Es fällt sofort auf, daß diese Bewegungsgleichung im Gegensatz zum Fall ohne Reibung von der Masse des fallenden Körpers abhängt. Da wir uns in unserer Diskussion nur für die Geschwindigkeit $\dot{z}$ und nicht für den Ort z des Körpers interessieren, setzen wir $\dot{z} = v$ und erhalten

$$m\dot{v} + Rv = - mg \quad . \tag{4.6.33}$$

Die Gleichung (4.6.33) heißt *inhomogene* Differentialgleichung, weil sie ein nicht von v abhängiges Glied enthält. Die zugehörige *homogene* Gleichung ist

$$m\dot{v} + Rv = 0 \quad . \tag{4.6.34}$$

Zur Lösung benutzen wir einen Satz über Differentialgleichungen, der besagt, daß man die allgemeine Lösung der inhomogenen Gleichung erhält, indem man sich irgendeine (*partikuläre*) Lösung verschafft und zu ihr die allgemeine Lösung der homogenen Gleichung addiert, die gewöhnlich leichter zu finden ist. Verschaffen wir uns also zunächst eine partikuläre Lösung von (4.6.33). Die konstante Schwerkraft $\vec{F}_g = m\vec{g}$ und die mit der Geschwindigkeit anwachsende Reibungskraft $\vec{F}_R = -R\vec{v}$ konkurrieren miteinander, da sie in entgegengesetzten Richtungen wirken. Für einen bestimmten Geschwindigkeitswert $\dot{z} = v_G = mg/R$ werden beide gleich groß und heben sich auf. Dann wirkt keine Kraft mehr und der Körper bewegt sich mit der konstanten Geschwindigkeit v_G

$$v = v_G = - \frac{mg}{R} = \text{const} \; . \tag{4.6.35}$$

Man bestätigt durch Einsetzen, daß dies eine Lösung von (4.6.33) ist.

Für die homogene Gleichung machen wir den Ansatz

$$v = A\, e^{\lambda t} \quad .$$

Einsetzen in (4.6.34) liefert

$$m\lambda + R = 0 \quad , \quad \lambda = -\frac{R}{m} \quad .$$

Damit lautet die allgemeine Lösung

$$v = v_G + A\, e^{-\frac{R}{m}t} \quad .$$

Die Anfangsbedingung $v(t=0) = v_0$ liefert

$$v_0 = v_G + A$$

und bestimmt die Konstante A. Damit ist die Geschwindigkeit

$$v = v_G + (v_0 - v_G)\, e^{-\frac{R}{m}t} \quad . \qquad (4.6.36)$$

Diese Beziehung ist in Abb.4.24 für die beiden Fälle $v_0 < v_G$ und $v_0 > v_G$ dargestellt. Für große Zeiten nähert sich v asymptotisch der Grenzgeschwindigkeit v_G.

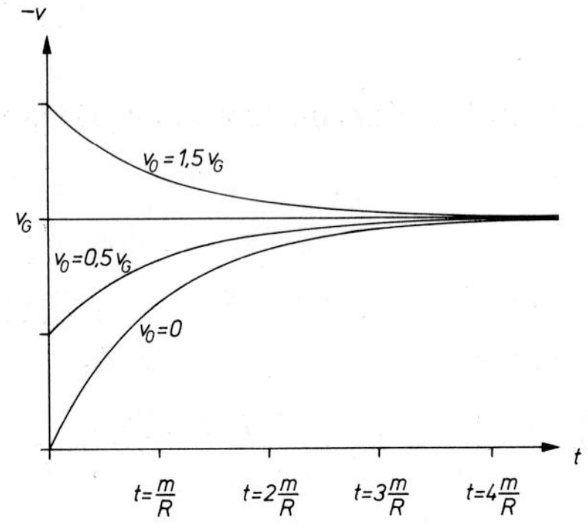

Abb. 4.24. Geschwindigkeit als Funktion der Zeit für einen unter dem Einfluß von Erdanziehung und Reibung fallenden Körper

Experiment 4.11. Fall einer Kugel in einer Flüssigkeit

Die Stroboskopaufnahmen (Abb.4.25) des Falls einer ursprünglich ruhenden Kugel in einer Flüssigkeit zeigen deutlich das Anwachsen der Geschwindigkeit bis zum Erreichen einer konstanten Grenzgeschwindigkeit.

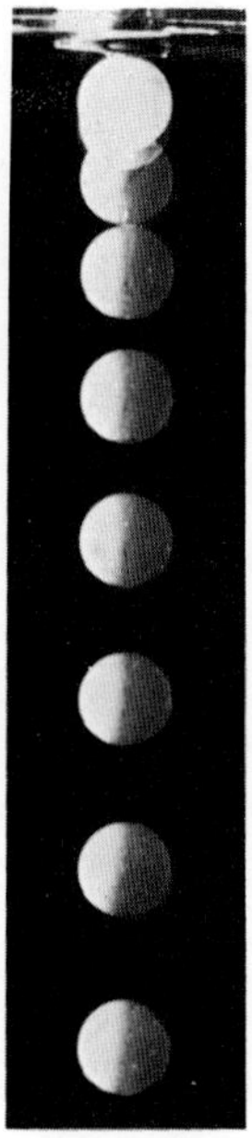

Abb. 4.25.
Stroboskopaufnahme einer in einer Flüssigkeit fallenden Kugel

4.7 Impuls

Auf einen Körper der Masse m wirke für eine Zeit dt' die Kraft $\vec{F}$. Wir definieren

$$d\vec{p} = \vec{F}\,dt' \tag{4.7.1}$$

als *Impulsänderung*, die der Körper in der Zeit dt' erfahren hat. Für längere Zeiten t ist

$$\int_{t'=0}^{t} \vec{F}(t')dt' = \int_{t'=0}^{t} d\vec{p} = \vec{p}(t) - \vec{p}(0) \tag{4.7.2}$$

die Impulsänderung. Nach Einsetzen des 2. Newtonschen Gesetzes in der Form

$$\vec{F}(t') = \frac{d}{dt'}\left(m\,\frac{d\vec{r}(t')}{dt'}\right) = \frac{d}{dt'}[m\vec{v}(t')] \tag{4.7.3}$$

liefert (4.7.2)

$$\int_{t'=0}^{t} \vec{F}(t')\,dt' = \int_{t'=0}^{t} \frac{d}{dt'}[m\vec{v}(t')]\,dt' = m\vec{v}(t) - m\vec{v}(0)$$

$$= \vec{p}(t) - \vec{p}(0) \quad . \tag{4.7.4}$$

Damit können wir

$$\vec{p} = m\vec{v} \tag{4.7.5}$$

als *Impuls* eines Körpers der Masse m bezeichnen. Wirkt auf den Körper eine Kraft, so wird die Impulsänderung sowohl durch (4.7.4) als auch durch (4.7.2) beschrieben.

Das zweite Newtonsche Gesetz lautet nun einfach

$$\dot{\vec{p}} = \vec{F} \quad . \tag{4.7.6}$$

Die zeitliche Änderung des Impulses ist gleich der Kraft; ist $\vec{F} = 0$, so ist $\vec{p}$ = const. *(Impulserhaltung)*.

4.8 Arbeit. Energie. Potential

4.8.1 Definition der Arbeit

Wirkt eine konstante Kraft $\vec{F}$ auf einen Körper und bewegt sich dieser Körper längs eines geradlinigen Wegstückes $\vec{s}$, so definieren wir das Skalarprodukt

$$W = \vec{F} \cdot \vec{s} \tag{4.8.1}$$

als die *Arbeit*, die die Kraft an dem Körper verrichtet.

Betrachten wir zwei einfache Beispiele, in denen Arbeit gegen das Gewicht $\vec{F}_g = m\vec{g}$ eines Körpers der Masse m geleistet wird

I) Der Weg $\vec{s}$ ist senkrecht nach unten gerichtet, d.h. der Körper fällt frei über eine Strecke s. Das Gewicht leistet die Arbeit

$$W = \vec{F} \cdot \vec{s} = Fs = mgs \quad .$$

II) Der Weg $\vec{s}$ bildet einen Winkel α gegen die Kraft, d.h. der Körper gleitet (reibungslos) auf einer Ebene, die um den Winkel α gegen die Senkrechte geneigt ist. Die geleistete Arbeit ist

$$W = \vec{F} \cdot \vec{s} = Fs \cos\alpha = mgs \cos\alpha \quad .$$

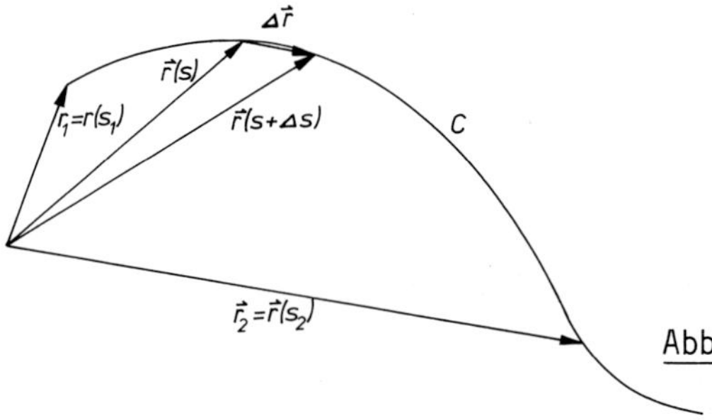

Abb. 4.26. Krummliniger Integrationsweg

Die Arbeit, die längs eines Weges der gleichen Länge geleistet wird, ist jetzt kleiner. Für $\alpha = 90^0$, also für eine horizontale Verschiebung des Körpers senkrecht zur Kraftrichtung, verschwindet die Arbeit. Für $90^0 < \alpha < 270^0$ wird die Arbeit negativ. Hat der Weg eine Komponente gegen die Richtung der Kraft, so muß *Arbeit gegen die Kraft* verrichtet werden.

Ist die Kraft ortsabhängig, d.h. $\vec{F} = \vec{F}(\vec{r})$ oder der Weg nicht geradlinig (Abb.4.26), so können wir zunächst nur die Arbeit

$$\Delta W = \vec{F}(\vec{r}) \cdot \Delta\vec{r} \tag{4.8.1a}$$

angeben, die längs eines Wegstückes $\Delta\vec{r}$ geleistet wird, das so kurz ist, daß $\vec{F}$ längs $\Delta\vec{r}$ als konstant und $\Delta\vec{r}$ selbst als geradlinig gelten kann. Die gesamte Arbeit über einen bestimmten Weg C wird durch Summation vieler Einzelbeträge der Art (4.8.1a), d.h. im Grenzwert $\Delta\vec{r} \to 0$ durch das Linienintegral

$$W = \int_C \vec{F} \cdot d\vec{r} \tag{4.8.2}$$

über den Weg berechnet. Unter Benutzung der Parameterdarstellung

$$\vec{r} = \vec{r}(s)$$

für den Weg C ist

$$\Delta\vec{r} = \vec{r}(s+\Delta s) - \vec{r}(s) \quad .$$

Der Differenzenquotient an der Stelle s

$$\frac{\Delta\vec{r}(s)}{\Delta s} = \frac{\vec{r}(s+\Delta s)-\vec{r}(s)}{\Delta s}$$

geht im Grenzfall $\Delta s \to 0$ in den Differentialquotienten

$$\frac{d\vec{r}}{ds}(s)$$

über. Er stellt einen Vektor in Richtung der Tangente an die Kurve C dar. In diesem Grenzfall ist der differentielle Beitrag zur Arbeit

$$dW = \vec{F}[\vec{r}(s)]\cdot\frac{d\vec{r}}{ds}(s)\quad ds \quad . \tag{4.8.3}$$

Der Faktor vor dem Differential ds ist nur eine skalare Funktion des Parameters s, die sich jetzt einfach integrieren läßt:

$$W = \int_{s_1}^{s_2} \vec{F}[\vec{r}(s)]\cdot\frac{d\vec{r}}{ds}(s)\quad ds \quad , \tag{4.8.4}$$

dabei sind s_1 und s_2 die Parameterwerte der Orte $\vec{r}_1$ und $\vec{r}_2$, die den Anfangs- bzw. Endpunkt des Wegstückes C markieren, über das die Arbeit aufsummiert wird.

4.8.2 Verschiedene Schreibweisen des Linienintegrals

In einem kartesischen Koordinatensystem läßt sich die Parameterdarstellung des Weges C in der Form

$$\vec{r} = \vec{r}(s) = x(s)\,\vec{e}_x + y(s)\,\vec{e}_y + z(s)\,\vec{e}_z$$

schreiben, wobei x(s), y(s) und z(s) drei Funktionen des Parameters s sind. Damit wird

$$\frac{d\vec{r}}{ds} = \frac{dx}{ds}(s)\,\vec{e}_x + \frac{dy}{ds}(s)\,\vec{e}_y + \frac{dz}{ds}(s)\,\vec{e}_z$$

und

$$W = \int_{s_1}^{s_2} F_x[x(s),y(s),z(s)]\,\frac{dx}{ds}\,ds + \int_{s_1}^{s_2} F_y[x(s),y(s),z(s)]\,\frac{dy}{ds}\,ds$$
$$+ \int_{s_1}^{s_2} F_z[x(s),y(s),z(s)]\,\frac{dz}{ds}\,ds \quad . \tag{4.8.5}$$

Führen wir in den 3 Integralen die Variablensubstitutionen

$$s \to x \quad \text{bzw.} \quad s \to y \quad \text{bzw.} \quad s \to z$$

aus, so wird

$$W = \int_{x_1}^{x_2} F_x\left[x, y_x(x), z_x(x)\right] dx + \int_{y_1}^{y_2} F_y\left[x_y(y), y, z_y(y)\right] dy$$
$$+ \int_{z_1}^{z_2} F_z\left[x_z(z), y_z(z), z\right] dz \quad . \qquad (4.8.6)$$

Dabei wird die Kurve C im ersten Integral durch die beiden Funktionen

$$y = y_x(x) \quad \text{und} \quad z = z_x(x)$$

der Variablen x beschrieben. Entsprechend enthalten das zweite und dritte Integral Darstellungen desselben Weges C als Funktionen von y bzw. z.

Die Darstellung (4.8.6) unseres Linienintegrals legt die abkürzende Schreibweise

$$W = \int_C \vec{F} \cdot d\vec{r} \qquad (4.8.7)$$

nahe. Als Beispiel betrachten wir ein Kraftfeld der Form

$$\vec{F} = y\vec{e}_x + x^2\vec{e}_y \quad .$$

Wir berechnen das Linienintegral

$$I = \int_C \vec{F} \cdot d\vec{r}$$

zwischen dem Koordinatenursprung und dem Punkt mit den Koordinaten

$$P = (2,4,0)$$

für zwei verschiedene Integrationswege C_1, C_2, wobei C_1 das Geradenstück

$$y = 2x \quad , \quad z = 0$$

und C_2 der Parabelabschnitt

$$y = x^2 \quad , \quad z = 0$$

sind. Für den Weg C_1 erhalten wir

$$y_x = 2x \quad , z_x = 0 \quad \text{und} \quad x_y = \frac{y}{2} \quad , \quad z_y = 0$$

und damit

$$I_1 = \int_0^2 F_x \, dx + \int_0^4 F_y \, dy + \int_0^0 F_z \, dz = \int_0^2 y_x(x)dx + \int_0^4 (x_y(y))^2 dy$$
$$= \int_0^2 2x \, dx + \int_0^4 \left(\frac{y}{2}\right)^2 dy = x^2 \Big|_0^2 + \frac{y^3}{12} \Big|_0^4 = 4 + \frac{64}{12} = \frac{28}{3} \quad .$$

Entsprechend gilt für den Weg C_2

$$y_x = x^2 \quad , z_x = 0 \quad \text{und } x_y = \sqrt{y} \quad , z_y = 0 \quad ,$$

so daß

$$I_2 = \int_0^2 y_x(x)dx + \int_0^4 (x_y(y))^2 dy = \int_0^2 x^2 \, dx + \int_0^4 y \, dy$$
$$= \frac{x^3}{3} \Big|_0^2 + \frac{y^2}{2} \Big|_0^4 = \frac{8}{3} + 8 = \frac{32}{3} \quad .$$

Das Beispiel zeigt, daß Linienintegrale entlang verschiedener Wege zwischen zwei Punkten im allgemeinen verschieden sind. Es gibt jedoch auch Fälle, in denen das Integral nur von den Endpunkten, nicht aber explizit vom Weg abhängt. Ein einfaches Beispiel ist

$$\vec{F} = \vec{a} = \text{const} \quad . \tag{4.8.8}$$

Da der Vektor $\vec{a}$ konstant ist, hängen seine Komponenten nicht vom Weg ab. Damit ist

$$I = \int_{\vec{r}_1}^{\vec{r}_2} \vec{F} \cdot d\vec{r} = \int_{x_1}^{x_2} a_x \, dx + \int_{y_1}^{y_2} a_y \, dy + \int_{z_1}^{z_2} a_z \, dz$$
$$= a_x(x_2 - x_1) + a_y(y_2 - y_1) + a_z(z_2 - z_1) = \vec{a} \cdot (\vec{r}_2 - \vec{r}_1) \quad . \tag{4.8.9}$$

4.8.3 Kraftfelder. Feldstärke

Vektorfeld. Feldstärke. Homogenes Schwerefeld

Bei der Berechnung der Arbeit haben wir berücksichtigen müssen, daß die Kraft $\vec{F}$ auf einen Körper im allgemeinen von den 3 Koordinaten des Punktes $\vec{r}$ abhängt, an dem sich der Körper befindet

$$\vec{F} = \vec{F}(\vec{r}) \quad . \tag{4.8.10}$$

Obwohl die Kraft natürlich nur dann wirkt, wenn der Körper sich wirklich am Punkt $\vec{r}$ befindet, können wir doch formal jedem Punkt $\vec{r}$ des Raumes den Vektor (4.8.10) zuordnen. Die Gesamtheit aller Vektoren $\vec{F}$ im Raum nennen wir ein *Vektorfeld*. (Ebenso wie Vektorfelder gibt es auch skalare Felder. Die Temperatur T im Raum bildet ein skalares Feld $T = T(\vec{r})$.)

Wie schon bemerkt, kann man zwar eine mathematische Funktion $\vec{F} = \vec{F}(\vec{r})$ im ganzen Raum definieren. Eine physikalische Kraft wirkt jedoch erst, wenn sich ein materieller Körper am Ort $\vec{r}$ befindet. Oft hängt die Kraft noch von der Masse dieses Körpers ab, z.B. im Fall der Schwerkraft an der Erdoberfläche

$$\vec{F} = m\vec{g} \quad . \tag{4.8.11}$$

Dieses Kraftfeld ist überall konstant, hängt also nicht vom Ort ab und heißt *homogenes Schwerefeld*. Man hat allerdings verschiedene Kraftfelder für verschiedene Werte von m. Durch Einführung der Feldstärke

$$\vec{G} = \frac{\vec{F}}{m} \tag{4.8.12}$$

können jedoch die Kraftfelder (4.8.11) aus einem Feld $\vec{G}$ berechnet werden.

Newtonsches Gravitationsgesetz

Newton hat als erster vermutet, daß die Erde auch auf weiter entfernte Körper, etwa den Mond, eine Kraftwirkung der Art (4.8.11) ausübt, daß aber der Betrag der Beschleunigung $\vec{g}$ vom Abstand der Körper vom Erdmittelpunkt abhängt. Zur Berechnung dieser Abhängigkeit benutzte er die Tatsache, daß der Mond (angenähert) eine Kreisbahn um die Erde beschreibt, also eine Beschleunigung erfährt. Die Zentripetalbeschleunigung auf einer Kreisbahn des Radius r, die mit der Winkelgeschwindigkeit ω durchlaufen wird, hat nach (3.2.12) den Betrag

$$a = r\omega^2 = 4\pi^2 r/T^2 \quad . \tag{4.8.13}$$

T ist die Zeit für einen Umlauf. Newton verglich die Zentripetalbeschleunigung des Mondes mit der Fallbeschleunigung g an der Erdoberfläche.

Experiment 4.12. Beobachtung der Mondbahn zur Herleitung des Gravitationsgesetzes

Die Umlaufzeit des Mondes um die Erde beträgt

$$T \approx 28 \text{ Tage} = 28\cdot 24\cdot 60\cdot 60 \text{ s} = 2{,}4\cdot 10^6 \text{ s} \quad .$$

Die Mondbahn hat den Radius

$$r_{MB} \approx 380\,000 \text{ km} = 3{,}8\cdot 10^8 \text{ m}$$

Damit ist die Beschleunigung des Mondes

$$a(r_{MB}) = 4\pi^2 r_{MB}/T^2 = 2{,}6\cdot 10^{-3} \text{ m s}^{-2} \quad ,$$

während die Fallbeschleunigung an der Erdoberfläche den Betrag $a(r_E) = g = 9{,}81 \text{ m s}^{-2}$ hat. Beide Beschleunigungen sind zum Erdmittelpunkt hin gerichtet (Abb.4.27). Der Quotient aus beiden ist

$$a(r_{MB})/a(r_E) = 2{,}6\cdot 10^{-3}/9{,}81 \approx 1/3600 \approx 1/60^2$$

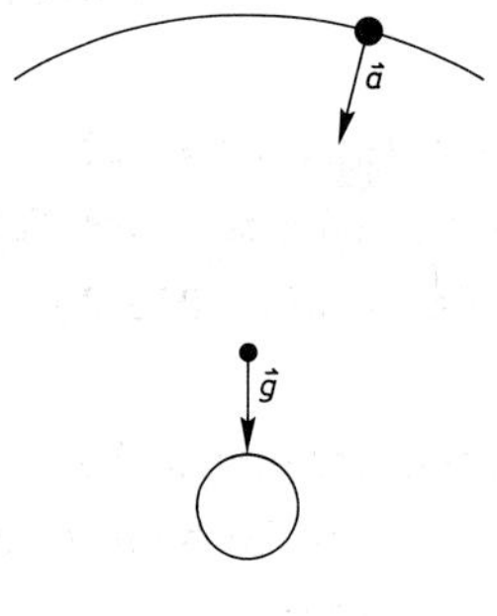

Abb. 4.27. Fallbeschleunigung an der Erdoberfläche und Zentripetalbeschleunigung des Mondes (nicht maßstäblich)

Da der Erdradius

$$r_E \approx 6\cdot 10^6 \text{ m} \approx \frac{1}{60} r_{MB}$$

ist, schloß Newton, daß die Beschleunigung, die die Erde auf einen Körper ausübt umgekehrt proportional zum Quadrat des Abstandes vom Erdmittelpunkt sei

$$a \sim \frac{1}{r^2} \quad .$$

Nach dem 2. Newtonschen Gesetz ist der Betrag der Kraft zusätzlich proportional der Mondmasse m_M

$$F = ma \sim \frac{m_M}{r^2} \quad .$$

Nun wirkt aber nach dem 3. Newtonschen Gesetz eine Kraft des gleichen Betrages vom Mond auf die Erde. Aus Symmetriegründen muß dann in dieser Kraft die Erdmasse m_E auftreten

$$F \sim \frac{m_E}{r^2} \quad .$$

Beide Beziehungen zusammen ergeben

$$F \sim \frac{m_E m_M}{r^2}$$

oder

$$F = \gamma \frac{m_E m_M}{r^2} \quad . \tag{4.8.14}$$

Dabei heißt γ die Newtonsche Gravitationskonstante. In Vektorschreibweise und für zwei beliebige Massen m_1 und m_2 lautet dann (4.8.14)

$$\vec{F} = -\gamma \frac{m_1 m_2}{r^2} \frac{\vec{r}}{r} \quad . \tag{4.8.15}$$

Die *Gravitationskraft*, die eine Masse m_1 auf eine andere Masse m_2 ausübt, wirkt entgegen der Richtung des Verbindungsvektors $\vec{r}$ von m_1 nach m_2. Der Vektor $-\vec{r}/r$ ist also der Einheitsvektor in dieser Richtung der Kraft. Die Beziehung (4.8.15) heißt *Newtonsches Gravitationsgesetz*.

Die *Gravitationskontante* γ kann nicht aus astronomischen Messungen bestimmt werden, weil die Massen der Himmelskörper zunächst nicht bekannt sind. Die Messung muß mit bekannten Massen im Labor vorgenommen werden.

Experiment 4.13. Bestimmung der Gravitationskonstanten mit der Torsionsdrehwaage

Die Torsionsdrehwaage wurde von Coulomb 1784 zur Messung der elektrostatischen Kraft entwickelt und 1798 von Cavendish erstmals zur Messung der Gravitationskonstanten benutzt. Das Funktionsprinzip ist in Abb.4.28a skizziert.

Zwei kleine Kugeln der Masse m sind auf einer möglichst leichten waagerechten Stange montiert, die von einem senkrecht eingespannten Torsionsdraht gehalten wird. Die Massen m stehen im Abstand r zwei sehr viel größeren Massen M gegenüber. Werden nun die Massen M aus der Stellung 1 in die Stellung 2 verlagert, so wirkt auf jede der Massen m die Kraft vom Betrag

$$F = 2\gamma \frac{mM}{r^2} \quad .$$

(Der Faktor 2 rührt daher, daß vor der Umlagerung eine Kraft in Richtung 1 wirkt, die gerade durch den Torsionsdraht kompensiert wurde. Nach der Umlagerung wirkt die Anziehung in Richtung 2 und die gleich große Torsionskraft).

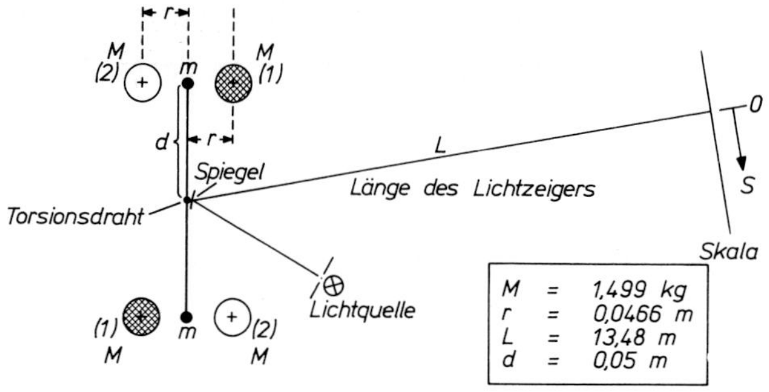

(a)

t(s)	S (cm)
15	0,2
30	1,9
45	4,7
60	8,4
75	12,4
90	17,4
105	22,9

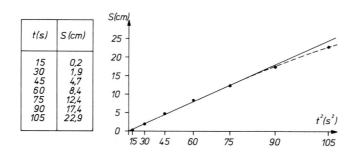

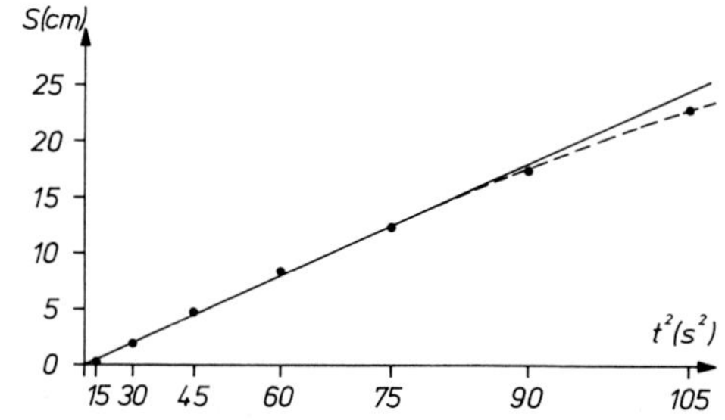

Abb. 4.28 a und b. Bestimmung der Gravitationskonstanten

Man beobachtet die Beschleunigung

$$a = F/m = 2\gamma\, M/r^2$$

über einen Lichtzeiger. Die Bewegung der Massen m wird längs des Weges x über einen Lichtzeiger vergrößert als Bewegung eines Lichtpunktes auf einer Skala S.

Einer Ortsänderung x entspricht auf der Skala

$$S = 2(L/d)x \quad .$$

Dabei sind L und d die Abstände von Lichtpunkt bzw. Masse m vom Torsionsdraht. Der Faktor rührt daher, daß nicht die Lichtquelle selbst sondern ein Spiegel am Torsionsdraht befestigt ist. Bei Drehung des Spiegels um einen Winkel α dreht sich dann der Lichtzeiger um 2α.

Beobachtet man die Beschleunigung nur unmittelbar nach der Umlagerung so bleibt der Weg der Massen m gering. Die Kraft ändert sich kaum und die Bewegung kann als gleichmäßig beschleunigt angesehen werden. Sie kann aus der Ortsänderung x und der zugehörigen Zeit berechnet werden

$$a = \frac{2x}{t^2} = \frac{Sd}{Lt^2} = \frac{2\gamma M}{r^2} \quad .$$

Aus der Meßreihe und der zugehörigen Graphik (Abb.4.28b) findet man $a = 8.2\cdot 10^{-8}$m s^{-2} und damit $\gamma = r^2a/2M = 5{,}94\cdot 10^{-11}$ m^{3}kg^{-1}s^{-2}. Präzisionsmessungen ergeben den Wert

$$\gamma = (6{,}68\pm 0{,}01)\cdot 10^{-11}\mathrm{m}^3\mathrm{kg}^{-1}\mathrm{s}^{-2} \quad .$$

Mit Hilfe der Gravitationskonstante γ können wir jetzt die Erdmasse m_E berechnen. Aus (4.8.12) und (4.8.15) folgt, daß die Feldstärke der Erde

$$\vec{G} = -\gamma \frac{m_E}{r^2}\frac{\vec{r}}{r} \qquad (4.8.16)$$

ist. Der Vektor $\vec{r}$ zeigt vom Erdmittelpunkt zum Aufpunkt. Auf einen Körper der Masse m am Aufpunkt wirkt die Kraft $\vec{F} = m\vec{G}$. An der Erdoberfläche ist dann

$$F = mg = m\gamma \frac{m_E}{r_E{}^2} \quad ,$$

so daß

$$m_E = \frac{g}{\gamma} r_E{}^2 = \frac{9{,}81}{6{,}68\cdot 10^{-11}} \cdot (6\cdot 10^6)^2\mathrm{kg} \approx 6\cdot 10^{24}\mathrm{kg} \quad .$$

Die mittlere Dichte der Erdmaterie ist schließlich

$$\rho_E = m_E/V_E = 3m_E/4\pi r_E{}^3 \approx 5.5 \text{ g cm}^{-3} \quad .$$

Coulombsches Gesetz

Ein weiteres Kraftgesetz, das große Ähnlichkeit mit dem Newtonschen Gravitationsgesetz aufweist, ist das Coulombsche Gesetz, das die Kraft zwischen elektrisch geladenen Massenpunkten angibt. Wir geben es hier an, ohne auf die Natur der elektrischen Vorgänge näher einzugehen (siehe Band 2)

$$\vec{F} = \frac{1}{4\pi\varepsilon_0}\frac{q_1q_2}{r^2}\frac{\vec{r}}{r} \quad . \qquad (4.8.15a)$$

Hier sind q_1, q_2 die elektrischen Ladungen der Massenpunkte, sie können positiv oder negativ sein, $(4\pi\varepsilon_0)^{-1}$ ist eine Proportionalitätskonstante, die der Gravitationskonstanten entspricht. Die Ladungseinheit ist 1 Coulomb = 1 C. ε_0 hat den Wert ε_0 = 8.859 C V^{-1} m^{-1}. Die Spannungseinheit ist 1 Volt = 1 V.

Im Gegensatz zur Gravitationskraft gibt es nicht nur anziehende sondern auch abstoßende Coulomb-Kräfte. Aus (4.8.15a) liest man ab, daß sich Ladungen gleichen Vorzeichen abstoßen. Als *elektrische Feldstärke*, die auf eine Ladung q wirkt, bezeichnen wir analog zu (4.8.12) den Quotienten aus Kraft und Ladung

$$\vec{E} = \frac{1}{q}\vec{F} \quad . \tag{4.8.12a}$$

Konservative Kraftfelder

Kraftfelder, in denen die Arbeit, die bei der Verschiebung eines Körpers vom Punkt $\vec{r}_1$ zum Punkt $\vec{r}_2$ nur von den Endpunkten, nicht aber vom Weg zwischen den Endpunkten abhängt, heißen *konservativ*. Wegen des Ergebnisses (4.8.9) ist jedes konstante Kraftfeld, insbesondere das homogene Schwerefeld

$$\vec{F} = m\vec{g}$$

konservativ.
Auch das Newtonsche Gravitationskraftfeld

$$\vec{F} = -\gamma \frac{m_1 m_2}{r^2} \frac{\vec{r}}{r}$$

ist ein konservatives Feld. Um diese Behauptung zu beweisen, zeigen wir, daß

$$W = \int_{\vec{r}_1}^{\vec{r}_2} \vec{F} \cdot d\vec{r} = -\gamma\, m_1\, m_2 \int_{\vec{r}_1}^{\vec{r}_2} \frac{\vec{r}}{r^3} \cdot d\vec{r} \tag{4.8.16}$$

nur von den Endpunkten $\vec{r}_1$ und $\vec{r}_2$, nicht aber vom Integrationsweg selbst abhängt. Für ein beliebiges Wegstück $d\vec{r}$ an der Stelle $\vec{r}$ gilt

$$\frac{\vec{r}}{r} \cdot d\vec{r} = dr \quad . \tag{4.8.17}$$

Dabei ist dr die Vergrößerung des Abstandes vom Koordinatenursprung längs des Wegstückes $d\vec{r}$. (Da $\vec{r}/r$ ein Einheitsvektor in Richtung von $\vec{r}$ ist, ist $\vec{r}\cdot d\vec{r}/r$ die Komponente von $d\vec{r}$ in Richtung $\vec{r}$, unabhängig von der speziellen Form des Weges, Abb.4.29). Das Integral (4.8.17) vereinfacht sich zu

$$W = -\gamma\, m_1 m_2 \int_{r_1}^{r_2} \frac{dr}{r^2} = -\gamma\, m_1 m_2 \left[-\frac{1}{r}\right]_{r_1}^{r_2} = \gamma\, m_1 m_2 \left(\frac{1}{r_2} - \frac{1}{r_1}\right) \quad . \tag{4.8.18}$$

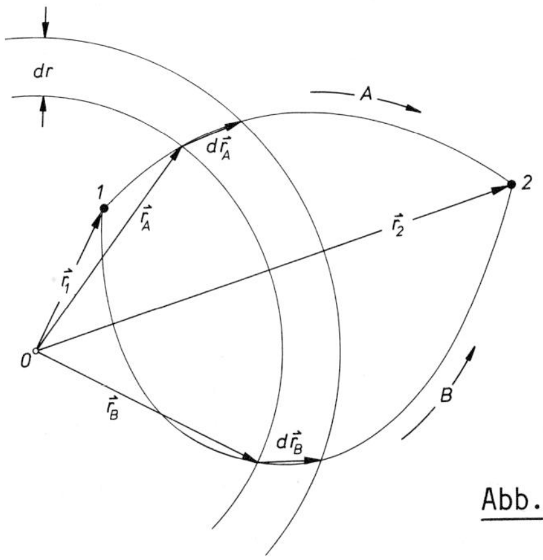

__Abb. 4.29.__ Zur Integration eines Zentralfeldes

Wegen (4.8.17) ist nicht nur das Gravitationsfeld (4.8.15) ein konservatives Kraftfeld, sondern auch alle anderen Felder der Form

$$\vec{F}(\vec{r}) = f(r)\,\frac{\vec{r}}{r} \quad , \tag{4.8.19}$$

wo $f(r)$ noch eine Funktion des Betrages von $\vec{r}$ ist. Das sind alle um den Koordinatenursprung kugelsymmetrischen Felder. Wir nennen sie *Zentralfelder*.

Zu den Zentralfeldern zählen insbesondere alle Felder, die proportional zu Potenzen von r sind

$$\vec{F}(\vec{r}) = b\,r^n\,\frac{\vec{r}}{r} \quad , \quad b = \text{const} \quad . \tag{4.8.20}$$

Einen Spezialfall von (4.8.20) erhält man für $n = 1$ und $b = -D < 0$.

$$\vec{F}(\vec{r}) = -D\vec{r} \qquad\qquad \text{Vorsicht!!} \quad \vec{F}(\vec{r}) = -D \cdot \varrho_{\ell}^* (\vec{r}) \cdot \vec{e}_{\varrho} \tag{4.8.20a}$$

$\vec{F}(\vec{r})$ ist das *Kraftfeld des harmonischen Oszillators*.

4.8.4 Potential. Potentielle Energie

Wählen wir einen festen Punkt $\vec{r}_0$ im Raum, so ist in einem konservativen Kraftfeld die Arbeit bei der Bewegung zu einem beliebigen anderen Punkt $\vec{r}$ eine skalare Funktion von $\vec{r}$,

$$W(\vec{r}) = \int_{\vec{r}_0}^{\vec{r}} \vec{F}(\vec{r}') \cdot d\vec{r}' = -[V(\vec{r}) - V(\vec{r}_0)] \quad . \tag{4.8.21}$$

Die Funktion $W(\vec{r})$ ist (bis auf das Vorzeichen und) bis auf eine beliebig wählbare additive Konstante gleich

$$V(\vec{r}) = -\int_{\vec{r}_0}^{\vec{r}} \vec{F}(\vec{r}\,') \cdot d\vec{r}\,' + V(\vec{r}_0) \qquad (4.8.22)$$

Das skalare Feld $V(\vec{r})$ heißt *Potential* des Kraftfeldes $F(\vec{r})$.

Berechnen wir das Potential für die konservativen Kraftfelder, die wir bisher kennengelernt haben.

I) Potential des homogenen Schwerefeldes $\vec{F} = m\vec{g}$

Wir erhalten

$$V(\vec{r}) = -m\vec{g} \cdot (\vec{r}-\vec{r}_0) + V(\vec{r}_0) \quad .$$

Wir wählen $\vec{r}_0 = 0$ und $V(\vec{r}_0) = 0$, d.h. wir setzen das Potential im Koordinatenursprung gleich Null. Damit ist

$$V(\vec{r}) = -m\vec{g} \cdot \vec{r} \quad . \qquad (4.8.23a)$$

Wählen wir wie üblich das Koordinatensystem so, daß $\vec{g} = -g\,\vec{e}_z$, so wird schließlich

$$V(\vec{r}) = mgz \quad . \qquad (4.8.23b)$$

II) Potential des Newtonschen Gravitationsfeldes

Aus (4.8.18) folgt

$$W(\vec{r}) = \gamma m_1 m_2 \left(\frac{1}{r} - \frac{1}{r_0}\right) \quad .$$

Wählen wir $r_0 = \infty$, und legen wir die freie Konstante $V(r_0)$ durch die Wahl $V(\infty) = 0$ fest, so erhält das Potential die einfache Form

$$V(\vec{r}) = -\frac{\gamma m_1 m_2}{r} \quad . \qquad (4.8.24)$$

III) Potential des harmonischen Oszillators

Mit (4.8.20a) ergibt (4.8.22)

$$V(\vec{r}) = \int_{\vec{r}_0}^{\vec{r}} D\vec{r} \cdot d\vec{r} + V(\vec{r}_0) \quad .$$

Nach Wahl von $\vec{r}_0 = 0$, $V(\vec{r}_0) = 0$ und unter Berücksichtigung von (4.8.17) erhalten wir

$$V(\vec{r}) = D \int_0^r r\, d\, r = \frac{D}{2} r^2 \quad . \tag{4.8.25}$$

Die Orte $\vec{r}$, für die das Potential den gleichen Wert V_0 besitzt, die also der Gleichung

$$V(\vec{r}) = V_0$$

genügen, bilden Flächen konstanten Potentials. Man nennt sie *Äquipotentialflächen*. Für Potentiale $V(\vec{r}) = V(r)$, die nur vom Abstand r abhängen, sind die Äquipotentialflächen konzentrische Kugeln um den Aufpunkt der Ortsvektoren. Beispiele dafür sind das Gravitationspotential (4.8.24) und das Potential des harmonischen Oszillators (4.8.25).

Die Potentialdifferenz zwischen zwei Punkten $\vec{r}_1$ und $\vec{r}_2$ eines Kraftfeldes ist definitionsgemäß bis auf das Vorzeichen gleich der Arbeit, die die Kraft bei einer Bewegung von $\vec{r}_1$ nach $\vec{r}_2$ leistet

$$W = -[V(\vec{r}_2)-V(\vec{r}_1)] \quad . \tag{4.8.26}$$

Ist $V(\vec{r}_2) < V(\vec{r}_1)$ so ist die Arbeit positiv, für $V(\vec{r}_2) > V(\vec{r}_1)$ ist sie negativ.

Befindet sich ein Körper am Punkt $\vec{r}$, so sagen wir, er besitzt die *potentielle Energie*

$$E_{pot}(\vec{r}) = V(\vec{r}) \tag{4.8.27}$$

und sagen: Die Kraft $\vec{F}$ leistet Arbeit an einem Körper auf dem Weg $\vec{r}_1 \to \vec{r}_2$, wenn sich dabei die potentielle Energie verringert. Zur Erhöhung der potentiellen Energie muß von außen Arbeit gegen die Kraft $\vec{F}$ geleistet werden (d.h.

W ist negativ). Potentielle Energie kann (im Gegensatz zur kinetischen Energie, die wir im Abschnitt 4.8.6 einführen werden) durchaus negativ sein. So ist die potentielle Energie (4.8.24) einer Masse m_2 im Kraftfeld einer anderen Masse m_1 für alle endlichen Abstände r zwischen beiden Massen negativ.

4.8.5 Konservatives Kraftfeld als Gradient des Potentialfeldes

In (4.8.22) wurde das Potentialfeld als Integral über ein konservatives Kraftfeld gefunden. Umgekehrt kann man jedes konservative Kraftfeld durch Differentiation seines Potentialfeldes gewinnen

$$\vec{F}(\vec{r}) = -\vec{\nabla}V(\vec{r}) \quad . \tag{4.8.28}$$

Das Symbol

$$\vec{\nabla} := \vec{e}_x \frac{\partial}{\partial x} + \vec{e}_y \frac{\partial}{\partial y} + \vec{e}_z \frac{\partial}{\partial z} \tag{4.8.29}$$

heißt "Nabla-Operator"[1]. Es ist eine Verallgemeinerung des schon bekannten Differentialoperators d/dx auf Vektor-Schreibweise. Durch Anwendung des Nabla-Operators auf das *skalare Feld* $V(\vec{r})$ erhalten wir also das Vektorfeld $\vec{F}(\vec{r})$.

Der Beweis zu (4.8.28) verläuft wie folgt:

$$\begin{aligned}
-\vec{\nabla}V(\vec{r}) &= -\vec{e}_x\left(\frac{\partial V}{\partial x}\right)_{y,z\ \text{fest}} - \vec{e}_y\left(\frac{\partial V}{\partial y}\right)_{x,z\ \text{fest}} - \vec{e}_z\left(\frac{\partial V}{\partial z}\right)_{x,y\ \text{fest}} \\
&= \Bigg(\vec{e}_x \frac{\partial}{\partial x}\left\{\int_{x_0}^{x} F_x[x',y_x(x'),z_x(x')]dx' + \int_{y_0}^{y} F_y[x_y(y'),y',z_y(y')]dy'\right. \\
&\quad \left. + \int_{z_0}^{z} F_z[x_z(z'),y_z(z'),z']dz'\right\} + \vec{e}_y \frac{\partial}{\partial y}\left\{\int_{x_0}^{x} F_x[x',y_x(x'),z_x(x')]dx'\right. \\
&\quad \left. + \int_{y_0}^{y} F_y[x_y(y'),y',z_y(y')]dy' + \int_{z_0}^{z} F_z[x_z(z'),y_z(z'),z']dz'\right\} \\
&\quad + \vec{e}_z \frac{\partial}{\partial z}\left\{\int_{x_0}^{x} F_x[x',y_x(x'),z_x(x')]dx' + \int_{y_0}^{y} F_y[x_y(y'),y',z_y(y')]dy'\right. \\
&\quad \left. + \int_{z_0}^{z} F_z[x_z(z'),y_z(z'),z']dz'\right\}\Bigg) \quad .
\end{aligned}$$

---

[1]Der Operator $\vec{\nabla}$ ist hier in kartesischen Koordinaten dargestellt. Eine koordinatensystemunabhängige Definition folgt in Band 2.

Die erste geschweifte Klammer enthält eine Ableitung nur nach x. Nun hängt nur der erste Summand in dieser Klammer von x ab. Die beiden anderen Summanden sind bezüglich x konstant. Ihre Ableitung nach x verschwindet. Das erste Glied reduziert sich damit auf

$$\vec{e}_x \frac{\partial}{\partial x} \int_{x_0}^{x} F_x[x',y_x(x'),z_x(x')]dx' = \vec{e}_x F_x(x,y,z) = \vec{e}_x F_x(\vec{r}) \quad .$$

Entsprechendes gilt für die anderen beiden Glieder. Damit ist in der Tat

$$-\vec{\nabla}V(\vec{r}) = [\vec{e}_x F_x(\vec{r}) + \vec{e}_y F_y(\vec{r}) + \vec{e}_z F_z(\vec{r})] = \vec{F}(\vec{r}) \quad .$$

Als Beispiel berechnen wir das Kraftfeld des harmonischen Oszillators aus dem Potential (4.8.25)

$$\vec{F}(\vec{r}) = -\vec{\nabla}V(\vec{r}) = -\frac{D}{2}\left(\vec{e}_x \frac{\partial r^2}{\partial x} + \vec{e}_y \frac{\partial r^2}{\partial y} + \vec{e}_z \frac{\partial r^2}{\partial z}\right) \quad .$$

Wegen $r^2 = x^2 + y^2 + z^2$ ist $\partial r^2/\partial x = 2x$, $\partial r^2/\partial y = 2y$, $\partial r^2/\partial z = 2z$.
Wir erhalten

$$\vec{F}(\vec{r}) = -D(x\vec{e}_x + y\vec{e}_y + z\vec{e}_y) = -D\vec{r}$$

in Übereinstimmung mit (4.8.20a).

Da sich das Potential von einem Punkt einer Äquipotentialfläche $V(\vec{r}) = V_0$ zu einem anderen Punkt derselben Fläche nicht ändert, hat die Kraft

$$\vec{F}(\vec{r}) = -\vec{\nabla}V(\vec{r})\Big|_{V(\vec{r})=V_0}$$

keine Komponente in der (Tangentialebene an die) Äquipotentialfläche. Die Kraft $\vec{F}(\vec{r})$ steht also senkrecht auf der durch den Punkt $\vec{r}$ gehenden Äquipotentialfläche.

4.8.6 Kinetische Energie

Wir kehren zurück zu unserer Definition der Arbeit dW, die von der Kraft $\vec{F}$ längs eines Wegstückes $d\vec{r}$ während der Zeit dt geleistet wird

$$dW = \vec{F} \cdot d\vec{r}$$

und ersetzen $\vec{F}$ nach dem zweiten Newtonschen Gesetz für zeitlich konstante Masse durch

$$\vec{F} = m\ddot{\vec{r}} \quad .$$

Dann ist die je Zeiteinheit geleistete Arbeit

$$\frac{dW}{dt} = \vec{F} \cdot \frac{d\vec{r}}{dt} = \vec{F} \cdot \dot{\vec{r}} = m\ddot{\vec{r}} \cdot \dot{\vec{r}} = \frac{d}{dt}\left(\frac{1}{2}m\dot{\vec{r}}^2\right)$$

oder

$$\frac{dW}{dt} = \frac{1}{2}\, m\, \frac{d(\dot{\vec{r}}^2)}{dt} = \frac{1}{2}\, m\, \frac{d(v^2)}{dt} =: \frac{d\, E_{kin}}{dt}$$

Für die zwischen den Zeiten t_1 und t_2 geleistete Arbeit gilt

$$W = \int_{t_1}^{t_2} \frac{dW}{dt}\, dt = \frac{1}{2}\, m \int_{t_1}^{t_2} \frac{d(v^2)}{dt}\, dt = \frac{1}{2}\, m \int_{v^2(t_1)}^{v^2(t_2)} d(v^2)$$
$$= \frac{1}{2}\, m\left[v^2(t_2)-v^2(t_1)\right] = \frac{1}{2}\, m\, v_2^2 - \frac{1}{2}\, m\, v_1^2 \quad .$$

Die Kraftwirkung längs des Weges ruft eine Änderung der Geschwindigkeit des Körpers hervor.

Die Größe

$$E_{kin} = \frac{1}{2}\, m\, \dot{\vec{r}}^2 = \frac{1}{2}\, m\, \vec{v}^2 = \frac{1}{2}\, m\, v^2 \quad , \qquad (4.8.30)$$

die sich aus Masse und Geschwindigkeit eines Körpers berechnet, heißt *kinetische Energie*. Für die im Zeitraum t_1 bis t_2 geleistete Arbeit gilt dann

$$W = E_{kin}(t_2) - E_{kin}(t_1) \quad .$$

4.8.7 Energieerhaltungssatz für konservative Kraftfelder

In konservativen Kraftfeldern, in denen ein Potential definiert werden kann, gilt wegen (4.8.21), (4.8.27) und (4.8.30) für eine Bewegung um ein beliebiges infinitesimales Wegstück $d\vec{r}$ in der Zeit dt

$$\frac{dW}{dt} = \vec{F} \cdot \frac{d\vec{r}}{dt} = \frac{dE_{kin}}{dt} = - \frac{dE_{pot}}{dt} \qquad (4.8.31a)$$

oder

$$E_{kin} + E_{pot} = E = const \quad . \qquad (4.8.31b)$$

Das bedeutet: Die Summe aus kinetischer und potentieller Energie bleibt erhalten. Diese Summe, die Gesamtenergie E, ist unabhängig vom Ort, an dem sich ein Körper aufhält.

4.8.8 Einheiten der Energie. Leistung und Wirkung

In der Mechanik haben Arbeit bzw. Energie die Dimension

$$\text{dim(Energie)} = \text{dim(Kraft)} \cdot \text{dim(Lämge)} \quad .$$

Ihre Einheit ist daher

$$1 \text{ N} \cdot \text{m} = 1 \text{ kg m s}^{-2} \cdot \text{m} = 1 \text{ kg m}^2 \text{ s}^{-2}$$
$$= 1 \text{ Wattsekunde} = 1 \text{ Ws} = 1 \text{ Joule}$$

Die Energieeinheit 1 Wattsekunde ist also einfach eine Abkürzung für 1 kg m^2 s^{-2} (so wie 1 Newton die Abkürzung für 1 kg m s^{-2} ist). Andere manchmal gebrauchte Einheiten sind

$$1 \text{ kWh} = 1 \text{ Kilowattstunde} = 10^3 \cdot 60 \cdot 60 \text{ Ws} = 3{,}6 \cdot 10^6 \text{ Ws}$$
$$1 \text{ erg} = 1 \text{ g cm}^2 \text{ s}^{-2} = 10^{-7} \text{ N m} = 10^{-7} \text{ Ws}$$
$$1 \text{ MeV} = 1{,}6 \cdot 10^{-13} \text{ Ws} \quad .$$

Die in der Zeiteinheit aufgewandte Arbeit heißt *Leistung*

$$N = \frac{dW}{dt} \quad . \qquad (4.8.32)$$

Ihre Einheit ist

$$1 \text{ Watt} = 1 \text{ W} = 1 \text{ kg m}^2 \text{ s}^{-3} \quad .$$

Die *Wirkung* einer Arbeit über eine bestimmte Zeit t ist durch

$$A = \int_{t'=0}^{t'=t} W(t')\,dt' \tag{4.8.33}$$

definiert. Sie wird in kg $m^2\,s^{-1} = Ws^2$ gemessen.

*4.9 Anwendungen: Berechnung eindimensionaler Bewegungen aus dem Energiesatz

In manchen Fällen können Aufgaben der Mechanik mit Hilfe des Energieerhaltungssatzes allein gelöst werden. Wir diskutieren zwei Beispiele, den freien Fall und den eindimensionalen harmonischen Oszillator.

*4.9.1 Berechnung des senkrechten Wurfs aus dem Energiesatz

Das Potential des homogenen Schwerefeldes ist (siehe (4.8.23a))

$$V(\vec{r}) = -m\,\vec{g}\cdot\vec{r} = E_{pot} \quad . \tag{4.9.1}$$

Der Energiesatz lautet dann

$$E_{kin} + E_{pot} = \frac{1}{2}m\,\dot{\vec{r}}^2 - m\,\vec{g}\cdot\vec{r} = E \quad . \tag{4.9.2}$$

In Komponenten ($\vec{r} = (x,y,z)$, $\vec{g} = (0,0,-g)$) nimmt er die Form

$$\frac{1}{2}m\,(\dot{x}^2+\dot{y}^2+\dot{z}^2) + m\,g\,z = E$$

an. Betrachten wir speziell den senkrechten Wurf, bei dem die Bewegung allein in z-Richtung erfolgt, d.h. ist

$$\dot{x} = 0 \quad , \quad \dot{y} = 0 \quad ,$$

so erhalten wir

$$E_{kin} + E_{pot} = \frac{1}{2}m\,\dot{z}^2 + m\,g\,z = E \quad . \tag{4.9.3}$$

Eine graphische Darstellung der Terme auf der linken Seite dieser Gleichung enthält Abb.4.30a. Die potentielle Energie steigt linear mit z an, ihren

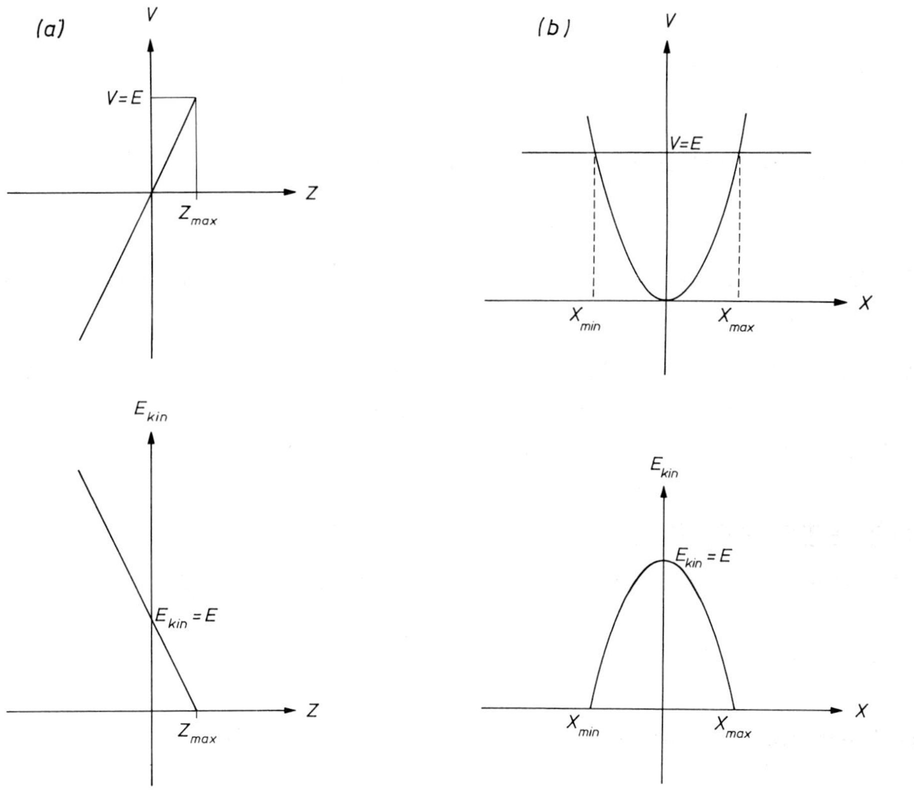

Abb. 4.30. (a) Potentielle und kinetische Energie beim senkrechten Wurf. (b) Potentielle und kinetische Energie des harmonischen Oszillators.

Maximalwert erreicht sie für $E_{pot} = E$, d.h. $E_{kin} = 0$, an der Stelle

$$z_{max} = \frac{E}{mg} \quad .$$

Die kinetische Energie, die an dieser Stelle verschwindet, wächst linear mit fallendem z. Die Bewegung ist also auf den Bereich

$$z < z_{max}$$

beschränkt.

Zur Beschreibung der Bewegung als Funktion der Zeit lösen wir (4.9.3) nach $\dot{z}$ auf

$$\dot{z} = \sqrt{\frac{2}{m}(E-mgz)} \quad . \tag{4.9.4}$$

Das ist eine Differentialgleichung 1. Ordnung im Gegensatz zur Bewegungsgleichung $m\ddot{z} = -g$, die man aus dem zweiten Newtonschen Gesetz erhält. Trotzdem enthält auch die Lösung von (4.9.4) zwei Konstanten, die man aus den Anfangsbedingungen bestimmen kann, da bereits die Gesamtenergie E eine Funktion der Anfangsbedingungen ist. Mit

$$t_0 = 0 \quad , z_0 = z(0) \quad , \quad \dot{z}_0 = v_0 = \dot{z}(0)$$

ist

$$E = \frac{1}{2} m v_0^2 + m g z_0 \quad . \qquad (4.9.5)$$

Für den freien Fall aus dem Koordinatenursprung ($z_0=0$, $v_0=0$, $E=0$) gilt

$$\dot{z} = \frac{dz}{dt} = \sqrt{-2gz} \quad . \qquad (4.9.6)$$

Eine reelle Lösung erhält man nur für $z < 0$ (Fall nach unten). Die Beziehung (4.9.6) liefert für jeden Ort z die Geschwindigkeit $\dot{z}$ des fallenden Körpers. Zur Lösung von (4.9.6) schreiben wir

$$\frac{1}{\sqrt{-2gz(t)}} \frac{dz}{dt} = 1 \quad .$$

Durch Integration beider Seiten über die Zeit zwischen den Werten 0 und t erhalten wir

$$\int_0^t \frac{1}{\sqrt{-2gz(t')}} \frac{dz}{dt'} dt' = \int_0^t dt' = t \quad . \qquad (4.9.7)$$

Substituieren wir auf der linken Seite für t' die Variable $z' = z(t')$ so ergibt sich

$$t = \int_0^z \frac{1}{\sqrt{-2gz'}} dz' = \frac{1}{\sqrt{-2g}} \int_0^z (z')^{-1/2} dz' = \frac{2}{\sqrt{-2g}} z^{1/2} = \sqrt{-\frac{2z}{g}} \quad ,$$

$$t^2 = -\frac{2}{g} z \quad .$$

Der Körper bewegt sich somit nach dem "Fallgesetz"

$$z = -\frac{g}{2} t^2 \quad . \tag{4.9.8}$$

*4.9.2 Der eindimensionale harmonische Oszillator

Das Kraftfeld des harmonischen Oszillators hat das Potential

$$V(\vec{r}) = \frac{1}{2} D \vec{r}^2 \quad .$$

Für den Fall der eindimensionalen Bewegung in x-Richtung vereinfacht es sich auf

$$V(x) = \frac{1}{2} D x^2 \quad .$$

Die Energieerhaltung liefert die Beziehung

$$E_{kin} + E_{pot} = \frac{1}{2} m\dot{x}^2 + \frac{1}{2} Dx^2 = E \quad , \tag{4.9.9}$$

die in Abb.4.30b graphisch dargestellt ist. Die potentielle Energie beschreibt eine um $x = 0$ symmetrische Parabel, ihre Maximalwerte werden für

$$V = E$$

an den Stellen

$$x_{max} = \sqrt{\frac{2}{D} E} \quad \text{und} \quad x_{min} = -\sqrt{\frac{2}{D} E}$$

erreicht. An diesen Punkten verschwindet die kinetische Energie, die eine nach unten geöffnete um $x = 0$ symmetrische Parabel beschreibt.

Zur Berechnung der Bewegung löst man (4.9.9) nach $\dot{x}$ auf

$$\dot{x} = \sqrt{\frac{2E}{m} - \frac{D}{m} x^2} \quad . \tag{4.9.10}$$

Mit der Anfangsbedingung bei $t_0 = 0$

$$x(t_0) = x_0 = 0$$

führt (4.9.10) entsprechend (4.9.7) auf das Integral

$$t = \int_0^x \frac{dx'}{\sqrt{\frac{2E}{m} - \frac{D}{m}x'^2}} = \sqrt{\frac{m}{2E}} \int_0^x \frac{dx'}{\sqrt{1-\frac{D}{2E}x'^2}} \quad .$$

Mit den Substitutionen

$$w = \sqrt{\frac{D}{2E}} \cdot x' \quad , \quad dw = \sqrt{\frac{D}{2E}}\, dx'$$

und

$$w = \sin u \quad , \text{ d.h. } \quad u = \arcsin w \quad , \quad dw = \cos u \, du$$

ist

$$t = \sqrt{\frac{m}{D}} \int_0^{\sqrt{\frac{D}{2E}}x} \frac{dw}{\sqrt{1-w^2}} = \sqrt{\frac{m}{D}} \int_0^{\arcsin\left(\sqrt{\frac{D}{2E}}x\right)} du = \sqrt{\frac{m}{D}} \arcsin\left(\sqrt{\frac{D}{2E}}\,x\right) \quad ,$$

so daß wir

$$x = \sqrt{\frac{2E}{D}} \sin\left(\sqrt{\frac{D}{m}}\,t\right) \tag{4.9.11}$$

erhalten. Wie erwartet beschreibt diese Lösung eine harmonische Bewegung mit der Kreisfrequenz $\omega = \sqrt{D/m}$ und der Amplitude $A = \sqrt{2E/D}$.
Man sieht, daß die Kreisfrequenz im Gegensatz zur Amplitude unabhängig von der Gesamtenergie E ist.

4.10 Drehimpuls und Drehmoment

Ist bei einem mechanischen Problem ein Punkt des Raumes vor anderen ausgezeichnet, so ist es oft sinnvoll, ihn als Ursprung eines Koordinatensystems zu wählen. Ist $\vec{r}$ der Ortsvektor eines Massenpunktes im Bezug auf diesen Ursprung und $\vec{p}$ sein Impuls, so heißt das Vektorprodukt

$$\vec{L} = \vec{r} \times \vec{p} \tag{4.10.1}$$

der *Drehimpuls* des Massenpunktes um den Ursprung. Seine Zeitableitung ist

$$\dot{\vec{L}} = \dot{\vec{r}} \times \vec{p} + \vec{r} \times \dot{\vec{p}} = \vec{r} \times \dot{\vec{p}} \quad ,$$

weil - wegen $\vec{p} = m\vec{v} = m\dot{\vec{r}}$ - der erste Summand verschwindet. Da nach dem zweiten Newtonschen Gesetz die Zeitableitung des Impulses gerade gleich der Kraft $\vec{F}$ auf den Massenpunkt ist, gilt schließlich

$$\dot{\vec{L}} = \vec{r} \times \vec{F} = \vec{D} \quad . \tag{4.10.2}$$

Das Vektorprodukt aus Ortsvektor und Kraft heißt *Drehmoment* auf den Massenpunkt. Offenbar ist der Drehimpuls eine erhaltene Größe, wenn das Drehmoment verschwindet. Das ist (neben dem trivialen Fall verschwindender Kraft) dann der Fall, wenn die Kraft immer in Richtung des Ortsvektors zeigt, also für ein Zentralfeld mit dem Koordinatenursprung als Zentrum.

4.11 Anwendungen: Bewegung im Zentralfeld. Planetenbewegung

4.11.1 Bewegung eines Massenpunktes im Zentralfeld

In (4.8.19) hatten wir ein allgemeines Zentralfeld in der Form

$$\vec{F} = f(r)\,\frac{\vec{r}}{r} \tag{4.11.1}$$

angeschrieben. Die Bewegungsgleichung eines Massenpunkts mit dem Ortsvektor $\vec{r}$ in diesem Feld ist

$$m\ddot{\vec{r}} = \vec{F} \quad . \tag{4.11.2}$$

Vektorielle Multiplikation von links mit $\vec{r}$ liefert

$$\vec{r} \times (m\ddot{\vec{r}}) = \vec{r} \times \dot{\vec{p}} = \dot{\vec{L}} = \vec{r} \times \vec{F} = \frac{f(r)}{r}\,\vec{r} \times \vec{r} = 0 \quad . \tag{4.11.3}$$

Wie bereits erwähnt, bleibt der Drehimpuls $\vec{L}$ bei der Bewegung im Zentralfeld erhalten. Der konstante Vektor $\vec{L}$ steht nach (4.10.1) stets senkrecht auf dem Ortsvektor $\vec{r}$ und dem Impuls $\vec{p} = m\vec{v}$. Diese beiden Vektoren bleiben also immer

Bewegung eines Massenpunktes auf einer Schraubenlinie findet nicht in einer Ebene statt!

in einer zeitlich unveränderlichen Ebene, der *Bewegungsebene*. Damit folgt allein aus der Drehimpulserhaltung, daß die Bewegung eines Massenpunkts in einem beliebigen Zentralfeld immer in einer Ebene verläuft, deren Lage im Raum nur von den Anfangsbedingungen abhängt.

4.11.2 Bewegung im zentralen Gravitationsfeld

Wir spezialisieren unser allgemeines Zentralfeld (4.11.1) jetzt zum Newtonschen Gravitationsfeld

$$\vec{F} = -\gamma \frac{mM}{r^2} \frac{\vec{r}}{r} \quad . \tag{4.11.4}$$

und identifizieren unseren Massenpunkt mit einem Planeten der Masse m, während wir annehmen, daß sich im Koordinatenursprung die Sonne (Masse M) befinde. Im Abschnitt 5.5 werden wir feststellen, daß die Sonne zwar nicht exakt ortsfest ist, jedoch in sehr guter Näherung als ortsfest betrachtet werden darf.

Wegen ihrer grundsätzlichen Bedeutung diskutieren wir die Bewegung eines Massenpunktes im Gravitationsfeld (bzw. in einem Kraftfeld, daß wie $1/r^2$ abfällt, etwa dem elektrostatischen Feld einer Punktladung) sehr ausführlich. Wichtige Teilschritte sind durch Zwischenüberschriften gekennzeichnet.

I) Aufstellung der Bewegungsgleichung

Die Bewegungsgleichung lautet

$$m\ddot{\vec{r}} = \dot{\vec{p}} = -\gamma \frac{mM}{r^3} \vec{r} \tag{4.11.5}$$

II) Auffindung einer Vorzugsrichtung in der Bewegungsebene

Vektorielle Multiplikation von rechts mit dem Drehimpuls $\vec{L} = \vec{r} \times \vec{p}$ ergibt

$$\begin{aligned}\dot{\vec{p}} \times \vec{L} &= -\gamma mM \frac{1}{r^3} [\vec{r}\times(\vec{r}\times\vec{p})] = -\gamma mM \frac{1}{r^3} [\vec{r}(\vec{r}\cdot\vec{p})-\vec{p}r^2] \\ &= \gamma m^2 M \frac{1}{r^3} [\dot{\vec{r}}r^2-\vec{r}(\vec{r}\cdot\dot{\vec{r}})] \quad .\end{aligned} \tag{4.11.6}$$

Wegen $\dot{\vec{L}} = 0$ ist die linke Seite dieser Gleichung

$$\frac{d}{dt} (\vec{p}\times\vec{L}) = \dot{\vec{p}} \times L \quad . \tag{4.11.7}$$

Um die rechte Seite zu vereinfachen, untersuchen wir die zeitliche Ableitung von $\hat{\vec{r}} = \vec{r}/r$. Die Produktregel liefert zunächst

$$\frac{d}{dt}\frac{\vec{r}}{r} = \frac{\dot{\vec{r}}}{r} + \vec{r}\,\frac{d}{dt}\frac{1}{r} \quad . \tag{4.11.8}$$

Für die Ableitung im zweiten Summanden gilt nach der Kettenregel

$$\frac{d}{dt}\frac{1}{r} = \frac{d}{dt}\frac{1}{\sqrt{\vec{r}^2}} = -\frac{\vec{r}\cdot\dot{\vec{r}}}{r^3} \quad . \tag{4.11.9}$$

Damit ist

$$\frac{d}{dt}\frac{\vec{r}}{r} = \frac{\dot{\vec{r}}}{r} - \vec{r}\,\frac{\vec{r}\cdot\dot{\vec{r}}}{r^3} \quad . \tag{4.11.10}$$

Durch Einsetzen von (4.11.7) und (4.11.10) in (4.11.6) gewinnen wir

$$\frac{d}{dt}(\vec{p}\times\vec{L}) = \gamma m^2 M\,\frac{d}{dt}\frac{\vec{r}}{r} \quad . \tag{4.11.11}$$

Integration liefert

$$\vec{p}\times\vec{L} = \gamma m^2 M\,\frac{\vec{r}}{r} - \vec{C} \quad . \tag{4.11.12}$$

Dabei ist $\vec{C}$ ein konstanter Vektor, der als Konstante dieser Integration einer Vektorgleichung auftritt. Er liegt in der Bewegungsebene, da

$$0 = \vec{L}\cdot(\vec{p}\times\vec{L}) = \gamma m^2 M\,\frac{1}{r}\,(\vec{L}\cdot\vec{r}) - \vec{L}\cdot\vec{C} \quad ,$$

also $\vec{L}\perp\vec{C}$, weil $\vec{L}\perp\vec{r}$. Der Vektor $\vec{C}$ ist neben $\vec{L}$ eine weitere Konstante der Bewegung. Er heißt *Lenzscher Vektor*. Sein Auftreten ist eine Eigentümlichkeit des Gravitationsgesetzes. Er zeichnet eine *Vorzugsrichtung in der Bewegungsebene* aus.

III) Identifikation der Bahnen mit Kegelschnitten

Aus (4.11.12) können wir jetzt leicht die *Bahngleichung* des Planeten gewinnen. Skalare Multiplikation mit $\vec{r}$ liefert

$$\vec{r}\cdot(\vec{p}\times\vec{L}) = \gamma m^2 M\, r - \vec{r}\cdot\vec{C} \quad .$$

Auf der linken Seite der Gleichung dürfen die Faktoren des Spatprodukts zyklisch vertauscht werden. Es gilt

$$\vec{r} \cdot (\vec{p}\times\vec{L}) = \vec{L} \cdot (\vec{r}\times\vec{p}) = \vec{L} \cdot \vec{L} = L^2 \tag{4.11.13}$$

und damit

$$L^2 = \gamma m^2 M\, r - \vec{r} \cdot \vec{C} = \gamma m^2 M\, r - rC\cos\varphi \tag{4.11.14}$$

mit

$$\varphi = \sphericalangle(\vec{r},\vec{C}) \quad . \tag{4.11.15}$$

Mit den Abkürzungen

$$q = \frac{L^2}{\gamma m^2 M} \quad , \quad \varepsilon = \frac{C}{\gamma m^2 M} \tag{4.11.16}$$

nimmt (4.11.13) die bekannte *Fokaldarstellung der Ellipsengleichung*

$$r = \frac{q}{1-\varepsilon\cos\varphi} \tag{4.11.17}$$

an. Ihre geometrische Bedeutung ist in Abb.4.31 dargestellt. Sind

F_1, F_2, M die Brennpunkte bzw. der Mittelpunkt
a = große Halbachse,
b = kleine Halbachse,
$e = \sqrt{a^2-b^2}$ = lineare Exzentrizität,
$\vec{f}$ = ein Vektor der Länge e in Richtung $\overrightarrow{F_1F_2}$,
$\vec{r}$ = Ortsvektor eines Punktes bezogen auf F_1,
$\varphi = \sphericalangle(\vec{r},\vec{f})$,
$q = b^2/a$ der Parameter oder Scheitelkrümmungsradius,
$\varepsilon = \sqrt{a^2-b^2}/a$ die numerische Exzentrizität

so gibt (4.11.17) den Zusammenhang zwischen Betrag r und Azimut φ des Ortsvektors wieder.

In der Tat beschreibt (4.11.17) nicht nur die Ellipse sondern alle Kegelschnitte. Man erhält für

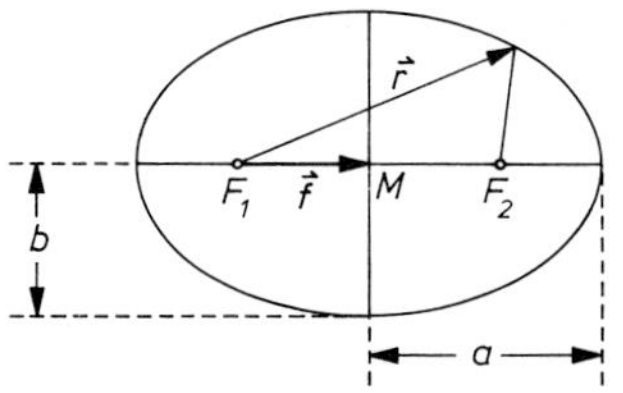

Abb. 4.31. Ellipse als Bahn eines Körpers im zentralen Gravitationsfeld

$\varepsilon = 0$: einen Kreis

$0 < \varepsilon < 1$: eine Ellipse,

$\varepsilon = 1$: eine Parabel,

$\varepsilon > 1$: eine Hyperbel.

IV) Einfluß der Gesamtenergie auf die Bahnform

Die vier Arten von Kegelschnitten lassen sich in zwei grundsätzlich verschiedene Klassen einteilen, eine, die *geschlossenen Bahnen* entspricht (Ellipse, Kreis) und eine andere, deren offene Bahnen beliebig weit vom Zentrum wegführen (Hyperbel, Parabel). Wir vermuten sofort, daß offene Bahnen nur möglich sind, wenn die Gesamtenergie

$$E = E_{kin} + E_{pot} = \frac{p^2}{2m} - \frac{\gamma m M}{r} \tag{4.11.18}$$

positiv ist, weil dann auch für $r \to \infty$ E_{kin} noch physikalische Werte ≥ 0 annimmt. Ist umgekehrt $E < 0$, so reicht die kinetische Energie nicht aus, den Planeten gegen das Potential "ins Unendliche" zu tragen. Es sind nur geschlossene Bahnen möglich. Mathematisch ist die Art der Bahn durch die numerische Exzentrizität ε (4.11.16), also im wesentlichen durch den Betrag C des Lenzschen Vektors gegeben. Zur Berechnung von C benutzen wir (4.11.12) und finden

$$C^2 = \gamma^2 m^4 M^2 + (\vec{p}\times\vec{L})^2 - 2\,\frac{\gamma m^2 M}{r}\,\vec{r}\cdot(\vec{p}\times\vec{L}) \quad .$$

Da $\vec{p}$ stets senkrecht zu $\vec{L}$ ist, gilt $|\vec{p}\times\vec{L}| = pL$ und damit $(\vec{p}\times\vec{L})^2 = p^2L^2$. Das Spatprodukt im letzten Term gewinnt durch zyklische Vertauschung die Form $\vec{L}\cdot(\vec{r}\times\vec{p}) = \vec{L}\cdot\vec{L} = L^2$. Damit ist

$$C^2 = \gamma^2 m^4 M^2 + L^2\left(p^2 - 2\frac{\gamma m^2 M}{r}\right)$$

bzw.

$$\varepsilon^2 = \frac{C^2}{\gamma^2 m^4 M^2} = 1 + \frac{2L^2}{\gamma^2 m^3 M^2}\left(\frac{p^2}{2m} - \frac{\gamma m M}{r}\right) \quad ,$$

$$\varepsilon^2 = 1 + \frac{2L^2}{\gamma^2 m^3 M^2}\left(E_{kin}+E_{pot}\right) \quad . \tag{4.11.19}$$

Wie vermutet, ist also die Bahn

eine Hyperbel für $E_{kin} > -E_{pot}$,

eine Parabel für $E_{kin} = -E_{pot}$,

eine Ellipse für $E_{kin} < -E_{pot}$.

Dabei ist es gleichgültig, wann oder wo E_{kin} und E_{pot} genommen werden, da es nur auf ihre Summe E ankommt, die konstant ist.

Schließlich betrachten wir noch den Spezialfall der *Kreisbahn*. Aus Abschnitt 3 wissen wir, daß ein mit konstanter Winkelgeschwindigkeit ω auf einer Kreisbahn umlaufender Massenpunkt eine Beschleunigung

$$\ddot{\vec{r}} = -\omega^2 \vec{r} \tag{4.11.20}$$

erfährt. Offenbar durchläuft der Planet dann eine Kreisbahn, wenn die Gravitation genau diese Beschleunigung erzeugt, wenn also

$$-\omega^2 \vec{r} = \ddot{\vec{r}} = \frac{\vec{F}}{m} = -\frac{\gamma M}{r^3}\vec{r} \quad . \tag{4.11.21}$$

Daraus folgt für die Winkelgeschwindigkeit die Bedingung

$$\omega^2 = \frac{\gamma M}{r^3} \quad . \tag{4.11.22}$$

Mit Hilfe der Beziehung $v = r\omega$, d.h. $p = mr\omega$ erhält man für den Betrag des Impulses die Bedingung

$$p^2 = \gamma\frac{m^2 M}{r} \quad . \tag{4.11.23}$$

Die Richtung des Impulses muß stets senkrecht auf dem Ortsvektor stehen. Zu vorgegebenem Abstand r vom Gravitationszentrum ergibt (4.11.23) sofort den zugehörigen Anfangsimpuls für eine Kreisbahn. Zur Berechnung der Anfangsbedingungen für eine Kreisbahn haben wir nicht die allgemeine Bahngleichung (4.11.17), sondern nur die Bewegungsgleichung (4.11.21) benutzt. Einsetzen von (4.11.23) liefert natürlich auch $\varepsilon = 0$.

V) Die Keplerschen Gesetze

Von Johannes Kepler (1571-1630) wurden die folgenden Gesetze über die Planetenbewegung aus astronomischen Beobachtungen von Tycho Brahe (1546-1601) abgeleitet:

1) Die Planeten durchlaufen Ellipsenbahnen, in deren einem Brennpunkt die Sonne steht.
2) Der "Leitstrahl" von der Sonne zum Planeten überstreicht in gleichen Zeiten gleiche Flächen.
3) Die Quadrate der Umlaufzeiten T verhalten sich wie die Kuben der großen Halbachsen a der Ellipsenbahnen (d.h. Der Quotient T_i^2/a_i^3 ist für alle Planeten i konstant).

Für Newton bildeten diese empirischen Befunde den wesentlichen Anstoß zur Aufstellung seiner dynamischen Grundgleichungen und des Gravitationsgesetzes.

Wir beschreiten nun den umgekehrten Weg, indem wir die Keplerschen Gesetze aus den Newtonschen Gleichungen und dem Gravitationsgesetz herleiten:

1) Das erste Keplersche Gesetz ist offenbar ein Spezialfall unseres allgemeineren Ergebnisses, das die Kegelschnittform der Bahnen feststellt.
2) Das zweite Keplersche Gesetz findet man wie folgt (Abb.4.32):

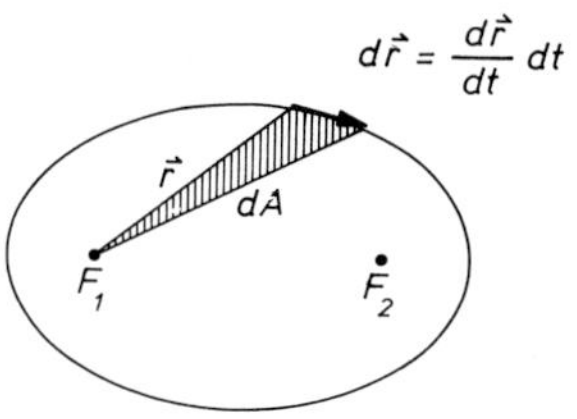

Abb. 4.32. Zum 2. Keplerschen Gesetz

In der kurzen Zeit dt legt der Planet die kurze Strecke $d\vec{r}$ zurück. Der Ortsvektor überstreicht eine Dreiecksfläche der Größe dA, die gleich der halben Fläche des von $\vec{r}$ und $d\vec{r}$ aufgespannten Parallelogramms ist

$$dA = \frac{1}{2}\,|[\vec{r}\times d\vec{r}]| = \frac{1}{2}\,|[\vec{r}\times\frac{d\vec{r}}{dt}dt]| = \frac{1}{2}\,|[\vec{r}\times\dot{\vec{r}}]|dt \quad .$$

Die zeitliche Änderung der Fläche ist dann

$$\frac{dA}{dt} = \frac{1}{2}\,|[\vec{r}\times\dot{\vec{r}}]| = \frac{1}{2m}\,|\vec{L}| = \text{const} \quad , \tag{4.11.24}$$

da der Drehimpuls $\vec{L}$ konstant bleibt.
Das ist gerade die Aussage des 2. Keplerschen Gesetzes.

3) Das 3. Keplersche Gesetz folgt nun einfach aus den ersten beiden. Es ist kein unabhängiges Gesetz. Bezeichnen wir die Gesamtfläche der Ellipse mit A, die Umlaufzeit des Planeten mit T, so ist die Ellipsenfläche π a b

$$\pi\ a\ b = A = \int_{t=0}^{T} \frac{dA}{dt} = \frac{1}{2m} |\vec{L}|\ T \quad ,$$

$$T = \frac{2\pi abm}{|\vec{L}|} \quad .$$

Wegen $q = b^2/a = L^2/\gamma m^2 M$ gilt dann $T^2 = 4\pi^2 a^2 b^2 m^2/L^2 = 4\pi^2 a^3 q m^2/L^2 = 4\pi^2 a^3/\gamma M$,

d.h.

$$\frac{T^2}{a^3} = \frac{4\pi^2}{\gamma M} = \text{const} \tag{4.11.25}$$

unabhängig von Masse oder Anfangsbedingungen des jeweiligen Planeten.

*4.11.3 Beschreibung der Planetenbewegung im Impulsraum

Wir betrachten noch einmal die Bewegung eines Massenpunktes im zentralen Gravitationsfeld, interessieren uns jedoch jetzt nicht für die Bahn im Ortsraum sondern für die Bahn des Massenpunktes im Impulsraum, also in einem dreidimensionalen Raum, der durch die Komponenten des Impulses des Massenpunktes aufgespannt wird. Dazu schreiben wir (4.11.12) in der Form

$$\vec{p} \times \vec{L} + \vec{C} = \gamma m^2 M \frac{\vec{r}}{r}$$

und quadrieren:

$$(\vec{p}\times\vec{L})^2 + C^2 + 2\vec{C} \cdot (\vec{p}\times\vec{L}) = \gamma^2 m^4 M^2 \quad .$$

Da $\vec{p} \perp \vec{L}$, gilt $(\vec{p}\times\vec{L})^2 = p^2L^2$. Mit einer antizyklischen Vertauschung der Faktoren im Spatprodukt erhalten wir dann

$$p^2L^2 + C^2 - 2\vec{p} \cdot (\vec{C}\times\vec{L}) = \gamma^2 m^4 M^2 \quad ,$$

$$p^2 + \frac{C^2}{L^2} - 2\vec{p} \cdot \frac{(\vec{C}\times\vec{L})}{L^2} = \frac{\gamma^2 m^4 M^2}{L^2} \quad .$$

Da $\vec{L} \perp \vec{C}$, gilt $(\vec{C}\times\vec{L})^2 = L^2C^2$. Wir können also schreiben $C^2 = (\vec{C}\times\vec{L})^2/L^2$. Damit ist die linke Seite das Quadrat von $\vec{p} + (\vec{L}\times\vec{C})/L^2$.
Also

$$\left(\vec{p} - \frac{\vec{C}\times\vec{L}}{L^2}\right)^2 = \left(\frac{\gamma m^2 M}{L}\right)^2 \quad . \tag{4.11.26}$$

Da

$$\vec{u} = \frac{\vec{C} \times \vec{L}}{L^2}$$

und

$$v = \frac{\gamma m^2 M}{L}$$

für jede Bewegung Konstanten sind, ist (4.11.26) eine Kreisgleichung

$$(\vec{p}-\vec{u})^2 = v^2$$

Die Spitze des Impulsvektors beschreibt einen Kreis mit dem Radius v um die Spitze des festen Vektors $\vec{u}$.

Der Ursprung des Koordinatensystems liegt außerhalb des Kreises bzw. auf dem Kreis bzw. im Kreis je nachdem ob

$$u > v \quad , \quad u = v \quad \text{oder} \quad u < v$$

gilt. Da $\vec{C} \perp \vec{L}$, also $(\vec{C}\times\vec{L})^2 = C^2L^2$, entsprechen diese Beziehungen den Relationen

$$C \gtreqless \gamma m^2 M \text{ und damit } \varepsilon \gtreqless 1 \quad .$$

Ein Vergleich mit (4.11.19) zeigt, daß diese Beziehung gleichbedeutend mit

$$E_{kin} \gtreqless -E_{pot}$$

ist. Damit ergibt sich folgende Entsprechung zwischen den Bahnen im Ortsraum und im Impulsraum (Abb.4.33)

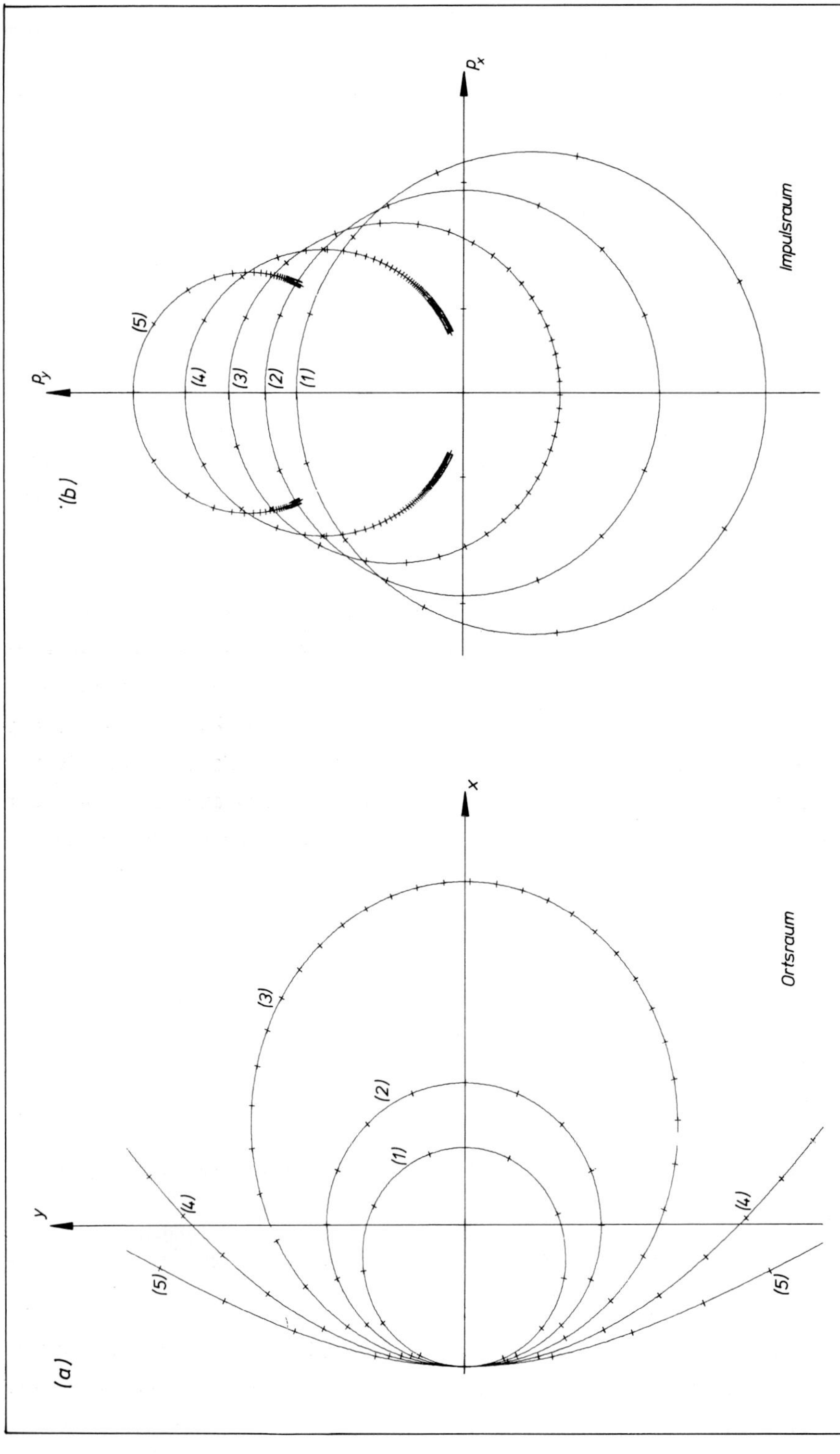

Abb. 4.33 a u. b. Bahnen eines Massenpunktes im Feld eines Gravitationszentrums im Ortsraum (a) und Impulsraum (b). Alle Bahnen beginnen auf der x-Achse im Ortsraum und auf der p_y-Achse im Impulsraum.

1) $E_{kin} < -E_{pot}$:
Bahn im Ortsraum: Ellipse
Bahn im Impulsraum: Kreis der den Ursprung umschließt (Bahnen 1, 2, 3 in Abb.4.33)

2) $E_{kin} = -E_{pot}$:
Bahn im Ortsraum: Parabel
Bahn im Impulsraum: Kreis durch den Ursprung. Der Ursprung ($\vec{p}=0$) wird asymptotisch für $t \to \pm \infty$ erreicht (Bahn 4 in Abb.4.33)

3) $E_{kin} > -E_{pot}$:
Bahn im Ortsraum: Hyperbel
Bahn im Impulsraum: Bogen auf einem Kreis, der den Ursprung nicht einschließt. Die Enden des Bogens werden asymptotisch für $t \to \pm \infty$ erreicht, sie entsprechen den geradlinigen Bahnen in großer Entfernung vom Zentrum. (Bahn 5 in Abb.4.33).

In Abb.4.33 sind die Anfangsbedingungen so gewählt, daß der Planet zur Zeit $t = 0$ im Ortsraum die Position ($x_0=-a$, $y_0=0$) hat und seine Geschwindigkeit in Richtung der y-Achse zeigt. Damit verläuft die Bewegung in der x-y-Ebene. Im Impulsraum hat er dann zur Zeit $t = 0$ eine Position auf der positiven p_y-Achse und bewegt sich in Richtung wachsender Werte von p_x (d.h. im Uhrzeigersinn). Die im Ortsraum unterhalb der x-Achse bzw. im Impulsraum links der p_y-Achse liegenden Teile der Kurven 4 und 5 werden für Zeiten $-\infty < t < 0$ durchlaufen.

4.12 Aufgaben

4.1: Zeigen Sie direkt durch zweimaliges Differenzieren von (4.6.14), daß diese Gleichung eine Lösung von (4.6.3) ist.

4.2: Bestimmen Sie die Größen A, B bzw. C, δ in (4.6.21) aus den Anfangsbedingungen $\varphi(t=0) = \varphi_0$ und $\dot{\varphi}(t=0) = \dot{\varphi}_0$.

4.3: Vermessen Sie Abb.4.23 für eine Reihe von Zeiten und bestätigen Sie die Beziehung (4.6.30) durch eine geeignete graphische Darstellung der Meßergebnisse.

4.4: Wählen Sie die Anfangsgeschwindigkeit in (4.6.29) in der x-z-Ebene ($\vec{v}_0 = v_{0x}\vec{e}_x + v_{0y}\vec{e}_y$, $v_0 = \sqrt{v_{0x}^2 + v_{0y}^2}$) und bestimmen Sie Wurfhöhe (z_{max}) und Wurfweite (x-Koordinate des Massenpunkts für z=0) für festes v_0 als Funktion des Abwurfwinkels φ (gemessen gegen die x-Achse).

4.5: Da im Experiment 4.13 die Masse m nicht nur von der unmittelbar benachbarten Masse M sondern auch von der zweiten (wesentlich weiter entfernten) Masse M angezogen wird, muß bei genauer Rechnung die Kraft F um einen additiven Term F_1 ergänzt werden. Man berechne γ unter Berücksichtigung dieses Terms.

4.6: Berechnen Sie die Kraftfelder der Potentiale (4.8.23a) und (4.8.24).

4.7: Zeigen Sie, daß die Gravitationskräfte senkrecht auf den Äquipotentialflächen des Gravitationspotentials stehen. Zeigen Sie dasselbe für die Kräfte und die Äquipotentialflächen des harmonischen Oszillators.

4.8: Lösen Sie (4.9.4) für die Anfangsbedingungen $z_0 = 0$, $\dot{z}_0 = v_0 \neq 0$. Stellen Sie die Lösung graphisch dar und diskutieren Sie die beiden Fälle $v_0 > 0$ und $v_0 < 0$.

4.9: Führen Sie in Abb.4.31 ein Koordinatensystem x', y' mit F_1 als Ursprung und der x'-Achse in Richtung $F_1 F_2$ ein, d.h.

$$x' = r\cos\varphi \quad ,$$
$$y' = r\sin\varphi$$

und zeigen Sie die Äquivalenz von (4.11.17) mit den bekannten Beziehungen über Kegelschnitte

$$x^2 + y^2 = a^2 \qquad \text{(Kreis)} \quad ,$$
$$\frac{x^2}{a^2} + \frac{y^2}{b^2} = 1 \qquad \text{(Ellipse)} \quad ,$$
$$\frac{x^2}{a^2} - \frac{y^2}{b^2} = 1 \qquad \text{(Hyperbel)} \quad ,$$
$$y^2 = 2\frac{b^2}{a}x \qquad \text{(Parabel)} \quad .$$

Dabei ist das Koordinatensystem x, y gegenüber x', y' parallel vom Brennpunkt in den Mittelpunkt verschoben, da

$$x = x' - f \quad ,$$
$$y = y' \quad .$$

5. Dynamik mehrerer Massenpunkte

Der Einfachheit halber haben wir die meisten Begriffe der Mechanik zunächst für die Bewegung eines einzelnen Massenpunktes eingeführt. Wir wenden uns jetzt Systemen aus mehreren Massenpunkten zu.

Viele physikalische Vorgänge in der Natur wie die Bewegung der Planeten um die Sonne oder die Streuung von Elektronen an Atomkernen können als Bewegung solcher Systeme beschrieben werden. Wir werden eine Reihe solcher Vorgänge berechnen, benötigen dazu aber in jedem Fall detaillierte Kenntnisse der Kräfte zwischen allen Massenpunkten und der Anfangsbedingungen.

Von besonderem Interesse sind auch Aussagen, die schon bei viel weniger spezifischen Kenntnissen über Systeme mehrerer Massenpunkte gemacht werden können. Es handelt sich um die Erhaltungssätze über Energie, Impuls und Drehimpuls. Unter bestimmten Voraussetzungen bleibt nämlich die Summe der Energien, die Summe der Impulse und die Summe der Drehimpulse aller Massenpunkte während der Bewegung konstant. Die einzelnen Massenpunkte tauschen also nur Energie, Impuls oder Drehimpuls untereinander aus.

Wir beginnen mit einem System aus zwei Massenpunkten.

5.1 Impuls eines Systems zweier Massenpunkte. Schwerpunkt. Impulserhaltungssatz

Auf zwei Massenpunkte mit den Massen m_1 und m_2 wirken die Kräfte $\vec{F}_1$ bzw. $\vec{F}_2$. Nach dem zweiten Newtonschen Gesetz ist

$$\vec{F}_1 = \frac{d}{dt}(m_1\dot{\vec{r}}_1) = \dot{\vec{p}}_1 \quad ,$$

$$\vec{F}_2 = \frac{d}{dt}(m_2\dot{\vec{r}}_2) = \dot{\vec{p}}_2 \quad . \tag{5.1.1}$$

Die Addition beider Gleichungen ergibt für die zeitliche Ableitung des Gesamtimpulses

$$\dot{\vec{p}} = \dot{\vec{p}}_1 + \dot{\vec{p}}_2 = \vec{F}_1 + \vec{F}_2 \quad . \tag{5.1.2}$$

Die Kräfte $\vec{F}_1$ und $\vec{F}_2$ können immer, d.h. für jedes beliebige System aus zwei Massenpunkten, in zwei Anteile zerlegt werden

$$\vec{F}_1 = \vec{F}_1^a + \vec{F}_{12}^i$$

$$\vec{F}_2 = \vec{F}_2^a + \vec{F}_{21}^i \quad . \qquad (5.1.3)$$

Der hochgestellte Index a kennzeichnet den Anteil der Kraft, der von außerhalb des Systems wirkt, während der Index i den von innerhalb des Systems herrührenden Kraftanteil bezeichnet. Da das System nur aus zwei Teilchen besteht, kann eine innere Kraft, die auf m_1 wirkt, nur von m_2 herrühren. Wir bezeichnen sie daher mit $\vec{F}_{12}^i$. Entsprechend wirkt $\vec{F}_{21}^i$ auf m_2 und geht von m_1 aus. Nach dem dritten Newtonschen Gesetz ist

$$\vec{F}_{12}^i = -\vec{F}_{21}^i \quad . \qquad (5.1.4)$$

Das gelte ganz unabhängig von der Natur der zwischen m_1 und m_2 wirkenden Kraft. Sie kann durch Federn, Gravitation, Elektrostatik oder sonstige Effekte bewirkt werden. Mit (5.1.3) können wir (5.1.2) in die Form

$$\dot{\vec{p}} = \vec{F}_1^a + \vec{F}_2^a + \vec{F}_{12}^i + \vec{F}_{21}^i = \dot{\vec{p}}^a + \dot{\vec{p}}^i = \dot{\vec{p}}^a \qquad (5.1.5)$$

bringen, weil wegen (5.1.4)

$$\dot{\vec{p}}^i = \dot{\vec{p}}_1^i + \dot{\vec{p}}_2^i = 0 \quad . \qquad (5.1.6)$$

Der Impuls des Systems wird also durch innere Kräfte nicht geändert. Für den Fall verschwindender äußerer Kräfte lesen wir aus (5.1.5) ab: *Wirken auf das System keine äußeren Kräfte, so bleibt der Gesamtimpuls des Systems konstant.*

Dies ist der Impulserhaltungssatz für ein System aus zwei Massenpunkten. Wir haben ihn unmittelbar aus den Newtonschen Gesetzen hergeleitet, wollen ihn aber auch direkt experimentell verifizieren.

Experiment 5.1. Nachweis des Impulserhaltungssatzes

An zwei Reitern der Massen m_1 und m_2 sind seitlich Federn angebracht. Sie werden auf der Luftkissenfahrbahn so nah aneinandergerückt, daß die Federn gespannt sind, und anschließend mit einem Faden verbunden. Wird der Faden durchgeschnitten, so können sich die Federn entspannen. Die Reiter bewegen sich ohne Einwirkung äußerer Kräfte in entgegengesetzter Richtung.

Bezeichnen wir die Impulse vor bzw. nach dem Entspannen der Feder mit $\vec{p}_1$, $\vec{p}_2$ bzw. $\vec{p}_1'$, $\vec{p}_2'$, so liefert der Impulserhaltungssatz

$$\vec{p}_1 + \vec{p}_2 = \vec{p}_1' + \vec{p}_2' \quad .$$

Da beide Reiter vor dem Entspannen der Feder ruhen ($\vec{p}_1=\vec{p}_2=0$), ist

$$\vec{p}_1' + \vec{p}_2' = m_1 \vec{v}_1' + m_2 \vec{v}_2' = 0 \quad ,$$

$$m_1 \vec{v}_1' = -m_2 \vec{v}_2' \quad ,$$

$$\frac{v_1'}{v_2'} = \frac{m_2}{m_1} \quad .$$

Abb.5.1 zeigt zwei stroboskopische Aufnahmen des Vorgangs. Man mißt leicht nach, daß für $m_1 = m_2$ in der Tat die Geschwindigkeiten beider Reiter gleich sind, während sich im Fall $m_1 = 2m_2$ der leichtere Reiter mit der doppelten Geschwindigkeit bewegt.

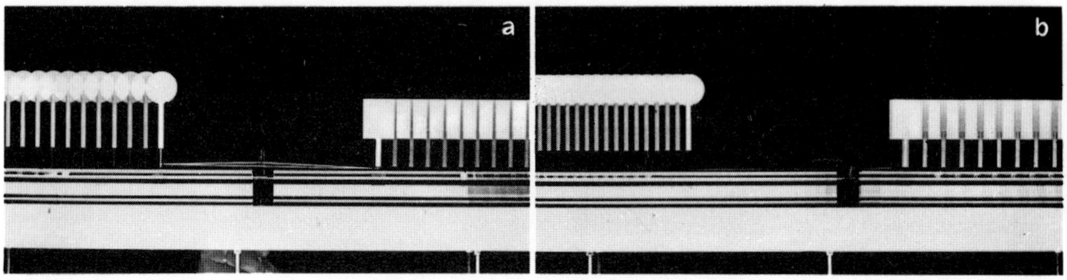

Abb. 5.1a und b. Stroboskopaufnahmen von der Bewegung zweier Reiter auf der Luftkissenfahrbahn. Beide Reiter waren ursprünglich in Ruhe. Zwischen ihnen befand sich eine gespannte Feder. Die Bewegung trat nach Entspannen der Feder ein. a) Gleiche Massen ($m_1=m_2$); b) $m_1 = 2m_2$

Wenden wir uns jetzt dem Einfluß der äußeren Kräfte zu. Wir führen zunächst den nützlichen Begriff des Schwerpunkts ein. Sind $\vec{r}_1(t)$ und $\vec{r}_2(t)$ die Orte der beiden Massenpunkte, so definieren wir als Ort des *Schwerpunkts* des Systems

$$\vec{R}(t) = \frac{1}{m_1+m_2} [m_1\vec{r}_1(t)+m_2\vec{r}_2(t)] \quad . \tag{5.1.7}$$

Der Schwerpunkt ist das mit den einzelnen Massen gewichtete Mittel der Ortskoordinaten. In der englischsprachigen Literatur wird er daher etwas genauer als "center of mass" d.h. Massenmittelpunkt bezeichnet. Die Beziehung (5.1.5) läßt sich jetzt in die Form

$$\vec{F}_1^a + \vec{F}_2^a = \dot{\vec{p}}^a = \frac{d}{dt} [m_1\dot{\vec{r}}_1(t)] + \frac{d}{dt} [m_2\dot{\vec{r}}_2(t)] = \frac{d}{dt} [(m_1+m_2)\dot{\vec{R}}] \tag{5.1.8}$$

bringen. Die inneren Kräfte rufen also keine Beschleunigung des Schwerpunkts hervor. Der Impulserhaltungssatz ist gleichbedeutend mit der Aussage: *Durch innere Kräfte wird die Bewegung des Schwerpunkts nicht beeinflußt.*

In Abwesenheit äußerer Kräfte bewegt sich also der Schwerpunkt geradlinig gleichförmig. Sind äußere Kräfte vorhanden, so ist (5.1.8) das Bewegungsgesetz für den Schwerpunkt: Der Schwerpunkt bewegt sich so, als ob die Gesamtmasse (m_1+m_2) des Systems in ihm vereinigt wäre und alle äußeren Kräfte direkt in ihm angriffen.

Experiment 5.2. Wurf einer Hantel

In Abb.5.2 ist die stroboskopische Aufnahme verschiedener Phasen des Wurfs einer Hantel wiedergegeben. Der Schwerpunkt der Hantel ist markiert. Die Abbildung zeigt, daß er wie ein einzelner Massenpunkt im Schwerefeld eine Wurfparabel beschreibt.

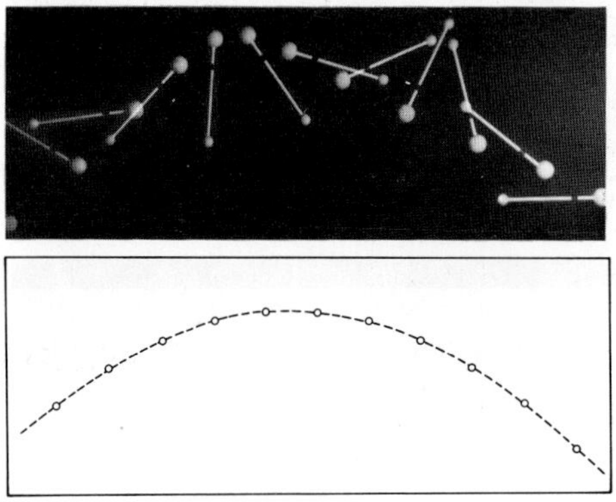

Abb. 5.2 Wurfbahn einer Hantel im Schwerefeld. Der auf der Hantel markierte Schwerpunkt beschreibt eine Wurfparabel

5.2 Verallgemeinerung auf mehrere Massenpunkte

Die Verallgemeinerung der Aussagen des letzten Abschnitts auf ein System von N Massenpunkten (Abb.5.3) ist nun vorgezeichnet. Die Kraft auf den i-ten Massenpunkt

$$\vec{F}_i = \frac{d}{dt}(m_i\dot{\vec{r}}_i) = \dot{\vec{p}}_i = \dot{\vec{p}}_i^a + \dot{\vec{p}}_i^i = \vec{F}_i^a + \sum_{j=1}^{N} \vec{F}_{ij} \tag{5.2.1}$$

läßt sich in einen äußeren Anteil $\vec{F}_i^a$ und in Anteile $\vec{F}_{ij}$, j = 1,2, ...N zerlegen, die von den übrigen Teilchen des Systems herrühren. Offenbar gilt

$$\vec{F}_{ii} = 0 \quad , \tag{5.2.2a}$$

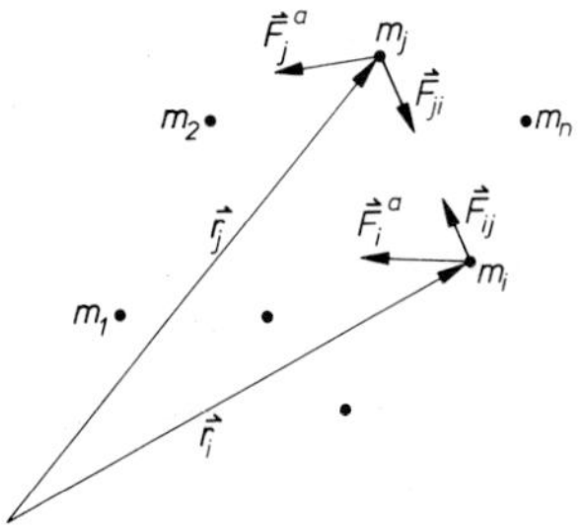

Abb. 5.3. System mehrerer Massenpunkte mit inneren und äußeren Kräften

da kein Teilchen auf sich selbst eine Kraft ausübt und

$$\vec{F}_{ij} = -\vec{F}_{ji} \tag{5.2.2b}$$

als Konsequenz des dritten Newtonschen Gesetzes. Damit können die $\vec{F}_{ij}$ in einer antisymmetrischen Matrix angeordnet werden.

$$\begin{pmatrix} \vec{F}_{11} & \vec{F}_{12} & \cdots & \vec{F}_{1N} \\ \vec{F}_{21} & \vec{F}_{22} & \cdots & \vec{F}_{2N} \\ \cdot & & & \\ \cdot & & & \\ \cdot & & & \\ \vec{F}_{N1} & \vec{F}_{N2} & \cdots & \vec{F}_{NN} \end{pmatrix} = \begin{pmatrix} 0 & \vec{F}_{12} & \cdots & \vec{F}_{1N} \\ -\vec{F}_{12} & 0 & \cdots & \vec{F}_{2N} \\ \cdot & & & \\ \cdot & & & \\ \cdot & & & \\ -\vec{F}_{1N} & -\vec{F}_{2N} & & 0 \end{pmatrix} . \tag{5.2.2c}$$

Die Summation von (5.2.1) über alle Teilchen i ergibt

$$\sum_{i=1}^{N} \vec{F}_i = \sum_{i=1}^{N} \vec{F}_i^a + \sum_{i=1}^{N} \sum_{j=1}^{N} \vec{F}_{ij} = \sum_{i=1}^{N} \vec{F}_i^a = \sum_{i=1}^{N} \dot{\vec{p}}_i^a = \dot{\vec{p}}^a \quad , \tag{5.2.3}$$

da die Doppelsumme, also die Summe über alle Elemente der Matrix (5.2.2c), verschwindet

$$\dot{\vec{p}}^i = \sum_{i=1}^{N} \dot{\vec{p}}_i^i = \sum_{i=1}^{N} \sum_{j=1}^{N} \vec{F}_{ij} = 0 \quad . \tag{5.2.4}$$

Der Gesamtimpuls des Systems wird also durch innere Kräfte nicht geändert. Sind keine äußeren Kräfte vorhanden, so bleibt der Gesamtimpuls konstant.

Definieren wir den Ortsvektor des Schwerpunkts entsprechend (5.1.7) als

$$\vec{R} = \frac{1}{M}\sum_{i=1}^{N} m_i \vec{r}_i \quad , \quad M = \sum_{i=1}^{N} m_i \quad , \tag{5.2.5}$$

so erhalten wir aus (5.2.3)

$$\vec{F} = \sum_{i=1}^{N} \vec{F}_i = \sum_{i=1}^{N} \vec{F}_i^a = \sum_{i=1}^{N} \dot{\vec{p}}_i = \sum_{i=1}^{N} \frac{d}{dt}(m_i \dot{\vec{r}}_i) = \frac{d}{dt}(M\dot{\vec{R}}) \quad . \tag{5.2.6}$$

Der Schwerpunkt bewegt sich so, als ob die Gesamtmasse des Systems in ihm vereinigt wäre und die Summe der äußeren Kräfte in ihm angriffe. Sind keine äußeren Kräfte vorhanden, so bewegt sich der Schwerpunkt geradlinig gleichförmig.

Die Möglichkeit, ein System in dieser Form global durch die Bewegung seines Schwerpunktes zu beschreiben, erlaubt erst die Verwendung des Massenpunktbegriffs in der Himmelsmechanik. Die Fixsterne bestehen aus riesigen Gasmassen, die sich unter dem Einfluß innerer Kräfte in heftiger Bewegung befinden. Trotzdem verhält sich ihr Schwerpunkt im Bezug auf die äußeren Kräfte wie ein einzelner Massenpunkt.

Wegen der besonderen Eigenschaften des Schwerpunkts ist es oft nützlich, den Ortsvektor jedes Massenpunktes eines Systems explizit in eine Summe

$$\vec{r}_i = \vec{R} + \vec{\rho}_i \quad , \quad i = 1, 2, \ldots N \tag{5.2.7}$$

zu zerlegen. Dabei ist $\vec{\rho}_i$ ein Vektor, der vom Schwerpunkt zum i-ten Massenpunkt zeigt. Er kann als *Ortsvektor* eines Koordinatensystems aufgefaßt werden, dessen Ursprung der Schwerpunkt ist. Es heißt *Schwerpunktsystem*. Wegen (5.2.5) ist

$$\sum_{i=1}^{N} m_i \vec{\rho}_i = \sum_{i=1}^{N} m_i \vec{r}_i - M\vec{R} = 0 \quad . \tag{5.2.8}$$

Als *Impulsvektor im Schwerpunktsystem* bezeichnen wir den Vektor

$$\vec{\pi}_i = m_i \dot{\vec{\rho}}_i \quad . \tag{5.2.9}$$

Mit (5.2.7) erhalten wir

$$\vec{\pi}_i = m_i \dot{\vec{r}}_i - m_i \dot{\vec{R}} = \vec{p}_i - \frac{m_i}{M}\vec{P} \quad . \tag{5.2.10}$$

Dabei ist

$$\vec{P} = M\dot{\vec{R}} = \sum_{i=1}^{N} m_i\dot{\vec{r}}_i = \sum_{i=1}^{N} \vec{p}_i \qquad (5.2.11)$$

der Gesamtimpuls des Systems. Für die Summe der Impulse im Schwerpunktsystem gilt wegen (5.2.10)

$$\sum_{i=1}^{N} \vec{\pi}_i = 0 \quad . \qquad (5.2.12)$$

Im Schwerpunktsystem nehmen die Gleichungen, die die Bewegung eines Mehrkörpersystems beschreiben, oft eine besonders einfache Gestalt an. Es ist daher vorteilhaft, die Rechnungen in diesem System durchzuführen und anschließend mittels (5.2.7) die Transformation $\vec{\rho}_i \to \vec{r}_i$ auszuführen. Ein Beispiel werden wir im Abschnitt 5.5.2 kennenlernen.

5.3 Energieerhaltungssatz

Eine der Aussagen, die man ohne detaillierte Kenntnis der Kräfte über ein System von N Massenpunkten machen kann, bezieht sich auf seine Gesamtenergie. Gehen wir von dem Satz der N Newtonschen Bewegungsgleichungen

$$m_i\ddot{\vec{r}}_i = \vec{F}_i \quad , \quad i = 1,2,\ldots,N \qquad (5.3.1)$$

aus, so erhalten wir durch skalare Multiplikation mit $\dot{\vec{r}}_i$ und Summation

$$\sum_{i=1}^{N} m_i\dot{\vec{r}}_i \cdot \ddot{\vec{r}}_i = \sum_{i=1}^{N} \dot{\vec{r}}_i \cdot \vec{F}_i \quad . \qquad (5.3.2)$$

Die linke Seite erkennt man als zeitliche Ableitung der gesamten kinetischen Energie

$$E_{kin} = \sum_{i=1}^{N} \frac{m_i}{2} \dot{\vec{r}}_i^{\,2} \quad . \qquad (5.3.3)$$

Die rechte Seite läßt sich ebenfalls als totale zeitliche Ableitung schreiben, wenn das System konservativ ist, d.h. wenn sich die Kräfte $\vec{F}_i$ nach der folgenden Gleichung

$$\vec{F}_i = -\,\mathrm{grad}_i V(\vec{r}_1,\ldots,\vec{r}_N) = -\vec{\nabla}_i V(\vec{r}_1,\ldots,\vec{r}_N) \tag{5.3.4}$$

aus einem Potential $V(\vec{r}_1,\ldots,\vec{r}_N)$ gewinnen lassen. Der Index i am Differentialoperator bezeichnet die Gradientenbildung bezüglich des Ortsvektors $\vec{r}_i$

$$\mathrm{grad}_i = \vec{\nabla}_i = \frac{\partial}{\partial x_i}\vec{e}_x + \frac{\partial}{\partial y_i}\vec{e}_y + \frac{\partial}{\partial z_i}\vec{e}_z \quad . \tag{5.3.5}$$

Dann ist nämlich die rechte Seite von Gleichung (5.3.2)

$$\begin{aligned}\sum_{i=1}^{N}\vec{F}_i\cdot\dot{\vec{r}}_i &= -\sum_{i=1}^{N}\nabla_i V(\vec{r}_1,\ldots,\vec{r}_N)\cdot\frac{d\vec{r}_i}{dt}\\ &= -\frac{d}{dt}V[\vec{r}_1(t),\ldots,\vec{r}_N(t)] = -\frac{dE_{pot}}{dt} \quad ,\end{aligned} \tag{5.3.6}$$

so daß

$$\frac{dE_{kin}}{dt} + \frac{dE_{pot}}{dt} = \frac{d}{dt}(E_{kin}+E_{pot}) = \frac{dE}{dt} = 0 \tag{5.3.7}$$

gilt, und damit die Gesamtenergie

$$E = E_{kin} + E_{pot} = \mathrm{const} \tag{5.3.8}$$

eine zeitlich unveränderliche Größe ist.

In der Mechanik läßt sich in den meisten Fällen die Kraft $\vec{F}_i$ auf das i-te Teilchen in äußere Ein-Teilchen-Kräfte

$$\vec{F}_i^{(a)} = \vec{F}_i^{(a)}(\vec{r}_i) \tag{5.3.9}$$

und eine Summe von Zweiteilchenkräften

$$\vec{F}_{ik} = \vec{F}_{ik}(\vec{r}_i-\vec{r}_k) \quad , \tag{5.3.10}$$

die nur von den "inneren" Variablen $\vec{r}_i-\vec{r}_k$ abhängen, in der Form

$$\vec{F}_i = \vec{F}_i^{(a)}(\vec{r}_i) + \sum_{k=1}^{N}\vec{F}_{ik}(\vec{r}_i-\vec{r}_k) \tag{5.3.11}$$

zerlegen. Wegen actio = reactio gilt für die inneren Kräfte

$$\vec{F}_{ik} = -\vec{F}_{ki} \quad , \quad \text{insbesondere } \vec{F}_{ii} = 0 \quad .$$

In einem konservativen System kann man äußere wie innere Kräfte als Gradienten von Einteilchen bzw. Zweiteilchenpotentialen darstellen

$$\vec{F}_i^{(a)}(\vec{r}_i) = -\vec{\nabla}_i V_i^{(a)}(\vec{r}_i) \tag{5.3.12}$$

und

$$\vec{F}_{ik}(\vec{r}_i-\vec{r}_k) = -\vec{\nabla}_i V_{ik}(\vec{r}_i-\vec{r}_k) \quad . \tag{5.3.13}$$

Die Bedingung actio = reactio ist jetzt automatisch erfüllt. Das Potential des Gesamtsystems ist dann

$$\begin{aligned} V(\vec{r}_1,\vec{r}_2,\ldots,\vec{r}_N) &= \sum_{i=1}^{N} V_i^{(a)}(\vec{r}_i) + \sum_{i=1}^{N}\sum_{k=1}^{i} V_{ik}(\vec{r}_i-\vec{r}_k) \\ &= \sum_{i=1}^{N} V_i^{(a)}(\vec{r}_i) + \frac{1}{2}\sum_{i=1}^{N}\sum_{k=1}^{N} V_{ik}(\vec{r}_i-\vec{r}_k) \quad . \end{aligned} \tag{5.3.14}$$

Der Energiesatz lautet jetzt

$$E = E_{kin} + \sum_{i=1}^{N} V_i^{(a)} + \frac{1}{2}\sum_{i=1}^{N}\sum_{k=1}^{N} V_{ik} = \text{const} \quad . \tag{5.3.15}$$

Wir betrachten folgendes einfache Beispiel:

Experiment 5.3. Eindimensionaler elastischer Stoß

Zwei Reiter stoßen auf der Luftkissenfahrbahn zusammen. Der Stoß wird durch eine Schraubenfeder übertragen, die an einem der Reiter angebracht ist (Abb. 5.4). Kennzeichnen x_1 und x_2 die Orte der Schwerpunkte der beiden Reiter, so gewinnen wir das Potential aus folgender Überlegung. Ist der Abstand (der Schwerpunkte) beider Reiter voneinander so groß, daß die an dem einen Reiter angebrachte Feder den anderen Reiter nicht berührt, so herrscht keine Kraft zwischen den Reitern. Das Potential ist konstant. Wir setzen es gleich Null. Ist b der maximale Abstand, bei dem gerade Berührung eintritt, dann ist nach dem Hookeschen Gesetz die Kraft, die der Reiter 2 auf den Reiter 1 ausübt

$$F_{12} = D(x_2-x_1-b) \quad . \tag{5.3.16a}$$

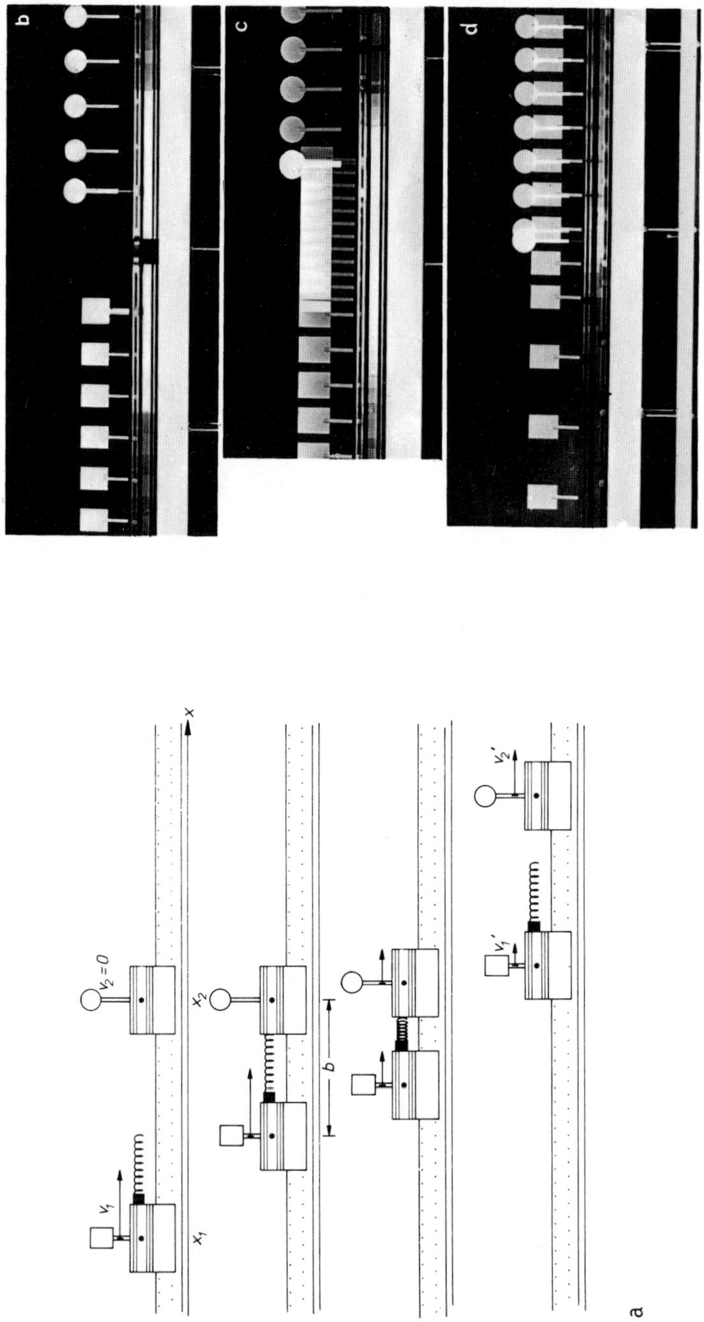

Abb. 5.4. Eindimensionaler Stoß auf der Luftkissenfahrbahn (a) elastischer Stoß schematisch (b) Stroboskopaufnahme eines elastischen Stoßes für $m_1 = m_2$ (c) Stroboskopaufnahme eines elastischen Stoßes für $m_1 > m_2$ (d) Stroboskopaufnahme eines total inelastischen Stoßes für $m_1 = m_2$

Entsprechend ist

$$F_{21} = -F_{12} = D(x_1-x_2+b) \tag{5.3.16b}$$

die Kraft, die der Reiter 1 auf den Reiter 2 ausübt. Beide Kräfte lassen sich entsprechend (5.3.4) aus dem gemeinsamen Potential

$$V(x_1,x_2) = \frac{1}{2} D(x_2-x_1-b)^2 \tag{5.3.17}$$

herleiten

$$F_{12} = -\frac{d}{dx_1} V(x_1,x_2) \quad , \quad F_{21} = -\frac{d}{dx_2} V(x_1,x_2) \quad . \tag{5.3.18}$$

Damit sind die Voraussetzungen für die Erhaltung der Gesamtenergie gegeben. Wir wollen hier nicht mit Hilfe der Kräfte die Bewegungsgleichungen aufstellen (das geschieht für ein allgemeineres Problem im Abschnitt 5.5), sondern allein aus Impuls- und Energieerhaltungssatz einige Aussagen herleiten und am Experiment überprüfen.

Haben die Schwerpunkte beider Reiter einen größeren Abstand als $|b|$ voneinander, so wirken keine Kräfte. Die Reiter bewegen sich also mit konstanter Geschwindigkeit. Vor dem Stoß soll der Reiter 2 ruhen. Der Reiter 1 hat die Geschwindigkeit v_1. Nach dem Stoß haben die Reiter die Geschwindigkeiten v_1' bzw. v_2'. Bezeichnen wir die Massen mit m_1 und m_2, dann können wir Impuls- und Energieerhaltung durch die Gleichungen

$$m_1v_1 = m_1v_1' + m_2v_2' \tag{5.3.19}$$

bzw.

$$\frac{1}{2} m_1v_1^2 = \frac{1}{2} m_1v_1'^2 + \frac{1}{2} m_2v_2'^2 \tag{5.3.20}$$

ausdrücken. Lösen wir sie nach v_1' bzw. v_2' auf, so erhalten wir

$$v_1' = v_1 - \frac{m_2}{m_1} v_2' \quad , \tag{5.3.21}$$

$$v_1'^2 = v_1^2 - \frac{m_2}{m_1} v_2'^2 \quad . \tag{5.3.22}$$

Quadrieren der ersten Gleichung und Gleichsetzung mit der zweiten liefert

$$v_1^2 - \frac{2m_2}{m_1}v_1v_2' + \frac{m_2^2}{m_1^2}v_2'^2 = v_1^2 - \frac{m_2}{m_1}v_2'^2$$

oder

$$v_2' = \frac{2m_1}{m_2+m_1}v_1 \quad . \tag{5.3.23}$$

Durch Einsetzen in (5.3.21) erhalten wir

$$v_1' = \frac{m_1-m_2}{m_1+m_2}v_1 \quad . \tag{5.3.24}$$

Betrachten wir diese Ergebnisse für verschiedene Relationen m_1/m_2:

I) Im Spezialfall $m_1 = m_2$ ergibt sich

$$v_1' = 0 \quad , \quad v_2' = v_1 \quad ,$$

d.h. der ursprünglich bewegte Reiter 1 ruht nach dem Stoß; der ursprünglich ruhende Reiter 2 bewegt sich mit der Anfangsgeschwindigkeit des Reiters 1.

II) Für $m_1 > m_2$ sind beide Geschwindigkeiten positiv. Beide Reiter bewegen sich nach dem Stoß noch in der ursprünglichen Bewegungsrichtung des Reiters 1.

III) Für $m_1 < m_2$ kehrt sich die Bewegungsrichtung des Reiters 1 um.

IV) Im Grenzfall $m_2 \to \infty$ wird der Reiter 1 bei gleichbleibendem Betrag der Geschwindigkeit reflektiert ($v_1'=-v_1$), während der Reiter 2 ruht. Die Stroboskopaufnahmen in Abb.5.4b und c bestätigen experimentell die Fälle I und II.

Experiment 5.4. Total inelastischer eindimensionaler Stoß

Beim elastischen Stoß wurde während des eigentlichen Stoßvorgangs ein Teil der Bewegungsenergie als potentielle Energie gespeichert, die bei der Entfernung der beiden Stoßpartner voneinander wieder frei wurde. Liegt nach dem Stoß nicht mehr die gesamte Anfangsenergie als Bewegungsenergie vor, heißt der Stoß *inelastisch*. Als Beispiel untersuchen wir den Fall, daß am Ende eines Reiters statt einer Feder ein Klumpen Kitt angebracht ist, so daß die beiden Reiter, die vor dem Stoß die Geschwindigkeiten v_1 bzw. $v_2 = 0$ hatten, nach dem Stoß zusammenbleiben und sich mit der gemeinsamen Geschwindigkeit v' bewegen (total inelastischer Stoß). Da auch in diesem Fall keine äußeren Kräfte wirken, gilt nach wie vor Impulserhaltung

$$m_1 v_1 = (m_1+m_2)v' \quad ,$$

d.h.

$$v' = \frac{m_1}{m_1+m_2} v_1 \quad .$$

Die Energie vor dem Stoß war

$$E = \frac{1}{2} m_1 v_1^2 \quad .$$

Nach dem Stoß ist sie

$$E' = \frac{1}{2} (m_1+m_2)v'^2 = \frac{1}{2} \frac{m_1^2}{m_1+m_2} v_1^2 \quad .$$

Beim total inelastischen Stoß geht die Differenz

$$\Delta E = E - E' = \frac{1}{2} \frac{m_1 m_2}{m_1+m_2} v_1^2$$

als mechanische Energie verloren. (Für gleiche Massen $m_1 = m_2$ wie in Abb.5.4d ist das die Hälfte der ursprünglichen Energie.) Sie tritt in Form von Wärme wieder auf, die aber im Rahmen unserer bisherigen mechanischen Betrachtungen nicht erfaßt wird.

5.4 Drehimpuls eines Systems mehrerer Massenpunkte

Im Abschnitt 4.10 hatten wir den Drehimpuls $\vec{L}$ eines Massenpunktes um einen Aufpunkt als das Vektorprodukt des Ortsvektors bezüglich dieses Aufpunktes und des Impulsvektors definiert. Der Drehimpuls eines Systems von N Massenpunkten ist dann die Summe der Drehimpulse der einzelnen Massenpunkte

$$\vec{L} = \sum_{i=1}^{N} \vec{L}_i = \sum_{i=1}^{N} \vec{r}_i \times \vec{p}_i = \sum_{i=1}^{N} m_i [\vec{r}_i \times \dot{\vec{r}}_i] \quad . \tag{5.4.1}$$

Differentiation nach der Zeit liefert

$$\dot{\vec{L}} = \sum_{i=1}^{N} [\dot{\vec{r}}_i \times \vec{p}_i] + \sum_{i=1}^{N} [\vec{r}_i \times \dot{\vec{p}}_i] \quad .$$

Wegen $p_i = m_i \dot{\vec{r}}_i$ verschwindet der erste Summand, so daß

$$\dot{\vec{L}} = \sum_{i=1}^{N} [r_i \times \dot{\vec{p}}_i] \tag{5.4.2}$$

gilt. Durch Einsetzen der Newtonschen Bewegungsgleichung $\dot{\vec{p}}_i = \vec{F}_i$ erhält man

$$\dot{\vec{L}} = \sum_{i=1}^{N} [\vec{r}_i \times \vec{F}_i] = \sum_{i=1}^{N} \vec{D}_i = \vec{D} \quad . \tag{5.4.3}$$

Das Drehmoment $\vec{D}$ des Systems ist also gleich der zeitlichen Änderung des Gesamtdrehimpulses.

Für die in den meisten Fällen in der Mechanik gültige Aufteilung der Kräfte in äußere Einteilchenkräfte $\vec{F}_i^{\,a}$ und innere Zweiteilchenkräfte $\vec{F}_{ik}$

$$\vec{F}_i = \vec{F}_i^{\,a} + \sum_{k=1}^{N} \vec{F}_{ik}$$

berechnet man das Drehmoment

$$\vec{D} = \sum_{i=1}^{N} \vec{r}_i \times \vec{F}_i = \sum_{i=1}^{N} \vec{r}_i \times \vec{F}_i^{\,a} + \sum_{i=1}^{N} \sum_{k=1}^{N} [\vec{r}_i \times \vec{F}_{ik}] \quad . \tag{5.4.4}$$

Wegen actio = reactio d.h. $\vec{F}_{ik} = -\vec{F}_{ki}$ läßt sich der letzte Term auf der rechten Seite in die Form

$$\sum_{i=1}^{N}\sum_{k=1}^{N}[\vec{r}_i\times\vec{F}_{ik}] = \frac{1}{2}\sum_{i=1}^{N}\sum_{k=1}^{N}(\vec{r}_i\times\vec{F}_{ik}+\vec{r}_k\times\vec{F}_{ki}) = \frac{1}{2}\sum_{i=1}^{N}\sum_{k=1}^{N}(\vec{r}_i-\vec{r}_k)\times\vec{F}_{ik}$$

bringen. Dieser Beitrag verschwindet, falls die Kräfte $\vec{F}_{ik}$ zwischen zwei Teilchen in Richtung der Verbindungslinie $\vec{r}_i - \vec{r}_k$ liegen

$$\vec{F}_{ik} = |F_{ik}|\,\frac{\vec{r}_i-\vec{r}_k}{|\vec{r}_i-\vec{r}_k|} \quad . \tag{5.4.5}$$

In diesem Fall wird das Gesamtdrehmoment nur von den äußeren Kräften hervorgerufen

$$\vec{D} = \vec{D}^a = \sum_{i=1}^{N} \vec{r}_i \times \vec{F}_i^{\,a} \quad . \tag{5.4.6}$$

Damit ist die zeitliche Änderung des Drehimpulses allein durch das äußere Drehmoment gegeben

$$\dot{\vec{L}} = \vec{D} = \vec{D}^a \quad .$$

Die oben angegebene Bedingung (5.4.5) ist nicht für alle Kräfte erfüllt. In der Elektrodynamik werden wir sehen, daß die Kräfte, die zwischen zwei relativ zueinander bewegten geladenen Teilchen wirken, die Bedingung (5.4.5) nicht erfüllen.

5.4.1 Drehimpulserhaltung

Verschwindet das äußere Drehmoment, so gilt der *Drehimpulserhaltungssatz: In Abwesenheit eines äußeren Drehmoments bleibt der Gesamtdrehimpuls eines Systems erhalten*

$$\dot{\vec{L}} = 0 \quad .$$

Experiment 5.5. Demonstration des Drehimpulserhaltungssatzes
Auf einem um die vertikale Achse drehbaren Schemel sitzt ein Experimentator, der ein um eine ebenfalls vertikale Achse drehbares Rad (Fahrradkreisel) hält. Anfangs sind Rad und Schemel in Ruhe (Abb.5.5a). Dann versetzt der Experimentator das Rad in Drehung. Dabei treten nur Kräfte innerhalb des Systems auf. Man beobachtet, daß sich der Schemel entgegengesetzt zur Drehrichtung des Rades dreht (Abb.5.5b). Der Gesamtdrehimpuls bleibt unverändert.

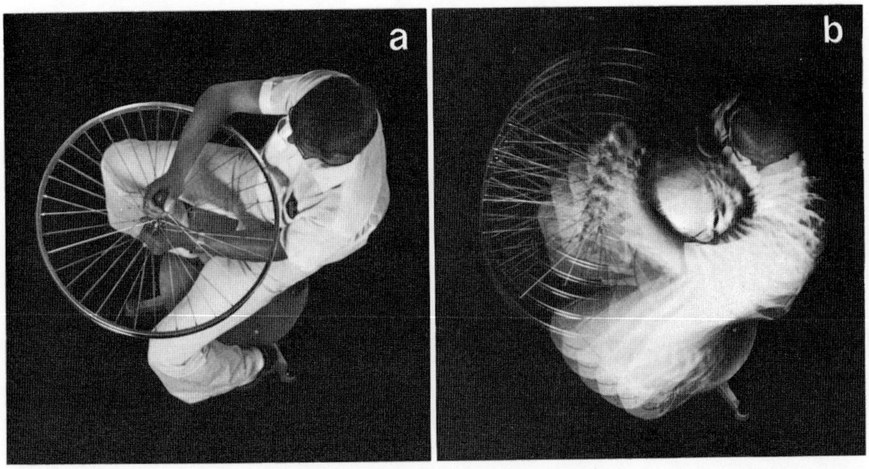

Abb. 5.5. Demonstration der Erhaltung des Gesamtdrehimpulses

5.4.2 Drehimpuls und Drehmoment bezogen auf den Schwerpunkt

Wir zerlegen Orts- und Impulsvektor wie im Abschnitt 5.2

$$\vec{r}_i = \vec{R} + \vec{\rho}_i \tag{5.4.7}$$

$$\vec{p}_i = \frac{m_i}{M}\vec{P} + \vec{\pi}_i \quad , \quad \vec{\pi}_i = m_i \dot{\vec{\rho}}_i \quad . \tag{5.4.8}$$

Dabei ist

$$\vec{R} = \frac{1}{M}\sum_{i=1}^{N} m_i\vec{r}_i \quad , \quad \sum_{i=1}^{N} m_i = M \quad ,$$

der Ortsvektor des Schwerpunktes und

$$\vec{P} = \sum_{i=1}^{N} \vec{p}_i$$

der Vektor des Gesamtimpulses. Offenbar gilt

$$\sum_{i=1}^{N} m_i\vec{\rho}_i = \sum_{i=1}^{N} m_i(\vec{r}_i - \vec{R}) = \sum_{i=1}^{N} m_i\vec{r}_i - M\vec{R} = 0 \tag{5.4.9}$$

und

$$\sum_{i=1}^{N} \vec{\pi}_i = \sum_{i=1}^{N} \left(\vec{p}_i - \frac{m_i}{M}\vec{P}\right) = \sum_{i=1}^{N} \vec{p}_i - \vec{P} = 0 \quad . \tag{5.4.10}$$

Durch Einsetzen der beiden Zerlegungen (5.4.7) und (5.4.8) in (5.4.1) erhalten wir

$$\vec{L} = \sum_{i=1}^{N} (\vec{R}+\vec{\rho}_i) \times \left(\frac{m_i}{M} \vec{P}+\vec{\pi}_i\right)$$

$$= \sum_{i=1}^{N} \frac{m_i}{M} \vec{R} \times \vec{P} + \sum_{i=1}^{N} \frac{m_i}{M} \vec{\rho}_i \times \vec{P} + \sum_{i=1}^{N} \vec{R} \times \vec{\pi}_i + \sum_{i=1}^{N} \vec{\rho}_i \times \vec{\pi}_i$$

$$= \vec{R} \times \vec{P} + \sum_{i=1}^{N} \vec{\rho}_i \times \vec{\pi}_i \quad . \tag{5.4.11}$$

Die beiden mittleren Summen verschwinden wegen der Beziehungen (5.4.9) und (5.4.10). Schreibt man die Beziehungen (5.4.11) in der Form

$$\vec{L} = \vec{L}_S + \sum_{i=1}^{N} \vec{\lambda}_i \quad , \tag{5.4.12}$$

so hat man eine Zerlegung des Gesamtdrehimpulses in den Drehimpuls

$$\vec{L}_S = \vec{R} \times \vec{P} \tag{5.4.13}$$

des Schwerpunktes bezogen auf den Aufpunkt und die Drehimpulse

$$\vec{\lambda}_i = \vec{\rho}_i \times \vec{\pi}_i \tag{5.4.14}$$

der einzelnen Massenpunkte bezogen auf den Schwerpunkt. Ihre Summe

$$\vec{\lambda} = \sum_{i=1}^{N} \vec{\lambda}_i = \sum_{i=1}^{N} \vec{\rho}_i \times \vec{\pi}_i \tag{5.4.15}$$

ist der Gesamtdrehimpuls bezogen auf den Schwerpunkt. Im Abschnitt 5.5.3 werden wir ein Beispiel einer solchen Zerlegung diskutieren.

Die zeitliche Änderung von $\vec{L}_S$ ist

$$\dot{\vec{L}}_S = \dot{\vec{R}} \times \vec{P} + \vec{R} \times \dot{\vec{P}} \quad . \tag{5.4.16}$$

Für den Gesamtimpuls gilt

$$\vec{P} = M\,\dot{\vec{R}} \quad . \tag{5.4.17}$$

Damit verschwindet der erste Term in (5.4.16), so daß wir unter Verwendung der Bewegungsgleichung für den Schwerpunkt $\dot{\vec{P}} = \vec{F} = \sum_{i=1}^{N} \vec{F}_i$ erhalten

$$\dot{\vec{L}}_S = \vec{R} \times \dot{\vec{P}} = \vec{R} \times \vec{F} = \vec{D}_S \quad , \tag{5.4.18}$$

d.h. die Änderung des Schwerpunktsdrehimpulses bezogen auf den Aufpunkt ist gleich dem Drehmoment der Summe aller Kräfte bezogen auf den Schwerpunkt. Ist wiederum eine Zerlegung nach äußeren und inneren Kräften möglich, so gilt

$$\vec{D}_S = \vec{R} \times \sum_{i=1}^{N} \vec{F}_i^{\,a} = \vec{R} \times \vec{F}^a \quad . \tag{5.4.19}$$

Für die Änderung des Drehimpulses eines Massenpunktes bezogen auf den Schwerpunkt findet man

$$\dot{\vec{\lambda}}_i = \dot{\vec{\rho}}_i \times \vec{\pi}_i + \vec{\rho}_i \times \dot{\vec{\pi}}_i = \vec{\rho}_i \times \dot{\vec{\pi}}_i \tag{5.4.20}$$

wegen $\vec{\pi}_i = m_i\,\dot{\vec{\rho}}_i$.

Im folgenden leiten wir die Bewegungsgleichung für den Drehimpuls im Schwerpunktsystem her. Dazu gehen wir von der Definition (5.4.8) des Schwerpunktimpulses des i-ten Massenpunktes aus. Mit der durch Differentiation daraus folgenden Gleichung

$$\dot{\vec{\pi}}_i = \dot{\vec{p}}_i - \frac{m_i}{M}\dot{\vec{P}} = \vec{F}_i - \frac{m_i}{M}\vec{F} \tag{5.4.21}$$

wird

$$\dot{\vec{\lambda}}_i = \vec{\rho}_i \times \vec{F}_i - \frac{m_i}{M}\vec{\rho}_i \times \vec{F} \quad . \tag{5.4.22}$$

Durch Summation finden wir, daß die zeitliche Änderung des Gesamtdrehimpulses bezogen auf den Schwerpunkt

$$\dot{\vec{\lambda}} = \sum_{i=1}^{N} \vec{\rho}_i \times \vec{F}_i = \sum_{i=1}^{N} \vec{\delta}_i = \vec{\delta} \quad . \tag{5.4.23}$$

gleich der Summe $\vec{\delta}$ der Drehmomente $\vec{\delta}_i$ der einzelnen Massenpunkte bezogen auf den Schwerpunkt ist. Zur Summe liefert der zweite Term in (5.4.22) keinen Beitrag wegen

$$\sum_{i=1}^{N} m_i \vec{\rho}_i = 0 \quad ,$$

siehe auch (5.4.9). Die bisherigen Ergebnisse lassen sich wie folgt zusammenfassen

$$\dot{\vec{L}} = \dot{\vec{L}}_S + \dot{\vec{\lambda}} = \vec{D}_S + \vec{\delta} = \vec{D} \quad . \tag{5.4.24}$$

Das bedeutet sowohl Gesamtdrehimpuls $\vec{L}$ als auch Gesamtdrehmoment $\vec{D}$ setzen sich aus zwei Anteilen zusammen, die jeweils die Bewegung des Schwerpunktes um den Aufpunkt bzw. der einzelnen Massenpunkte um den Schwerpunkt charakterisieren. Falls sich die Kräfte $\vec{F}_i$ wieder in äußere und innere Kräfte nach (5.3.11) zerlegen lassen, gilt

$$\sum_{i=1}^{N} \vec{\rho}_i \times \vec{F}_i = \sum_{i=1}^{N} \vec{\rho}_i \times \vec{F}_i^{\,a} + \sum_{i=1}^{N} \sum_{k=1}^{N} \vec{\rho}_i \times \vec{F}_{ik} = \sum_{i=1}^{N} \vec{\rho}_i \times \vec{F}_i^{\,a} \quad .$$

Die inneren Kräfte liefern wegen actio = reactio und unter der Annahme, daß $\vec{F}_{ik}$ parallel zu $(\vec{\rho}_i - \vec{\rho}_k)$ ist, wieder keinen Beitrag (vgl. Abschnitt 5.4). Damit gilt in diesem Fall

$$\dot{\vec{\lambda}} = \sum_{i=1}^{N} \vec{\rho}_i \times \vec{F}_i^{\,a} = \vec{\delta}^a \quad , \tag{5.4.25}$$

d.h. die Änderung des Drehimpulses im Schwerpunktsystem ist gleich dem Drehmoment der äußeren Kräfte bezogen auf den Schwerpunkt.

Wir diskutieren jetzt zwei wichtige Spezialfälle:

I) Die Summe der äußeren Kräfte verschwindet

$$\vec{F}^a = \sum_{i=1}^{N} \vec{F}_i^{\,a} = 0 \quad . \tag{5.4.26}$$

Dann gilt

$$\dot{\vec{L}}_S = \vec{D}_S = 0 \quad , \qquad (5.4.27)$$

d.h. der Drehimpuls des Schwerpunktes ist erhalten, wie auch aus der geradlinig gleichförmigen Bewegung des Schwerpunktes unmittelbar hervorgeht. Der Drehimpuls $\vec{\lambda}$ im Schwerpunktsystem braucht keineswegs zeitlich konstant zu sein, da aus dem Verschwinden der Summe der äußeren Kräfte $\vec{F}^a$ im allgemeinen nicht das Verschwinden von

$$\vec{\delta}^a = \sum_{i=1}^{N} \vec{\rho}_i \times \vec{F}_i^{\,a} \qquad (5.4.28)$$

folgt.

Als Beispiel betrachten wir einen Dipol im homogenen elektrischen Feld $\vec{E}$ (Abb.5.6). Der Dipol bestehe aus zwei Massenpunkten entgegengesetzter Ladung $\pm q$ aber gleicher Masse m, die durch innere Kräfte stets auf gleichem Abstand a gehalten werden. (Moleküle können oft in guter Näherung als Dipole beschrieben werden). Die äußeren Kräfte, die auf die beiden Massenpunkte wirken, sind

$$\vec{F}_1 = q\vec{E} \quad , \quad \vec{F}_2 = -q\vec{E} \quad .$$

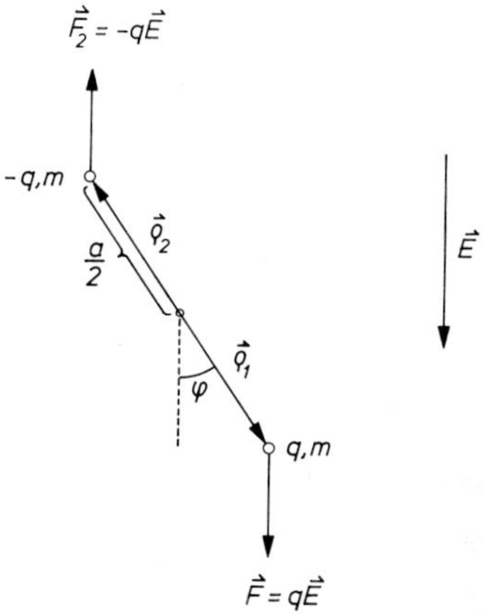

Abb. 5.6. Dipol im homogenen elektrischen Feld

Der Schwerpunkt des Dipols liegt in der Mitte zwischen den beiden Massenpunkten, so daß für ihre Ortsvektoren im Schwerpunktsystem gilt

$$\vec{\rho}_2 = -\vec{\rho}_1 \quad , \quad \rho_1 = \rho_2 = \frac{a}{2} \quad .$$

Für das Drehmoment im Schwerpunktsystem erhält man

$$\vec{\delta}^a = \vec{\rho}_1 \times \vec{F}_1 + \vec{\rho}_2 \times \vec{F}_2 = 2q\,\vec{\rho}_1 \times \vec{E} \quad .$$

Es steht senkrecht auf der Feldstärke und der Dipolachse und hat den Betrag

$$\delta^a = a\,q\,E\,\sin\varphi \quad .$$

II) Alle äußeren Kräfte verschwinden

$$\vec{F}_i^{\,a} = 0 \quad ,(i = 1,\ldots,N) \quad . \qquad (5.4.29)$$

Dann sind sowohl $\vec{L}_S$ wie auch $\vec{\lambda}$ und damit auch der Gesamtdrehimpuls zeitlich konstant

$$\dot{\vec{L}}_S = 0 \quad , \quad \dot{\vec{\lambda}} = 0 \quad , \quad \dot{\vec{L}} = 0 \quad . \qquad (5.4.30)$$

Als Beispiel kann unser Planetensystem dienen. Wegen des großen Abstandes anderer Fixsterne sind die äußeren Kräfte auf seine Komponenten so klein, daß sie für die Bewegung der Planeten um den Schwerpunkt des Systems vernachlässigt werden können.

In beiden Fällen gilt folgende Bewegungsgleichung für den Drehimpuls jedes Massenpunktes

$$\dot{\vec{\lambda}}_i = \vec{\rho}_i \times \vec{F}_i = \vec{\delta}_i \quad . \qquad (5.4.31)$$

Diese Gleichung für die Größen im Schwerpunktsystem ist analog zur Gleichung (4.10.2) für den mit raumfesten Bezugspunkt definierten Drehimpuls eines einzelnen Massenpunktes.

5.5 Anwendungen

Die Bewegungsgleichungen für ein N-Körper-System lassen sich im allgemeinen nicht in geschlossener Form lösen. Wohl ist eine numerische Lösung mit Hilfe des Computers möglich. Durch Einschränken der Bedingungen findet man jedoch wichtige Fälle, die eine geschlossene Lösung zulassen. Solche Fälle sind das 2-Körper-Problem (Abschnitte 5.5.1-4) und die Bewegung des starren Körpers (Kap.6).

5.5.1 2-Körper-Problem. Schwerpunkt- und Relativkoordinaten

Die Bewegungsgleichungen für ein konservatives 2-Körper-Problem ohne äußere Kräfte lauten

$$m_1\ddot{\vec{r}}_1 = \vec{F}_{12} \quad ,$$
$$m_2\ddot{\vec{r}}_2 = \vec{F}_{21} \quad . \tag{5.5.1}$$

Dabei können die Kräfte aus einem Potential

$$V = V(\vec{r}_2-\vec{r}_1) \tag{5.5.2}$$

durch die Gradientenbildungen

$$\vec{F}_{12} = -\text{grad}_1 V \quad , \quad \vec{F}_{21} = -\text{grad}_2 V = -\vec{F}_{12} \tag{5.5.3}$$

hergeleitet werden. Addition der Gleichungen (5.5.1) führt auf

$$m_1\ddot{\vec{r}}_1 + m_2\ddot{\vec{r}}_2 = \vec{F}_{12} + \vec{F}_{21} = 0$$

bzw.

$$\dot{\vec{P}} = M\,\ddot{\vec{R}} = 0 \quad . \tag{5.5.4}$$

Dabei sind

$$\vec{R} = \frac{1}{M}(m_1\vec{r}_1+m_2\vec{r}_2) \quad , \quad M = m_1 + m_2$$

und

$$\vec{P} = m_1\dot{\vec{r}}_1 + m_2\dot{\vec{r}}_2 = \vec{p}_1 + \vec{p}_2$$

Orts- und Impulsvektor des Schwerpunkts. Multiplizieren wir die erste der Gleichungen (5.5.1) mit m_2, die zweite mit m_1 und bilden ihre Differenz, so erhalten wir

$$m_1 m_2(\ddot{\vec{r}}_2-\ddot{\vec{r}}_1) = m_1\vec{F}_{21} - m_2\vec{F}_{12} = (m_1+m_2)\vec{F}_{21} \tag{5.5.5}$$

Da wegen (5.5.2) und (5.5.3) $\vec{F}_{21}$ nur eine Funktion des Vektors

$$\vec{r} = \vec{r}_2 - \vec{r}_1 \tag{5.5.6}$$

ist

$$\vec{F}_{21}(\vec{r}_2-\vec{r}_1) = \vec{F}(\vec{r}) \quad ,$$

können wir (5.5.5) in der Form

$$\mu\ddot{\vec{r}} = \vec{F}(\vec{r}) \tag{5.5.7}$$

schreiben. Diese Gleichung hat wieder die Form des zweiten Newtonschen Gesetzes. Der Vektor (5.5.6) ist jedoch kein Ortsvektor, sondern der Vektor der *Relativkoordinaten* beider Massenpunkte. Die Größe

$$\mu = \frac{m_1\, m_2}{m_1+m_2}$$

heißt *reduzierte Masse* des Systems.

Durch Übergang zu Schwerpunkts- und Relativkoordinaten konnten die gekoppelten Bewegungsgleichungen (5.5.1) in zwei separierte Bewegungsgleichungen für den Schwerpunkt bzw. den Relativvektor zerlegt werden. Nach der Lösung dieser beiden Gleichungen kann man wieder zu den ursprünglichen Ortsvektoren durch die Transformation

$$\vec{r}_1 = \vec{R} - \frac{m_2}{M}\vec{r} \quad ,$$

$$\vec{r}_2 = \vec{R} + \frac{m_1}{M}\vec{r} \tag{5.5.8}$$

übergehen, die direkt aus den Definitionen der Schwerpunkts- und Relativkoordinaten folgt. Für Systeme von mehr als 2 Massenpunkten führt eine entsprechende Zerlegung gewöhnlich nicht mehr zu geschlossen lösbaren Differentialgleichungen.

5.5.2 Planetenbewegung

Sind die Körper mit den Massen m_1 bzw. m_2 die Sonne bzw. ein Planet, die sich unter dem Einfluß der gegenseitigen Gravitation bewegen, so ist die Kraft auf den Planeten

$$\vec{F}_{21}(\vec{r}_2-\vec{r}_1) = \vec{F}(\vec{r}) = -\gamma\frac{m_1 m_2}{r^3}\,\vec{r} \quad . \tag{5.5.9}$$

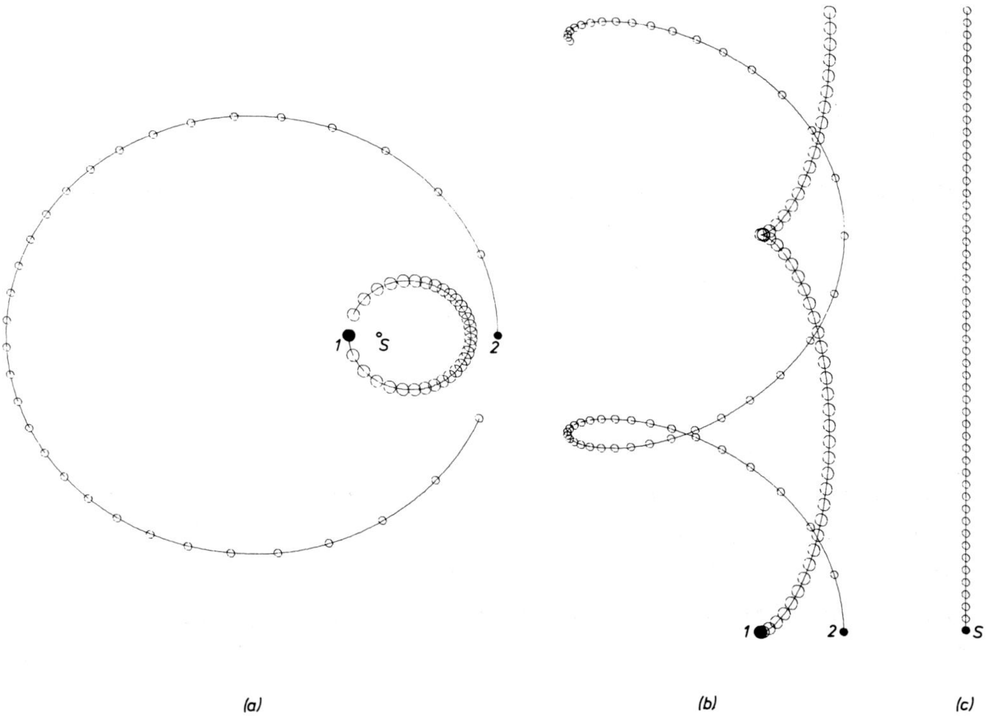

Abb. 5.7a-c. Bewegung zweier Körper unter dem Einfluß ihrer gegenseitigen Gravitation ($m_1=4m_2$). (a) Im Schwerpunktsystem (beide Körper beschreiben Ellipsenbahnen um den Schwerpunkt S). (b) In einem System, in dem der Körper 1 ursprünglich in Ruhe ist. (c) Bewegung des Schwerpunkts im Fall (b)

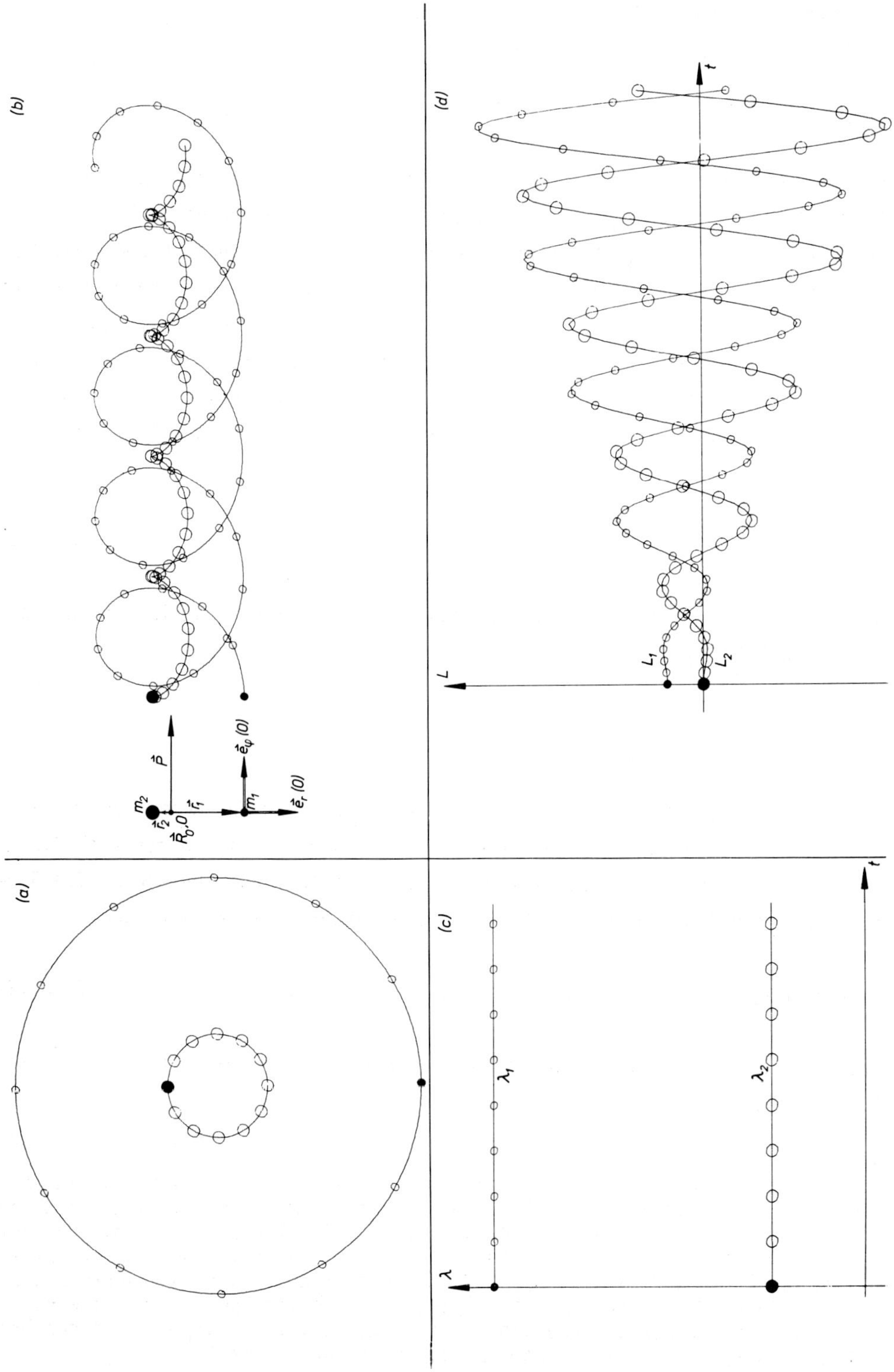
(a)
(b)
(c)
(d)
m2
m1
P
r1
r2
R0, 0
eφ (0)
er (0)
L
L1
L2
t
λ
λ1
λ2

Gl.(5.5.7) erhält die Form

$$\mu\ddot{\vec{r}} = -\gamma\frac{m_1 m_2}{r^3}\vec{r} \quad . \tag{5.5.10}$$

Diese Gleichung ist vom selben Typ wie (4.11.5), die die Bewegung eines einzelnen Massenpunktes im Zentralfeld beschrieb. Der Vektor der Relativkoordinaten beschreibt also eine Ellipse (bzw. eine Parabel oder Hyperbel) um den Ort des Schwerpunkts. Die Ortsvektoren $\vec{r}_1$ und $\vec{r}_2$ der beiden Körper erhält man direkt aus (5.5.8). Betrachten wir sie zunächst im Schwerpunktsystem (R=0) dann sind die Ortsvektoren antiparallel und der Proportionalitätsfaktor zwischen ihnen ist zeitunabhängig, so daß die beiden Bahnkurven ähnliche Ellipsen sind (Abb.5.7a). In einem anderen System, in dem sich der Schwerpunkt entsprechend (5.5.4) geradlinig gleichförmig bewegt,

$$\vec{R} = \vec{R}_0 + \vec{v}t = \vec{R}_0 + \frac{\vec{P}}{M}t \tag{5.5.11}$$

überlagert sich nach (5.5.8) der Ellipsenbewegung diese translatorische Bewegung (Abb.5.7b).

*5.5.3 Drehimpuls im Zweikörpersystem

Um den Drehimpuls beider Körper, des Schwerpunkts und des Gesamtsystems zu diskutieren, betrachten wir den besonders einfachen Fall, in dem sich die beiden Körper in ihrem gegenseitigen Schwerkraftfeld auf Kreisen um den Schwerpunkt bewegen (vgl.Abb.5.8a). Für die Relativkoordinate $\vec{r}$ gilt dann

$$\vec{r} = a\,\vec{e}_r(\varphi) \quad , \quad \varphi = \omega t \quad , \tag{5.5.12}$$

wobei a der Abstand der beiden Körper, ω die Winkelgeschwindigkeit der Kreisbewegung ist.

◄ Abb. 5.8a-d. Spezialfall der Kreisbewegung zweier Körper ($m_2=4m_1$) um ihren Schwerpunkt. (a) Im Schwerpunktsystem. (b) In einem System, in dem der Körper 2 ursprünglich in Ruhe ist (Der Anfangszustand ist links noch einmal besonders hervorgehoben. 0 ist der Ursprung des Koordinatensystems, $\vec{R}_0$ der Ortsvektor des Schwerpunkts zur Zeit t = 0, $\vec{P}$ der Impuls des Schwerpunkts und $\vec{r}$ die Relativkoordinate der beiden Körper). (c) Die Beträge der Drehimpulse $\vec{\lambda}_1$, $\vec{\lambda}_2$ (im Schwerpunktsystem) als Funktion der Zeit. (d) Die Beträge der Drehimpulse $\vec{L}_1$, $\vec{L}_2$ im System von Abb.(b) als Funktion der Zeit

Die Ortsvektoren $\vec{r}_1$ und $\vec{r}_2$ berechnen sich dann aus (5.5.8). Die zugehörigen Impulse sind

$$\vec{p}_1 = m_1\dot{\vec{r}}_1 = m_1\dot{\vec{R}} - \frac{m_1 m_2}{M}\dot{\vec{r}} = \frac{m_1}{M}\vec{P} - \mu\dot{\vec{r}} \quad ,$$

$$\vec{p}_2 = m_2\dot{\vec{r}}_2 = m_2\dot{\vec{R}} + \frac{m_1 m_2}{M}\dot{\vec{r}} = \frac{m_2}{M}\vec{P} + \mu\dot{\vec{r}} \quad . \qquad (5.5.13)$$

Mit

$$\dot{\vec{r}} = a\frac{d}{dt}\vec{e}_r(\varphi) = a\frac{d\vec{e}_r}{d\varphi}\frac{d\varphi}{dt} = a\omega\,\vec{e}_\varphi$$

erhalten wir

$$\vec{p}_1 = \frac{m_1}{M}\vec{P} - \mu a\omega\,\vec{e}_\varphi \quad ,$$

$$\vec{p}_2 = \frac{m_2}{M}\vec{P} + \mu a\omega\,\vec{e}_\varphi \quad . \qquad (5.5.14)$$

Der Drehimpuls des Körpers 1 ist dann

$$\vec{L}_1 = \vec{r}_1 \times \vec{p}_1 = \left(\vec{R} - \frac{m_2}{M}a\vec{e}_r\right) \times \left(\frac{m_1}{M}\vec{P} - \mu a\omega\vec{e}_\varphi\right)$$

$$= \frac{m_1}{M}\vec{R}\times\vec{P} - \frac{m_1 m_2}{M^2}a\,\vec{e}_r\times\vec{P} - \mu a\omega\,\vec{R}\times\vec{e}_\varphi + \mu\frac{m_2}{M}a^2\omega\,\vec{e}_r\times\vec{e}_\varphi \quad . \qquad (5.5.15)$$

Es gilt

$\vec{R}\times\vec{P} = \vec{L}_S$ Drehimpuls des Schwerpunktes,

$\vec{e}_r \times \vec{e}_\varphi = \vec{e}_z$ Einheitsvektor senkrecht zur Bewegungsebene.

Zur Vereinfachung der Berechnung der beiden mittleren Terme in (5.5.15) nehmen wir an, daß der Impuls $\vec{P}$ des Schwerpunkts senkrecht zu $\vec{e}_z$ steht und der Azimutwinkel so gewählt ist, daß

$$\vec{e}_r(0) \perp \vec{P} \quad \text{und} \quad \vec{e}_\varphi(0) \,||\, \vec{P} \quad \text{für} \quad \varphi = 0$$

gilt. Weiterhin sei der Zeitnullpunkt so gewählt, daß der konstante Vektor $\vec{R}_0$ aus (5.5.11) senkrecht auf $\vec{P}$ steht. Damit erhält man für die mittleren Terme in (5.5.15)

$$\vec{e}_r(\varphi) \times \vec{P} = P\,\vec{e}_r(\varphi) \times \vec{e}_\varphi(0) = P\left[\cos\varphi\,\vec{e}_r(0)+\sin\varphi\,\vec{e}_\varphi(0)\right] \times \vec{e}_\varphi(0) = P\cos\varphi\,\vec{e}_z$$

$$\vec{R} \times \vec{e}_\varphi(\varphi) = \left[R_0\vec{e}_r(0)+t\frac{P}{M}\vec{e}_\varphi(0)\right] \times \left[-\sin\varphi\,\vec{e}_r(0)+\cos\varphi\,\vec{e}_\varphi(0)\right]$$

$$= \left(R_0\cos\varphi + t\frac{P}{M}\sin\varphi\right)\vec{e}_z \quad .$$

Insgesamt ist dann der Drehimpuls des Körpers 1

$$\vec{L}_1 = \left(\frac{m_1}{M}L_S+\mu\frac{m_2}{M}a^2\omega - \frac{\mu}{M}aP\cos\omega t-\mu a\omega R_0\cos\omega t-t\mu a\omega\frac{P}{M}\sin\omega t\right)\vec{e}_z \quad . \qquad (5.5.16a)$$

Entsprechend erhält man

$$\vec{L}_2 = \left(\frac{m_2}{M}L_S+\mu\frac{m_1}{M}a^2\omega- \frac{\mu}{M}aP\cos\omega t+\mu a\omega R_0\cos\omega t+t\mu a\omega\frac{P}{M}\sin\omega t\right)\vec{e}_z \quad . \qquad (5.5.16b)$$

Man bemerkt sofort, daß die Drehimpulse $\vec{L}_1$ und $\vec{L}_2$ der beiden Körper zeitabhängig sind und sogar mit wachsendem t beliebig groß werden. Das Anwachsen der Drehimpulse $\vec{L}_i = [\vec{r}_i\times\vec{p}_i]$ rührt natürlich daher, daß die Ortsvektoren $\vec{r}_1$ und $\vec{r}_2$ wegen der geradlinig gleichförmigen Bewegung des Schwerpunktes (5.5.11) immer länger werden.

Zur Illustration der Formeln (5.5.16) wählen wir einen noch weiter vereinfachten Anfangszustand, für den $\vec{R}_0 = 0$ gilt, d.h. der Massenpunkt 1 ruht zur Zeit t = 0; außerdem fällt zu dieser Zeit der Schwerpunkt mit dem Koordinatenursprung zusammen. Dann gilt

$$\dot{\vec{r}}_1 = \dot{\vec{R}} - \frac{m_2}{M}\dot{\vec{r}} = \frac{\vec{P}}{M} - \frac{m_2}{M}\,a\omega\,\vec{e}_\varphi(\omega t)$$

und speziell

$$0 = \dot{\vec{r}}_{10} = \frac{\vec{P}}{M} - \frac{m_2}{M}\,a\omega\,\vec{e}_\varphi(0) \quad ,$$

d.h.

$$P = a\,m_2\,\omega \quad .$$

Damit haben die Drehimpulse die Beträge

$$L_1 = \mu \frac{m_2}{M} a^2\omega(1-\cos\omega t - t\omega\sin\omega t) \quad ,$$

$$L_2 = \mu \frac{m_1}{M} a^2\omega(1+\cos\omega t + t\omega\sin\omega t) \quad .$$

Ihr zeitlicher Verlauf ist in Abb.5.8 dargestellt. Die Summe der Drehimpulse (5.5.16)

$$\vec{L} = \vec{L}_1 + \vec{L}_2 = (L_S + \mu a^2\omega)\vec{e}_z \tag{5.5.17}$$

ist aber zeitlich konstant.

Für den speziellen Fall des Schwerpunktsystem gilt $\vec{R}_0 = 0$ und $\vec{P} = 0$ und damit auch $\vec{R} = 0$ und $\vec{L}_S = 0$. Damit werden die Drehimpulse (5.5.16) im Schwerpunktsystem

$$\vec{\lambda}_1 = \mu \frac{m_2}{M} a^2\omega\, \vec{e}_z \quad ,$$

$$\vec{\lambda}_2 = \mu \frac{m_1}{M} a^2\omega\, \vec{e}_z \quad .$$

Wegen (5.5.8) und (5.5.12) sind die Ortsvektoren im Schwerpunktsystem

$$\vec{\rho}_1 = -\frac{m_2}{M}\vec{r} = -\frac{m_2}{M} a\, \vec{e}_r(\varphi) = -\rho_1\, \vec{e}_r(\varphi) \quad ,$$

$$\vec{\rho}_2 = \frac{m_1}{M}\vec{r} = \frac{m_1}{M} a\, \vec{e}_r(\varphi) = \rho_2\, \vec{e}_r(\varphi) \quad ,$$

so daß die Drehimpulse im Schwerpunktsystem die einfache Form

$$\vec{\lambda}_1 = m_1\, \rho_1^2\, \omega\, \vec{e}_z \quad ,$$

$$\vec{\lambda}_2 = m_2\, \rho_2^2\, \omega\, \vec{e}_z \tag{5.5.18}$$

annehmen. Ihre Summe $\vec{\lambda}$ hat die Gestalt

$$\vec{\lambda} = \vec{\lambda}_1 + \vec{\lambda}_2 = \mu a^2\, \omega\, \vec{e}_z = (m_1\rho_1^2 + m_2\rho_2^2)\omega\, \vec{e}_z \quad . \tag{5.5.19}$$

Der Vergleich mit (5.5.17) liefert dann die Relation

$$\vec{L} = \vec{L}_1 + \vec{L}_2 = \vec{L}_S + \vec{\lambda} \quad , \tag{5.5.20}$$

die wir bereits im Abschnitt 5.4.1 allgemein hergeleitet und hier am Zweikörpersystem exemplifiziert haben.

5.5.4 Elastischer Stoß

Elastischer Stoß im Schwerpunktsystem

Zum Abschluß dieses Kapitels betrachten wir den in der Atom- und Elementarteilchenphysik wichtigen Fall des elastischen Stoßes zweier Teilchen (der Massen m_1 und m_2) im Raum. Wir beginnen unsere Überlegungen im Schwerpunktsystem, in dem definitionsgemäß die Summe der Impulse $\vec{\pi}_1$ und $\vec{\pi}_2$ der beiden Teilchen verschwindet.

$$\vec{\pi}_1 + \vec{\pi}_2 = 0 \quad . \tag{5.5.21}$$

Die Forderung der Elastizität bedeutet Energie- und Impulserhaltung. Sind also $\vec{\pi}_1'$ und $\vec{\pi}_2'$ die Impulse nach dem Stoß, so gilt

$$\frac{\pi_1^2}{2m_1} + \frac{\pi_2^2}{2m_2} = \frac{\pi_1'^2}{2m_1} + \frac{\pi_2'^2}{2m_2} \quad , \tag{5.5.22}$$

$$\vec{\pi}_1 + \vec{\pi}_2 = \vec{\pi}_1' + \vec{\pi}_2' = 0 \quad . \tag{5.5.23}$$

Die Niederschrift des Energieerhaltungssatzes in der Form (5.5.22) bedeutet, daß bei der Messung von $\vec{\pi}_1$, $\vec{\pi}_2$, $\vec{\pi}_1'$, $\vec{\pi}_2'$ nur kinetische nicht aber potentielle Energie vorhanden sein darf. Beim Stoßvorgang treten also etwa nur kurzreichweitige elastische Kräfte auf, wie beim Stoß zweier Stahlkugeln und die Impulse werden vor und nach der Berührung gemessen oder, wenn langreichweitige Kräfte auftreten, wie bei der Begegnung elektrisch geladener Teilchen, so sind die Impulse bei sehr großen Abständen vor und nach der Begegnung zu messen. Aus dem Impulserhaltungssatz (5.5.23) folgt

$$\vec{\pi}_1 = -\vec{\pi}_2 \quad , \quad \vec{\pi}_1' = -\vec{\pi}_2' \quad . \tag{5.5.24}$$

Die Impulse der Teilchen sind sowohl vor wie nach dem Stoß entgegengesetzt gleich. Für die Beträge gilt $\pi_1 = \pi_2 = \pi$, $\pi_1' = \pi_2' = \pi'$. Setzt man dieses Ergebnis in den Energieerhaltungssatz (5.5.22) ein, so folgt unmittelbar

$$\pi_1 = \pi_2 = \pi_1' = \pi_2' = \pi \quad . \tag{5.5.25}$$

Damit ergibt sich folgende interessante Aussage: *Durch einen elastischen Stoß werden die Teilchenimpulse im Schwerpunktsystem nur in der Richtung, nicht aber dem Betrage nach verändert* (Abb.5.9a).

Elastischer Stoß im Laborsystem

Nun werden elastische Stöße experimentell gewöhnlich nicht im Schwerpunktsystem beobachtet, sondern in einem System in dem eines der Teilchen - wir

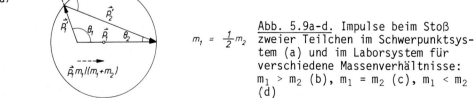

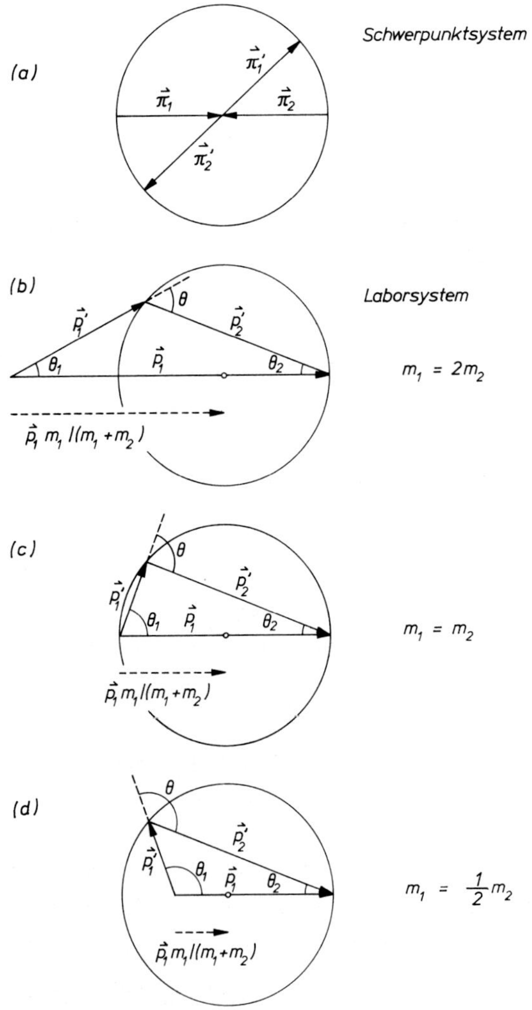

Abb. 5.9a-d. Impulse beim Stoß zweier Teilchen im Schwerpunktsystem (a) und im Laborsystem für verschiedene Massenverhältnisse: $m_1 > m_2$ (b), $m_1 = m_2$ (c), $m_1 < m_2$ (d)

wählen Teilchen 2 - vor dem Stoß ruht. Man bezeichnet es als *Laborsystem*. In diesem System haben die Teilchen vor dem Stoß die Impulse $\vec{p}_1$ und $\vec{p}_2$ (nach Voraussetzung ist $\vec{p}_2=0$) und nach dem Stoß die Impulse $\vec{p}_1'$ und $\vec{p}_2'$. Der Gesamtimpuls $\vec{P}$ des Systems ist dann

$$\vec{P} = \vec{p}_1 = \vec{p}_1' + \vec{p}_2' \quad . \tag{5.5.26}$$

Nach (5.2.10) gilt für den Zusammenhang zwischen $\vec{p}_1$ und $\vec{\pi}_1$

$$\vec{\pi}_1 = \vec{p}_1 - \frac{m_1}{m_1+m_2}\vec{P} = \vec{p}_1 - \frac{m_1}{m_1+m_2}\vec{p}_1 = \frac{m_2}{m_1+m_2}\vec{p}_1 \quad . \tag{5.5.27}$$

Entsprechend gilt für die Impulse nach dem Stoß

$$\vec{\pi}_1' = \vec{p}_1' - \frac{m_1}{m_1+m_2}\vec{p}_1 \quad . \tag{5.5.28}$$

Wir quadrieren, nutzen (5.5.25) aus und erhalten

$$\left(\vec{p}_1' - \frac{m_1}{m_1+m_2}\vec{p}_1\right)^2 = \pi_1'^2 = \pi_1^2 = \left(\frac{m_2}{m_1+m_2}\right)^2 p_1^2 \quad . \tag{5.5.29}$$

Diese Beziehung ist eine Kreisgleichung vom Typ

$$(\vec{p}_1' - \vec{u})^2 = v^2 \quad ,$$

d.h. die Spitze des Vektors $\vec{p}_1'$ verläuft auf einem Kreis, dessen Mittelpunkt durch

$$\vec{u} = \frac{m_1}{m_1+m_2}\vec{p}_1$$

gegeben ist und der den Radius

$$v = \frac{m_2}{m_1+m_2} p_1 = \pi$$

hat. Die Situation ist in Abb.5.9 für verschiedene Massenverhältnisse dargestellt. Aus dieser Abbildung kann man folgende Aussage über den Winkel ϑ zwischen den Flugrichtungen der beiden Teilchen nach dem Stoß ablesen: *Der Winkel ϑ, der sich aus den beiden Winkeln ϑ_1 und ϑ_2 der Impulse $\vec{p}_1'$ und $\vec{p}_2'$ gegen-*

über der Richtung des einlaufenden Teilchens zusammensetzt, ist für $m_1 > m_2$ stets kleiner als 90°. Der größtmögliche Wert ϑ_{max} ist dabei umso kleiner, je größer das Verhältnis m_1/m_2 ist.

Für $m_1 = m_2$ sind nur zwei diskrete Winkel möglich, und zwar

$$\vartheta = 0 \text{ für } \begin{cases} p_1' = p_1, \ p_2' = 0 & \text{(Vorbeiflug ohne Wechselwirkung)} \quad , \\ p_1' = \ 0, \ p_2' = p_1 & \text{(zentraler Stoß)} \end{cases}$$

und $\vartheta = 90^0$ für jeden nicht zentralen Stoß. (Beim Billardspiel führt also jeder nicht-zentrale Stoß mit einer ruhenden Kugel zu einem rechten Winkel zwischen den Bahnen der Kugeln nach dem Stoß). Für $m_1 < m_2$ sind schließlich alle Winkel im Bereich $0 \leq \vartheta \leq \pi$ möglich. Nur dann kann sich das Teilchen 1 nach dem Stoß "in Rückwärtsrichtung" bewegen.

Elastischer Stoß im Reflexionssystem

Besonders einfach verläuft der elastische Stoß in einem dritten Bezugssystem, dem Reflexionssystem (auch Ziegelwandsystem oder Breit-System). Wir bezeichnen die Impulse in diesem System vor dem Stoß mit $\vec{k}_1$, $\vec{k}_2$ und nach dem Stoß mit $\vec{k}_1'$, $\vec{k}_2'$. Man kann jetzt für jeden Stoßprozeß ein Bezugssystem finden, in dem

$$\vec{k}_2 = -\vec{k}_2' \tag{5.5.30}$$

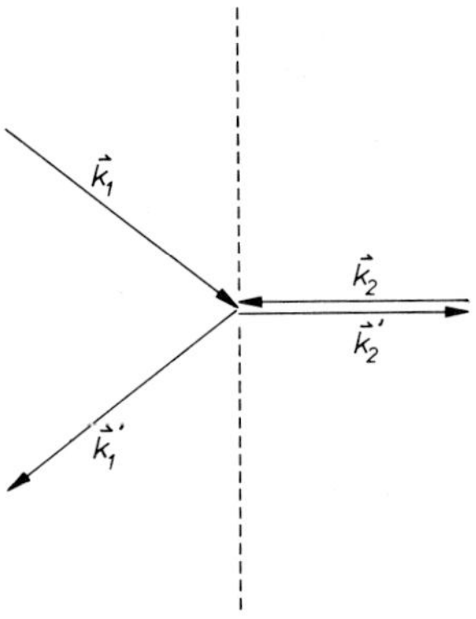

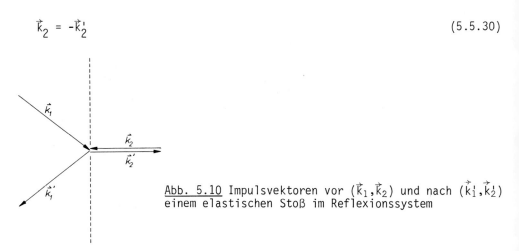

Abb. 5.10 Impulsvektoren vor ($\vec{k}_1$,$\vec{k}_2$) und nach ($\vec{k}_1'$,$\vec{k}_2'$) einem elastischen Stoß im Reflexionssystem

Abb. 5.11a-c. Bahnen beim Stoß zweier elektrisch gleich geladener Teilchen mit dem Massenverhältnis $m_1/m_2 = 1/9$ (links) bzw. $m_1/m_2 = 1$ (rechts). Die Bahnen sind im Laborsystem (a),Schwerpunktsystem (b) und Reflexionssystem (c) dargestellt

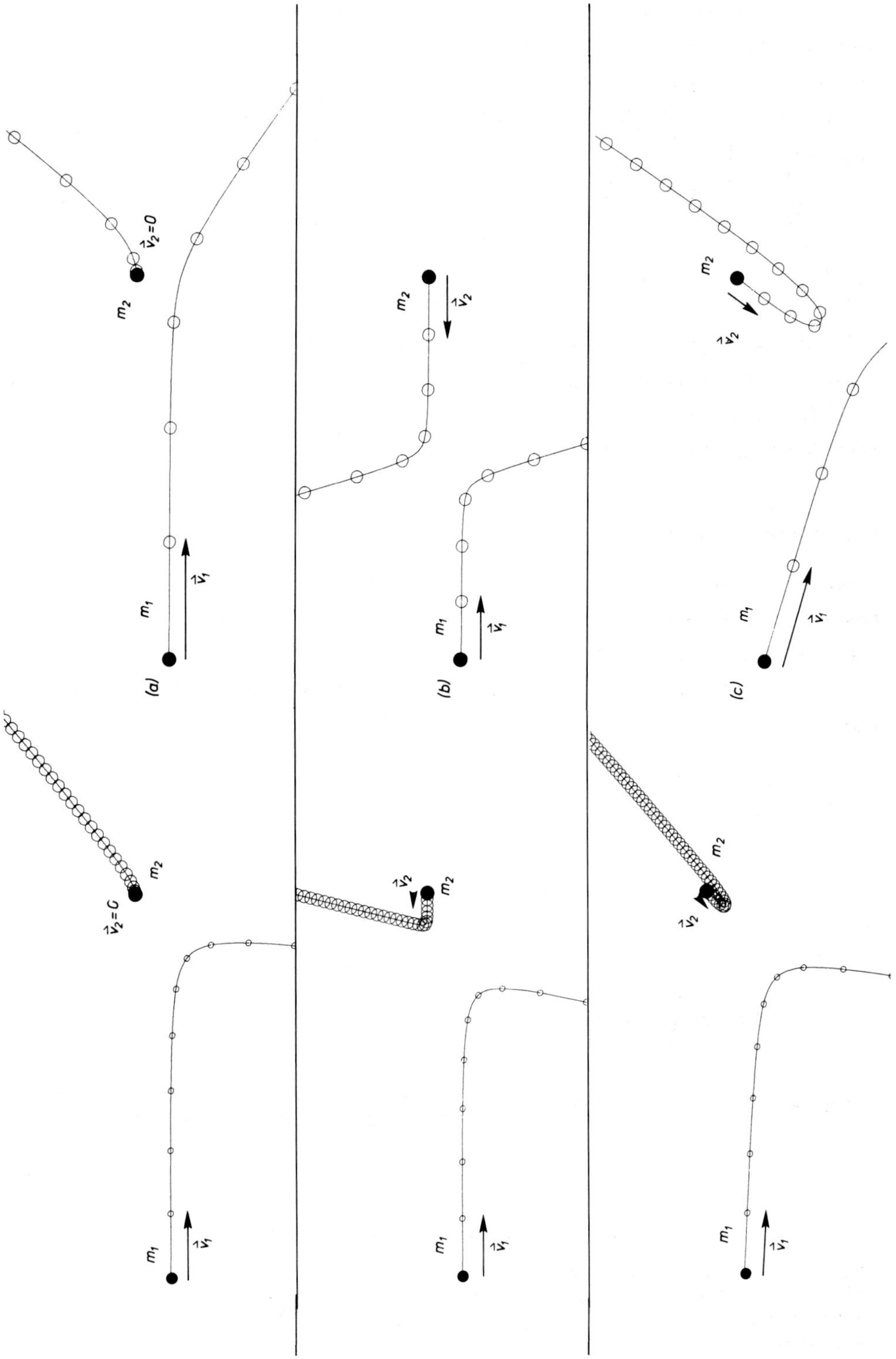
(a)
(b)
(c)
m1
m2
v1
v2
v2=0

gilt, das Teilchen 2 also beim Stoß seinen Impuls umkehrt und parallel zur Hinflugrichtung zurückkehrt. Aus Impulserhaltungsgründen ($\vec{k}_1+\vec{k}_2=\vec{k}_1'+\vec{k}_2'$) gilt dann für den Impuls des Teilchens 1 nach dem Stoß

$$\vec{k}_1' = \vec{k}_1 + 2\vec{k}_2 \quad . \tag{5.5.31}$$

Beide Teilchen verhalten sich so, als ob sie an einer festen Wand, die senkrecht zur Richtung $\vec{k}_2$ steht, reflektiert würden (Abb.5.10). Aus einem beliebigen System (in dem die Impulse die Bezeichnungen $\vec{p}_1$, $\vec{p}_2$ bzw. $\vec{p}_1'$, $\vec{p}_2'$ tragen) gelangt man ins Reflexionssystem, indem man zu allen Geschwindigkeiten eine konstante Geschwindigkeit $\vec{v}$ addiert

$$\frac{\vec{k}_1}{m_1} = \frac{\vec{p}_1}{m_1} + \vec{v} \quad , \quad \frac{\vec{k}_2}{m_2} = \frac{\vec{p}_2}{m_2} + \vec{v} \quad ,$$

$$\frac{\vec{k}_1'}{m_1} = \frac{\vec{p}_1'}{m_1} + \vec{v} \quad , \quad \frac{\vec{k}_2'}{m_2} = \frac{\vec{p}_2'}{m_2} + \vec{v} \quad . \tag{5.5.32}$$

Die Forderung (5.5.30) ist dann erfüllt, wenn

$$\vec{v} = -\frac{1}{2m_2}(\vec{p}_2+\vec{p}_2') \quad .$$

Gehen wir vom Laborsystem ($\vec{p}_2=0$) aus, so ist

$$\vec{v} = -\frac{1}{2m_2}\vec{p}_2' \quad .$$

Einem Beobachter, der sich gegen das Laborsystem mit der Geschwindigkeit $-\vec{v}$ bewegt, erscheinen alle Geschwindigkeiten um $\vec{v}$ vergrößert. Er befindet sich im Reflexionssystem.

Alle Aussagen dieses Abschnitts über den elastischen Stoß wurden allein aus den Erhaltungssätzen von Energie und Impuls gewonnen. Für genauere Aussagen über den Stoßverlauf muß man die Kraft zwischen den Körpern kennen. In Abb.5.11 sind einige Beispiele über den Stoß zweier elektrisch gleich geladener Massenpunkte dargestellt.

*5.5.5 N-Körper-Problem. Numerische Lösung

Bisher haben wir als Beispiele nur 2-Körper-Systeme behandelt, die wir durch Einführung von Schwerpunkt- und Relativkoordinaten auf das Problem der Bewegung eines einzelnen Massenpunkts zurückführen konnten. Betrachten wir ein System von N Massenpunkten, so ist die Kraft auf den i-ten Massenpunkt im allgemeinen nicht nur eine Funktion seines Ortes $\vec{r}_i$, sondern auch der Örter aller übrigen Massenpunkte. Bei geschwindigkeitsabhängigen Kräften (z.B. Reibung) treten auch noch die Geschwindigkeiten auf.

Der allgemeinste Satz von Bewegungsgleichungen lautet

$$m_1\ddot{\vec{r}}_1 = \vec{F}_1(\vec{r}_1,\vec{r}_2,\ldots\vec{r}_N, \dot{\vec{r}}_1,\dot{\vec{r}}_2,\ldots\dot{\vec{r}}_N, t) \quad ,$$

$$m_2\ddot{\vec{r}}_2 = \vec{F}_2(\vec{r}_1,\vec{r}_2,\ldots\vec{r}_N, \dot{\vec{r}}_1,\dot{\vec{r}}_2,\ldots\dot{\vec{r}}_N, t) \quad ,$$

$$\vdots$$

$$m_N\ddot{\vec{r}}_N = \vec{F}_N(\vec{r}_1,\vec{r}_2,\ldots\vec{r}_N, \dot{\vec{r}}_1,\dot{\vec{r}}_2,\ldots\dot{\vec{r}}_N, t) \quad . \tag{5.5.33}$$

Sind die Kräfte als Funktion ihrer Variablen und die Anfangsbedingungen, d.h. die Orte und Geschwindigkeiten aller Massenpunkte zu einer Zeit $t = t_0$ bekannt, so ist die Bewegung aus (5.5.33) exakt berechenbar. Allerdings kann schon beim 3-Körper-Problem, bei dem die Kräfte nur von den Abständen der 3 Teilchen abhängen, *keine Lösung in geschlossener Form*, d.h. in Form von Integralen über die in den Bewegungsgleichungen auftretenden Kräfte, angegeben werden. Mit numerischen Verfahren können aber gekoppelte Differentialgleichungen vom Typ (5.5.33) mit beliebiger Genauigkeit berechnet werden - jedenfalls wenn ein hinreichend leistungsfähiger Computer zur Verfügung steht.

Der Einfachheit halber skizzieren wir die Methode, mit der viele Abbildungen dieses Buches berechnet wurden, am Beispiel der Bewegung eines Teilchens im Feld eines Gravitationszentrums, das sich im Ursprung des Ortsraumes befindet. Die Bewegungsgleichung ist

$$\ddot{\vec{r}} = \frac{1}{m}\vec{F}(\vec{r}) \quad . \tag{5.5.34}$$

Sind $\vec{r}_0$ und $\vec{v}_0$ Anfangsort und -geschwindigkeit zur Zeit $t = t_0$, so ist die Beschleunigung zu diesem Zeitpunkt

$$\vec{a}_0 = \frac{1}{m}\vec{F}(\vec{r}_0) \quad .$$

Die Geschwindigkeit zur Zeit $t_{1/2} = t_0 + \Delta t/2$ ist dann für kleine Werte von Δt

$$\vec{v}_{1/2} = \vec{v}_0 + \vec{a}_0\,\Delta t/2 \quad .$$

Nehmen wir nun näherungsweise an, daß $\vec{v}_{1/2}$ die mittlere Geschwindigkeit des Planeten zwischen den Zeiten t_0 und $t_1 = t_0 + \Delta t$ ist, so gewinnen wir zur Zeit t_1 den Ort

$$\vec{r}_1 = \vec{r}_0 + \vec{v}_{1/2}\,\Delta t = \vec{r}_0 + \Delta\vec{r}_0 \quad .$$

Ausgehend vom Punkt $\vec{r}_1$ kann eine Geschwindigkeit $\vec{v}_{3/2}$, ein weiterer Punkt $\vec{r}_2$ usw. berechnet werden. Das Verfahren läßt sich beliebig fortsetzen (Abb.5.12).

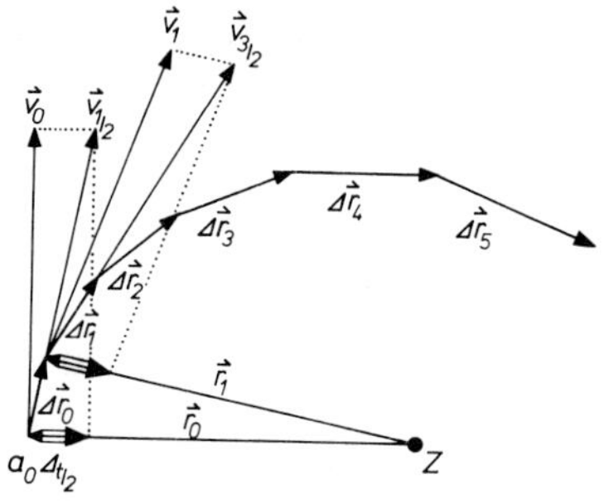

Abb. 5.12. Zur numerischen Integration der Bewegungsgleichung (5.5.34) eines Massenpunktes im Zentralfeld

Es stellt eine numerische Integration der Differentialgleichung dar. Es ist offenbar desto genauer, je kleiner die Schrittweite Δt gewählt wird. Um das Problem mit relativ kleinem Rechenaufwand zu lösen, ist natürlich zunächst große Schrittweite erwünscht. Ob die Genauigkeit ausreicht, kann man durch Vergleich der Ergebnisse feststellen, die man erhält, wenn man einmal einen Schritt der Größe Δt und einmal zwei Schritte der Größe $\Delta t/2$ ausführt. Bei numerischer Integration im Computer wird die Schrittweite stets automatisch angepaßt. Außerdem wird ein verfeinertes Verfahren verwendet, das die mittlere Geschwindigkeit durch gewichtete Mittelung der Geschwindigkeiten zu den Zeiten t_0, $t_{1/2}$ und t_1 gewinnt.

Typischerweise führt ein Computer 1000 Schritte in einer Sekunde aus, während der Mensch für einen Schritt vielleicht 100 Sekunden braucht. Mit Hilfe von Computern ist es daher relativ leicht, das Verfahren auf die Bewegung mehrerer Massenpunkte anzuwenden. Das Verfahren zur Lösung von (5.5.33) ist für jeden einzelnen Massenpunkt wie oben geschildert. In die Berechnung der Kraft $\vec{F}_i$ auf den i-ten Massenpunkt gehen jedoch jetzt Orte und Geschwindigkeiten aller Massenpunkte ein.

*5.5.6 Qualitative Diskussion des 3-Körper-Problems

Wir benutzen Bahnkurven, die mit dem numerischen Verfahren aus Abschnitt 5.5.5 berechnet wurden, um einige Aspekte des 3-Körper-Problems zu diskutieren. Wir betrachten in allen Fällen ein System aus 3 Himmelskörpern, die sich unter dem Einfluß ihrer gegenseitigen Gravitation bewegen. Die Anfangsbedingungen wurden so gewählt, daß alle drei Körper stets in der Zeichenebene bleiben und der gemeinsame Schwerpunkt ruht.

In Abb.5.13a ist die Bewegung zweier Planeten der Massen $m_1 = 0.11$ M und $m_2 = 0.14$ M und einer Sonne der Masse M dargestellt. Dabei ruht der Schwerpunkt des Gesamtsystems. Jeder der Planeten beginnt seine Bewegung unter Anfangsbedingungen, die - wäre der andere Planet nicht vorhanden - zu einer Ellipsenbahn um die Sonne führte. Die Anfangsvektoren (bezogen auf die Sonne) und -geschwindigkeiten der Planeten bilden rechte Winkel. Unter der gegenseitigen

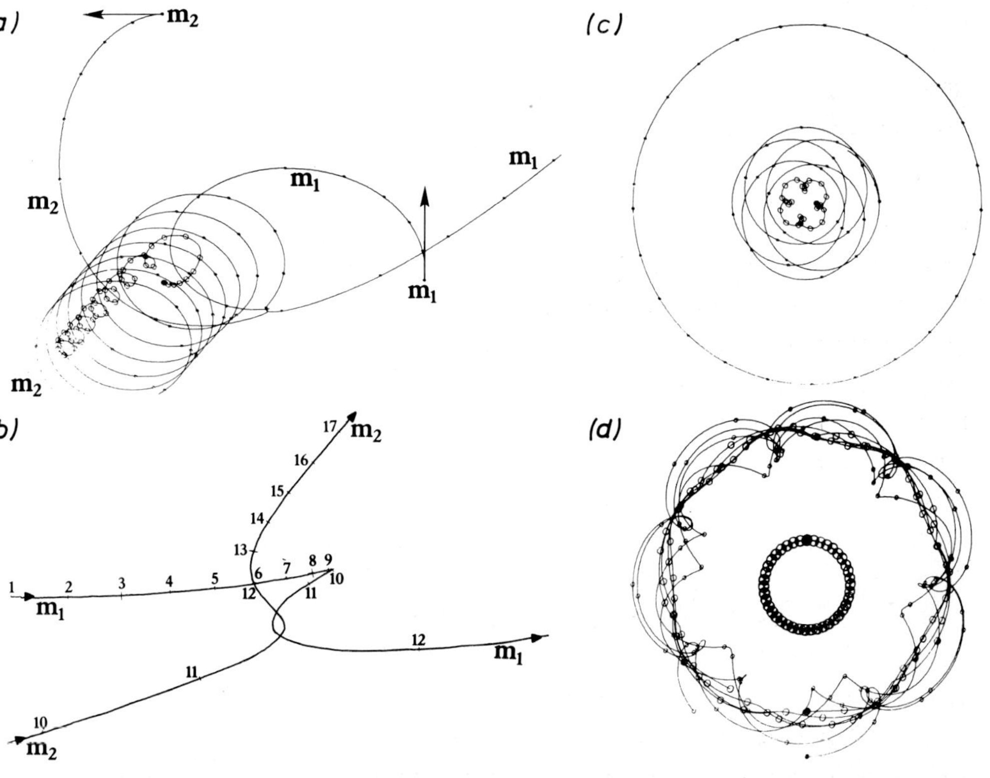

Abb. 5.13a-d. Bewegung dreier Körper in einer Ebene unter dem Einfluß der gegenseitigen Schwerkraft. (a) Instabiles System aus Sonne (Masse M) und 2 Planeten (m_1=0.11M, m_2=0.14M). (b) Vergrößerter Ausschnitt der Bewegung in (a), der die nahe Begegnung der Planeten m_1 und m_2 zeigt. Orte, die die Planeten zur gleichen Zeit erreichen, sind durch gleiche Numerierung gekennzeichnet. (c) Stabiles System aus Sonne (Masse M) und 2 Planeten (Massen m_1=m_2= M/8). Stark verschiedene Anfangsbedingungen ermöglichen getrennte stabile Bahnen. (d) Stabiles System aus Sonne (Masse M), Planet (Masse M/4) und Mond (Masse M/16)

Anziehung der beiden Planeten wird zunächst der zurückliegende (m_2) beschleunigt, der vorausfliegende (m_1) abgebremst. Es kommt zu einer relativ nahen Begegnung der beiden Planeten. Dabei (siehe Abb.5.13b) übernimmt m_1 soviel Impuls von m_2, daß er das System M-m_2 verlassen kann. Der Planet m_2 bildet mit der Sonne ein relativ eng gebundenes System, das sich - da der Schwerpunkt des Gesamtsystems ruht - entgegengesetzt zu m_1 bewegt. Betrachten wir die Energiebilanz des Vorgangs, so verliert der Planet m_2 potentielle Energie, dadurch daß er näher zur Sonne hinfällt. Diese Energie erlaubt dem Planeten m_1 das Verlassen des Systems.

Jetzt erhebt sich die Frage, unter welchen Bedingungen Dreikörpersysteme stabil bleiben. Die Abb.5.13c und d zeigen zwei Anordnungen stabiler Dreikörpersysteme, die in der Natur beobachtet werden. Abb.5.13c ist ein Modell eines einfachen Planetensystems. Hier bewegen sich die Planeten auf Bahnen mit stark unterschiedlichen Radien um die Sonne. Dadurch wird die gegenseitige Beeinflussung der Planeten so gering gehalten, daß auf lange Zeit keine Instabilität eintritt. In Abb.5.13d ist ein Modell für das System Sonne, Planet und Mond dargestellt. Hier bilden Planet und Mond ein räumlich stark begrenztes Untersystem, das die Sonne umläuft. Durch die enge Bindung zwischen Mond und Planet kann keiner der beiden Partner in absehbarer Zeit der Sonne so nahe kommen, daß die dabei gewonnene Energie für die Flucht des anderen ausreicht.

Typisch für Systeme von 3 oder mehr Körpern mit Gravitations- (oder Coulomb-)Wechselwirkung ist, daß durch hinreichend große Annäherung zweier Körper so viel potentielle Energie frei gemacht werden kann, daß ein oder mehrere andere Körper sich beliebig weit entfernen können. Auch Atome, die nebem dem Kern zwei oder mehr Elektronen besitzen, also alle Atome außer dem des Wasserstoffs, sind daher nach der klassischen Mechanik grundsätzlich instabil. Ihre Stabilität wird erst durch die Quantenmechanik erklärt.

5.6 Aufgabe

5.1: Berechnen Sie die Geschwindigkeit $\vec{v}$ eines Beobachters, dessen Bezugssystem ebenfalls ein Reflexionssystem ist, in dem jedoch das Teilchen 1 seinen Impuls umkehrt.

6. Starrer Körper. Feste Achsen

In diesem Kapitel beschränken wir uns auf die Drehbewegung des starren Körpers um eine raumfeste Achse, da wir nur in diesem Spezialfall die Einführung des Trägheitsmomentes als Tensor vermeiden können. Wir können so einige einfache Begriffe der Drehbewegung mit geringerem mathematischem Aufwand kennenlernen. Allerdings müssen wir uns darauf beschränken, statt der Vektoren von Drehimpuls und Drehmoment deren Komponenten in Achsenrichtung zu betrachten. Im Kapitel 9 wird dann der allgemeine Fall diskutiert.

6.1 Definition. Zusammenhang zwischen Geschwindigkeit und Winkelgeschwindigkeit

Ein starrer Körper ist dadurch gekennzeichnet, daß die relativen Lagen der einzelnen Massenpunkte des Körpers (Moleküle, Atome) zueinander fest sind. Bei Bewegungen bleiben also die Abstände der Massenpunkte zeitlich konstant

$$(\vec{r}_i-\vec{r}_k)^2 = \text{const} \quad , \quad i,k = 1,\ldots,N \quad . \tag{6.1.1}$$

Die im Kapitel 5 abgeleiteten Formeln für ein Vielteilchensystem gelten natürlich insbesondere für den starren Körper. Wegen der speziellen Bedingung (6.1.1), die die relative Lage der einzelnen Massenpunkte zueinander einschränkt, lassen sich jedoch die Zusammenhänge zwischen der Geschwindigkeit, dem Drehimpuls und der Rotationsenergie wesentlich vereinfachen.

Betrachtet man die Drehbewegung der Massenpunkte des starren Körpers um eine ortsfeste Achse der Richtung $\hat{\vec{\omega}}$, so bewegt sich jeder Massenpunkt auf einer Kreisbahn, die in einer Ebene senkrecht zur Drehachse verläuft und deren Mittelpunkt in der Drehachse liegt (Abb.6.1). Die Winkelgeschwindigkeit dieser Drehbewegung ist für alle Massenpunkte des starren Körpers gleich ω. Nach der Diskussion der Kreisbewegung in der Ebene (Abschnitt 3.2.3) gilt für die Geschwindigkeit des Massenpunktes auf der Kreisbahn

$$\dot{\vec{r}}_i = \vec{v}_i = \omega\, r_{i\perp}\, \vec{e}_{\varphi i} \quad . \tag{6.1.2}$$

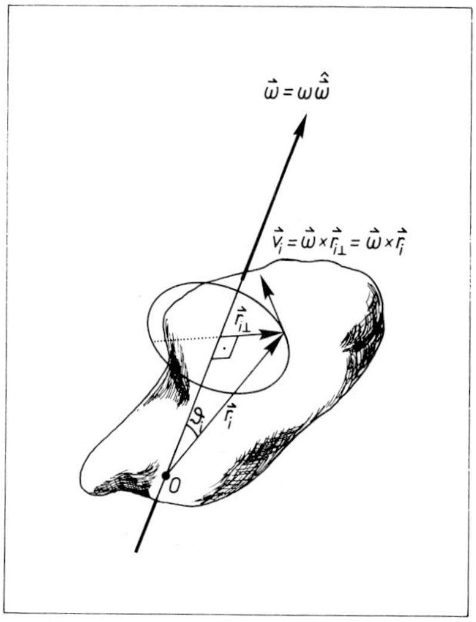

Abb. 6.1. Zum Trägheitsmoment um eine feste Achse

Dabei ist $\vec{r}_{i\perp}$ der Radiusvektor des Massenpunktes m_i auf dem von ihm beschriebenen Kreis; der Betrag $r_{i\perp}$ ist der senkrechte Abstand von m_i von der Drehachse. Der Vektor $\vec{e}_{\varphi i}$ zeigt in die Richtung der Tangente an den Kreis, den m_i beschreibt. Führt man als Vektor $\vec{\omega}$ der Winkelgeschwindigkeit einen Vektor in Achsenrichtung mit der Länge ω ein

$$\vec{\omega} = \omega \hat{\vec{\omega}} \quad , \tag{6.1.3}$$

der so in der Achse orientiert ist, daß $\vec{\omega}$, $\vec{r}_{\perp i}$ und $\vec{v}_i$ ein rechtshändiges Basissystem bilden, so läßt sich die Geschwindigkeit $\vec{v}_i$ des i-ten Massenpunktes als

$$\vec{v}_i = \vec{\omega} \times \vec{r}_{i\perp} \tag{6.1.4}$$

schreiben, da der durch das Kreuzprodukt dargestellte Vektor die Richtung $\vec{e}_{\varphi i}$ hat. Wählt man statt des Radiusvektors $\vec{r}_{\perp i}$ für jeden Massenpunkt m_i einen Ortsvektor $\vec{r}_i$ mit dem Fußpunkt 0 in der Drehachse, so gilt

$$\vec{r}_i = \vec{r}_{i\parallel} + \vec{r}_{i\perp} \quad , \tag{6.1.5}$$

wobei $\vec{r}_{i\parallel}$ die Projektion von $\vec{r}_i$ auf die Drehachse $\vec{\omega}$ ist

$$\vec{r}_{i\parallel} = (\hat{\vec{\omega}} \cdot \vec{r}_i)\, \hat{\vec{\omega}} \quad . \tag{6.1.6}$$

Damit gilt auch

$$\vec{v}_i = \vec{\omega} \times \vec{r}_{i\perp} = \vec{\omega} \times (\vec{r}_i - \vec{r}_{i\parallel}) = \vec{\omega} \times \vec{r}_i \quad , \tag{6.1.7}$$

da $\vec{r}_{i\parallel}$ wegen

$$\vec{\omega} \times \vec{r}_{i\parallel} = (\hat{\vec{\omega}} \cdot \vec{r}_i)(\vec{\omega} \times \hat{\vec{\omega}}) = \omega(\hat{\vec{\omega}} \cdot \vec{r}_i)(\hat{\vec{\omega}} \times \hat{\vec{\omega}}) = \vec{0}$$

keinen Beitrag liefert. Der Zusammenhang (6.1.7), den wir auch noch auf andere Weise im Abschnitt 7.2 herleiten werden, ist die für die Drehbewegung des starren Körpers wesentliche Folgerung aus seiner Starrheit.

Wir gehen jetzt die für Systeme von Massenpunkten diskutierten physikalischen Größen durch.

6.2 Impuls

Der Impuls der Bewegung des starren Körpers um eine raumfeste Achse ist

$$\vec{P} = \sum_{i=1}^{N} m_i \vec{v}_i = \sum_{i=1}^{N} m_i (\vec{\omega} \times \vec{r}_i) = \vec{\omega} \times \sum_{i=1}^{N} m_i \vec{r}_i \quad . \tag{6.2.1}$$

Aus der Definition des Schwerpunktes

$$\vec{R} = \frac{1}{M} \sum_{i=1}^{N} m_i \vec{r}_i \quad , \quad M = \sum_{i=1}^{N} m_i \quad ,$$

folgt

$$\vec{P} = \vec{\omega} \times M\vec{R} \quad . \tag{6.2.2}$$

Falls der Ort $\vec{R}$ des Schwerpunktes in der Achse $\vec{\omega}$ liegt, gilt wegen $\vec{\omega} \| \vec{R}$

$$\vec{P} = 0 \quad . \tag{6.2.3}$$

Das gilt insbesondere, falls der Koordinatenursprung 0, den wir so gewählt hatten, daß er in der Achse liegt, mit dem Schwerpunkt zusammenfällt, d.h. falls $\vec{R} = 0$ gilt.

Falls der Schwerpunkt $\vec{R}$ außerhalb der festen Achse $\vec{\omega}$ liegt, verschwindet der Gesamtimpuls (6.2.2) nicht. Der Schwerpunkt selbst bewegt sich selbst mit der Geschwindigkeit

$$\vec{V} = \frac{d\vec{R}}{dt} = \vec{\omega} \times \vec{R} \quad . \tag{6.2.4}$$

Damit errechnet man aus der zeitlichen Änderung von $\vec{P}$ die resultierende Kraft, die im Schwerpunkt angreift,

$$\vec{F} = \frac{d}{dt}\vec{P} = \dot{\vec{\omega}} \times M\vec{R} + \vec{\omega} \times M\dot{\vec{R}} = M\dot{\vec{\omega}} \times \vec{R} + M\vec{\omega} \times (\vec{\omega}\times\vec{R}) \quad . \tag{6.2.5}$$

Für gleichförmige Drehbewegungen gilt $\dot{\vec{\omega}} = 0$ und die resultierende Kraft ist (ϑ_R: Winkel zwischen $\vec{R}$ und Achse)

$$\vec{F} = M[\vec{\omega}(\vec{\omega}\cdot\vec{R})-\omega^2\vec{R}] = M\omega^2(\hat{\vec{\omega}}R\cos\vartheta_R-\vec{R}) \quad . \tag{6.2.6}$$

Der Ausdruck

$$\hat{\vec{\omega}}\, R \cos\vartheta_R = \vec{R}_{\parallel}$$

ist die zur Achse parallele Projektion von $\vec{R}$ und

$$\vec{R} - \hat{\vec{\omega}}\, R \cos\vartheta_R = \vec{R} - \vec{R}_{\parallel} = \vec{R}_{\perp}$$

ist dann die Vertikalprojektion von $\vec{R}$ (senkrecht zur Achse). Damit hat die resultierende Kraft die Form

$$\vec{F} = -M\,\omega^2\,\vec{R}_{\perp} \quad . \tag{6.2.7}$$

Sie entspricht gerade der notwendigen Zentripetalbeschleunigung, die den Schwerpunkt auf einer Kreisbahn mit dem Radius $R_{\perp}$ führt. Sie heißt *Zentripetalkraft* und wird von einer ihr entgegengesetzten Kraft auf die Achse kompensiert, die von den Lagern der Achse aufgefangen werden muß. Beim Auswuchten von Autorädern wird durch das Anbringen kleiner Zusatzmassen der Schwerpunkt genau in die Achse verlegt, so daß die resultierende Zentripetalkraft verschwindet.

6.3 Drehimpuls und Trägheitsmoment um eine starre Achse. Bewegungsgleichung

Für den Drehimpuls des starren Körpers finden wir

$$\vec{L} = \sum_{i=1}^{N} \vec{r}_i \times \vec{p}_i = \sum_{i=1}^{N} m_i [\vec{r}_i \times \vec{v}_i] = \sum_{i=1}^{N} m_i [\vec{r}_i \times (\vec{\omega} \times \vec{r}_i)]$$

$$= \sum_{i=1}^{N} m_i [r_i^2 \vec{\omega} - \vec{r}_i (\vec{r}_i \cdot \vec{\omega})] \quad . \qquad (6.3.1)$$

Der Vektor auf der rechten Seite dieses Ausdrucks ist als Linearkombination der Vektoren $\vec{\omega}$ und $\vec{r}_i$ im allgemeinen nicht parallel zur Richtung der Drehachse $\vec{\omega}$. Eine allgemeine Diskussion des Zusammenhangs zwischen $\vec{\omega}$ und $\vec{L}$ werden wir im Abschnitt 9.3 durchführen. Hier beschränken wir uns auf die Diskussion der Komponente

$$L_{\hat{\omega}} = \vec{L} \cdot \hat{\vec{\omega}} \qquad (6.3.2)$$

des Drehimpulses $\vec{L}$ in Achsenrichtung $\hat{\vec{\omega}}$. Wir finden

$$L_{\hat{\omega}} = \vec{L} \cdot \hat{\vec{\omega}} = \sum_{i=1}^{N} m_i [r_i^2 (\vec{\omega} \cdot \hat{\vec{\omega}}) - (\vec{r}_i \cdot \hat{\vec{\omega}})(\vec{r}_i \cdot \vec{\omega})] = \sum_{i=1}^{N} m_i [r_i^2 - (\vec{r}_i \cdot \hat{\vec{\omega}})^2] \omega$$

$$= \sum_{i=1}^{N} m_i\, r_i^2\, (1 - \cos^2 \vartheta_i) \omega = \left(\sum_{i=1}^{N} m_i r_i^2 \sin^2 \vartheta_i \right) \omega \quad . \qquad (6.3.3)$$

Dabei ist ϑ_i der Winkel zwischen dem Ortsvektor $\vec{r}_i$ und der Achsenrichtung $\hat{\vec{\omega}}$. Die Summe vor dem Betrag ω auf der rechten Seite ist vollständig durch den Aufbau des Körpers bestimmt und unabhängig von seinem Bewegungszustand. Man nennt ihn das *Trägheitsmoment* bezüglich der Achse $\hat{\vec{\omega}}$ (Abb.6.1)

$$\Theta_{\hat{\omega}} = \sum_{i=1}^{N} m_i r_{i\perp}^2 = \sum_{i=1}^{N} m_i\, r_i^2 \sin^2 \vartheta_i = \sum_{i=1}^{N} m_i [r_i^2 - (\vec{r}_i \cdot \hat{\vec{\omega}})^2] \quad . \qquad (6.3.4)$$

Da $r_{i\perp}^2$ nicht von der Zeit abhängt, ist $\Theta_{\hat{\omega}}$ konstant.

Die Komponente $L_{\hat{\omega}}$ läßt sich also in ein Produkt aus Trägheitsmoment $\Theta_{\hat{\omega}}$ um die Achse $\hat{\vec{\omega}}$ und Betrag der Winkelgeschwindigkeit ω faktorisieren, d.h.

$$L_{\hat{\omega}} = \Theta_{\hat{\omega}} \cdot \omega \quad . \qquad (6.3.5)$$

Die Bewegungsgleichung für diese Komponente erhalten wir durch skalare Multiplikation der Gleichung (5.4.3) für die zeitliche Änderung des Drehimpulses mit dem Einheitsvektor $\hat{\vec{\omega}}$

$$\dot{L}_{\hat{\omega}} = \dot{\vec{L}} \cdot \hat{\vec{\omega}} = \vec{D} \cdot \hat{\vec{\omega}} = D_{\hat{\omega}} \quad . \tag{6.3.6}$$

Es sei hier ausdrücklich hervorgehoben, daß diese Gleichung nur für eine im Raum für alle Zeiten konstante Achsenrichtung $\hat{\vec{\omega}}$ gilt.

Die Komponente des Drehmomentes berechnet man ebenfalls aus (5.4.3)

$$D_{\hat{\omega}} = \vec{D} \cdot \hat{\vec{\omega}} = \sum_{i=1}^{N} (\vec{r}_i \times \vec{F}_i) \cdot \hat{\vec{\omega}} = \sum_{i=1}^{N} \vec{r}_i \cdot (\vec{F}_i \times \hat{\vec{\omega}}) \quad . \tag{6.3.7}$$

Als Beispiele von Trägheitsmomenten berechnen wir diejenigen von Hohlzylinder (Radien: $R_2 > R_1$) und Zylinder homogener Dichte ρ um ihre Symmetrieachse. Dazu benutzen wir ein Zylinderkoordinatensystem, dessen z-Achse die Symmetrieachse des Zylinders ist (Abb.6.2). Dann gilt [Masse des Hohlzylinders: $M = \rho\, \pi\, h(R_2^2 - R_1^2)$]

$$\Theta_z = \int \rho\, r_\perp^2\, dV = \rho \int_0^h \int_0^{2\pi} \int_{R_1}^{R_2} r_\perp^2\, r_\perp\, dr_\perp\, d\varphi dz$$

$$= \rho\, \frac{\pi}{2}\, h(R_2^4 - R_1^4) = \frac{1}{2} M(R_2^2 + R_1^2) \quad . \tag{6.3.8a}$$

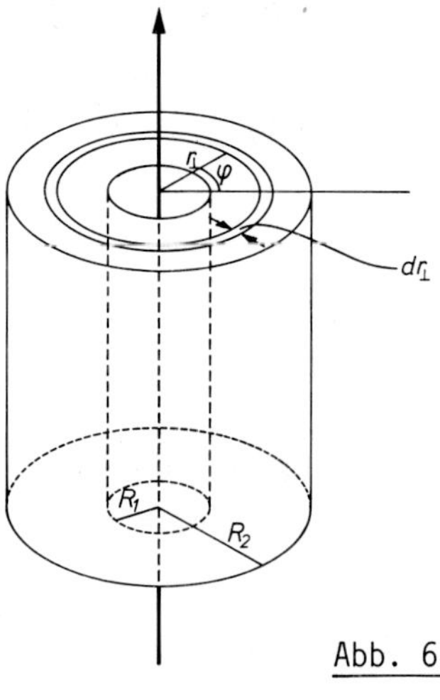

Abb. 6.2. Zum Trägheitsmoment des Hohlzylinders

Für den Vollzylinder vom Radius R_2 gilt

$$\Theta_z = \rho \frac{\pi}{2} h R_2^4 = \frac{1}{2} M R_2^2 \quad . \tag{6.3.8b}$$

Offenbar ist das Trägheitsmoment eines Hohlzylinders stets größer als das eines Vollzylinders gleicher Masse und gleichen Außendurchmessers.

Experiment 6.1. Pirouette

Ist ein Körper um eine Achse senkrecht zur Erdoberfläche frei drehbar und wirkt nur die Erdanziehung auf ihn, so werden die daraus resultierenden Kräfte von den Lagern der Achse aufgenommen, so daß die Bewegung des Körpers um die vertikale Achse kräftefrei und damit ohne Drehmoment erfolgt. Damit bleibt der Drehimpuls konstant

$$L_{\hat{\omega}} = \Theta_{\hat{\omega}} \cdot \omega = \text{const} \quad . \tag{6.3.9}$$

Eine Verringerung des Trägheitsmomentes $\Theta_{\hat{\omega}}$ muß somit zu einer Erhöhung der Winkelgeschwindigkeit ω führen. Diesen Effekt macht sich z.B. eine Eiskunstläuferin zunutze, wenn sie eine Pirouette mit ausgestreckten Armen beginnt, die sie dann im Verlauf der Figur zur Drehachse hin bewegt und so die Winkelgeschwindigkeit erheblich erhöht. Das Experiment kann auch im Hörsaal (weniger graziös aber ebenso überzeugend) mit Hilfe des Drehschemels (Experiment 5.5) vorgeführt werden.

Experiment 6.2. Messung eines Trägheitsmoments mit dem Drehpendel

Eine Kreisscheibe kann sich um eine senkrecht durch ihren Mittelpunkt laufende Achse drehen (Abb.6.3). Den Azimutwinkel eines bestimmten Punktes der Scheibe in der Ebene senkrecht zur Achse bezeichnen wir mit φ. Eine Spiralfeder wirkt so auf die Scheibe, daß sie für $\varphi \neq 0$ ein rücktreibendes Drehmoment vom Betrag

$$D = -C\varphi \tag{6.3.10}$$

in Achsenrichtung ausübt. (Die Konstante C heißt Direktionsmoment der Feder.) Ist $\Theta_{\hat{\omega}}$ das Trägheitsmoment der Platte (und etwa zusätzlich aufgesetzter Gegenstände) so ist die Bewegungsgleichung

$$\Theta_{\hat{\omega}}\, \dot{\omega} = \Theta_{\hat{\omega}} \ddot{\varphi} = -C\varphi \quad . \tag{6.3.11}$$

Abb. 6.3. Drehpendel

Das ist eine Differentialgleichung vom Typ (4.6.3), also eine Schwingungsgleichung mit der Schwingungsdauer

$$T = 2\pi\ \sqrt{\Theta_{\hat{\omega}}/C} \quad . \tag{6.3.12}$$

Das Drehpendel - oft auch als Drehtisch bezeichnet - kann benutzt werden, um das Trägheitsmoment beliebiger starrer Körper bezüglich fester Achsen zu messen. Zunächst muß das Trägheitsmoment Θ_{Tisch} des Pendels selbst bezüglich seiner Achse bestimmt werden. Dazu messen wir die Schwingungsdauer des unbelasteten Tisches und erhalten $T_1 = 5{,}0\mathrm{s}$, d.h.

$$T_1^2 = 4\pi^2\ \Theta_{\mathrm{Tisch}}/C = 25{,}0\mathrm{s}^2 \quad .$$

Dann setzen wir ein Objekt bekannten Trägheitsmoments auf, nämlich einen Messingzylinder der Masse $M = 5{,}65$ kg und des Radius $R = 0{,}054$ m. Er hat entsprechend (6.3.8b) das Trägheitsmoment $\Theta_E = 0{,}00824\ \mathrm{kgm}^2$ um seine Achse. Wir plazieren den Zylinder so auf dem Tisch, daß seine Achse mit der Drehachse des Tisches zusammenfällt und erhalten die Schwingungsdauer $T_2 = 6{,}1\mathrm{s}$, d.h.

$$T_2^2 = 4\pi^2(\Theta_{\mathrm{Tisch}}+\Theta_E)/C = 37{,}21\mathrm{s}^2 \quad .$$

Aus diesen beiden Gleichungen kann man nun die beiden Unbekannten Θ_{Tisch} und C gewinnen. Nach einfacher Rechnung erhält man

$$\Theta_{\mathrm{Tisch}} = \Theta_E/\left(\frac{T_2^2}{T_1^2} - 1\right) = 0{,}017\ \mathrm{kg\ m}^2 \quad ,$$

$$C = 4\pi^2\ \Theta_{\mathrm{Tisch}}/T_1^2 = 0{,}027\ \mathrm{kg\ m}^2\mathrm{s}^{-2} \quad .$$

Nun ist es möglich, einen beliebigen Körper auf den Drehtisch zu setzen und sein Trägheitsmoment Θ bezüglich der Achse, die durch die Drehachse des Tisches gegeben ist, durch Messung von

$$T_3^2 = 4\pi^2(\Theta_{\mathrm{Tisch}}+\Theta)/C$$

zu bestimmen.

6.4 Bewegung um eine raumfeste Achse im homogenen Schwerefeld. Physikalisches Pendel

Dreht sich ein starrer Körper um eine raumfeste Achse im Schwerefeld, so ist die Schwerkraft auf jeden einzelnen Massenpunkt m_i

$$\vec{F}_i = m_i\vec{g} \quad . \tag{6.4.1}$$

Das resultierende Drehmoment um eine raumfeste Achse $\hat{\vec{\omega}}$ durch den Koordinatenursprung ist damit

$$D_{\hat{\omega}} = \sum_{i=1}^{N} \vec{r}_i \cdot (\vec{F}_i \times \hat{\vec{\omega}}) = \sum_{i=1}^{N} m_i \vec{r}_i \cdot (\vec{g} \times \hat{\vec{\omega}}) = M\vec{R} \cdot (\vec{g} \times \hat{\vec{\omega}}) \quad . \tag{6.4.2}$$

Die Gleichung für die zeitliche Änderung der Drehimpulskomponente in Achsenrichtung dann

$$\dot{L}_{\hat{\omega}} = M\vec{R} \cdot (\vec{g} \times \hat{\vec{\omega}}) = M\hat{\vec{\omega}} \cdot (\vec{R} \times \vec{g}) = M\vec{g} \cdot (\hat{\vec{\omega}} \times \vec{R}) \quad . \tag{6.4.3}$$

Wir diskutieren zunächst die Spezialfälle verschwindenden Drehmomentes, d.h.

$$\dot{L}_{\hat{\omega}} = 0 \quad .$$

I) $\vec{R} \| \hat{\omega}$, der Schwerpunkt liegt in der Drehachse. Der Drehimpuls ist für alle Zeiten konstant. Für verschwindenden Drehimpuls $L_{\hat{\omega}} = 0$ ist jede Lage indifferent.

II) $[\vec{R} \times \vec{g}] \perp \vec{\omega}$ bzw. $\vec{R} \| \vec{g}$, der Schwerpunkt befindet sich senkrecht über oder unter der Achse. Momentan ist $\dot{L}_{\hat{\omega}} = 0$. Für verschwindenden Drehimpuls ist die Lage $\vec{R}$ in Richtung $\vec{g}$ stabil, die Lage $\vec{R}$ antiparallel zu $\vec{g}$ labil.

III) $\hat{\vec{\omega}} \| \vec{g}$, die Drehachse zeigt in Richtung der Schwerkraft, damit verschwindet die Komponente des Drehmomentes in dieser Richtung. Die Drehimpulskomponente $L_{\hat{\omega}}$ ist für alle Zeiten konstant. Für verschwindenden Drehimpuls ist jede Lage indifferent.

Wir betrachten jetzt den Fall des "Physikalischen Pendels" (Abb.6.4). Wir wählen aus Bequemlichkeit eine horizontale Achse $\hat{\vec{\omega}} \perp \vec{g}$. Nach Fall (II) ist $\vec{R}$ parallel zu $\vec{g}$ eine stabile Lage, d.h. der Schwerpunkt des Körpers hängt senkrecht unter der Achse $\hat{\vec{\omega}}$.

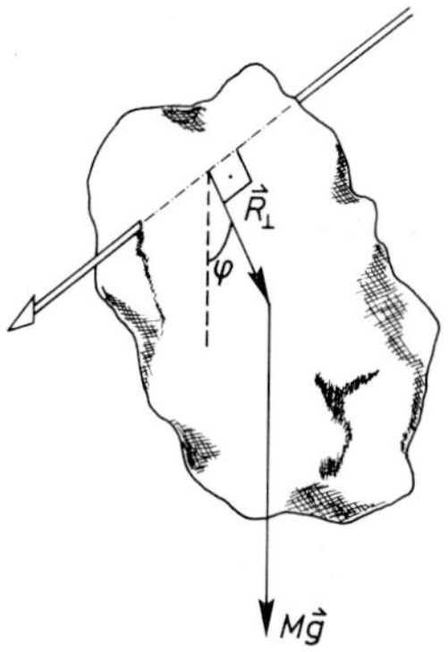

Abb. 6.4. Physikalisches Pendel

Mit der Zerlegung von $\vec{R}$ in die Projektionen $\vec{R}_{\parallel}$ und $\vec{R}_{\perp}$ parallel bzw. vertikal zur Achse $\hat{\vec{\omega}}$ erhalten wir

$$\dot{L}_{\hat{\omega}} = M\vec{g} \cdot [\hat{\vec{\omega}} \times (\vec{R}_{\parallel} + \vec{R}_{\perp})] = M\vec{g} \cdot (\hat{\vec{\omega}} \times \vec{R}_{\perp}) = M\hat{\vec{\omega}} \cdot (\vec{R}_{\perp} \times \vec{g}) \quad . \tag{6.4.4}$$

Der Vektor $\vec{R}_{\perp} \times \vec{g}$ ist parallel zu $\hat{\vec{\omega}}$

$$\vec{R}_{\perp} \times \vec{g} = -\hat{\vec{\omega}}\, R_{\perp}\, g \sin\varphi \quad , \tag{6.4.5}$$

dabei ist φ der Winkel zwischen $\vec{g}$ und $\vec{R}_{\perp}$. Damit erhalten wir als Gleichung für den Betrag der Winkelgeschwindigkeit

$$\omega = \dot{\varphi} \tag{6.4.6}$$

aus (6.4.4)

$$\dot{L}_{\hat{\omega}} = \Theta_{\hat{\omega}}\, \ddot{\varphi} = \Theta_{\hat{\omega}}\, \dot{\omega} = \dot{L}_{\hat{\omega}} = -Mg\, R_{\perp} \sin\varphi \quad . \tag{6.4.7}$$

Die Bewegungsgleichung für das mathematische Pendel (4.6.18) ist vom selben Typ wie die hier abgeleitete für das physikalische Pendel

$$\ddot{\varphi} = -\frac{MR_{\perp}}{\Theta_{\hat{\omega}}}\, g \sin\varphi \quad . \tag{6.4.8}$$

Das mathematische Pendel geht aus dem allgemeinen Fall des physikalischen hervor, wenn man beachtet, daß das Trägheitsmoment eines Massenpunktes M im senkrechten Abstand von $R_{\perp}$ von der Drehachse durch

$$\Theta_{\hat{\omega}} = M\, R_{\perp}^2 \tag{6.4.9}$$

gegeben ist.

Die Bewegung des physikalischen, d.h. des durch einen realistischen starren Körper verwirklichten Pendels ist durch die Gleichung (6.4.8) vollständig beschrieben. Die Lösungen für $\varphi(t)$ können sofort aus den Abschnitten 4.6.2, 3 durch die Ersetzung

$$\ell \to \frac{\Theta_{\hat{\omega}}}{MR_{\perp}} \tag{6.4.10}$$

entnommen werden.

6.5 Steinerscher Satz

Zwischen den Trägheitsmomenten um zwei parallele Achsen besteht ein sehr einfacher Zusammenhang. Man berechnet ihn am einfachsten indem man in den Ausdruck (6.3.3) die Achse und damit den in ihr liegenden Aufpunkt 0 um den festen Vektor $\vec{b}$ in den Aufpunkt 0' verschiebt. Für die Ortsvektoren der Massenpunkte m_i gilt

$$\vec{r}_i' = \vec{r}_i + \vec{b} \quad . \tag{6.5.1}$$

Für den Drehimpuls um diesen Aufpunkt erhalten wir

$$L'_{\hat{\omega}} = \vec{L}' \cdot \hat{\vec{\omega}} = \Theta'_{\hat{\omega}}\, \omega \quad . \tag{6.5.2}$$

mit dem Trägheitsmoment - vgl.(6.3.4) -

$$\begin{aligned}\Theta'_{\hat{\omega}} &= \sum_{i=1}^{N} m_i [r_i'^2 - (\vec{r}_i' \hat{\vec{\omega}})^2] = \sum_{i=1}^{N} m_i \{ (\vec{r}_i + \vec{b})^2 - [(\vec{r}_i + \vec{b}) \cdot \hat{\vec{\omega}}]^2 \} \\ &= \sum_{i=1}^{N} m_i [\vec{r}_i^{\,2} - (\vec{r}_i \cdot \hat{\vec{\omega}})^2] + 2\sum_{i=1}^{N} m_i [\vec{r}_i \cdot \vec{b} - (\vec{r}_i \hat{\vec{\omega}})(\vec{b}\hat{\vec{\omega}})] \\ &\quad + \sum_{i=1}^{N} m_i [\vec{b}^2 - (\vec{b}\hat{\vec{\omega}})^2] \quad .\end{aligned} \tag{6.5.3}$$

Wegen $\sum_{i=1}^{N} m_i \vec{r}_i = M\vec{R}$ und $\sum_{i=1}^{N} m_i = M$ gilt

$$\Theta'_{\hat{\omega}} = \Theta_{\hat{\omega}} + 2M[\vec{R}\vec{b} - (\vec{R}\hat{\vec{\omega}})(\vec{b}\hat{\vec{\omega}})] + M[\vec{b}^2 - (\vec{b}\hat{\vec{\omega}})^2] \quad . \tag{6.5.4}$$

Falls der ursprüngliche Koordinatenaufpunkt gerade so gewählt wurde, daß er mit dem Schwerpunkt zusammenfällt, gilt $\vec{R} = 0$ und die obige Gleichung liefert den Zusammenhang zwischen dem Trägheitsmoment $\Theta_{S\hat{\omega}}$ um eine Achse $\hat{\vec{\omega}}$ durch den Schwerpunkt und dem Trägheitsmoment $\Theta'_{\hat{\omega}}$ um eine parallele Achse durch einen um den Vektor $\vec{b}$ verschobenen Aufpunkt $[\vec{b}_\perp^2 = \vec{b}^2 - (\vec{b} \cdot \hat{\vec{\omega}})^2]$

$$\Theta'_{\hat{\omega}} = \Theta_{S\hat{\omega}} + M[\vec{b}^2 - (\vec{b}\hat{\vec{\omega}})^2] = \Theta_{S\hat{\omega}} + M\, \vec{b}_\perp^2 \quad . \tag{6.5.5}$$

Da der Schwerpunkt im Koordinatensystem O' gerade am Ort $(-\vec{b})$ liegt, beschreib der Zusatzterm das Trägheitsmoment $Mb_\perp^2$ der im Schwerpunkt bei $(-\vec{b})$ vereinigten Gesamtmasse M um die parallel verschobene Achse durch den Ursprung O'. Dieser Zusammenhang ist der *Steinersche Satz*. Der Zusatzterm $Mb_\perp^2$ hängt offenbar nur vom senkrechten Abstand $b_\perp$ der beiden parallelen Achsen ab. Da $Mb_\perp^2$ stets positiv ist, ist für eine vorgegebene Achsenrichtung das Trägheitsmoment um den Schwerpunkt stets minimal.

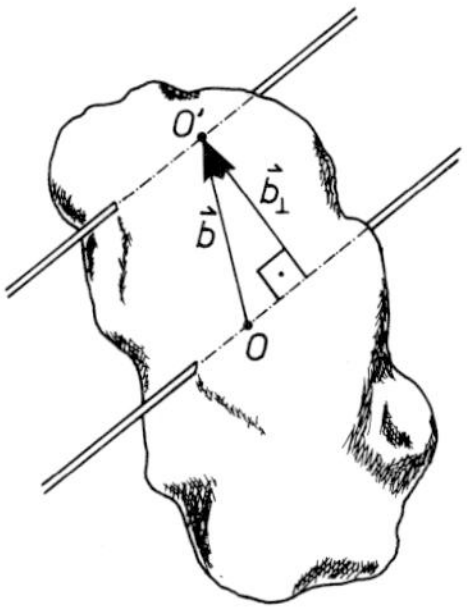

Abb. 6.5. Zum Steinerschen Satz

Experiment 6.3. Nachweis des Steinerschen Satzes

Wir benutzen die Methode des Experiments 6.2, um das Trägheitsmoment unseres Eichzylinders bezüglich einer Drehachse zu messen, die parallel zur Zylinderachse verläuft, aber von dieser den Abstand a = 0.05m hat. Wir erhalten T_3 = 7,5s, also

$$T_3^2 = 4\pi^2(\Theta_{Tisch}+\Theta)/C = 56,25\ s^2 \quad ,$$

d.h.

$$\Theta = \frac{CT_3^2}{4\pi^2} - \Theta_{Tisch} = 0,0211\ kg\ m^2$$

Der Steinersche Satz (6.5.5) liefert

$$\Theta = \Theta_{Eich} + Ma^2 = (0,00824+0,01413)kg\ m^2 = 0,0224\ kg\ m^2$$

in guter Übereinstimmung mit diesem experimentellen Ergebnis.

6.6 Rotationsenergie. Energieerhaltung

Die kinetische Energie der Rotation des starren Körpers um eine feste Achse $\hat{\vec{\omega}}$ ist -vgl.(6.1.2) und (6.3.3) -

$$E_{kin} = \sum_{i=1}^{N} \frac{1}{2} m_i \dot{\vec{r}}_i^2 = \sum_{i=1}^{N} \frac{m_i}{2} (\omega r_{i\perp})^2 \vec{e}_{\varphi i}^2 = \sum_{i=1}^{N} \frac{m_i}{2} r_{i\perp}^2 \omega^2$$

$$= \sum_{i=1}^{N} \frac{m_i}{2} r_i^2 \sin^2\vartheta_i \, \omega^2 = \frac{1}{2} \Theta_{\hat{\omega}} \omega^2 = \frac{1}{2} \omega L_{\hat{\omega}} = \frac{1}{2\Theta_{\hat{\omega}}} L_{\hat{\omega}}^2 \quad . \qquad (6.6.1)$$

Die Beziehung (6.6.1) zwischen Rotationsenergie des starren Körpers, Winkelgeschwindigkeit und Trägheitsmoment hat dieselbe Form wie die zwischen kinetischer Energie eines Massenpunktes, Masse und Geschwindigkeit. Entsprechend gilt für die Verknüpfung von Drehimpuls und Trägheitsmoment mit der Rotationsenergie der gleiche Zusammenhang wie zwischen Impuls, Masse und kinetischer Energie.

Für verschwindendes Drehmoment $D_{\hat{\omega}}$ gilt wegen (6.3.6) der Drehimpulserhaltungssatz

$$\dot{L}_{\hat{\omega}} = 0 \quad , \quad \text{d.h.} \quad L_{\hat{\omega}} = \text{const} \quad . \qquad (6.6.2)$$

Dann ist wegen (6.6.1) auch die Rotationsenergie eine erhaltene Größe

$$E_{kin} = \frac{1}{2} \omega L_{\hat{\omega}} = \frac{1}{2} \Theta_{\hat{\omega}} \omega^2 = \text{const} \quad . \qquad (6.6.3)$$

Experiment 6.6. Translations- und Rotationsenergie

Ein Vollzylinder bzw. ein Hohlzylinder gleicher Masse und gleichen Durchmessers rollen eine schiefe Ebene herunter. Die Ebene ist um einen Winkel α gegen die Horizontale geneigt. Nach der Laufstrecke s haben die Zylinder um den Betrag $h = s \sin\alpha$ an Höhe und damit um

$$\Delta E_{pot} = -Mgh = -Mgs \sin\alpha$$

an potentieller Energie verloren. Da sie bei s = 0 in Ruhe waren, besitzen sie jetzt die kinetische Energie

$$E_{kin} = \frac{1}{2} MV^2 + \frac{1}{2} \Theta_{\hat{\omega}} \omega^2 = -\Delta E_{pot} = Mgs \sin\alpha \quad .$$

Dabei ist V der Betrag der Geschwindigkeit des Schwerpunkts und $\Theta_{\hat{\omega}}$ das Trägheitsmoment bezüglich der Zylinderachse. Da die Winkelgeschwindigkeit in Achsenrichtung zeigt und die Zylinder auf der Ebene abrollen, ist $V = R\omega$ und damit

$$V^2 = 2 \, Mgs \sin\alpha/(M+\Theta_{\hat{\omega}}/R^2) \quad .$$

Die Translationsgeschwindigkeit V an einem gegebenen Ort s ist also umso kleiner je größer das Trägheitsmoment des Zylinders ist, weil ein größerer Bruchteil der potentiellen Energie in Rotationsenergie übergeht und nur ein kleinerer in Translationsenergie. Nach Abschnitt 6.3 erwarten wir deshalb, daß der Hohlzylinder langsamer rollt als der Vollzylinder. Das wird durch Stroboskopaufnahmen (Abb.6.6) verifiziert.

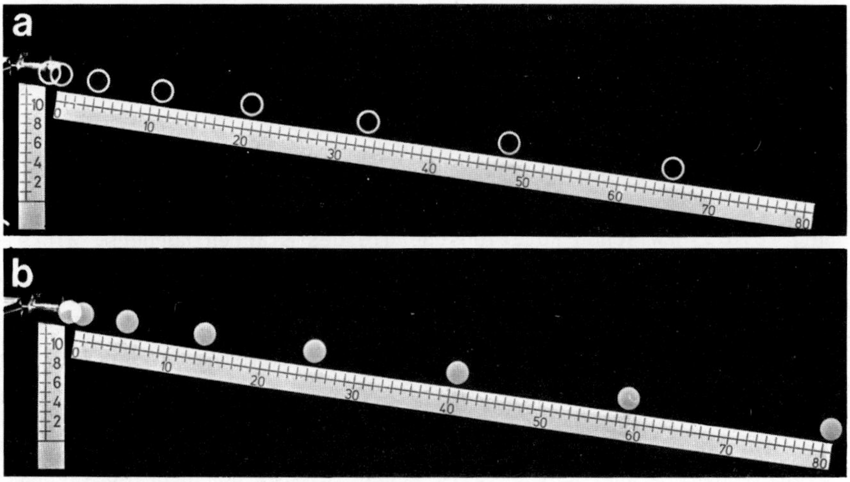

Abb. 6.6a und b. Stroboskopaufnahmen eines auf einer schiefen Ebene rollenden Hohlzylinders (a) und Vollzylinders (b) gleicher Masse und gleichen Durchmessers

6.7 Aufgabe

6.1: Die letzte Beziehung in Experiment 6.6 kann auch als Differentialgleichung

$$\dot{s} = \sqrt{\frac{2Mgs\ \sin\alpha}{M+\Theta_{\hat{\omega}}/R^2}}$$

geschrieben werden. Lösen Sie diese Gleichung mit der Anfangsbedingung $s = 0$ und $\dot{s} = 0$ für $t = t_0 = 0$. Vergleichen Sie die für $t = 1{,}2$ s zurückgelegten Wegstrecken in Abb.6.6a und b. Verifizieren Sie die im Abschnitt 6.3 berechneten Trägheitsmomente an diesem experimentellen Ergebnis. (Daten des Experiments: Blitzabstand = 0,2s, $\alpha = 8{,}16^0$, $R = 1{,}25$cm, $M = 200$ g, Innendurchmesser des Hohlzylinders $R_1 = 1$ cm).

7. Transformationen und Bezugssysteme

Bisher haben wir die physikalischen Vorgänge immer in den Bezugssystemen beschrieben, die durch die jeweiligen Gegebenheiten, z.B. den Versuchsaufbau, nahegelegt wurden. Es ist jedoch keineswegs selbstverständlich, daß die Beschreibung eines physikalischen Vorgangs in verschiedenen Bezugssystemen gleich oder auch nur ähnlich ist. Man vergleiche nur die Abbildungen der Planetenbewegung im Schwerpunktsystem (Abb.5.7a) und in einem anderen System (Abb.5.7b). In diesem Kapitel wollen wir uns mit verschiedenen Bezugssystemen und ihren Transformationen untereinander systematisch auseinandersetzen. Von besonderer Bedeutung sind natürlich solche Systeme, in denen die Newtonschen Gesetze gelten. Sie heißen *Inertialsysteme*, in Anlehnung an die Bezeichnung Trägheitsgesetz für das erste Newtonsche Axiom. Wir werden auch Bezugssysteme kennenlernen, in denen die Newtonschen Gesetze nicht gelten, sie heißen *Nichtinertialsysteme*.

7.1 Transformationen zwischen Inertialsystemen

7.1.1 Translationen

Unter einer Translation versteht man die folgende Transformation des Ortsvektors

$$\vec{r}\,' = \vec{r} + \vec{b} \quad . \tag{7.1.1}$$

Dabei ist $\vec{b}$ ein zeitlich konstanter Vektor. Die Translation kann auf zwei Weisen interpretiert werden (Abb.7.1), einerseits als Translation des Ursprungs 0 um den Vektor $-\vec{b}$ nach 0' (beide Ortsvektoren $\vec{r}$ und $\vec{r}\,'$ beschreiben nach wie vor denselben Punkt P), andererseits als Translation des Punktes P um den Vektor $\vec{b}$ nach P' bei festgehaltenem Ursprung 0. Diese Ambivalenz gestattet es, ganz nach Wunsch die Verschiebung einer Apparatur im Raum oder die Änderung des Bezugssystems bei festgehaltener Apparatur als Translation zu bezeichnen. Viele physikalische Größen G sind Funktionen des Ortsvektors

$$G = f(\vec{r}) \quad . \tag{7.1.2}$$

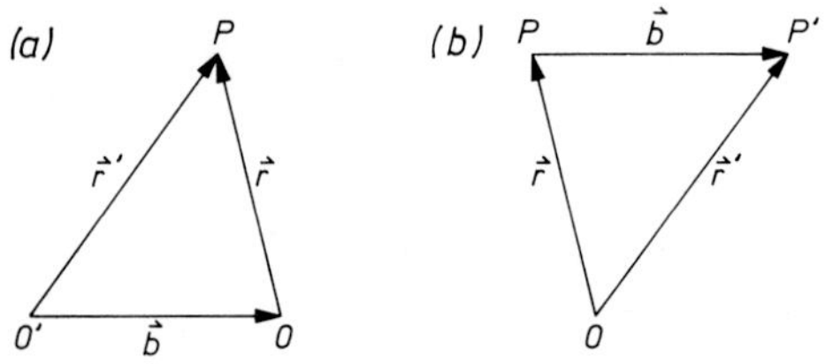

Abb. 7.1. Darstellung der Translation (7.1.1) als Verschiebung des Ursprungs O (a) bzw. des Punktes P (b)

Durch die Translation wird das Argument in $\vec{r}'$ übergeführt, an dieser Stelle hat die Größe den Wert G'

$$G' = f(\vec{r}') = f(\vec{r}+\vec{b}) \quad . \tag{7.1.3}$$

Die Größe $G = f(\vec{r})$ heißt *translationsinvariant*, falls $G' = G$ ist, d.h.

$$f(\vec{r}+\vec{b}) = f(\vec{r}) \tag{7.1.4}$$

für beliebige Vektoren $\vec{b}$ gilt. Offenbar kann f dann nur eine Konstante sein.

Für Funktionen mehrerer Variablen bedeutet Translationsinvarianz

$$f(\vec{r}_1+\vec{b},\vec{r}_2+\vec{b},\dots,\vec{r}_N+\vec{b}) = f(\vec{r}_1,\vec{r}_2,\dots,\vec{r}_N) \quad . \tag{7.1.5}$$

In diesem Fall kann f nur eine Funktion von (N-1) unabhängigen Differenzvektoren $(\vec{r}_i-\vec{r}_k)$ sein.

Als Beispiel betrachten wir eine Funktion von zwei Variablen $f(\vec{r}_1,\vec{r}_2)$. Man kann sie auch als Funktion der Summe $\vec{r}_1 + \vec{r}_2$ und der Differenz $\vec{r}_1 - \vec{r}_2$ auffassen

$$f(\vec{r}_1,\vec{r}_2) =: F(\vec{r}_1+\vec{r}_2,\vec{r}_1-\vec{r}_2) \quad . \tag{7.1.6}$$

Nun bedeutet Translationsinvarianz wegen der Beziehung

$$F(\vec{r}_1+\vec{r}_2+2\vec{b},\vec{r}_1-\vec{r}_2) = f(\vec{r}_1+\vec{b},\vec{r}_2+\vec{b}) \tag{7.1.7}$$

$$= f(\vec{r}_1,\vec{r}_2) = F(\vec{r}_1+\vec{r}_2,\vec{r}_1-\vec{r}_2) \quad , \tag{7.1.8}$$

daß F nicht von der ersten Variablen abhängt, d.h. F ist nur eine Funktion der Differenz $(\vec{r}_2-\vec{r}_1)$:

$$F = F(\vec{r}_2-\vec{r}_1) \quad . \tag{7.1.9}$$

Mit derselben Argumentation beweist man die Behauptung für N Veränderliche.

Ein Beispiel für eine translationsinvariante physikalische Größe ist die Gravitationskraft zwischen zwei Massenpunkten, die nur von der Differenz der Ortsvektoren abhängt. Weitere Beispiele sind Geschwindigkeit und Impuls eines Massenpunktes

$$\vec{v}\,' = \frac{d}{dt}\,\vec{r}\,' = \frac{d}{dt}\,(\vec{r}+\vec{b}) = \frac{d}{dt}\,\vec{r} = \vec{v} \tag{7.1.10}$$

und somit

$$\vec{p}\,' = m\vec{v}\,' = m\vec{v} = \vec{p} \quad . \tag{7.1.11}$$

Für translationsinvariante Kräfte $\vec{F}$

$$\vec{F}_i(\vec{r}_1+\vec{b},\ldots,\vec{r}_N+\vec{b}) = \vec{F}_i(\vec{r}_1,\ldots\vec{r}_N) \tag{7.1.12}$$

gilt die Newtonsche Bewegungsgleichung auch für die physikalischen Größen $\vec{F}_1'$, $\vec{p}_i'$ nach der Translation

$$\vec{F}_i' = \vec{F}_i(\vec{r}_1',\ldots,\vec{r}_N') = \vec{F}_i(\vec{r}_1,\ldots,\vec{r}_N) = \vec{F}_i = \dot{\vec{p}}_i = \dot{\vec{p}}_i' \quad . \tag{7.1.13}$$

Wir illustrieren diese Aussage am Beispiel der Gravitationswechselwirkung zwischen zwei Himmelskörpern, die sich an den Orten $\vec{r}_1$ und $\vec{r}_2$ befinden (Abb. 7.2a). Da die Kraft auf jeden nur vom Abstand der beiden Körper abhängt, ist sie gegen eine Verschiebung der Körper im Raum um denselben Vektor $\vec{b}$ invariant. Ist jedoch noch ein dritter Körper vorhanden (Abb.7.2b) und wird er nicht mitverschoben, so ändert sich die Kraft auf die beiden Körper bei Translation, jedenfalls solange man die Kraft, die der dritte Körper ausübt, nicht vernachlässigen darf. Dies ist ein Beispiel dafür, daß man alle Teile eines physikalischen Systems, deren Einflüsse größer als die Meßgenauigkeit sind, mitverschieben muß, will man Translationsinvarianz feststellen.

Ein Beispiel für eine physikalische Größe, die nicht translationsinvariant ist, ist der Drehimpuls $\vec{L} = \vec{r} \times \vec{p}$ eines Massenpunktes am Ort $\vec{r}$ und mit dem Impuls $\vec{p}$. Bei einer Translation geht der Drehimpuls über in

$$\vec{L}\,' = \vec{r} \times \vec{p} + \vec{b} \times \vec{p} = \vec{L} + \vec{b} \times \vec{p} \quad .$$

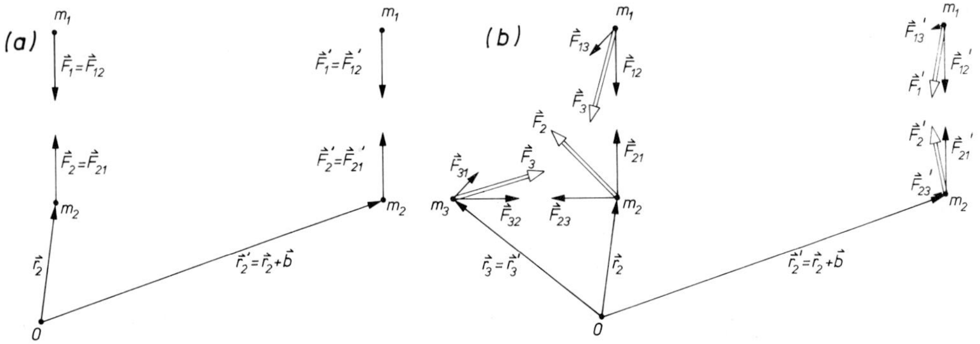

Abb. 7.2. (a) Die Gravitationskräfte sind invariant gegen die Translation aller Massenpunkte. (b) Gravitationskräfte sind nicht invariant gegen Translationen, die sich nur auf einen Teil der Massenpunkte eines Systems beziehen.

Das liegt daran, daß schon der Ortsvektor $\vec{r}$ selbst keine translationsinvariante Größe ist.

7.1.2 Zeitunabhängige Rotationen

Unter einer Rotation versteht man eine Transformation eines Vektors $\vec{r}$ in einen Vektor $\vec{r}\,'$ unter Erhaltung der Länge, d.h.

$$\vec{r} \to \vec{r}\,' \tag{7.1.14}$$

mit

$$|\vec{r}\,'| = |\vec{r}| \quad .$$

Eine Rotation ist vollständig charakterisiert, wenn man die Transformation eines rechtshändigen kartesischen Basissystems $\vec{e}_1$, $\vec{e}_2$, $\vec{e}_3$ in ein anderes rechtshändiges $\vec{e}_1\,'$, $\vec{e}_2\,'$, $\vec{e}_3\,'$ angibt. Genau dieses leistet der Tensor

$$\underline{\underline{R}} = \sum_{k=1}^{3} \vec{e}_k\,' \otimes \vec{e}_k \quad , \tag{7.1.15}$$

denn offenbar gilt (m=1,2,3)

$$\underline{\underline{R}}\vec{e}_m = \sum_{k=1}^{3} \vec{e}_k\,' \otimes \vec{e}_k\, \vec{e}_m = \sum_{k=1}^{3} \vec{e}_k\,'\, \delta_{km} = \vec{e}_m\,' \quad . \tag{7.1.16}$$

Für die Drehung eines beliebigen Vektors

$$\vec{r} = \sum_{\ell=1}^{3} r_\ell \, \vec{e}_\ell \tag{7.1.17}$$

gilt dann

$$\vec{r}\,' = \underline{\underline{R}}\,\vec{r} = \sum_{\ell=1}^{3} r_\ell \sum_{k=1}^{3} \vec{e}\,'_k \otimes \vec{e}_k \, \vec{e}_\ell = \sum_{\ell=1}^{3} r_\ell \, \vec{e}\,'_\ell \quad . \tag{7.1.18}$$

Da der Vektor mitsamt seinem Basissystem gedreht wurde, hat $\vec{r}\,'$ bezüglich des Systems $\vec{e}\,'_1$, $\vec{e}\,'_2$, $\vec{e}\,'_3$ dieselben Komponenten r_1, r_2, r_3 wie $\vec{r}$ bezüglich des ursprünglichen Systems $\vec{e}_1$, $\vec{e}_2$, $\vec{e}_3$ (Abb.7.3a). Natürlich ist bei dieser Operation die Länge des Vektors ungeändert geblieben.

Die Umkehrtransformation $\vec{r}\,' \to \vec{r}$ wird durch den adjungierten Tensor

$$\underline{\underline{R}}^+ = \sum_{k=1}^{3} \vec{e}_k \otimes \vec{e}\,'_k \tag{7.1.19}$$

dargestellt. Er transformiert das kartesische Basissystem $\vec{e}\,'_K$ in das ursprüngliche System $\vec{e}_K$ zurück

$$\underline{\underline{R}}^+ \vec{e}\,'_k = \vec{e}_k \quad , \quad k = 1, 2, 3 \quad . \tag{7.1.20}$$

Da bei Nacheinanderausführung $\underline{\underline{R}}^+\underline{\underline{R}}$ oder $\underline{\underline{R}}\,\underline{\underline{R}}^+$ das Basissystem ungeändert bleibt, gilt

$$\underline{\underline{R}}^+\underline{\underline{R}} = \underline{\underline{1}} = \underline{\underline{R}}\,\underline{\underline{R}}^+ \quad , \tag{7.1.21}$$

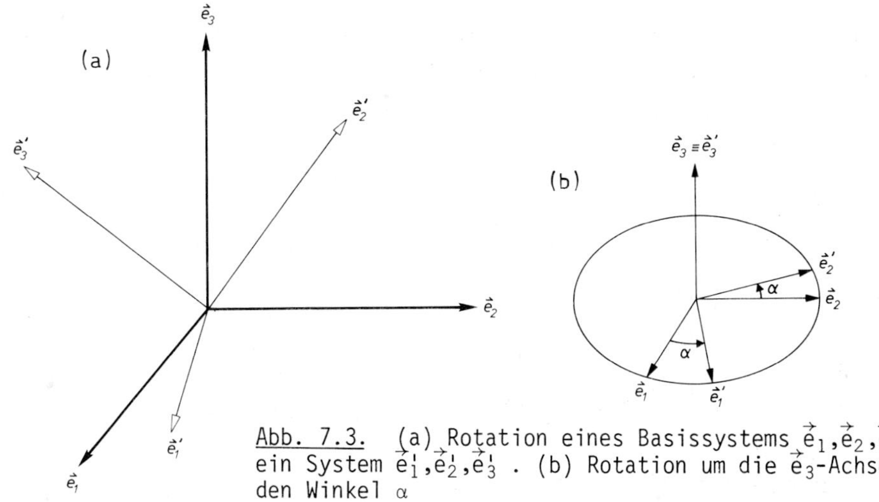

Abb. 7.3. (a) Rotation eines Basissystems $\vec{e}_1, \vec{e}_2, \vec{e}_3$ in ein System $\vec{e}\,'_1, \vec{e}\,'_2, \vec{e}\,'_3$. (b) Rotation um die $\vec{e}_3$-Achse um den Winkel α

wie man auch direkt nach Regel (2.5.21) nachrechnet. Tensoren, die mit ihren Adjungierten multipliziert, die Einheitsmatrix ergeben, heißen *orthogonal*.

Aus der Invarianz der Länge eines Vektors bei Rotationen

$$(\underline{\underline{R}}\vec{r}) \cdot (\underline{\underline{R}}\vec{r}) = \vec{r}\,' \cdot \vec{r}\,' = \vec{r} \cdot \vec{r} \tag{7.1.22}$$

folgt sofort die Invarianz des Skalarproduktes beliebiger Vektoren $\vec{r}_1$, $\vec{r}_2$. Das sieht man leicht, wenn man $\vec{r}$ als Summe zweier Vektoren schreibt

$$\vec{r} = \vec{r}_1 + \vec{r}_2 \quad . \tag{7.1.23}$$

Dann gilt auch

$$\vec{r}\,' = \underline{\underline{R}}\vec{r} = \underline{\underline{R}}\vec{r}_1 + \underline{\underline{R}}\vec{r}_2 = \vec{r}\,'_1 + \vec{r}\,'_2 \quad . \tag{7.1.24}$$

mit $\vec{r}\,'^2_1 = \vec{r}^{\,2}_1$ und $\vec{r}\,'^2_2 = \vec{r}^{\,2}_2$. Durch Einsetzen in die obige Beziehung findet man mit (7.1.24)

$$\begin{aligned}\vec{r}\,'^2_1 + 2\vec{r}\,'_1 \cdot \vec{r}\,'_2 + \vec{r}\,'^2_2 &= (\vec{r}\,'_1+\vec{r}\,'_2) \cdot (\vec{r}\,'_1+\vec{r}\,'_2) = (\vec{r}_1+\vec{r}_2)(\vec{r}_1+\vec{r}_2)\\ &= \vec{r}_1^{\,2} + 2\vec{r}_1 \cdot \vec{r}_2 + \vec{r}_2^{\,2}\end{aligned}$$

und somit

$$(\underline{\underline{R}}\vec{r}_1) \cdot (\underline{\underline{R}}\vec{r}_2) = \vec{r}\,'_1 \cdot \vec{r}\,'_2 = \vec{r}_1 \cdot \vec{r}_2 \quad . \tag{7.1.26}$$

Wir suchen jetzt eine Darstellung des Tensors $\underline{\underline{R}}$ in der Tensorbasis $\vec{e}_k \otimes \vec{e}_\ell$ $(k,\ell=1,2,3)$

$$\underline{\underline{R}} = \sum_{k,\ell=1}^{3} R_{k\ell}\, \vec{e}_k \otimes \vec{e}_\ell \quad . \tag{7.1.27}$$

Die Matrixelemente R_{mn} berechnet man als Skalarprodukt von $\vec{e}_m$ mit $\underline{\underline{R}}\vec{e}_n$

$$\underline{\underline{R}}\vec{e}_n = \sum_{k\ell} R_{k\ell}\, \vec{e}_k \otimes \vec{e}_\ell \cdot \vec{e}_n = \sum_{k=1}^{3} R_{kn}\, \vec{e}_k \quad , \tag{7.1.28}$$

$$\vec{e}_m \cdot (\underline{\underline{R}}\vec{e}_n) = \vec{e}_m \cdot \left(\sum_{k=1}^{3} R_{kn}\vec{e}_k\right) = R_{mn} \quad . \tag{7.1.29}$$

Wegen der Beziehung

$$\underline{\underline{R}}\vec{e}_n = \vec{e}\,'_n \qquad (7.1.30)$$

gilt, daß die Matrixelemente von $\underline{\underline{R}}$ gerade die Richtungskosinus zwischen den Vektoren der beiden Basissysteme $\vec{e}_1$, $\vec{e}_2$, $\vec{e}_3$ und $\vec{e}\,'_1$, $\vec{e}\,'_2$, $\vec{e}\,'_3$ sind

$$R_{mn} = \vec{e}_m \cdot \vec{e}\,'_n = \cos \sphericalangle (\vec{e}_m,\vec{e}\,'_n) \quad . \qquad (7.1.31)$$

Die Matrixelemente von $\underline{\underline{R}}^+$ sind

$$R_{mn}{}^+ = R_{nm} \quad . \qquad (7.1.32)$$

Wegen der Orthogonalitätsrelation (7.1.21) gilt für das entsprechende Produkt der Rotationsmatrizen

$$\sum_{\ell=1}^{3} R^+_{m\ell}\, R_{\ell n} = \delta_{mn} = \sum_{\ell=1}^{3} R_{m\ell}\, R^+_{\ell n} \quad , \qquad (7.1.33)$$

bzw.

$$(\underline{\underline{R}}^+)(\underline{\underline{R}}) = (\underline{\underline{1}}) = (\underline{\underline{R}})(\underline{\underline{R}}^+) \quad .$$

Als einfaches Beispiel berechnen wir die Rotationsmatrix, die eine Drehung um die $\vec{e}_3$-Achse um den Winkel α beschreibt (Abb.7.3b). Da bei dieser speziellen Rotation der Basisvektor $\vec{e}\,'_3$ mit $\vec{e}_3$ zusammenfällt, hat (7.1.15) die spezielle Gestalt

$$\underline{\underline{R}} = \sum_{\ell=1}^{2} \vec{e}\,'_\ell \otimes \vec{e}_\ell + \vec{e}_3 \otimes \vec{e}_3 \quad . \qquad (7.1.34)$$

Die Rotationsmatrix hat die Form

$$(\underline{\underline{R}}) = \begin{pmatrix} \vec{e}_1\cdot\vec{e}\,'_1 & \vec{e}_1\cdot\vec{e}\,'_2 & 0 \\ \vec{e}_2\cdot\vec{e}\,'_1 & \vec{e}_2\cdot\vec{e}\,'_2 & 0 \\ 0 & 0 & 1 \end{pmatrix} = \begin{pmatrix} \cos\alpha & -\sin\alpha & 0 \\ \sin\alpha & \cos\alpha & 0 \\ 0 & 0 & 1 \end{pmatrix} \quad , \qquad (7.1.35)$$

wie man der Abb.7.3b direkt entnimmt.

Durch Einsetzen von (7.1.35) in (7.1.27) sieht man, daß die Rotation um den Winkel α um die $\vec{e}_3$ Achse die Gestalt

$$\underline{\underline{R}}(\alpha\vec{e}_3) = \vec{e}_3 \otimes \vec{e}_3 + (\vec{e}_1\otimes\vec{e}_1+\vec{e}_2\otimes\vec{e}_2)\cos\alpha - (\vec{e}_1\otimes\vec{e}_2-\vec{e}_2\otimes\vec{e}_1)\sin\alpha \tag{7.1.36}$$

hat. Das läßt sich auch vollständig durch den Vektor $\vec{e}_3$ ausdrücken wenn man beachtet, daß die Identitäten

$$\vec{e}_1 \otimes \vec{e}_1 + \vec{e}_2 \otimes \vec{e}_2 = \underline{\underline{1}} - \vec{e}_3 \otimes \vec{e}_3$$

und

$$\vec{e}_1 \otimes \vec{e}_2 - \vec{e}_2 \otimes \vec{e}_1 = \sum_{ijk} \varepsilon_{ijk}\, \vec{e}_i \otimes \vec{e}_j \otimes \vec{e}_k \cdot \vec{e}_3$$

$$= \sum_{ij} \varepsilon_{ij3}\, \vec{e}_i \otimes \vec{e}_j = -\sum_{ij} \varepsilon_{i3j}\, \vec{e}_i \otimes \vec{e}_j = -(\underline{\underline{\varepsilon}}\vec{e}_3) \tag{7.1.37}$$

gelten. Die Notation $(\underline{\underline{\varepsilon}}\vec{e}_3)$ besagt, daß $\vec{e}_3$ in den mittleren Index des Tensors $\underline{\underline{\varepsilon}}$ wirkt. Wir finden somit

$$\underline{\underline{R}}(\alpha\vec{e}_3) = \vec{e}_3 \otimes \vec{e}_3 + (\underline{\underline{1}}-\vec{e}_3\otimes\vec{e}_3)\cos\alpha + (\underline{\underline{\varepsilon}}\vec{e}_3)\sin\alpha \quad . \tag{7.1.38}$$

Für eine Drehung um eine beliebige Richtung $\hat{\vec{\alpha}}$ mit dem Drehwinkel α gewinnt man die allgemeine koordinatenfreie Darstellung der Rotation, indem man die Ersetzung

$$\hat{\vec{\alpha}} = \vec{e}_3 \quad , \quad \text{d.h.} \quad (\underline{\underline{\varepsilon}}\hat{\vec{\alpha}}) = \sum_{ijk} (\hat{\vec{\alpha}})_k\, \varepsilon_{ikj}\, \vec{e}_i \otimes \vec{e}_j$$

in dem soeben gewonnenen Ausdruck vornimmt

$$\underline{\underline{R}}(\vec{\alpha}) = \underline{\underline{R}}(\alpha\hat{\vec{\alpha}}) = \hat{\vec{\alpha}} \otimes \hat{\vec{\alpha}} + (\underline{\underline{1}}-\hat{\vec{\alpha}}\otimes\hat{\vec{\alpha}})\cos\alpha + (\underline{\underline{\varepsilon}}\hat{\vec{\alpha}})\sin\alpha \quad . \tag{7.1.39a}$$

Mit Hilfe der Beziehung

$$(\underline{\underline{\varepsilon}}\hat{\vec{\alpha}})^2 = (\underline{\underline{\varepsilon}}\hat{\vec{\alpha}})(\underline{\underline{\varepsilon}}\hat{\vec{\alpha}}) = (\hat{\vec{\alpha}}\otimes\hat{\vec{\alpha}}-1)$$

erhalten wir

$$\underline{\underline{R}}(\vec{\alpha}) = \underline{\underline{1}} + (\underline{\underline{\varepsilon}}\hat{\vec{\alpha}}) \sin\alpha - (\underline{\underline{\varepsilon}}\hat{\vec{\alpha}})^2(\cos\alpha - 1) \quad . \tag{7.1.39b}$$

Diese Darstellung läßt sich wegen der Identitäten

$$(\underline{\underline{\varepsilon}}\hat{\vec{\alpha}})^2 = \hat{\vec{\alpha}} \otimes \hat{\vec{\alpha}} - \underline{\underline{1}} \quad ,$$
$$(\underline{\underline{\varepsilon}}\hat{\vec{\alpha}})^{2n} = (-1)^{n+1}(\hat{\vec{\alpha}}\otimes\hat{\vec{\alpha}} - \underline{\underline{1}}) \quad , \quad n = 1, 2, \ldots$$

und

$$(\underline{\underline{\varepsilon}}\hat{\vec{\alpha}})^{2n+1} = (-1)^{n+1} (\hat{\vec{\alpha}}\otimes\hat{\vec{\alpha}} - 1)(\underline{\underline{\varepsilon}}\hat{\vec{\alpha}}) = (-1)^{n+2} (\underline{\underline{\varepsilon}}\hat{\vec{\alpha}}) \tag{7.1.40}$$

durch die Reihendarstellung von Sinus und Kosinus sofort in die Form einer Exponentialreihe bringen

$$\underline{\underline{R}}(\vec{\alpha}) = \underline{\underline{1}} + \sum_{n=1}^{\infty} \frac{1}{n!} (\underline{\underline{\varepsilon}}\vec{\alpha})^n = \exp(\underline{\underline{\varepsilon}}\vec{\alpha}) \quad . \tag{7.1.41}$$

7.1.3 Zeitabhängige Rotationen

Beschreibt eine Rotation nicht eine Transformation sondern eine zeitabhängige Bewegung, so ist der Drehwinkel $\vec{\alpha}$ eine zeitabhängige Größe

$$\vec{\alpha} = \vec{\alpha}(t) = \alpha(t)\, \hat{\vec{\alpha}}(t) \quad .$$

In diesem Fall wird (7.1.41) ein zeitabhängiger Rotationstensor

$$\underline{\underline{R}}(\vec{\alpha}(t)) = \exp[\underline{\underline{\varepsilon}}\vec{\alpha}(t)] = \exp\{\alpha(t)[\underline{\underline{\varepsilon}}\hat{\vec{\alpha}}(t)]\}$$
$$= \underline{\underline{1}} + [\underline{\underline{\varepsilon}}\hat{\vec{\alpha}}(t)] \sin\alpha(t) - (\underline{\underline{\varepsilon}}\hat{\vec{\alpha}}(t))^2[\cos\alpha(t) - 1] \quad . \tag{7.1.42}$$

Wir werden im Abschnitt 7.2 zeigen, daß diese Drehung, da sie eine Beschleunigung des Ortsvektors enthält, aus einem Inertialsystem nicht wieder in ein Inertialsystem führt. Wir diskutieren sie dennoch an dieser Stelle, weil ein enger mathematischer Zusammenhang mit dem vorhergehenden Abschnitt 7.1.2 besteht.

Für den Fall, daß die Achsenrichtung

$$\hat{\vec{\alpha}}(t) = \hat{\vec{\alpha}}(0) = \hat{\vec{\alpha}} \tag{7.1.43}$$

nicht zeitabhängig ist, läßt sich die Zeitableitung von $\underline{\underline{R}}$ leicht über die Differentiation der Exponentialreihe ausrechnen

$$\frac{d\underline{\underline{R}}(\vec{\alpha}(t))}{dt} = \frac{d}{dt} \exp[\alpha(t)(\underline{\underline{\varepsilon}}\hat{\vec{\alpha}})] = \dot{\alpha}(\underline{\underline{\varepsilon}}\hat{\vec{\alpha}}) \exp[\alpha(t)(\underline{\underline{\varepsilon}}\hat{\vec{\alpha}})]$$

$$= \dot{\alpha}(t)(\underline{\underline{\varepsilon}}\hat{\vec{\alpha}}) \; \underline{\underline{R}}[\vec{\alpha}(t)] \quad . \tag{7.1.44}$$

Für die Zeitableitung eines Vektors $\vec{w}(t)$, der sich aus einem Vektor $\vec{w}_0$ zur Zeit $t = 0$ über eine zeitabhängige Drehung $\underline{\underline{R}}[\vec{\alpha}(t)]$ mit konstanter Achse $\hat{\vec{\alpha}}$ ergibt,

$$\vec{w}(t) = \underline{\underline{R}}[\vec{\alpha}(t)]\vec{w}_0 = \underline{\underline{R}}[\alpha(t)\hat{\vec{\alpha}}]\vec{w}_0 \quad , \tag{7.1.45}$$

gilt

$$\frac{d\vec{w}(t)}{dt} = \frac{d}{dt} \exp[\alpha(t)(\underline{\underline{\varepsilon}}\hat{\vec{\alpha}})]\vec{w}_0 = \dot{\alpha}(t)(\underline{\underline{\varepsilon}}\hat{\vec{\alpha}})\underline{\underline{R}}[\vec{\alpha}(t)]\vec{w}_0 \quad ,$$

d.h.

$$\frac{d\vec{w}(t)}{dt} = \dot{\alpha}(t)[\hat{\vec{\alpha}}\times\vec{w}(t)] \quad . \tag{7.1.46}$$

Die Ableitung $\dot{\vec{w}}$ steht senkrecht auf der Achse $\hat{\vec{\alpha}}$ und $\vec{w}$ selbst.

Für kleine Drehwinkel $\Delta\vec{\alpha} = \hat{\vec{\alpha}}\Delta\alpha$ erhält man wegen $\sin\Delta\alpha \approx \Delta\alpha$ und $\cos\Delta\alpha \approx 1$ (für $\Delta\alpha << 1$)

$$\underline{\underline{R}}(\Delta\vec{\alpha}) = \underline{\underline{1}} + \Delta\alpha \; \underline{\underline{\varepsilon}}\hat{\vec{\alpha}} \quad . \tag{7.1.47}$$

Für eine infinitesimale Drehung eines beliebigen Vektors $\vec{w}$ gilt deshalb

$$\vec{w}' = \underline{\underline{R}}(\Delta\vec{\alpha})\vec{w} = \vec{w} + \Delta\alpha(\underline{\underline{\varepsilon}}\hat{\vec{\alpha}})\vec{w} = \vec{w} + \Delta\alpha(\hat{\vec{\alpha}}\times\vec{w}) = \vec{w} + \Delta\vec{\alpha} \times \vec{w} \quad . \tag{7.1.48a}$$

Falls der Winkel $\Delta\vec{\alpha}$ durch eine Drehbewegung während der Zeit Δt mit der Winkelgeschwindigkeit $\vec{\omega}$ zustande kommt, gilt

$$\Delta\vec{\alpha} = \vec{\omega}\,\Delta t \quad ,$$

und wir erhalten für die totale zeitliche Änderung des Vektors $\vec{w}'(t)$ aus (7.1.47)

$$\frac{\vec{w}'(t+\Delta t)-\vec{w}'(t)}{\Delta t} = \frac{\underline{\underline{R}}(\vec{\omega}\Delta t)\vec{w}(t+\Delta t)-\underline{\underline{R}}(0)\vec{w}(t)}{\Delta t}$$

$$= \frac{\vec{w}(t+\Delta t)-\vec{w}(t)}{\Delta t} + \frac{\Delta t\vec{\omega}\times\vec{w}(t)}{\Delta t} + \text{Glieder höherer Ordnung} \quad .$$

Durch Grenzübergang folgt somit

$$\frac{d\vec{w}'}{dt} = \frac{d(\underline{\underline{R}}\vec{w})}{dt} = \frac{d\vec{w}}{dt} + \vec{\omega} \times \vec{w} \quad . \tag{7.1.48b}$$

Die totale zeitliche Änderung des Vektors $\vec{w}'$ setzt sich also aus der zeitlichen Änderung $d\vec{w}/dt$ des Vektors $\vec{w}$ und der durch die Drehung $(\vec{\omega}\times\vec{w})$ des Vektors $\vec{w}$ mit der Winkelgeschwindigkeit $\vec{\omega}$ zusammen.

Wendet man die infinitesimale Rotation (7.1.48a) auf die Basisvektoren eines Koordinatensystems

$$\vec{e}_i'(\Delta t) = \underline{\underline{R}}(\vec{\omega}\Delta t)\vec{e}_i$$

an, dessen Zeitabhängigkeit allein durch die Drehung zustande kommt, so gilt $[\vec{e}_i'(0)=\vec{e}_i]$ wegen $d\vec{e}_i/dt = 0$

$$\frac{\vec{e}_i'(\Delta t)-\vec{e}_i'(0)}{\Delta t} = \frac{\Delta t\vec{\omega}\times\vec{e}_i'(t)}{\Delta t} \quad , \tag{7.1.49a}$$

d.h.

$$\frac{d\vec{e}_i'}{dt}(0) = \vec{\omega} \times \vec{e}_i = \vec{\omega} \times \vec{e}_i'(0) \quad .$$

Der Zeitpunkt $t = 0$ war beliebig gewählt, so daß ganz allgemein für den Zusammenhang der Ableitung der zeitabhängigen Basisvektoren $\dot{\vec{e}}_i'(t)$ mit den Vektoren $\vec{e}_i'(t)$

$$\dot{\vec{e}}_i'(t) = \frac{d\vec{e}_i'}{dt}(t) = \vec{\omega}(t) \times \vec{e}_i'(t) \tag{7.1.49b}$$

gilt. Da jede Transformation zwischen zwei rechtshändigen Koordinatensystemen $\vec{e}_i$ und $\vec{e}_i'(t)$ eine Rotation ist - vgl.(7.1.15) - gilt die Beziehung (7.1.49b) allgemein mit einer zeitabhängigen Winkelgeschwindigkeit $\vec{\omega}(t)$. Wir bezeichnen die Richtung der Winkelgeschwindigkeit als momentane Drehachse. Die Bedeutung von (7.1.49b) wird durch Abb.7.4 veranschaulicht.

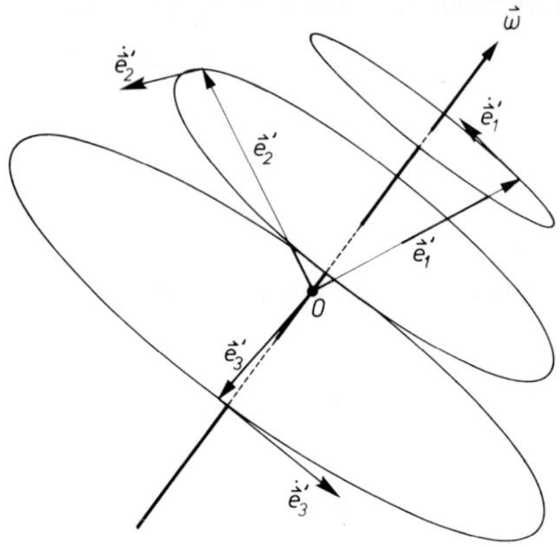

Abb. 7.4. Zeitableitung der Basisvektoren und momentane Drehachse

7.1.4 Spiegelungen

Als Rotationen hatten wir beliebige orthogonale Transformationen von einem Rechtssystem in ein anderes Rechtssystem kennengelernt. Die einfachste Transformation, die ein Rechtssystem in ein Linkssystem umwandelt, ist die Spiegelung am Koordinatenursprung. Sie kehrt die Richtung aller Vektoren, insbesondere auch der Basisvektoren um (Abb.7.5). Der Tensor $\underline{\underline{S}}$, der diese Abbildung vermittelt, ist das Negative des Einheitstensors

$$\underline{\underline{S}} = -\underline{\underline{1}} \quad . \tag{7.1.50}$$

Es gilt

$$\vec{e}_i{}' = \underline{\underline{S}}\vec{e}_i = -\vec{e}_i \tag{7.1.51}$$

und für den Ortsvektor

$$\vec{r}\,' = \underline{\underline{S}}\vec{r} = -\vec{r} \quad .$$

Das System der Vektoren $\vec{e}_i{}' = -\vec{e}_i$ ist ein Linkssystem, da wir statt der Beziehung (2.3.18c),

$$\vec{e}_k \times \vec{e}_\ell = \sum_{m=1}^{3} \epsilon_{k\ell m}\,\vec{e}_m \quad , \tag{7.1.52}$$

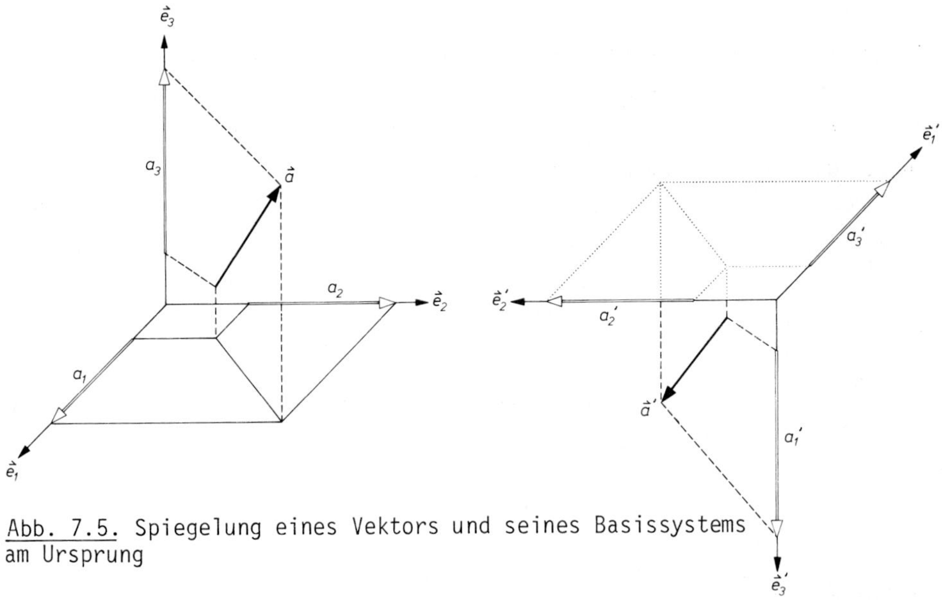

Abb. 7.5. Spiegelung eines Vektors und seines Basissystems am Ursprung

die für das ursprüngliche rechtshändige Basissystem gilt, jetzt

$$\vec{e}_k' \times \vec{e}_\ell' = -\sum_{m=1}^{3} \varepsilon_{k\ell m} \vec{e}_m' = \sum_{m=1}^{3} \varepsilon_{\ell k m} \vec{e}_m' \tag{7.1.53}$$

haben.

Es läßt sich zeigen, daß die allgemeinste orthogonale, d.h. längenerhaltende Tranformation $\underline{\underline{O}}$ das Produkt aus einer Rotation und einer Spiegelung ist

$$\underline{\underline{O}} = \underline{\underline{R}}\,\underline{\underline{S}} = \underline{\underline{S}}\,\underline{\underline{R}} \quad . \tag{7.1.54}$$

Spezielle orthogonale Transformationen wie die Spiegelungen an einer Fläche lassen sich somit als Produkt der Spiegelung am Koordinatenursprung und einer geeignet gewählten Rotation darstellen.

7.1.5 Galilei-Transformationen

Die einzige zeitabhängige Transformation, die die Newtonsche Bewegungsgleichung unverändert läßt, ist die Galilei-Transformation

$$\vec{r}\,' = \vec{r} + \vec{v}t \quad . \tag{7.1.55}$$

Sie beschreibt eine zeitlich gleichförmige Translation, die als geradlinig gleichförmige Bewegung aller Punkte mit der konstanten Geschwindigkeit $\vec{v}$ oder als Bewegung des Koordinatensystems mit der Geschwindigkeit $-\vec{v}$ aufgefaßt werden kann (Abb.7.6). Die Eigenschaften der einfachsten physikalischen Grössen unter Galilei-Transformationen sind

$$\dot{\vec{r}}' = \dot{\vec{r}} + \vec{v} \quad , \tag{7.1.56}$$

$$\vec{p}' = m\dot{\vec{r}}' = m\dot{\vec{r}} + m\vec{v} = \vec{p} + m\vec{v} \quad , \tag{7.1.57}$$

$$\ddot{\vec{r}}' = \ddot{\vec{r}} \quad . \tag{7.1.58}$$

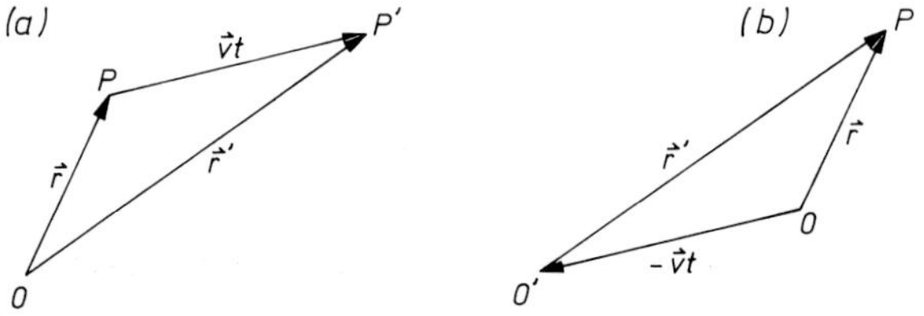

Abb. 7.6. Galilei-Transformation des Punktes P (a) bzw. des Koordinatenursprungs (b)

Für translationsinvariante Kräfte

$$\vec{F}_i' = \vec{F}_i(\vec{r}_1', \ldots, \vec{r}_N') = \vec{F}_i(\vec{r}_1, \ldots, \vec{r}_N) = \vec{F}_i \tag{7.1.59}$$

gelten die Newtonschen Bewegungsgleichungen auch nach der Galilei-Transformation

$$m_i \ddot{\vec{r}}_i' = \vec{F}_i' \quad , \quad (i=1,\ldots,N) \quad . \tag{7.1.60}$$

Da die Bewegungsgleichungen in allen Systemen, die aus einem Inertialsystem durch Galilei-Transformation hervorgehen, die gleiche Gestalt haben, sind Inertialsysteme prinzipiell ununterscheidbar. Insbesondere ist der Zustand der Ruhe von dem der geradlinig gleichförmigen Bewegung eines abgeschlossenen Systems physikalisch nicht unterscheidbar.

7.2 Klassifikation physikalischer Größen unter Rotationen

7.2.1 Skalare

Eine physikalische Größe $s(\vec{w})$, die bei Rotation des Vektors $\vec{w}$ nach $\vec{w}' = \underline{\underline{R}}\vec{w}$ ungeändert bleibt

$$s(\vec{w}') = s(\underline{\underline{R}}\vec{w}) = s(\vec{w}) \quad , \tag{7.2.1}$$

heißt *Skalar* oder *Invariante*.

Die einfachste Invariante, die man aus einem Vektor bilden kann, ist sein Betrag. Es ist offensichtlich, daß eine skalare Größe $s(\vec{w})$, die nur von einem Vektor abhängt, nur eine Funktion seines Betrages w sein kann

$$s(\vec{w}) = f(w) \quad . \tag{7.2.2}$$

Beispiele für Skalare sind die Zeit, das Potential des Zentralkraftfeldes und die kinetische Energie.

Für skalare Größen, die von mehreren Vektoren abhängen, gilt als entsprechende Definition

$$s(\vec{w}_1',\ldots\vec{w}_N') = s(\underline{\underline{R}}\vec{w}_1,\ldots,\underline{\underline{R}}\vec{w}_N) = s(\vec{w}_1,\ldots,\vec{w}_N) \quad . \tag{7.2.3}$$

Wie man aus Gleichung (7.1.26) entnimmt, ist die einfachste skalare Funktion zweier Vektoren $\vec{w}_1$, $\vec{w}_2$ ihr Skalarprodukt

$$\vec{w}_1' \cdot \vec{w}_2' = (\underline{\underline{R}}\vec{w}_1) \cdot (\underline{\underline{R}}\vec{w}_2) = \vec{w}_1 \cdot \vec{w}_2 \quad . \tag{7.2.4}$$

Allgemein gilt für eine skalare Größe, die von zwei Vektorvariablen abhängt, daß nur die Skalarprodukte der Vektoren als Argumente auftreten können

$$s(\vec{w}_1,\vec{w}_2) = f(\vec{w}_1^{\,2},\vec{w}_2^{\,2},\vec{w}_1\cdot\vec{w}_2) \quad . \tag{7.2.5}$$

Ein Beispiel ist das Potential eines Massenpunktes im Feld eines anderen.

7.2.2 Vektoren

Skalare änderten sich bei Rotationen nicht, sie hießen deshalb auch Invariante. *Vektoren* $\vec{V}(\vec{w})$ sind Größen, die sich bei Rotationen wie der Ortsvektor selbst transformieren

$$\vec{V}(\vec{w}') = \vec{V}(\underline{\underline{R}}\vec{w}) = \underline{\underline{R}}\vec{V}(\vec{w}) \quad . \tag{7.2.6}$$

Die einfachste physikalische Vektorgröße ist der *Ortsvektor*. Alle aus ihm durch zeitliche Differentiationen abgeleiteten Größen, wie Geschwindigkeit, Impuls, Beschleunigung, sind Vektoren unter Rotationen. Als Beispiel betrachten wir die Gravitationskraft (4.8.15)

$$\vec{V}(\vec{r}) = -\gamma \frac{m_1 m_2}{r^3} \vec{r} \quad .$$

Es gilt

$$\vec{V}(\vec{r}') = -\gamma \frac{m_1 m_2}{r'^3} \vec{r}' = -\gamma \frac{m_1 m_2}{r^3} \underline{\underline{R}}\vec{r} = \underline{\underline{R}}\left(-\gamma \frac{m_1 m_2}{r^3}\vec{r}\right) = R\vec{V}(\vec{r}) \quad . \tag{7.2.7}$$

Ein konstanter Vektor $\vec{a}$, der nicht vom Ort $\vec{r}$ abhängt, ist kein Vektor unter Rotationen. Es gilt nämlich

$$\vec{a} = \vec{V}(\vec{r}') = \vec{V}(\vec{r}) \neq \underline{\underline{R}}\vec{V}(\vec{r}) = \underline{\underline{R}}\vec{a} \quad . \tag{7.2.8}$$

Ein Beispiel ist der Vektor $\vec{g}$ der Erdbeschleunigung im homogenen Schwerefeld. Immer dann, wenn die Erdbeschleunigung ein Experiment beeinflußt, ist der Apparat kein abgeschlossenes System, das einfach relativ zur Erde gedreht werden könnte. Nur wenn die Erde selbst um den Ursprung des Bezugssystems mitgedreht wird, ist auch die Erdbeschleunigung ein Vektor unter Rotationen.

Jede Vektorfunktion, die nur von einem Vektor abhängt, muß parallel zu diesem Vektor sein

$$\vec{V}(\vec{w}) = |\vec{V}(\vec{w})|\hat{\vec{w}} \quad . \tag{7.2.9}$$

Dabei ist $|\vec{V}(\vec{w})|$ als Betrag eines Vektors eine $\vec{w}$-abhängige skalare Funktion, die also nur vom Betrag w von $\vec{w}$ abhängen kann

$$\vec{V}(\vec{w}) = f(w)\hat{\vec{w}} \quad , \quad \text{mit} \quad f(w) = |\vec{V}(\vec{w})| \quad . \tag{7.2.10}$$

Für vektorielle Größen, die von mehreren Variablen abhängen, gilt analog

$$\vec{V}(\vec{w}_1', \ldots, \vec{w}_N') = \vec{V}(\underline{\underline{R}}\vec{w}_1, \ldots, \underline{\underline{R}}\vec{w}_N) = \underline{\underline{R}}\vec{V}(\vec{w}_1, \ldots, \vec{w}_N) \quad . \tag{7.2.11}$$

Ein Beispiel für eine Vektorgröße, die von zwei Vektorvariablen abhängt, ist der Drehimpuls eines Massenpunktes. Er verhält sich unter Rotationen wie ein Vektor, denn

$$\vec{L}(\vec{r}\,',\vec{p}\,') = \vec{r}\,' \times \vec{p}\,' = (\underline{\underline{R}}\vec{r}) \times (\underline{\underline{R}}\vec{p}) = \sum_{\ell,k=1}^{3} r_\ell\, p_k\, \vec{e}\,'_\ell \times \vec{e}\,'_k$$

$$= \sum_{\ell km} \varepsilon_{\ell km}\, r_\ell\, p_k\, \vec{e}\,'_m = \underline{\underline{R}}\sum_{\ell km} \varepsilon_{\ell km}\, r_\ell\, p_k\, \vec{e}_m = \underline{\underline{R}}\vec{L}(\vec{r},\vec{p}) \quad . \tag{7.2.12}$$

7.2.3 Tensoren

Eine physikalische Größe heißt *Tensor* unter Rotationen, wenn sie sich wie das dyadische Produkt des Ortsvektors mit sich selbst transformiert. Wir schreiben zunächst die Transformation der Dyade $\vec{r}\otimes\vec{r}$ an

$$\vec{r}\,' \otimes \vec{r}\,' = (\underline{\underline{R}}\vec{r}) \otimes (\underline{\underline{R}}\vec{r}) =: \underline{\underline{R}} \otimes \underline{\underline{R}}(\vec{r}\otimes\vec{r}) \quad . \tag{7.2.13}$$

Für einen allgemeinen Tensor zweiter Stufe $\underline{\underline{A}} = \sum_{k\ell} A_{k\ell}\, \vec{e}_k \otimes \vec{e}_\ell$ definieren wir die Operation $\underline{\underline{R}}\otimes\underline{\underline{R}}$ durch

$$\underline{\underline{R}} \otimes \underline{\underline{R}}\underline{\underline{A}} = \underline{\underline{R}} \otimes \underline{\underline{R}} \sum_{k,\ell=1}^{3} A_{k\ell}\, \vec{e}_k \otimes \vec{e}_\ell = \sum_{k\ell} A_{k\ell}\, (\underline{\underline{R}}\vec{e}_k) \otimes (\underline{\underline{R}}\vec{e}_\ell)$$

$$= \sum_{k,\ell=1}^{3} A_{k\ell}\, \vec{e}\,'_k \otimes \vec{e}\,'_\ell \quad . \tag{7.2.14}$$

Somit lautet die Definition für einen Tensor zweiter Stufe unter Rotationen

$$\underline{\underline{A}}' = \underline{\underline{A}}(\vec{w}\,'_1,\ldots,\vec{w}\,'_N) = \underline{\underline{A}}(\underline{\underline{R}}\vec{w}_1,\ldots,\underline{\underline{R}}\vec{w}_N) = \underline{\underline{R}} \otimes \underline{\underline{R}}\; \underline{\underline{A}}(\vec{w}_1,\ldots,\vec{w}_N) \quad . \tag{7.2.15}$$

Der Einheitstensor ist das einfachste Beispiel für einen Tensor unter Rotationen

$$\underline{\underline{1}}' = \sum_{k,\ell=1}^{3} \delta_{k\ell}\, \vec{e}\,'_k \otimes \vec{e}\,'_\ell = \sum_{k,\ell=1}^{3} \delta_{k\ell}\, (\underline{\underline{R}}\vec{e}_k) \otimes (\underline{\underline{R}}\vec{e}_\ell)$$

$$= \underline{\underline{R}} \otimes \underline{\underline{R}} \sum_{k,\ell=1}^{3} \delta_{k\ell}\, \vec{e}_k \otimes \vec{e}_\ell = \underline{\underline{R}} \otimes \underline{\underline{R}}\; \underline{\underline{1}} \quad . \tag{7.2.16}$$

Da $\underline{\underline{1}}'$ wie $\underline{\underline{1}}$ die identische Abbildung vermittelt, gilt überdies $\underline{\underline{1}}' = \underline{\underline{1}}$.

7.3 Klassifikation physikalischer Größen unter Spiegelungen

Die Klassifikation der physikalischen Größen verfeinern wir nun durch Untersuchung ihres Verhaltens bei *Spiegelungen*.

I) Skalare

Die Bezeichnung *Skalar* halten wir für Rotationskalare bei, die bei Spiegelungen unverändert bleiben, d.h.

$$s(\vec{w}_1',\ldots,\vec{w}_N') = s(\underline{\underline{S}}\vec{w}_1,\ldots,\underline{\underline{S}}\vec{w}_N) = s(\vec{w}_1,\ldots,\vec{w}_N) \qquad (7.3.1)$$

Beispiel: Skalarprodukt zweier Ortsvektoren

$$\vec{r}_1' \cdot \vec{r}_2' = (\underline{\underline{S}}\vec{r}_1) \cdot (\underline{\underline{S}}\vec{r}_2) = (-\vec{r}_1) \cdot (-\vec{r}_2) = \vec{r}_1 \cdot \vec{r}_2$$

II) Pseudoskalare

Für Rotationsskalare, die unter Spiegelungen ihr Vorzeichen ändern, wählen wir die Bezeichnung *Pseudoskalare*

$$p(\vec{w}_1',\ldots,\vec{w}_N') = p(\underline{\underline{S}}\vec{w}_1,\ldots,\underline{\underline{S}}\vec{w}_N) = -p(\vec{w}_1,\ldots,\vec{w}_N) \quad . \qquad (7.3.2)$$

Beispiel: Spatprodukt

$$\vec{r}_1' \cdot [\vec{r}_2' \times \vec{r}_3'] = (\underline{\underline{S}}\vec{r}_1) \cdot [(\underline{\underline{S}}\vec{r}_2) \times (\underline{\underline{S}}\vec{r}_3)] = -\vec{r}_1 \cdot [\vec{r}_2 \times \vec{r}_3] \quad .$$

III) Vektoren

Die Bezeichnung *Vektor* wird beibehalten für vektorielle Größen, die wie der Ortsvektor unter Spiegelung ihr Vorzeichen wechseln, d.h.

$$\vec{V}(\vec{w}_1',\ldots,\vec{w}_N') = \vec{V}(\underline{\underline{S}}\vec{w}_1,\ldots,\underline{\underline{S}}\vec{w}_N) = -\vec{V}(\vec{w}_1,\ldots,\vec{w}_N) \quad . \qquad (7.3.3)$$

Beispiel: Impulsvektor

$$\vec{p}\,' = \frac{d}{dt}\vec{r}\,' = \frac{d}{dt}\underline{\underline{S}}\vec{r} = -\frac{d}{dt}\vec{r} = -\vec{p} \quad .$$

IV) Pseudovektoren oder Axialvektoren

Für vektorielle Größen, die unter Spiegelungen ihr Vorzeichen nicht ändern, führen wir die Bezeichnung *Pseudovektoren* oder *Axialvektoren* ein (Abb.7.7)

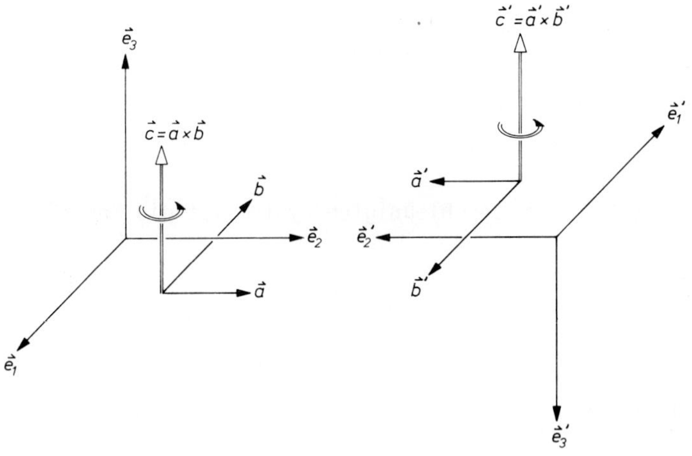

Abb. 7.7. Spiegelung zweier Vektoren ($\vec{a}$ und $\vec{b}$) und eines Axialvektors ($\vec{c}=\vec{a}\times\vec{b}$) am Ursprung

$$\vec{A}(\vec{w}_1',\ldots,\vec{w}_N') = \vec{A}(\underline{\underline{S}}\vec{w}_1,\ldots,\underline{\underline{S}}\vec{w}_N) = \vec{A}(\vec{w}_1,\ldots,\vec{w}_N) \quad . \tag{7.3.4}$$

Beispiel: Drehimpuls

$$\vec{L}' = \vec{r}\,' \times \vec{p}\,' = (\underline{\underline{S}}\vec{r}) \times (\underline{\underline{S}}\vec{p}) = (-\vec{r}) \times (-\vec{p}) = \vec{r} \times \vec{p} = \vec{L} \quad .$$

7.4 Nichtinertialsysteme

Wir haben im Abschnitt 7.1 diejenigen Transformationen behandelt, die nicht aus der Klasse der Inertialsysteme herausführen. Ihr wesentliches Merkmal ist, daß sie nur zeitunabhängige und in der Zeit lineare Terme enthalten dürfen. Wir hatten festgestellt, daß Geschwindigkeiten stets nur relativ zu einem anderen Bezugssystem, nicht aber absolut gemessen werden können. Wir beschränken uns auf zwei Typen von Nichtinertialsystemen, geradlinig beschleunigte und gleichförmig rotierende.

7.4.1 Geradlinig beschleunigte Systeme

Den Übergang von einem Inertialsystem zu einem geradlinig beschleunigten System leistet die Transformation

$$\vec{r}\,'(t) = \vec{r}(t) + \vec{b}(t) \quad , \tag{7.4.1}$$

wobei $\vec{b}(t)$ nichtlinear von der Zeit abhängt.

Im Inertialsystem gilt die Newtonsche Bewegungsgleichung

$$m\ddot{\vec{r}} = \vec{F}_e(\vec{r}) \quad .$$

mit der *"eingeprägten Kraft"* $\vec{F}_e$. Im beschleunigten System ist die Beschleunigung des Massenpunktes

$$\ddot{\vec{r}}'(t) = \ddot{\vec{r}}(t) + \ddot{\vec{b}}(t) \quad . \tag{7.4.2}$$

Damit gilt als Bewegungsgleichung

$$m\ddot{\vec{r}}' = \vec{F}_e(\vec{r}'-\vec{b}) + m\ddot{\vec{b}} \quad . \tag{7.4.3}$$

Man kann diese Beziehung in die Form

$$m\ddot{\vec{r}}' = \vec{F}'(\vec{r}') = \vec{F}_e(\vec{r}'-\vec{b}) + \vec{F}_s = \vec{F}_e'(\vec{r}') + \vec{F}_s \tag{7.4.4}$$

bringen, wobei allerdings die Beschleunigung nicht nur von den eingeprägten Kräften $\vec{F}_e$ herrührt, sondern auch von der zusätzlichen *Scheinkraft*

$$\vec{F}_s = m\ddot{\vec{b}} \quad . \tag{7.4.5}$$

Die Einführung dieser Scheinkräfte ist nötig, wenn man auch in beschleunigten Bezugssystemen die physikalischen Vorgänge durch die Newtonsche Bewegungsgleichung beschreiben will.

7.4.2 Gleichförmig rotierendes Bezugssystem. Zentrifugalkraft, Corioliskraft

In einem rotierenden Bezugssystem wird

$$\vec{r}'(t) = \underline{\underline{R}}(t)\,\vec{r}(t) \quad . \tag{7.4.6}$$

Dabei vermittelt der Tensor $\underline{\underline{R}}(t)$ die Transformation vom Inertialsystem $\vec{e}_\ell$ ($\ell=1,2,3$) in das rotierende System $\vec{e}_\ell'(t)$

$$\underline{\underline{R}}(t) = \sum_{\ell=1}^{3} \vec{e}_\ell'(t) \otimes \vec{e}_\ell \;, \tag{7.4.7}$$

so daß wir den Zusammenhang

$$\vec{r}\,'(t) = \sum_{\ell=1}^{3} r_\ell(t)\,\vec{e}_\ell{}'(t) \tag{7.4.8}$$

haben - vgl.(7.1.18). Für die Berechnung der zeitlichen Ableitungen des Ortsvektors im rotierenden System benötigen wir die Zeitableitungen der Basisvektoren dieses Systems. Sie wurden bereits im Abschnitt 7.1.2 berechnet - vgl. (7.1.49b) -

$$\dot{\vec{e}}_\ell{}'(t) = \vec{\omega} \times \vec{e}_\ell{}'(t) \quad , \quad (\ell=1,2,3) \quad . \tag{7.4.9}$$

Dabei war $\vec{\omega}$ die Winkelgeschwindigkeit der Rotation.

Die Geschwindigkeit im rotierenden System ist dann

$$\begin{aligned}\vec{v}\,'(t) = \dot{\vec{r}}\,'(t) &= \sum_{\ell=1}^{3} (\dot{\vec{e}}_\ell{}'\otimes\vec{e}_\ell\,\vec{r}+\vec{e}_\ell{}'\otimes\vec{e}_\ell\,\dot{\vec{r}}) \\ &= \sum_{\ell=1}^{3} (\vec{\omega}\times\vec{e}_\ell{}'\otimes\vec{e}_\ell\,\vec{r}+\vec{e}_\ell{}'\otimes\vec{e}_\ell\,\dot{\vec{r}}) = \vec{\omega} \times (\underline{\underline{R}}\vec{r}) + \underline{\underline{R}}\vec{v} \\ &= \vec{\omega} \times \vec{r}\,' + \vec{v}_{rel} = \vec{v}_{rot} + \vec{v}_{rel} \quad .\end{aligned} \tag{7.4.10}$$

Dabei ist

$$\vec{v}_{rel} = \underline{\underline{R}}\vec{v} = \sum_{\ell=1}^{3} v_\ell\,\vec{e}_\ell{}' \tag{7.4.11}$$

die Geschwindigkeit des Massenpunktes relativ zum rotierenden Bezugssystem und

$$\vec{v}_{rot} = \vec{\omega} \times \vec{r}\,' \tag{7.4.12}$$

die Rotationsgeschwindigkeit aufgrund der Drehung des Systems. Entsprechend erhält man die Beschleunigung

$$\begin{aligned}\vec{a}\,'(t) = \dot{\vec{v}}\,'(t) &= \vec{\omega} \times \dot{\vec{r}}\,' + \sum_{\ell=1}^{3} \vec{\omega} \times \vec{e}_\ell{}' \otimes \vec{e}_\ell\,\vec{v} + \underline{\underline{R}}\dot{\vec{v}} \\ &= \vec{\omega} \times (\vec{\omega}\times\vec{r}\,') + 2\vec{\omega} \times \vec{v}_{rel} + \vec{a}_{rel} = \vec{a}_{rel} - \vec{a}_c - \vec{a}_z \quad .\end{aligned} \tag{7.4.13}$$

Der erste Term in dieser Gleichung beschreibt die Beschleunigung

$$\vec{a}_{rel} = \dot{\underline{\underline{R}}\vec{v}} = \underline{\underline{R}}\vec{a} = \sum_{\ell=1}^{3} \ddot{r}_{\ell}\, \vec{e}_{\ell}'(t) \tag{7.4.14}$$

relativ zum rotierenden Basissystem $\vec{e}_{\ell}'$, $\ell = 1,2,3$.

Der dritte Term ist eine *Zentrifugalbeschleunigung*, die senkrecht zur Drehachse $\hat{\vec{\omega}}$ steht. Zerlegen wir den Ortsvektor $\vec{r}'$ in einen Anteil $\vec{r}_{\parallel}'$ in Richtung der Drehachse und einen senkrecht dazu, $\vec{r}_{\perp}'$,

$$\vec{r}' = \vec{r}_{\parallel}' + \vec{r}_{\perp}' \quad ,$$

so nimmt die Zentrifugalbeschleunigung $\vec{a}_Z$ die Form

$$\vec{a}_Z = -\vec{\omega} \times (\vec{\omega}\times\vec{r}') = -\vec{\omega} \times [\vec{\omega}\times(\vec{r}_{\parallel}'+\vec{r}_{\perp}')] = -\vec{\omega} \times (\vec{\omega}\times\vec{r}_{\perp}') = +\omega^2\, \vec{r}_{\perp}'$$

an. Sie ist proportional zum Quadrat der Winkelgeschwindigkeit und dem Abstand von der Drehachse. Ihre Richtung ist entgegengesetzt zu der des Lotes auf die Drehachse (Abb.7.8).

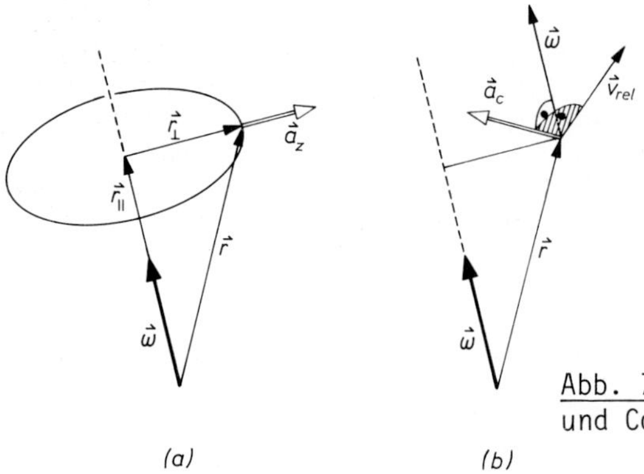

Abb. 7.8. Zentrifugalbeschleunigung (a) und Coriolisbeschleunigung (b)

Der mittlere Term ist bis auf das Vorzeichen die *Coriolisbeschleunigung*. Zerlegt man die Geschwindigkeit wieder in zwei Anteile parallel bzw. senkrecht zur Achse $\vec{\omega}$

$$\vec{v}_{rel} = \vec{v}_{\parallel} + \vec{v}_{\perp}$$

so gilt

$$\vec{a}_C = 2\vec{v}_{\perp} \times \vec{\omega} \quad .$$

Die Coriolisbeschleunigung ist proportional zur Geschwindigkeit $\vec{v}_\perp$ und zur Winkelgeschwindigkeit und steht senkrecht auf beiden (Abb.7.8).

Als Bewegungsgleichung haben wir jetzt

$$\vec{F}' = m\vec{a}'(t) = \underline{\underline{R}}\vec{F}_e - \vec{F}_c - \vec{F}_z = \vec{F}'_e - \vec{F}_c - \vec{F}_z \qquad (7.4.15)$$

im rotierenden System. Dabei ist $\vec{F}'_e = \underline{\underline{R}}\vec{F}_e$ die eingeprägte Kraft, $\vec{F}_c$ die Corioliskraft

$$\vec{F}_c = m\vec{a}_c = 2m\,\vec{v}_\perp \times \vec{\omega} \quad , \qquad (7.4.16)$$

und $\vec{F}_z$ die Zentrifugalkraft

$$\vec{F}_z = m\vec{a}_z = m\,\omega^2\,\vec{r}'_\perp \quad . \qquad (7.4.17)$$

Corioliskraft und Zentrifugalkraft heißen wiederum Scheinkräfte.

Experiment 7.1. Nachweis der Zentrifugalkraft

Auf einer Scheibe, die mit der Winkelgeschwindigkeit ω um ihre Achse rotieren kann, ist in radialer Richtung ein Draht gespannt, auf dem ein Körper der Masse m gleiten kann. Er ist über eine Federwaage sehr viel geringerer Masse mit dem Zentrum der Scheibe verbunden. Wird die Scheibe in gleichförmige Rotation versetzt, so tritt eine Zentrifugalkraft auf, die zunächst die Federwaage in Schwingungen versetzt. Nach einiger Zeit sind jedoch die Schwingungen durch Dämpfung abgeklungen. Es bleibt eine Auslenkung der Federwaage. Sie zeigt an, daß auf den Körper eine nach außen gerichtete Kraft wirkt, die durch die nach innen gerichtete Kraft der Federwaage kompensiert wird (Abb.7.9).

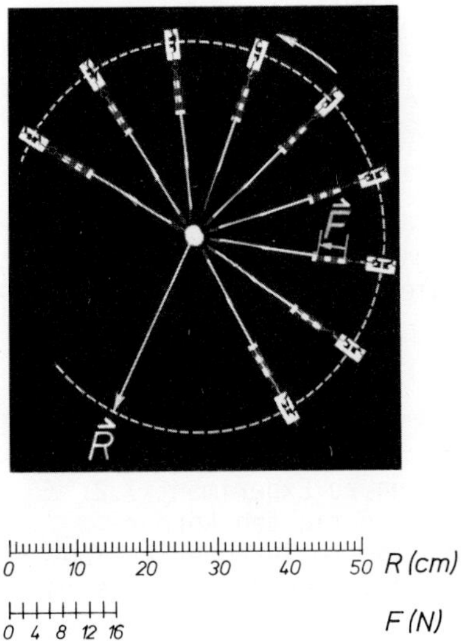

Abb.7.9. Nachweis der Zentrifugalkraft. Ein Körper der Masse m = 0,14 kg kann auf einem radial über einer Scheibe gespannten Draht gleiten. Er ist über eine leichte Federwaage mit der Achse der Scheibe verbunden. Die Abbildung zeigt eine Stroboskopaufnahme der rotierenden Scheibe (Blitzabstand Δt = 0.05 s). Die auf den Körper wirkende Zentrifugalkraft kann direkt an der Federwaage abgelesen werden (1 Skaleneinheit ≙ 1N)

Diese Kraft kann an der Federwaage abgelesen und systematisch als Funktion von m, ω und $\vec{r}$ gemessen werden. Man erhält $\vec{F} = -m\omega^2\vec{r}$. Dasselbe Ergebnis liefert (7.4.15). Im bewegten System ist der Körper in Ruhe. Es ist $\vec{v}_{rel} = 0$ und damit $\vec{F}_C = 0$. Ebenso ist $\vec{a}_{rel} = 0$. Damit nimmt (7.4.15) die einfache Form

$$0 = \vec{F} + \vec{F}_Z$$

an. Hier ist $\vec{F}$ die von der Federwaage ausgeübte rücktreibende Kraft und $\vec{F}_Z$ die Zentrifugalkraft. Da der Ortsvektor des Körpers parallel zur Scheibe, also senkrecht zur Achse steht, ist $\vec{r} = \vec{r}_\perp$, also $\vec{F}_Z = m\omega^2\vec{r}$. Die Federwaage übt daher die Kraft

$$\vec{F} = -m\omega^2\vec{r}$$

aus.

Experiment 7.2. Beobachtung eines ruhenden Punktes durch einen rotierenden Beobachter

Wie im Experiment 7.1 benutzen wir eine mit der Winkelgeschwindigkeit ω gleichmäßig rotierende Scheibe. Sie ist mit Papier bespannt. An einem Punkt mit dem Ortsvektor $\vec{r}$ im ruhenden System ist ein Körper der Masse m angebracht. Es handelt sich um den Körper eines "schreibenden Pendels", aus dem gleichmäßig etwas Tinte auf das Papier fließt (Abb.7.10). So wird die Bahn des Körpers im rotierenden System aufgezeichnet. Im rotierenden System beschreibt der Körper eine Kreisbahn mit der Winkelgeschwindigkeit ω. Das ist nach (3.2.9) nur möglich, wenn er eine Zentripetalbeschleunigung

$$\vec{a} = -\omega^2\vec{r}$$

erfährt. Dieses Ergebnis liefert auch die Beziehung (7.4.15). Da keine eingeprägte Kraft auf den Körper wirkt, ist

$$m\vec{a}_{rel} = \vec{F}_C + \vec{F}_Z = 2m\vec{v}_\perp \times \vec{\omega} + m\omega^2\vec{r}'_\perp \quad .$$

In unserer Anordnung ist $\vec{r}'_\perp = \vec{r}'$, $\vec{v}_\perp = \vec{v} = \vec{r} \times \vec{\omega}$, also

$$m\vec{a}_{rel} = 2m(\vec{r}'\times\vec{\omega}) \times \vec{\omega} + m\omega^2\vec{r}'$$

oder

$$\vec{a}_{rel} = -2\omega^2\vec{r} + \omega^2\vec{r} = -\omega^2\vec{r} \quad .$$

Die Coriolisbeschleunigung ist hier der Zentrifugalbeschleunigung entgegengerichtet und hat den doppelten Betrag, so daß die notwendige Zentripetalbeschleunigung resultiert.

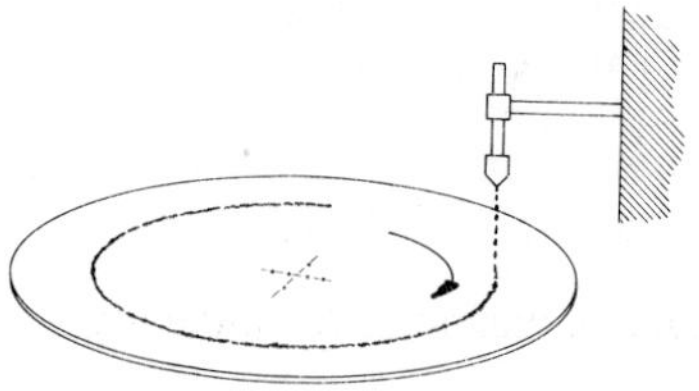

Abb. 7.10. Anordnung zu Experiment 7.2. Aus einem ortsfest montierten Körper fließt Tinte auf eine rotierende Scheibe und "schreibt" so die Bahn des Körpers im rotierenden System

Experiment 7.3. Bewegung eines Pendels im rotierenden Bezugssystem

Wir benutzen die gleiche papierbespannte rotierende Scheibe wie im Experiment 7.2. Über der Achse der Scheibe befestigen wir an einem unabhängig von der Scheibe aufgestellten Stativ ein Pendel, aus dessen Pendelkörper gleichmäßig etwas Tinte auf das Papier fließt (Abb.7.11a). Im ruhenden Bezugssystem bewegt sich der Pendelkörper auf einem Geradenabschnitt. Im rotierenden Bezugssystem hat seine Bahn Rosettenform, die von dem "schreibenden Pendel" auf das Papier gezeichnet wird (Abb.7.11b). Bildet der Pendelfaden einen Winkel φ mit der Vertikalen, so wirkt die rücktreibende Kraft $\vec{F} = -mg\, \vec{e}_\varphi \sin\varphi$. Wir beschreiben das Pendel durch die Projektion des Ortes des Pendelkörpers auf die Schreibebene. Den in dieser Ebene liegenden Ortsvektor der Projektion bezeichnen wir mit $\vec{r}$. Für kleine Auslenkungen gilt $\sin\varphi \approx \varphi \approx r/\ell$ und $\vec{e}_\varphi \approx \hat{r}$. Im raumfesten System wirkt nur die Kraft $\vec{F} = -m(g/\ell)\vec{r}$. Im rotierenden System gilt dann

$$m\ddot{\vec{r}}\,' = -m\frac{g}{\ell}\vec{r}\,' + m\omega^2\vec{r}\,' + 2m\dot{\vec{r}}\,' \times \vec{\omega} \quad .$$

Aus dieser Bewegungsgleichung läßt sich die Gleichung der rosettenförmigen Bahn - einer Hypozykloide - vollständig herleiten. Wir beschränken uns hier auf eine qualitative Diskussion und konzentrieren uns dabei auf die Wirkung der Corioliskraft $\vec{F}_C = 2m\dot{\vec{r}}\,'\times\vec{\omega}$. Die Geschwindigkeit $\dot{\vec{r}}\,'$ kann in zwei Anteile $\dot{\vec{r}}\,'_\parallel$ bzw. $\dot{\vec{r}}\,'_\perp$ parallel bzw. senkrecht zum Ortsvektor zerlegt werden. Die Geschwindigkeit $\dot{\vec{r}}\,'_\perp = \vec{r}\,'\times\vec{\omega}$ rührt von der Rotation des Systems her und wurde bei der Besprechung des Experiments 7.2 diskutiert. Die von ihr verursachte Corioliskraft ist $\vec{F}_{C1} = 2m(\vec{r}\,'\times\vec{\omega})\times\vec{\omega} = -2m\omega^2\vec{r}$ und wirkt wie auch die äußere Kraft und die Zentrifugalkraft in radialer Richtung. Die Geschwindigkeit $\dot{\vec{r}}\,'_\parallel$ ist gleich der Geschwindigkeit $\dot{\vec{r}}$ des Pendels im raumfesten System. Sie führt zu einer Corioliskraft $\vec{F}_{C2} = 2m(\dot{\vec{r}}\,'_\parallel\times\vec{\omega})$, vom Betrag $F_{C2} = 2m\dot{r}_\parallel\omega$, die in der Bewegungsebene liegt, stets senkrecht zum Ortsvektor steht und so gerichtet ist, daß $\vec{r}$, $\vec{\omega}$ und $\vec{F}_{C2}$ ein Rechtssystem bilden. Dreht sich, wie in Abb.7.11b, die Scheibe im Gegenuhrzeigersinn, d.h. zeigt der Vektor $\vec{\omega}$ aus der Bewegungsebene heraus nach oben, so zeigt $\vec{F}_{C2}$ für einen Beobachter, der in Richtung der Geschwindigkeit $\dot{\vec{r}}\,'_\parallel$ des Pendels schaut nach rechts und zwar unabhängig davon, ob das Pendel gerade nach innen oder nach außen läuft. Durch diese Ablenkung senkrecht zur Bewegungsrichtung kommt die Bahnkrümmung der einzelnen Teilbahnen zwischen zwei Umkehrpunkten und die Rosettenform der gesamten Bahn zustande.

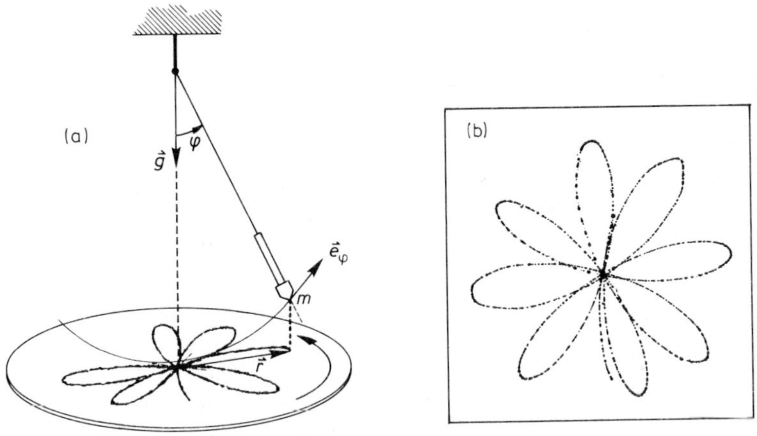

Abb. 7.11. (a) Schreibendes Pendel über rotierender Scheibe; (b) Bahn des Pendels im rotierenden System

Experiment 7.4. Foucault-Pendel

Für kleine Beträge der Winkelgeschwindigkeit kann man das Ergebnis des Experimentes 7.3 vereinfacht so darstellen: Jede einzelne Halbschwingung des Pendels zwischen zwei Umkehrpunkten verläuft angenähert in einer Ebene. Jedoch dreht sich die Ebene mit der Winkelgeschwindigkeit $\vec{\omega}$. Steht der Ortsvektor $\vec{r}$, der die Bewegungsebene festlegt, nicht senkrecht auf $\vec{\omega}$, sondern bilden beide Vektoren einen Winkel α, so verringert sich der Betrag der Corioliskraft $\vec{F}_C$ und die Rotationsgeschwindigkeit der Bewegungsebene um den Faktor $\sin\alpha$. Da die Erde selbst ein rotierendes System ist, dreht sich die Bewegungsebene jedes Pendels mit der Winkelgeschwindigkeit

$$\omega \sin\alpha \quad ; \quad \omega = \frac{2\pi}{24 \cdot 60 \cdot 60}\, s^{-1} \quad .$$

An Hand von Abb.7.12 sieht man leicht, daß der Winkel zwischen Ortsvektor und Winkelgeschwindigkeit gerade gleich der geographischen Breite ist.

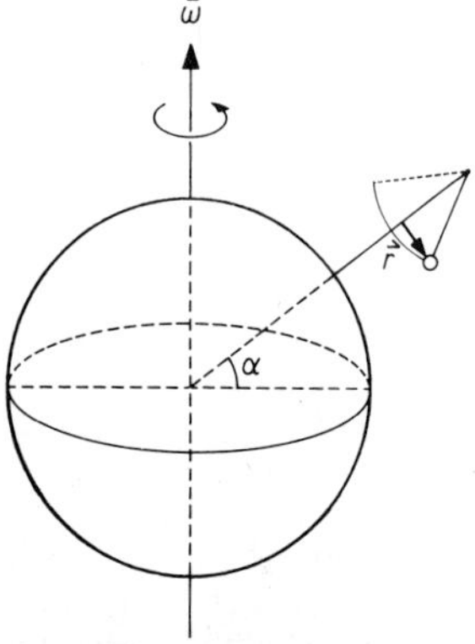

Abb. 7.12. Der Winkel zwischen Ortsvektor $\vec{r}$ und Winkelgeschwindigkeit $\vec{\omega}$ des Focaultpendels ist gleich der geographischen Breite α des Pendelortes

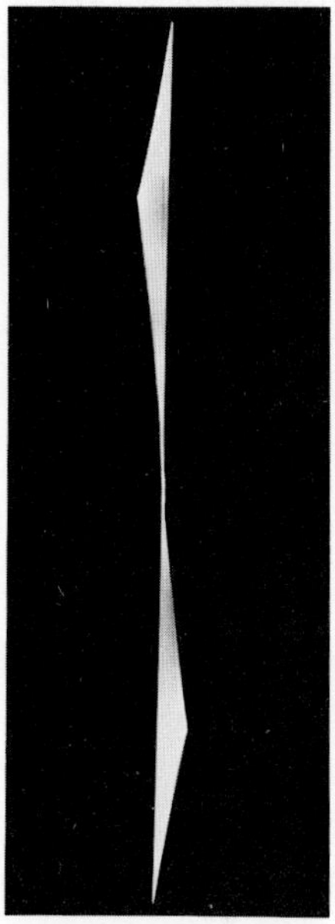

Abb. 7.13. Aufzeichnung der Bahn eines selbstleuchtenden Focaultpendels durch eine unter dem Aufhängepunkt des Pendels montierte und nach oben gerichtete Kamera. Die Belichtungszeit betrug 30 min. Man beobachtet eine Drehung der Pendelebene um 6°. Auch die Drehrichtung kann man ablesen, da die Amplitude der Schwingung mit der Zeit abnimmt

Die Rotation der Pendelebene wurde erstmals in einem berühmten Versuch von Foucault nachgewiesen, der damit zeigte, daß die Erde kein Inertialsystem ist. Wir wiederholen diesen Versuch mit einem Pendel, an dessen Körper eine kleine Glühlampe befestigt ist, und beobachten die Bewegung mit einer Kamera, die unterhalb der Pendelaufhängung auf den Boden gelegt ist. Abb.7.13 zeigt eine Aufnahme, die bei einer Belichtungszeit von T = 30 min = 1800 s entstand. Man beobachtet eine Drehung der Pendelebene um $\varphi = 6^0 = 0{,}105$. Die Rechnung liefert

$$\varphi = T\omega \sin\alpha = \frac{2\pi}{24\cdot 60\cdot 60}\cdot 30\cdot 60 \sin\alpha$$

bzw.

$$\sin\alpha = \frac{\varphi}{0.087} = \frac{0{,}105}{0{,}124} = 0{,}805 \quad ,$$

$$\alpha = 53^0$$

in guter Übereinstimmung mit der geographischen Breite unseres Labors.

7.5 Aufgaben

7.1: Stellen Sie die Transformationsmatrix für die Spiegelung an der $(\vec{e}_1, \vec{e}_2)$-Ebene auf.

7.2: Verifizieren Sie die Beziehung (7.4.17) durch Messungen an Abb.7.9.

7.3: Berechnen Sie die Veränderung der Erdbeschleunigung $\vec{g}$ an der Erdoberfläche durch den Einfluß der Zentrifugalkraft als Funktion der geographischen Breite. Setzen Sie für den Erdradius R = 6000 km unabhängig von der geographischen Breite.

8. Symmetrien und Erhaltungssätze

Nach der Diskussion der Transformationen und der Klassifikation physikalischer Größen wollen wir nun zu einer Formulierung der Mechanik übergehen, in der die Konsequenzen der Invarianz der mechanischen Gesetze unter räumlichen und zeitlichen Translationen und Rotationen (Symmetrien) einfach zu übersehen sind und in der die Erhaltungssätze auf diese Symmetrien zurückgeführt werden. Zusätzlich wollen wir das Transformationsverhalten unter räumlicher Spiegelung, Zeitumkehr und Galilei-Transformation untersuchen.

8.1 Hamiltonfunktion und Hamiltonsche Gleichungen

Die Grundgleichungen der Mechanik eines Massenpunktes lassen sich für solche Systeme, in denen die Kräfte ein Potential haben, aus einer Funktion H herleiten, die von Ort $\vec{r}$ und Impuls $\vec{p}$ des Massenpunktes sowie der Zeit t abhängt. Sie heißt *Hamiltonfunktion*

$$H(\vec{r},\vec{p},t) = T + V \quad . \tag{8.1.1}$$

Dabei ist

$$T = E_{kin} = \frac{\vec{p}^2}{2m} \tag{8.1.2}$$

die kinetische Energie des Teilchens und

$$V = E_{pot} = V(\vec{r},t) \tag{8.1.3}$$

seine potentielle Energie.

Die Newtonsche Bewegungsgleichung läßt sich dann in der Form der *ersten Hamiltonschen Gleichung*

$$\dot{\vec{p}} = -\vec{\nabla}_r H \tag{8.1.4}$$

schreiben. Dabei ist $\vec{\nabla}_r$ der Gradient (4.8.29) bezüglich des Ortsvektors

$$\vec{\nabla}_r = \sum_{\ell=1}^{3} \vec{e}_\ell \frac{\partial}{\partial r_\ell} \quad . \tag{8.1.5}$$

Wir schreiben ihn mit dem Index r, da wir sofort auch Gradientenbildung bezüglich $\vec{p}$ benutzen werden

$$\vec{\nabla}_p = \sum_{\ell=1}^{3} \vec{e}_\ell \frac{\partial}{\partial p_\ell} \quad . \tag{8.1.6}$$

Da die kinetische Energie des einzelnen Massenpunktes nicht vom Ort abhängt, gilt wegen des Zusammenhanges (4.8.28) zwischen Potential und Kraft

$$\vec{F} = -\vec{\nabla}_r V$$

die Beziehung

$$\vec{\nabla}_r H = \vec{\nabla}_r V = -\vec{F} \quad , \tag{8.1.7}$$

die zusammen mit (8.1.4) das zweite Newtonsche Gesetz $\dot{\vec{p}} = \vec{F}$ liefert. Sie heißt *erste Hamiltonsche Gleichung*.

Der Zusammenhang zwischen Impuls und Geschwindigkeit wird durch die *zweite Hamiltonsche Gleichung* gegeben

$$\dot{\vec{r}} = \vec{\nabla}_p H \quad . \tag{8.1.8}$$

Die rechte Seite kann man direkt ausrechnen, wenn man beachtet, daß nur die kinetische Energie vom Impuls abhängt

$$\vec{\nabla}_p H = \vec{\nabla}_p T = \frac{\vec{p}}{m} \quad . \tag{8.1.9}$$

Beide Beziehungen zusammen liefern dann

$$\vec{p} = m\,\dot{\vec{r}} \quad , \tag{8.1.10}$$

den bekannten Ausdruck für den Impuls. Die beiden Hamiltonschen Gleichungen sind der Newtonschen Bewegungsgleichung ($\vec{F}=m\ddot{\vec{r}}$) äquivalent. Als zwei Gleichungen mit zeitlichen Ableitungen erster Ordnung ersetzen sie eine Gleichung zweiter Ordnung.

Als Beispiel schreiben wir die Hamiltonfunktion und die Hamiltonschen Gleichungen für den eindimensionalen harmonischen Oszillator an (vgl. Abschnitt 4.9.2)

$$H(\vec{r},\vec{p}) = \frac{p^2}{2m} + \frac{1}{2} Dr^2 \quad , \quad \vec{r} = x\vec{e}_x \quad , \quad \vec{p} = p_x\vec{e}_x \quad . \tag{8.1.11}$$

Die Hamiltonschen Gleichungen lauten dann

$$-\dot{p}_x = Dx \quad , \quad p_x = m\dot{x} \quad . \tag{8.1.12}$$

Zusammen bilden sie die Bewegungsgleichung des harmonischen Oszillators

$$m\ddot{x} = -Dx \quad .$$

Die Verallgemeinerung auf Mehrteilchensysteme ist nun vorgezeichnet. Wieder ist die Hamiltonfunktion von den Orten $\vec{r}_1,\ldots,\vec{r}_N$ und den Impulsen $\vec{p}_1,\ldots,\vec{p}_N$ der N Teilchen und von der Zeit abhängig. Sie ist die Summe von kinetischer und potentieller Energie

$$H(\vec{r}_1,\ldots,\vec{r}_N,\vec{p}_1,\ldots,\vec{p}_N,t) = T(\vec{p}_1,\ldots,\vec{p}_N) + V(\vec{r}_1,\ldots,\vec{r}_N,t) \quad . \tag{8.1.13}$$

Dabei ist

$$T = \sum_{i=1}^{N} \frac{\vec{p}_i^{\,2}}{2m_i} \tag{8.1.14}$$

die Summe der kinetischen Energien der Massenpunkte mit der Masse m_i und

$$V = V(\vec{r}_1,\ldots,\vec{r}_N,t) \tag{8.1.15}$$

ihr gemeinsames Potential.

Die beiden Sätze der Hamiltonschen Gleichungen lauten

$$\dot{\vec{p}}_i = -\vec{\nabla}_{r_i} H \quad (i=1,\ldots,N) \quad , \tag{8.1.16}$$

$$\dot{\vec{r}}_i = \vec{\nabla}_{p_i} H \quad (i=1,\ldots,N) \quad . \tag{8.1.17}$$

So wie oben erhält man aus ihnen wieder die Bewegungsgleichungen

$$\dot{\vec{p}}_i = -\vec{\nabla}_{r_i} V = \vec{F}_i \quad , \quad \dot{\vec{r}}_i = \vec{\nabla}_{p_i} T = \frac{\vec{p}_i}{m_i} \quad . \tag{8.1.18}$$

Als Beispiel formulieren wir die Hamiltonfunktion des Zweikörperproblems (vgl. Abschnitt 5.5.1)

$$H(\vec{r}_1,\vec{r}_2,\vec{p}_1,\vec{p}_2,t) = \frac{\vec{p}_1^{\,2}}{2m_1} + \frac{\vec{p}_2^{\,2}}{2m_2} + V(\vec{r}_1,\vec{r}_2,t) \quad . \tag{8.1.19}$$

Durch Einführung von Relativ- und Schwerpunktskoordinaten

$$\vec{r} = \vec{r}_2 - \vec{r}_1 \quad , \quad \vec{R} = \frac{1}{M}(m_1\vec{r}_1 + m_2\vec{r}_2) \quad , \quad M = m_1 + m_2 \quad ,$$

$$\mu = \frac{m_1\, m_2}{M} \tag{8.1.20}$$

und Gesamt- und Relativimpuls

$$\vec{P} = \vec{p}_1 + \vec{p}_2 \quad \text{und} \quad \vec{p} = \frac{1}{M}(m_1\vec{p}_2 - m_2\vec{p}_1) \tag{8.1.21}$$

erhalten wir durch eine kurze Umrechnung

$$H'(\vec{R},\vec{r},\vec{P},\vec{p},t) = \frac{\vec{P}^2}{2M} + \frac{\vec{p}^{\,2}}{2\mu} + V'(\vec{R},\vec{r},t) \quad , \tag{8.1.22}$$

wobei

$$V'(\vec{R},\vec{r},t) = V(\vec{r}_1,\vec{r}_2,t) \tag{8.1.23}$$

die potentielle Energie als Funktion von Schwerpunkts- und Relativkoordinate ist, $\vec{P}^2/2M$ die kinetische Energie des Schwerpunkts und $\vec{p}^{\,2}/2\mu$ die innere kinetische Energie.

8.2 Invarianz der Hamiltonfunktion bei abgeschlossenen Systemen. Erhaltungssätze

Bisher haben wir die Erhaltungssätze von Impuls, Drehimpuls und Energie als Konsequenz der Gültigkeit der Newtonschen Gesetze kennengelernt. In diesem

Abschnitt werden wir zeigen, daß ein unmittelbarer Zusammenhang zwischen den Erhaltungssätzen und den Eigenschaften des physikalischen Raumes und der physikalischen Zeit besteht. Wir werden vorrechnen, daß die Erhaltungssätze aus dem Postulat der Invarianz der Hamiltonfunktion gegenüber räumlichen Translationen und Rotationen bzw. zeitlichen Translationen folgen. Wir schließen daraus, daß ein abgeschlossenes physikalisches System bei Verschiebungen und Drehungen im Raum bzw. Verschiebungen in der Zeit ungeändert bleibt und daher die Erhaltungssätze unmittelbare Konsequenz der Homogenität und Isotropie des Raumes bzw. der Homogenität der Zeit sind.

8.2.1 Räumliche Translationsinvarianz

Die Invarianz der Hamiltonfunktion unter räumlichen Translationen

$$\vec{r}_i' = \vec{r}_i + \vec{b} \quad , \quad \vec{p}_i' = \vec{p}_i \tag{8.2.1}$$

bedeutet

$$H(\vec{r}_1+\vec{b},\ldots,\vec{r}_N+\vec{b},\vec{p}_1,\ldots,\vec{p}_N,t) = H(\vec{r}_1,\ldots,\vec{r}_N,\vec{p}_1,\ldots,\vec{p}_N,t) \quad . \tag{8.2.2}$$

Nach der Diskussion im Abschnitt 7.1.1 ist es Inhalt dieser Aussage, daß die potentielle Energie nur eine Funktion von (N-1) Differenzen von Ortsvektoren sein kann, z.B.

$$V = V(\vec{r}_1-\vec{r}_2,\ldots,\vec{r}_1-\vec{r}_N,t) \quad . \tag{8.2.3}$$

Die Differenz der verschobenen und ursprünglichen Hamiltonfunktion läßt sich wie folgt schreiben

$$\begin{aligned} 0 &= H(\vec{r}_1+\vec{b},\ldots,\vec{r}_N+\vec{b},\vec{p}_1,\ldots,\vec{p}_N,t) - H(\vec{r}_1,\ldots,\vec{r}_N,\vec{p}_1,\ldots,\vec{p}_N,t) \\ &= H(\vec{r}_1+\vec{b},\ldots,\vec{r}_N+\vec{b},\vec{p}_1,\ldots,\vec{p}_N,t) - H(\vec{r}_1,\vec{r}_2+\vec{b},\ldots,\vec{r}_N+\vec{b},\vec{p}_1,\ldots,\vec{p}_N,t) \\ &\quad + H(\vec{r}_1,\vec{r}_2+\vec{b},\ldots,\vec{r}_N+\vec{b},\vec{p}_1,\ldots,\vec{p}_N,t) - H(\vec{r}_1,\vec{r}_2,\vec{r}_3+\vec{b},\ldots,\vec{r}_N+\vec{b},\vec{p}_1,\ldots,\vec{p}_N,t) \\ &\quad + \ldots \\ &\quad + H(\vec{r}_1,\ldots\vec{r}_{N-1},\vec{r}_N+\vec{b},\vec{p}_1,\ldots\vec{p}_N,t) - H(\vec{r}_1,\ldots,\vec{r}_{N-1},\vec{r}_N,\vec{p}_1,\ldots,\vec{p}_N,t) \quad . \end{aligned} \tag{8.2.4}$$

Für kleine $\vec{b} = \Delta\vec{r}$ läßt sich jede in einer Zeile stehende Differenz linear approximieren, z.B. gilt

$$H(\vec{r}_1+\Delta\vec{r},\vec{r}_2+\Delta\vec{r},\ldots,\vec{r}_N+\Delta\vec{r},\vec{p}_1,\ldots,\vec{p}_N,t) - H(\vec{r}_1,\vec{r}_2+\Delta\vec{r},\ldots,\vec{r}_N+\Delta\vec{r},\vec{p}_1,\ldots,\vec{p}_N,t)$$

$$= \vec{\nabla}_{r_1} H \cdot \Delta\vec{r} \quad . \tag{8.2.5}$$

Damit ist insgesamt

$$0 = H(\vec{r}_1+\Delta\vec{r},\ldots,\vec{r}_N+\Delta\vec{r},\vec{p}_1,\ldots,\vec{p}_N,t) - H(\vec{r}_1,\ldots,\vec{r}_N,\vec{p}_1,\ldots,\vec{p}_N,t)$$

$$= \left(\sum_{i=1}^{N} \vec{\nabla}_{r_i} H\right)\cdot\Delta\vec{r} \quad . \tag{8.2.6}$$

Wegen der ersten Hamilton-Gleichung (8.1.16) und weil $\Delta\vec{r}$ beliebig wählbar ist, folgt hieraus

$$\dot{\vec{P}} = \sum_{i=1}^{N} \dot{\vec{p}}_i = 0 \quad . \tag{8.2.7}$$

Damit hat sich der Erhaltungssatz für den Gesamtimpuls als eine Konsequenz der Translationsinvarianz der Hamiltonfunktion eines abgeschlossenen Systems und damit als Konsequenz der Homogenität des Raumes erwiesen.

Für die Mannigfaltigkeit der Lösungen der Hamiltonschen Bewegungsgleichungen bedeutet die Translationsinvarianz, daß zu jeder Lösung

$$\vec{r}_i(t) \quad \text{und} \quad \vec{p}_i(t) \quad , \quad (i=1,\ldots,N) \tag{8.2.8}$$

auch die Funktionen

$$\vec{r}_i{}'(t) = \vec{r}_i(t) + \vec{b} \quad \text{und} \quad \vec{p}_i{}'(t) = \vec{p}_i(t) \quad , \quad (i=1,\ldots,N) \tag{8.2.9}$$

Lösung der Hamiltonschen Gleichungen sind, wie man sofort sieht

$$\dot{\vec{p}}_i{}' = \dot{\vec{p}}_i = -\vec{\nabla}_{r_i} H[\vec{r}_1(t),\ldots,\vec{r}_N(t),\vec{p}_1(t),\ldots,\vec{p}_N(t),t]$$

$$= -\vec{\nabla}_{r_i'} H[\vec{r}_1{}'(t),\ldots,\vec{r}_N{}'(t),\vec{p}_1{}'(t),\ldots,\vec{p}_N{}'(t),t]$$

und

$$\begin{aligned}\dot{\vec{r}}_i'(t) = \dot{\vec{r}}_i(t) &= \vec{\nabla}_{p_i} H[\vec{r}_1(t),\ldots,\vec{r}_N(t),\vec{p}_1(t),\ldots,\vec{p}_N(t),t] \\ &= \vec{\nabla}_{p_i'} H[\vec{r}_1'(t),\ldots,\vec{r}_N'(t),\vec{p}_1'(t),\ldots,\vec{p}_N'(t),t] \quad . \end{aligned} \tag{8.2.10}$$

Die verschiedenen Lösungen der dreidimensionalen Schar (8.2.9) werden durch die Vorgabe von Anfangsbedingungen unterschieden. Wenn die Lösung $\vec{r}_i(t)$, $\vec{p}_i(t)$ die Anfangsbedingungen $\vec{r}_i(0)$, $\vec{p}_i(0)$ erfüllt, so genügt $r_i'(t) = \vec{r}_i(t) + \vec{b}$, $\vec{p}_i'(t) = \vec{p}_i(t)$ den Bedingungen

$$\vec{r}_i'(0) = \vec{r}_i(0) + \vec{b} \quad , \quad \vec{p}_i'(0) = \vec{p}_i(0) \quad , \quad i = 1,\ldots,N \quad .$$

Zur Veranschaulichung greifen wir auf unser Beispiel aus Abb.5.11 zurück, das die Bahnen zweier Massenpunkte gleicher Masse und Ladung unter dem Einfluß ihrer gegenseitigen elektrostatischen Abstoßung zeigte. Zur Zeit $t = t_0 = 0$ befinden sich die Massenpunkte an den Orten $\vec{r}_{10}$ bzw. $\vec{r}_{20}$. Der Massenpunkt 1 hat den Impuls $\vec{p}_{10}$, der Massenpunkt 2 ist in Ruhe ($\vec{p}_{20}=0$). Eine Translation um den Vektor $\vec{b}$ ändert diese Anfangsbedingungen in $\vec{r}_{10}' = \vec{r}_{10} + \vec{b}$, $\vec{r}_{20}' = \vec{r}_{20} + \vec{b}$, $\vec{p}_{10}' = \vec{p}_{10}$, $\vec{p}_{20}' = \vec{p}_{20} = 0$. Die Bahnen zu diesen Anfangsbedingungen gehen aus den ursprünglichen einfach durch Parallelverschiebung um den Vektor $\vec{b}$ hervor

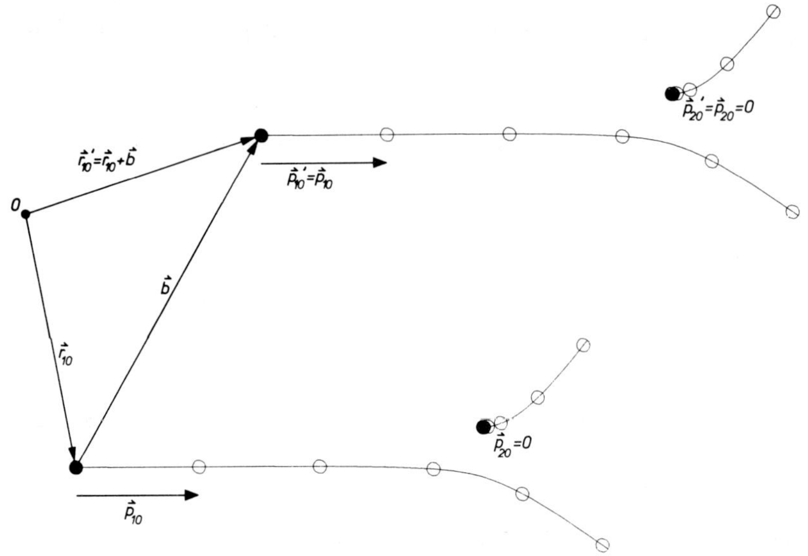

Abb. 8.1. Räumliche Translationsinvarianz: Bewegung zweier Massenpunkte unter dem Einfluß ihrer elektrostatischen Abstoßung für zwei Sätze von Anfangsbedingungen, die durch eine räumliche Translation um den Vektor $\vec{b}$ verknüpft sind

(Abb.8.1). (Die Anfangsorte beider Teilchen sind jeweils als volle Kreise gezeichnet. Die offenen Kreise kennzeichnen die Orte der Teilchen auf ihren Bahnen nach festen Zeitabständen Δt. Das ursprünglich ruhende Teilchen 2 hat sich im ersten Zeitintervall nur so wenig bewegt, daß der erste, deutlich getrennte Kreis zu $2\Delta t$ gehört). In späteren Abbildungen werden wir den Einfluß weiterer Transformationen am gleichen Beispiel demonstrieren.

8.2.2 Rotationsinvarianz

Die Aussage der Isotropie des Raumes besagt, daß die Hamiltonfunktion eine Invariante unter räumlichen Rotationen

$$\vec{r}\,' = \underline{\underline{R}}\,\vec{r} \tag{8.2.11}$$

ist. Die Impulsvektoren transformieren sich wie der Ortsvektor - vgl.(7.2.6) -

$$\vec{p}\,' = \underline{\underline{R}}\,\vec{p} \quad , \tag{8.2.12}$$

so daß die Invarianz der Hamiltonfunktion unter Rotation

$$H(\underline{\underline{R}}\vec{r}_1,\ldots,\underline{\underline{R}}\vec{r}_N,\underline{\underline{R}}\vec{p}_1,\ldots,\underline{\underline{R}}\vec{p}_N,t) = H(\vec{r}_1,\ldots,\vec{r}_N,\vec{p}_1,\ldots,\vec{p}_N,t) \tag{8.2.13}$$

bedeutet.

Bei infinitesimaler Drehung um die Achse $\hat{\vec{\alpha}}$ mit dem Winkel $d\alpha$ lassen sich die Vektoren linear approximieren - vgl.(7.1.48a) -

$$\vec{r}_i\,' = \underline{\underline{R}}\,\vec{r}_i = \vec{r}_i + d\vec{\alpha} \times \vec{r}_i \quad , \quad (i=1,\ldots,N)$$

und

$$\vec{p}_i\,' = \underline{\underline{R}}\,\vec{p}_i = \vec{p}_i + d\vec{\alpha} \times \vec{p}_i \quad . \tag{8.2.14}$$

Damit erhalten wir über eine Entwicklung analog zu (8.2.4), die jetzt aber auch über die Differenzen in den Impulsvektoren zu erstrecken ist

$$\begin{aligned} 0 &= H(\underline{\underline{R}}\vec{r}_1,\ldots,\underline{\underline{R}}\vec{r}_N,\underline{\underline{R}}\vec{p}_1,\ldots,\underline{\underline{R}}\vec{p}_N,t) - H(\vec{r}_1,\ldots,\vec{r}_N,\vec{p}_1,\ldots,\vec{p}_N,t) \\ &= \sum_{i=1}^{N} \vec{\nabla}_{r_i} H \cdot (d\vec{\alpha}\times\vec{r}_i) + \sum_{i=1}^{N} \vec{\nabla}_{p_i} H \cdot (d\vec{\alpha}\times\vec{p}_i) \quad . \end{aligned} \tag{8.2.15}$$

Unter Benutzung der Hamiltonschen Gleichungen (8.1.16) und (8.1.17) ergibt sich

$$0 = \sum_{i=1}^{N} - \dot{\vec{p}}_i \cdot (d\vec{\alpha}\times\vec{r}_i) + \sum_{i=1}^{N} \dot{\vec{r}}_i \cdot (d\vec{\alpha}\times\vec{p}_i) \quad . \tag{8.2.16}$$

Durch zyklische Vertauschung der Faktoren in den beiden Spatprodukten kann der gemeinsame Faktor $d\vec{\alpha}$ ausgeklammert werden

$$-d\vec{\alpha} \cdot \sum_{\ell=1}^{N} (\vec{r}_i\times\dot{\vec{p}}_i+\dot{\vec{r}}_i\times\vec{p}_i) = 0 \quad . \tag{8.2.17}$$

Mit

$$\frac{d}{dt}\vec{L}_i = \frac{d}{dt}(\vec{r}_i\times\vec{p}_i) = \dot{\vec{r}}_i \times \vec{p}_i + \vec{r}_i \times \dot{\vec{p}}_i \tag{8.2.18}$$

erhalten wir schließlich

$$\dot{\vec{L}} = \sum_{i=1}^{N} \dot{\vec{L}}_i = 0 \quad , \tag{8.2.19}$$

so daß sich der Satz von der Erhaltung des Gesamtdrehimpulses als eine Folge der Rotationsinvarianz der Hamiltonfunktion und damit der Isotropie des Raumes erweist.

Auch hier kann man wieder durch Rotation von bekannten Lösungen

$$\vec{r}_i(t) \quad \text{und} \quad \vec{p}_i(t) \tag{8.2.20}$$

neue Lösungen der Hamiltonschen Gleichungen

$$\vec{r}_i'(t) = \underline{\underline{R}}\,\vec{r}_i(t) \quad \text{und} \quad \vec{p}_i'(t) = \underline{\underline{R}}\,\vec{p}_i(t) \tag{8.2.21}$$

gewinnen, denn es gilt

$$\dot{\vec{p}}_i'(t) = \underline{\underline{R}}\,\dot{\vec{p}}_i(t) = -\underline{\underline{R}}\,\vec{\nabla}_{r_i} H[\vec{r}_1(t),\dots,\vec{r}_N(t),\vec{p}_1(t),\dots,\vec{p}_N(t),t]$$

$$= -\vec{\nabla}_{r_i'} H[\vec{r}_1'(t),\dots,\vec{r}_N'(t),\vec{p}_1'(t),\dots,\vec{p}_N'(t),t]$$

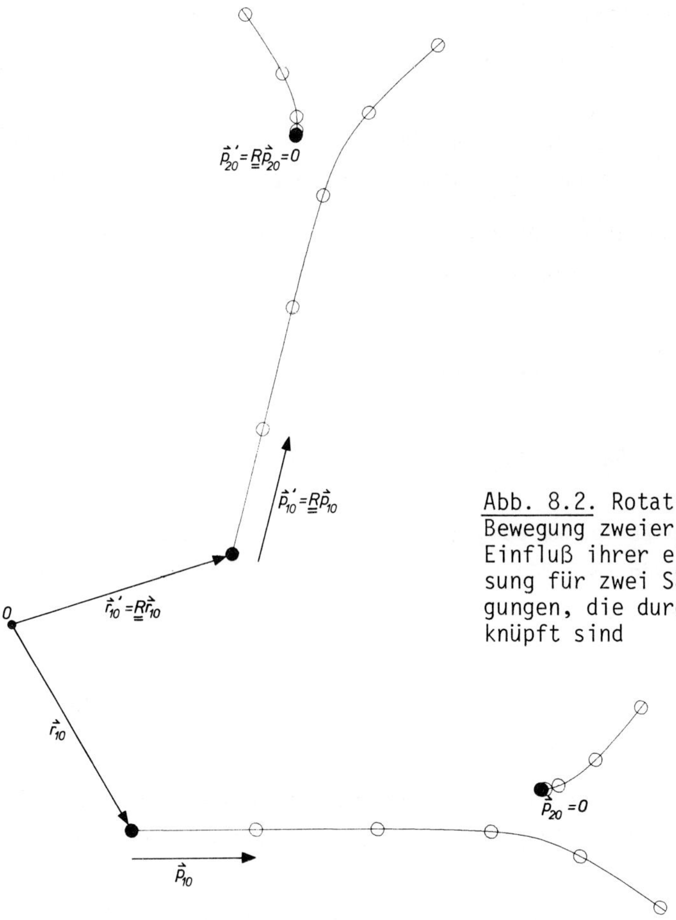

Abb. 8.2. Rotationsinvarianz: Bewegung zweier Massenpunkte unter dem Einfluß ihrer elektrostatischen Abstossung für zwei Sätze von Anfangsbedingungen, die durch eine Rotation $\underline{\underline{R}}$ verknüpft sind

und

$$\dot{\vec{r}}_i'(t) = \underline{\underline{R}}\,\dot{\vec{r}}_i(t) = \underline{\underline{R}}\,\vec{\nabla}_{p_i} H[\vec{r}_1(t),\dots,\vec{r}_N(t),\vec{p}_1(t),\dots,\vec{p}_N(t),t]$$

$$= \vec{\nabla}_{p_i'} H[\vec{r}_1'(t),\dots,\vec{r}_N'(t),\vec{p}_1'(t),\dots,\vec{p}_N'(t),t] \quad . \qquad (8.2.22)$$

Wieder werden die Lösungen dieser dreidimensionalen Schar durch die Vorgabe von Anfangsbedingungen voneinander unterschieden. Gehört die Lösung $\vec{r}_i(t)$, $\vec{p}_i(t)$ zu den Anfangsbedingungen $\vec{r}_i(0)$ und $\vec{p}_i(0)$, so erfüllt die gedrehte Lösung $\vec{r}_i'(t) = \underline{\underline{R}}\vec{r}_i(t)$, $\vec{p}_i'(t) = \underline{\underline{R}}\vec{p}_i(t)$ die Anfangsbedingungen $\vec{r}_i'(0) = \underline{\underline{R}}\vec{r}_i(0)$, $\vec{p}_i'(0) = \underline{\underline{R}}\vec{p}_i(0)$, $i = 1,\dots,N$, (Abb.8.2).

8.2.3 Zeitliche Translationsinvarianz

Die bisher untersuchten Invarianzen der Hamiltonfunktion bezogen sich auf räumliche Transformationen. Die Zeit t war dabei immer ein Parameter, Transformationen der Zeit t in eine Zeit t' wurden nicht betrachtet. In Analogie zur räumlichen Translation können wir natürlich auch eine Transformation betrachten, die die Zeit t um einen Betrag t_0 verschiebt

$$t' = t + t_0 \quad . \tag{8.2.23}$$

Zeitliche Translationsinvarianz der Hamiltonfunktion

$$H(\vec{r}_1,\ldots\vec{r}_N,\vec{p}_1,\ldots,\vec{p}_N,t+t_0) = H(\vec{r}_1,\ldots,\vec{r}_N,\vec{p}_1,\ldots,\vec{p}_N,t) \tag{8.2.24}$$

bedeutet dann, daß kein Zeitpunkt ausgezeichnet ist, d.h. daß auch die Zeit homogen ist. Die Beziehung (8.2.24) besagt, daß die Hamiltonfunktion nicht explizit von der Zeit abhängt

$$H = H(\vec{r}_1,\ldots,\vec{r}_N,\vec{p}_1,\ldots,\vec{p}_N) \quad , \tag{8.2.25}$$

d.h. daß das Potential nicht explizit von der Zeit abhängt

$$V = V(\vec{r}_1,\ldots,\vec{r}_N) \quad . \tag{8.2.26}$$

Für die totale Änderung einer explizit zeitabhängigen Hamiltonfunktion nach der Zeit, d.h. unter Einschluß der Zeitabhängigkeit der Orts- und Impulsvektoren, erhält man

$$\begin{aligned} \Delta H = {} & H[\vec{r}_1(t+\Delta t),\ldots,\vec{r}_N(t+\Delta t),\vec{p}_1(t+\Delta t),\ldots,\vec{p}_N(t+\Delta t),t+\Delta t] \\ & - H[\vec{r}_1(t),\ldots,\vec{r}_N(t),\vec{p}_1(t),\ldots,\vec{p}_N(t),t] \quad . \end{aligned} \tag{8.2.27}$$

Durch Ergänzung von Termen nach dem Schema (8.2.4) erhält man

$$\Delta H = \sum_{i=1}^{N} \left(\vec{\nabla}_{r_i} H\right) \cdot \Delta\vec{r}_i + \sum_{i=1}^{N} \left(\vec{\nabla}_{p_i} H\right) \cdot \Delta\vec{p}_i + \frac{\partial H}{\partial t}\,\Delta t \quad . \tag{8.2.28}$$

Nach Division durch Δt und Benutzung der Hamiltonschen Gleichungen (8.1.16) und (8.1.17) erhält man im Grenzfall $\Delta t \to 0$

$$\frac{dH}{dt} = \sum_{i=1}^{N} (-\dot{\vec{p}}_i) \cdot \frac{d\vec{r}_i}{dt} + \sum_{i=1}^{N} \dot{\vec{r}}_i \cdot \frac{d\vec{p}_i}{dt} + \frac{\partial H}{\partial t} = \frac{\partial H}{\partial t} \quad . \tag{8.2.29}$$

Diese Gleichung besagt, daß die totale zeitliche Ableitung der Hamiltonfunktion dH/dt gleich ihrer partiellen Ableitung $\partial H/\partial t$ ist.

Da wir zeitliche Translationsinvarianz für die Hamiltonfunktion angenommen haben, gilt insbesondere - vgl.(8.2.25) -

$$\frac{\partial H}{\partial t} = 0 \tag{8.2.30}$$

und insgesamt folgt

$$\frac{dH}{dt} = 0 \quad . \tag{8.2.31}$$

Der Erhaltungssatz der Gesamtenergie

$H = T + V$

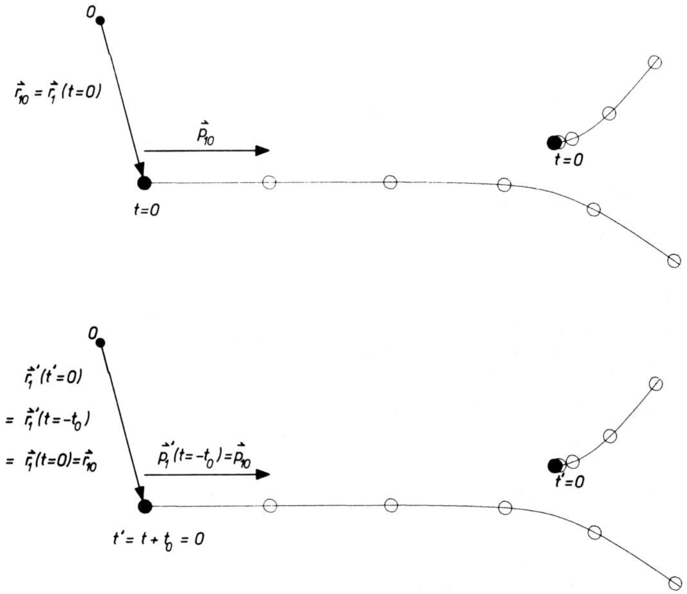

Abb. 8.3. Zeitliche Translationsinvarianz:
Bewegung zweier Massenpunkte unter dem Einfluß ihrer elektrostatischen Abstoßung für zwei Sätze von Anfangsbedingungen, die durch eine zeitliche Translation um t_0 verknüpft sind

erweist sich somit als Konsequenz der zeitlichen Translationsinvarianz der Hamiltonfunktion, d.h. als Folge der Homogenität der Zeit.

Offenbar gilt auch in diesem Fall, daß aus jeder Lösung $\vec{r}_i(t)$, $\vec{p}_i(t)$ der Hamiltonschen Gleichungen eine eindimensionale Schar von Lösungen $\vec{r}_i'(t) = \vec{r}_i(t+t_0)$, $\vec{p}_i'(t) = \vec{p}_i(t+t_0)$ durch Verschiebung des Zeitargumentes gewonnen werden kann. Wenn die Lösungen $\vec{r}_i(t)$, $\vec{p}_i(t)$ die Anfangsbedingungen $\vec{r}_i(0)$, $\vec{p}_i(0)$ zur Zeit $t = 0$ erfüllen, so genügen die Lösungen $\vec{r}_i'(t)$, $\vec{p}_i'(t)$ denselben Anfangsbedingungen, aber zur früheren Zeit $t = -t_0$

$$\vec{r}_i'(-t_0) = \vec{r}_i(0) \qquad \vec{p}_i'(-t_0) = \vec{p}_i(0) \quad .$$

Dies entspricht der Erfahrung, daß ein Experiment, das unter gleichen Bedingungen zu zwei verschiedenen Zeiten ausgeführt wird, das gleiche Ergebnis liefert (Abb.8.3).

8.2.4 Spiegelungen und Zeitumkehr

In der klassischen Physik sind die Hamiltonfunktionen unter Spiegelungen

$$\vec{r}_i' = \underline{\underline{S}}\vec{r}_i = -\vec{r}_i \quad , \quad \vec{p}_i' = \underline{\underline{S}}\vec{p}_i = -\vec{p}_i \tag{8.2.31}$$

invariant. Damit ist mit jeder Lösung $\vec{r}_i(t)$, $\vec{p}_i(t)$ auch der gespiegelte Satz von Funktionen (8.2.31) Lösung der Hamiltonschen Bewegungsgleichungen

$$H(-\vec{r}_1,\ldots,-\vec{r}_N,-\vec{p}_1,\ldots,-\vec{p}_N,t) = H(\vec{r}_1,\ldots,\vec{r}_N,\vec{p}_1,\ldots,\vec{p}_N,t) \quad , \tag{8.2.32}$$

allerdings zu den gespiegelten Anfangsbedingungen $\vec{r}_i'(0) = -\vec{r}_i(0)$, $\vec{p}_i'(0) = -\vec{p}_i($ Zu jedem Bewegungsablauf eines physikalischen Systems ist also auch der gespiegelte Bewegungsablauf möglich (Abb.8.4).

Eine weitere diskrete Symmetrie, die in der klassischen Physik gilt, ist die Invarianz der Hamiltonfunktion unter Zeitumkehr

$$t' = T\,t = -t \quad . \tag{8.2.33}$$

Die Transformation wird auch Bewegungsumkehr genannt, da sie den Ortsvektor ungeändert läßt

$$\vec{r}' = T\,\vec{r} = \vec{r} \quad , \tag{8.2.34}$$

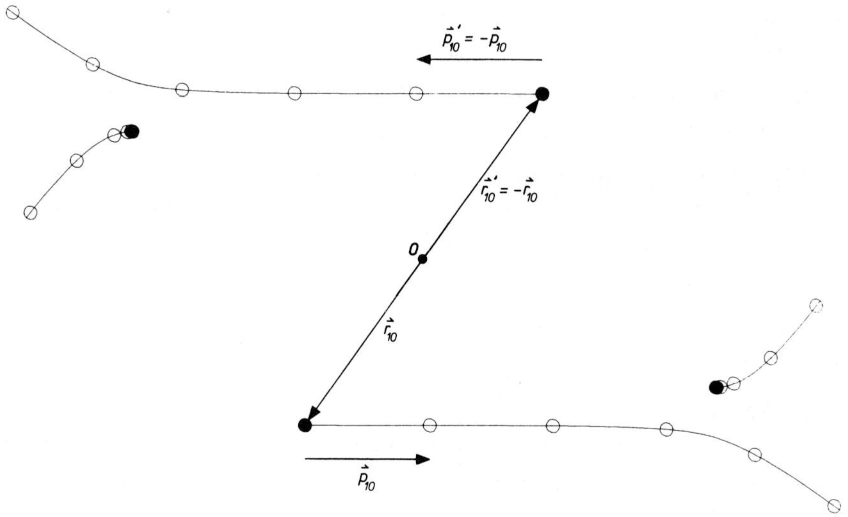

Abb. 8.4. Spiegelungsinvarianz:
Bewegung zweier Massenpunkte unter dem Einfluß ihrer elektrostatischen Abstoßung für zwei Sätze von Anfangsbedingungen, die durch Spiegelung am Koordinatenursprung verknüpft sind

den Impuls aber umkehrt

$$\vec{p}\,' = T\vec{p} = m\,\frac{d\vec{r}\,'}{dt'} = m\,\frac{d\vec{r}}{dt'} = -m\,\frac{d\vec{r}}{dt} = -\vec{p} \quad . \tag{8.2.35}$$

Invarianz der Hamiltonfunktion unter Zeitumkehr bedeutet dann

$$H(\vec{r}_1,\ldots,\vec{r}_N,-\vec{p}_1,\ldots,-\vec{p}_N,-t) = H(\vec{r}_1,\ldots,\vec{r}_N,\vec{p}_1,\ldots,\vec{p}_N,t) \quad . \tag{8.2.36}$$

Für Hamiltonfunktionen, die nicht explizit von der Zeit abhängen, ist die obige Bedingung offenbar erfüllt, da die Abhängigkeit der kinetischen Energie quadratisch im Impuls ist.

Die Invarianz der Hamiltonfunktion unter Zeitumkehr bedeutet, daß mit jeder Lösung

$$\vec{r}_i(t) \quad , \quad \vec{p}_i(t) \tag{8.2.37}$$

zu den Anfangsbedingungen

$$\vec{r}_i(t_0) = \vec{r}_{i0} \quad \text{und} \quad \vec{p}_i(t_0) = \vec{p}_{i0} \tag{8.2.38}$$

auch der Satz von Funktionen

$$\vec{r}_i{}'(t') = \vec{r}_i(-t') \quad , \quad \vec{p}_i{}'(t') = -\vec{p}_i(-t') \tag{8.2.39}$$

zu den "Endbedingungen"

$$\vec{r}_i{}'(-t_0') = \vec{r}_i(t_0') \quad , \quad \vec{p}_i{}'(-t_0') = -\vec{p}_i(t_0') \tag{8.2.40}$$

Lösung der Hamiltonschen Gleichungen ist. Das rechnet man nach, indem man von den Hamiltongleichungen für die ursprünglichen Lösungen ausgeht

$$\begin{aligned} \frac{d\vec{r}_i}{dt} &= \vec{\nabla}_{p_i} H(\vec{r}_1,\ldots,\vec{r}_N,\vec{p}_1,\ldots,\vec{p}_N,t) \quad , \\ \frac{d\vec{p}_i}{dt} &= -\vec{\nabla}_{r_i} H(\vec{r}_1,\ldots,\vec{r}_N,\vec{p}_1,\ldots,\vec{p}_N,t) \quad . \end{aligned} \tag{8.2.41}$$

Durch Einführung von

$$t' = -t \tag{8.2.42}$$

finden wir

$$\begin{aligned} \frac{d\vec{r}_i{}'(t')}{dt'} &= \frac{d\vec{r}_i(-t')}{dt'} = -\frac{d\vec{r}_i}{dt} = -\vec{\nabla}_{p_i} H(\vec{r}_1,\ldots,\vec{r}_N,\vec{p}_1,\ldots,\vec{p}_N,t) \quad , \\ \frac{d\vec{r}_i{}'(t')}{dt'} &= -\vec{\nabla}_{(-p_i')} H(\vec{r}_1{}',\ldots,\vec{r}_N{}',-\vec{p}_1{}',\ldots,-\vec{p}_N{}',-t') \quad . \end{aligned}$$

Insgesamt folgt damit wegen (8.2.36)

$$\frac{d\vec{r}_i{}'(t')}{dt'} = \vec{\nabla}_{p_i} H(\vec{r}_1{}',\ldots,\vec{r}_N{}',\vec{p}_1{}',\ldots,\vec{p}_N{}',t') \tag{8.2.43}$$

und

$$\frac{d\vec{p}_i'}{dt'} = -\frac{d\vec{p}_i(-t')}{dt'} = \frac{d\vec{p}_i}{dt} = -\vec{\nabla}_{r_i} H(\vec{r}_1,\ldots,\vec{r}_N,\vec{p}_1,\ldots,\vec{p}_N,t) \quad ,$$

$$\frac{d\vec{p}_i'}{dt'} = -\vec{\nabla}_{r_i'} H(\vec{r}_1',\ldots,\vec{r}_N',-\vec{p}_1',\ldots,-\vec{p}_N',-t') \quad .$$

Wieder benutzen wir (8.2.36) und erhalten

$$\frac{d\vec{p}_i'}{dt'} = -\vec{\nabla}_{r_i'} H(\vec{r}_1',\ldots,\vec{r}_N',\vec{p}_1',\ldots,\vec{p}_N',t') \quad . \tag{8.2.44}$$

Die beiden Gleichungen für $\vec{r}_i'$ und $\vec{p}_i'$ sind Hamiltonsche Bewegungsgleichungen in der Zeitvariablen t'. Damit beschreibt der Satz $\vec{r}_i'(t')$ und $\vec{p}_i'(t')$ eine mögliche Bewegung. Um zu verstehen, welche Bahn dieser Lösung entspricht, betrachten wir außer dem festen Anfangszeitpunkt t_0 der ursprünglichen Bewegung noch einen späteren Zeitpunkt $t_1 > t_0$, zu dem die Orts- und Impulswerte

$$\vec{r}_i(t_1) = \vec{r}_{i1} \quad \text{und} \quad \vec{p}_i(t_1) = \vec{p}_{i1} \tag{8.2.45}$$

erreicht werden. Bei der durch Bewegungsumkehr gewonnenen Lösung der Hamiltonschen Bewegungsgleichungen gilt

$$t_1' = -t_1 < -t_0 = t_0' \quad , \tag{8.2.46}$$

so daß hier der "Endpunkt" t_1 der ursprünglichen Bewegung zum Anfangspunkt t_1' wird und der Anfangspunkt t_0 zum Endpunkt t_0' der bewegungsumgekehrten Bahn wird. Das heißt, zum früheren Zeitpunkt $t_1' = -t_1$ beginnt eine Bewegung mit den Anfangsbedingungen

$$\vec{r}_i'(t_1') = \vec{r}_{i1} \quad , \quad \vec{p}_i'(t_1) = -\vec{p}_{i1} \tag{8.2.47}$$

und durchläuft nach (8.2.39) dieselbe Bahn wie die ursprüngliche Bewegung (8.2.37), aber in umgekehrter Richtung, und endet zum späteren Zeitpunkt

$$t_0' = -t_0 \tag{8.2.48}$$

in dem Endpunkt

$$\vec{r}_i'(t_0') = \vec{r}_{i0} \tag{8.2.49}$$

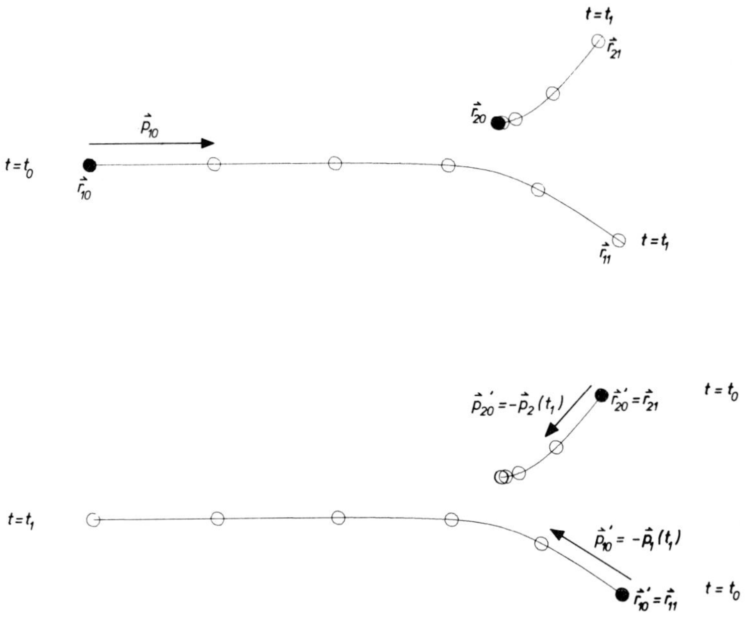

Abb. 8.5. Zeitumkehrinvarianz (Bewegungsumkehr):
Bewegung zweier Massenpunkte unter dem Einfluß ihrer elektrostatischen Abstoßung für zwei Sätze von Anfangsbedingungen, die durch eine Zeitumkehrtransformation verknüpft sind

mit dem Endimpuls

$$\vec{p}\,'_{i0}(t'_0) = -\vec{p}_{i0} \quad . \tag{8.2.50}$$

Wenn die Hamiltonfunktion zeitabhängig (aber symmetrisch in der Zeit -vgl. (8.2.36)) ist, ist der - zu dem zwischen t_0 und t_1 - bewegungsumgekehrte Vorgang nur zwischen den Zeiten $-t_1$ und $-t_0$ möglich.

Ist jedoch die Hamiltonfunktion nicht explizit zeitabhängig, können Anfangs- und Endzeitpunkt wegen der zeitlichen Translationsinvarianz um einen beliebigen festen Betrag in der Zeit verschoben werden, so daß der bewegungsumgekehrte Vorgang in der Zeitspanne $(t_1-t_0) = (t'_1-t'_0)$ zu jedem beliebigen Zeitpunkt ablaufen kann, gerade so wie der ursprüngliche Vorgang zu jedem Zeitpunkt beginnen kann. Insbesondere sind also folgende Vorgänge möglich:

I) ursprünglicher Vorgang (8.2.37)
Anfangsbedingungen

$$t = t_0 \;:\; \vec{r}_i(t_0) = \vec{r}_{i0} \quad , \quad \vec{p}_i(t_0) = \vec{p}_{i0} \quad , \tag{8.2.51}$$

Endpunkt:

$$t = t_1 \quad : \quad \vec{r}_i(t_1) = \vec{r}_{i1} \quad , \quad \vec{p}_i(t_1) = \vec{p}_{i1} \quad , \tag{8.2.52}$$

II) bewegungsumgekehrter Vorgang (8.2.39)

Anfangsbedingungen

$$t = t_0 \quad : \quad \vec{r}\,'_i(t_0) = \vec{r}_{i1} \quad , \quad \vec{p}\,'_i(t_0) = -\vec{p}_{i1} \quad , \tag{8.2.53}$$

Endpunkt

$$t = t_1 \quad : \quad \vec{r}\,'_i(t_1) = \vec{r}_{i0} \quad , \quad \vec{p}\,'_i(t_1) = -\vec{p}_{i0} \quad . \tag{8.2.54}$$

Beide Vorgänge durchlaufen im gleichen Zeitintervall zwischen t_0 und t_1 dieselbe Bahn aber in entgegengesetzter Richtung (Abb.8.5).

8.2.5 Galilei-Transformation

Die Galilei-Transformation

$$\vec{r}\,'_i = \vec{r}_i + \vec{v}t \tag{8.2.55}$$

bewirkt auch eine Transformation der Geschwindigkeiten der Form

$$\vec{v}\,'_i = \dot{\vec{r}}\,'_i = \dot{\vec{r}}_i + \vec{v} \tag{8.2.56}$$

d.h. die Galilei-Transformation bewirkt neben der zeitabhängigen Translation im Ortsraum eine Translation im Raum der Geschwindigkeiten um den Vektor $\vec{v}$. Die Newtonschen Bewegungsgleichungen

$$m_i\ddot{\vec{r}}_i = \vec{F}_i \tag{8.2.57}$$

bleiben für translationsinvariante Kräfte

$$\vec{F}_i(\vec{r}_1,\ldots,\vec{r}_N) = \vec{F}_i(\vec{r}\,'_1,\vec{r}\,'_2,\ldots,\vec{r}\,'_N) \tag{8.2.58}$$

unter dieser Transformation ungeändert

$$m_i\ddot{\vec{r}}\,'_i = m_i\ddot{\vec{r}}_i = \vec{F}_i(\vec{r}_1,\ldots,\vec{r}_N) = \vec{F}_i(\vec{r}\,'_1,\ldots,\vec{r}\,'_N) \quad . \tag{8.2.59}$$

Im Hamiltonformalismus entspricht der Galilei-Invarianz der Bewegungsgleichungen aber nicht eine Invarianz der Hamiltonfunktion.
Zwar bleibt wegen der Translationsinvarianz des Potentials

$$V = V(\vec{r}_1-\vec{r}_2,\ldots,\vec{r}_1-\vec{r}_N)$$

dieses unter Galilei-Transformationen ungeändert. Die Galilei-Transformation der Impulse

$$\vec{p}_i' = \vec{p}_i + m_i\,\vec{v} \tag{8.2.60}$$

führt aber zu einer Änderung der kinetischen Energie

$$\begin{aligned} T' &= \sum_{i=1}^{N} \frac{\vec{p}_i'^{\,2}}{2m_i} = \sum_{i=1}^{N} \frac{(\vec{p}_i+m_i\vec{v})^2}{2m_i} = \sum_{i=1}^{N} \frac{1}{2m_i}\,(\vec{p}_i^{\,2}+2m_i\vec{v}\cdot\vec{p}_i+m_i^2\vec{v}^{\,2}) \\ &= T + \vec{v}\cdot\vec{P} + \frac{1}{2}M\,\vec{v}^{\,2} \quad , \end{aligned} \tag{8.2.61}$$

so daß die Hamiltonfunktion unter Galilei-Transformationen nicht invariant ist.
Wegen räumlicher Translationsinvarianz ist der Gesamtimpuls $\vec{P}$ zeitlich konstant und damit ist

$$\vec{v}\cdot\vec{P} = \text{const} \quad .$$

Die Hamiltonfunktion

$$H' = T' + V' = T + V + \vec{v}\cdot\vec{P} + \frac{1}{2}M\,\vec{v}^{\,2} = H + \vec{v}\cdot\vec{P} + \frac{1}{2}M\,\vec{v}^{\,2} \tag{8.2.62}$$

unterscheidet sich damit nur um den konstanten Term $\vec{v}\cdot\vec{P} + M\vec{v}^{\,2}/2$ von der ursprünglichen Funktion H und führt daher wieder zu Hamiltongleichungen, die den Newtonschen Bewegungsgleichungen (8.2.59) äquivalent sind.

Abb. 8.6a-f. Einfluß der Galilei-Transformation:
Bewegung zweier Massenpunkte unter dem Einfluß ihrer elektrostatischen Abstoßung für sechs Sätze von Anfangsbedingungen, die durch Galilei-Transformation verknüpft sind. Abb.(a) entspricht dem Vorgang in Abb.8.1 (Stoß im Laborsystem). In den übrigen Abbildungen ist die Geschwindigkeit $\vec{v}$ der Galilei-Transformation als Funktion der Anfangs- und Endbedingungen aus Abb. (a) angegeben. In Abb.(d) erfolgt der Stoß im Schwerpunktsystem, in Abb.(f) im Reflexionssystem

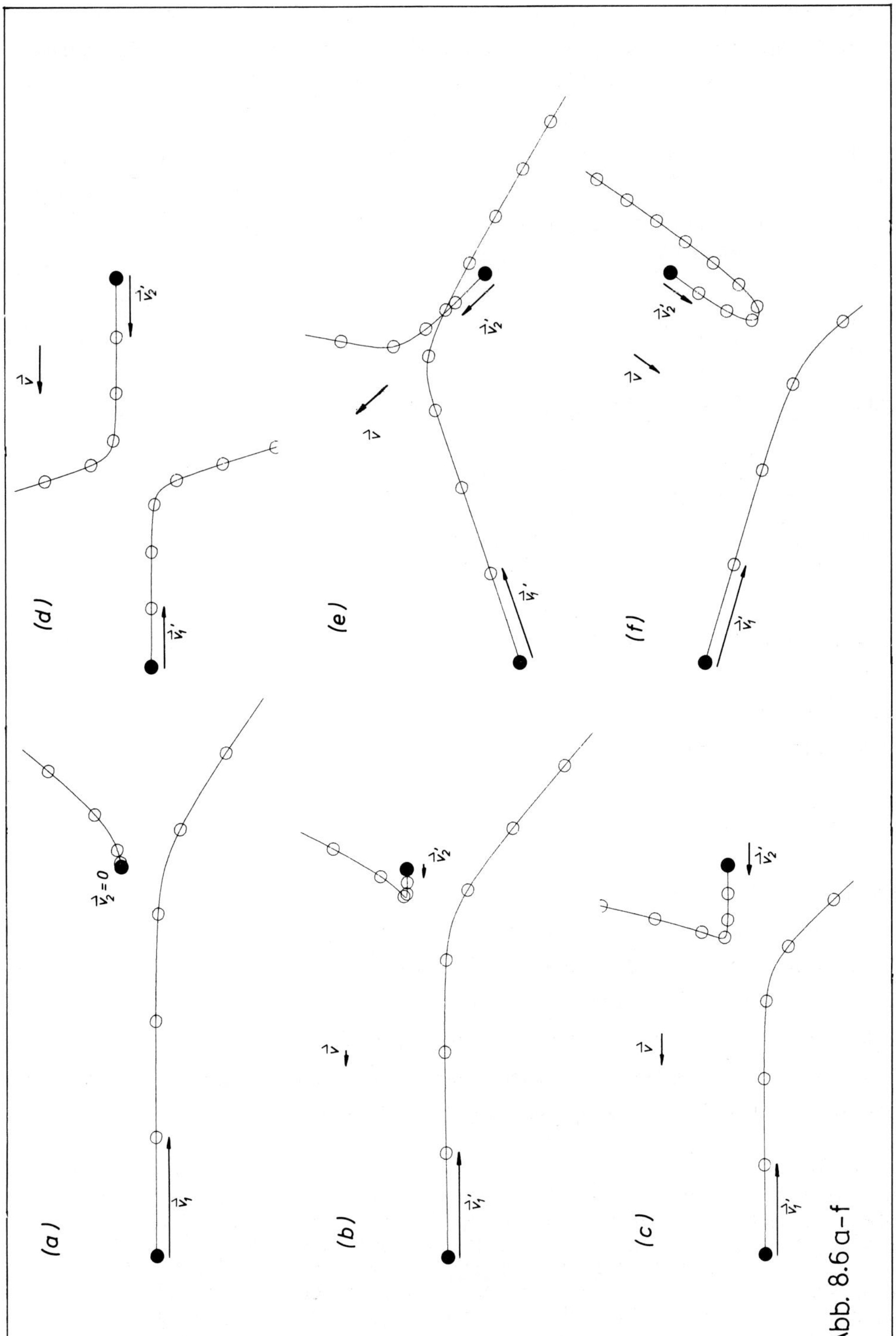

Abb. 8.6 a–f

Die Invarianz der Bewegungsgleichungen unter Galilei-Transformationen führt wiederum dazu, daß man aus einer Lösung der Hamiltonschen Bewegungsgleichungen

$$\vec{r}_i(t) \quad , \quad \vec{p}_i(t)$$

zu den Anfangsbedingungen

$$\vec{r}_i(0) = \vec{r}_{i0} \quad \text{und} \quad \vec{p}_i(0) = \vec{p}_{i0}$$

sofort eine ganze Schar von Lösungen

$$\vec{r}_i'(t) = \vec{r}_i(t) + \vec{v}t \quad , \quad \vec{p}_i'(t) = \vec{p}_i(t) + m_i\vec{v}$$

konstruieren kann, die zu den Anfangsbedingungen

$$\vec{r}_i'(0) = \vec{r}_{i0}' = \vec{r}_i(0) = \vec{r}_{i0} \quad ,$$

$$\vec{p}_i'(0) = \vec{p}_{i0}' = \vec{p}_i(0) + m_i\vec{v} = \vec{p}_{i0} + m_i\vec{v}$$

gehören.

Die Abb.8.6 zeigt wieder den gleichen Vorgang, den wir auch in den früheren Beispielen betrachtet haben, und zwar in verschiedenen Bezugssystemen. Abb.8.6a gibt den Vorgang im Laborsystem wieder, in dem das Teilchen 2 anfangs ruht ($\vec{v}_{20}=\vec{v}_{20Lab}=0$). Die weiteren Abbildungen veranschaulichen den Stoßvorgang in Bezugssystemen, die sich gegenüber dem Laborsystem mit verschiedenen Geschwindigkeiten $-\vec{v}$ bewegen, in dem Teilchen 2 also die Anfangsgeschwindigkeit $\vec{v}$ hat. Zwei der Abbildungen beziehen sich auf besonders einfache Systeme:

I) Schwerpunktsystem (Abb.8.6d). In diesem System verschwindet der Gesamtimpuls, d.h. der Schwerpunkt befindet sich in Ruhe:

$$\vec{p}_1' + \vec{p}_2' = 0 \quad .$$

Für die Anfangsbedingungen bedeutet das wegen $\vec{p}_{20\,Lab} = 0$ im Laborsystem

$$0 = \vec{p}_{10}' + \vec{p}_{20}' = \vec{p}_{10\,Lab} + m_1\vec{v} + \vec{p}_{20\,Lab} + m_2\vec{v} = \vec{p}_{10\,Lab} + (m_1+m_2)\vec{v}$$

oder

$$\vec{v} = - \frac{\vec{p}_{10\,\mathrm{Lab}}}{m_1+m_2} = - \frac{m_1}{m_1+m_2} \vec{v}_{10\,\mathrm{Lab}} \quad .$$

II) Reflexionssystem (auch Ziegelwandsystem oder Breit-System genannt) (Abb.8.6f). In diesem System kehrt das Teilchen 2 seinen Impuls um

$$\vec{p}\,'_{20} + \vec{p}\,'_{2\infty} = 0 \quad .$$

Da im Laborsystem $\vec{p}_{20} = 0$ gilt, erhält man

$$0 = \vec{p}\,'_{20} + \vec{p}\,'_{2\infty} = m_2\vec{v} + \vec{p}_{2\infty} + m_2\vec{v} = 2m_2\vec{v} + \vec{p}_{2\infty}$$

bzw.

$$\vec{v} = - \frac{1}{2m_2} \vec{p}_{2\infty} = - \frac{1}{2} \vec{v}_\infty \quad .$$

Soll das Teilchen 1 seinen Impuls umkehren, so muß offenbar

$$\vec{v} = - \frac{1}{2m_1} (\vec{p}_{10}+\vec{p}_{1\infty}) = - \frac{1}{2} (\vec{v}_{10}+\vec{v}_{1\infty})$$

gelten.

8.3 Nichtabgeschlossene Systeme

Ein nichtabgeschlossenes System S_1 kann praktisch immer als Teil eines abgeschlossenen Systems S aufgefaßt werden. Wir unterteilen die Ortsvektoren $\vec{r}_1,\ldots,\vec{r}_N$ und Impulse $\vec{p}_1,\ldots,\vec{p}_N$ der Massenpunkte des Systems in einen Satz $\vec{r}_1,\ldots,\vec{r}_M$, $\vec{p}_1,\ldots,\vec{p}_M$, der die Massenpunkte des nichtabgeschlossenen Systems S_1 beschreibt, und einen weiteren Satz $\vec{r}_{M+1},\ldots,\vec{r}_N$, $\vec{p}_{M+1},\ldots,\vec{p}_N$, der die Massenpunkte des Restsystems S_2 charakterisiert. Eine gesonderte Beschreibung des Teilsystems S_1 ist nur möglich, falls die Ortsvektoren und Impulse des Restsystems S_2 als Funktionen der Zeit bekannt sind

$$\vec{r}_{M+1} = \vec{r}_{M+1}(t),\ldots,\vec{r}_N = \vec{r}_N(t) \quad ,$$

$$\vec{p}_{M+1} = \vec{p}_{M+1}(t),\ldots,\vec{p}_N = \vec{p}_N(t) \quad . \tag{8.3.1}$$

Die kinetische Energie läßt sich in zwei Anteile

$$T(\vec{p}_1,\ldots,\vec{p}_N) = T_1(\vec{p}_1,\ldots,\vec{p}_M) + T_2(\vec{p}_{M+1},\ldots,\vec{p}_M) \tag{8.3.2}$$

aufspalten, so daß

$$T_1 = \sum_{i=1}^{M} \frac{\vec{p}_i^{\,2}}{2m_i} \quad \text{bzw.} \quad T_2 = \sum_{i=M+1}^{N} \frac{\vec{p}_i^{\,2}}{2m_i}$$

die kinetischen Energien des Teilsystems S_1 bzw. des Restsystems S_2 sind. Durch Einsetzen der bekannten Funktionen $\vec{p}_{M+1}(t),\ldots,\vec{p}_N(t)$ wird

$$T_2 = \sum_{i=M+1}^{N} \frac{\vec{p}_i^{\,2}(t)}{2m_i} = T_2(t) \tag{8.3.4}$$

eine bekannte Funktion $T_2(t)$ der Zeit.

Das Potential wird durch Einsetzen der bekannten Ortsvektoren $\vec{r}_{M+1}(t),\ldots,$ $\vec{r}_N(t)$ eine Funktion der Unbekannten $\vec{r}_1,\ldots,\vec{r}_M$ und der Zeit

$$V = V(\vec{r}_1,\ldots,\vec{r}_M,\vec{r}_{M+1}(t),\ldots,\vec{r}_N(t),t) = V_1(\vec{r}_1,\ldots,\vec{r}_M,t) \quad . \tag{8.3.5}$$

Die Hamiltonfunktion des Gesamtsystems

$$H(\vec{r}_1,\ldots,\vec{r}_N,\vec{p}_1,\ldots,\vec{p}_N,t) = T + V$$

$$= T_1(\vec{r}_1,\ldots,\vec{r}_M) + T_2(t) + V_1(\vec{r}_1,\ldots,\vec{r}_M,t) \tag{8.3.6}$$

beschreibt nun das nichtabgeschlossene System T_1, dessen Ortsvektoren und Impulse sie auch nur noch enthält. Da $T_2(t)$ nicht von diesen abhängt, liefert H dieselben Hamiltonschen Gleichungen wie die Hamiltonfunktion

$$H_1(\vec{r}_1,\ldots,\vec{r}_M,\vec{p}_1,\ldots,\vec{p}_M,t) = T_1(\vec{p}_1,\ldots,\vec{p}_M) + V_1(\vec{r}_1,\ldots,\vec{r}_M,t) \quad . \tag{8.3.7}$$

Aufgrund der Konstruktion von H_1 ist klar, daß die Invarianzen von H sich im allgemeinen nicht auf H_1 übertragen. Selbst wenn V nicht explizit zeitabhängig war, wird V_1 im allgemeinen eine explizite Zeitabhängigkeit enthalten. Damit gilt im Teilsystem S_1 keine Energieerhaltung - im Gegensatz zum abgeschlossenen

System S. Entsprechende Einschränkungen gelten für die übrigen Invarianzen und zugehörigen Erhaltungssätze. In jedem Fall muß man einzeln überprüfen, ob eventuell einige Invarianzen und zugehörige Erhaltungssätze im Teilsystem S_1 gültig bleiben.

Nur wenn das Potential V aus zwei additiven nicht explizit zeitabhängigen Anteilen

$$V = V_{(1)}(\vec{r}_1,\ldots,\vec{r}_M) + V_{(2)}(\vec{r}_{M+1},\ldots,\vec{r}_N) \qquad (8.3.8)$$

besteht, sind die aus der Hamiltonfunktion

$$H_{(1)} = T_1 + V_{(1)}$$

gewonnenen Hamiltonschen Gleichungen identisch mit den aus H gewonnenen. Die physikalische Interpretation der Separation (8.3.8) der Variablen von S_1 und S_2 erhält man durch Berechnung der Kräfte auf die Massenpunkte beider Teilsysteme

$$\vec{F}_i = -\vec{\nabla}_{r_i} V = -\vec{\nabla}_{r_i} V_{(1)} \qquad (i=1,\ldots,M)$$

und

$$\vec{F}_i = -\vec{\nabla}_{r_i} V = -\vec{\nabla}_{r_i} V_{(2)} \qquad (i=M+1,\ldots,N) \quad . \qquad (8.3.9)$$

Massenpunkte aus verschiedenen Teilsystemen üben keine Kräfte aufeinander aus. Beide Systeme sind voneinander entkoppelt und sind damit einzeln abgeschlossen. In beiden gelten die Erhaltungssätze abgeschlossener Systeme.

Als Beispiel betrachten wir den Vorgang aus Abb.5.13. Betrachten wir die Körper der Massen M und m_2 als Teilsystem S_1 und den Körper m_1 als Restsystem S_2. Die Fluchtbewegung des Körpers m_1 verläuft bei hinreichend großem Abstand vom System S_1 so, als ob die Gesamtmasse $M + m_2$ des Systems S_1 in seinem Schwerpunkt vereinigt wäre, so daß seine Bahn $\vec{r}_1(t)$ und sein Impuls $\vec{p}_1(t)$ in sehr guter Näherung als Lösung eines Zweiteilchenproblems angegeben werden können. Damit wird die Hamiltonfunktion für das Teilsystem in bekannten Weise zeitabhängig. Im Teilsystem S_1 ist z.B. die Energie keine Erhaltungsgröße. Während sich m_1 immer weiter vom Teilsystem S_1 entfernt, wird sein Einfluß auf dieses schließlich so schwach, daß S_1 in entsprechender Näherung als abgeschlossen betrachtet werden kann. (Die Bewegung anderer Fixsterne ist ohne wesentlichen Einfluß auf unser Planetensystem oder Experimente auf der Erde).

*9. Starrer Körper. Bewegliche Achsen

In Kapitel 6 haben wir die Bewegung des starren Körpers um feste Achsen diskutiert. Wir hatten gesehen, daß die Eigenschaften des starren Körpers, die für die Drehbewegung um eine starre Achse $\hat{\vec{\omega}}$ eine Rolle spielen, im Begriff des Trägheitsmomentes $\Theta_{\hat{\omega}}$ zusammengefaßt werden können. Die Größe von $\Theta_{\hat{\omega}}$ ist von der Achsenrichtung $\hat{\vec{\omega}}$ abhängig. Für bewegliche Achsen, d.h. solche mit zeitlich veränderlicher Richtung $\hat{\vec{\omega}}(t)$ wird somit das Trägheitsmoment eine zeitlich veränderliche Größe. Die Behandlung von Problemen dieser Art läßt sich am durchsichtigsten mit einer Definition des Trägheitsmomentes als tensorielle Größe bewerkstelligen.

9.1 Die Freiheitsgrade des starren Körpers

Man bezeichnet die zur Beschreibung eines Systems notwendige Zahl unabhängiger Koordinaten als die *Zahl f der Freiheitsgrade* des Systems. Für einen frei beweglichen Massenpunkt gilt offenbar

$$f = 3 \quad .$$

Ist die Bewegung jedoch nicht frei, sondern gelten Beschränkungsgleichungen, so wird die Zahl der Freiheitsgrade gerade um die Zahl der unabhängigen Beschränkungsgleichungen vermindert. Ein System von N frei beweglichen Massenpunkten hat

$$f = 3\,N$$

Freiheitsgrade. Für den starren Körper gelten aber die Beschränkungsgleichungen (6.1.1), die die Zahl der Freiheitsgrade auf höchstens

$$f = 6$$

reduzieren. Die Lage aller Punkte des starren Körpers ist nämlich festgelegt, wenn die Lage eines festen Punktes 0' des starren Körpers im Raum gegeben ist (3 Freiheitsgrade), und wenn die Lage zweier weiterer fester Punkte des starren Körpers bezüglich 0' gegeben ist. Die Ortsangabe der beiden weiteren Punkte erfordert 2 Ortsvektoren $\vec{r}_1$, $\vec{r}_2$ bezüglich 0', d.h. sechs Zahlenangaben. Wegen der Konstanz der Abstände r_1, r_2 von 0' und des Abstandes $(\vec{r}_1-\vec{r}_2)$ der beiden Punkte voneinander (als Konsequenz der Starrheit des Körpers) liegen von den 6 Zahlenangaben jedoch drei $(r_1,r_2,|\vec{r}_1-\vec{r}_2|)$ fest. Damit werden für die Beschreibung der Lage eines starren Körpers bezüglich eines körperfesten Punktes 0' nur drei Angaben benötigt. Also hat der starre Körper drei Freiheitsgrade um einen festen Punkt 0', zusammen mit den drei Freiheitsgraden zur Festlegung von 0' im Raum insgesamt sechs Freiheitsgrade.

Ein starrer Körper, der aus nur zwei Massenpunkten besteht, hat nur $f = 5$ Freiheitsgrade. Legt man nämlich 0' in den einen der beiden Massenpunkte, so hat der zweite wegen des festen Abstandes nur zwei weitere Freiheitsgrade bezüglich 0'.

Durch äußere Einschränkungen kann die Zahl der Freiheitsgrade weiter reduziert werden. Für die Diskussion der Bewegungen starrer Körper sind besonders folgende Fälle von Bedeutung:

I) Rotation um einen ortsfesten Punkt:
Rotiert ein starrer Körper um einen festgehaltenen Punkt, so wird er als *Kreisel* bezeichnet: Die Zahl der Freiheitsgrade ist $f = 3$.

II) Rotation um eine ortsfeste Achse:
Wird zusätzlich die Rotationsachse festgehalten, so verbleibt nur ein einziger Freiheitsgrad. Solche Bewegungen haben wir in Kapitel 6 beschrieben.

In der Wahl der Größen, die die Lage des starren Körpers beschreiben, hat man natürlich große Freiheit. Am einfachsten geht man so vor, daß man die Lage eines festen Punktes 0' (körperfester Aufpunkt) im starren Körper durch einen Ortsvektor $\vec{r}_0$ bezüglich eines raumfesten Aufpunktes 0 beschreibt und die Lage eines Massenpunktes $\vec{r}_i$ des starren Körpers relativ zum körperfesten Aufpunkt 0' durch den Vektor $\vec{r}_i'$. Dann gilt

$$\vec{r}_i = \vec{r}_0 + \vec{r}_i' \quad , \quad (i=1,\ldots,N) \quad . \tag{9.1.1}$$

Natürlich kann man als körperfesten Aufpunkt den Schwerpunkt des starren Körpers wählen.

Legt man nun in den Körper ein mit ihm festverbundenes kartesisches Koordinatensystem $\vec{e}_1'(t)$, $\vec{e}_2'(t)$, $\vec{e}_3'(t)$, so ist die Lage des starren Körpers im

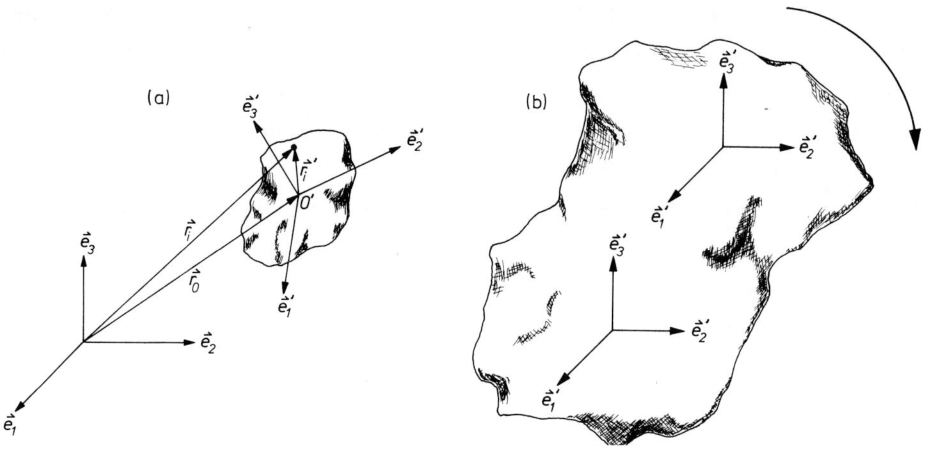

Abb. 9.1. (a) Raumfestes $(\vec{e}_1,\vec{e}_2,\vec{e}_3)$ und körperfestes $(\vec{e}_1',\vec{e}_2',\vec{e}_3')$ Basissystem zur Beschreibung der Bewegung des starren Körpers; (b) Gleichwertigkeit körperfester Basissysteme

Raum vollständig durch die Angabe der Lage des körperfesten Koordinatensystems relativ zu einem raumfesten Koordinatensystem $\vec{e}_1$, $\vec{e}_2$, $\vec{e}_3$ gegeben (Abb.9.1a). Formal sieht man das auch sofort ein, denn im körperfesten System gilt

$$\vec{r}_i'(t) = \sum_{\ell=1}^{3} r_{i\ell}' \, \vec{e}_\ell'(t) \quad , \tag{9.1.2}$$

wobei die r_i' die Koordinaten des Vektors $\vec{r}_i'$ bezüglich der körperfesten Koordinatenachsen sind. Diese Koordinaten r_i' sind zeitunabhängige Größen und ihre Größe ist allein durch die Geometrie des starren Körpers bestimmt. Somit ist nur die Kenntnis der Lage der drei zeitabhängigen Basisvektoren $\vec{e}_1'$, $\vec{e}_2'$, $\vec{e}_3'$ des körperfesten Systems erforderlich, um die Lage des starren Körpers zu kennen.

Aus Abschnitt 7.1.2 - (7.1.16) - wissen wir, daß zwei rechtshändige Koordinatensysteme durch einen Rotationstensor verknüpft werden können, der in diesem Falle natürlich zeitabhängig sein muß

$$\vec{e}_i'(t) = \underline{\underline{R}}(\vec{\alpha}(t)) \, \vec{e}_i \quad . \tag{9.1.3}$$

Die Rotation $\underline{\underline{R}}$ ist durch die Achsenrichtung $\hat{\vec{\alpha}}(t)$ und den Drehwinkel $\alpha(t)$ bestimmt

$$\vec{\alpha}(t) = \alpha(t) \, \hat{\vec{\alpha}}(t) \quad , \tag{9.1.4}$$

so daß zur Charakterisierung der Lage des starren Körpers im Raum bei einem raumfesten Punkt $\vec{r}_0$ die Angabe des Vektors $\hat{\vec{\alpha}}(t)$, d.h. von 3 Größen, ausreicht. Insgesamt genügen zur Beschreibung eines starren Körpers im Raum die beiden Vektoren $\vec{r}_0(t)$ und $\vec{\alpha}(t)$, das sind wieder 6 Größen.

Für eine Reihe von Problemen genügt eine Diskussion der Winkelgeschwindigkeit der Bewegung des starren Körpers. Der Zusammenhang zwischen der Winkelgeschwindigkeit und $\vec{\alpha}$ läßt sich durch Differentiation von (9.1.3) gewinnen.

9.2 Eulersches Theorem. Zeitableitung beliebiger Vektoren

Die Bewegung des starren Körpers um den Punkt mit dem Ortsvektor $\vec{r}_0$, der den Ursprung des körperfesten Koordinatensystems definiert, ist vollständig beschrieben durch die Bewegung der Basisvektoren $\vec{e}\,'_i(t)$ des körperfesten Koordinatensystems. Im Abschnitt 7.1 haben wir gezeigt, daß die Bewegung eines zeitabhängigen Koordinatensystems bei festgehaltenem Ursprung stets eine Rotation ist. Wegen der Beziehung (7.1.49b) kann man die Bewegung des starren Körpers um den Punkt $\vec{r}_0$ als eine momentane Drehung mit der Winkelgeschwindigkeit $\omega(t)$ um die momentane Achse $\hat{\vec{\omega}}(t)$ auffassen. Diese Aussage ist das *Eulersche Theorem*.

Die Geschwindigkeit eines Punktes $\vec{r}_i$ läßt sich mit Hilfe von (9.1.1) und (9.1.2) in zwei Anteile zerlegen

$$\dot{\vec{r}}_i(t) = \dot{\vec{r}}_0(t) + \dot{\vec{r}}\,'_i(t) = \dot{\vec{r}}_0(t) + \frac{d}{dt}\sum_{\ell=1}^{3} r'_{i\ell}\,\vec{e}\,'_\ell(t) \quad , \quad (i=1,\dots,N). \tag{9.2.1}$$

Da die Koordinaten $r'_{i\ell}$ eines Punktes des starren Körpers im körperfesten Koordinatensystem zeitlich unveränderliche Größen sind, gilt $dr'_{i\ell}/dt = 0$ und wegen (7.1.49b)

$$\dot{\vec{r}}_i(t) = \dot{\vec{r}}_0(t) + \sum_{\ell=1}^{3} r'_{i\ell}\,\dot{\vec{e}}\,'_\ell(t)$$

$$\dot{\vec{r}}_i(t) = \dot{\vec{r}}_0(t) + \sum_{\ell=1}^{3} r'_{i\ell}\vec{\omega}(t) \times \vec{e}\,'_\ell(t) \tag{9.2.2}$$

$$\dot{\vec{r}}_i(t) = \dot{\vec{r}}_0(t) + \vec{\omega}(t) \times \vec{r}\,'_i(t) \quad . \tag{9.2.3}$$

Diese Gleichung drückt das Eulersche Theorem in quantitativer Form aus: *Die Bewegung eines starren Körpers läßt sich in jedem Moment in die Translations-*

bewegung $\dot{\vec{r}}_0(t)$ *eines Aufpunktes* $\vec{r}_0(t)$ *und die Drehung um die momentane Drehachse* $\vec{\omega}(t)$ *zerlegen* (vgl. auch Abb.7.4).

Wählt man zwei verschiedene Aufpunkte mit zwei achsenparallelen körperfesten Koordinatensystemen, so bleibt diese Parallelität bei jeder Bewegung des starren Körpers erhalten. Die zeitliche Änderung der Basisvektoren ist also für beide dieselbe, so daß der Vektor der Winkelgeschwindigkeit unabhängig vom Aufpunkt ist. Als Beispiel betrachten wir einen Zylinder, der auf einer ebenen Fläche rollt (Abb.9.2). Es liegt zunächst nahe, den Ursprung O des körperfesten Systems in die Berührungslinie von Zylinder und Ebene zu legen. Die momentane Bewegung des Punktes P ist dann eine reine Drehbewegung um die Achse, die mit der Berührungslinie zusammenfällt,

$$\dot{\vec{r}} = \vec{\omega} \times \vec{r} \quad .$$

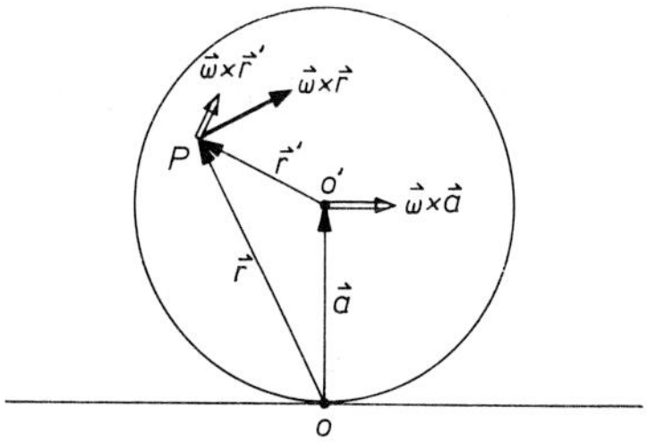

Abb. 9.2. Bewegung eines rollenden Zylinders

Statt O können wir aber auch einen Ursprung O' in der Zylinderachse wählen. Die Bewegung wird dann durch

$$\dot{\vec{r}} = \vec{\omega} \times (\vec{a}+\vec{r}\,') = \vec{\omega} \times \vec{a} + \vec{\omega} \times \vec{r}\,'$$

beschrieben. Die Geschwindigkeit ist damit in zwei Anteile zerlegt, von denen der erste die *Translation* des Ursprungs O' (sie ist in unserem Fall geradlinig, da $\vec{\omega}$ und $\vec{a}$ und damit auch $\vec{\omega} \times \vec{a}$ konstante Richtungen haben) und der zweite die Drehung um die Zylinderachse beschreibt. Wir werden weiter unten sehen, daß die Rotation um die Symmetrieachse wesentlich leichter zu behandeln ist als um eine beliebige Achse.

In ähnlicher Weise wie beim Ortsvektor berechnen wir nun die Zeitableitung eines beliebigen Vektors $\vec{w}$. Im körperfesten System habe er die Darstellung

$$\vec{w} = \sum_{\ell=1}^{3} w'_\ell \, \vec{e}\,'_\ell(t) \quad . \tag{9.2.4}$$

Durch Differentiation nach der Zeit und unter Benutzung von (7.1.49b) erhalten wir

$$\dot{\vec{w}} = \sum_{\ell=1}^{3} (\dot{w}'_\ell \vec{e}'_\ell + w'_\ell \dot{\vec{e}}'_\ell) = \sum_{\ell=1}^{3} [\dot{w}'_\ell \vec{e}'_\ell + w'_\ell (\vec{\omega} \times \vec{e}'_\ell)] = \sum_{\ell=1}^{3} \dot{w}'_\ell \vec{e}'_\ell + \vec{\omega} \times \vec{w} \quad . \quad (9.2.5)$$

Die zeitliche Änderung eines Vektors setzt sich somit aus zwei Anteilen zusammen, der zeitlichen Änderung seiner Komponenten im körperfesten System und der Änderung der Basisvektoren dieses Systems. Die Zerlegung der zeitlichen Änderung in diese zwei Anteile, kann man in folgender Operationsvorschrift zusammenfassen

$$\frac{d}{dt} = \left(\frac{d}{dt}\right)_{\text{Komp}} + \vec{\omega} \times \quad . \quad (9.2.6)$$

Die linke Seite dieser Vorschrift bedeutet die vollständige zeitliche Ableitung eines Vektors, der erste Term der rechten Seite die Ableitung der Komponenten, nicht aber der Basisvektoren, im zeitlich veränderlichen Koordinatensystem, der zweite Term der rechten Seite das Vektorprodukt der Winkelgeschwindigkeit mit dem Vektor.

9.3 Drehimpuls und Trägheitsmoment des starren Körpers bei Rotation um einen festen Punkt

Bleibt ein Punkt des starren Körpers dauernd ortsfest, während der Körper mit der Winkelgeschwindigkeit $\vec{\omega}$ rotiert, so wählt man sinnvollerweise gerade diesen Punkt als Ursprung des raumfesten und des körperfesten Koordinatensystems. Damit sind die Ortsvektoren

$$\vec{r}_i = \vec{r}'_i \quad (9.3.1)$$

im raumfesten und körperfesten System identisch, haben allerdings andere Zerlegungen in Komponenten

$$\sum_{\ell=1}^{3} r_{i\ell} \vec{e}_\ell = \vec{r}_i = \vec{r}'_i = \sum_{\ell=1}^{3} r'_{i\ell} \vec{e}'_\ell \quad . \quad (9.3.2)$$

Die Zeitabhängigkeit des Vektors $\vec{r}_i = \vec{r}'_i$ ist im raumfesten System in den Komponenten, im körperfesten System in den Basisvektoren enthalten.

Die Geschwindigkeit des i-ten Massenpunktes ist

$$\vec{v}_i = \vec{\omega} \times \vec{r}_i \quad . \tag{9.3.3}$$

Nach (4.10.1) ist der Drehimpuls des Massenpunktes um den Ursprung

$$\vec{L}_i = \vec{r}_i \times \vec{p}_i = m_i(\vec{r}_i \times \vec{v}_i) \quad . \tag{9.3.4}$$

Dabei sind m_i und $\vec{p}_i$ Masse und Impuls des Massenpunktes. Der Drehimpuls des starren Körpers ist

$$\vec{L} = \sum_{i=1}^{N} \vec{L}_i = \sum_{i=1}^{N} m_i(\vec{r}_i \times \vec{v}_i) \quad . \tag{9.3.5}$$

Setzen wir (9.3.3) ein, so ergibt sich

$$\vec{L} = \sum_{i=1}^{N} m_i[\vec{r}_i \times (\vec{\omega} \times \vec{r}_i)] = \sum_{i=1}^{N} m_i[\vec{r}_i^{\,2}\vec{\omega} - \vec{r}_i(\vec{r}_i \cdot \vec{\omega})] \quad . \tag{9.3.6}$$

In beiden Termen der Klammer auf der rechten Seite tritt der Vektor $\vec{\omega}$ auf, der nicht von i abhängt. Wir benutzen zwei einfache Eigenschaften von Tensoren (Abschnitt 2.6), um ihn aus der Summe herauszuziehen.

I) Ein Vektor der Form $\vec{u} = a\vec{b}$ läßt sich auch als

$$\vec{u} = a\vec{b} = a\underline{\underline{1}}\vec{b} \tag{9.3.7}$$

schreiben. Dabei ist nach (2.6.14)

$$\underline{\underline{1}} = \sum_{k,\ell=1}^{3} \delta_{k\ell}\, \vec{e}_k \otimes \vec{e}_\ell = \sum_{k,\ell=1}^{3} \delta_{k\ell}\, \vec{e}\,'_k \otimes \vec{e}\,'_\ell \tag{9.3.8}$$

der Einheitstensor. Die Beziehung (9.3.7) verifiziert man jetzt sofort

$$\vec{u} = a\underline{\underline{1}}\vec{b} = a \sum_{k,\ell=1}^{3} \delta_{k\ell}(\vec{e}_k \otimes \vec{e}_\ell)\vec{b} = a \sum_{\ell=1}^{3} \vec{e}_\ell\, b_\ell = a\vec{b} \quad .$$

II) Ein Vektor der Form $\vec{w} = \vec{a}(\vec{b} \cdot \vec{c})$ läßt sich als

$$\vec{w} = \vec{a}(\vec{b} \cdot \vec{c}) = (\vec{a} \otimes \vec{b})\vec{c}$$

schreiben. Dabei ist $(\vec{a}\otimes\vec{b})$ das dyadische Produkt der Vektoren $\vec{a}$ und $\vec{b}$. Es ist nach (2.6.4) ein Tensor mit den Komponenten

$$(\vec{a}\otimes\vec{b})_{ij} = a_i b_j \quad .$$

In Komponenten lautet der Ausdruck $\vec{w} = \vec{a}(\vec{b}\cdot\vec{c})$

$$w_i = a_i \sum_k b_k\, c_k = \sum_k (a_i b_k) c_k \quad , \quad i=1,2,3$$

und ist damit verifiziert.
Wenden wir die beiden Regeln an, so ist der Drehimpuls in der Form

$$\vec{L} = \left[\sum_{i=1}^{N} m_i(\vec{r}_i^{\,2}\underline{\underline{1}}-\vec{r}_i\otimes\vec{r}_i)\right]\vec{\omega}$$

oder

$$\vec{L} = \underline{\underline{\Theta}}\vec{\omega} \quad . \tag{9.3.9}$$

darstellbar.
Damit läßt sich der Drehimpuls als Produkt zweier Faktoren $\underline{\underline{\Theta}}$ und $\vec{\omega}$ schreiben. Der Tensor

$$\underline{\underline{\Theta}} = \sum_{i=1}^{N} m_i(\vec{r}_i^{\,2}\underline{\underline{1}}-\vec{r}_i\otimes\vec{r}_i) \tag{9.3.10}$$

heißt *Trägheitsmoment* oder *Trägheitstensor* des starren Körpers um den Ursprung. Er ist im allgemeinen eine zeitabhängige Größe.

Die Zeitabhängigkeit des Trägheitstensors läßt sich explizit angeben, wenn man bedenkt, daß nach (9.3.2) und (9.1.3) für jeden Punkt des starren Körpers gilt

$$\begin{aligned}\vec{r}_i(t) = \vec{r}_i{}'(t) &= \sum_{\ell=1}^{3} r'_{i\ell}\, \vec{e}'_\ell(t) = \sum_{\ell=1}^{3} r'_{i\ell}\, \underline{\underline{R}}[\vec{\alpha}(t)]\vec{e}'_\ell(0) \\ &= \underline{\underline{R}}[\vec{\alpha}(t)] \sum_{\ell=1}^{3} r'_{i\ell}\, \vec{e}'_\ell(0) = \underline{\underline{R}}[\vec{\alpha}(t)]\, \vec{r}_i(0) \quad .\end{aligned} \tag{9.3.11}$$

Durch Einsetzen erhalten wir durch das explizite Ausschreiben der Zeitabhängigkeit in (9.3.10)

$$\underline{\underline{\Theta}}(t) = \sum_{i=1}^{N} m_i[\vec{r}_i(t)\cdot\vec{r}_i(t)\underline{\underline{1}}-\vec{r}_i(t)\otimes\vec{r}_i(t)]$$

$$= \sum_{i=1}^{N} m_i\{[\underline{\underline{R}}\vec{r}_i(0)]\cdot[\underline{\underline{R}}\vec{r}_i(0)]-[\underline{\underline{R}}\vec{r}_i(0)]\otimes[\underline{\underline{R}}\vec{r}_i(0)]\} \quad . \tag{9.3.11a}$$

Nach den Regeln der Tensorrechnung erhalten wir

$$\underline{\underline{\Theta}}(t) = \underline{\underline{R}} \sum_{i=1}^{N} m_i[\vec{r}_i(0)\cdot\vec{r}_i(0)\underline{\underline{1}}-\vec{r}_i(0)\otimes\vec{r}_i(0)]\underline{\underline{R}}^+$$

$$= \underline{\underline{R}}[\vec{\alpha}(t)]\underline{\underline{\Theta}}(0)\ \underline{\underline{R}}^+[\vec{\alpha}(t)] \quad , \tag{9.3.12a}$$

oder als Tensorprodukt der Rotationen

$$\underline{\underline{\Theta}}(t) = \underline{\underline{R}}[\vec{\alpha}(t)] \otimes \underline{\underline{R}}[\vec{\alpha}(t)]\underline{\underline{\Theta}}(0) \quad . \tag{9.3.12b}$$

Die zeitunabhängige Größe

$$\underline{\underline{\Theta}} = \underline{\underline{\Theta}}(0) = \sum_{i=1}^{N} m_i[\vec{r}_i(0)\cdot\vec{r}_i(0)\underline{\underline{1}}-\vec{r}_i(0)\otimes\vec{r}_i(0)] \tag{9.3.13}$$

(für zeitunabhängige Vektoren $\vec{r}_i$) ist nun allein durch die Massenverteilung $m_i(\vec{r}_i)$ des starren Körpers gegeben. Wir werden oft $\vec{r}_i$ statt $\vec{r}_i(0)$ schreiben, wenn wir ein zeitunabhängiges Trägheitsmoment angeben.

Für die Aufstellung der Eulerschen Gleichungen werden wir den Ausdruck $\dot{\underline{\underline{\Theta}}}\vec{\omega}$ benötigen. Man berechnet ihn am einfachsten aus der Definitionsgleichung (9.3.10a)

$$\dot{\underline{\underline{\Theta}}}\vec{\omega} = \sum_{i=1}^{N} m_i\left[2\left(\dot{\vec{r}}_i\cdot\vec{r}_i\right)\vec{\omega}-\dot{\vec{r}}_i\otimes\vec{r}_i\vec{\omega}-\vec{r}_i\otimes\dot{\vec{r}}_i\vec{\omega}\right] \quad . \tag{9.3.14}$$

Wegen

$$\dot{\vec{r}}_i = \vec{\omega}(t) \times \vec{r}_i(t) \tag{9.3.15}$$

verschwinden der erste und der letzte Term in der eckigen Klammer. Da

$$\vec{\omega} \times \vec{r}_i^{\,2}\, \vec{\omega} = \vec{r}_i^{\,2}\, \vec{\omega} \times \vec{\omega} = 0$$

gilt, können wir diesen Term in die eckige Klammer einfügen, so daß wir erhalten

$$\dot{\underline{\underline{\Theta}}}\vec{\omega} = \sum_{i=1}^{N} m_i \left[\vec{\omega}\times\vec{r}_i^{\,2}\vec{\omega} - (\vec{\omega}\times\vec{r}_i)\otimes\vec{r}_i\vec{\omega} \right]$$

$$= \vec{\omega} \times \sum_{i=1}^{N} m_i [\vec{r}_i^{\,2}\underline{\underline{1}} - \vec{r}_i\otimes\vec{r}_i]\vec{\omega} = \vec{\omega} \times (\underline{\underline{\Theta}}\vec{\omega}) \quad . \qquad (9.3.16)$$

Die allgemeine Darstellung des Trägheitsmomentes in einer beliebig zeitabhängigen Tensorbasis

$$\underline{\underline{\Theta}}(t) = \sum_{m,n=1}^{3} \Theta_{mn}(t)\, \vec{e}_m(t) \otimes \vec{e}_n(t) \qquad (9.3.17)$$

enthält sowohl zeitabhängige Matrixelemente $\Theta_{mn}(t)$ wie zeitabhängige Vektoren $\vec{e}_\ell(t)$. In speziellen Koordinatensystemen verschwindet jedoch ein Teil der Zeitabhängigkeit:

I) Im raumfesten Koordinatensystem $\vec{e}_i$ sind die Basisvektoren zeitunabhängig, so daß die Zerlegung

$$\underline{\underline{\Theta}}(t) = \sum_{m,n=1}^{3} \Theta_{mn}(t)\, \vec{e}_m(0) \otimes \vec{e}_n(0) \qquad (9.3.18)$$

gilt. Die Matrixelemente tragen wegen $\vec{r}_i = \sum_{\ell=1}^{3} r_{i\ell}(t)\, \vec{e}_\ell$ die ganze Zeitabhängigkeit

$$\Theta_{mn}(t) = \sum_{i=1}^{N} m_i \left[\vec{r}_i^{\,2}\delta_{mn} - r_{im}(t) r_{in}(t) \right] \quad . \qquad (9.3.19)$$

II) Im körperfesten System gilt

$$\vec{r}_i = \sum r'_{i\ell}\, \vec{e}'_\ell(t)$$

mit zeitunabhängigen Koordinaten $r'_{i\ell}$. Deshalb sind die Matrixelemente des Trägheitstensors zeitunabhängig

$$\Theta'_{mn} = \sum_{i=1}^{N} m_i \left(\vec{r}_i^{\,2}\delta_{mn} - r'_{im} r'_{in} \right) \quad . \qquad (9.3.20)$$

Die ganze Zeitabhängigkeit tragen die Basisvektoren $\vec{e}'_i(t)$ des körperfesten Systems

$$\underline{\underline{\Theta}}(t) = \sum_{m,n=1}^{3} \Theta'_{mn}\, \vec{e}\,'_m(t) \otimes \vec{e}\,'_n(t) \quad . \tag{9.3.21}$$

Die Gleichung (9.3.16) ist als darstellungsunabhängige Relation natürlich für jedes Koordinatensystem gültig.
Stellen wir (9.3.9) im körperfesten System dar,

$$\vec{L} = \sum_{k=1}^{3} L'_k\, \vec{e}\,'_k = \sum_{k,\ell=1}^{3} \Theta'_{k\ell}(\vec{e}\,'_k \otimes \vec{e}\,'_\ell)(\sum_m \omega'_m \vec{e}\,'_m) = \sum_{k,\ell=1}^{3} \Theta'_{k\ell}\, \omega'_\ell\, \vec{e}\,'_k \quad , \tag{9.3.22}$$

so erhalten wir für $\vec{L}$ die einfache Komponentengleichung

$$L'_k = \sum_{\ell=1}^{3} \Theta'_{k\ell}\, \omega'_\ell \quad , \quad k=1,2,3 \quad , \tag{9.3.23a}$$

so daß die ganze Zeitabhängigkeit von L'_k durch die Zeitabhängigkeit der ω'_ℓ gegeben wird. Die drei Beziehungen (9.3.23a) können wir mit Hilfe der Matrixschreibweise zu einer einzigen Beziehung zusammenfassen.

$$(\vec{L})_{kf} = (\underline{\underline{\Theta}})_{kf}\, (\vec{\omega})_{kf} \quad . \tag{9.3.23b}$$

Dabei sind die $(\vec{L})_{kf}$, $(\vec{\omega})_{kf}$ bzw. $(\underline{\underline{\Theta}})_{kf}$ Spaltenvektoren bzw. Matrizen bezüglich der Basisvektoren des körperfesten Koordinatensystems.

Die Gleichungen (9.3.9) bzw. (9.3.23) für den Drehimpuls des starren Körpers sind der Beziehung

$$\vec{p} = m\, \vec{v}$$

analog, die die Verknüpfung von Impuls $\vec{p}$ und Geschwindigkeit $\vec{v}$ eines Massenpunktes angab. Während jedoch Impuls und Geschwindigkeit immer parallel sind, gilt dies im allgemeinen nicht für Drehimpuls und Winkelgeschwindigkeit. Das drückt sich mathematisch dadurch aus, daß das Trägheitsmoment im Gegensatz zur Masse kein Skalar sondern ein Tensor ist.

9.4 Eigenschaften des Trägheitstensors

9.4.1 Trägheitstensoren verschiedener Körper

Wir schreiben zunächst das Trägheitsmoment noch einmal ausführlich in Tensorkomponenten hin

$$(\underline{\underline{\Theta}}') = \begin{pmatrix} \Theta'_{11} & \Theta'_{12} & \Theta'_{13} \\ \Theta'_{21} & \Theta'_{22} & \Theta'_{23} \\ \Theta'_{31} & \Theta'_{32} & \Theta'_{33} \end{pmatrix} = \begin{pmatrix} \sum m_i(r_i'^2 - r'_{i1}r'_{i1}) & -\sum m_i\, r'_{i1}\, r'_{i2} & -\sum m_i\, r'_{i1}\, r'_{i3} \\ -\sum m_i\, r'_{i2}\, r'_{i1} & \sum m_i(r_i'^2 - r'_{i2}r'_{i2}) & -\sum m_i\, r'_{i2}\, r'_{i3} \\ -\sum m_i\, r'_{i3}\, r'_{i1} & -\sum m_i\, r'_{i3}\, r'_{i2} & \sum m_i(r_i'^2 - r'_{i3}r'_{i3}) \end{pmatrix} \tag{9.4.1}$$

und berechnen es nun für einige einfache Körper.

I) Zweiatomiges Molekül

Wir betrachten eine Anordnung von zwei Massenpunkten der Masse m, die im Abstand ± d vom Ursprung auf der 1-Achse eines *körperfesten* Koordinatensystems angebracht sind (Abb.9.3). Sie kann als Modell eines zweiatomigen Moleküls (etwa H_2, N_2, O_2) dienen. Es gilt offenbar

$$r'_{11} = -d \quad , \quad r'_{12} = 0 \quad , \quad r'_{13} = 0 \quad ,$$

$$r'_{21} = d \quad , \quad r'_{22} = 0 \quad , \quad r'_{23} = 0 \quad .$$

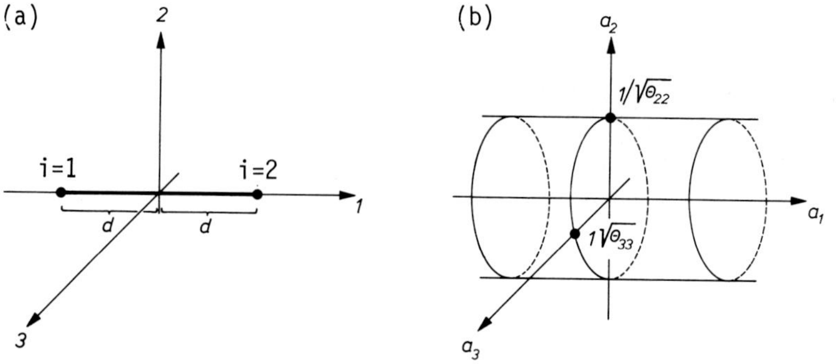

Abb. 9.3. Modell eines zweiatomigen Moleküls (a) und zugehöriges Trägheitsellipsoid (b). Das Ellipsoid ist zu einem längs der 1-Achse unendlich ausgedehnten Zylinder entartet

Damit ist

$$\Theta'_{k\ell} = \sum_{i=1}^{2} m_i\left(r_i'^2\delta_{k\ell} - r'_{ik}r'_{i\ell}\right) = m\left(2d^2\delta_{k\ell} - 2d^2\delta_{k1}\delta_{\ell 1}\right) \quad ,$$

$$(\underline{\underline{\Theta}}') = 2m\begin{pmatrix} 0 & 0 & 0 \\ 0 & d^2 & 0 \\ 0 & 0 & d^2 \end{pmatrix} \quad . \tag{9.4.2}$$

II) Wassermolekül

Das Wassermölekül, das hier stellvertretend für eine bestimmte Art symmetrischer dreiatomiger Moleküle betrachtet wird, besteht aus einem Sauerstoffatom (O) und zwei Wasserstoffatomen (H), die den Abstand ℓ vom Sauerstoffatom haben und deren Verbindungslinien mit dem Sauerstoffatom den Winkel $\alpha = 105^{\circ}$ miteinander bilden. Wir wählen ein körperfestes Koordinatensystem, dessen Ursprung im Schwerpunkt des Systems liegt, dessen 2-Achse durch das Sauerstoffatom und dessen 1-Achse parallel zur Verbindungslinie der Wasserstoffatome verläuft (Abb.9.4).

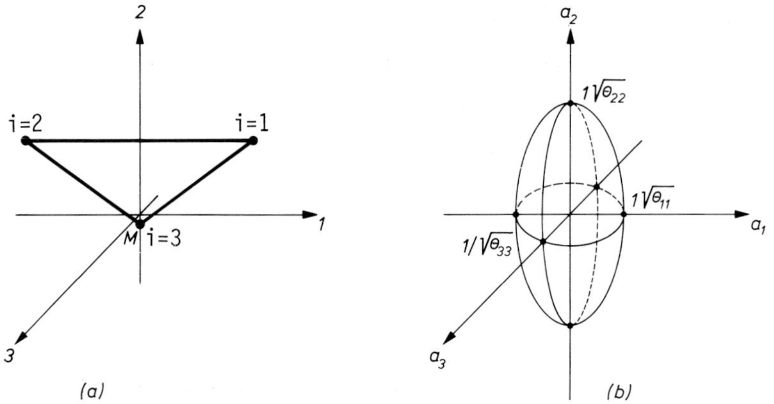

Abb. 9.4. Modell eines symmetrischen dreiatomigen Moleküls (Wassermolekül) (a) und zugehöriges Trägheitsellipsoid (b)

Ist M die Masse des Sauerstoffatoms und m die Masse des Wasserstoffatoms (M=16m), so gilt

$$\begin{aligned}
r'_{11} &= \ell \sin\frac{\alpha}{2} \quad , & r'_{12} &= \frac{M}{M+2m}\,\ell\cos\frac{\alpha}{2} \quad , & r'_{13} &= 0 \quad , \\
r'_{21} &= -\ell \sin\frac{\alpha}{2} \quad , & r'_{22} &= \frac{M}{M+2m}\,\ell\cos\frac{\alpha}{2} \quad , & r'_{23} &= 0 \quad , \\
r'_{31} &= 0 \quad , & r'_{32} &= -\frac{2m}{M+2m}\,\ell\cos\frac{\alpha}{2} \quad , & r'_{33} &= 0 \quad ,
\end{aligned}$$

und

$$(\underline{\underline{\Theta}}') = 2m\ell^2 \begin{pmatrix} \frac{M}{M+2m}\cos^2\frac{\alpha}{2} & 0 & 0 \\ 0 & \sin^2\frac{\alpha}{2} & 0 \\ 0 & 0 & \sin^2\frac{\alpha}{2} + \frac{M}{M+2m}\cos^2\frac{\alpha}{2} \end{pmatrix} \quad . \tag{9.4.3}$$

III) Kugel

Statt bei der Berechnung des Trägheitsmoments eines makroskopischen Körpers die Summation über alle Massenpunkte zu erstrecken, ersetzt man die Summe durch eine Volumenintegration. Ist (die im allgemeinen noch ortsabhängige) Dichte des Körpers $\rho(\vec{r})$, so ist

$$\underline{\underline{\Theta}} = \int_V \rho(\vec{r})(\vec{r}^2 - \vec{r}\otimes\vec{r})\, dV \quad . \tag{9.4.4}$$

Dabei ist die Integration über das ganze Volumen V des Körpers zu erstrecken. Als Beispiel berechnen wir das Trägheitsmoment einer homogenen Kugel der Dichte ρ und des Radius R um ihren Mittelpunkt

$$\underline{\underline{\Theta}} = \rho \int (\vec{r}^2 - \vec{r}\otimes\vec{r})\, dV = \rho \int_{\cos\vartheta=-1}^{1} \int_{\varphi=0}^{2\pi} \int_{r=0}^{R} (\vec{r}^2 - \vec{r}\otimes\vec{r}) r^2\, dr\, d\varphi\, d\cos\vartheta$$

$$= \rho \int_0^R r^4 \left[\int_{-1}^{1} \int_0^{2\pi} \left(1 - \frac{\vec{r}\otimes\vec{r}}{\vec{r}^2}\right) d\varphi\, d\cos\vartheta\right] dr \quad .$$

Nun hat $\vec{r}\otimes\vec{r}/\vec{r}^2$ die Komponentendarstellung

$$\frac{(\vec{r})\otimes(\vec{r})}{\vec{r}^2} = \frac{1}{r^2}\begin{pmatrix} x^2 & xy & xz \\ yx & y^2 & yz \\ zx & zy & z^2 \end{pmatrix} = \begin{pmatrix} \sin^2\vartheta\cos^2\varphi & \sin^2\vartheta\sin\varphi\cos\varphi & \sin\vartheta\cos\vartheta\cos\varphi \\ \sin^2\vartheta\sin\varphi\cos\varphi & \sin^2\vartheta\sin^2\varphi & \sin\vartheta\cos\vartheta\sin\varphi \\ \sin\vartheta\cos\vartheta\cos\varphi & \sin\vartheta\cos\vartheta\sin\varphi & \cos^2\vartheta \end{pmatrix} .$$

Die Integration über den Winkel φ führt zum Verschwinden der Nichtdiagonalelemente, die Diagonalelemente findet man nach einfacher Rechnung

$$\int_{-1}^{1} \int_0^{2\pi} \left[(\underline{\underline{1}}) - \frac{(\vec{r})\otimes(\vec{r})}{\vec{r}^2}\right] d\varphi\, d\cos\vartheta = \begin{pmatrix} \frac{8}{3}\pi & 0 & 0 \\ 0 & \frac{8}{3}\pi & 0 \\ 0 & 0 & \frac{8}{3}\pi \end{pmatrix} = \frac{8}{3}\pi\, \underline{\underline{1}} \quad .$$

Damit ist der Trägheitstensor der Kugel

$$\underline{\underline{\Theta}} = \rho \frac{R^5}{5} \frac{8}{3}\pi\, \underline{\underline{1}} \quad .$$

Benutzt man die Gesamtmasse

$$M = \frac{4\pi}{3} R^3 \rho$$

der Kugel, so erhält man

$$\underline{\underline{\Theta}} = \frac{2}{5} M R^2 \underline{\underline{1}} \quad . \tag{9.4.5}$$

Die Tatsache, daß $\underline{\underline{\Theta}}$ ein Vielfaches des Einheitstensors ist, spiegelt die Symmetrie der Kugel wieder.

9.4.2 Hauptträgheitsachsen

Der Trägheitstensor (9.3.10) ist symmetrisch,

$$\underline{\underline{\Theta}}^+ = \underline{\underline{\Theta}} \quad , \quad \text{d.h.} \quad \Theta_{ij} = \Theta_{ji} \quad , \quad i,j = 1, 2, 3 \quad ,$$

da sowohl der Einheitstensor wie auch das dyadische Produkt $\vec{r}_i \otimes \vec{r}_i$ symmetrisch ist. Man kann zeigen, daß ein symmetrischer Tensor sich durch eine geeignete Rotation des Koordinatensystems, in dem er dargestellt ist, immer auf Diagonalform bringen läßt; das heißt auf eine Form, in der nur die Elemente Θ_{ii} $(i=1,2,3)$ von Null verschieden sind. Da wir das körperfeste Koordinatensystem beliebig wählen können, können wir es immer so festlegen, daß der Trägheitstensor diagonal wird. In den drei Beispielen des letzten Abschnitts ist das schon geschehen. Die Koordinatenachsen des Systems, in dem der Trägheitstensor Diagonalform annimmt, heißen *Hauptträgheitsachsen* des Körpers. Besitzt der Körper eine oder mehrere *Symmetrieachsen*, so besteht ein enger Zusammenhang zwischen ihnen und den Hauptträgheitsachsen. Dies lassen jedenfalls die Beispiele des letzten Abschnitts vermuten. Die Diagonalelemente des Trägheitstensors nennen wir, wenn er auf Hauptachsen gebracht worden ist, $\Theta_{ii} = \Theta_i$.

9.4.3 Drehimpuls und Trägheitsmoment um feste Achsen

Wir haben bereits bemerkt, daß wegen der Tensornatur des Trägheitsmoments $\underline{\underline{\Theta}}$ der Drehimpuls

$$\vec{L} = \underline{\underline{\Theta}}\, \vec{\omega} \tag{9.4.6}$$

im allgemeinen nicht in Richtung der Winkelgeschwindigkeit $\vec{\omega}$ zeigt. Wir können jedoch seine Komponente in Richtung von $\vec{\omega}$ berechnen, die wir mit $L_{\hat{\omega}}$ bezeichnen. Ist

$$\hat{\vec{\omega}} = \vec{\omega}/\omega$$

der Einheitsvektor in Richtung der Winkelgeschwindigkeit, so ist

$$L_{\hat{\omega}} = \hat{\vec{\omega}} \cdot \vec{L} = \hat{\vec{\omega}}\, \underline{\underline{\Theta}}\, \vec{\omega} = \hat{\vec{\omega}}\, \underline{\underline{\Theta}}\, \hat{\vec{\omega}}\, \omega \quad ,$$

also

$$L_{\hat{\omega}} = \Theta_{\hat{\omega}}\, \omega \quad . \tag{9.4.7}$$

Diese Beziehung ist eine Relation zwischen Skalaren, die wir bereits in Abschnitt 6.3 hergeleitet hatten. Die Größe

$$\Theta_{\hat{\omega}} = \hat{\vec{\omega}}\, \underline{\underline{\Theta}}\, \hat{\vec{\omega}} \tag{9.4.8}$$

ist das *skalare Trägheitsmoment bezüglich der Achse* $\hat{\vec{\omega}}$.
Setzen wir in diese Beziehung die Definition (9.3.10) des Trägheitsmomentes ein, so ergibt sich

$$\Theta_{\hat{\omega}} = \hat{\vec{\omega}}\left[\sum_{i=1}^{N} m_i(\vec{r}_i^{\,2} - \vec{r}_i \otimes \vec{r}_i)\right]\hat{\vec{\omega}} = \sum_{i=1}^{N} m_i\left[\vec{r}_i^{\,2} - (\vec{r}_i \cdot \hat{\vec{\omega}})^2\right] = \sum_{i=1}^{N} m_i\, \vec{r}_i^{\,2}\left(1 - \cos^2\vartheta_i\right)$$

$$= \sum_{i=1}^{N} m_i\, \vec{r}_i^{\,2} \sin^2\vartheta_i = \sum_{i=1}^{N} m_i\, r_{i\perp}^2 \quad . \tag{9.4.9}$$

Die Größe

$$r_{i\perp} = r_i \sin\vartheta_i$$

ist der Abstand des i-ten Massenpunktes von der Drehachse. Die Gleichung (9.4.9) ist eine Beziehung, die mit (6.3.4) übereinstimmt.

9.4.4 Trägheitsellipsoid

Zur Verdeutlichung von (9.4.8) nehmen wir zunächst der Einfachheit halber an, daß der Trägheitstensor $\underline{\underline{\Theta}}$ in Diagonalform dargestellt ist. Dann ist wegen (9.4.8) und mit der Zerlegung

$$\hat{\vec{\omega}} = \hat{\omega}_1 \vec{e}_1 + \hat{\omega}_2 \vec{e}_2 + \hat{\omega}_3 \vec{e}_3$$

$$\Theta_{\hat{\omega}} = \Theta_1 \hat{\omega}_1^2 + \Theta_2 \hat{\omega}_2^2 + \Theta_3 \hat{\omega}_3^2 \quad . \tag{9.4.10a}$$

Wir können dieser Beziehung auf folgende Weise eine geometrische Bedeutung geben. Im körperfesten Koordinatensystem, dessen Achsen die Hauptträgheitsachsen des Körpers sind, konstruieren wir vom Ursprung aus in jeder Richtung $\hat{\vec{\omega}}$ einen Vektor der Länge $1/\sqrt{\Theta_{\hat{\omega}}}$

$$\vec{a} = a\hat{\vec{\omega}} \quad , \quad a = \frac{1}{\sqrt{\Theta_{\hat{\omega}}}} \quad . \tag{9.4.11}$$

Seine Richtungskosinus sind

$$\hat{\omega}_1 = \frac{a_1}{a} = a_1\sqrt{\Theta_{\hat{\omega}}} \quad , \quad \hat{\omega}_2 = \frac{a_2}{a} = a_2\sqrt{\Theta_{\hat{\omega}}} \quad , \quad \hat{\omega}_3 = \frac{a_3}{a} = a_3\sqrt{\Theta_{\hat{\omega}}} \quad .$$

Die Beziehung (9.4.10a) lautet dann

$$\Theta_1 a_1^2 + \Theta_2 a_2^2 + \Theta_3 a_3^2 = 1 \quad . \tag{9.4.10b}$$

Schreiben wir sie in der Form

$$\frac{a_1^2}{\left(\frac{1}{\sqrt{\Theta_1}}\right)^2} + \frac{a_2^2}{\left(\frac{1}{\sqrt{\Theta_2}}\right)^2} + \frac{a_3^2}{\left(\frac{1}{\sqrt{\Theta_3}}\right)^2} = 1 \quad ,$$

sieht man sofort, daß sie die Gleichung des Ellipsoids ist, dessen Hauptachsen in Richtung der Koordinatenachsen liegen und deren Halbachsen in diesen Richtungen die Längen

$$\frac{1}{\sqrt{\Theta_1}} \quad , \quad \frac{1}{\sqrt{\Theta_2}} \quad , \quad \frac{1}{\sqrt{\Theta_3}} \quad ,$$

haben. Hat $\underline{\underline{\Theta}}$ nicht Diagonalform, so führt (9.4.8) trotzdem auf ein Ellipsoid der gleichen geometrischen Form, dessen Hauptachsen in Richtung der Hauptträgheitsachsen liegen, aber nicht mit dem körperfesten Koordinatensystem zusammenfallen.

Die Gesamtheit der Trägheitsmomente $\Theta_{\hat{\omega}}$ um alle Achsen $\hat{\omega}$ ist also durch 6 unabhängige Größen gekennzeichnet, die wir als die drei Hauptträgheitsmomente Θ_1, Θ_2, Θ_3, und die drei Winkel identifizieren können, die die räumliche Orientierung der Hauptträgheitsachsen angeben. Das entspricht der Tatsache, daß von den 9 Elementen des Trägheitstensors nur 6 unabhängig sind.

Zum Abschluß berechnen wir die Trägheitsellipsoide für die Beispiele des Abschnitts 9.4.1.

I) Zweiatomiges Molekül

Aus (9.4.2) und (9.4.11) folgt die Beziehung

$$2md^2\left(a_2^2+a_3^2\right) = 1 \quad . \tag{9.4.12}$$

Sie beschreibt ein Ellipsoid, das zu einem Zylinder entartet ist, dessen Achse mit der 1-Achse zusammenfällt und das den Radius

$$a = \frac{1}{d\sqrt{2m}}$$

hat (Abb.9.3b).

Die Trägheitsmomente um alle Achsen senkrecht zur Verbindungslinie der Atome sind gleich. Das Trägheitsmoment um die Verbindungslinie selbst verschwindet.

II) Wassermolekül

Aus (9.4.3) entnehmen wir die Hauptträgheitsmomente

$$\Theta_1 = 2m\ell^2 \frac{M}{M+2m}\cos^2(\alpha/2), \qquad \Theta_2 = 2m\ell^2 \sin^2(\alpha/2) \quad ,$$

$$\Theta_3 = 2m\ell^2\left[\sin^2(\alpha/2) + \frac{M}{M+2m}\cos^2(\alpha/2)\right] \quad ; \tag{9.4.13}$$

die drei Hauptachsen des Trägheitsellipsoids sind verschieden.

III) Kugel

Da nach (9.4.5) alle Hauptträgheitsmomente

$$\Theta_1 = \Theta_2 = \Theta_3 = \frac{2}{5} MR^2 \tag{9.4.14}$$

gleich sind, ist auch das Trägheitsellipsoid eine Kugel.

9.4.5 Steinerscher Satz

Trägheitstensoren sind aufpunktabhängig definiert. Seien 0 und 0_b zwei Aufpunkte, deren Abstand durch den Vektor $\vec{b}$ charakterisiert ist. Der i-te Massenpunkt des starren Körpers werde bezüglich 0 durch den Ortsvektor $\vec{r}_i$ und bezüglich 0_b durch

$$\vec{r}_{bi} = \vec{r}_i - \vec{b} \quad , \tag{9.4.15}$$

charakterisiert (Abb.9.5). Das Trägheitsmoment um 0_b ist

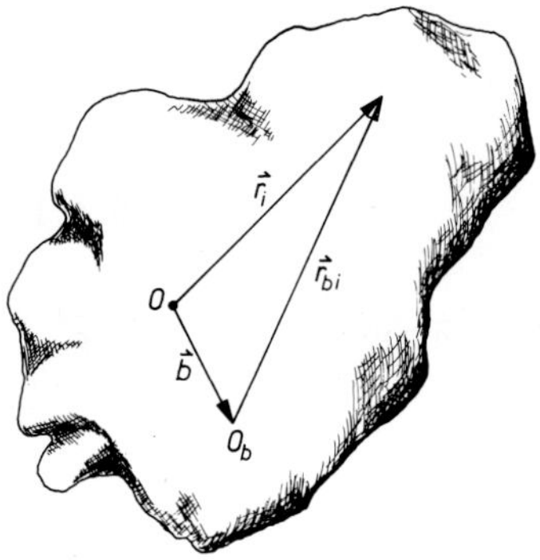

Abb. 9.5. Zum Steinerschen Satz

$$\underline{\underline{\Theta}}_b = \sum_{i=1}^{N} m_i\left(\vec{r}_{bi}^{\,2} - \vec{r}_{bi}\otimes\vec{r}_{bi}\right) = \sum_{i=1}^{N} m_i[(\vec{r}_i-\vec{b})^2 - (\vec{r}_i-\vec{b})\otimes(\vec{r}_i-\vec{b})]$$

$$= \underline{\underline{\Theta}} + M(\vec{b}^{\,2} - \vec{b}\otimes\vec{b}) - M(2\vec{b}\vec{R} - \vec{R}\otimes\vec{b} - \vec{b}\otimes\vec{R}) \quad . \tag{9.4.16}$$

Dabei ist

$$\underline{\underline{\Theta}} = \sum_{i=1}^{N} m_i\left(\vec{r}_i^{\,2} - \vec{r}_i\otimes\vec{r}_i\right)$$

das Trägheitsmoment um 0,

$$\vec{R} = \frac{1}{M}\sum_{i=1}^{N} m_i\,\vec{r}_i$$

der Schwerpunktvektor bezogen auf 0 und

$$M = \sum_{i=1}^{N} m_i$$

die Gesamtmasse. Falls der Aufpunkt 0 der Ortsvektoren $\vec{r}$ der Schwerpunkt des betrachteten Körpers war, gilt

$$\vec{R} = \frac{1}{M}\sum_{k=1}^{N} m_k\,\vec{r}_k = 0$$

und

$$\underline{\underline{\Theta}} = \underline{\underline{\Theta}}_S \quad ,$$

wobei $\underline{\underline{\Theta}}_S$ das Trägheitsmoment des Körpers um seinen Schwerpunkt ist.

Der Steinersche Satz besagt dann, daß der Trägheitstensor um einen beliebigen anderen Punkt des Körpers, der den Ortsvektor $\vec{b}$ im Schwerpunktsystem hat, gegeben ist durch

$$\underline{\underline{\Theta}}_b = \underline{\underline{\Theta}}_S + M(\vec{b}^2\underline{\underline{1}}-\vec{b}\otimes\vec{b}) \quad . \tag{9.4.17}$$

Das ist die Summe aus dem Trägheitsmoment des Körpers um seinen Schwerpunkt und dem Trägheitsmoment der im Schwerpunkt vereinigten Gesamtmasse um den Aufpunkt O_b. Als Spezialfall erhält man (6.5.5) für das Trägheitsmoment $\hat{\vec{\omega}}\underline{\underline{\Theta}}\hat{\vec{\omega}}$ um eine neue feste Achse $\hat{\vec{\omega}}$.

9.5 Bewegungsgleichungen des starren Körpers. Eulersche Gleichungen

Im Kapitel 5 hatten wir als Bewegungsgleichung für den Drehimpuls eines Systems von Massenpunkten die Gleichung (5.4.3)

$$\frac{d}{dt}\vec{L} = \vec{D}$$

hergeleitet. Wegen $\vec{L} = \underline{\underline{\Theta}}\vec{\omega}$ - (9.3.9) - erhalten wir die Relation

$$\dot{\vec{L}} = \frac{d}{dt}(\underline{\underline{\Theta}}\vec{\omega}) = \vec{D} \tag{9.5.1}$$

in formaler Analogie zur Newtonschen Bewegungsgleichung

$$\dot{\vec{p}} = \frac{d}{dt}(m\vec{v}) = \vec{F}$$

eines Massenpunktes.

Bei Maschinen und Apparaturen wird oft dafür gesorgt, daß Drehungen nur um eine körperfeste Achse erfolgen können, die im Raum festgehalten wird. Der Vektor der Winkelgeschwindigkeit zeigt dann stets in Richtung dieser Achse ($\dot{\hat{\vec{\omega}}}=0$). Zur Bewegung trägt nur die Komponente des Drehmoments $D_{\hat{\omega}}$ in Richtung der Achse bei. Die Komponente senkrecht zur Achse wird von den Lagern der Achse aufgefangen. Man erhält aus (9.5.1)

$$D_{\hat{\omega}} = \hat{\vec{\omega}} \cdot \vec{D} = \hat{\vec{\omega}} \cdot \dot{\vec{L}} = \dot{L}_{\hat{\omega}} \quad . \tag{9.5.2a}$$

Da die Achse körperfest ist, sind die Komponenten $\hat{\omega}'_k$ von $\hat{\vec{\omega}}$ im körperfesten System zeitunabhängig. Deswegen ist das Trägheitsmoment um diese Achse

$$\Theta_{\hat{\omega}} = \hat{\vec{\omega}}\,\underline{\underline{\Theta}}\,\hat{\vec{\omega}} = \sum_{k,\ell=1}^{3} \hat{\omega}'_k\,\Theta'_{k\ell}\,\hat{\omega}'_\ell \tag{9.5.2b}$$

eine zeitunabhängige Größe, so daß mit (9.4.7)

$$\dot{L}_{\hat{\omega}} = \frac{d}{dt}(\Theta_{\hat{\omega}} \cdot \omega) = \Theta_{\hat{\omega}} \cdot \dot{\omega} = D_{\hat{\omega}} \tag{9.5.3}$$

folgt. Die letzte Beziehung ist eine Gleichung zwischen den skalaren Größen $D_{\hat{\omega}}$, $\Theta_{\hat{\omega}}$ und $\dot{\omega}$, die wir bereits im Abschnitt 6.3 hergeleitet hatten. Da die Richtung der Achse einmal durch den Einheitsvektor $\hat{\vec{\omega}}$ festgelegt wurde, treten keine Vektoren oder Tensoren mehr auf.

Für verschwindendes Drehmoment, $\vec{D} = 0$, gilt der Drehimpulserhaltungssatz für den starren Körper

$$\dot{\vec{L}} = \frac{d}{dt}\vec{L} = \frac{d}{dt}(\underline{\underline{\Theta}}\vec{\omega}) = 0 \quad \text{d.h.} \quad \vec{L} = \underline{\underline{\Theta}}\vec{\omega} = \vec{L}_0 = \text{const.} \quad . \tag{9.5.4}$$

Zur Aufstellung der Bewegungsgleichung für die Drehung um beliebige bewegliche Achsen machen wir bei der Berechnung der Zeitableitung des Produktes $\underline{\underline{\Theta}}\vec{\omega}$ Gebrauch von der Beziehung (9.3.16) für das Produkt aus der Ableitung $\dot{\underline{\underline{\Theta}}}$ des Trägheitstensors und der Winkelgeschwindigkeit $\vec{\omega}$

$$\frac{d}{dt}\vec{L} = \frac{d}{dt}(\underline{\underline{\Theta}}\vec{\omega}) = \dot{\underline{\underline{\Theta}}}\vec{\omega} + \underline{\underline{\Theta}}\dot{\vec{\omega}} = \vec{\omega} \times (\underline{\underline{\Theta}}\vec{\omega}) + \underline{\underline{\Theta}}\dot{\vec{\omega}} \quad . \tag{9.5.5}$$

Damit finden wir als Bewegungsgleichungen für den starren Körper bei Drehung um einen raumfesten Punkt

$$\underline{\underline{\Theta}}\dot{\vec{\omega}} + \vec{\omega} \times (\underline{\underline{\Theta}}\vec{\omega}) = \vec{D} \tag{9.5.6a}$$

oder in Komponenten

$$\sum_{\ell=1}^{3} \Theta_{i\ell}\,\dot{\omega}_\ell + \sum_{mn\ell} \varepsilon_{imn}\,\omega_m\,\Theta_{n\ell}\,\omega_\ell = D_i \quad . \tag{9.5.6b}$$

In dieser Gleichung sind sowohl $\underline{\underline{\Theta}}(t)$ wie $\vec{\omega}(t)$ in ihrer Zeitabhängigkeit unbekannte Größen. Die Differentialgleichungen (9.5.6) sind die *Eulerschen Gleichungen* für die Bewegung eines starren Körpers um einen festen Punkt. Im körperfesten System ist zwar $\underline{\underline{\Theta}}$ eine zeitlich konstante Größe, dafür ist in diesem System im allgemeinen die Berechnung des Drehmomentes $\vec{D}$ vergleichsweise kompliziert.

Legt man das körperfeste System $\vec{e}_i'$ in die Hauptträgheitsachsen, so ist der Trägheitstensor diagonal ($\Theta_{n\ell}' = \Theta_\ell' \delta_{n\ell}$)

$$\underline{\underline{\Theta}} = \sum_{\ell=1}^{3} \Theta_\ell' \, \vec{e}_\ell' \otimes \vec{e}_\ell' \tag{9.5.7}$$

und das Drehmoment hat die Komponentenzerlegung

$$\vec{D} = \sum_{\ell=1}^{3} D_\ell' \, \vec{e}_\ell' \quad .$$

Für die Winkelgeschwindigkeit

$$\vec{\omega} = \sum_{\ell=1}^{3} \omega_\ell' \, \vec{e}_\ell'(t)$$

gilt wegen (9.2.5 bzw. 6)

$$\dot{\vec{\omega}} = \sum_{\ell=1}^{3} \dot{\omega}_\ell' \, \vec{e}_\ell'(t) \quad , \tag{9.5.8}$$

so daß die Eulerschen Gleichungen im körperfesten System der Hauptträgheitsachsen die spezielle Gestalt

$$\Theta_1'\dot{\omega}_1' - (\Theta_2'-\Theta_3')\omega_2'\omega_3' = D_1' \quad ,$$

$$\Theta_2'\dot{\omega}_2' - (\Theta_3'-\Theta_1')\omega_3'\omega_1' = D_2' \quad ,$$

$$\Theta_3'\dot{\omega}_3' - (\Theta_1'-\Theta_2')\omega_1'\omega_2' = D_3' \tag{9.5.9}$$

haben.

9.6 Kinetische Energie des starren Körpers. Translationsenergie. Rotationsenergie. Energieerhaltungssatz

Die kinetische Energie eines Systems von Massenpunkten ist durch

$$E_{kin} = \sum_{i=1}^{N} \frac{1}{2} m_i \vec{v}_i^2 \tag{9.6.1}$$

gegeben. Wir zerlegen die Geschwindigkeit des i-ten Massenpunktes in die Schwerpunktsgeschwindigkeit

$$\vec{V} = \dot{\vec{R}} = \frac{1}{M} \sum_{i=1}^{N} m_i \dot{\vec{r}}_i = \frac{1}{M} \sum_{i=1}^{N} m_i \vec{v}_i \tag{9.6.2}$$

und die Geschwindigkeit $\vec{v}_{si}$ relativ zum Schwerpunkt

$$\vec{v}_i = \vec{V} + \vec{v}_{si} \quad . \tag{9.6.3}$$

Offenbar gilt

$$\sum_{i=1}^{N} m_i \vec{v}_{si} = 0 \quad . \tag{9.6.4}$$

Durch Einsetzen von (9.6.3) in den Ausdruck (9.6.1) für die gesamte kinetische Energie erhält man mit Hilfe von (9.6.4)

$$\begin{aligned} E_{kin} &= \frac{1}{2} \sum_i m_i (\vec{V}+\vec{v}_{si})^2 = \frac{1}{2} \sum_i m_i (\vec{V}^2 + 2\vec{V}\cdot\vec{v}_{si} + \vec{v}_{si}^2) \\ &= \frac{1}{2} M\vec{V}^2 + \frac{1}{2} \sum_{i=1}^{N} m_i \vec{v}_{si}^2 \quad . \end{aligned} \tag{9.6.5}$$

Wegen der Starrheit des Körpers dreht sich jeder Massenpunkt i mit der gleichen Winkelgeschwindigkeit $\vec{\omega}$ um den Schwerpunkt

$$\vec{v}_{si} = \vec{\omega} \times \vec{\rho}_i \quad , \tag{9.6.6}$$

dabei ist $\vec{\rho}_i$ der Ortsvektor im Schwerpunktssystem

$$\vec{r}_i = \vec{R} + \vec{\rho}_i \quad . \tag{9.6.7}$$

Für die kinetische Energie erhält man damit

$$E_{kin} = \frac{1}{2} M\vec{V}^2 + \frac{1}{2} \sum_{i=1}^{N} m_i \vec{v}_{si}(\vec{\omega}\times\vec{\rho}_i) = \frac{1}{2} M\vec{V}^2 + \frac{1}{2} \sum_{i=1}^{N} m_i \vec{\omega}(\vec{\rho}_i\times\vec{v}_{si})$$

$$= \frac{1}{2} M\vec{V}^2 + \frac{1}{2} \vec{\omega}\cdot\sum_{i=1}^{N} m_i(\vec{\rho}_i\times\vec{v}_{si}) \quad . \qquad (9.6.8)$$

Da

$$\sum_i m_i(\vec{\rho}_i\times\vec{v}_{si}) = \vec{L}_s \qquad (9.6.9)$$

der Gesamtdrehimpuls des Körpers um den Schwerpunkt ist, gilt

$$E_{kin} = \frac{1}{2} M\vec{V}^2 + \frac{1}{2} (\vec{\omega}\cdot\vec{L}_s) = \frac{1}{2} M\vec{V}^2 + \frac{1}{2} (\vec{\omega}\cdot\underline{\underline{\Theta}}_s\vec{\omega}) = E_{trans} + E_{rot} \qquad (9.6.10a)$$

mit

$$E_{trans} = \frac{1}{2} M\vec{V}^2 \quad , \quad E_{rot} = \frac{1}{2} \vec{\omega}\underline{\underline{\Theta}}_s\vec{\omega} \quad . \qquad (9.6.10b)$$

Der erste Term stellt die kinetische Energie der Bewegung der im Schwerpunkt vereinigten Gesamtmasse M dar, die *Translationsenergie*. Der zweite Term gibt die Energie der Drehung des starren Körpers um den Schwerpunkt wieder, die *Rotationsenergie*. Die Aufspaltung der gesamten kinetischen Energie eines starren Körpers in Translations- und Rotationsenergie in der obigen Form gilt nur, wenn der Schwerpunkt als Drehpunkt gewählt wird, da nur in diesem Fall die Beziehung (9.6.4) zur Vereinfachung von (9.6.5) herangezogen werden kann.

Für die Drehbewegung um einen beliebigen festen Punkt des starren Körpers gilt

$$\vec{v}_i = \vec{\omega} \times \vec{r}_i \quad . \qquad (9.6.11)$$

Die gesamte kinetische Energie stellt sich dann als

$$E_{kin} = E_{rot} = \frac{1}{2} \sum_{i=1}^{N} m_i \vec{v}_i^2 = \frac{1}{2} \sum_{i=1}^{N} m_i \vec{v}_i \cdot (\vec{\omega}\times\vec{r}_i)$$

$$= \frac{1}{2} \vec{\omega} \cdot \vec{L} = \frac{1}{2} \vec{\omega}\underline{\underline{\Theta}}\vec{\omega} \qquad (9.6.12)$$

dar, wobei die Gleichung

$$\vec{L} = \underline{\underline{\Theta}}\vec{\omega} = \sum_{i=1}^{N} m_i(\vec{r}_i \times \vec{v}_i)$$

für den Gesamtdrehimpuls um den ortsfesten Punkt ausgenutzt wurde, $\underline{\underline{\Theta}}$ ist der zugehörige Trägheitstensor um den ortsfesten Punkt.

Mit Hilfe des Ausdrucks für das Trägheitsmoment $\Theta_{\hat{\omega}}$ um die Achse $\hat{\vec{\omega}}$,

$$\Theta_{\hat{\omega}} = \hat{\vec{\omega}}\underline{\underline{\Theta}}\hat{\vec{\omega}} \quad ,$$

läßt sich die kinetische Energie der Drehbewegung um einen festen Punkt in der Form

$$E_{rot} = \frac{1}{2}\hat{\vec{\omega}}\underline{\underline{\Theta}}\hat{\vec{\omega}}\,\omega^2 = \frac{1}{2}\Theta_{\hat{\omega}}\,\omega^2 \tag{9.6.13}$$

darstellen. Dieser Ausdruck stimmt mit (6.6.1) aus Kapitel 6 überein.

Durch Multiplikation von $\dot{\vec{L}}$ mit $\vec{\omega}/2$ erhält man

$$0 = \frac{1}{2}\vec{\omega}\cdot\dot{\vec{L}} = \frac{1}{2}\vec{\omega}\cdot\frac{d}{dt}(\underline{\underline{\Theta}}\vec{\omega}) \quad . \tag{9.6.14}$$

Andererseits gilt für verschwindendes Drehmoment $0 = \vec{D} = \frac{d}{dt}(\underline{\underline{\Theta}}\vec{\omega})$

$$\frac{1}{2}\frac{d}{dt}(\vec{\omega}\underline{\underline{\Theta}}\vec{\omega}) = \frac{1}{2}\dot{\vec{\omega}}\underline{\underline{\Theta}}\vec{\omega} + \frac{1}{2}\vec{\omega}\cdot\frac{d}{dt}(\underline{\underline{\Theta}}\vec{\omega}) = \frac{1}{2}\dot{\vec{\omega}}\underline{\underline{\Theta}}\vec{\omega} = \frac{1}{2}\vec{\omega}\underline{\underline{\Theta}}^{+}\dot{\vec{\omega}} \quad . \tag{9.6.15}$$

Wegen der Symmetrie des Trägheitstensors (9.3.10), d.h. wegen $\underline{\underline{\Theta}}^{+} = \underline{\underline{\Theta}}$, gilt also

$$\frac{1}{2}\frac{d}{dt}(\vec{\omega}\underline{\underline{\Theta}}\vec{\omega}) = \frac{1}{2}\vec{\omega}\underline{\underline{\Theta}}\dot{\vec{\omega}} \quad . \tag{9.6.16}$$

Wegen $\vec{D} = 0$ folgt aus den Eulerschen Gleichungen (9.5.6a)

$$\underline{\underline{\Theta}}\dot{\vec{\omega}} = -\vec{\omega}\times(\underline{\underline{\Theta}}\vec{\omega}) \tag{9.6.17}$$

und damit

$$\frac{dE_{rot}}{dt} = \frac{1}{2}\frac{d}{dt}(\vec{\omega}\underline{\underline{\Theta}}\vec{\omega}) = -\frac{1}{2}\vec{\omega}[\vec{\omega}\times(\underline{\underline{\Theta}}\vec{\omega})] = 0 \quad , \tag{9.6.18}$$

da das Kreuzprodukt $\vec{\omega}\times(\underline{\underline{\Theta}}\vec{\omega})$ senkrecht auf $\vec{\omega}$ steht.

Damit haben wir für verschwindendes Drehmoment $\vec{D} = 0$ den Erhaltungssatz für die Rotationsenergie des starren Körpers

$$E_{rot} = \frac{1}{2}\,\vec{\omega}\underline{\underline{\Theta}}\vec{\omega} = \frac{1}{2}\,\vec{\omega}\vec{L} = \frac{1}{2}\,\vec{L}\underline{\underline{\Theta}}^{-1}\vec{L} = E_0 \quad . \tag{9.6.19}$$

Diese Aussage unterscheidet sich von dem im Abschnitt 5.3 für beliebige Mehrteilchensysteme hergeleiteten Energieerhaltungssatz. Dort wurde die Konstanz der Gesamtenergie für konservative Kräfte bewiesen.

9.7 Kräftefreier Kreisel

Ein starrer Körper, der sich ohne weitere Einschränkungen um einen festen Punkt bewegen kann, heißt Kreisel. Als kräftefrei bezeichnet man einen Kreisel, auf den kein resultierendes Drehmoment wirkt. Im Schwerefeld läßt er sich realisieren, indem man ihn im Schwerpunkt unterstützt. Für Demonstrationsexperimente benutzt man gewöhnlich einen "Fahrradkreisel" (Abb.9.6), dessen mit einer Spitze ausgestattete Achse sich so verschieben läßt, daß die Spitze genau in den Schwerpunkt kommt. Die Spitze ist in einer Pfanne gelagert, die von einem festen Stativ gehalten wird. Der Kreisel kann sich dann (allerdings nur in einem begrenzten Polarwinkelbereich bezogen auf die Vertikale) frei bewegen. Eleganter und technisch bedeutungsvoll ist die *kardanische Aufhängung* (Abb.9.7).

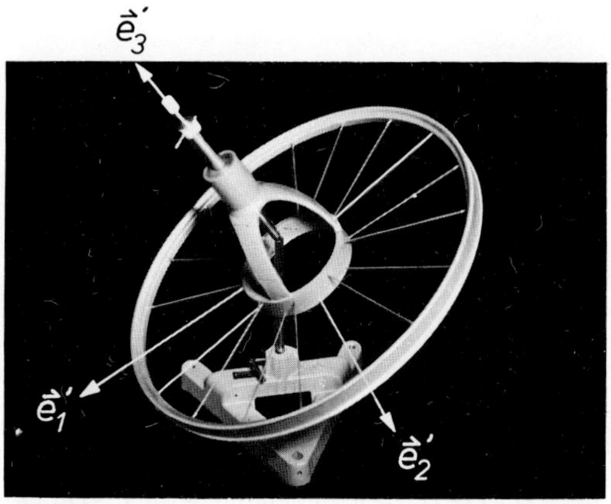

Abb. 9.6. Fahrradkreisel

Abb. 9.7. Kardanische Aufhängung

9.7.1 Kugelkreisel

Die Bewegungsgleichung (9.5.1) vereinfacht sich bei Abwesenheit von Kräften zum Drehimpulserhaltungssatz

$$\frac{d}{dt}\vec{L} = 0 \quad , \quad \text{d.h.} \quad \vec{L} = \vec{L}_0 = \text{const} \quad . \tag{9.7.1}$$

Als ersten Fall betrachten wir einen Körper mit drei gleichen Hauptträgheitsmomenten

$$\Theta'_\ell = \Theta' = \text{const.} \quad , \quad \ell = 1,2,3 \quad .$$

Sein Trägheitsellipsoid ist zu einer Trägheitskugel entartet. Das bedeutet natürlich nicht, daß der Körper selbst die geometrische Form einer Kugel haben muß. Auch homogene Würfel haben eine Trägheitskugel. Starre Körper mit Trägheitskugel, die sich um einen raumfesten Punkt bewegen, heißten Kugelkreisel.

Das Trägheitsmoment eines starren Körpers mit drei gleichen Hauptträgheitsachsen ist in jedem System zeitunabhängig. Im körperfesten System gilt wegen $\sum_{\ell=1}^{3} \vec{e}'_\ell(t) \otimes \vec{e}'_\ell(t) = \underline{\underline{1}}$ - vgl.(2.6.4) -

$$\underline{\underline{\Theta}} = \sum_{\ell=1}^{3} \Theta'_\ell \, \vec{e}'_\ell(t) \otimes \vec{e}'_\ell(t) = \Theta' \sum_{\ell=1}^{3} \vec{e}'_\ell(t) \otimes \vec{e}'_\ell(t) = \Theta' \cdot \underline{\underline{1}} \quad . \tag{9.7.2}$$

Damit liefert (9.5.4), der Drehimpulserhaltungssatz,

$$\underline{\underline{\Theta}}'\vec{\omega} = \Theta'\underline{\underline{1}}\vec{\omega} = \Theta'\vec{\omega} = \vec{L}_0 = \Theta'\vec{\omega}_0 \tag{9.7.3}$$

d.h.

$$\vec{\omega} = \vec{\omega}_0 = \text{const} \quad . \tag{9.7.4}$$

Die Winkelgeschwindigkeit ist eine zeitliche Konstante und damit gleich der anfänglichen Winkelgeschwindigkeit.

9.7.2 Kräftefreie Rotation um eine Hauptträgheitsachse

Als nächstes betrachten wir den Fall der kräftefreien Bewegung eines starren Körpers um eine seiner Hauptträgheitsachsen. Die Anfangsbedingungen der Bewegung sind also

$$\vec{\omega}_0 = \vec{\omega}(0) = \omega_0 \, \vec{e}_1{}'(0) \quad , \tag{9.7.5}$$

dabei ist $\vec{e}_1{}'(0)$ eine der drei körperfesten Hauptträgheitsachsen, für die wir der Einfachheit halber die Numerierung i = 1 gewählt haben. In den körperfesten Basisvektoren $\vec{e}_i{}'$ in Richtung der Hauptachsen schreibt sich der Drehimpulserhaltungssatz (9.5.4) in der Form

$$\underline{\underline{\Theta}}\vec{\omega} = \sum_{\ell=1}^{3} \Theta'_\ell \, \omega'_\ell \, \vec{e}'_\ell = \vec{L} = \vec{L}_0 \quad . \tag{9.7.6}$$

Zum Zeitpunkt t = 0 gilt

$$\underline{\underline{\Theta}}\vec{\omega}_0 = \Theta'_1 \, \omega_0 \, \vec{e}_1{}'(0) = \vec{L}_0 \quad ,$$

woraus

$$\vec{\omega}_0 = \frac{1}{\Theta'_1} \vec{L}_0$$

folgt. Der Energieerhaltungssatz (9.6.19) besagt andererseits, daß die Komponente von $\vec{\omega}$ in Richtung von $\vec{L}$

$$\vec{\omega} \cdot \vec{L} = \vec{\omega} \cdot \underline{\underline{\Theta}}\vec{\omega} = 2E_0 = 2\vec{\omega}_0 \cdot \vec{L}_0 \tag{9.7.7}$$

zeitlich konstant ist. Da schon bei t = 0 die Parallelität $\vec{\omega}_0 || \vec{L}_0 = \vec{L}$ galt, kann der Energieerhaltungssatz nur erfüllt werden, wenn für alle Zeiten gilt

$$\vec{\omega}(t) = \vec{\omega}_0 \quad .$$

Der kräftefreie Kreisel verharrt im Zustand der Rotation um eine Hauptträgheitsachse.

Experiment 9.1. Rotation des kräftefreien Kreisels um eine Hauptträgheitsachse

Ein im Schwerpunkt aufgehängter Fahrradkreisel wird in Rotation um seine Symmetrieachse versetzt und dann sich selbst überlassen. Eine Photographie, die über mehrere Sekunden belichtet wurde, zeigt, daß die Lage der Symmetrieachse erhalten bleibt (Abb.9.8).

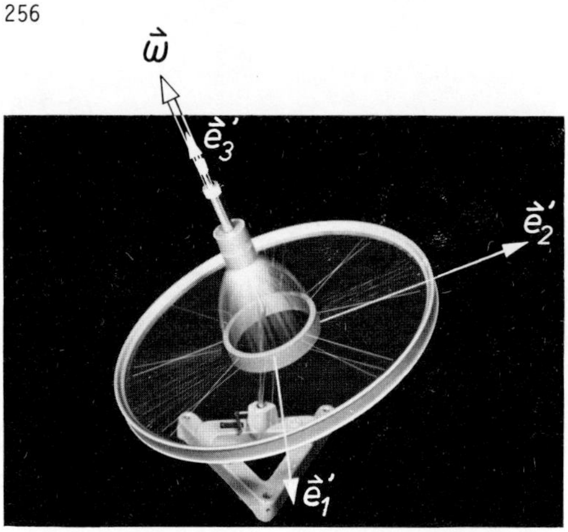

Abb.9.8. Rotation eines kräftefreien Kreisels um eine Hauptachse

Die obige Diskussion der kräftefreien Rotation um eine Hauptträgheitsachse läßt keinen Schluß auf die Stabilität der Bewegung zu. Wir nehmen an, daß eine kleine Störung in der Anfangsbedingung bewirkt, daß die anfängliche Rotation zur Zeit $t=0$ nur näherungsweise eine Rotation um eine Hauptträgheitsachse ist. Es stellt sich die Frage, ob die Bewegung auf längere Zeit näherungsweise eine Rotation um die Hauptträgheitsachse bleibt oder nicht.

Wir benennen die Achse des größten Trägheitsmomentes $\vec{e}_1'$, die des mittleren $\vec{e}_2'$ und die des kleinsten $\vec{e}_3'$, so daß wir die Anordnung

$$\Theta_1' > \Theta_2' > \Theta_3'$$

haben. Es sind jetzt die drei Fälle zu untersuchen, in denen die Anfangsrotation näherungsweise um eine der drei Hauptträgheitsachsen erfolgt.

Wir stellen die Lösungen der Eulerschen Gleichungen (9.5.9) für die Komponenten $\omega_1'(t)$, $\omega_2'(t)$, $\omega_3'(t)$ der Winkelgeschwindigkeit im körperfesten System durch die Zerlegung

$$\begin{aligned} \omega_1'(t) &= W_1 + w_1(t) \\ \omega_2'(t) &= W_2 + w_2(t) \\ \omega_3'(t) &= W_3 + w_3(t) \end{aligned} \tag{9.7.8}$$

dar. Dabei soll die zeitunabhängige Größe W_i von Null verschieden sein, wenn die Anfangsrotation näherungsweise um die Achse $\vec{e}_i'$ erfolgt. Damit haben wir für die drei Fälle näherungsweiser Anfangsrotation um

1) Achse 1

$$\begin{aligned} W_1 &\neq 0 \quad , \quad & w_1(0) &= 0 \quad , \\ W_2 &= 0 \quad , \quad & w_2(0) &\ll W_1 \quad , \\ W_3 &= 0 \quad , \quad & w_3(0) &\ll W_1 \quad , \end{aligned} \tag{9.7.8a}$$

2) Achse 2

$$\begin{aligned} W_1 &= 0 \ , & w_1(0) &\ll W_2 \ , \\ W_2 &\neq 0 \ , & w_2(0) &= 0 \ , \\ W_3 &= 0 \ , & w_3(0) &\ll W_2 \ , \end{aligned} \tag{9.7.8b}$$

3) Achse 3

$$\begin{aligned} W_1 &= 0 \ , & w_1(0) &\ll W_3 \ , \\ W_2 &= 0 \ , & w_2(0) &\ll W_3 \ , \\ W_3 &\neq 0 \ , & w_3(0) &= 0 \ . \end{aligned} \tag{9.7.8c}$$

Wir betrachten zunächst nur Zeiten, die klein genug sind, um eine lineare Näherung der Euler-Gleichungen in den $w_i(t)$ zuzulassen. Durch Einsetzen der Zerlegungen (9.7.8) in die kräftefreien Euler-Gleichungen, die aus (9.5.9) mit $D_i' = 0$ hervorgehen, finden wir

$$\begin{aligned} \Theta_1'\dot{w}_1(t) &= (\Theta_2' - \Theta_3')[W_3 w_2(t) + W_2 w_3(t)] \ , \\ \Theta_2'\dot{w}_2(t) &= -(\Theta_1' - \Theta_3')[W_3 w_1(t) + W_1 w_3(t)] \ , \\ \Theta_3'\dot{w}_3(t) &= (\Theta_1' - \Theta_2')[W_2 w_1(t) + W_1 w_2(t)] \end{aligned}$$

als linearisierte Gleichungen für die "kleinen" Komponenten w_1, w_2, w_3. Dabei haben wir alle bilinearen Glieder $w_i(t)w_k(t)$ gegen die linearen vernachlässigt. Alle Produkte W_iW_k, $i \neq k$, verschwinden, da in den Fällen (9.7.8a,b,c) stets nur ein W_i von Null verschieden ist. Alle Differenzen in runden Klammern sind positiv, wegen $\Theta_1' > \Theta_2' > \Theta_3'$.

Im Fall 1, (9.7.8a), finden wir jetzt

$$\begin{aligned} \Theta_1'\dot{w}_1(t) &= 0 \ , \\ \Theta_2'\dot{w}_2(t) &= -(\Theta_1' - \Theta_3')W_1 w_3(t) \ , \\ \Theta_3'\dot{w}_3(t) &= (\Theta_1' - \Theta_2')W_1 w_2(t) \ . \end{aligned} \tag{9.7.9a}$$

Die erste Gleichung besagt zusammen mit der Anfangsbedingung im Fall 1, (9.7.8a),

$$w_1(t) = 0 \ , \qquad \omega_1'(t) = W_1 \ .$$

Durch Differentiation der zweiten und dritten Gleichung erhält man erste Ableitungen $\dot{w}_3(t)$, $\dot{w}_2(t)$ auf der rechten Seite, die mit den obigen Gleichungen eliminiert werden können. So erhält man die ungekoppelten Gleichungen

$$\ddot{w}_2(t) = -\frac{(\Theta_1' - \Theta_3')(\Theta_1' - \Theta_2')}{\Theta_2'\Theta_3'} W_1^2 w_2(t) \quad ,$$

$$\ddot{w}_3(t) = -\frac{(\Theta_1' - \Theta_2')(\Theta_1' - \Theta_3')}{\Theta_2'\Theta_3'} W_1^2 w_3(t) \quad . \tag{9.7.9b}$$

Sie sind identische Gleichungen für $w_2(t)$ und $w_3(t)$. Man löst beide durch die Ansätze

$$w_2(t) = w_2(0) \frac{1}{\cos\delta} \cos(\Omega t + \delta) \quad ,$$

$$w_3(t) = w_3(0) \frac{1}{\sin\delta} \sin(\Omega t + \delta) \quad , \tag{9.7.9c}$$

und findet durch Einsetzen in (9.7.9a)

$$\Omega = \sqrt{\frac{(\Theta_1' - \Theta_3')(\Theta_1' - \Theta_2')}{\Theta_2'\Theta_3'}} W_1 \quad , \qquad \tan\delta = \sqrt{\frac{\Theta_3'}{\Theta_2'} \frac{\Theta_1' - \Theta_3'}{\Theta_1' - \Theta_2'}} \frac{w_3(0)}{w_2(0)} \quad .$$

Die $w_i(0)$ sind die Anfangswerte der wegen $w_i \ll W_1$, $i = 2, 3$, kleinen Störungen.

Die Lösungen $w_i(t)$ bedeuten, daß der Vektor $\vec{w}_\perp(t) = w_2(t)\vec{e}_2' + w_3(t)\vec{e}_3'$ in der $(\vec{e}_2', \vec{e}_3')$-Ebene eine Ellipse beschreibt. Der Vektor der Winkelgeschwindigkeit des Kreisels hat also die Komponenten

$$\omega_1' = W_1 \quad , \quad \omega_2' = w_2(t) \quad , \quad \omega_3' = w_3(t)$$

und führt eine Bewegung auf einem elliptischen Kegelemantel um die Achse 1 aus. Für Trägheitsmomente Θ_1', Θ_2', Θ_3', die nicht zu nahe beieinander liegen, gilt für die Lösungen für alle Zeiten $w_i(t) \ll W_1$, $i = 2,3$. Damit ist die lineare Näherung der Euler-Gleichungen auch für größere Zeiten gerechtfertigt. Man sagt, die Rotation um die Achse 1 des größten Hauptträgheitsmomentes ist *stabil gegen kleine Störungen*.

Den Fall 3, (9.7.8c), diskutiert man ganz analog und findet ebenso Stabilität der Rotation um die Achse 3 des kleinsten Trägheitsmomentes gegen kleine Störungen.

Die Situation gestaltet sich anders im Fall 2, (9.7.8b). Hier finden wir als linearisierte Gleichungen für die Komponenten w_i

$$\Theta_1'\dot{w}_1(t) = (\Theta_2' - \Theta_3')W_2 w_3(t) \quad ,$$

$$\Theta_2'\dot{w}_2(t) = 0 \quad ,$$

$$\Theta_3'\dot{w}_3(t) = (\Theta_1' - \Theta_2')W_2 w_1(t)$$

für Zeiten t, die so klein sind, daß die Produkte $w_1(t)w_2(t)$ und $w_2(t)w_3(t)$ klein gegen $W_2 w_3(t)$ und $W_2 w_1(t)$ sind. Mit dem oben benutzten Eliminationsverfahren, jetzt auf die Gleichungen 1 und 3 angewendet, finden wir die entkoppelten Gleichungen

$$\ddot{w}_i(t) = \frac{(\Theta_1' - \Theta_2')(\Theta_2' - \Theta_3')}{\Theta_1'\Theta_3'} W_2^2 w_i(t) \quad , \quad i = 1,3 \quad . \tag{9.7.10b}$$

Sie unterscheiden sich von (9.7.9b) durch das positive Vorzeichen auf der rechten Seite. Die Lösungen sind jetzt (für kleine Zeiten)

$$\begin{aligned} w_1(t) &= w_1(0)\,\frac{1}{\cosh\delta}\cosh(\Omega t + \delta) \quad , \\ w_3(t) &= w_3(0)\,\frac{1}{\sinh\delta}\sinh(\Omega t + \delta) \qquad \text{mit} \end{aligned} \tag{9.7.10c}$$

$$\Omega = \sqrt{\frac{(\Theta_1' - \Theta_2')(\Theta_2' - \Theta_3')}{\Theta_1'\Theta_3'}} \quad , \qquad \tan\delta = \sqrt{\frac{\Theta_3'}{\Theta_1'}\,\frac{\Theta_2' - \Theta_3'}{\Theta_1' - \Theta_2'}}\;\frac{w_3(0)}{w_1(0)} \quad .$$

Es zeigt sich, daß in diesem Fall die anfänglich, d.h. zur Zeit $t = 0$, kleinen Störungen exponentiell mit der Zeit anwachsen. Damit kann keine Stabilität der Rotation um die Achse 2 des mittleren Trägheitsmomentes erwartet werden. Für größere Zeiten ist wegen des schnellen Wachstums der Störungen mit der Zeit die lineare Näherung der Euler-Gleichungen für die Rotation um die Achse 2 nicht richtig.

Insgesamt haben wir damit gefunden, daß kräftefreie Rotationen, um die Achse des größten oder kleinsten Trägheitsmomentes eines starren Körpers stabil, um die Achse des mittleren Trägheitsmomentes dagegen instabil sind. Von der Richtigkeit dieses Befundes überzeugt man sich leicht auch anhand eines Experimentes. Ein Tischtennisschläger hat im allgemeinen 3 verschiedene Hauptträgheitsmomente. Die Achse des größten Trägheitsmomentes ist die senkrecht zur Schlägerfläche, die des kleinsten die Achse des Schlägergriffes. Das mittlere Trägheitsmoment ist das um die Achse senkrecht zu diesen beiden in der Schlagflächenebene. Im freien Fall des Schlägers herrscht Kräftefreiheit. Versetzt man den Schläger in schnelle Drehung um eine der drei Achsen und läßt ihn dann frei fallen, bestätigt man leicht die Richtigkeit unserer Ergebnisse. Bei Rotation um die Achse größten oder kleinsten Trägheitsmoments behält diese Achse eine im Raum stabile Lage. Rotiert er anfänglich um die Achse mittleren Trägheitsmoments, wird die Bewegung schnell instabil, der Schläger taumelt.

Das Experiment 9.2, Abb.9.11, demonstriert ebenfalls die Stabilität der Rotation um die Achse größten Trägheitsmoments. Sie ist in Abb.9.11 mit $\vec{e}_3'$ bezeichnet, In Experiment 9.2 stimmt sie zunächst mit der konstanten Richtung des Drehimpulses $\vec{L}$ überein. Nach einer durch einen Schlag verursachten Störung umläuft sie die Richtung von $\vec{L}$ auf einem Kegelmantel.

9.7.3 Kräftefreie Rotation um eine beliebige Achse. Poinsotsche Konstruktion

Für die allgemeine Bewegung eines kräftefreien Kreisels haben wir zwei Erhaltungssätze

I) Drehimpulserhaltungssatz (9.5.4)

$$\underline{\underline{\Theta}}\vec{\omega} = \vec{L} = \vec{L}_0 = \text{const} \quad .$$

II) Energieerhaltungssatz (9.6.19)

$$\frac{1}{2}\vec{\omega}\vec{L} = \frac{1}{2}\vec{\omega}\underline{\underline{\Theta}}\vec{\omega} = E_{rot} = E_0 = \text{const} \quad .$$

Graphisch läßt sich der Energieerhaltungssatz folgendermaßen deuten: Die Vektoren $\vec{\omega}$, die die Gleichung

$$\vec{\omega}\underline{\underline{\Theta}}\vec{\omega} = 2E_0 \tag{9.7.11}$$

erfüllen, bilden ein Ellipsoid, das dem Trägheitsellipsoid (9.4.13) ähnlich ist und dessen Hauptachsen die drei Hauptträgheitsachsen des starren Körpers sind. Das Quadrat des Drehimpulses ist gegeben durch

$$\vec{L}^2 = \vec{\omega}\underline{\underline{\Theta}}^2\vec{\omega} = \vec{L}_0^2 \quad . \tag{9.7.12}$$

Die Gleichung definiert ein Ellipsoid, dessen Hauptachsenrichtungen mit denen des Energieellipsoids (9.7.11) übereinstimmen, jedoch andere Längen haben. Die Schnittlinien der beiden Ellipsoide definieren die Bahn im körperfesten System, auf der sich $\vec{\omega}$ bewegen kann. Ein Beispiel ist in Abb.9.9 dargestellt.

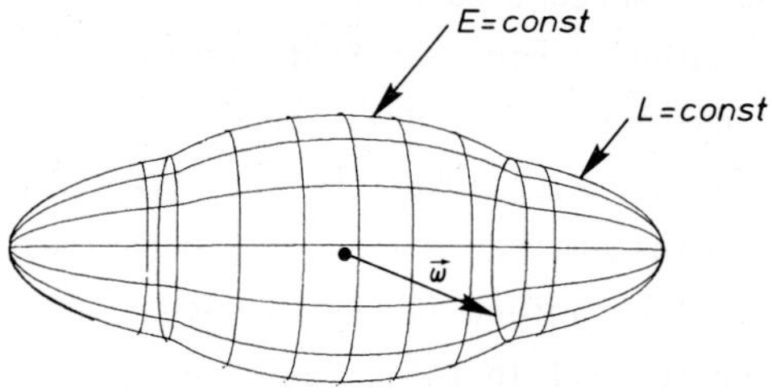

Abb.9.9. Energieellipsoid und Drehimpulsellipsoid. Der Vektor der Winkelgeschwindigkeit liegt auf ihrer Schnittlinie

Die Bewegung im raumfesten System wird durch folgende Konstruktion klar. Die Normale auf dem Energieellipsoid (9.7.11) ist durch den Gradienten

$$\vec{\nabla}_\omega(2E_{rot}) = \vec{\nabla}_\omega(\vec{\omega}\underline{\underline{\Theta}}\vec{\omega})\Big|_{2E=\vec{\omega}\underline{\underline{\Theta}}\vec{\omega}=2E_0} = \vec{n}(\vec{\omega}) \tag{9.7.13}$$

der die Oberfläche definierenden Funktion $2E_{rot} = \vec{\omega}\underline{\underline{\Theta}}\vec{\omega} = 2E_0$ gegeben. Man sieht das sofort ein, wenn man sich in Analogie überlegt, daß die Kraft $\vec{F}$, die auf der Äquipotentialfläche $V_0 = V(\vec{x})$ durch die Gleichung

$$\vec{F}(\vec{x}) = -\vec{\nabla}V(\vec{x})\Big|_{V(\vec{x})=V_0} \tag{9.7.14}$$

gegeben ist, auf der Äquipotentialfläche $V(\vec{x}) = V_0$ senkrecht steht (vgl. Abschnitt 4.8.5). Durch Ausführung des Gradienten finden wir wegen der Symmetrie des Trägheitstensors $\underline{\underline{\Theta}} = \underline{\underline{\Theta}}^+$

$$\vec{\nabla}_\omega(\vec{\omega}\underline{\underline{\Theta}}\vec{\omega}) = \underline{\underline{\Theta}}\vec{\omega} + (\vec{\omega}\underline{\underline{\Theta}})^+ = \underline{\underline{\Theta}}\vec{\omega} + \underline{\underline{\Theta}}^+\vec{\omega} = 2\underline{\underline{\Theta}}\vec{\omega} = 2\vec{L} \quad . \tag{9.7.15}$$

Somit steht das Energie-Ellipsoid stets so, daß die Tangentialebene des Ellipsoids am Punkt $\vec{\omega}$ senkrecht auf dem Drehimpulsvektor $\vec{L}$ steht, vgl. Abb. 9.10.

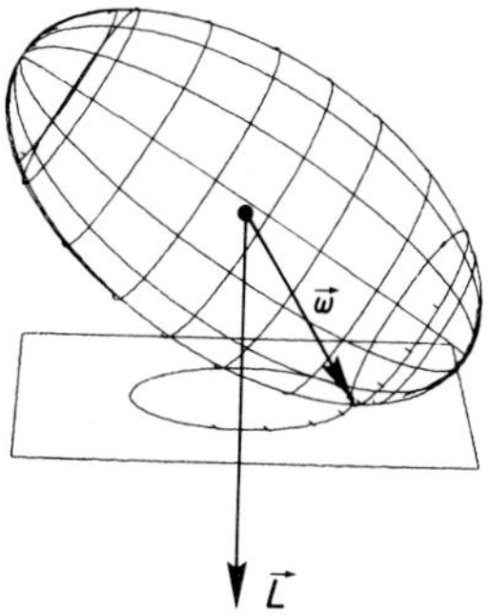

Abb. 9.10. Poinsotsche Konstruktion

Die raumfeste Ebene senkrecht zum konstanten Vektor $\vec{L}$ heißt *invariable Ebene*. Diese Veranschaulichung der Kreiselbewegung nennt man *Poinsotsche Konstruktion*. Die Bewegung des starren Körpers ist dann durch das Abrollen des Trägheitsellipsoids auf der invarianten Ebene gegeben. Die Abrollkurve auf dem Ellipsoid heißt Polhodie, die entsprechende Kurve in der invariablen Ebene heißt Herpolhodie.

9.7.4 Symmetrischer Kreisel

Unter einem symmetrischen Kreisel versteht man im allgemeinen einen starren Körper mit zwei gleichen Hauptträgheitsmomenten

$$\Theta_2' = \Theta_3' = \Theta' \quad , \quad \Theta_1' \neq \Theta' \quad . \tag{9.7.16}$$

Die Energie- und Drehimpulsellipsoide (9.7.11 und 12) sind dann Rotationsellipsoide mit der 1-Achse als Symmetrieachse. Die Schnittlinien sind in diesem Fall Kreise, es gilt

$$|\vec{\omega}|^2 = \text{const} \quad . \tag{9.7.17}$$

Die Poinsotsche Konstruktion besteht nun aus einem Rotationsellipsoid, das auf der invarianten Ebene abrollt. Man sieht auch in dieser Konstruktion, daß

$$|\vec{\omega}|^2 = \text{const} \tag{9.7.18}$$

und ferner, daß für die Projektion von $\vec{\omega}$ auf $\vec{L}$

$$\vec{\omega} \cdot \hat{\vec{L}} = \text{const} \tag{9.7.19}$$

gilt, so daß die Spitze von $\vec{\omega}$ wieder nur auf einem Kreis liegen kann, d.h. daß $\vec{\omega}$ sich auf einem Kegelmantel um $\vec{L}$ bewegt.

Die Zeitabhängigkeit der Winkelgeschwindigkeit $\vec{\omega}(t)$ läßt sich für den Fall des symmetrischen Kreisels in einer analytischen Behandlung ausrechnen. Aus dem Energieerhaltungssatz (9.6.19) folgt

$$2E_0 = \vec{\omega} \cdot \vec{L} = \omega_L L \quad , \quad \omega_L = \vec{\omega} \cdot \hat{\vec{L}} \quad , \tag{9.7.20}$$

d.h. die Projektion ω_L von $\vec{\omega}$ auf $\vec{L}$ ändert sich nicht mit der Zeit. Wegen der Symmetrie des Kreisels (9.7.16) kann man das Trägheitsmoment in einen konstanten und einen zeitabhängigen Anteil zerlegen. Seien $\vec{e}_i'(t)$ die körperfesten Basisvektoren in Richtung der Hauptträgheitsachsen, dann hat der Trägheitstensor wegen (9.7.16) die Darstellung

$$\begin{aligned} \underline{\underline{\Theta}} &= \sum_{i=1}^{3} \Theta_i' \, \vec{e}_i'(t) \otimes \vec{e}_i'(t) = \Theta' \sum_{i=1}^{3} \vec{e}_i'(t) \otimes \vec{e}_i'(t) + (\Theta_1' - \Theta') \, \vec{e}_1'(t) \otimes \vec{e}_1'(t) \\ &= \Theta' \, \underline{\underline{1}} + (\Theta_1' - \Theta') \, \vec{e}_1'(t) \otimes \vec{e}_1'(t) \quad . \end{aligned} \tag{9.7.21}$$

Der Basisvektor $\vec{e}_1'$ hat die Richtung derjenigen Hauptträgheitsachse, um die der Körper ein rotationssymmetrisches Trägheitsellipsoid hat. Man nennt sie die *Figurenachse*, da sie häufig auch die Achse einer geometrischen Symmetrie der Körperform ist. Der Drehimpulssatz nimmt jetzt die Form an

$$\begin{aligned} \vec{L}_0 = \vec{L} = \underline{\underline{\Theta}}\vec{\omega} &= \Theta'\vec{\omega} + (\Theta_1' - \Theta') \, \vec{e}_1'(t) \otimes \vec{e}_1'(t)\vec{\omega} \\ &= \Theta'\vec{\omega} + (\Theta_1' - \Theta') \, \omega_1' \, \vec{e}_1'(t) \quad . \end{aligned} \tag{9.7.22}$$

Das Skalarprodukt

$$\vec{\omega} \cdot \vec{e}_1'(t) = \omega_1' \qquad (9.7.23)$$

ist die Projektion von $\vec{\omega}$ auf die Figurenachse $\vec{e}_1'(t)$. Wir erhalten durch Einsetzen der Darstellung (9.7.21)

I) in dem Ausdruck für das Quadrat des Drehimpulses (9.7.12)

$$\vec{L}_0^2 = \Theta'^2 \vec{\omega}^2 + (\Theta_1'^2 - \Theta'^2)(\omega_1')^2 \qquad (9.7.24)$$

II) in den Energieerhaltungssatz (9.7.11)

$$2E_0 = \vec{\omega}\cdot\vec{L} = \Theta'(\vec{\omega})^2 + (\Theta_1' - \Theta')(\omega_1')^2 \quad . \qquad (9.7.25)$$

Aus den beiden so erhaltenen Gleichungen gewinnt man

$$\vec{\omega}^2 = \frac{2E_0(\Theta_1' + \Theta') - \vec{L}_0^2}{\Theta'\Theta_1'} = \vec{\omega}_0^2 = \text{const} \qquad (9.7.26)$$

und

$$(\omega_1')^2 = \frac{\vec{L}_0^2 - 2E_0\Theta'}{\Theta_1'(\Theta_1' - \Theta')} = (\omega_{10}')^2 = \text{const} \quad . \qquad (9.7.27)$$

Sowohl der Betrag von $\vec{\omega}$ wie die Projektion ω_1 von $\vec{\omega}$ auf die Figurenachse sind zeitlich konstant.

Der Drehimpulssatz (9.7.22) besagt, daß der Drehimpulsvektor $\vec{L}_0 = \vec{L}$, die Winkelgeschwindigkeit $\vec{\omega}(t)$ und die Figurenachse stets in einer Ebene liegen. Wegen der Konstanz der Komponente $\omega_1' = \vec{\omega} \cdot \vec{e}_1'$ hat die Figurenachse dieselbe Zeitabhängigkeit wie die Winkelgeschwindigkeit. Es gilt

$$\vec{e}_1'(t) = \frac{1}{(\Theta_1' - \Theta')\omega_1'} [\vec{L}_0 - \Theta'\vec{\omega}(t)] \quad . \qquad (9.7.28)$$

Die Zeitabhängigkeit der Winkelgeschwindigkeit $\vec{\omega}(t)$ kann jetzt aus den zwei Bedingungen (9.7.20), $\vec{\omega}\cdot\vec{L} = 2E_0$, und (9.7.26), $\vec{\omega}^2$ = const., erschlossen werden. Wegen $\vec{\omega}\vec{L} = 2E_0$ muß der Vektor $\vec{\omega}$ auf einem Kreiskegelmantel um den im Raum feststehenden Drehimpulsvektor $\vec{L}_0$ umlaufen. Somit geht $\vec{\omega}(t)$ durch eine zeitabhängige Drehung (7.1.42) aus dem Vektor $\vec{\omega}_0$ zur Zeit t = 0 hervor

$$\vec{\omega}(t) = \underline{\underline{R}}[\vec{\lambda}(t)]\vec{\omega}_0 \quad . \qquad (9.7.29)$$

Die Drehachse ist die Achse des Kegelmantels, auf dem $\vec{\omega}$ umläuft, d.h. die Richtung $\hat{\vec{L}}$ des Drehimpulsvektors

$$\vec{\lambda}(t) = \lambda(t)\,\hat{\vec{L}} \quad . \tag{9.7.30}$$

Aus der expliziten Darstellung (7.1.42) folgte durch Differentiation (7.1.46), d.h. für diesen Fall

$$\dot{\vec{\omega}}(t) = \dot{\lambda}(t)\,\hat{\vec{L}} \times \vec{\omega} \quad . \tag{9.7.31}$$

Den Inhalt dieser Gleichung sieht man auch direkt ein. Die Änderung des auf dem Kegelmantel umlaufenden Vektors $\vec{\omega}$ steht auf $\vec{L}$ und $\vec{\omega}$ senkrecht und hat die Größe $\dot{\lambda}(t)$.

Die Figurenachse $\vec{e}_1'(t)$ ist nach (9.7.28) durch $\vec{\omega}(t)$ bestimmt. Da $\vec{L}$ die Drehachse von $\underline{\underline{R}}[\lambda(t)\hat{\vec{L}}]$ ist, gilt

$$\underline{\underline{R}}[\lambda(t)]\vec{L} = \underline{\underline{R}}[\lambda(t)\hat{\vec{L}}]\hat{\vec{L}} = \hat{\vec{L}} = \hat{\vec{L}}_0 \quad .$$

Das rechnet man entweder mit der Darstellung (7.1.39) nach oder man folgt dem Argument, daß die Drehachse bei der Drehung unverändert bleibt. Damit folgt jetzt, daß auch die Figurenachse $\vec{e}_1'(t)$ auf einem Kegelmantel um den raumfesten Drehimpuls $\vec{L}$ umläuft

$$\begin{aligned}\vec{e}_1'(t) &= \frac{1}{(\Theta_1'-\Theta')\omega_1'}\left(\vec{L}_0-\underline{\underline{R}}[\lambda(t)\hat{\vec{L}}_0]\Theta'\vec{\omega}_0\right)\\ &= \underline{\underline{R}}[\lambda(t)\hat{\vec{L}}_0]\left(\frac{1}{(\Theta_1'-\Theta')\omega_1'}(\vec{L}_0-\Theta'\vec{\omega}_0)\right) = \underline{\underline{R}}[\lambda(t)\hat{\vec{L}}_0]\,\vec{e}_1'(0) \quad .\end{aligned} \tag{9.7.32}$$

Die letzte Rückführung auf die Figurenachse zur Zeit t = 0 ist möglich, weil der Ausdruck in eckigen Klammern $\vec{e}_1'(0)$ ist, wie man durch Spezialisierung von (9.7.28) auf t = 0 sieht. Da $\vec{e}_1'(t)$ nach (9.7.28) in der von $\vec{L}_0$ und $\vec{\omega}(t)$ aufgespannten Ebene liegt, gilt

$$\vec{e}_1'(t)\cdot[\vec{L}_0\times\vec{\omega}(t)] = 0 \quad . \tag{9.7.33}$$

Damit läßt sich nun der Betrag der Winkelgeschwindigkeit $\dot{\lambda}(t)$, mit dem $\vec{\omega}$ und $\vec{e}_1'$ um den raumfesten Vektor $\vec{L} = \vec{L}_0$ umlaufen, ausrechnen: Die Eulerschen Gleichungen (9.5.6) liefern mit $\vec{L} = \underline{\underline{\Theta}}\vec{\omega}$

$$\underline{\underline{\Theta}}\dot{\vec{\omega}} + \vec{\omega}\times\vec{L} = 0 \quad , \tag{9.7.34}$$

und durch Einsetzen der Darstellung des rotationssymmetrischen Trägheitsmomentes (9.7.21) finden wir

$$\Theta' \frac{\dot{\lambda}}{L}(\vec{L}\times\vec{\omega}) + (\Theta_1'-\Theta')\frac{\dot{\lambda}}{L}\vec{e}_1' \otimes \vec{e}_1'(\vec{L}\times\vec{\omega}) + \vec{\omega}\times\vec{L} = 0 \quad . \tag{9.7.35}$$

Wegen der Beziehung (9.7.33) folgt dann

$$\left(\Theta' \frac{\dot{\lambda}}{L} - 1\right)(\vec{L}\times\vec{\omega}) = 0 \quad \text{oder} \tag{9.7.36}$$

$$\dot{\lambda} = \frac{L}{\Theta'} \quad , \quad \lambda(t) = \frac{L}{\Theta'}\cdot t \quad . \tag{9.7.37}$$

Die Winkelgeschwindigkeit $\dot{\lambda}$ der Umläufe von $\vec{\omega}$ und $\vec{e}_1'$ um die Drehimpulsrichtung ist konstant, der Drehwinkel λ wächst linear mit der Zeit.

Insgesamt haben wir folgende Charakterisierung der Bewegung eines kräftefreien symmetrischen Kreisels gewonnen:

I) Der Drehimpuls $\vec{L}$ ist ein raumfester Vektor.

II) Die Winkelgeschwindigkeit $\vec{\omega}$ und die Figurenachse $\vec{e}_1'$ laufen auf Kegelmänteln um den Drehimpulsvektor $\vec{L}$. Sie liegen stets in einer Ebene. Ihre Winkelgeschwindigkeit ist $\dot{\lambda} = L/\Theta'$, wobei L der Betrag des Drehimpulses und Θ' der Wert des Trägheitsmomentes der symmetrischen Hauptachsen (9.7.16) ist.

III) Die Bewegung der beiden symmetrischen Hauptträgheitsachsen $\vec{e}_2'(t)$ und $\vec{e}_3'(t)$ ist durch die Beziehung

$$\dot{\vec{e}}_i'(t) = \vec{\omega}\times\vec{e}_i'(t)$$

bestimmt. Die Bewegung der Figurenachse des kräftefreien Kreisels nennt man *kräftefreie Präzession*.

Experiment 9.2. Kräftefreier symmetrischer Kreisel.

Ein im Schwerpunkt aufgehängter Fahrradkreisel wird in Rotation um eine Achse versetzt, die nicht seine Symmetrieachse ist. (Dazu kann man den Kreisel zunächst um die Symmetrieachse rotieren lassen und seinen Drehimpuls durch einen seitlich gegen die Achse geführten Stoß ändern). Man beobachtet, daß sich die Symmetrieachse um eine raumfeste Richtung, die Richtung des Drehimpulses, dreht. Das zeigt auch eine über längere Zeit belichtete Photographie (Abb.9.11).

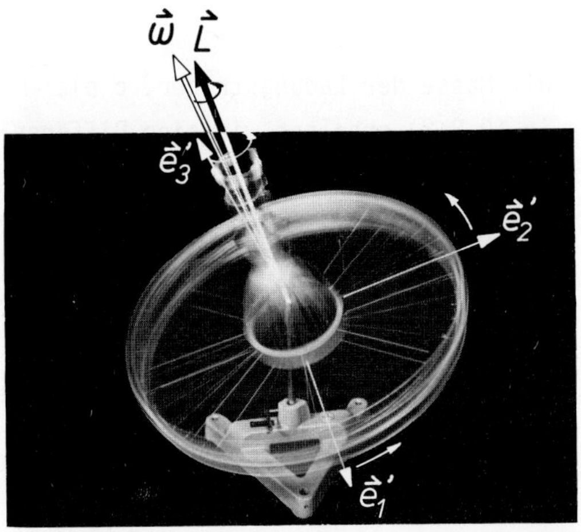

Abb. 9.11. Kräftefreier symmetrischer Kreisel

9.8 Kreisel unter der Einwirkung von Kräften. Larmor-Präzession

Die Behandlung der Bewegung eines in einem Punkt festgehaltenen starren Körpers, auf den äußere Kräfte bzw. Drehmomente wirken, ist ein mathematisch sehr kompliziertes Problem. Mit den Bewegungsgleichungen des starren Körpers haben wir zwar die Grundlage der Berechnung einer solchen Bewegung geliefert, die Schwierigkeit besteht jedoch in der expliziten Lösung der komplizierten nichtlinearen Gleichungen. Selbst für den besonders einfachen Fall des symmetrischen Kreisels unter der Wirkung der Schwerkraft ist die Lösung der Bewegungsgleichung keineswegs schnell zu erhalten.
Für einen speziellen Fall läßt sich jedoch eine explizite Lösung für einen Kreisel unter der Einwirkung von Kräften angeben. Es handelt sich um das Verhalten eines magnetischen Dipols mit dem Dipolmoment $\vec{M}$ in einem konstanten magnetischen Induktionsfeld $\vec{B}$. Das Drehmoment $\vec{D}$, das die magnetische Induktion auf den Dipol $\vec{M}$ ausübt ist

$$\vec{D} = \vec{M} \times \vec{B} \quad . \tag{9.8.1}$$

Die Bewegungsgleichung für den Drehimpuls $\vec{L}$ eines Systems mit dem magnetischen Moment $\vec{M}$ im magnetischen Induktionsfeld $\vec{B}$ ist dann

$$\frac{d\vec{L}}{dt} = \vec{M} \times \vec{B} \quad . \tag{9.8.2}$$

Das magnetische Moment ist eine elektromagnetische Größe, die von einem Kreisstrom hervorgerufen wird. Der Kreisstrom kommt natürlich durch umlaufende Ladungen zustande, die selbst einen Drehimpuls haben. Zwischen dem Gesamtdrehimpuls der Ladungsträger und dem magnetischen Moment des Kreisstromes besteht der Zusammenhang

$$\vec{M} = \frac{e}{2m} \vec{L} \quad , \tag{9.8.3}$$

dabei ist e die elektrische Ladung, m die Masse der Ladungsträger, c die Lichtgeschwindigkeit. Durch Einsetzen in (9.8.2) erhalten wir eine Differentialgleichung für $\vec{L}(t)$

$$\frac{d\vec{L}}{dt} = - \frac{e}{2m} [\vec{B} \times \vec{L}] \quad . \tag{9.8.4}$$

Sie unterscheidet sich von den Bewegungsgleichungen für Kreisel dadurch, daß die Bewegung des Drehimpulses $\vec{L}(t)$ die Bewegung des magnetischen Dipols wegen (9.8.3) direkt charakterisiert. Das magnetische Moment $\vec{M}$ kennzeichnet den Dipol so wie die Figurenachse den Kreisel.

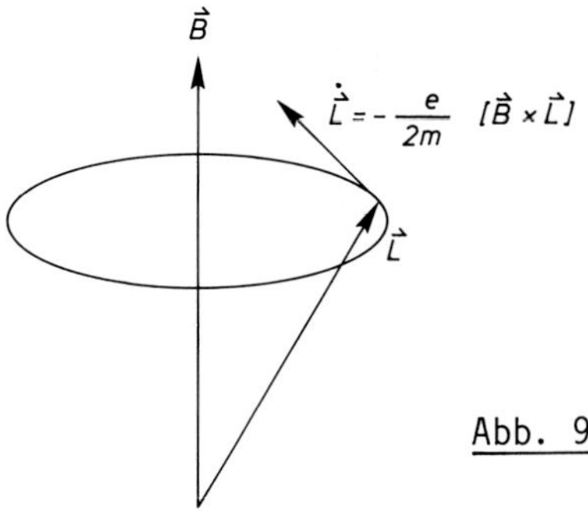

Abb. 9.12. Larmor-Präzession

Für ein zeitlich konstantes magnetisches Induktionsfeld B läßt sich die Lösung für den Drehimpulsvektor $\vec{L}$ sofort angeben, wenn man sich mit Hilfe von (7.1.46) klarmacht, daß die Gleichung (9.8.4) besagt, daß der Vektor $\vec{L}$ mit der Winkelgeschwindigkeit $\Omega = \frac{e}{2m} B$ um die Achse $\vec{B}$ präzessiert, da $\dot{\vec{L}}$ senkrecht auf $\vec{L}$ und auf der konstanten Richtung $\vec{B}$ steht (Abb.9.12). Damit ist die Lösung durch

$$\vec{L}(t) = \underline{\underline{R}}(\Omega t\hat{\vec{B}})\vec{L}_0 = \exp[\Omega t(\underline{\underline{\varepsilon}}\hat{\vec{B}})]\vec{L}_0 \tag{9.8.5}$$

für die Anfangsbedingung

$$\vec{L}(0) = \vec{L}_0$$

gegeben. Die Bewegung von $\vec{L}(t)$, die man *Larmor-Präzession* nennt, ist in Abb. 9.12 veranschaulicht. Die Präzessionsfrequenz

$$\Omega = -\frac{e}{2m} B \tag{9.8.6}$$

des Drehimpulsvektors um die Feldrichtung $\vec{B}$ heißt *Larmor-Frequenz*.

Die gleichförmige Präzession des Drehimpulses im Magnetfeld spielt eine wichtige Rolle bei verschiedenen Meßverfahren der Atomphysik.

10. Schwingungen

In Abschnitt 4.6.1 haben wir die Bewegung des Federpendels durch eine *Schwingungsgleichung* der Form

$$\ddot{x} = - ax \tag{10.0.1}$$

beschrieben. Dabei war a ein Skalar und x die Ortskoordinate des Pendels, dessen Gleichgewichtslage durch x = 0 gegeben sei. Gleichungen dieses Typs treten in den verschiedensten physikalischen Zusammenhängen auf. Dies hat folgenden Grund: Im Gleichgewichtszustand greifen an einem System keine Kräfte an. Falls die Gleichgewichtslage durch x = 0 beschrieben wird, gilt demnach

$$F(x=0) = F(0) = 0 \quad .$$

Für kleine Auslenkungen aus der Gleichgewichtslage genügt es, den ersten nichtverschwindenden Term der Taylor-Entwicklung

$$F(x) = F(0) + \frac{dF(0)}{dx} \cdot x + \frac{1}{2} \frac{d^2F(0)}{dx^2} x^2 + \ldots \tag{10.0.2}$$

zu berücksichtigen. Soll die Gleichgewichtslage stabil sein, so muß die Kraft der Auslenkung entgegenwirken, d.h.

$$\frac{dF(0)}{dx} < 0 \quad .$$

Für kleine Auslenkungen eines Massenpunktes aus seiner Ruhelage gilt somit die Bewegungsgleichung

$$m\ddot{x} = \frac{dF(0)}{dx} \cdot x = - Dx \quad . \tag{10.0.3}$$

Dabei ist m die Masse des Punktes. Mit der Bezeichnung

$$a = \frac{D}{m} = - \frac{1}{m} \frac{dF(0)}{dx} > 0$$

ist (10.0.3) identisch mit (10.0.1).

10.1 Ungedämpfte Schwingung. Komplexe Schreibweise

Zur Lösung der Schwingungsgleichung (10.0.1) benutzen wir eine möglichst gut an das Problem angepaßte mathematische Schreibweise. Wir gehen aus von dem Lösungsansatz (siehe auch Anhang A)

$$x = e^{i\omega t} = \cos\omega t + i \sin\omega t \quad , \tag{10.1.1}$$

in dem x eine komplexe Größe ist. Wir werden später sehen, daß für alle physikalischen Vorgänge die reellen Anfangsbedingungen die Realität von x erzwingen. Trotzdem vereinfacht es die Rechnungen, wenn man komplexe x zuläßt. Durch Einsetzen des Ansatzes (10.1.1) in die Schwingungsgleichung (10.0.1) finden wir

$$-\omega^2 e^{i\omega t} = -a\, e^{i\omega t} \quad .$$

Für die Werte

$$\omega = \pm\, \omega_0 \quad , \quad \omega_0 = \sqrt{a} \tag{10.1.2}$$

liefert der Ansatz je eine Lösung. Die allgemeinste Lösung erhält man dann durch Linearkombination

$$x = c_1 e^{i\omega_0 t} + c_2 e^{-i\omega_0 t} \quad . \tag{10.1.3}$$

Die Werte c_1 und c_2 werden aus den Anfangsbedingungen, d.h. Angabe von Ort und Geschwindigkeit für den festen Zeitpunkt $t = t_0 = 0$ bestimmt.

$$x_0 = c_1 e^{i\omega_0 t_0} + c_2 e^{-i\omega_0 t_0} = c_1 + c_2 \quad ,$$

$$\dot{x}_0 = i\omega_0 (c_1 e^{i\omega_0 t_0} - c_2 e^{-i\omega_0 t_0}) = i\omega_0 (c_1 - c_2) \quad . \tag{10.1.4}$$

Durch Auflösung dieses linearen algebraischen Gleichungssystems ergibt sich

$$c_1 = \frac{1}{2}\left(x_0 - i\frac{\dot{x}_0}{\omega_0}\right) \quad , \quad c_2 = \frac{1}{2}\left(x_0 + i\frac{\dot{x}_0}{\omega_0}\right) \quad . \tag{10.1.5}$$

Nach Einsetzen der Konstanten in die allgemeine Lösung erhalten wir

$$x(t) = \frac{1}{2}\left(x_0 - i\frac{\dot{x}_0}{\omega_0}\right)e^{i\omega_0 t} + \frac{1}{2}\left(x_0 + i\frac{\dot{x}_0}{\omega_0}\right)e^{-i\omega_0 t} \quad . \tag{10.1.6}$$

Mit Hilfe einer Funktion $\xi(t)$ und ihrem komplex konjugierten $\xi^*(t)$

$$\xi(t) = \left(x_0 - i\frac{\dot{x}_0}{\omega_0}\right)e^{i\omega_0 t} \quad , \quad \xi^*(t) = \left(x_0 + i\frac{\dot{x}_0}{\omega_0}\right)e^{-i\omega_0 t} \tag{10.1.7}$$

läßt sich der Ausdruck (10.1.6) sofort explizit reell schreiben

$$x(t) = \frac{1}{2}\,[\xi(t)+\xi^*(t)] = \mathrm{Re}\{\xi(t)\} \quad , \tag{10.1.8}$$

Unter Benutzung der Formeln (A.22) gewinnt man aus (10.1.6) eine Darstellung der Schwingung $x(t)$ als Überlagerung von Kosinus- und Sinusfunktion

$$x(t) = x_0 \cos\omega_0 t + \frac{\dot{x}_0}{\omega_0}\sin\omega_0 t \quad . \tag{10.1.9}$$

Eine andere Schreibweise mit nur einer Winkelfunktion erhält man, indem man die komplexe Amplitude von (10.1.7) durch Betrag A und Phase δ ausdrückt - vgl.(A.8), (A.9), (A.28) -

$$\left(x_0 - i\frac{\dot{x}_0}{\omega_0}\right) = Ae^{-i\delta} \quad , \quad A = \left(x_0^2 + \frac{\dot{x}_0^2}{\omega_0^2}\right)^{1/2} \quad , \quad \tan\delta = \frac{\dot{x}_0}{\omega_0 x_0} \quad . \tag{10.1.10}$$

Damit haben $\xi(t)$ und $x(t)$ die Darstellungen

$$\xi(t) = Ae^{i(\omega_0 t - \delta)} \quad ,$$

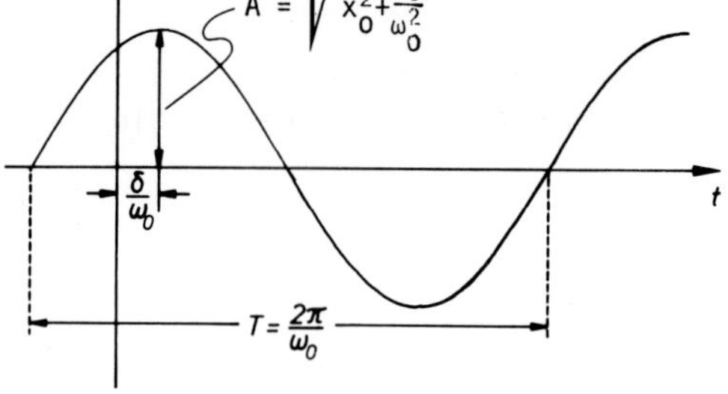

Abb. 10.1. Darstellung der ungedämpften Schwingung

$$x(t) = \mathrm{Re}\{\xi(t)\} = \frac{1}{2} A\left[e^{i(\omega_0 t-\delta)} + e^{-i(\omega_0 t-\delta)}\right] \quad , \tag{10.1.11}$$

$$x(t) = A \cos(\omega_0 t-\delta) \tag{10.1.12}$$

Diese Formel ist für die graphische Darstellung am geeignetesten (Abb.10.1).

Zur physikalischen Interpretation genügen folgende Bemerkungen (vgl. auch Abschnitt 4.6.1). Die Funktion x(t) beschreibt einen zeitlich veränderlichen Vorgang mit der Kreisfrequenz ω_0 bzw. der Frequenz ν oder der Periode T

$$\omega_0 = \sqrt{a} \quad , \quad \nu = \frac{\omega_0}{2\pi} \quad , \quad T = \frac{1}{\nu} = \frac{2\pi}{\omega_0} \quad . \tag{10.1.13}$$

Die Amplitude A ist vollständig durch die Anfangsbedingungen x_0 und $\dot{x}_0$ und die Kreisfrequenz ω_0 bestimmt - vgl.(10.1.10) -.

Der Vollständigkeit halber seien hier noch einmal die potentielle Energie

$$E_{pot} = \frac{m}{2} \omega_0^2 x^2 = \frac{m}{2} \omega_0^2 A^2 \cos^2(\omega_0 t-\delta) \tag{10.1.14}$$

und die kinetische Energie

$$E_{kin} = \frac{m}{2} \dot{x}^2 = \frac{m}{2} \omega_0^2 A^2 \sin^2(\omega_0 t-\delta) \tag{10.1.15}$$

angegeben. Ihre zeitlichen Mittelwerte - wir berechnen sie durch Mittelung über eine Periode -

$$\overline{E}_{pot} = \frac{1}{T} \int_{t=0}^{t=T} E_{pot}(t)dt = - \frac{1}{\omega_0 T} \int_{\omega_0 t=0}^{\omega_0 t=2\pi} E_{pot}(\omega_0 t)\, d(\omega_0 t)$$

$$= \frac{m}{2} \frac{\omega_0^2}{2\pi} A^2 \int_{\omega_0 t=0}^{\omega_0 t=2\pi} \cos^2(\omega_0 t-\delta)\, d(\omega_0 t) = \frac{m\omega_0^2}{4} A^2 \quad , \tag{10.1.16}$$

$$\overline{E}_{kin} = \frac{m}{2} \frac{\omega_0^2}{2\pi} A^2 \int_{\omega_0 t=0}^{\omega_0 t=2\pi} \sin^2(\omega_0 t-\delta)\, d(\omega_0 t) = \frac{m\omega_0^2}{4} A^2 \tag{10.1.17}$$

sind gleich

$$\overline{E}_{kin} = \overline{E}_{pot} \tag{10.1.18}$$

das ist der *Virialsatz* für die Schwingung.

Da die Gesamtenergie eine Erhaltungsgröße für den Schwingungsvorgang ist, gilt auch

$$\overline{E}_{kin} + \overline{E}_{pot} = E \quad . \tag{10.1.19}$$

10.2 Gedämpfte Schwingung

Für Bewegungen, bei denen neben der ortsabhängigen rücktreibenden Kraft $F(x)$, (10.0.2), eine geschwindigkeitsabhängige Reibungskraft

$$F_R(\dot{x}) = -R\dot{x} \quad , \quad R > 0 \quad , \tag{10.2.1}$$

(vgl. Abschnitt 4.5) auftritt, erweitert sich die Bewegungsgleichung (10.0.3) auf

$$m\ddot{x} = -R\dot{x} - Dx \quad . \tag{10.2.2}$$

Mit

$$2\gamma = \frac{R}{m} > 0$$

liefert (10.2.2) anstelle von (10.0.1) die Gleichung einer gedämpften Schwingung

$$\ddot{x} = -2\gamma\dot{x} - ax \quad . \tag{10.2.3}$$

Bevor wir diese Gleichung lösen, wollen wir den Vorgang, den sie beschreibt, im Experiment veranschaulichen.

Experiment 10.1. Demonstration der gedämpften Schwingung mit dem schreibenden Federpendel

Wir benutzen das schreibende Federpendel aus Experiment 4.6, das einen aus Aluminium gefertigten Pendelkörper mit einer Länge besitzt, die wesentlich größer als die Amplitude der Schwingung ist. Ein Teil des Pendelkörpers befindet sich immer im Feld eines gleichstromdurchflossenen Elektromagneten. Durch die Bewegung des Pendelkörpers werden vom Magnetfeld Wirbelströme induziert. Dabei tritt nach der "Lenzschen Regel" eine Kraft auf, die der Ur-

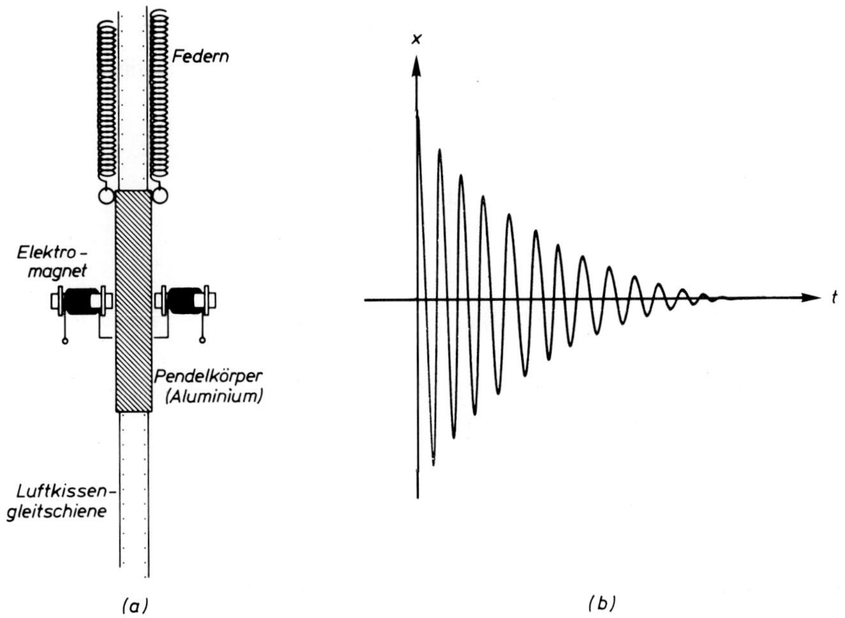

Abb. 10.2a und b. Gedämpfte Schwingung des schreibenden Federpendels. Anordnung zur Wirbelstromdämpfung (a), Aufzeichnung einer gedämpften Schwingung (b)

sache der Induktion (Geschwindigkeit des Pendelkörpers) entgegengerichtet ist. Durch Wahl der Stromstärke im Magneten kann der Reibungskoeffizient R festgelegt werden. Abb.10.2 zeigt das Schema der Anordnung und einen von ihr aufgezeichneten Schwingungsvorgang. Er hat im Gegensatz zum ungedämpften Fall eine mit der Zeit fallende Amplitude.

Zur Lösung von (10.2.3) machen wir wie im Fall der ungedämpften Schwingung den Ansatz

$$x = e^{i\omega t} \quad ,$$

der jetzt zu der "charakteristischen Gleichung"

$$\omega^2 - 2i\omega\gamma - a = 0 \tag{10.2.4}$$

führt. Sie hat die Lösungen

$$\Omega_{\pm} = i\gamma \pm \omega_R \quad , \quad \omega_R = \sqrt{\omega_0^2-\gamma^2} \quad . \tag{10.2.5}$$

Dabei ist ω_R rein reell oder rein imaginär. Wie früher ist $\omega_0^2 = a$.

Wie erwartet, werden für verschwindende Reibung ($\gamma=0$) die Lösungen für die ungedämpfte Schwingungsgleichung reproduziert.

Die allgemeinste Lösung erhält man wieder durch Superposition:

$$x = c_1 e^{i\Omega_+ t} + c_2 e^{i\Omega_- t} \quad . \tag{10.2.6}$$

Mit den Anfangsbedingungen $x_0 = x(t=0)$, $\dot{x}_0 = \dot{x}(t=0)$ bestimmen sich die Koeffizienten c_1, c_2 zu

$$c_1 = \left(x_0 + i\frac{\dot{x}_0}{\Omega_-}\right)\frac{\Omega_-}{\Omega_- - \Omega_+} \quad , \quad c_2 = \left(x_0 + i\frac{\dot{x}_0}{\Omega_+}\right)\frac{\Omega_+}{\Omega_+ - \Omega_-} \quad .$$

Als Lösung finden wir

$$x(t) = \frac{1}{2} e^{-\gamma t} \left\{\left[x_0 - \frac{i}{\omega_R}(\dot{x}_0 + \gamma x_0)\right] e^{i\omega_R t} + \left[x_0 + \frac{i}{\omega_R}(\dot{x}_0 + \gamma x_0)\right] e^{-i\omega_R t}\right\} \quad . \tag{10.2.7}$$

Benutzt man die Beziehungen (A.22), so läßt sich das Ergebnis in die Form

$$x(t) = e^{-\gamma t}\left[x_0 \cos\omega_R t + \frac{1}{\omega_R}(\dot{x}_0 + \gamma x_0) \sin\omega_R t\right] \tag{10.2.8}$$

bringen.

Die Diskussion der physikalischen Bedeutung der Ergebnisse erfordert die Unterscheidung von 3 Fällen, je nachdem ob ω_R positiv reell, rein imaginär oder Null ist (vgl.10.2.5):

I) *Gedämpfte Schwingung* (ω_R positiv reell)

Aus (10.2.8) sieht man sofort, daß $x(t)$ reell ist. Mit Hilfe der Zerlegung nach Betrag und Phase entsprechend (10.1.10) schreibt man

$$x_0 - \frac{i}{\omega_R}(\dot{x}_0 + \gamma x_0) = A e^{-i\delta} \quad , \quad A = \left[x_0^2 + \left(\frac{\dot{x}_0 + \gamma x_0}{\omega_R}\right)^2\right]^{1/2} \quad ,$$

$$\tan\delta = \frac{\dot{x}_0 + \gamma x_0}{x_0 \omega_R} \quad . \tag{10.2.9}$$

Damit erhält man aus (10.2.7)

$$x(t) = A e^{-\gamma t} \cos(\omega_R t - \delta) \quad . \tag{10.2.10}$$

Diese Lösung stellt eine exponentiell gedämpfte Schwingung dar (Abb.10.3a), bei der die Nulldurchgänge im zeitlichen Abstand

$$T = \frac{2\pi}{\omega_R} \tag{10.2.11}$$

liegen. Den Ausdruck

$$d = e^{-\gamma t} \tag{10.2.12}$$

nennen wir *Dämpfungsfaktor*. Er bestimmt den Abfall der Schwingungsweiten. Die charakteristische Zeit τ, in der der Dämpfungsfaktor eine Reduktion um den Faktor 1/e bewirkt, ist

$$\tau_S = 1/\gamma \quad . \tag{10.2.13}$$

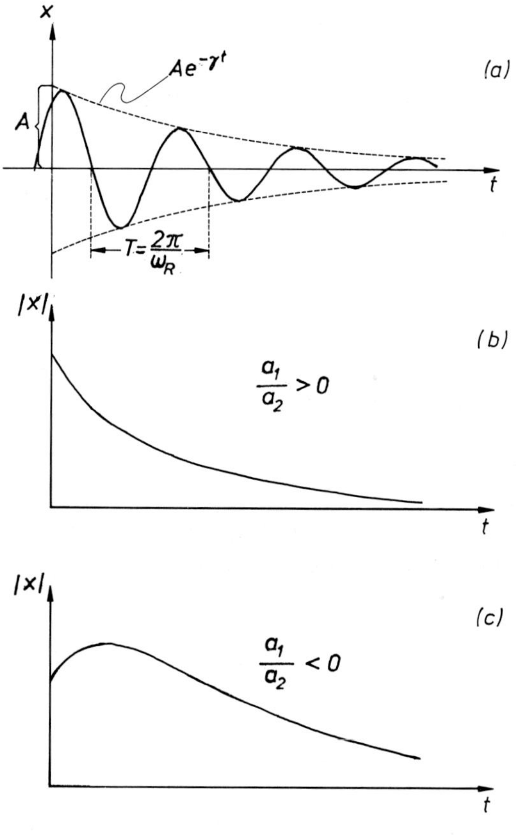

Abb. 10.3a-c. Darstellungen der Lösung (10.2.8). Gedämpfte Schwingung (a), Kriechfall mit $a_1/a_2>0$ (b), Kriechfall mit $a_1/a_2<0$ (c)

II) *Kriechfall* ($\omega_R = i\lambda$, rein imaginär, $\lambda = \sqrt{\gamma^2-\omega_0^2}$)
Aus (10.2.7) erhält man

$$x(t) = \frac{1}{2}\, e^{-\gamma t}\, (a_1 e^{-\lambda t} + a_2 e^{\lambda t}) \tag{10.2.14}$$

mit

$$a_1 = x_0 - \frac{1}{\lambda}\,(\dot{x}_0 + \gamma x_0) \quad , \quad a_2 = x_0 + \frac{1}{\lambda}\,(\dot{x}_0 + \gamma x_0) \quad .$$

Der obige Ausdruck ist wieder explizit reell. In der runden Klammer fällt der erste Term exponentiell mit der Zeit ab, der zweite steigt exponentiell an. Dieser Anstieg wird jedoch vom exponentiell stärker abfallenden Faktor $\exp(-\gamma t)$ kompensiert, da stets

$$\gamma > \sqrt{\gamma^2 - \omega_0^2} = \lambda$$

gilt. Je nach dem relativen Vorzeichen von a_1 und a_2 erhält man zwei verschiedene Bewegungsformen, die in Abb.10.3b und c dargestellt sind.
Für Zeiten $t \gg 1/\lambda$ stammt der wesentliche Beitrag zu $x(t)$ vom zweiten Term in der runden Klammer von (10.2.14). Die Bewegung wird daher für große Zeiten durch

$$x = \frac{a_2}{2}\, e^{-(\gamma-\lambda)t}$$

bestimmt. Die charakteristische Zeit ihres Abfalls ist

$$\tau_K = \frac{1}{\gamma - \lambda} = \frac{1}{\gamma - \sqrt{\gamma^2 - \omega_0^2}} \quad . \tag{10.2.15}$$

III) *Aperiodischer Grenzfall* ($\omega_R = 0$)
Für den Fall $\omega_R = 0$ hat unsere Lösung (10.2.7) wegen des ω_R im Nenner erst eine Bedeutung nach einer Grenzbetrachtung. Wir können schreiben

$$x(t) = e^{-\gamma t}\left[x_0 - i(\dot{x}_0 + \gamma x_0) \lim_{\omega_R \to 0} \frac{e^{i\omega_R t} - e^{-i\omega_R t}}{2\omega_R}\right] \quad .$$

Wegen der Definition des Differentialquotienten ist

$$\lim_{\omega_R \to 0} \frac{e^{i\omega_R t} - e^{-i\omega_R t}}{2\omega_R} = \left. \frac{de^{i\omega_R t}}{d\omega_R} \right|_{\omega_R = 0} = it \quad .$$

Damit erhalten wir

$$x(t) = e^{-\gamma t}[x_0 + (\dot{x}_0 + \gamma x_0)t] \quad . \tag{10.2.17}$$

Aus dem Auftreten der beiden Summanden

$$e^{-\gamma t} \quad \text{und} \quad te^{-\gamma t}$$

folgt, daß auch im Falle $\omega_R = 0$, d.h. $\Omega_+ = \Omega_-$, zwei linear unabhängige Lösungen existieren, die durch Linearkombination zur allgemeinsten Lösung

$$x = c_1 e^{-\gamma t} + c_2 te^{-\gamma t}$$

superponiert werden. Physikalisch tritt der aperiodische Grenzfall für

$$\gamma = \sqrt{a} \quad \text{bzw.} \quad R = 2\sqrt{mD} \tag{10.2.18}$$

auf. Er trennt den Bereich der Werte von R und D, in dem Schwingungen auftreten, vom Bereich des Kriechfalles.

Für große Zeiten $t \gg x_0/(\dot{x}_0 + \gamma x_0)$ dominiert der zweite Term in (10.2.17). Die charakteristische Zeit für seinen Abfall ist bis auf kleine Korrekturen

$$\tau_A = \frac{1}{\gamma} \quad . \tag{10.2.19}$$

Die meisten Meßinstrumente stellen gedämpfte schwingungsfähige Systeme dar. Eine Messung entspricht einer Auslenkung des Meßsystems aus seiner Gleichgewichtslage. Die charakteristische Zeit für die Rückkehr in die Gleichgewichtslage ist eine wichtige Eigenschaft, die das Instrument charakterisiert, weil sie die Dauer der Messung bestimmt.

*10.3 Erzwungene Schwingung

Im Falle der bisher in diesem Kapitel behandelten Schwingungen wurden die Anfangsbedingungen zur Zeit $t = t_0$ von außen eingestellt. Dazu war einmal ein bestimmter Energieaufwand erforderlich. In vielen Fällen wird jedoch dem schwingenden System periodisch Energie zugeführt. Wir bezeichnen den dann auftretenden Bewegungsvorgang als erzwungene Schwingung.

Besonders wichtig ist die Diskussion von Schwingungsvorgängen mit harmonischer Anregung. Die Energiezufuhr von außen geschieht über eine harmonische äußere Kraft

$$F(t) = F_0 \cos(\omega t-\varepsilon) \quad . \tag{10.3.1}$$

Die Größe ε ist eine Phase, die den Zeitpunkt des Nullduchgangs der Kraft im Vergleich zu den bei $t = 0$ gegebenen Anfangsbedingungen festlegt. Damit wird die Bewegungsgleichung (10.2.2) zu

$$m\ddot{x} = - R\dot{x} - Dx + F_0 \cos(\omega t-\varepsilon) \tag{10.3.2}$$

erweitert. Die Phase ε kann dabei stets so gewählt werden, daß

$$F_0 > 0$$

gilt. Mit der Bezeichnung

$$k = \frac{F_0}{m} \quad , \quad a = \frac{D}{m} \tag{10.3.3}$$

hat die Normalform der Schwingungsgleichung die Gestalt

$$\ddot{x} = -2\gamma\dot{x} - ax + k \cos(\omega t-\varepsilon) \quad . \tag{10.3.4}$$

Experiment 10.2. Erzwungene Schwingung und Resonanz des schreibenden Federpendels

Beim schreibenden Federpendel (vgl.Experiment 4.6) kann die Zusatzbeschleunigung wie folgt erreicht werden (Abb.10.4). Der Aufhängepunkt der Federn wird über eine geführte "Kolbenstange", ein "Kreuzkopfgelenk" und eine "Pendelstange" mit einer Scheibe verbunden, die durch einen Motor mit fester Winkelgeschwindigkeit ω angetrieben wird. Damit beschreibt der Aufhängepunkt die Bewegung

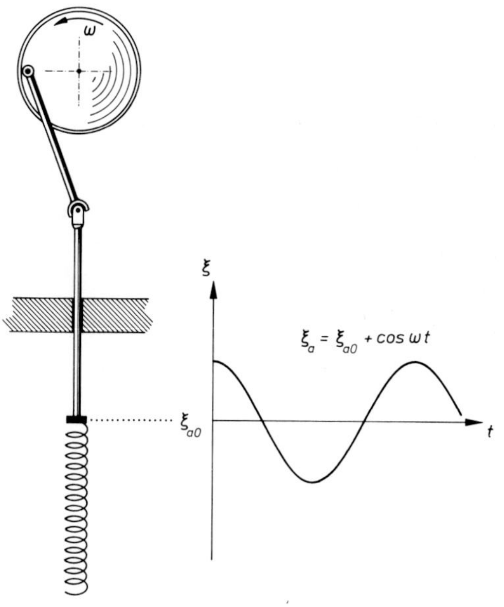

Abb. 10.4. Anordnung zur Erregung einer erzwungenen Schwingung des schreibenden Federpendels

$$\xi_a(t) = \xi_{a0} + b\cos(\omega t+\varepsilon) \quad ,$$

also eine harmonische Schwingung um den Wert ξ_{a0}. Der Winkel ε gibt die Lage der Scheibe zur Zeit $t = 0$ an. Für unsere Betrachtungen bedeutet es keine Einschränkung, wenn wir $\varepsilon = 0$ setzen. Entsprechend der Diskussion zu Experiment 4.6 erhalten wir die Bewegungsgleichung

$$m\ddot{\xi} = -D(\xi-\xi_{a0}+\ell) - mg - R\dot{\xi} + Db\cos\omega t \quad .$$

Die Dämpfung wird wie im Experiment 10.1 durch Wirbelströme erreicht. Als Ruhelage des Pendels bezeichnen wir wie im Experiment 4.6

$$\xi_0 = -\frac{m}{D}g + \xi_{a0} - \ell \quad .$$

Sie entspricht dem kräftefreien Zustand ohne Erregung mit $\xi_a = \xi_{a0}$. Durch Übergang zur Variablen

$$x = \xi - \xi_0$$

gewinnt man direkt

$$m\ddot{x} = -Dx - R\dot{x} + Db\cos\omega t \quad ,$$

also eine Gleichung der Form (10.3.2).

Die Amplitude

$$F_0 = D\,b$$

der erregenden Kraft ist dabei als Produkt der Federkonstanten D und des Radius der Rotationsbewegung identifiziert.

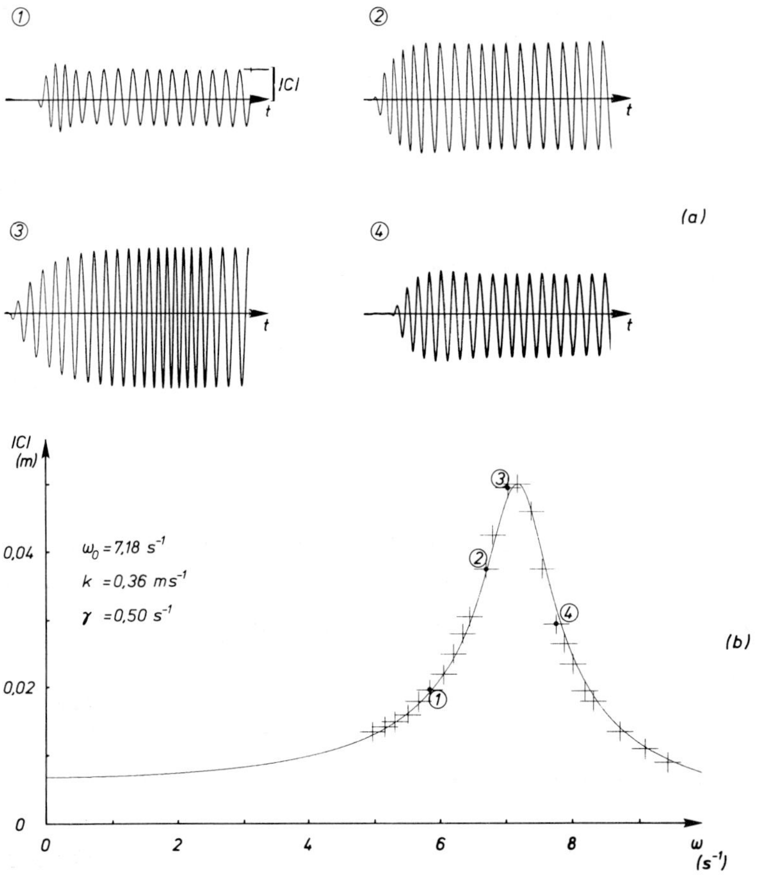

Abb. 10.5. (a) Aufzeichnungen des Einschwingvorgangs des schreibenden Federpendels für verschiedene Erregerfrequenzen ω, jedoch feste Eigenfrequenz ω_0 und feste Dämpfung γ.
(b) Meßwerte der stationären Amplitude $|C|$ als Funktion der Erregerfrequenz ω. (Die Meßwerte aus (a) sind durch Numerierung gekennzeichnet). Die durchgezogene Kurve entspricht der Beziehung (10.3.17)

Das Gerät liefert Aufzeichnungen der Amplitude als Funktion der Zeit für verschiedene Erregungsfrequenzen ω (Abb.10.5a). Dabei wurden die Anfangsbedingungen $x_0 = 0$, $\dot{x}_0 = 0$ gewählt. Man beobachtet zunächst ein Anwachsen der Amplitude der Schwingung und schließlich das Erreichen einer konstanten Amplitude $|C|$, die allerdings von der Erregungsfrequenz ω abhängt. In Abbildung 10.5b sind die Meßwerte der Amplitude $|C|$ als Funktion der Erregungsfrequenz ω aufgetragen. Die Kurve, die ein charakteristisches Maximum hat, entspricht der Formel (10.3.17), die wir weiter unten berechnen werden.

10.3.1 Lösung der Schwingungsgleichung

Anstelle der letzten Gleichung des vorigen Abschnittes behandeln wir die komplexe Differentialgleichung

$$\ddot{z} = -2\gamma\dot{z} - az + ke^{i\omega t} \quad , \tag{10.3.5}$$

dabei ist $z = x + iy$ eine komplexe Funktion der Zeit. Die gesuchte Lösung x der Gleichung (10.3.4) ist dann durch

$$x = \mathrm{Re}\{z\} \tag{10.3.6}$$

gegeben, da (10.3.4) der Realteil von (10.3.5) ist.

Da (10.3.5) eine inhomogene lineare Differentialgleichung ist, setzt sich ihre allgemeine Lösung additiv aus einer partikulären Lösung und der allgemeinen Lösung der zugehörigen homogenen Gleichung zusammen. Die Partikularlösung der inhomogenen Gleichung finden wir mit dem Ansatz

$$z(t) = Ce^{-i\omega' t} \quad . \tag{10.3.7}$$

Durch Einsetzen in (10.3.5) erhalten wir

$$(-\omega'^2 - 2i\gamma\omega' + a)Ce^{-i\omega t} = ke^{-i\omega t} \quad . \tag{10.3.8}$$

Für $\omega' = \omega$ löst der Ansatz die Differentialgleichung, wenn man

$$C = -\frac{k}{(\omega^2-\omega_0^2)+2i\gamma\omega} = -\frac{k}{(\omega-\omega_R+i\gamma)(\omega+\omega_R-i\gamma)} \tag{10.3.9}$$

setzt. Die Amplitude C ist eine komplexe Funktion der Variablen ω. Sie läßt sich durch Betrag $|C|$ und Phase η in der folgenden Weise darstellen (vgl. Anhang A)

$$C = |C|e^{i\eta} \quad . \tag{10.3.10}$$

Für die Lösung $z(t)$ der komplexen Gleichung (10.3.5) haben wir somit

$$z(t) = Ce^{-i\omega t} = |C|e^{-i(\omega t-\eta)} \quad . \tag{10.3.11}$$

Die Partikularlösung $x_p(t)$ der reellen Gleichung (10.3.4) erhält man nach (10.3.6) nun als Realteil dieser komplexen Lösung

$$x_p(t) = \mathrm{Re}\{z(t)\} \quad . \tag{10.3.12}$$

Aus den beiden Darstellungen der komplexen Lösung in (10.3.11) läßt sich der Realteil auf zwei verschiedene Weisen gewinnen

$$x_p(t) = \mathrm{Re}\left\{|C|e^{-i(\omega t-\eta)}\right\} = |C| \cos(\omega t-\eta) \tag{10.3.13a}$$

und

$$x_p(t) = \mathrm{Re}\left\{Ce^{-i\omega t}\right\} = \mathrm{Re}\{C\}\mathrm{Re}\left\{e^{i\omega t}\right\} - \mathrm{Im}\{C\}\mathrm{Im}\left\{e^{-i\omega t}\right\}$$

$$= \mathrm{Re}\{C\} \cos\omega t + \mathrm{Im}\{C\} \sin\omega t \quad . \tag{10.3.13b}$$

Die allgemeine Lösung der Gleichung (10.3.4) besteht aus der Superposition der allgemeinen Lösung (10.2.6) der zugehörigen homogenen Gleichung und der Partikularlösung (10.3.13)

$$x = c_1 e^{i\omega_+ t} + c_2 e^{i\omega_- t} + |C| \cos(\omega t-\eta) \quad . \tag{10.3.14}$$

Die freien Konstanten c_1 und c_2 werden wieder durch die Anfangsbedingungen x_0 und $\dot{x}_0$ festgelegt.

10.3.2 Einschwingvorgang und stationärer Zustand

In diesem Abschnitt wollen wir ausdrücklich voraussetzen, daß die Dämpfung γ *nicht* verschwindet. Dann verschwindet für große Zeiten ($t \gg 1/\gamma$ bzw. $[\gamma-\sqrt{\gamma^2-\omega_0^2}]^{-1}$) der Beitrag der Lösung der homogenen Gleichung. Man unterscheidet daher einen Bereich kleiner Zeiten, in denen ein *Einschwingvorgang* stattfindet, der von den Anfangsbedingungen abhängt, und den stationären Zustand, der vollständig von der Partikularlösung beschrieben wird. Wir verzichten auf eine quantitative Diskussion des Einschwingvorgangs. Experimentell haben wir ihn bereits in Abb.10.5 beobachtet.

Die Funktion

$$x(t) = |C| \cos(\omega t-\eta) \tag{10.3.15}$$

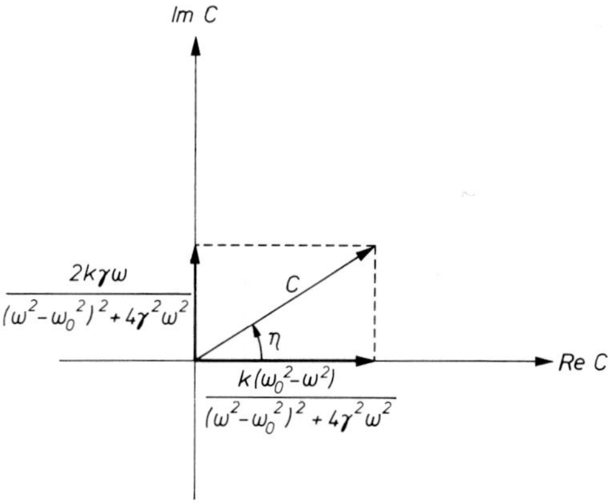

Abb. 10.6. Darstellung der Amplitude C in der komplexen Zahlenebene

stellt eine harmonische Schwingung mit der von außen eingeprägten Kreisfrequenz ω, der Amplitude C und der Phase η dar.

Die komplexe Amplitude (10.3.9) können wir durch Erweiterung mit $\omega^2-\omega_0^2-2i\gamma\omega$ explizit in Real- und Imaginärteil zerlegen

$$C = -\frac{k}{(\omega^2-\omega_0^2)^2+4\gamma^2\omega^2}(\omega^2-\omega_0^2-2i\gamma\omega)$$

$$= \frac{k(\omega_0^2-\omega^2)}{(\omega^2-\omega_0^2)^2+4\gamma^2\omega^2} + i\,\frac{2k\gamma\omega}{(\omega^2-\omega_0^2)^2+4\gamma^2\omega^2} \qquad (10.3.16)$$

und, wie in Abb.10.6 gezeigt, in der komplexen Zahlenebene darstellen. In Abb.10.7a und b sind der Betrag $|C|$ und die Phase η der komplexen Amplitude C als Funktion der Erregerfrequenz ω dargestellt, und zwar für festgehaltene Masse m und Eigenfrequenz ω_0 des Oszillators und festgehaltene Amplitude F_0 der erregenden Kraft (d.h. festen Wert von $k = F_0/m$), aber verschiedene Werte des Dämpfungsfaktors γ. Man beobachtet, daß der Betrag der Amplitude

$$|C| = \frac{k}{\sqrt{(\omega^2-\omega_0^2)^2+4\gamma^2\omega^2}} \qquad (10.3.17)$$

sein Maximum bei

$$\omega = \sqrt{\omega_0^2-2\gamma^2} \qquad (10.3.18)$$

erreicht. Die Lage des Maximums hängt von der Dämpfung ab und nähert sich für kleine Dämpfung ($\gamma^2 \ll \omega_0^2$) der Eigenfrequenz ω_0 des ungedämpften Systems. Für nichtverschwindende Dämpfung ist sie weder gleich ω_0 noch gleich der Eigenfrequenz des gedämpften Systems ω_R - vgl. (10.2.5) -.

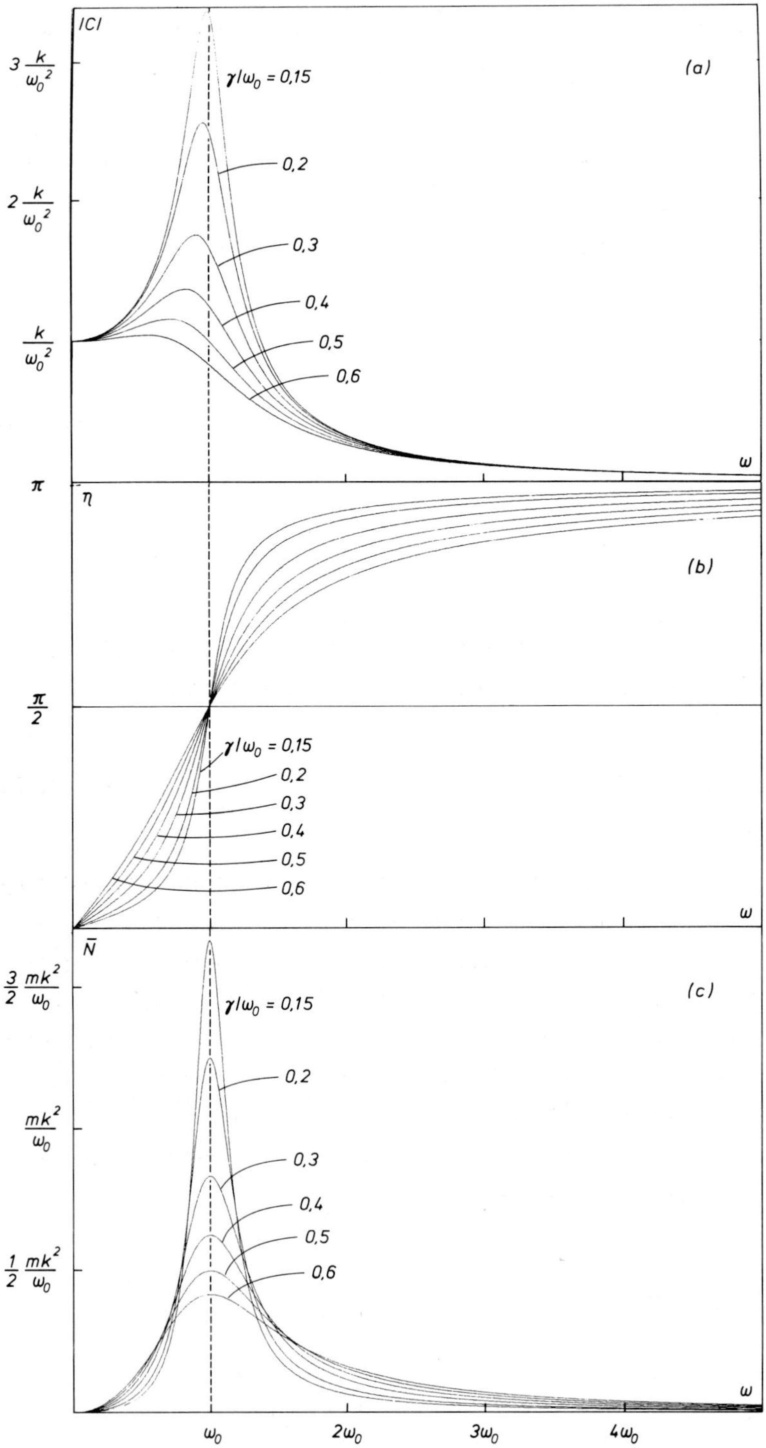

Abb.10.7a-c. Bildunterschrift s. gegenüberliegende Seite

An der Abb.10.6 sieht man, daß die Phase η, d.h. die Phasenverschiebung zwischen der Bewegung des Erregers und der Schwingung des Oszillators durch

$$\cot\eta = \frac{\omega_0^2-\omega^2}{2\gamma\omega} \quad , \quad \eta = \mathrm{arc\,cotan}\,\frac{\omega_0^2-\omega^2}{2\gamma\omega} \tag{10.3.19}$$

gegeben ist. Sie geht unabhängig von der Dämpfung bei $\omega = \omega_0$ durch $\pi/2$.

10.3.3 Resonanz

Um eine Energiebilanz der erzwungenen Schwingung aufzustellen, multiplizieren wir die Bewegungsgleichung (10.3.2) mit $\dot{x}$

$$\frac{d}{dt}\left(\frac{m}{2}\dot{x}^2\right) = m\dot{x}\ddot{x} = -Dx\dot{x} - R\dot{x}^2 + F(t)\dot{x} = -\frac{d}{dt}\left(\frac{D}{2}x^2\right) - R\dot{x}^2 + F(t)\dot{x} \quad .$$

Wir erkennen die Terme in den Klammern als kinetische bzw. potentielle Energie des Massenpunktes wieder. Damit läßt sich die obige Gleichung als

$$\frac{dE}{dt} = \frac{d}{dt}(E_{kin}+E_{pot}) = -R\dot{x}^2 + F(t)\dot{x} \tag{10.3.20}$$

schreiben. Physikalisch bedeutet diese Gleichung, daß die zeitliche Änderung der mechanischen Gesamtenergie des schwingenden Massenpunktes in jedem Moment durch die Summe der Reibungsverlustleistung und der aufgenommenen Erregerleistung bestimmt ist. Der Gleichung sieht man unmittelbar an, daß das Vorzeichen der Erregerleistung davon abhängt, ob die äußere Kraft in oder gegen die Geschwindigkeitsrichtung wirkt. Wie nicht anders zu erwarten, ist das Vorzeichen der Verlustleistung stets negativ.

Wir betrachten zunächst die Änderung der mechanischen Gesamtenergie über eine Periode der erregenden Schwingung:

$$E(t+T) - E(t) = \int_t^{t+T} \frac{dE}{dt'}\,dt' = \int_t^{t+T} [-R\dot{x}^2+F(t')\dot{x}]dt' \quad .$$

Abb. 10.7. Schwingungsweite (a), Phasenwinkel (b) und mittlere Leistungsaufnahme (c) für feste Werte von k, m und ω_0, aber verschiedene Dämpfungskonstanten γ, als Funktion der Erregerfrequenz ω

In stationärem Zustand ist die mechanische Gesamtenergie nach Ablauf einer Periode ungeändert:

$$E(t+T) = E(t) \quad .$$

Damit gilt

$$\overline{N}T = \int_t^{t+T} F(t')\,\dot{x}\,dt' = \int_t^{t+T} R\dot{x}^2\,dt' \quad . \qquad (10.3.21)$$

Wie nicht anders zu erwarten, wird im stationären Zustand die in einer Periode von außen zugeführte Energie im gleichen Zeitraum vollständig in Wärme umgewandelt. In der obigen Beziehung stellt $\overline{N}$ die mittlere Verlustleistung dar.

Mit (10.3.15) ist

$$\dot{x} = -\,\omega\,|C|\,\sin(\omega t-\eta) \quad \text{bzw.} \quad \dot{x} = -\,\omega\,\mathrm{Re}\{C\}\,\sin\omega t + \omega\,\mathrm{Im}\{C\}\,\cos\omega t \quad .$$

Damit ist

$$\overline{N} = \frac{1}{T}\int_t^{t+T} F\,\dot{x}\,dt' = \frac{\omega F_0}{T}\int_t^{t+T} \cos\omega t'\,(-\mathrm{Re}\{C\}\,\sin\omega t' + \mathrm{Im}\{C\}\,\cos\omega t')dt'$$

$$= \frac{\omega F_0}{2\pi}\,\mathrm{Im}\{C\}\int_u^{u+2\pi} \cos^2 u'du' = \frac{\omega}{2}\,F_0\,\mathrm{Im}\{C\} \quad , \qquad (10.3.22a)$$

wie man durch Substitution von $u' = \omega t'$ findet.

Andererseits gilt auch

$$\begin{aligned}\overline{N} &= \frac{1}{T}\int_t^{t+T} R\dot{x}^2dt' \\ &= \frac{\omega^2 R}{T}\,|C|^2\int_t^{t+T} \sin^2(\omega t'-\eta)dt' = \frac{\omega^2 R}{2\pi}\,|C|^2\int_v^{v+2\pi} \sin^2 v'dv' \\ &= \frac{\omega^2 R}{2}\,|C|^2 \quad .\end{aligned} \qquad (10.3.22b)$$

Die Verlustleistung $\overline{N}$ als Funktion der Erregerfrequenz ist in Abb.10.7c dargestellt. Im Gegensatz zur Amplitude $|C|$ erreicht sie ihr Maximum stets für $\omega = \omega_0$.

Aus den obigen Energiebetrachtungen haben wir also die "*Unitaritätsrelation*" für die komplexe Amplitude C

$$\mathrm{Im}\{C\} = \omega \frac{R}{F_0} |C|^2 = \omega \frac{2\gamma}{k} |C|^2 \tag{10.3.24}$$

erhalten. Mit der neuen komplexen Funktion

$$Z = \omega \frac{R}{F_0} C = \frac{2\gamma\omega}{k} C = \frac{2\gamma\omega(\omega_0^2-\omega^2)}{(\omega^2-\omega_0^2)^2+4\gamma^2\omega^2} + i \frac{4\gamma^2\omega^2}{(\omega^2-\omega_0^2)^2+4\gamma^2\omega^2} \tag{10.3.25}$$

nimmt diese Relation die besonders einfache Form

$$\mathrm{Im}\{Z\} = |Z|^2 \tag{10.3.26}$$

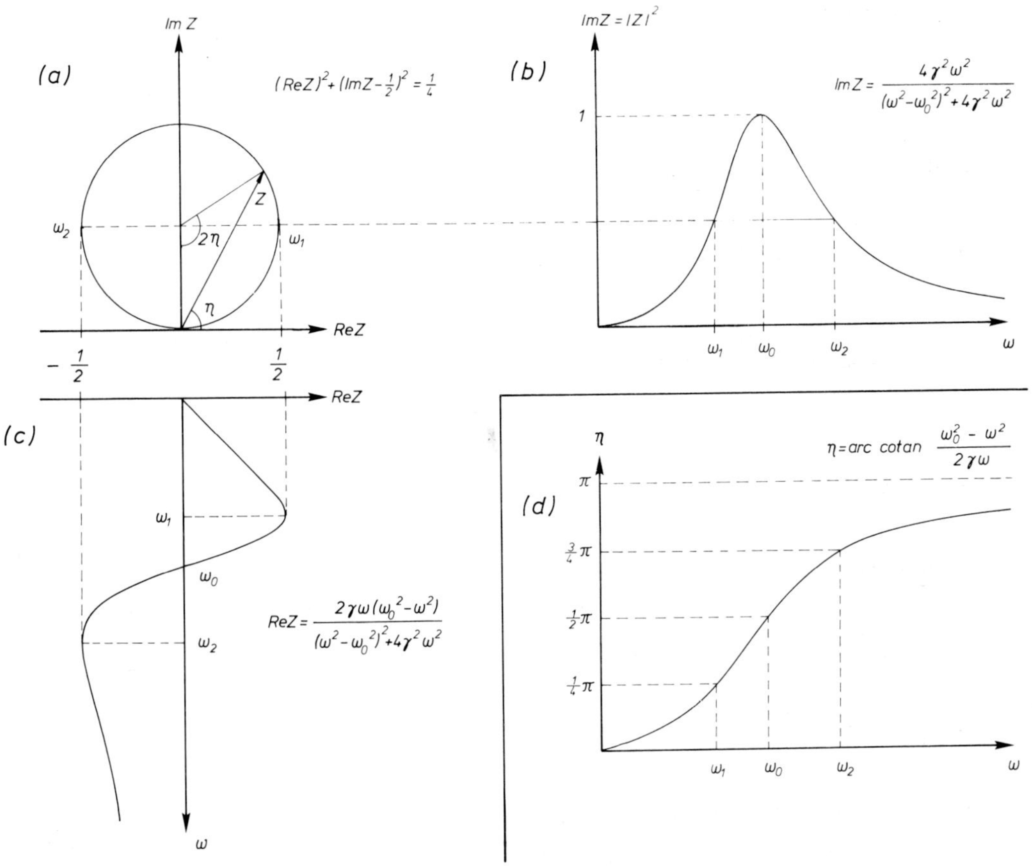

Abb. 10.8a-d. Argand-Diagramm. Verlauf von Im{Z}, Re{Z} und der Phase η als Funktion der Erregerfrequenz ω

an. Wegen

$$|Z|^2 = (\mathrm{Re}\{Z\})^2 + (\mathrm{Im}\{Z\})^2 \quad ,$$

läßt sich die obige Gleichung auch in der Form

$$(\mathrm{Re}\{Z\})^2 + (\mathrm{Im}\{Z\} - \frac{1}{2})^2 = \frac{1}{4} \tag{10.3.27}$$

schreiben. Das ist die Gleichung für einen Kreis mit dem Radius 1/2 und dem Mittelpunkt (0,i/2) in der komplexen z-Ebene (Abb.10.8a). Diese Darstellung ist in der Elementarteilchenphysik unter dem Namen Argand-Diagramm bekannt. Wegen der "Unitaritätsrelation" (10.3.26) hat die komplexe Zahl Z und damit auch die komplexe Amplitude C nur ein unabhängiges Bestimmungsstück. Das Argand-Diagramm erlaubt es auf einfache Weise, aus der Vorgabe einer der Größen $|Z|$, η, $\mathrm{Re}\{Z\}$, $\mathrm{Im}\{Z\}$ die übrigen drei zu entnehmen.

Physikalisch bedeutet die Gleichung (10.3.24)

$$\overline{N} = \frac{\omega}{2} F_0 \, \mathrm{Im}\{C\} = \frac{F_0^2}{2R} \mathrm{Im}\{Z\} \quad , \tag{10.3.28}$$

daß die vom Erreger an das System im zeitlichen Mittel abgegebene Leistung durch den Imaginärteil von Z bestimmt ist. Die Frequenz, für die diese vom System im zeitlichen Mittel absorbierte Leistung maximal wird, heißt *Resonanzfrequenz*. Bei dieser Frequenz befinden sich Erreger und schwingendes System "in Resonanz". Bei der Resonanzfrequenz muß dann die Bedingung

$$\mathrm{Im}\{Z\} = \max.$$

erfüllt sein.

Aus dem Argand-Diagramm liest man ab, daß die folgenden vier Bedingungen für Resonanz offenbar äquivalent sind

$$\begin{aligned} &\mathrm{I)} && \eta &&= \frac{\pi}{2} \quad , \\ &\mathrm{II)} && |Z| &&= \max \quad , \\ &\mathrm{III)} && \mathrm{Im}\{Z\} &&= \max \quad , \\ &\mathrm{IV)} && \mathrm{Re}\{Z\} &&= 0 \quad . \end{aligned} \tag{10.3.29}$$

Jede einzelne von ihnen kann zur Bestimmung der Resonanzfrequenz benutzt werden. Man rechnet leicht nach, daß diese Bedingungen für $\omega = \omega_0$ erfüllt sind. Für die Phase η ersieht man die obige Behauptung sofort aus (10.3.19) und Abb.10.7c. Abb.10.7a zeigt, daß bei der Resonanzfrequenz $\omega = \omega_0$ keineswegs die Schwingungsamplitude ein Maximum hat. Ihr Maximum liegt vielmehr stets unterhalb der Resonanzfrequenz.

Es ist nun sehr leicht, mit Hilfe des Argand-Diagramms und der aus (10.3.26) gewonnenen Beziehungen

$$\mathrm{Im}\{Z\} = \frac{4\gamma^2\omega^2}{(\omega^2-\omega_0^2)^2+4\gamma^2\omega^2} = |Z|^2 \tag{10.3.30}$$

$$\mathrm{Re}\{Z\} = \frac{2\gamma\omega(\omega_0^2-\omega^2)}{(\omega^2-\omega_0^2)^2+4\gamma^2\omega^2} \tag{10.3.31}$$

den qualitativen Verlauf dieser Größen als Funktion von ω zu diskutieren. Der Imaginärteil zeigt eine Glockenform, die

bei $\omega = 0$ parabelförmig vom Wert Null ansteigt,
bei $\omega = \omega_1$ den Wert 1/2 erreicht,
bei $\omega = \omega_0$ ihren Maximalwert 1 hat,
bei $\omega = \omega_2$ wieder auf 1/2 abgefallen ist, und
für $\omega \to \infty$ wie $1/\omega^2$ gegen Null geht.

Der Realteil

steigt	bei $\omega = 0$ linear an
erreicht	bei $\omega = \omega_1$ seinen Maximalwert 1/2
geht	bei $\omega = \omega_0$ durch Null
sinkt	bei $\omega = \omega_2$ auf seinen Minimalwert -1/2
und verschwindet	für $\omega \to \infty$ wie $1/\omega$.

Aus der Forderung

$$(\mathrm{Re}\{Z\})^2 = (\mathrm{Im}\{Z\})^2 = \frac{1}{4}$$

erhält man für die Differenz

$$\omega_2^2 - \omega_1^2 = 4\gamma\sqrt{\omega_0^2+\gamma^2} \quad , \tag{10.3.32}$$

was für kleine Dämpfung ($\gamma \ll \omega_0$) auf die "volle Breite bei halber Höhe" von Im{Z},

$$\omega_2 - \omega_1 \approx 2\gamma \quad ,$$

führt.

Von den vier Größen (10.3.29) haben drei für uns bereits eine unmittelbare physikalische Bedeutung:

η ist die relative Phase zwischen der erregenden Schwingung und der Schwingung des Systems,

$|C| = \frac{F_0}{\omega R}|Z|$ ist die Schwingungsweite des Systems,

$\overline{N} = \frac{F_0^2}{2R}\,\mathrm{Im}\{Z\}$ ist die mittlere Leistungsaufnahme des Systems.

Als letztes wollen wir nun die Bedeutung von Re{Z} aufklären. Anstelle der mittleren Erregerleistung $\overline{N}$ betrachten wir nun die momentane Erregerleistung

$$\begin{aligned} N(t) &= F(t)\,\dot{x}(t) = \omega\,F_0\,\cos\omega t(-\mathrm{Re}\{C\}\sin\omega t+\mathrm{Im}\{C\}\cos\omega t) \\ &= \omega\,F_0\,\mathrm{Im}\{C\}\,\cos^2\omega t - \frac{\omega}{2}F_0\,\mathrm{Re}\{C\}\,\sin(2\omega t) \\ &= 2\overline{N}\,\cos^2\omega t - \frac{\omega}{2}F_0\,\mathrm{Re}\{C\}\,\sin(2\omega t) \quad . \end{aligned} \tag{10.3.33}$$

Der erste Term in der letzten Zeile ist stets positiv; sein über eine Periode genommener zeitlicher Mittelwert ist gerade die mittlere Erregerleistung $\overline{N}$. Der zweite Term stellt eine harmonische Schwingung mit der Kreisfrequenz 2ω dar. Sein Mittelwert über eine Periode ist zwar Null, sein Auftreten zeigt jedoch, daß Energie sowohl vom Erreger in das schwingende System wie auch umgekehrt fließt. Die Zeitabhängigkeit der beiden Beiträge ist in Abb.10.9 dargestellt. Ein Maß für die periodisch ihr Vorzeichen wechselnde Leistung ist der Mittelwert über eine Viertelperiode, in der ihr Beitrag sein Vorzeichen nicht wechselt

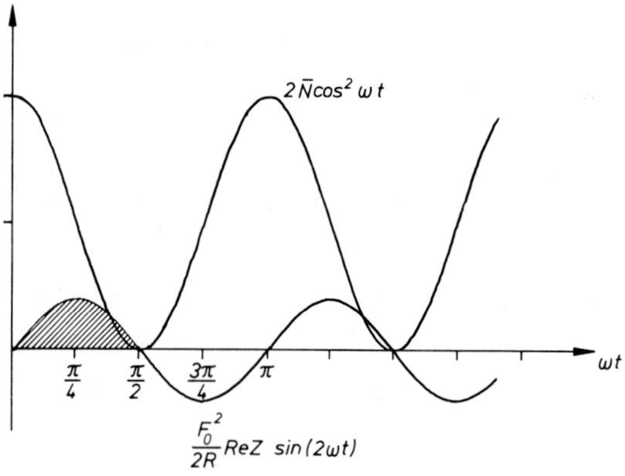

Abb. 10.9. Zeitabhängigkeit der beiden Terme in (10.3.33). Schraffiert ist der Bereich, in dem der zweite Term konstantes Vorzeichen hat

$$\overline{N}_B = \frac{\omega}{\pi} F_0 \,\mathrm{Re}\{C\} = \frac{F_0^2}{\pi R} \mathrm{Re}\{Z\} \quad . \tag{10.3.34}$$

Das $\pi/2$-fache dieser Größe wird in der Elektrotechnik als Blindleistung definiert. Wie wir sehen, ist dieser zwischen Erreger und schwingendem System ausgetauschte Energiebetrag durch den Realteil von Z bzw. C bestimmt.

Auch in anderen Gebieten der Physik spielen erzwungene Schwingungen eine wichtige Rolle. An die Stelle der Auslenkung x können dabei andere physikalische Größen (z.B. Stromstärke, Ladung, Feldstärke, Wahrscheinlichkeitsamplitude) treten. In der Optik und in der Quantenmechanik bezeichnet man den Imaginärteil von Z bzw. C auch als *Absorptivteil*, den Realteil dieser Größe auch als *Dispersivteil*. Bei allen erzwungenen Schwingungsvorgängen sind die oben diskutierten qualitativen Züge ähnlich. Insbesondere geht die vom System absorbierte Leistung bei Resonanz durch ein Maximum.

10.3.4 Grenzfall verschwindender Dämpfung

Im Grenzfall verschwindender Dämpfung klingt die Lösung der homogenen Schwingungsgleichung nicht mehr exponentiell ab. Damit wird auch für große Zeiten die erzwungene Schwingung nicht mehr durch die Partikularlösung allein beschrieben. Für $\gamma = 0$ gilt

$$\Omega_+ = \Omega_- = \omega_0 \quad .$$

Damit ist die Lösung der homogenen Gleichung

$$x_h = c_1 e^{i\omega_0 t} + c_2 e^{-i\omega_0 t} \quad . \tag{10.3.35}$$

Der Fall, in dem $\omega = \omega_0$ wird, muß durch eine sorgfältige Grenzbetrachtung aus der allgemeinen Lösung (10.3.14) gewonnen werden, da für $\gamma = 0$

$$C = \frac{k}{\omega_0^2 - \omega^2} \tag{10.3.36}$$

eine Nullstelle im Nenner hat. Den Grenzübergang führt man am einfachsten mit Hilfe einer speziellen Darstellung der allgemeinen Lösung der homogenen Gleichung aus. Sie kann nach Einführung anderer komplexer Konstanten c_1' und c_2' auch in der Form

$$x_h = c_1' e^{i\omega_0 t} + c_2' e^{-i\omega_0 t} + \frac{k}{\omega_0^2-\omega^2}\cos(\omega_0 t-\eta)$$

geschrieben werden. Die allgemeine Lösung der inhomogenen Gleichung hat damit die Gestalt

$$x = c_1' e^{i\omega_0 t} + c_2' e^{-i\omega_0 t} + \frac{k}{\omega_0^2-\omega^2}[\cos(\omega t-\eta)-\cos(\omega_0 t-\eta)]$$

$$= c_1' e^{i\omega_0 t} + c_2' e^{-i\omega_0 t} - \frac{k}{\omega_0+\omega}\,\frac{\cos(\omega t-\eta)-\cos(\omega_0 t-\eta)}{\omega-\omega_0} \quad .$$

Hieraus läßt sich der Grenzübergang $\omega \to \omega_0$ leicht ausführen, da der letzte Term in der Grenze die Ableitung des Kosinus nach ω ist

$$x = c_1' e^{i\omega_0 t} + c_2' e^{-i\omega_0 t} + \frac{k}{2\omega_0}\, t \sin(\omega_0 t-\eta) \quad . \tag{10.3.37}$$

Bei diesem Grenzübergang bleiben die Koeffizienten c_1' und c_2' endlich, da sie durch die endlichen Anfangswerte x_0 und $\dot{x}_0$ bestimmt sind. Die so erhaltene Lösung enthält einen Term, dessen Amplitude linear mit der Zeit anwächst (vgl. Abb.10.10). Er beschreibt die Tatsache, daß für $\omega = \omega_0$ unbegrenzt Energie aus dem Erreger in das schwingende System gepumpt wird. Diese Akkumulation von Energie im schwingenden System führt schließlich zu dessen Zerstörung (Resonanzkatastrophe).

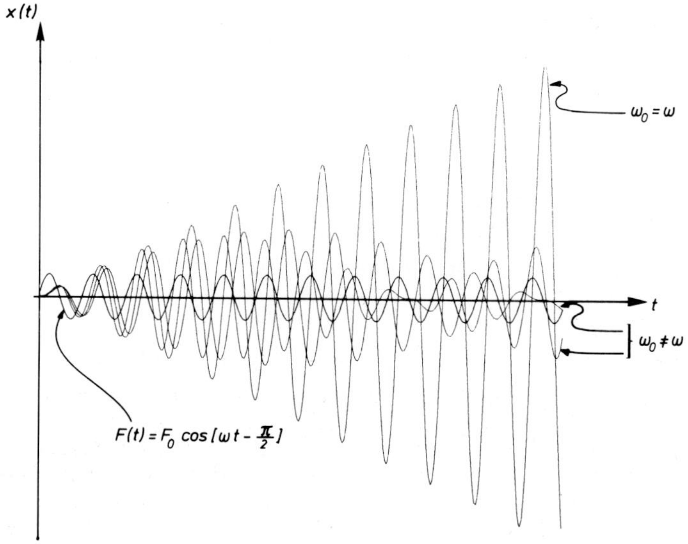

Abb. 10.10. Erzwungene Schwingung ohne Dämpfung bei der Resonanzfrequenz ω_0 und benachbarten Frequenzen

Für Erregerfrequenzen, die in der Nähe der Resonanzfrequenz liegen, aber nicht genau gleich ω_0 sind, tritt das Phänomen der *Schwebungen* auf. Man sieht das an folgendem einfachen Beispiel einer Auslenkung x der Gestalt

$$x = A[\cos(\omega_0 t-\eta)+\cos(\omega t-\eta)] \quad .$$

Durch Einführung der halben Summe und der halben Differenz der Kreisfrequenzen ω_0 und ω

$$\overline{\omega} = \frac{1}{2}(\omega_0+\omega) \quad , \quad \omega_0 = \overline{\omega} + \omega_s$$

$$\omega_s = \frac{1}{2}(\omega_0-\omega) \quad , \quad \omega = \overline{\omega} - \omega_s \tag{10.3.38}$$

erhält man

$$x = A[\cos(\overline{\omega}t-\eta+\omega_s t)+\cos(\overline{\omega}t-\eta-\omega_s t)] \quad .$$

Mit Hilfe des Additionstheorems für den Kosinus findet man

$$x = 2A \cos\omega_s t \cos(\overline{\omega}t-\eta) \quad , \tag{10.3.39}$$

da sich die Produkte der Sinus gerade aufheben. Physikalisch läßt sich diese Bewegung für $|\omega_s| \ll |\overline{\omega}|$ d.h. $\omega \approx \omega_0$ als eine mit der Kreisfrequenz ω_s amplitudenmodulierte Schwingung der Kreisfrequenz $\overline{\omega}$ interpretieren. Man nennt eine solche Schwingung in Analogie zur Akustik eine Schwebung. Beispiele einer Schwebung sind in Abb.10.10 dargestellt.

*10.4 Gekoppelte Oszillatoren

10.4.1 Zwei gekoppelte Oszillatoren mit Dämpfung

Experiment 10.3. Gekoppelte Schwingungen zweier schreibender Federpendel

Zwei Federn sind am Punkt ξ_a aufgehängt. Sie haben die Federkonstanten D_1 und D_2, die Längen (im unbelasteten Zustand) ℓ_1 und ℓ_2 und sind mit zwei schreibenden Pendelkörpern der Massen m_1 und m_2 belastet. Zwischen beiden ist eine zusätzliche Feder der Federkonstanten D und der Gleichgewichtslänge ℓ gespannt. Das Schema der Anordnung und die Aufzeichnung der schreibenden Pendel sind in Abb.10.11 wiedergegeben. Man beobachtet, daß der zuerst angestoßene Pendelkörper eine Schwingung ausführt, deren Amplitude zunächst mit der Zeit abnimmt. Der zweite Pendelkörper wird über die Kopplungsfeder vom ersten zu Schwingungen angeregt, deren Amplitude ein Maximum erreicht, wenn

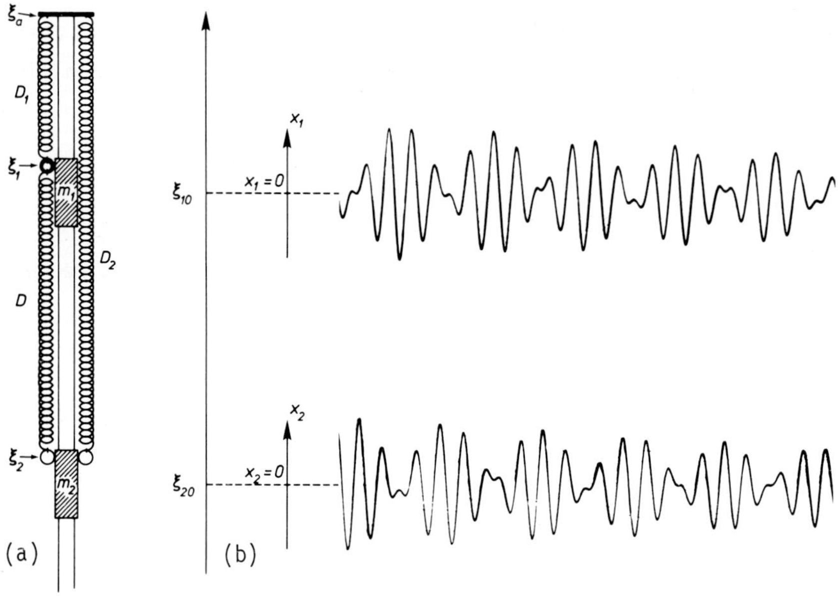

Abb. 10.11. Anordnung zur Erzeugung gekoppelter Schwingungen zweier schreibender Federpendel (a) und Aufzeichnung dieser Pendel (b)

die des ersten minimal ist. Darauf fällt die Amplitude des zweiten Körpers, während die des ersten wieder wächst, usw.

Die Bewegungsgleichungen für die beiden Massenpunkte lauten

$$m_1\ddot{\xi}_1 = - D_1(\xi_1-\xi_a+\ell_1) + D(\xi_2-\xi_1+\ell) - R_1\dot{\xi}_1 - m_1 g \quad ,$$

$$m_2\ddot{\xi}_2 = - D_2(\xi_2-\xi_a+\ell_2) + D(\xi_1-\xi_2-\ell) - R_2\dot{\xi}_2 - m_2 g \quad . \qquad (10.4.1)$$

Die Gleichgewichtslagen ξ_{10}, ξ_{20} sind durch

$$\ddot{\xi}_i = 0 \quad , \quad \dot{\xi}_i = 0 \quad , \quad i=1,2, \qquad (10.4.2)$$

charakterisiert, so daß sie sich sofort aus den Gleichungen

$$0 = - D_1(\xi_{10}-\xi_a+\ell_1) + D(\xi_{20}-\xi_{10}+\ell) - m_1 g \quad ,$$

$$0 = - D_2(\xi_{20}-\xi_a+\ell_2) + D(\xi_{10}-\xi_{20}-\ell) - m_2 g \qquad (10.4.3)$$

bestimmen lassen. Mit den neuen Variablen

$$x_i = \xi_i - \xi_{i0} \quad , \quad i=1,2, \tag{10.4.4}$$

erhalten die Bewegungsgleichungen die Form

$$m_1\ddot{x}_1 = - D_1x_1 + D(x_2-x_1) - R_1\dot{x}_1 \quad ,$$

$$m_2\ddot{x}_2 = - D_2x_2 + D(x_1-x_2) - R_2\dot{x}_2 \quad . \tag{10.4.5}$$

Am einfachsten löst man dieses System wieder durch komplexe Exponentialansätze für x_1, x_2

$$x_k = A_k\, e^{i\omega_k t} \quad , \quad k=1,2. \tag{10.4.6}$$

Durch Einsetzen findet man

$$m_1(-\omega_1^2)A_1e^{i\omega_1 t} + D_1A_1e^{i\omega_1 t} - D\left(A_2e^{i\omega_2 t} - A_1e^{i\omega_1 t}\right)$$

$$+ (i\omega_1)R_1A_1e^{i\omega_1 t} = 0 \quad ,$$

$$m_2(-\omega_2^2)A_2e^{i\omega_2 t} + D_2A_2e^{i\omega_2 t} - D\left(A_1e^{i\omega_1 t} - A_2e^{i\omega_2 t}\right)$$

$$+ (i\omega_2)R_2A_2e^{i\omega_2 t} = 0 \quad . \tag{10.4.7}$$

Offenbar erhält man nur eine nichttriviale Lösung $[(A_1,A_2) \neq (0,0)]$, wenn man

$$\omega_1 = \omega_2 = \omega \tag{10.4.8}$$

setzt, so daß die Exponentialfunktionen herausfallen

$$(-\omega^2)A_1 + d_1A_1 - f_1(A_2-A_1) + 2i\omega\gamma_1A_1 = 0 \quad ,$$

$$(-\omega^2)A_2 + d_2A_2 - f_2(A_1-A_2) + 2i\omega\gamma_2A_2 = 0 \quad . \tag{10.4.9}$$

Die Division der Gleichungen durch die jeweiligen Massen führt auf die Größen

$$\frac{D_i}{m_i} = d_i \quad , \quad \frac{D}{m_i} = f_i \quad , \quad \frac{R_i}{m_i} = 2\gamma_i \quad , \tag{10.4.10}$$

die in den obigen Gleichungen auftreten. Das so erhaltene Gleichungssystem für die Amplituden A_1, A_2 ist homogen und hat daher nur eine nichttriviale Lösung, wenn seine Koeffizientenmatrix

$$M = \begin{pmatrix} -\omega^2+d_1+f_1+2i\gamma_1\omega & -f_1 \\ -f_2 & -\omega^2+d_2+f_2+2i\gamma_2\omega \end{pmatrix} \tag{10.4.11}$$

verschwindende Determinante hat. Diese Forderung führt auf die *Säkulargleichung* oder *charakteristische Gleichung* des Systems

$$\begin{aligned} 0 = \det\{M\} &= \left(-\omega^2+d_1+f_1+2i\gamma_1\omega\right)\left(-\omega^2+d_2+f_2+2i\gamma_2\omega\right) - f_1f_2 \\ &= \left(\omega^2-d_1-f_1\right)\left(\omega^2-d_2-f_2\right) - 4\gamma_1\gamma_2\omega^2 - f_1f_2 \\ &\quad - 2i\omega\left[\gamma_2\left(\omega^2-d_1-f_1\right)+\gamma_1\left(\omega^2-d_2-f_2\right)\right] \quad . \end{aligned} \tag{10.4.12}$$

Sie ist von vierter Ordnung in ω und hat daher vier Lösungen ω_i $(i=1,2,3,4)$. In der Variablen $i\omega = \lambda$ weist die obige Gleichung nur reelle Koeffizienten auf

$$\left(\lambda^2+d_1+f_1+2\gamma_1\lambda\right)\left(\lambda^2+d_2+f_2+2\gamma_2\lambda\right) - f_1f_2 = 0 \quad , \tag{10.4.13}$$

so daß die vier Lösungen λ_i $(i=1,2,3,4)$ paarweise komplex konjugiert zueinander liegen müssen, etwa

$$\lambda_1 \ , \ \lambda_1^* \ , \ \lambda_2 \ , \ \lambda_2^* \quad . \tag{10.4.14}$$

Für die Kreisfrequenzen ω bedeutet das

$$\begin{aligned} \omega_1 &= - i\lambda_1 \ , \ \omega_3 = - i\lambda_1^* = (i\lambda_1)^* = - \omega_1^* \quad , \\ \omega_2 &= - i\lambda_2 \ , \ \omega_4 = - i\lambda_2^* = (i\lambda_2)^* = - \omega_2^* \quad . \end{aligned} \tag{10.4.15}$$

Die Kreisfrequenzen ω_i liegen somit paarweise in Positionen, die bezüglich der imaginären Achse der komplexen ω-Ebene Spiegelbilder voneinander sind

$$\omega_1 = \mathrm{Re}\{\omega_1\} + i\,\mathrm{Im}\{\omega_1\} \quad , \quad \omega_3 = -\,\mathrm{Re}\{\omega_1\} + i\,\mathrm{Im}\{\omega_1\} \quad ,$$
$$\omega_2 = \mathrm{Re}\{\omega_2\} + i\,\mathrm{Im}\{\omega_2\} \quad , \quad \omega_4 = -\,\mathrm{Re}\{\omega_2\} + i\,\mathrm{Im}\{\omega_2\} \quad . \qquad (10.4.16)$$

Die allgemeine Lösung des Gleichungssystems erhält man durch eine lineare Überlagerung aller vier Schwingungen

$$x_k(t) = A_{k1}\,e^{i\omega_1 t} + A_{k2}\,e^{-i\omega_1^* t} + A_{k3}\,e^{i\omega_2 t} + A_{k4}\,e^{-i\omega_2^* t} \qquad (10.4.17)$$

Dabei sind die $A_{k\ell}$ komplexe Koeffizienten, die wegen der Realität von $x_k(t)$,

$$x_k = x_k^* = A_{k1}^*\,e^{-i\omega_1^* t} + A_{k2}^*\,e^{i\omega_1 t} + A_{k3}^*\,e^{-\,i\omega_2^* t} + A_{k4}^*\,e^{+i\omega_2 t} \quad , \qquad (10.4.18)$$

die Beziehungen

$$A_{k2} = A_{k1}^* \quad , \quad A_{k4} = A_{k3}^* \qquad (10.4.19)$$

erfüllen müssen.

Die allgemeine Lösung der Schwingungsgleichungen von freien gedämpften gekoppelten Oszillatoren hat jetzt die explizit reelle Darstellung

$$x_k = A_{k1}\,e^{i\omega_1 t} + A_{k1}^*\,e^{-i\omega_1^* t} + A_{k2}\,e^{i\omega_2 t} + A_{k2}^*\,e^{-i\omega_2^* t}$$
$$= 2\mathrm{Re}\left\{A_{k1}e^{i\omega_1 t}\right\} + 2\mathrm{Re}\left\{A_{k2}e^{i\omega_2 t}\right\} \quad . \qquad (10.4.20)$$

Die obige Lösung für x_1 und x_2 enthält 4 komplexe Koeffizienten $A_{k\ell}$ ($k=1,2$; $\ell=1,2$). Nur zwei davon sind unabhängig wählbar wie man durch Einsetzen in die Differentialgleichungen (10.4.5) sofort feststellt. Dabei muß man beachten, daß die Koeffizienten verschiedener Exponentialfunktionen die Gleichungen separat erfüllen müssen

$$\left[(-\omega_\ell^2)+d_1+f_1+2i\omega_\ell\gamma_1\right]A_{1\ell} - f_1A_{2\ell} = 0$$
$$-\,f_2A_{1\ell} + \left[(-\omega_\ell^2)+d_2+f_2+2i\omega_\ell\gamma_2\right]A_{2\ell} = 0 \quad , \qquad (10.4.21)$$

für $\ell = 1,2$. Da ω_ℓ so bestimmt war, daß die Determinante dieses Gleichungssystems gleich Null ist, sind die beiden Gleichungen linear abhängig voneinander und man gewinnt nur eine Relation zwischen A_{11} und A_{21} bzw. A_{12} und A_{22}

$$A_{21} = \frac{1}{f_1}\left(-\omega_1^2+d_1+f_1+2i\omega_1\gamma_1\right)A_{11} \quad ,$$

$$A_{12} = \frac{1}{f_2}\left(-\omega_2^2+d_2+f_2+2i\omega_2\gamma_2\right)A_{22} \quad . \tag{10.4.22}$$

Somit sind nur z.B. die beiden komplexen Koeffizienten A_{11} und A_{22} unabhängig voneinander. Sie sind vier reellen Größen äquivalent, die durch die vier Anfangsbedingungen

$$x_1(t=0) = x_{10} \quad , \quad \dot{x}_1(t=0) = v_{10} \quad ,$$

$$x_2(t=0) = x_{20} \quad , \quad \dot{x}_2(t=0) = v_{20}$$

festgelegt sind.

10.4.2 Zwei gekoppelte Oszillatoren ohne Dämpfung

Die Diskussion der Gleichungen läßt sich vereinfachen, wenn die Oszillatoren ungedämpft sind, d.h.

$$\gamma_1 = \gamma_2 = 0 \quad . \tag{10.4.23}$$

Dann geht insbesondere die charakteristische Gleichung (10.4.12) in eine quadratische Gleichung für ω^2 über und kann leicht gelöst werden. Es gilt

$$\begin{aligned}(\omega^2-d_1-f_1)(\omega^2-d_2-f_2) - f_1f_2 \\ = \left[\omega^2-\frac{d_1+f_1+d_2+f_2}{2}-\frac{1}{2}\sqrt{(d_1+f_1-d_2-f_2)^2+4f_1f_2}\right] \\ \cdot\left[\omega^2-\frac{d_1+f_1+d_2+f_2}{2}+\frac{1}{2}\sqrt{(d_1+f_1-d_2-f_2)^2+4f_1f_2}\right] \quad .\end{aligned} \tag{10.4.24}$$

Für die reellen Werte

$$\omega_{1,2}^2 = \frac{d_1+f_1+d_2+f_2}{2} \pm \frac{1}{2}\sqrt{(d_1+f_1-d_2-f_2)^2+4f_1f_2} \tag{10.4.25}$$

ist die charakteristische Gleichung erfüllt. Die allgemeine Lösung der Bewegungsgleichungen hat die Gestalt

$$x_k = A_{k1}\,e^{i\omega_1 t} + A_{k1}^*\,e^{-i\omega_1 t} + A_{k2}\,e^{i\omega_2 t} + A_{k2}^*\,e^{-i\omega_2 t} \quad . \tag{10.4.26}$$

Die Frequenzen ω_1, ω_2 heißen die *Normalfrequenzen* des Systems.

Durch Einführung der Phasenzerlegung der Koeffizienten A,

$$A_{ki} = |A_{ki}|\, e^{i\delta_{ki}} \quad , \tag{10.4.27}$$

gewinnt man für die Lösungen die Gestalt

$$x_k = 2|A_{k1}| \cos(\omega_1 t+\delta_{k1}) + 2|A_{k2}| \cos(\omega_2 t+\delta_{k2}) \quad . \tag{10.4.28}$$

Mit Hilfe der halben Summen- und Differenzfrequenzen ω_+, ω_-,

$$\omega_\pm = \frac{1}{2}(\omega_1 \pm \omega_2) \quad , \tag{10.4.29}$$

erhält man für die Schwingung ungedämpfter gekoppelter Oszillatoren die Darstellung

$$\begin{aligned} x_k = {} & A_{k1}\, e^{i\omega_- t}\, e^{i\omega_+ t} + A_{k1}^*\, e^{-i\omega_- t}\, e^{-i\omega_+ t} \\ & + A_{k2}\, e^{-i\omega_- t}\, e^{i\omega_+ t} + A_{k2}^*\, e^{i\omega_- t}\, e^{-i\omega_+ t} \quad . \end{aligned} \tag{10.4.30}$$

Sie läßt sich rein reell formulieren, wenn man die Phasen δ_{k+}, δ_{k-}

$$\delta_{k\pm} = \frac{1}{2}(\delta_{k1} \pm \delta_{k2}) \tag{10.4.31}$$

einführt. Man verifiziert leicht, daß damit gilt

$$\begin{aligned} x_k = {} & 2\Big(|A_{k1}|+|A_{k2}|\Big) \cos(\omega_- t+\delta_{k-}) \cos(\omega_+ t+\delta_{k+}) \\ & - 2\Big(|A_{k1}|-|A_{k2}|\Big) \sin(\omega_- t+\delta_{k-}) \sin(\omega_+ t+\delta_{k+}) \quad . \end{aligned} \tag{10.4.32}$$

Die anschauliche Bedeutung dieses Ausdrucks sieht man am deutlichsten, wenn

$$\omega_1 \approx \omega_2$$

d.h.

$$\omega_- \ll \omega_+$$

gewählt wird. In diesem Fall kann man die Größen

$$A_k(t) = 2\Big(|A_{k1}|+|A_{k2}|\Big)\cos(\omega_- t+\delta_{k-})$$

und

$$B_k(t) = -\,2\Big(|A_{k1}|-|A_{k2}|\Big)\sin(\omega_- t+\delta_{k-}) \qquad (10.4.33)$$

als relativ zu $\cos(\omega_+ t+\delta_{k+})$ bzw. $\sin(\omega_+ t+\delta_{k+})$ langsam zeitlich veränderliche Amplituden auffassen. Die Variable x_k stellt sich als Überlagerung zweier amplitudenmodulierter Schwingungen dar

$$x_k(t) = A_k(t)\cos(\omega_+ t+\delta_{k+}) + B_k(t)\sin(\omega_+ t+\delta_{k+}) \quad . \qquad (10.4.34)$$

Unter Einführung einer zeitabhängigen Phase $\gamma(t)$, definiert durch

$$\sin\gamma(t) = \frac{A_k(t)}{\sqrt{A_k^2(t)+B_k^2(t)}} \quad , \quad \cos\gamma(t) = \frac{B_k(t)}{\sqrt{A_k^2(t)+B_k^2(t)}}$$

kann man die Amplitudenmodulation in (10.4.34) unmittelbar sichtbar machen

$$\begin{aligned} x_k(t) &= \sqrt{A_k^2(t)+B_k^2(t)}\,\Big\{\sin\gamma(t)\cos(\omega_+ t+\delta_{k+})+\cos\gamma(t)\sin(\omega_+ t+\delta_{k+})\Big\} \\ &= \sqrt{A_k^2(t)+B_k^2(t)}\,\sin[\omega_+ t+\delta_{k+}+\gamma(t)] \quad . \end{aligned}$$

Die Amplitudenmodulation ist durch

$$A_{mod}(t) = \sqrt{A_k^2(t)+B_k^2(t)}$$

beschrieben. Man nennt diese Erscheinung eine *Schwebung* (siehe Abschnitt 10.3.4).

Das zeitliche Verhalten der Auslenkungen $x_1(t)$ und $x_2(t)$ ist für zwei Beispiele in Abb.10.12 dargestellt. Nach Gleichung (10.4.28) sind x_1 und x_2 Überlagerungen zweier harmonischer Schwingungen

$$s_1 = 2|A_{k1}|\cos(\omega_1 t+\delta_{k1}) \quad , \quad s_2 = 2|A_{k2}|\cos(\omega_2 t+\delta_{k2})$$

mit den Frequenzen ω_1 und ω_2. Sie sind jeweils in den unteren Zeilen der Abbildungen dargestellt. Die oberen Zeilen enthalten die Größen $x_1(t)$, $x_2(t)$.

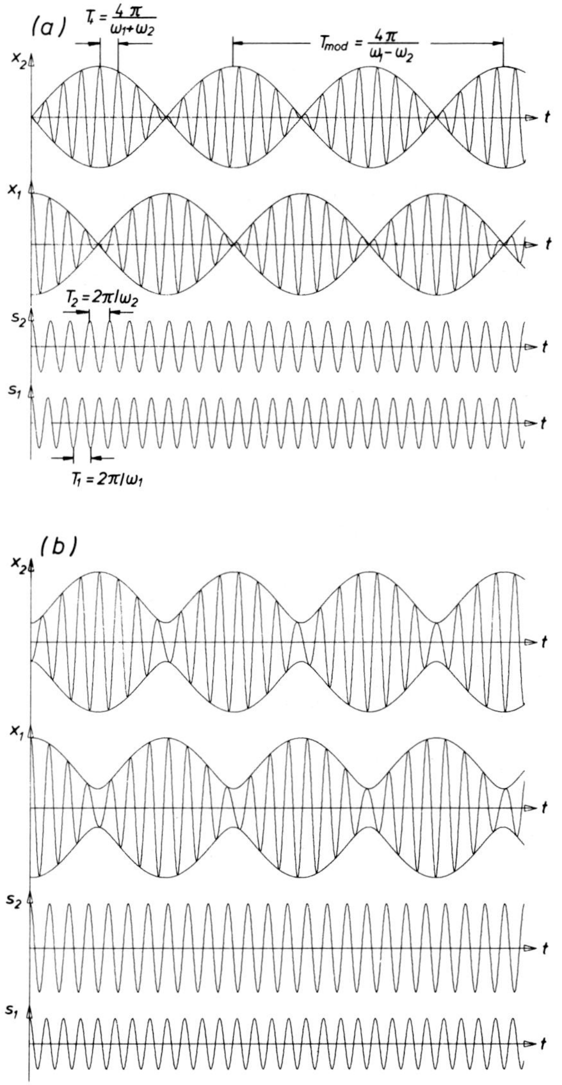

Abb. 10.12a und b. Die Schwingungen x_1, x_2 gekoppelter Oszillatoren und ihre Zerlegung in zwei harmonische Schwingungen s_1, s_2 verschiedener Frequenz. Die Amplituden von s_1 und s_2 sind in (a) gleich und in (b) verschieden

Die Phasen wurden so gewählt, daß

$$x_1 = s_1 + s_2 \quad \text{und} \quad x_2 = s_1 - s_2$$

sind. Die Einhüllenden von x_1 und x_2 sind gerade durch

$$A_{mod}(t) = \pm \sqrt{A_k^2(t)+B_k^2(t)}$$

gegeben.

Man erkennt, daß die Einhüllenden Null berühren, wenn die Amplituden der Einzelschwingungen $s_1(t)$, $s_2(t)$ gleiche Beträge haben, und sonst von Null verschiedene Extremwerte haben.

10.5 Aufgaben

10.1: Man zeige, daß für rationales Verhältnis $\omega_1:\omega_2$ die Amplitudenmodulation und die Schwingung nach endlich vielen Perioden wieder die gleiche relative Phase erreichen, nicht aber für irrationales Verhältnis.

10.2: Man formuliere den Energiesatz für ungedämpfte gekoppelte Oszillatoren in den kinetischen Energien T_1, T_2 der Massenpunkte und den potentiellen Energien V_1, V_2, V der drei Federn.
Man zeige weiterhin, daß die Energien

$$E_1 = T_1 + V_1 \quad \text{und} \quad E_2 = T_2 + V_2$$

Schwebung zeigen.

11. Mechanische Wellen

Bei der Diskussion der gekoppelten Oszillatoren haben wir festgestellt, daß die Energie des Gesamtsystems sich im Laufe der Zeit von einem auf den anderen Oszillator verlagern konnte. Wir erwarten, daß sich durch Hintereinanderschalten einer großen Zahl von Oszillatoren ein Energietransport bewerkstelligen läßt, ohne daß sich die Oszillatoren selbst weit von ihrer Ruhelage entfernen. Einen solchen Vorgang bezeichnet man als Welle.

11.1 D'Alembert-Wellen

11.1.1 Mechanik der Massenpunktkette

Wir gehen aus von einem einfachen Modell (Abb.11.1) einer linearen Kette von Massenpunkten der Masse m, die durch Federn mit der Federkonstante d miteinander verknüpft sind. Die ganze Kette sei an ihren Enden fest eingespannt. Der n-te innere Massenpunkt bewegt sich nach der Gleichung

$$m\ddot{\vec{w}}_n = d(\vec{w}_{n+1} - \vec{w}_n) - d(\vec{w}_n - \vec{w}_{n-1}) \quad . \qquad (11.1.1)$$

Dabei bezeichnet $\vec{w}_n(t)$ die Auslenkung des n-ten Massenpunktes aus seiner Ruhe-

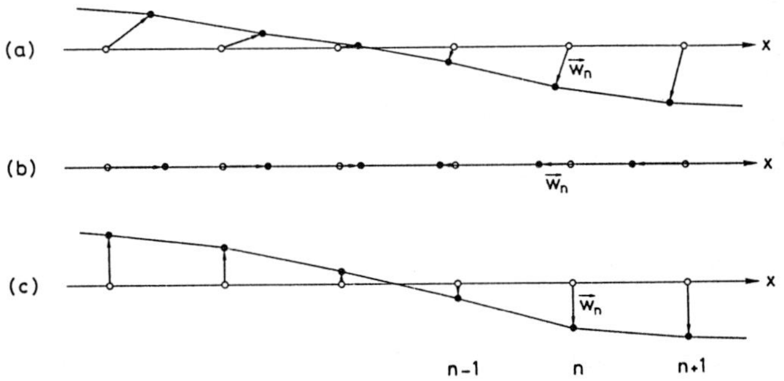

Abb.11.1a-c. Massenpunktkette. Die Ruhelagen der Massenpunkte sind durch offene Kreise dargestellt, die momentanen Lagen durch ausgefüllte Kreise. Die Vektoren $\vec{w}_n$ kennzeichnen die Auslenkungen aus der Ruhelage (a). Longitudinalwellen(b) und Transversalwellen (c) entsprechen bestimmten Auslenkungsrichtungen

lage $x = n\Delta x$. Hier gibt Δx den Abstand der Massenpunkte in ihrer Ruhelage an. Die Bewegung der Kette ist durch diesen Satz von gekoppelten Gleichungen für die einzelnen Massenpunkte der Kette gegeben.

Für eine unendlich ausgedehnte Kette mit unendlich vielen Massenpunkten finden wir für den Gesamtimpuls

$$\vec{P} = \sum_{-\infty<n<\infty} m\dot{\vec{w}}_n \tag{11.1.2}$$

die Gleichung

$$\frac{d}{dt}\vec{P} = d \sum_{-\infty<n<\infty} (\vec{w}_{n+1} - 2\vec{w}_n + \vec{w}_{n-1}) \quad . \tag{11.1.3}$$

Die rechte Seite läßt sich durch Umbenennung der Indizes $n+1 = k$, $n-1 = \ell$ in die Form

$$\frac{d}{dt}\vec{P} = d\left(\sum_{-\infty<k<\infty} \vec{w}_k - 2 \sum_{-\infty<n<\infty} \vec{w}_n + \sum_{-\infty<\ell<\infty} \vec{w}_\ell \right) \tag{11.1.4}$$

bringen. Da die Anzahl der Massenpunkte über alle Grenzen wächst, hat die Umbenennung keine Änderung der Summationsgrenzen zur Folge. Damit kürzen sich die Summen auf der rechten Seite der Gleichung und wir finden die Erhaltung des Impulses

$$\frac{d}{dt}\vec{P} = 0 \quad , \qquad \text{d.h.} \qquad \vec{P} = \vec{P}_0 \quad . \tag{11.1.5}$$

Hier ist $\vec{P}_0$ der Anfangsgesamtimpuls der Kette.

Für die Gesamtenergie finden wir durch skalare Multiplikation jeder Gleichung mit $\dot{\vec{w}}_n$

$$\frac{d}{dt}\frac{m}{2}\dot{\vec{w}}_n^2 = m\dot{\vec{w}}_n \cdot \ddot{\vec{w}}_n = d\dot{\vec{w}}_n \cdot (\vec{w}_{n+1} - \vec{w}_n) - d\dot{\vec{w}}_n \cdot (\vec{w}_n - \vec{w}_{n-1}) \tag{11.1.6}$$

und durch Summation

$$\frac{d}{dt}\sum_n \frac{m}{2}\dot{\vec{w}}_n^2 = d \sum_n \left[\dot{\vec{w}}_n \cdot (\vec{w}_{n+1} - \vec{w}_n) - \dot{\vec{w}}_n \cdot (w_n - w_{n-1})\right] \quad . \tag{11.1.7}$$

Umnummerierung des zweiten Terms der rechten Seite mit $n = k+1$ ergibt

$$\frac{d}{dt}\sum_n \frac{m}{2}\dot{\vec{w}}_n^2 = d\left[\sum_{-\infty<n<\infty} \dot{\vec{w}}_n (\vec{w}_{n+1} - \vec{w}_n) - \sum_{-\infty<k<\infty} \dot{\vec{w}}_{k+1} \cdot (\vec{w}_{k+1} - \vec{w}_k)\right] \; . \tag{11.1.8}$$

Nennen wir den zweiten Index k wieder n, so lassen sich die beiden Summen zu einer zusammenfassen

$$\frac{d}{dt}\sum_{-\infty<n<\infty} \frac{m}{2}\dot{\vec{w}}_n^2 = -d\left[\sum_{-\infty<n<\infty} (\dot{\vec{w}}_{n+1} - \dot{\vec{w}}_n) \cdot (\vec{w}_{n+1} - \vec{w}_n)\right] \quad . \tag{11.1.9}$$

Die rechte Seite erkennen wir jetzt ebenfalls als totale zeitliche Ableitung

$$d(\dot{\vec{w}}_{n+1} - \dot{\vec{w}}_n) \cdot (\vec{w}_{n+1} - \vec{w}_n) = \frac{d}{dt}\left[\frac{d}{2}(\vec{w}_{n+1} - \vec{w}_n)^2\right] \quad . \tag{11.1.10}$$

Die linke Seite von (11.1.9) stellt die zeitliche Ableitung der gesamten kinetischen Energie

$$E_{kin} = \sum_{-\infty<n<\infty} \frac{m}{2} \dot{\vec{w}}_n^2 \tag{11.1.11}$$

aller Massenpunkte dar, die rechte Seite ist die negative Ableitung der gesamten potentiellen Energie

$$E_{pot} = \sum_{-\infty<n<\infty} \frac{d}{2} (\vec{w}_{n+1} - \vec{w}_n)^2 \tag{11.1.12}$$

der Federn zwischen den Massenpunkten, so daß die Gleichung (11.1.10) lautet

$$\frac{d}{dt} E_{kin} = - \frac{d}{dt} E_{pot} \quad . \tag{11.1.13}$$

Insgesamt folgt damit der Erhaltungssatz

$$\frac{dE}{dt} = 0 \quad , \qquad E = E_0 \tag{11.1.14}$$

für die Gesamtenergie

$$E = E_{kin} + E_{pot} \tag{11.1.15}$$

der Kette. Die Energie E_0 ist die im Anfangszustand enthaltene Gesamtenergie.

11.1.2 Kontinuierlicher Grenzfall. D'Alembert-Gleichung

Für große Dichte der Massenpunkte der Kette bedeutet es eine große Vereinfachung, wenn man zum Grenzfall einer kontinuierlichen Verteilung

$$\vec{w}_n(t) = \vec{w}(t,x) \tag{11.1.16}$$

übergeht, indem man den Index n durch die kontinuierliche Variable x, als zweites Argument in $\vec{w}$ ersetzt. Sie gibt die Ruhelage des Massenpunktes an. Dementsprechend gilt für die benachbarten Punkte

$$\vec{w}_{n\pm1}(t) = \vec{w}(t,x \pm \Delta x) \quad . \tag{11.1.17}$$

Damit läßt sich die Bewegungsgleichung in die Form

$$\begin{aligned} m \frac{\partial^2 w}{\partial t^2}(t,x) &= d[\vec{w}(t,x + \Delta x) - \vec{w}(t,x)] \\ &\quad -d[\vec{w}(t,x) - \vec{w}(t,x - \Delta x)] \end{aligned} \tag{11.1.18}$$

bringen. Jetzt läßt sich der Grenzübergang zur kontinuierlichen Verteilung der Oszillatoren leicht durch $\Delta x \to 0$ ausführen. Man entwickelt die Differenzen auf der rechten Seite von (11.1.18) bis zur zweiten Ordnung in Δx

$$\vec{w}(t,x \pm \Delta x) - \vec{w}(t,x) = \pm \frac{\partial \vec{w}}{\partial x}(t,x)\Delta x + \frac{1}{2}\frac{\partial^2 \vec{w}}{\partial x^2}(t,x)(\Delta x)^2 \tag{11.1.19}$$

und erhält durch Einsetzen die Gleichung

$$\frac{\partial^2 \vec{w}}{\partial t^2}(t,x) = \frac{d(\Delta x)^2}{m}\frac{\partial^2 \vec{w}}{\partial x^2}(t,x) \quad . \tag{11.1.20}$$

Mit der Annahme, daß im Grenzfall $\Delta x \to 0$ die Größe

$$\lim_{\Delta x \to 0} \frac{d(\Delta x)^2}{m} \to c^2 \tag{11.1.21}$$

gegen den festen Wert c^2 strebt, erhalten wir die *d'Alembert-Gleichung*

$$\frac{1}{c^2}\frac{\partial^2 \vec{w}}{\partial t^2} - \frac{\partial^2 \vec{w}}{\partial x^2} = 0 \quad . \tag{11.1.22}$$

Die Annahme (11.1.21) ist aus folgenden Gründen plausibel. Für eine kontinuierliche Massenbelegung der x-Achse ist

$$\mu = \frac{m}{\Delta x} \tag{11.1.23}$$

die lineare Massendichte, d.h. ein Längenelement Δx besitzt die Masse $m = \mu\Delta x$. Die Kopplung zwischen den einzelnen Oszillatoren wird im kontinuierlichen Grenzfall durch die endliche Größe

$$\delta = d\Delta x \tag{11.1.24}$$

beschrieben, wobei $\delta = E \cdot q$ das Produkt aus Elastizitätsmodul E und der Querschnittsfläche q ist. Damit bleibt der Quotient

$$\frac{d(\Delta x)^2}{m} = \frac{d\Delta x}{m/\Delta x} = \frac{\delta}{\mu} = c^2 \tag{11.1.25}$$

endlich.

Vorwegnehmend wollen wir anmerken, daß der Parameter c, der die Dimension einer Geschwindigkeit hat, die *Ausbreitungsgeschwindigkeit* der d'Alembert-Wellen ist. Die dreidimensionale Verallgemeinerung der Gleichung (11.1.22) hat die Form

$$\frac{1}{c^2}\frac{\partial^2 w}{\partial t^2} - \frac{\partial^2 w}{\partial x^2} - \frac{\partial^2 w}{\partial y^2} - \frac{\partial^2 w}{\partial z^2} = 0 \quad . \tag{11.1.26}$$

Sie beschreibt für verschiedene physikalischen Größen w und verschiedene Geschwindigkeitsparameter c viele wichtige Wellenvorgänge wie akustische Wellen, das Licht, die elektromagnetischen Wellen und Wellen in elastischen Medien.

Für die d'Alembert-Gleichung (11.1.22) in einer Raumdimension können wir die Differentiationen in der folgenden Form faktorisieren

$$\left(\frac{1}{c}\frac{\partial}{\partial t} + \frac{\partial}{\partial x}\right)\left(\frac{1}{c}\frac{\partial}{\partial t} - \frac{\partial}{\partial x}\right)\vec{w}(t,x) = 0$$

bzw. (11.1.27)

$$\left(\frac{1}{c}\frac{\partial}{\partial t} - \frac{\partial}{\partial x}\right)\left(\frac{1}{c}\frac{\partial}{\partial t} + \frac{\partial}{\partial x}\right)\vec{w}(t,x) = 0 \quad .$$

Damit ist klar, daß es Lösungen der d'Alembert-Gleichung in einer Raumdimension gibt, die eine der beiden Differentialgleichungen erfüllen

$$\left(\frac{1}{c}\frac{\partial}{\partial t} + \frac{\partial}{\partial x}\right)\vec{w}_{+}(t,x) = 0 \tag{11.1.28}$$

oder

$$\left(\frac{1}{c}\frac{\partial}{\partial t} - \frac{\partial}{\partial x}\right)\vec{w}_{-}(t,x) = 0 \quad . \tag{11.1.29}$$

Wir werden später in Abschnitt 11.2 sehen, daß $w_{+}(t,x)$ ein Auslenkungsmuster beschreibt, das sich mit der Geschwindigkeit c in Richtung der positiven x-Achse verschiebt, ohne dabei seine Form zu ändern. Entsprechend verschiebt sich das Muster $w_{-}(t,x)$ in die negative x-Richtung.

Im folgenden wollen wir zwei Spezialfälle der obigen Gleichung für eine Raumdimension x betrachten, nämlich die Wellengleichungen for Longitudinal- bzw. Transversalwellen.

11.1.3 Longitudinalwellen und Transversalwellen

Für den Fall, daß die Auslenkungen der Massenpunkte der Kette alle in Richtung der x-Achse sind (Abb.11.1b), gilt

$$\vec{w}(t,x) = w(t,x)\vec{e}_{\parallel} \tag{11.1.30}$$

und wir erhalten eine Gleichung für die longitudinale Auslenkung

$$\frac{1}{c^2}\frac{\partial^2 w}{\partial t^2} - \frac{\partial^2 w}{\partial x^2} = 0 \quad . \tag{11.1.31}$$

Als transversale Welle betrachten wir eine, bei der alle Auslenkungen in einer Ebene liegen und senkrecht zur Ausbreitungsrichtung erfolgen, Abb.11.1c. Der Einheitsvektor senkrecht zur Ausbreitungsrichtung in der Schwingungsebene sei $\vec{e}_{\perp}$. For solche Transversalwellen hat die Auslenkung die Form

$$\vec{w}(t,x) = w(t,x)\vec{e}_{\perp} \quad . \tag{11.1.32}$$

Die Gleichung für Transversalwellen hat dann dieselbe Form wie (11.1.31). Longitudinalwellen sind z.B. Schallwellen in der Luft, oder in Stäben, bei denen Dichteschwankungen der Luft oder des Stabmaterials in Ausbreitungsrichtung des Schalles laufen. Transversalwellen sind z.B. solche auf Saiten.

Für die weitere Diskussion wollen wir den kontinuierlichen Grenzfall der Massenpunktkette stets einfach als *Kette* bezeichnen, wenn wir keinen Unterschied zwischen longitudinalen und transversalen Auslenkungen machen. Im Falle von Longitudinalwellen wollen wir den Träger *Stab*, bei Transversalwellen *Saite* nennen.

Da die Gleichungen für longitudinale (11.1.30) und transversale (11.1.32) Auslenkungen identisch sind, gelten alle Abbildungen dieses Kapitels für beide Wellenarten. Für transversale Wellen stimmen die Abbildungen für $w(t,x)$ mit dem tatsächlichen Zustand der Saite überein.

11.2 Lösung der d'Alembert-Gleichung

11.2.1 Allgemeine Lösung. Soliton

Wir beschreiben die Auslenkungsfunktion w zu einer festen Zeit $t=0$ durch $w(0,x)=w(x)$. Nehmen wir an, daß sich das Auslenkungsmuster mit der Geschwindigkeit c in positive x-Richtung verschiebt, ohne dabei seine Form zu ändern, so wird es zu einer Zeit t durch

$$w_+(t,x) = w(-ct + x) \tag{11.2.1}$$

beschrieben. Durch Einsetzen bestätigt man, daß dieser Ansatz die d'Alembert-Gleichung löst. Das gleiche gilt für einen Ansatz der Form

$$w_-(t,x) = w(ct + x) \quad , \tag{11.2.2}$$

der die Verschiebung des Auslenkungsmusters in negative x-Richtung wiedergibt. Die Funktion $w_+(t,x)$ und $w_-(t,x)$ lösen gerade die Gleichungen (11.1.28 bzw. 29). Die allgemeine Lösung der d'Alembert-Gleichung besteht aus einer Summe zweier beliebiger Funktionen w_1 und w_2 der Argumente $(-ct+x)$, $(ct+x)$

$$w(t,x) = w_1(-ct + x) + w_2(ct + x) \quad . \tag{11.2.3}$$

Ist das Anregungsmuster w zu einer Zeit nur in einem räumlich eng begrenzten Bereich wesentlich von Null verschieden und hat es nur eine der beiden Variablen $(-ct+x)$ oder $(ct+x)$, so spricht man von einem *Soliton*. Als ein Beispiel wählen wir zur Zeit $t=0$ für $w(x)$ eine Gaußsche Glockenkurve um die Stelle x_0

$$w(t,x) = w_0 \exp[-(-ct + x - x_0)^2/(2\sigma^2)] \quad . \tag{11.2.4}$$

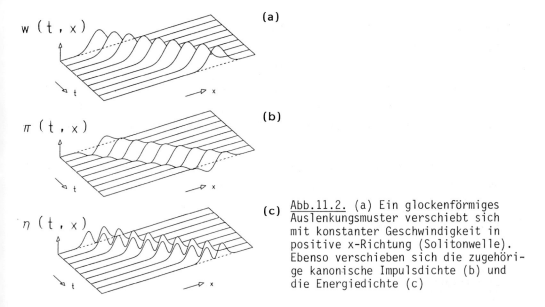

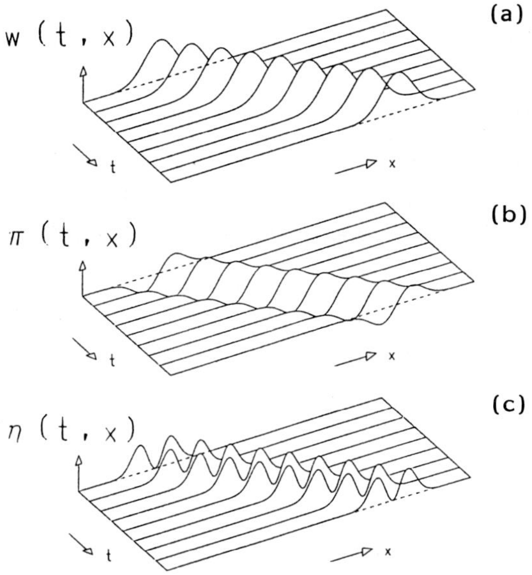

Abb.11.2. (a) Ein glockenförmiges Auslenkungsmuster verschiebt sich mit konstanter Geschwindigkeit in positive x-Richtung (Solitonwelle). Ebenso verschieben sich die zugehörige kanonische Impulsdichte (b) und die Energiedichte (c)

Abbildung 11.2a zeigt die zeitliche Entwicklung des Auslenkungsmusters. Die Gaußsche Glockenkurve wandert mit der Geschwindigkeit c in positive x-Richtung. Der Parameter σ ist ein Maß für die *Breite* der Glockenkurve.

Das erweist auch die explizite Form der Funktion w in (11.2.4). Das Maximum der Glockenkurve ist stets bei verschwindendem Argument der Exponentialfunktion dh. bei

$$x = x_0 + ct \quad . \tag{11.2.5a}$$

Die Ausbreitungsgeschwindigkeit einer Wellenformation endlicher räumlicher Ausdehnung heißt Gruppengeschwindigkeit v_G. Sie ist durch

$$v_G = \frac{dx}{dt} = c \tag{11.2.5b}$$

gegeben.

11.2.2 Harmonische Welle

Neben Wellenformen endlicher räumlicher Ausdehnung, wie wir sie im letzten Abschnitt besprochen haben, kann man auch unendlich ausgedehnte Wellenzüge diskutieren. Man denkt sie sich am einfachsten durch periodische harmonische Anregung erzeugt und wir betrachten daher als Beispiel die harmonischen Wellen. Das bedeutet für die Funktion w die Wahl von Kosinus oder Sinus. Da beide nur durch die feste Phase $\pi/2$ voneinander verschieden sind, betrachten wir für die folgende Diskussion

$$w_+(t,x) = w_0 \cos\left[\frac{2\pi}{\lambda}(-ct + x - x_0)\right] \tag{11.2.6}$$

bzw.

$$w_-(t,x) = w_0 \cos\left[\frac{2\pi}{\lambda}(ct + x - x_0)\right] \quad .$$

Zwei benachbarte Punkte gleicher Phase des Kosinus – also etwa zwei aufeinanderfolgende Wellenmaxima – haben im Argument gerade den Abstand 2π, denn

$$\cos\left[\frac{2\pi}{\lambda}(-ct + x - x_0) + 2\pi\right] = \cos\left[\frac{2\pi}{\lambda}(-ct + x - x_0)\right] \quad . \tag{11.2.7}$$

Das Argument läßt sich in folgender Weise umformen

$$\frac{2\pi}{\lambda}(-ct + x - x_0) + 2\pi = \frac{2\pi}{\lambda}(-ct + x - x_0 + \lambda)$$
$$= \frac{2\pi}{\lambda}\left(-c\left[t - \frac{\lambda}{c}\right] + x - x_0\right) \quad .$$

Die erste Gleichung führt auf die Interpretation des Zusatzterms λ als *Wellenlänge*, d.h. als der räumliche Abstand zwischen zwei Punkten gleicher Phase zu fester Zeit t. Die zweite Gleichung erweist die Zeit

$$T = \frac{\lambda}{c} \tag{11.2.8}$$

als die *Periode* der von der Welle am festen Ort $(x - x_0)$ verursachten Schwingung.

Die Größe

$$k = \frac{2\pi}{\lambda} \tag{11.2.9}$$

heißt *Wellenzahl*. Der Quotient

$$\nu = \frac{1}{T} \tag{11.2.10}$$

heißt wieder *Frequenz*, das Verhältnis

$$\omega = \frac{2\pi}{T} = 2\pi\nu \tag{11.2.11}$$

wieder *Kreisfrequenz*. Es besteht die Beziehung

$$\omega = \frac{2\pi}{T} = c\,\frac{2\pi}{\lambda} = ck \quad . \tag{11.2.12}$$

Die Größe

$$v_p = \frac{\lambda}{T} = c \tag{11.2.13}$$

ist die Geschwindigkeit des Punktes fester Phase bei der Ausbreitung der Welle. Sie heißt in diesem Zusammenhang deshalb *Phasengeschwindigkeit* v_p. Sie ist für die Lösungen der d'Alembert-Gleichung gleich dem in der Gleichung auftretenden Geschwindigkeitsparameter c und daher von der Wellenlänge der betrachteten harmonischen Welle unabhängig. Für andere Wellengleichungen, wie z.B. die Klein-Gordon-Gleichung, die wir im Abschnitt 11.7 behandeln werden, ist die Phasengeschwindigkeit v_P abhängig von der Wellenlänge λ bzw. der Wellenzahl $k = 2\pi/\lambda$. In diesen Fällen ist sie nicht gleich der Gruppengeschwindigkeit v_G endlich ausgedehnter Wellenformen, wie der Gaußschen Glockenkurve im vorigen Abschnitt, vgl. (11.2.5).

Abbildung 11.3a zeigt die Ausbreitung einer harmonischen Welle in positive x-Richtung. Man sieht die Wanderung des Wellenberges, der sich bei $t = 0$ am oberen linken Rand des Bildes befindet und sich mit der Zeit nach rechts schiebt. Das ganze Wellenmuster zur Zeit $t = 0$ versetzt sich mit fester Geschwindigkeit c, in der Form ungeändert, nach rechts. Die Strecke λ zwischen zwei Wellenbergen erweist sich hier ganz anschaulich als Wellenlänge. Die Zeit T, die benötigt wird, um ein Wellenmaximum gerade die Strecke λ der Wellenlänge durchlaufen zu lassen, ist die Periode der Welle. In Abb.11.3a ist eine Periode gerade die Zeit, die insgesamt abgebildet ist. Sie ist für einen festen Ort die Periode einer Schwingung der Auslenkung w(t,x) der harmonischen Welle.

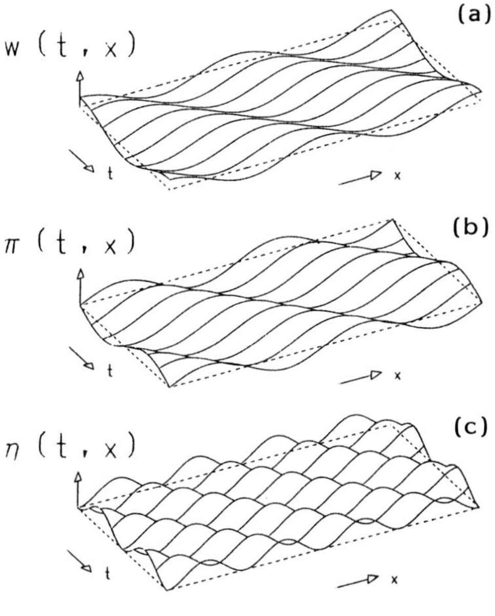

Abb.11.3. (a) Zeitliche Entwicklung einer harmonischen Welle, die in die positive x-Richtung wandert. Abgebildet ist ein Bereich in x der Länge 2λ. Der abgebildete Bereich in t entspricht gerade einer Periode T. (b) Zugehörige kanonische Impulsdichte. (c) Zugehörige Energiedichte

11.2.3 Superpositionsprinzip

Da die Wellenfunktion $\vec{w}(t,x)$ in der d'Alembert-Gleichung nur linear auftritt, ist mit jeder Lösung $\vec{w}_1(t,x)$ auch ein konstantes Vielfaches $a\vec{w}_1(t,x)$ Lösung. Ferner ist mit jeder weiteren Lösung $\vec{w}_2(t,x)$ auch jede Linearkombination

$$\vec{w}(t,x) = a\vec{w}_1(t,x) + b\vec{w}_2(t,x) \tag{11.2.14}$$

Lösung der d'Alembert-Gleichung.

Diese Aussage ist gerade der Inhalt des *Superpositionsprinzips*. Als ein Beispiel haben wir in Abb. 11.6 unten die Funktion w(t,x) aus den weiter oben in Abb. 11.6 dargestellten nach rechts bzw. links laufenden Glockenkurven überlagert. Die Abbildung zeigt, daß sich die Auslenkungen $w_+(t,x)$ und $w_-(t,x)$ einfach addieren, so daß wir einen besonders hohen Berg beobachten, wenn beide am gleichen Ort sind. Anschließend laufen die beiden Solitonen unverändert auseinander.

*11.3 Energie- und Impulstransport

11.3.1 Kanonischer Impuls

In Analogie zum Impuls des einzelnen Massenpunktes der Kette

$$\vec{p}_n = m \frac{d\vec{w}_n}{dt} \tag{11.3.1}$$

führt man die Größe

$$\vec{\pi}(t,x) = \mu \frac{\partial \vec{w}}{\partial t}(t,x) \tag{11.3.2}$$

als *kanonische Impulsdichte* des Auslenkungsfeldes ein. Sie ist in Abb.11.2b und 11.3b dargestellt. Mit Hilfe dieser Größe läßt sich der d'Alembert-Gleichung noch eine andere Interpretation geben. Sie kann jetzt in die Form

$$\frac{\partial}{\partial t}\vec{\pi}(t,x) + \frac{\partial}{\partial x}\left[-\mu c^2\left(\frac{\partial w}{\partial x}\right)\right] = 0 \tag{11.3.3}$$

gebracht werden. Durch Integration über die ganze Länge der Kette haben wir

$$\frac{d}{dt}\int_{-\infty}^{+\infty}\vec{\pi}(t,x)\,dx = \int_{-\infty}^{+\infty}\frac{\partial}{\partial x}\ \mu c^2\frac{\partial w}{\partial x}\,dx = \mu c^2\left[\frac{\partial w}{\partial x}(t,\infty) - \frac{\partial w}{\partial x}(t,-\infty)\right] \quad . \tag{11.3.4}$$

Die rechte Seite ist für jede Auslenkung, die nur in einem endlichen Raumgebiet wesentlich von Null verschieden ist, gleich Null

$$\frac{d}{dt}\vec{\Pi}(t) = \frac{d}{dt}\int_{-\infty}^{+\infty}\vec{\pi}(t,x)\,dx = 0 \quad . \tag{11.3.5}$$

Dieser Erhaltungssatz ist das kontinuierliche Analogon zu dem Impulssatz (11.1.5) für die diskrete Kette.

Wenn wir mit $\vec{\Pi}_0$ den kanonischen Gesamtimpuls zur Anfangszeit t_0 bezeichnen, kann der Erhaltungssatz (11.3.5) auch durch

$$\vec{\Pi}(t) = \vec{\Pi}_0$$

ausgedrückt werden.

Aus der Definition (11.3.2) folgt sofort

$$\vec{\Pi}_0 = \vec{\Pi} = \int_{-\infty}^{+\infty} \vec{\pi}(t,x)\, dx = \mu \frac{d}{dt} \int_{\infty}^{\infty} \vec{w}(t,x)\, dx \quad , \tag{11.3.6}$$

so daß sich für das Integral über alle Auslenkungen ergibt

$$\int_{-\infty}^{+\infty} \vec{w}(t,x)\, dx = \vec{\Pi}_0 (t - t_0)/\mu \quad .$$

Da für ein Auslenkungsmuster endlicher Ausdehnung das Integral auf der linken Seite im Laufe der Zeit nicht über alle Grenzen wächst folgt $\vec{\Pi}_0 = 0$. Für die speziellen Lösungen $\vec{w}_\pm(t,x)$ rechnet man das Verschwinden von $\vec{\Pi}_0$ sofort vor. Mit Hilfe von $\partial \vec{w}_\pm/\partial t = \mp c\, \partial \vec{w}/\partial x$ und (11.3.6) finden wir

$$\vec{\Pi}_{0\pm} = \mp \mu c \, [w_\pm(t,\infty) - w_\pm(t,-\infty)] \quad .$$

Für Auslenkungen, die wieder nur für endliche x-Bereiche wesentlich von Null verschieden sind, gilt dann

$$\vec{\Pi}_0 = 0 \quad , \tag{11.3.7}$$

d.h. der kanonische Gesamtimpuls verschwindet.

Die physikalische Bedeutung der Größe

$$\vec{\sigma}(t,x) = -\mu c^2 \frac{\partial \vec{w}}{\partial x} \tag{11.3.8}$$

in (11.3.3) wird sofort klar, wenn wir das Integral nur über eine endliche Strecke zwischen x_1 und x_2 auf der x-Achse erstrecken. Wir erhalten mit $L = x_2 - x_1$

$$- \frac{d}{dt} \vec{\Pi}_L(t) = - \frac{d}{dt} \int_{x_1}^{x_2} \vec{\pi}(t,x)\, dx = \int_{x_1}^{x_2} \frac{\partial}{\partial x} \vec{\sigma}(t,x)\, dx$$

$$= \vec{\sigma}(t,x_2) - \vec{\sigma}(t,x_1) \quad . \tag{11.3.9}$$

Da $\vec{\pi}(t,x)$ eine kanonische Impulsdichte ist, ist ihr Integral $\vec{\Pi}_L$ über die Länge L zwischen x_1 und x_2 der kanonische Gesamtimpuls in diesem Intervall. Die obige Gleichung besagt, daß die negative Änderung des kanonischen Impulses $\vec{\Pi}_L$ gleich der Differenz der Größen $\vec{\sigma}(t,x_2)$ bei x_2 und $\vec{\sigma}(t,x_1)$ bei x_1 ist. Damit hat $\vec{\sigma}$ die Bedeutung der Strömungsdichte eines Impulses (*Impulsstromdichte*) in Richtung der x-Achse. Die Summe der Ausströmungen bei x_2, $\sigma(t,x_2)$, und bei x_1, $(-\sigma(t,x_1))$, aus dem Intervall (x_1,x_2) ist gerade gleich der zeitlichen Abnahme des Impulsinhaltes in diesem Intervall.

Die Gleichung (11.3.3), die mit der Impulsstromdichte (11.3.8) die Form

$$\frac{\partial}{\partial t} \vec{\pi}(t,x) + \frac{\partial}{\partial x} \vec{\sigma}(t,x) = 0 \tag{11.3.10}$$

annimmt, nennt man eine *Kontinuitätsgleichung*. Sie macht die gleiche physikalische Aussage wie (11.3.9). Man kann sie direkt aus (11.3.9) gewinnen, wenn man diese durch L dividiert und den Grenzfall $L \to 0$ betrachtet.

Für die Lösungen $\vec{w}_+$, $\vec{w}_-$ der Gleichungen (11.1.28,29) gelten die folgenden Relationen

$$\vec{\sigma}_\pm = \pm c\vec{\pi} \tag{11.3.11}$$

zwischen der kanonischen Impulsstromdichte $\vec{\sigma}_\pm$ und der kanonischen Impulsdichte $\vec{\pi}_\pm$.

11.3.2 Energiedichte und Energiestromdichte

Im Abschnitt 11.1.1 haben wir die kinetische und potentielle Energie der Massenpunkte einer langen Kette hergeleitet. Mit dem Grenzübergang zum Kontinuum, wie wir ihn im Abschnitt 11.1.2 durchgeführt haben, finden wir mit (11.1.11,12,15) für die kinetische Energie

$$E_{kin} = \frac{\mu c^2}{2} \int_{-\infty}^{+\infty} \left(\frac{\partial w}{c\partial t}\right)^2 dx \tag{11.3.12}$$

und für die potentielle Energie

$$E_{pot} = \frac{\mu c^2}{2} \int_{-\infty}^{+\infty} \left(\frac{\partial w}{\partial x}\right)^2 dx \quad , \tag{11.3.13}$$

so daß die Gesamtenergie die Darstellung

$$E = E_{kin} + E_{pot} = \frac{\mu c^2}{2} \int_{-\infty}^{+\infty} \left[\left(\frac{\partial w}{c\partial t}\right)^2 + \left(\frac{\partial w}{\partial x}\right)^2\right] dx \tag{11.3.14}$$

besitzt. Die Integration über die ganze Länge der Kette erlaubt die Interpretation des Integranden als *Energiedichte* $\eta(t,x)$ pro Längeneinheit zur Zeit t und am Ort x

$$\eta(t,x) = \frac{\mu c^2}{2} \left[\left(\frac{\partial w}{c\partial t}\right)^2 + \left(\frac{\partial w}{\partial x}\right)^2\right] \quad , \tag{11.3.15}$$

vgl. Abb.11.2c und 11.3c.

Aus dem Abschnitt 11.1.1 wissen wir bereits, daß die Gesamtenergie der Kett von Massenpunkten erhalten ist, d.h. wir haben im Kontinuumslimes

$$\frac{dE}{dt} = \frac{d}{dt} \int_{-\infty}^{+\infty} \eta(t,x)\, dx = 0 \quad . \tag{11.3.16}$$

Im Abschnitt 11.2.1 haben wir am Beispiel des kanonischem Impulses gelernt, daß ein Erhaltungssatz für eine Größe eine Kontinuitätsgleichung für die Dichte und eine zugehörige Stromdichte zur Folge hat. Im Fall der Energiedichte $\eta(t,x)$ finden wir die zugehörige Kontinuitätsgleichung mit dem gleichen Rezept, das wir stets für die Herleitung der Energieerhaltung aus der Bewegungsgleichung benutzt haben. Wir multiplizieren die d'Alembert-Gleichung (11.1.22) mit $\partial\vec{w}/\partial t$

$$\frac{\partial\vec{w}}{\partial t}\cdot\left(\frac{1}{c^2}\frac{\partial^2\vec{w}}{\partial t^2}\right)-\frac{\partial\vec{w}}{\partial t}\cdot\frac{\partial^2\vec{w}}{\partial x^2}=0 \quad . \tag{11.3.17}$$

Mit Hilfe der identischen Umformungen

$$\frac{\partial\vec{w}}{\partial t}\cdot\frac{\partial^2\vec{w}}{\partial t^2}=\frac{\partial}{\partial t}\left[\frac{1}{2}\left(\frac{\partial\vec{w}}{\partial t}\right)^2\right] \quad \text{und}$$

$$\frac{\partial\vec{w}}{\partial t}\cdot\frac{\partial^2\vec{w}}{\partial x^2}=-\frac{\partial}{\partial t}\frac{1}{2}\left(\frac{\partial\vec{w}}{\partial x}\right)^2+\frac{\partial}{\partial x}\left(\frac{\partial\vec{w}}{\partial t}\cdot\frac{\partial\vec{w}}{\partial x}\right)$$

erhält man die Form

$$\frac{\partial}{\partial t}\left\{\frac{1}{2}\left[\frac{1}{c^2}\left(\frac{\partial\vec{w}}{\partial t}\right)^2+\left(\frac{\partial\vec{w}}{\partial x}\right)^2\right]\right\}+\frac{\partial}{\partial x}\left\{-\frac{\partial\vec{w}}{\partial t}\cdot\frac{\partial\vec{w}}{\partial x}\right\}=0 \tag{11.3.18}$$

und schließlich nach Multiplikation mit μc^2 die Kontinuitätsgleichung für die Energiedichte

$$\frac{\partial}{\partial t}\eta(t,x)+\frac{\partial}{\partial x}S(t,x)=0 \quad . \tag{11.3.19}$$

Dabei ist

$$S(t,x)=-\mu c^3\left(\frac{1}{c}\frac{\partial\vec{w}}{\partial t}\cdot\frac{\partial\vec{w}}{\partial x}\right) \tag{11.3.20}$$

die *Energiestromdichte*.

Für die speziellen Lösungen $\vec{w}_\pm$ der Gleichungen (11.1.28,29) gilt

$$S_\pm(t,x)=-\mu c^3\left\{\pm\frac{1}{c}\frac{\partial w_\pm}{\partial t}\cdot\frac{\partial w_\pm}{\partial x}\right\}=(\pm c)\eta_\pm(t,x) \quad . \tag{11.3.21}$$

Die Energiestromdichte S (t,x) für eine der speziellen Lösungen $\vec{w}_+$ oder $\vec{w}_-$ ist somit einfach das Produkt aus der Energiedichte $\eta(t,x)$ und der Ausbreitungsgeschwindigkeit der Welle c bzw. (-c).

11.3.3 Impulsdichte und Impulsstromdichte

Der kanonische Impuls ist im Fall der diskreten Massenpunktkette der Impuls der einzelnen Massenpunkte. Für eine Longitudinalwelle ist im Fall kontinuierlicher Massenverteilung

$$d\vec{\Pi}=\vec{\pi}(t,x)\,dx=\mu\,dx\,\frac{\partial\vec{w}(t,x)}{\partial x}=dm\,\frac{\partial\vec{w}(t,x)}{\partial x} \tag{11.3.22}$$

der Impuls der Masse dm des Linienelementes zwischen x und x + dx. Dabei ist der momentane Ort des Massenelementes, das sich in der Ruhelage zwischen x und x + dx befindet, im Fall von Lontitudinalwellen zwischen x + w(t,x) und x + dx + w(t,x + dx). Offensichtlich ist somit im Fall der Longitudinalwelle die kanonische Impulsdichte nicht die tatsächliche Impulsdichte am Ort x, sondern die Impulsdichte des in Ruhe dem Ort x zugeordneten Massenelementes μ dx. Für die Transversalwelle hat der kanonische Impuls gar keine Komponente in der Ausbreitungsrichtung der Welle. Zur Berechnung der dem Ort x zur Zeit t zuzuordnenden Impulsdichte müssen wir die verschiedenen Fälle von Longitudinal- und Transversalwellen einzeln diskutieren.

Impulsdichte der Longitudinalwelle

Bei Longitudinalwellen zeigt der kanonische Impuls in oder gegen die Ausbreitungsrichtung der Welle. Seine Dichte $\pi(t,x)$ ist die Impulsdichte eines Massenelementes, dessen Ruhelage bei x ist und darf nicht mit der Impulsdichte p(t,x) am Ort x zur Zeit t verwechselt werden, weil der Ort des Massenelementes dann durch die Ortsangabe (x + w(t,x)) gegeben ist. Die Frage nach der momentanen Impulsdichte p(t,x) am Ort x zur Zeit t muß daher unter Berücksichtigung der tatsächlichen Massenverteilung zur Zeit t auf der x-Achse beantwortet werden.

Der Abstand zweier benachbarter Massenelemente, die die Ruhelagen x und x + Δx haben, ist

$$\delta x = x + \Delta x + w(t,x + \Delta x) - [x + w(t,x)] \quad .$$

In erster Ordnung in Δx erhalten wir

$$\delta x = \Delta x\left(1 + \frac{\partial w(t,x)}{\partial x}\right) \quad .$$

Die tatsächliche Massendichte zur Zeit t ist dann

$$\mu(t,x) = \frac{\Delta m}{\delta x} = \frac{\mu}{1 + \partial w/\partial x} \quad .$$

In einer Entwicklung des Nenners wieder bis zur ersten Ordnung in $\partial w/\partial x$ finden wir

$$\mu(t,x) = \mu\left[1 - \frac{\partial w}{\partial x}(t,x)\right] \quad . \qquad (11.3.23)$$

Da die Geschwindigkeit des Massenelementes mit der Ruhelage x durch $\partial w(t,x)/\partial t$ gegeben ist, finden wir für die mechanische Impulsdichte am Ort x

$$p'(t,x) = \mu\left[1 - \frac{\partial w}{\partial x}(t,w)\right]\frac{\partial w}{\partial t}$$

oder

$$p'(t,x) = \pi(t,x) - \mu\,\frac{\partial w}{\partial t}\,\frac{\partial w}{\partial x} \quad . \qquad (11.3.24)$$

Da der gesamte kanonische Impuls (das Integral über $\pi(t,x)$ verschwindet) Null ist, vgl. (11.3.7), ist der Gesamtimpuls, den die Longitudinalwelle übertragen kann, allein durch den zweiten Term gegeben. Wir bezeichnen die *Impulsdichte*, die zu diesem Gesamtimpuls führt, mit p(t,x) und haben damit

$$p(t,x) = -\mu \frac{\partial w}{\partial t}\frac{\partial w}{\partial x} = -\pi(t,x)\,\frac{\partial w(t,x)}{\partial x}$$

was sich für Longitudinalwellen wegen der Parallelität von $\vec{\pi}$ und $\partial\vec{w}/\partial x$ auch als

$$p(t,x) = -\vec{\pi}\cdot\frac{\partial \vec{w}}{\partial x} \tag{11.3.25}$$

schreiben läßt.

Impulsdichte der Transversalwelle

Im Fall der Transversalwelle ist der kanonische Impuls $\vec{\pi}$ senkrecht zur Ausbreitungsrichtung der Welle, so daß zunächst kein Zusammenhang zwischen der transversalen kanonischen Impulsdichte und einer Impulsdichte, die longitudinale Richtung hat, zu bestehen scheint. Man muß sich jedoch klar machen, daß die mechanischen Elemente, die den Impulstransport bewerkstelligen, die Federn zwischen den Massenpunkten sind (im Fall der Massenpunktkette, vgl. Abb.11.1a). Sie können jedoch nur Impuls ihrer eigenen Ausdehnungsrichtung übertragen. Damit ist die Impulsübertragung entlang der Massenpunktkette oder der Saite nur für die Projektion π_s der kanonischen Impulsdichte auf die zeit- und ortsabhängige Richtung der Saite $\vec{e}_s$ möglich. Mit $\pi = |\vec{\pi}|$ erhalten wir

$$\pi_s(t,x) = \vec{\pi}(t,x)\cdot\vec{e}_s = \pi(t,x)\cos\left[\alpha(t,x)+\frac{\pi}{2}\right] = -\pi(t,x)\sin\alpha(t,x) \quad .$$

Dabei ist $\alpha(t,x)$ der Winkel zwischen der momentanen Tangente der Saite in positiver x-Richtung und der positiven x-Achse (Abb.11.4).

Da uns die Ausbreitung des Impulses entlang der x-Achse interessiert (und nicht entlang der momentanen Kurve der ausgelenkten Saite), betrachten wir nun

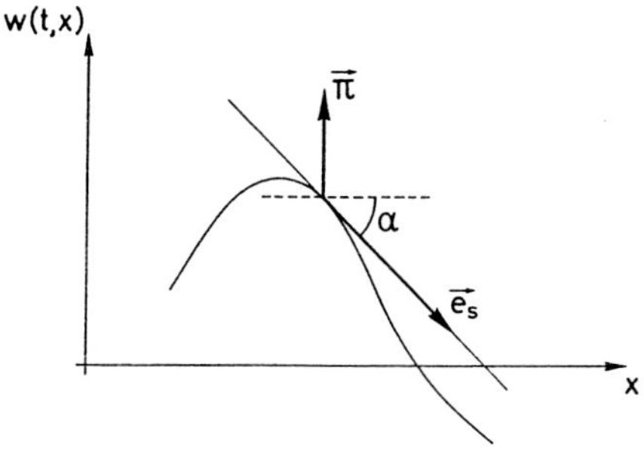

Abb.11.4. Die kanonische Impulsdichte $\vec{\pi} = \partial\vec{w}/\partial t$ einer Transversalwelle zeigt senkrecht zur Ausbreitungsrichtung x der Welle. Mechanischer Impulsübertrag kann nur in oder gegen die Richtung $\vec{e}_s$ der Saitentangente auftreten, $\pi_s = \vec{\pi}\cdot\vec{e}_s$. Seine Komponente in Ausbreitungsrichtung ist $p = \pi_s\cos\alpha$

die Projektion von π_s auf die x-Achse, die durch

$$p(t,x) = \pi_s(t,x) \cos\alpha(t,x) = -\pi(t,x) \sin\alpha(t,x) \cos\alpha(t,x)$$
$$= -\pi(t,x) \tan\alpha(t,x) \cos^2\alpha(t,x)$$

gegeben ist. Der Tangentenwinkel ist

$$\tan\alpha(t,x) = \frac{\partial w}{\partial x}(t,x) \quad .$$

Den Faktor $\cos^2\alpha(t,x)$ können wir ebenfalls durch die Ableitung $\partial w/\partial x$ ausdrücken

$$\cos^2\alpha = \frac{1}{1+\tan^2\alpha} = \frac{1}{1+(\partial w/\partial x)^2} = 1 - \frac{(\partial w/\partial x)^2}{1+(\partial w/\partial x)^2} \quad .$$

Bis zur Ordnung bilinearer Terme in den Ableitungen von w, bis zu denen wir stets die Entwicklungen betrachtet haben, genügt es, den Kosinus durch Eins zu ersetzen und wir erhalten für die Dichte pro Längeneinheit des longitudinalen Impulses in positiver x-Richtung

$$p(t,x) = -\pi(t,x) \frac{\partial w}{\partial x}(t,x)$$
$$= -\vec{\pi}(t,x) \cdot \frac{\partial \vec{w}}{\partial x}(t,x) \quad . \tag{11.3.26}$$

Die letzte Gleichung gilt, da die Vektoren $\vec{\pi}$ und $\partial\vec{w}/\partial x$ für Transversalwellen parallel sind.

Damit haben wir festgestellt, daß die Impulsdichte für Longitudinal- und Transversalwellen durch denselben Ausdruck (11.3.25) gegeben ist.

Der Vergleich mit (11.3.20) zeigt ferner, daß die Impulsdichte mit der Energiestromdichte über die Beziehung

$$p(t,x) = \frac{1}{c^2} S(t,x) \tag{11.3.27}$$

zusammenhängt. Für Wellenlösungen der Art $w_\pm(t,x)$ gilt damit

$$p_\pm(t,x) = \pm \frac{1}{c} \eta_\pm(t,x) \quad . \tag{11.3.28}$$

Die Abbildungen 11.2c und 11.3c können deshalb bis auf einen Maßstabsfaktor direkt als Illustrationen der mechanischen Impulsdichte dienen.

11.3.4 Bewegungsgleichung für die mechanische Impulsdichte

Wir haben soeben gelernt, daß die kanonische Impulsdichte $\vec{\pi}(t,x) = \mu\partial\vec{w}/\partial t$ der Wellen durch skalare Multiplikation mit $(-\partial\vec{w}/\partial x)$ in die mechanische Impulsdichte p(t,x) pro Längeneinheit übergeht. Die Bewegungsgleichung für diese

Impulsdichte p(t,x) gewinnen wir aus der Wellengleichung durch skalare Multiplikation mit $(-\mu c^2 \partial\vec{w}/\partial x)$

$$\frac{1}{c^2}\frac{\partial^2\vec{w}}{\partial t^2}\cdot\left(-\mu c^2\,\frac{\partial\vec{w}}{\partial x}\right)=\frac{\partial^2\vec{w}}{\partial x^2}\cdot\left(-\mu c^2\,\frac{\partial\vec{w}}{\partial x}\right)\quad .$$

Durch Zerlegung der linken Seite in eine Zeitableitung der mechanischen Impulsdichte

$$p(t,x) = -\mu\left(\frac{\partial\vec{w}}{\partial t}\right)\cdot\left(\frac{\partial\vec{w}}{\partial x}\right) = -\vec{\pi}\cdot\frac{\partial\vec{w}}{\partial x} \tag{11.3.29}$$

und einen Zusatzterm, der als räumliche Ableitung formuliert werden kann,

$$\frac{1}{c^2}\frac{\partial^2 w}{\partial t^2}\cdot\left(-\mu c^2\,\frac{\partial\vec{w}}{\partial x}\right)=\frac{\partial}{\partial t}\left(-\mu\frac{\partial\vec{w}}{\partial t}\cdot\frac{\partial\vec{w}}{\partial x}\right)-\frac{\partial}{\partial x}\left[-\frac{\mu}{2}\left(\frac{\partial\vec{w}}{\partial t}\right)^2\right]$$

gewinnen wir als zeitliche Änderung der mechanischen Impulsdichte

$$\frac{\partial}{\partial t}\,p(t,x) = -\frac{\partial}{\partial x}\left\{\frac{\mu c^2}{2}\left[\frac{1}{c^2}\left(\frac{\partial\vec{w}}{\partial t}\right)^2+\left(\frac{\partial\vec{w}}{\partial x}\right)^2\right]\right\}\quad .$$

Diese Gleichung kann wieder in die Form einer Kontinuitätsgleichung gebracht werden

$$\frac{\partial}{\partial t}\,p(t,x)+\frac{\partial}{\partial x}\,\eta(t,x) = 0\quad . \tag{11.3.30}$$

Die Energiedichte (t,x) spielt in dieser Gleichung die Rolle der Impulsstromdichte in Richtung der positiven x-Achse. Offenbar gilt Impulserhaltung, denn

$$\frac{d}{dt}\,P = \frac{\partial}{\partial t}\int_{-\infty}^{+\infty} p(t,x')\,dx' = -\int\frac{\partial}{\partial x'}\,\eta(t,x')\,dx' = -\Big[\eta(t,\infty)-\eta(t,-\infty)\Big] = 0 \tag{11.3.31}$$

verschwindet für Anregungen der Kette, deren Energiedichten für große $x\to\pm\infty$ nach Null gehen.

11.4 Totalreflexion und stehende Wellen

11.4.1 Randbedingungen

Bisher haben wir die Ausbreitung von Wellen nur entlang einer unendlich ausgedehnten Kette betrachtet. Wir begrenzen jetzt die Kette auf den Bereich $x\leq x_r$. An der Stelle $x = x_r$ legen wir *Randbedingungen* fest. Zwei besonders einfache Randbedingungen werden durch die Stichworte *Kette mit festem Ende* bzw. *losem Ende* gekennzeichnet. Sie sind in Abb.11.5 am Beispiel der Transversalwelle erläutert.

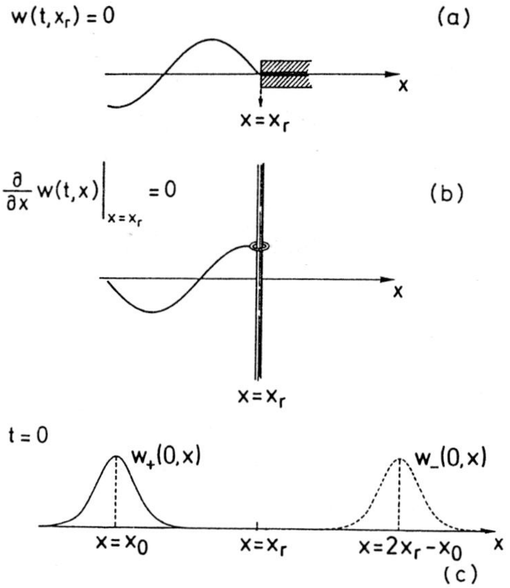

Abb.11.5. (a) Für eine an der Stelle $x = x_r$ fest eingeklemmte Saite gilt die Randbedingung $w(x_r) = 0$. (b) Ist die Saite bei x_r senkrecht zur Wellenausbreitungsrichtung frei beweglich, so gilt $(\partial w/\partial x)_{x=x_r} = 0$. (c) Auslenkungsmuster der Teilwellen w_+ und w_-, Gln. (11.4.3 und 4) zur Zeit $t = 0$

Den Träger der Transversalwelle bezeichnen wir wieder als Saite. Ist sie am Randpunkt festgeklemmt (Abb.11.5a), so gilt für die Auslenkung w offenbar zu jeder Zeit die Randbedingung

$$w(t,x_r) = 0 \quad . \tag{11.4.1}$$

Eine Saite mit losem Ende kann auf die in Abb.11.5b skizzierte Weise realisiert werden. An der Stelle x_r wird senkrecht zur x-Richtung eine Stange montiert. Das Saitenende ist als Öse ausgeformt, die reibungsfrei auf der Stange gleiten kann. Die Lage der Öse stellt sich so ein, daß keine Kraftkomponente in Richtung der Stange auftritt. Die Saite muß also parallel zur x-Achse orientiert bleiben. Die Randbedingung lautet

$$\frac{\partial}{\partial x} w(t,x)\Big|_{x=x_r} = 0 \quad . \tag{11.4.2}$$

11.4.2 Reflexion am losen Ende

Wir konstruieren eine Lösung der d'Alembert-Gleichung, die die Randbedingung (11.4.2) erfüllt. Wir schreiben zunächst eine in positive x-Richtung laufende Welle in der Form

$$w_+ = u(-\,ct + x - x_0) \quad , \tag{11.4.3}$$

die im Falle eines Solitons zur Zeit $t = 0$ dieses um den Ort x_0 lokalisiert, Abb.11.5c. Die Ableitung dieser Funktion am Ort $x = x_r$ verschwindet im allgemeinen nicht. Addieren wir die am Ort $x = x_r$ gespiegelte Funktion, die die Form

$$w_- = u(-ct - x - x_0 + 2x_r) \tag{11.4.4}$$

hat und in Richtung der negativen x-Achse läuft, so ist ihre Ableitung am Ort x_r aus Symmetriegründen gleich Null und damit (11.4.2) erfüllt. Für den Fall eines Solitons ist die Auslenkung w_- zur Zeit $t = 0$ nur in der Umgebung von $2x_r - x_0$ verschieden, also im unphysikalischen Bereich $x > x_r$, der nicht mehr zur Saite gehört. Die volle Lösung, die die Randbedingung (11.4.2) erfüllt, ist

$$\begin{aligned} w(t,x) &= w_+(t,x) + w_-(t,x) \\ &= u(-ct + x - x_0) + u(-ct - x - x_0 + 2x_r) \end{aligned} \tag{11.4.5}$$

also die Überlagerung einer nach rechts laufenden Welle und einer aus dieser durch Spiegelung am Punkt x_r hervorgehenden nach links laufenden Welle.

11.4.3 Reflexion am festen Ende

Die Randbedingung (11.4.1), d.h. die Bedingung verschwindender Auslenkung $w(x_r) = 0$ am festen Ende $x = x_r$ der Saite können wir leicht durch eine ähnliche Konstruktion erfüllen, indem wir die nach rechts laufende Welle

$$w_+ = u(-ct + x - x_0) \tag{11.4.6}$$

mit einer nach links laufenden Welle überlagern, die durch Spiegelung bei x_r und zusätzliche Inversion der Auslenkung aus dieser hervorgeht

$$w_- = -u(-ct - x - x_0 + 2x_r) \quad . \tag{11.4.7}$$

Aus Symmetriegründen verschwindet die Summe

$$\begin{aligned} w(t,x) &= w_+(t,x) + w_-(t,x) \\ &= u(-ct + x - x_0) - u(-ct - x - x_0 + 2x_r) \end{aligned} \tag{11.4.8}$$

am Punkt $x = x_r$ für alle Zeiten.

11.4.4 Reflexion von Solitonen

Als besonders durchsichtiges Beispiel studieren wir die Reflexion eines Solitons, benutzen also für die Auslenkungsfunktion $u(a)$ die Form (11.2.4)

$$u(a) = u_0 \, e^{-a^2/(2\sigma^2)} \quad .$$

Dabei ist u_0 ein konstanter Amplitudenfaktor und a steht für die Funktion im Argument von u, die noch von der Zeit t, vom Ort x und von den festen Orten x_0 und x_r abhängt.

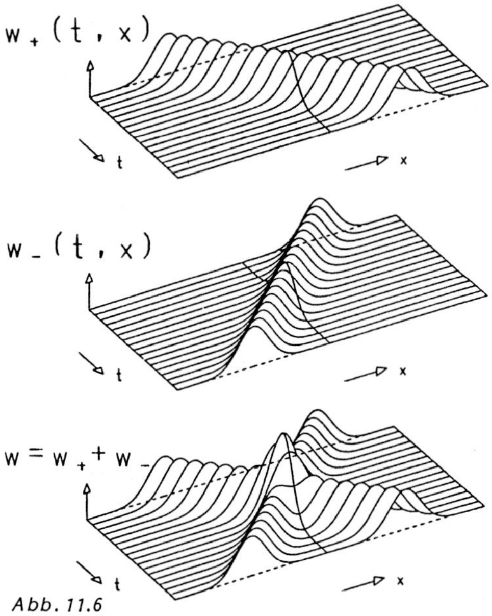

Abb. 11.6

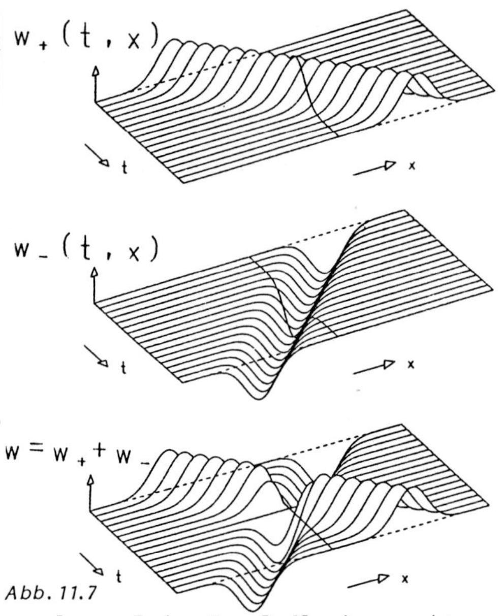

Abb. 11.7

Abb.11.6. Reflexion einer Solitonwelle am losen Ende. Der Reflexionspunkt $x = x_r$ liegt genau in der Mitte des gezeichneten x-Bereiches. Der physikalische Bereich entspricht der linken Bildhälfte. Die Darstellungen zeigen die nach rechts laufende Teilwelle w_+, die nach links laufende Teilwelle w_- und die volle Welle w

Abb.11.7. Wie Abb.11.6, jedoch für Reflexion einer Solitonwelle am festen Ende

Abbildung 11.6 illustriert die Reflexion am losen Ende. Die nach rechts laufende Welle w_+ und die nach links laufende Welle w_- sind zunächst einzeln dargestellt, gefolgt von der Lösung $w = w_+ + w_-$. Der physikalische Bereich $x \leq x_r$ entspricht jeweils der linken Hälfte der Bilder. Betrachtet man die Lösung nur in diesem Bereich, so beobachtet man für frühe Zeiten $[t \ll (x_r - x_0)/c]$ ein nach rechts laufendes Soliton und für späte Zeiten $[t \gg (x_r - x_0)/c]$ ein nach links laufendes Soliton, das die gleiche Form und insbesondere das gleiche Amplitudenvorzeichen hat, wie das einlaufende. Während des Reflexionsvorganges $[t \approx (x_r - x_0)/c]$ wird die Form verändert. Die Randbedingung (11.4.2) einer horizontalen Tangente ist erfüllt.

Die Reflexion eines Solitons am festen Ende einer Saite ist in Abb.11.7 dargestellt. Die Teilwelle w_+ ist gegenüber Abb.11.6 unverändert. Aus ihr geht w_- nun durch Spiegelung an $x = x_r$ und Inversion hervor. Die Summe $w = w_+ + w_-$ erfüllt die Randbedingung $w(x_r) = 0$. Im physikalischen Bereich beobachtet man für frühe Zeiten ein nach rechts laufendes Soliton, für späte Zeiten ein nach links laufendes Soliton gleicher Form aber invertierter Amplitude. Zum Zeitpunkt $[t = (x_r - x_0)/c]$ verschwindet die Auslenkung längs der ganzen Saite.

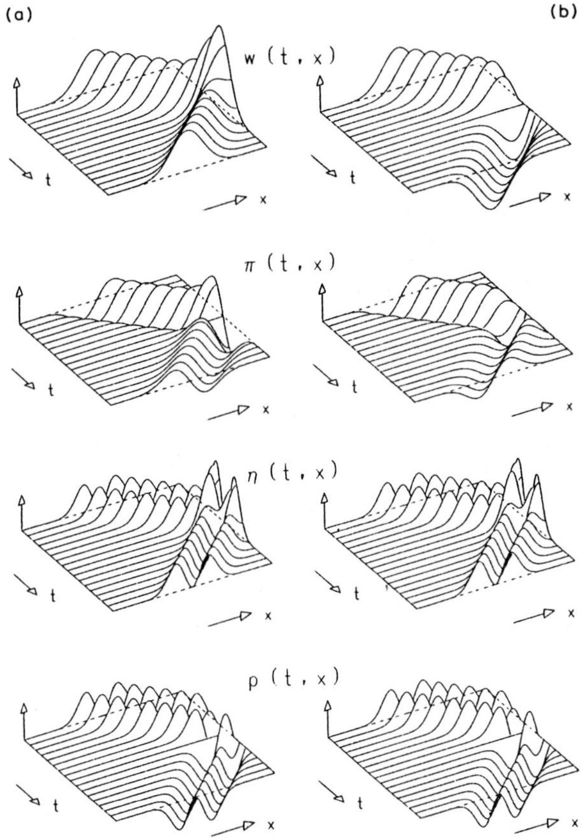

Abb.11.8. Orts- und Zeitverhalten der Auslenkung w, der kanonischen Impulsdichte π, der Energiedichte η und der mechanischen Impulsdichte p für die Reflexion einer Solitonwelle am losen Ende (a) und am festen Ende (b)

In Abb.11.8 sind für die Reflexion am losen (a) und festen (b) Ende die Auslenkung w, die kanonische Impulsdichte π die Energiedichte η und die mechanische Impulsdichte p als Funktion von Ort und Zeit dargestellt. Die kanonische Impulsdichte $\pi(t,x)$ entsteht durch Superposition der einzelnen kanonischen Impulsdichten π_+ und π_-. Das Raumzeitverhalten von π_+ entspricht der Abb.11.2b. Die Funktion π_- geht aus ihr durch Spiegelung an x_r und für die Reflexion am festen Ende durch zusätzliche Inversion hervor. Die Orts- und Zeitabhängigkeit von Energiedichte η und mechanischer Impulsdichte p sind für die Reflexion am losen und am festen Ende gleich. Das liegt daran, daß auf der Saite Energie und Impuls zum Reflexionspunkt hin und anschließend wieder zurücklaufen müssen unabhängig davon, wie sich der Reflexionsvorgang gestaltet. Man beachte, daß die Impulsdichte bei der Reflexion ihr Vorzeichen ändert. Da die Energie- und die mechanische Impulsdichte die Auslenkung quadratisch enthalten [vgl. (11.3.15 und 29)] können sie nicht direkt durch Überlagerungen der entsprechenden Dichten η_+, η_- bzw. p_+, p_- gewonnen werden.

11.4.5 Reflexion harmonischer Wellen. Stehende Wellen

Wir geben jetzt der Auslenkungsfunktion die Form (11.2.6) einer harmonischen Welle

$$u = u_0 \cos\left(\frac{2\pi}{\lambda}\, a\right) \quad .$$

Hierbei ist u_0 wieder ein Amplitudenfaktor und a die in den Abschnitten 11.4.2 und 11.4.3 auftretende Argumentfunktion von u. Wählen wir der Einfachheit halber $x_0 = x_r$, so erhalten wir für die Reflexion am losen Ende

$$w = w_+ + w_- = u_0 \cos\left[\frac{2\pi}{\lambda}\,(-ct + x - x_r)\right] + u_0 \cos\left[\frac{2\pi}{\lambda}\,(-ct - x + x_r)\right] \quad . \tag{11.4.9}$$

In Abb.11.9 sind die nach rechts laufende Welle w_+, die nach links laufende Welle w_- und die Summe gezeigt. Wieder liegt $x = x_r$ in der Mitte des Bildes, so daß der physikalische Bereich $x \leq x_r$ jeweils der linken Bildhälfte entspricht.

Der Ausdruck (11.4.9) läßt sich mit dem Additionstheorem für $\cos(\alpha + \beta)$ umformen

$$w = 2u_0 \cos(2\pi ct/\lambda) \cos[2\pi(x - x_r)/\lambda] = 2u_0 \cos(\omega t) \cos[2\pi(x - x_r)/\lambda] \quad . \tag{11.4.10}$$

Der Faktor $\cos[2\pi(x - x_r)/\lambda]$ beschreibt eine wellenförmige Struktur in der Ortskoordinate x, die zeitlich konstant ist. Der zeitabhängige Vorfaktor $2u_0 \cos(\omega t)$ bewirkt eine harmonische Schwingung in der Amplitude der ortsfesten Welle. Man spricht von einer *stehenden Welle*.

Der ortsabhängige Faktor erfüllt die Randbedingung am losen Ende $x = x_r$. In Abb.11.9 ist der x-Bereich gerade so gewählt, daß der Abstand vom linken Bildrand x_ℓ zum Reflexionspunkt x_r eine Wellenlänge ist, $x_r - x_\ell = \lambda$. Damit ist die gleiche Randbedingung bei x_ℓ erfüllt. Die linke Hälfte des unteren Teilbildes von Abb.11.9 zeigt also auch eine stehende Welle auf einem Träger der Länge λ mit zwei losen Enden. In der Abbildung ist sie über den Zeitraum $T = 2\pi/\omega$ dargestellt.

Die Lösung für die Reflexion einer harmonischen Welle am festen Ende erhalten wir entsprechend (11.4.8), indem wir in (11.4.9) das Vorzeichen der rückläufigen Welle umkehren

$$w = w_+ + w_- = u_0 \cos\left[\frac{2\pi}{\lambda}\,(-ct + x - x_r)\right] - u_0 \cos\left[\frac{2\pi}{\lambda}\,(-ct - x + x_r)\right]$$

$$= 2u_0 \sin(\omega t) \sin[2\pi(x - x_r)/\lambda] \quad . \tag{11.4.11}$$

In Abb.11.10 sind die einlaufende Welle w_+, die reflektierte Welle w_- und die resultierende Welle w dargestellt. Sie ist ebenfalls eine stehende Welle.

Abb. 11.9

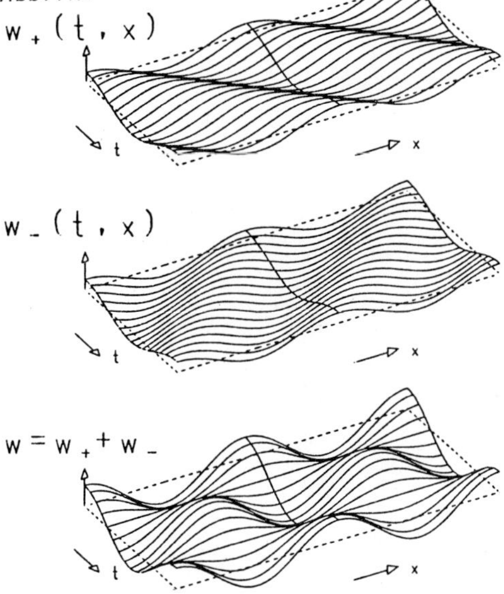

Abb. 11.10

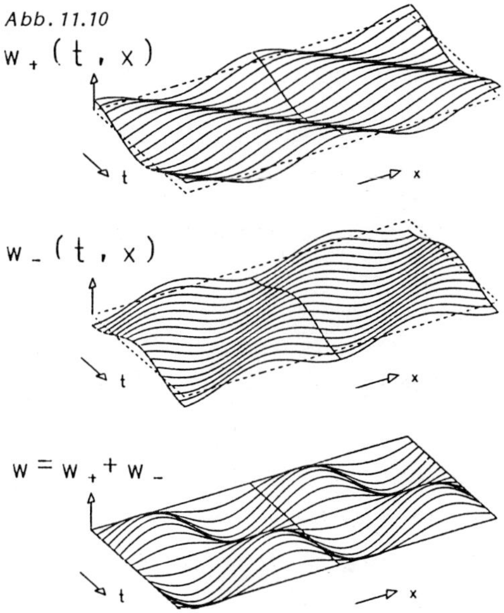

Abb.11.9. Reflexion einer harmonischen Welle am losen Ende. Der Reflexionspunkt $x = x_r$ liegt genau in der Mitte des gezeichneten x-Bereichs. Der physikalische Bereich entspricht der linken Bildhälfte. Die Darstellungen zeigen die nach rechts laufende Teilwelle w_+, die nach links laufende Teilwelle w_- und die volle Welle w

Abb.11.10. Wie Abb.11.9, jedoch für Reflexion einer harmonischen Welle am festen Ende

Die Amplitude verschwindet am Ort $x = x_r$, der wieder in.der Bildmitte liegt, und, da der x-Bereich der linken Bildhälfte wieder gleich λ ist, auch am linken Bildrand. Das Raumzeitverhalten der linken Bildhälfte entspricht dem einer stehenden Welle auf einer beidseitig eingespannten Saite der Länge λ.

Die physikalischen Größen, die die stehenden Wellen auf einem Träger der Länge λ mit losen bzw. festen Enden beschreiben, sind in Abb.11.11a bzw. b zusammengestellt. Es sind neben der Auslenkungsfunktion $(w(t,x))$, gegeben durch (11.4.10 bzw. 11) die kanonische Impulsdichte $\pi(t,x) = \mu\partial w/\partial t$, sowie die Energiedichte und die physikalische Impulsdichte. Die beiden letzteren sind wie bei den Solitonwellen unabhängig davon, ob die Reflexion am festen oder losen Ende stattfindet.

Die Energiedichte der stehenden Welle (11.4.10) berechnen wir mit Hilfe von (11.3.15)

$$\eta(t,x) = \mu c^2 u_0^2 \left(\frac{2\pi}{\lambda}\right)^2 \left\{1 - \cos(2\omega t) \cos\left[2 \frac{2\pi}{\lambda}(x - x_r)\right]\right\} \quad .$$

Dieses Verhalten liest man auch aus Abb.11.11 ab, die Energiedichte der stehenden Welle schwingt sowohl räumlich wie zeitlich mit der doppelten Frequenz der Auslenkung. Ihr räumliches und/oder zeitliches Mittel ist

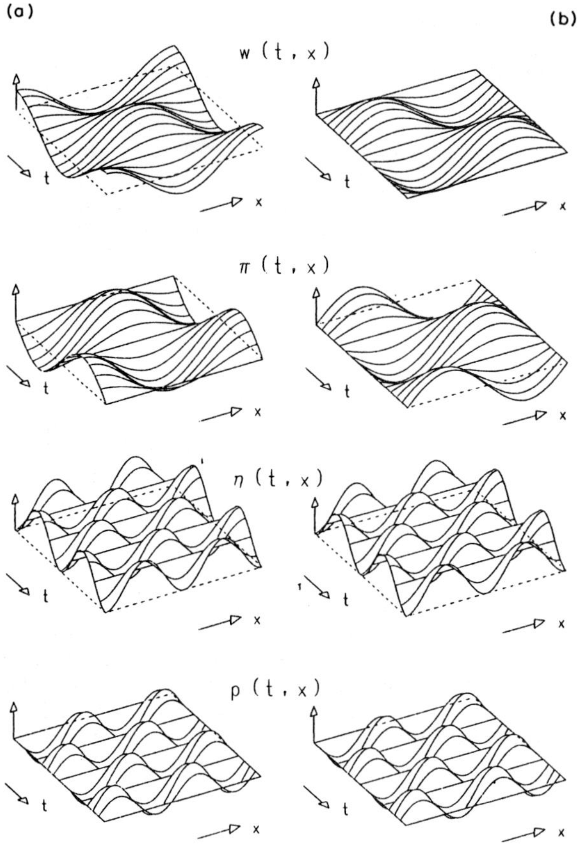

Abb.11.11. Orts- und Zeitverhalten der Auslenkung w, der kanonischen Impulsdichte π, der Energiedichte η und der mechanischen Impulsdichte p für die Reflexion einer harmonischen Welle am losen Ende (a) und am festen Ende (b)

$$\overline{\eta} = \mu c^2 u_0 \left(\frac{2\pi}{\lambda}\right)^2 \quad .$$

Die Impulsdichte berechnet man entsprechend mit (11.3.29) zu

$$p(t,x) = -\mu c u_0^2 \left(\frac{2\pi}{\lambda}\right)^2 \sin(2\omega t) \sin\left[2 \frac{2\pi}{\lambda} (x - x_r)\right] \quad .$$

Auch die Impulsdichte zeigt im Vergleich zur Auslenkung die doppelte zeitliche und räumliche Frequenz. Wie für eine Überlagerung einer hin- und einer rücklaufenden Welle erwartet, ist der zeitliche und räumliche Mittelwert $\overline{p} = 0$.

11.4.6 Eigenschwingungen von Luftsäule und Saite

Stehende Wellen eignen sich wegen der Faktorisierung von Zeit- und Ortsabhängigkeit in (11.4.10,11) besonders für Demonstrationen. Wir demonstrieren zunächst stehende (longitudinale) Schallwellen in einer Luftsäule und anschließend stehende (transversale) elastische Wellen auf einer Saite.

Experiment 11.1. Stehende Schallwelle im Kundtschen Rohr

Die linke Öffnung eines waagrecht liegenden Glasrohres der Länge ℓ ist durch einen Metallblock abgeschlossen. Unmittelbar vor der rechten Öffnung steht eine Platte, die eine kleine Lautsprecher-Membran enthält. Die Membran wird durch einen elektrischen Frequenzgenerator von einstellbarer Frequenz erregt, so daß eine Schallwelle der Frequenz ν und der Wellenlänge $\lambda = c/\nu$ in das Rohr eingestrahlt wird. Dabei ist c die Schallgeschwindigkeit in Luft. Zischen dem Metallblock und der Platte bildet sich eine stehende Welle mit zwei festen Enden, wenn die Bedingung

$$\ell = n\lambda/2 \quad , \qquad n = 1,2,3, \ldots \tag{11.4.12}$$

erfüllt ist, vgl. (11.4.11). Man spricht von *Eigenschwingungen* der Ordnung n oder auch von der *Grundschwingung* (n = 1), der 1. *Oberschwingung* (n = 2), usw. An den beiden Enden der Säule und an n-1 weiteren Punkten (Bewegungsknoten), an denen der ortsabhängige Sinusfaktor in (11.4.11) verschwindet, bleiben die Luftmoleküle in Ruhe. In den Zwischenbereichen führen sie longitudinale Schwingungen verschieden großer Amplitude aus (Bewegungsbäuche). Sie können als *Kundtsche Staubfiguren* sichtbar gemacht werden, indem man vor Beginn des Versuchs feinen Korkstaub auf dem Rohrboden verteilt und das Rohr anschließend um etwa 60° dreht. In den Bewegungsbäuchen wird der Staub vom Rohrrand losgeschüttelt, gleitet auf den Rohrboden und schwingt dort mit der Luft. (Dabei bilden sich noch feinere Unterstrukturen, die durch Einzelheiten der Luftströmung bedingt sind.) Abbildung 11.12 zeigt von senkrecht oben photographierte Staubfiguren mit 1,2 bzw. 3 Bewegungsbäuchen. Sie entsprechen den ersten 3 Eigenschwingungen der Luftsäule. (Da der Lautsprecher aus einer festen Platte und einer schwingenden Membran besteht, stellt sich dort ein Zwischenzustand von festem und losem Ende ein, der eine geringfügige Asymmetrie der Bilder bewirkt.)

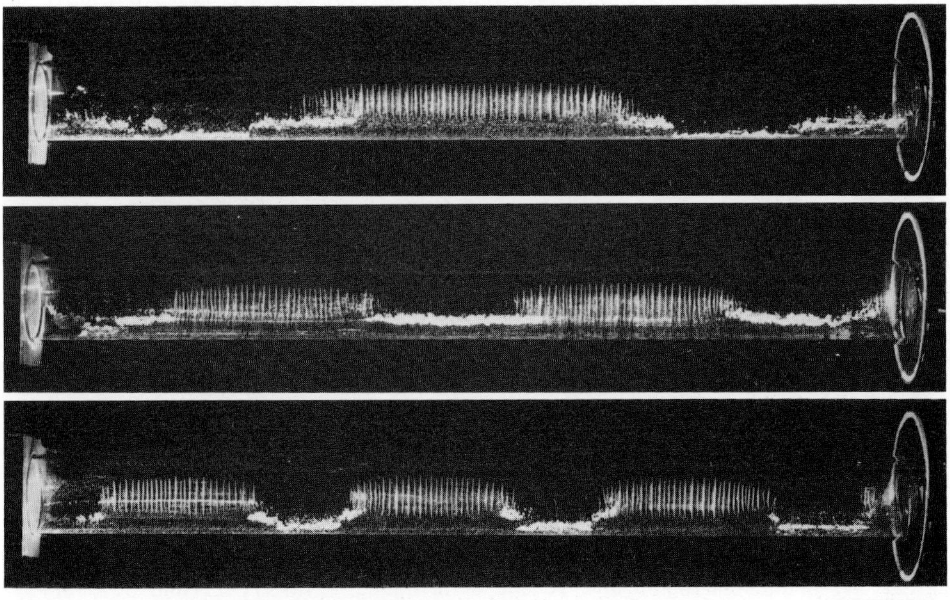

Abb.11.12. Longitudinale Eigenschwingungen einer Luftsäule, sichtbar gemacht als Staubfigur im Kundtschen Rohr

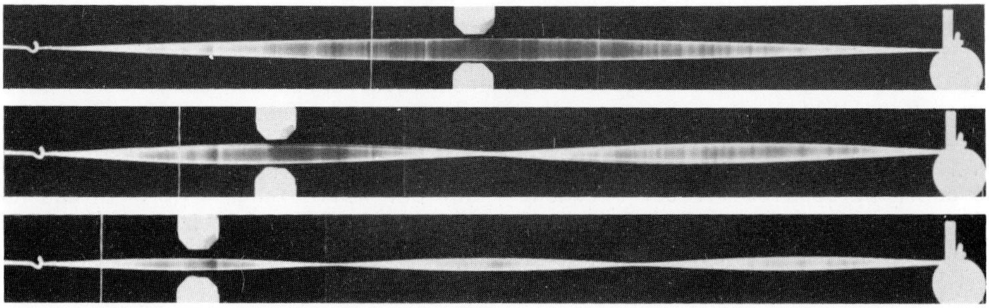

Abb.11.13. Transversale Eigenschwingungen einer beidseitig eingespannten Saite. Die Belichtungszeit der Photographien ist groß gegen die Periode der Eigenschwingung

Experiment 11.2. Eigenschwingungen einer Saite

Abbildung 11.13 zeigt Photographien einer beidseitig eingespannten Saite, die zu transversalen Eigenschwingungen der Ordnungen $n = 1,2,3$ angeregt wurde. Die Anregung erfolgt durch eine harmonische magnetische Kraft geeignet gewählter Frequenz. Ein Elektromagnet wird mit dieser Frequenz erregt. Sein senkrecht zur Saite gerichtetes Feld wird am Ort eines Schwingungsbauches erzeugt. Wird die Saite von Gleichstrom durchflossen, so bewirkt das harmonisch schwingende Magnetfeld eine entsprechende transversale Kraft auf die Saite.

In Abb.11.14 wird die Auslenkungsfunktion (11.4.11), die beide Experimente beschreibt, für die ersten vier Eigenschwingungen in ihrer vollen Orts- und Zeitabhängigkeit gezeigt. Man erkennt deutlich, daß sie (außer an den Endpunkten) genau n-1 Bewegungsknoten besitzt. In Abb.11.14 sind sie durch Geraden $w = 0$ parallel zur Zeitachse markiert.

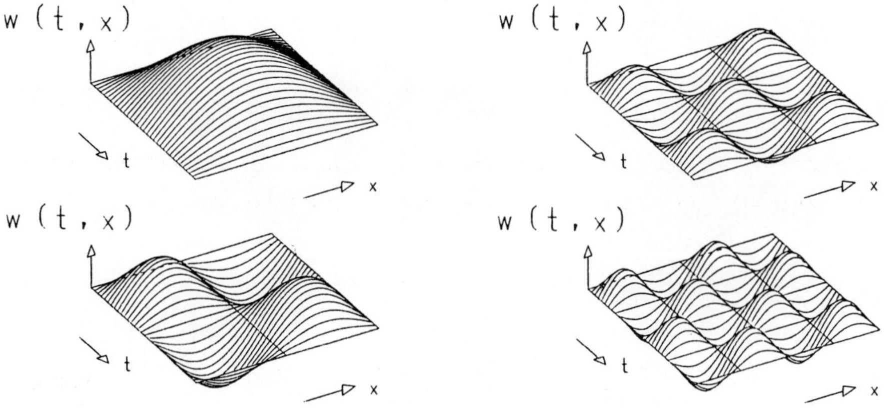

Abb.11.14. Grundschwingung und 1. Oberschwingung (links), 2. und 3. Oberschwingung (rechts) einer beidseitig eingespannten Saite. Der dargestellte x-Bereich entspricht der halben Wellenlänge der Grundschwingung, der Zeitbereich entspricht einer halben Periode

11.5 Brechung und Reflexion

Bisher haben wir die Wellenausbreitung auf einem homogenen Träger studiert, d.h. der Träger war an jeder Stelle von gleicher mechanischer Beschaffenheit. Insbesondere war die Ausbreitungsgeschwindigkeit c der Welle unabhängig vom Ort. Wir verknüpfen jetzt zwei verschiedene Träger am Ort $x = 0$ miteinander. Die Geschwindigkeiten in den Bereichen I $(x < 0)$ und II $(x > 0)$ seien c_1 bzw. c_2. Physikalisch ist eine solche Anordnung z.B. durch Verknüpfung von zwei Saiten verschiedener Dicke für transversale mechanische Wellen, durch den Übergang von Luft in Metall für Schallwellen oder von Luft in Glas für Lichtwellen zu realisieren.

Eine nach rechts laufende Welle $w_{1+}(t,x)$ der Wellenlänge λ_1 im Bereich I besitzt eine Wellenzahl

$$k_1 = 2\pi/\lambda_1$$

und eine Kreisfrequenz

$$\omega = c_1 k_1 \quad .$$

Sie bewirkt eine Schwingung dieser Kreisfrequenz am Übergangspunkt $x = 0$. Diese Schwingung erzeugt im Bereich II eine Welle $w_{2+}(t,x)$ der gleichen Kreisfrequenz ω und damit der Wellenzahl bzw. Wellenlänge

$$k_2 = \frac{\omega}{c_2} \quad , \quad \lambda_2 = \frac{2\pi}{k_2} = \frac{2\pi c_2}{\omega} \quad . \tag{11.5.1}$$

Von dem Übergangspunkt geht auch eine in den Bereich I reflektierte nach links mit der Geschwindigkeit $-c_1$ laufende Welle $w_{1-}(t,x)$ aus. Sie hat die Wellenlänge λ_1 und die Wellenzahl $-k_1$. Insgesamt hat die Welle damit die Gestalt

$$w(t,x) = \begin{cases} w_{1+}(t,x) + w_{1-}(t,x) & \text{für } x < 0 \quad , \\ w_{2+}(t,x) & \text{für } x > 0 \quad . \end{cases} \tag{11.5.2}$$

Die relativen Amplituden und Phasen der einlaufenden und der reflektierten Welle im Bereich I und der Welle im Bereich II berechnet man aus den Forderungen

$$w_{1+}(t,0) + w_{1-}(t,0) = w_{2+}(t,0) \quad ,$$

$$\left.\frac{\partial w_{1+}(t,x)}{\partial x}\right|_{x=0} + \left.\frac{\partial w_{1-}(t,x)}{\partial x}\right|_{x=0} = \left.\frac{\partial w_{2+}(t,x)}{\partial x}\right|_{x=0} \quad , \tag{11.5.3}$$

die anschaulich besagen, daß die Saite auch an der Stelle $x = 0$ weder reißen noch knicken darf.

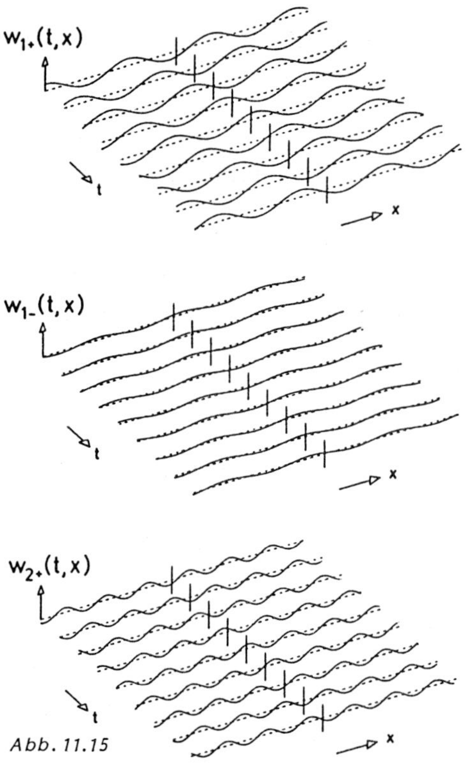

Abb. 11.15

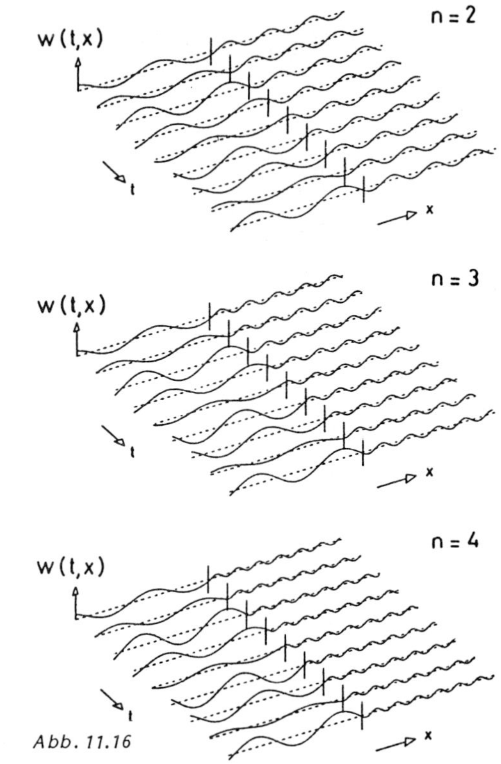

Abb. 11.16

Abb.11.15. In den Bereichen I ($x < 0$) und II ($x > 0$) verhalten sich die Ausbreitungsgeschwindigkeiten wie 2:1. Die Grenze $x = 0$ ist durch eine senkrechte Linie markiert. Die Bilder zeigen das Orts- und Zeitverhalten einer harmonischen einfallenden (oben), reflektierten (Mitte) und gebrochenen Teilwelle (unten)

Abb.11.16. Orts- und Zeitverhalten einer aus dem Bereich I ($x < 0$) auf die Grenzfläche zum Bereich II ($x > 0$) einfallenden und dabei teils reflektierten und teils gebrochenen harmonischen Welle. Das Verhältnis der Geschwindigkeiten ist $c_1/c_2 = n$ mit $n = 2, 3, 4$

Unter Verzicht auf die Rechnung zeigen wir in Abb.11.15 ein Beispiel für die Orts- und Zeitabhängigkeit von w_{1+}, w_{1-} und w_{2+}. Das Verhältnis der Geschwindigkeiten in den Bereichen I und II ist 2:1. Das spiegelt sich in den Wellenlängen und auch in den Phasengeschwindigkeiten wieder, die man direkt aus den Einzelbildern abliest. Natürlich ist der physikalische Bereich der Teilwellen w_{1+} und w_{1-} nur $x < 0$ (linke Bildhälfte) und für w_{2+} der Bereich $x > 0$ (rechte Bildhälfte). Die physikalische Wellenfunktion setzt sich aus diesen entsprechend (11.5.2) zusammen. Sie wird im oberen Teilbild von Abb. 11.16 gezeigt. Man beobachtet hier im Teilbereich II eine nach rechts laufende harmonische Welle kürzerer Wellenlänge und im Teilbereich I ein Wellenmuster, das durch Überlagerung der einlaufenden Teilwelle w_{1+} und der reflektierten Teilwelle w_{1-} entsteht.

Die Lichtgeschwindigkeit im Vakuum ist $c = 2.997 \cdot 10^8 \mathrm{m\,s^{-1}}$, in Materie ist sie kleiner. Als Brechungsindex n eines Materials wird das Verhältnis

$$n = \frac{c}{c_M}$$

bezeichnet, wobei c_M die Lichtgeschwindigkeit in diesem Material ist. Ist der Bereich I das Vakuum, so zeigt die Abb.11.16 den Übergang von Lichtwellen, die von links auf ein Medium des Brechungsindex n einfallen. Mit steigendem Brechungsindex beobachtet man sowohl die erwartete zunehmende Verkürzung der Wellenlänge im Medium als auch eine Verringerung der Amplitude der eindringenden Welle und gleichzeitig eine Zunahme der Reflexion an der Grenzfläche.

Bislang haben wir Wellen in einer Raumdimension betrachtet. Lassen wir nun z.B. Lichtwellen schräg auf eine Glasoberfläche einfallen, so tritt im Glas nicht nur eine Änderung der Wellenlänge, sondern auch eine Änderung der Richtung der Lichtausbreitung auf. Beide sind eng miteinander verknüpft. Der Übergang der Welle von einem Medium ins andere wird wegen der Richtungsänderung als *Brechung* bezeichnet. Die Teilwellen w_{1+}, w_{1-} und w_{2+} werden wir in ihren physikalischen Bereichen kurz als *einfallende, reflektierte* bzw. *gebrochene* Welle bezeichnen.

Wir betrachten jetzt, ebenfalls ohne Rechnung, Brechung und Reflexion von Solitonwellen. Abbildung 11.17 zeigt die einlaufende w_{1+}, die reflektierte w_{1-} und die gebrochene Welle w_{2+} für den Brechungsindex $n = 2$. Man erkennt deutlich die Halbierung der Geschwindigkeit der gebrochenen Welle. Sie bewirkt zusätzlich, daß das Soliton im Bereich II nur die halbe Breite besitzt. Die reflektierte Welle hat die Breite der einfallenden Welle und umgekehrtes Amplitudenvorzeichen. Die Überlagerung zum physikalischen Erscheinungsbild liefert die Abb.11.18. Man beobachtet ein einfallendes Soliton, das teils ins Material hineingebrochen und teils – unter Umkehrung des Amplitudenvorzeichen reflektiert wird. Der Vorgang ist für verschiedene Brechnungsindizes gezeigt. Wie im Fall der harmonischen Welle fällt der gebrochene und steigt der reflektierte Anteil mit dem Brechungsindex. Der Vergleich mit Abb.11.8b zeigt, daß die Totalreflexion am festen Ende dem Grenzfall $n \to \infty$ entspricht.

Betrachten wir nun den umgekehrten Fall, nämlich den Übergang eines Solitons aus einem Material mit Brechungsindex n ins Vakuum ($n = 1$). Abbildung 11.19 zeigt diesen Vorgang für verschiedene Werte von n. Entsprechend dem Verhältnis der Geschwindigkeiten ist das gebrochene Soliton nun breiter als das einfallende. Einfallendes und reflektiertes Soliton haben gleiches Vorzeichen. Mit wachsendem n wird ein größerer Bruchteil der einfallenden Welle reflektiert und der Vergleich mit Abb.11.8a zeigt, daß im Grenzfall $n \to \infty$ dieser Übergang der Totalreflexion am losen Ende entspricht.

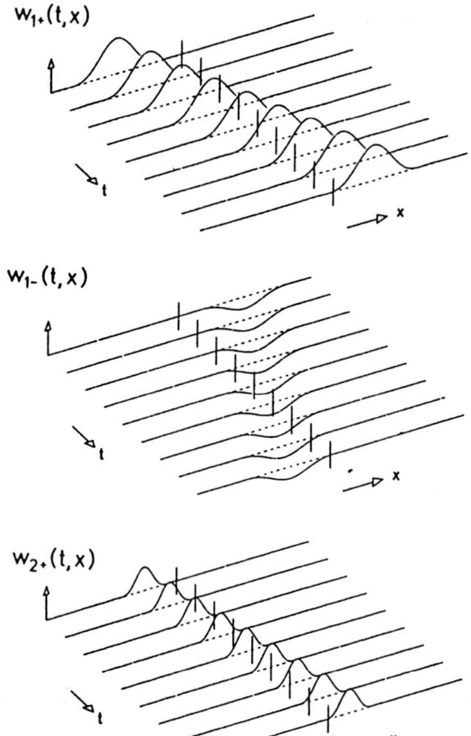

Abb. 11.17

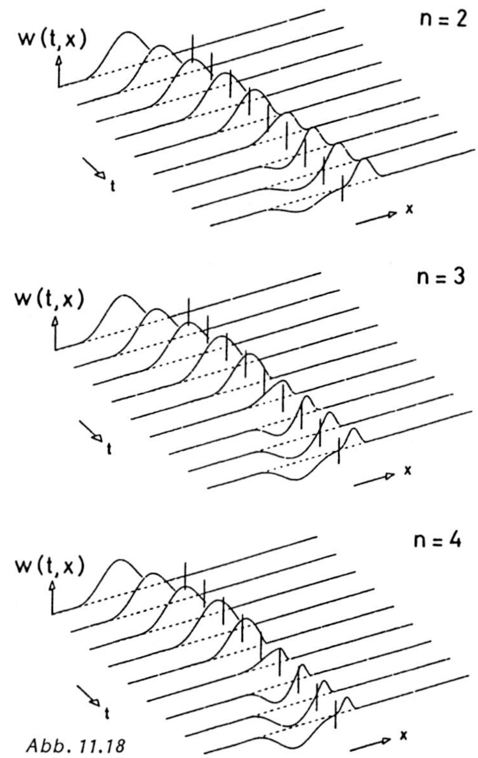

Abb. 11.18

Abb.11.17. Wie Abb.11.15, jedoch für eine Solitonwelle

Abb.11.18. Eine Solitonwelle bewegt sich im Bereich I $(x<0)$ mit der Geschwindigkeit c_1 auf die Grenzfläche zum Bereich II $(x>0)$ zu, sie wird dort teils reflektiert, teils in den Bereich II hineingebrochen. Die gebrochene Welle hat die Geschwindigkeit c_2. Es gilt (von oben nach unten) $c_1/c_2 = n = 2, 3, 4$

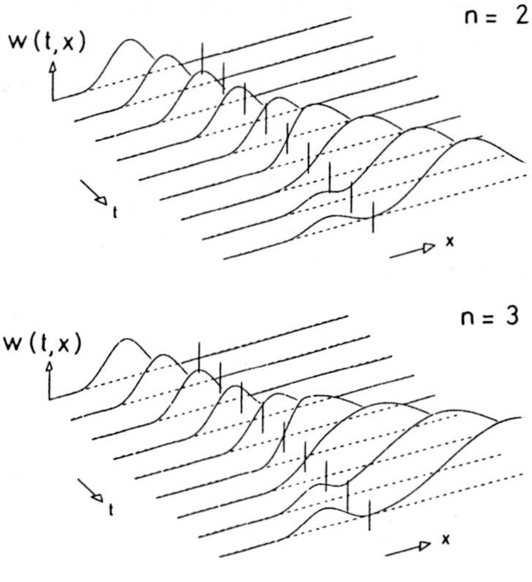

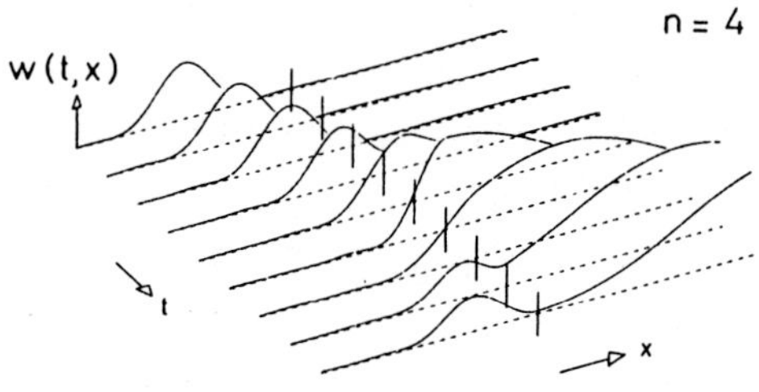

Abb.11.19. Wie Abb.11.18, aber für $c_2/c_1 = 2, 3, 4$

*11.6 Transformationseigenschaften der d'Alembert-Gleichung

11.6.1 Wellen auf der Oszillatorkette

In Abschnitt 11.2 haben wir die Lösungen der d'Alembert-Gleichung gefunden. Eine in die positive x-Richtung laufende Welle hat die Form

$$w(t,x) = w_+(-ct + x) \quad .$$

Der Ort eines Beobachters, der sich mit der Geschwindigkeit v in positive x-Richtung bewegt, wird durch $x_B = vt$ beschrieben. In einem mitbewegten Koordinatensystem K', in dem der Beobachter selbst ruht, ist die Ortskoordinate

$$x' = x - x_B = x - vt \quad . \tag{11.6.1}$$

Für den Beobachter stellt sich im System K' die Welle durch

$$w'(t,x') = w(t,x' + vt) = w_+(-(c - v)t + x')$$

dar. Auch für ihn ist die Lösung eine Welle oder ein Soliton der Form w_+ jedoch mit der geänderten Geschwindigkeit

$$c'_B = c - v \quad . \tag{11.6.2}$$

Die Situation stellt sich völlig anders dar, wenn der Beobachter relativ zur Kette ruht und die Wellenquelle sich mit der Geschwindigkeit v vom Beobachter wegbewegt. Da die Wellengeschwindigkeit allein durch die Eigenschaften der Oszillatorkette bestimmt wird, bleibt sie im Fall der bewegten Quelle gleich

$$c'_Q = c \quad . \tag{11.6.3}$$

Obgleich die Relativgeschwindigkeit von Beobachter und Quelle in beiden Fällen gleich v ist, sind die Wellengeschwindigkeiten in den beiden Fällen verschieden. Dies ist gerade die Folge Ausbreitung der Welle auf der Oszillatorkette, die das Koordinatensystem auszeichnet, in dem sie selbst ruht.

Die Auszeichnung des Ruhesystems K der Kette macht sich auch in der Form der Wellengleichung in diesem System bemerkbar. Wir führen die Galilei-Transformation (11.6.1) von x nach x' in der Wellengleichung durch. Dazu rechnen wir die Differentiationen nach ct und x in c't und x' um ($\beta = v/c$, $c' = c'_B = c - v$)

$$\frac{\partial w}{\partial(ct)} = \frac{1}{c}\frac{\partial w'}{\partial t} - \frac{v}{c}\frac{\partial w'}{\partial x'} = (1 - \beta)\frac{\partial w'}{\partial(c't)} - \beta\frac{\partial w'}{\partial x'} \quad ,$$

$$\frac{\partial w}{\partial x} = \frac{\partial w'}{\partial x'}$$

und finden für die zweiten Ableitungen

$$\frac{\partial^2 w}{\partial (ct)^2} = (1-\beta)^2 \frac{\partial w'}{\partial (c't)^2} - 2(1-\beta)\beta \frac{\partial^2 w'}{\partial (c't)\partial x'} + \beta^2 \frac{\partial^2 w'}{\partial x'^2} \quad ,$$

$$\frac{\partial^2 w'}{\partial x^2} = \frac{\partial^2 w'}{\partial x'^2} \quad .$$

Damit rechnet sich die d'Alembert-Gleichung um in die Form

$$(1-\beta)^2 \frac{\partial^2 w'}{\partial (c't)^2} - (1-\beta^2) \frac{\partial^2 w'}{\partial x'^2} - 2(1-\beta)\beta \frac{\partial^2 w'}{\partial (c't)\ x'} = 0 \quad . \qquad (11.6.4)$$

Sie ist nicht von der gleichen Form wie die d'Alembert-Gleichung, die im Ruhesystem K der Kette gilt.

11.6.2 Lichtwellen. Relativitätsprinzip. Lorentz-Transformation

Eine Lichtwelle ist eine elektromagnetische Erscheinung. Wir beschränken uns auf die Beschreibung einer *ebenen Welle*, die in x-Richtung fortschreitet und nicht von y und z abhängt. Sie wird durch Angabe der elektrischen Feldstärke $\vec{E}(t,x)$ beschrieben. Es gilt die d'Alembert-Gleichung

$$\frac{\partial^2 \vec{E}}{\partial (ct)^2} - \frac{\partial^2 \vec{E}}{\partial x^2} = 0 \quad . \qquad (11.6.5)$$

(In Band II, Kap.13 werden die elektromagnetischen Wellen ausführlich diskutiert.) Die Richtung von $\vec{E}$ ist senkrecht auf der Ausbreitungsrichtung, da Lichtwellen transversal sind.

Obwohl die Gleichung für die Lichtwelle mit der d'Alembert-Gleichung für eine kontinuierliche Oszillatorkette übereinstimmt, hat das elektrische Feld keinen materiellen Träger. Es breitet sich gemäß der d'Alembert-Gleichung im Vakuum, d.h. im leeren Raum aus. Damit gibt es kein durch die Ruhelagen der Massenpunkte der Kette oder die Koordinate auf der kontinuierlichen Kette ausgezeichnetes Koordinatensystem: die Wahl des Koordinatensystems ist willkürlich. Darüberhinaus ist auch der Zeitverlauf allein durch die elektromagnetischen Vorgänge selbst bestimmt. Da die Ausbreitungsgeschwindigkeit der Wellen völlig unabhängig von der Geschwindigkeit der Quelle durch den Parameter c der d'Alembert-Gleichung gegeben ist, kann auch das Koordinatensystem, in dem die Quelle ruht, nicht ausgezeichnet sein.

Da kein Koordinatensystem bevorzugt ist, muß das *Relativitätsprinzip* gelten, wie es von Einstein formuliert wurde. Es besagt, daß die physikalischen Größen nur von der Relativgeschwindigkeit v zwischen physikalischen Objekten, also zwischen der Lichtquelle und dem Detektor des Beobachters abhängen können. Da die Lichtgeschwindigkeit unabhängig von der Geschwindigkeit der Quelle ist, muß sie also auch unabhängig vom Bewegungszustand des Beobachters sein. Damit muß die Lichtgeschwindigkeit unter der Annahme des Relativitätsprinzips in allen Koordinatensystemen gleich sein. Nach den in Abschnitt 11.6.1 gefundenen Resultaten kann die Galilei-Transformation (11.6.1) nicht den Übergang zwischen zwei relativ zueinander mit konstanter Geschwindigkeit v bewegten Koordinatensystemen K und K' leisten, denn sie führt auf die Lichtgeschwindigkeit $c' = c - v$ im bewegten System K'.

Allerdings würden wir auch ausgezeichnete Koordinatensysteme gefunden haben, wenn die d'Alembert-Gleichung in verschiedenen Koordinatensystemen verschiedene Formen besitzen würde. Wie wir weiter unten sehen werden, wird die d'Alembert-Gleichung nur von Transformationen invariant gelassen, die den Ort und die Zeit transformieren. Statt der Zeit selbst benutzen wir in den Rechnungen das Produkt $\xi = ct$ aus Lichtgeschwindigkeit und Zeit, also eine zeitartige Koordinate der Dimension Länge. Wie die Schreibweise der Gleichung (11.6.5) deutlich macht, ist die d'Alembert-Gleichung ohnehin eine Differentialgleichung in den Variablen $\xi = ct$ und x.

Die allgemeinsten homogenen linearen Transformationen, die von einem System K mit der zeitartigen Koordinate $\xi = ct$ und der Ortskoordinate x in ein System K' mit den Koordinaten $\xi' = ct'$ und x' führen, können in der Form

$$\xi' = \gamma_1(\xi - \beta_1 x) \quad ,$$
$$x' = \gamma_2(-\beta_2\xi + x)$$

hingeschrieben werden. Für die Umrechnung der Ableitungen verwenden wir die Formeln

$$\frac{1}{c}\frac{\partial}{\partial t} = \frac{\partial}{\partial\xi} = \frac{\partial\xi'}{\partial\xi}\frac{\partial}{\partial\xi'} + \frac{\partial x'}{\partial\xi}\frac{\partial}{\partial x'} = \gamma_1\frac{\partial}{\partial\xi'} - \beta_2\gamma_2\frac{\partial}{\partial x'} \quad ,$$
$$\frac{\partial}{\partial x} = \frac{\partial\xi'}{\partial x}\frac{\partial}{\partial\xi'} + \frac{\partial x'}{\partial x}\frac{\partial}{\partial x'} = -\beta_1\gamma_1\frac{\partial}{\partial\xi'} + \gamma_2\frac{\partial}{\partial x'} \quad .$$

Damit werden dann die zweiten Ableitungen

$$\frac{1}{c^2}\frac{\partial^2}{\partial t^2} = \frac{\partial^2}{\partial\xi^2} = \gamma_1^2\frac{\partial^2}{\partial\xi'^2} - 2\beta_2\gamma_1\gamma_2\frac{\partial}{\partial\xi'}\frac{\partial}{\partial x'} + \beta_2^2\gamma_2^2\frac{\partial^2}{\partial x'^2} \quad ,$$
$$\frac{\partial^2}{\partial x^2} = \beta_1^2\gamma_1^2\frac{\partial^2}{\partial\xi'^2} - 2\beta_1\gamma_1\gamma_2\frac{\partial}{\partial\xi'}\frac{\partial}{\partial x'} + \gamma_2^2\frac{\partial^2}{\partial x'^2} \quad .$$

Damit die Differenz der Ableitungen der linken Seiten in den gestrichenen Koordinaten die gleiche Gestalt besitzt, müssen folgende Beziehungen gelten

$$(\beta_1 - \beta_2)\gamma_1\gamma_2 = 0 \quad ,$$

$$(1 - \beta_1^2)\gamma_1^2 = 1 \quad ,$$

$$(1 - \beta_2^2)\gamma_2^2 = 1 \quad .$$

Sie führen auf

$$\beta_1 = \beta_2 = \beta \quad , \quad \gamma_1 = \gamma_2 = \frac{1}{\sqrt{1 - \beta^2}} = \gamma \quad ,$$

so daß unsere linearen Transformationen, die die d'Alembert-Gleichung invariant lassen, lauten

$$\begin{aligned} \xi' &= \gamma(\xi - \beta x) \quad , \\ x' &= \gamma(-\beta\xi + x) \quad . \end{aligned} \tag{11.6.6}$$

Die physikalische Bedeutung des Parameters β wird sofort aus der zweiten Gleichung klar. Der Koordinatenursprung des Koordinatensystems K' ist $x' = 0$ und hat damit die Bewegungsgleichung

$$0 = \gamma(-\beta\xi + x) = \gamma(-\beta ct + x)$$

im System K. Es folgt

$$x = \beta ct \quad .$$

Dabei ist

$$\beta = \frac{v}{c}$$

und v die Geschwindigkeit des Ursprungs des Koordinatensystems K' im System K. Man nennt die Transformationen (11.6.6) *Lorentz-Transformationen* und sagt, die d'Alembert-Gleichung ist *Lorentz-invariant*. Sie vermitteln den Übergang zwischen dem System K mit den Koordinaten ξ und x und dem realtiv dazu mit der Geschwindigkeit v bewegten System K' mit den Koordinaten ξ' und x'. Sie besagen, daß unter der Annahme, daß die Lichtgeschwindigkeit im Vakuum in allen Inertialsystemen die gleiche ist, nicht nur der Ort, sondern auch die Zeit beim Übergang von einem Koordinatensystem K in ein relativ dazu bewegtes System K' transformiert werden muß

$$t' = \gamma\left(t - \frac{v}{c^2}x\right) \quad , \quad x' = \gamma(x - vt) \quad , \quad \gamma = \frac{1}{\sqrt{1 - v^2/c^2}} \quad . \tag{11.6.7}$$

Natürlich erhebt sich an dieser Stelle die Frage, wie wir, ausgehend von den Galilei-invarianten Newtonschen Gleichungen für die diskrete Oszillatorkette, zur Lorentz-invarianten d'Alembert-Gleichung gelangt sind. Die Galilei-Invarianz der Newtonschen Bewegungsgleichungen (11.1.1) bezieht sich auf die Auslenkung $\vec{w}_n(t)$ des n-ten Massenpunktes

$$\vec{w}'_n(t) = \vec{w}_n(t) + \vec{v}t \quad .$$

Im kontinuierlichen Grenzfall gilt diese Invarianz nach wie vor. Auch für die transformierte Wellenfunktion

$$\vec{w}'(t,x) = \vec{w}(t,x) + \vec{v}t$$

gilt die d'Alembert-Gleichung. Die Galilei-Transformation führt, wie in der klassischen Punktmechanik, auf die Erhaltung der Schwerpunktgeschwindigkeit, die in unserem Fall verschwindet, da der erhaltene kanonische Gesamtimpuls $\vec{\Pi}_0$ verschwindet, vgl. (11.3.7). Tatsächlich ist die Lorentz-Invarianz aus dieser Sicht eine neue Eigenschaft. Sie existiert im diskreten Fall nicht in dieser Form, denn dort müßte sie sich auf die diskreten Indizes n beziehen.

Wir fassen noch einmal zusammen: Auf materiellen Trägern, wie Oszillatorketten, Saiten, Stäben u.ä. ist die Ausbreitungsgeschwindigkeit der Wellen von der Geschwindigkeit der Quelle unabhängig. Sie hängt aber von der Geschwindigkeit des Beobachters relativ zum materiellen Träger ab.

Für Wellen, die sich ohne materiellen Träger, d.h. im Vakuum ausbreiten, haben wir das Einsteinsche Relativitätsprinzip formuliert und daraus geschlossen, daß die Lichtgeschwindigkeit in allen Intertialsystemen gleich ist. Daraus und aus der Forderung der Forminvarianz der d'Alembert-Gleichung haben wir die Lorentz-Transformationen als die allgemeinen Transformationen von Raum und Zeit hergeleitet, die den Übergang zwischen relativ zueinander bewegten Intertialsystemen beschreiben. Wir erkennen, daß die Galilei-Transformationen für Relativgeschwindigkeiten $v \ll c$ gelten, (vgl. 11.6.8).

Im folgenden Kapitel 12 werden wir zunächst das Michelson-Morley-Experiment diskutieren. Es zeigt, daß die Lichtgeschwindigkeit tatsächlich in allen Inertialsystem die gleiche ist. Im Anschluß daran werden wir die Mechanik unter Berücksichtigung dieses experimentellen Befundes formulieren und zeigen, daß die Lorentz-Transformationen den Übergang zwischen Inertialsystemen leisten und damit die Galilei-Transformationen nur für Geschwindigkeiten $v \ll c$ gelten.

*11.7 Klein-Gordon-Wellen

11.7.1 Modell gekoppelter Oszillatoren

Im Unterschied zu der Kette des Abschnitts 11.1.1, die nur Federn zwischen den Massenpunkten besitzt, betrachten wir jetzt zusätzlich ortsfeste Federn, die für longitudinale Wellen so angeordnet sind, wie in Abb.11.20 darge-

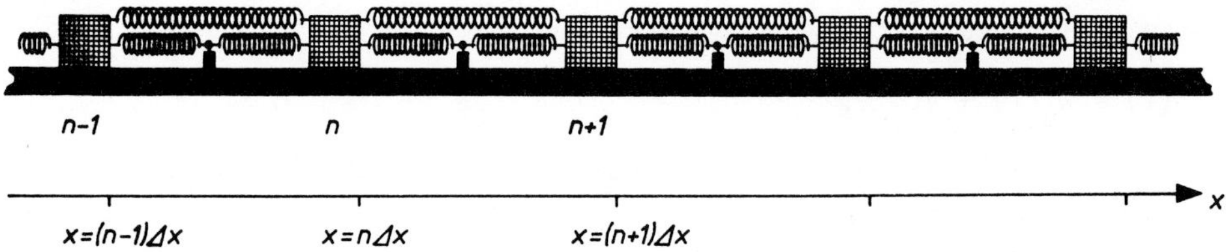

Abb.11.20. Modell einer linearen Kette von Oszillatoren, die sowohl durch harmonische Kräfte untereinander gekoppelt sind (obere Federn) als auch an feste Punkte im Raum gebunden sind (untere Federn)

stellt. Bezeichnen wir die resultierende Federkonstante der beiden örtlich gebundenen Federn, die auf einen Massenpunkt wirken, mit D, so haben wir jetzt an Stelle von (11.1.1) als Newtonsche Bewegungsgleichungen für longitudinale Auslenkungen $w_n(t)$

$$m\ddot{w}_n = d(w_{n+1} - w_n) - d(w_n - w_{n-1}) - Dw_n \quad . \tag{11.7.1}$$

So wie in Abschnitt 11.1.1 berechnen wir die zeitliche Änderung für den Gesamtimpuls, (11.1.2), und finden an Stelle von (11.1.5) die Gleichung

$$\frac{d}{dt} P = -D \sum_{-\infty<n<\infty} w_n \quad . \tag{11.7.2}$$

Dies ist eine Oszillatorgleichung für die Summe aller Auslenkungen

$$W(t) = \sum_{-\infty<n<\infty} w_n(t) \quad . \tag{11.7.3}$$

Da der Gesamtimpuls mit dieser Größe durch

$$P(t) = m \frac{d}{dt} W(t) \tag{11.7.4}$$

verknüpft ist, finden wir diese Oszillatorgleichung in der Form

$$m \frac{d^2}{dt^2} W(t) = -DW(t) \quad . \tag{11.7.5}$$

Der Gesamtimpuls ist somit nicht erhalten, sondern schwingt wie in einem harmonischen Oszillator. Das war natürlich zu erwarten, da die ortsfesten Federn die Translationsinvarianz zerstören. Für verschwindende Federkonstante $D = 0$ der ortsgebundenen Federn erhalten wir wieder die Erhaltung des Gesamtimpulses (11.1.5).

Die kinetische Energie ist weiterhin durch (11.1.11) gegeben, die potentielle Energie der Oszillatorkette erhalten wir aus (11.1.12) durch Hinzufügen der Summe der potentiellen Energien der ortsgebundenen Federn

$$E_{kin} = \sum_{-\infty<n<\infty} \frac{m}{2} w_n^2 \quad , \quad E_{pot} = \sum_{-\infty<n<\infty} \left[\frac{d}{2} (w_{n+1} - w_n)^2 + \frac{D}{2} w_n^2\right] \quad . \tag{11.7.6}$$

Mit den gleichen Grenzprozessen wie in Abschnitt 11.1.2 finden wir als kontinuierlichen Grenzfall für die Oszillatorkette mit ortsgebundenen Federn die *Klein-Gordon-Gleichung*

$$\frac{1}{c^2}\frac{\partial^2 w}{\partial t^2} - \frac{\partial^2 w}{\partial x^2} + \varkappa^2 w = 0 \tag{11.7.7}$$

mit der Konstanten

$$\varkappa^2 = \frac{1}{c^2}\frac{D}{m} \quad . \tag{11.7.8}$$

Vorwegnehmend sei hier angemerkt, daß die Klein-Gordon-Gleichung für den Fall, daß c die Lichtgeschwindigkeit ist, die Wellengleichung eines relativistischen Wellenfeldes ist, das die Beschreibung von Pionen und anderen Elementarteilchen ermöglicht.

11.7.2 Harmonische Wellen als Lösungen der Klein-Gordon-Gleichung. Phasengeschwindigkeit

Die Klein-Gordon-Gleichung erlaubt nicht eine einfache Faktorisierung mit zwei linearen Differentialoperatoren wie wir sie in (11.1.27) für die d'Alembert-Gleichung zur Auffindung von Lösungen genutzt haben. Da sie aber ebenfalls eine lineare Gleichung ist, erwarten wir, daß sie mit einem Exponentialansatz der Form

$$w(t,x) = w_0 \, e^{i(\omega t - kx)} \tag{11.7.9}$$

gelöst werden kann. Tatsächlich bestätigen wir durch Einsetzen, daß dieser Ansatz die Gleichung für frei wählbare Amplitude w_0 löst, wenn ω und k durch die Beziehung

$$\omega^2 - c^2(k^2 + \varkappa^2) = 0 \tag{11.7.10}$$

verknüpft sind. Sie erlaubt zwei Lösungen

$$\omega_\pm = \pm\omega_+ \quad , \quad \omega_+ = \omega_+(k) = c\sqrt{\varkappa^2 + k^2} \quad , \tag{11.7.11}$$

wobei ω_+ stets als die positive Wurzel gewählt werden soll. Für reelle k ist der kleinste Wert von ω_+ gerade $c\varkappa > 0$.

Im folgenden werden wir ω ohne ± Zeichen verwenden, wenn die Entscheidung für eines der beiden Zeichen offen bleiben soll.

Wie bei der Diskussion der Schwingungen in Abschnitt 10.1 stellen reelle physikalische Anfangsbedingungen sicher, daß trotz des komplexen Ansatzes (11.7.9) nur reelle Lösungen auftreten. Wieder beschreibt der Realteil von

$$(w_0 = u_0 + iv_0 = |w_0| e^{i\delta})$$

$$w(t,x) = \mathrm{Re}\left\{w_0\ e^{i(\omega t - kx)}\right\} = u_0 \cos(\omega t - kx) - v_0 \sin(\omega t - kx)$$

$$= |w_0| \cos(\omega t - kx + \delta) \qquad (11.7.12)$$

die reelle harmonische Welle, einen räumlich und zeitlich periodischen Vorgang mit der Kreisfrequenz ω und der Wellenzahl k. Seine *Phasengeschwindigkeit* v_p ist wieder durch konstante Phase der Winkelfunktionen

$$\omega t - kx = \alpha \quad , \quad x = \frac{\omega}{k} t - \frac{\alpha}{k}$$

bestimmt, woraus man

$$v_p = \frac{dx}{dt} = \frac{\omega}{k} = \pm\ c\sqrt{1 + \varkappa^2/k^2} \qquad (11.7.13)$$

gewinnt. Die Phasengeschwindigkeiten der harmonischen Lösungen der Klein-Gordon-Gleichung sind im Gegensatz zur d'Alembert-Gleichung abhängig von der Wellenzahl k und es gilt $v_p > c$.

11.7.3 Superpositionsprinzip. Allgemeine Lösung der Wellengleichung

Da die Wellenfunktion in der Klein-Gordon-Gleichung wie in der d'Alembert-Gleichung nur linear auftritt, gilt wieder – wie in Abschnitt 11.2.3 – das Superpositionsprinzip. Es besagt, daß mit den beiden Lösungen $w_1(t,x)$, $w_2(t,x)$ auch jede ihrer Linearkombinationen mit konstanten Koeffizienten a,b

$$w(t,x) = aw_1(t,x) + bw_2(t,x) \qquad (11.7.14)$$

Lösung der Klein-Gordon-Gleichung ist.

Da der Ansatz (11.7.9) zusammen mit (11.7.11) für jede Wellenzahl k eine Lösung der Wellengleichung darstellt, läßt sich unter Ausnutzung des Superpositionsprinzips die allgemeine komplexe Lösung $w_c(t,x)$ durch

$$w_c(t,x) = \frac{1}{\sqrt{2\pi}} \int_{-\infty}^{+\infty} f(k)\ e^{i(\omega t - kx)} dk \qquad (11.7.15)$$

darstellen. Die Funktion f(k) heißt *Spektralfunktion*, sie legt das Gewicht der jeweiligen harmonischen Welle zur Wellenzahl k in der linearen Überlagerung fest. Der Faktor $\sqrt{2\pi}$ ist Konvention.

Zur Gewinnung der physikalischen Lösung kann der Realteil unter dem Integral gebildet werden, da der Integrationsweg entlang der k-Achse reell ist

$$w(t,x) = \frac{1}{2} \frac{1}{\sqrt{2\pi}} \int_{-\infty}^{+\infty} \left[f(k)\ e^{i(\omega t - kx)} + f^*(k)\ e^{-i(\omega t - kx)}\right] dk \quad . \qquad (11.7.16)$$

Durch Faktorisierung der Spektralfunktion in Betrag und Phase

$$f(k) = |f(k)|e^{i\delta(k)} \tag{11.7.17}$$

findet man die explizit reelle Darstellung unserer Lösung

$$w(t,x) = \frac{1}{\sqrt{2\pi}} \int_{-\infty}^{+\infty} |f(k)| \cos[(\omega t - kx + \delta(k)]dk \quad . \tag{11.7.18}$$

Die allgemeine Lösung der d'Alembert-Gleichung ergibt sich sofort aus (11.7.15) mit Hilfe von $\omega = c|k|$ durch Aufspaltung des Integrals in den positiven und den negativen k-Bereich

$$w_c(t,x) = \frac{1}{\sqrt{2\pi}} \int_0^{\infty} f(k)\, e^{-ik(-ct+x)}\, dk + \frac{1}{\sqrt{2\pi}} \int_{-\infty}^{0} f(k)\, e^{-ik(ct+x)}\, dk \quad .$$

Offensichtlich ist der erste Term auf der rechten Seite nur eine Funktion $w_1(-ct+x)$ von $(-ct+x)$, der zweite $w_2(ct+x)$ nur von $(ct+x)$. Damit finden wir die Aussage (11.2.3) wieder, die besagt, daß die allgemeine Lösung der d'Alembert-Gleichung eine Summe von $w_1(-ct+x)$ und $w_2(ct+x)$ ist.

11.7.4 Wellenpaket. Gruppengeschwindigkeit

Eine harmonische Welle vom Typ (11.7.9) beschreibt einen periodischen Vorgang, der sich über den ganzen Raum und alle Zeiten erstreckt. Sein Energieinhalt ist unendlich, er ist deswegen physikalisch nicht realisierbar. Dagegen ist es möglich, lineare Superpositionen mit einer spektralen Verteilung f(k) zu erzeugen, die nur in einem Bereich um einen Mittelwert k_0 der Wellenzahl wesentlich von Null verschieden sind. Als Beispiel betrachten wir eine spektrale Verteilung

$$f(k) = a \frac{1}{\sqrt[4]{2\pi}\,\sqrt{\sigma_k}} \exp\left(-\frac{(k-k_0)^2}{4\sigma_k^2}\right) \quad , \tag{11.7.19}$$

die die Gestalt einer Gaußschen Glockenkurve hat. In Abb.11.21 ist diese Spektralfunktion f(k) für verschiedene Werte von k_0 aber gleiche Werte von σ_k dargestellt. Der Faktor a bestimmt die Amplitude der Spektralfunktion und damit von w(t,x). Der Parameter k_0 legt die Wellenzahl fest, bei der die Glockenkurve ihr Maximum hat. Die Größe σ_k bestimmt die Breite der Verteilung. Der Faktor vor der Exponentialfunktion ist so gewählt, daß die Normierung

$$\int_{-\infty}^{\infty} \frac{1}{a^2} |f(k)|^2\, dk = \frac{1}{\sqrt{2\pi}\ \sigma_k} \int_{-\infty}^{\infty} \exp\left(-\frac{(k-k_0)^2}{2\sigma_k^2}\right) dk = 1 \tag{11.7.20}$$

gilt. Auf diese Weise sind physikalische Größen, wie z.B. Energie und Impuls, die bilinear in der Wellenfunktion $w(t,x)$ sind, unabhängig von der Breite σ_k und dem Mittelwert k_0 der Verteilung durch die Amplitude a bestimmt.

Man nennt eine Überlagerung von harmonischen Wellen im wesentlichen aus Wellenzahlen eines engen Bereichs in k ein *Wellenpaket* oder eine *Wellengruppe* Wir wollen nun die explizite Form unseres Wellenpakets in Ort und Zeit ausrechnen. Dazu müssen wir die Spektralfunktion (11.7.19) in den Ansatz (11.7.15) einsetzen.

$$w_c(t,x) = \frac{1}{(2\pi)^{3/4}} \frac{a}{\sqrt{\sigma_k}} \int_{-\infty}^{\infty} \exp\left\{-\frac{(k-k_0)^2}{4\sigma_k^2} + i(\omega t - kx)\right\} dk \quad . \qquad (11.7.21)$$

Das Integral über die Wellenzahl k läßt sich einfach näherungsweise berechnen, wenn man die Kreisfrequenz $\omega(k)$ um den Mittelwert k_0 der Glockenkurve bis zur zweiten Ordnung in der Differenz

$$\ell = k - k_0 \qquad (11.7.22)$$

in eine Taylor-Reihe entwickelt. Es gilt

$$\omega(k) = c\sqrt{\varkappa^2 + k^2} = \omega_0 + v_G\ell + \frac{1}{2}\Gamma\ell^2 + \ldots \qquad (11.7.23)$$

mit den Koeffizienten

$$\omega_0 = c\sqrt{\varkappa^2 + k_0^2}$$

$$v_G = \frac{d\omega}{dk}(k_0) = \frac{ck_0}{\omega_0} c \quad ,$$

$$\Gamma = \frac{d^2\omega}{dk^2}(k_0) = \frac{\varkappa^2}{\varkappa^2 + k_0^2} \frac{c^2}{\omega_0} \quad . \qquad (11.7.24)$$

Die physikalische Bedeutung dieser Koeffizienten wird nach Berechnung des Wellenpaketes klar werden.

Wir fassen die Exponenten in (11.7.21) zusammen und ersetzen die Variable k über all durch ℓ und k_0, vgl. (11.7.22).

Der Exponent im Integranden nimmt dann die Form an

$$E = -\frac{(k-k_0)^2}{4\sigma_k^2} + i(\omega t - kx) = i(\omega_0 t - k_0 x) - \frac{1}{2\Sigma^2}(\ell^2 - 2A\ell) \quad , \qquad (11.7.25)$$

wobei die Koeffizienten A und Σ^2 durch

$$A = i\,\Sigma^2(v_G t - x) \quad , \quad \Sigma^2 = \left(\frac{1}{2\sigma_k^2} - i\Gamma t\right)^{-1} \qquad (11.7.26)$$

gegeben sind. Durch quadratische Ergänzung formen wir den Exponenten um und finden

$$E = i(\omega_0 t - k_0 x) - \frac{1}{2\Sigma^2}(\ell - A)^2 + \frac{1}{2\Sigma^2}A^2 \quad . \tag{11.7.27}$$

Damit erhalten wir

$$w_c(t,x) = e^{i(\omega_0 t - k_0 x)} \exp\left(\frac{A^2}{2\Sigma^2}\right) \frac{a}{(2\pi)^{3/4}\sqrt{\sigma_k}} I \quad , \tag{11.7.28}$$

wobei das verbleibende Integral

$$I = \int_{-\infty}^{+\infty} \exp\left\{-\frac{(\ell - A)^2}{2\Sigma^2}\right\} dk = \sqrt{2\pi}\,\Sigma \tag{11.7.29}$$

durch Variablensubstitution und Benutzung der Formel (11.7.20) ausgewertet wurde. Zum Verständnis des Resultates zerlegen wir zunächst Σ^2 in Real- und Imaginärteil

$$\Sigma^2 = \left(\frac{1}{4\sigma_k^4} + \Gamma^2 t^2\right)^{-1} \left(\frac{1}{2\sigma_k^2} + i\Gamma t\right) = \frac{1}{2\sigma_x^2}(1 + i2\sigma_k^2 \Gamma t) \quad , \tag{11.7.30}$$

wobei die räumliche Breite durch

$$\sigma_x^2(t) = \frac{1}{4\sigma_k^2} + \sigma_k^2 \Gamma^2 t^2 \tag{11.7.31}$$

gegeben ist. Wir finden

$$\frac{A^2}{2\Sigma^2} = -\frac{1}{2}\Sigma^2(v_G t - x)^2 = -\frac{(v_G t - x)^2}{4\sigma_x^2} - i\,\frac{\sigma_k^2}{\sigma_x^2}\frac{\Gamma}{2}\,t(v_G t - x)^2 \quad .$$

Ferner faktorisieren wir

$$\Sigma = |\Sigma|\, e^{i\beta} \tag{11.7.32}$$

in den Absolutbetrag

$$|\Sigma(t)| = \frac{1}{\sqrt{2}\sigma_x}(1 + 4\sigma_k^4 \Gamma^2 t^2)^{1/4} = \frac{\sqrt{2}\sqrt{\sigma_k}}{\sqrt{2}\sigma_x}\sqrt[4]{\sigma_x^2} = \sqrt{\frac{\sigma_k}{\sigma_x}} \tag{11.7.33}$$

und einen Phasenfaktor mit

$$\beta(t) = \frac{1}{2}\,\mathrm{arc\,tan}(2\sigma_k^2 \Gamma t) \quad . \tag{11.7.34}$$

Durch Einsetzen von (11.7.29,30,32) in (11.7.28) erhalten wir

$$w_c(t,x) = \frac{a}{\sqrt[4]{2\pi}\sqrt{\sigma_x}} \exp\left(-\frac{(v_G t - x)^2}{4\sigma_x^2}\right) \exp\{i[\omega_0 t - k_0 x + \phi(t,x)]\} \tag{11.7.35}$$

mit der zeitabhängigen Phase

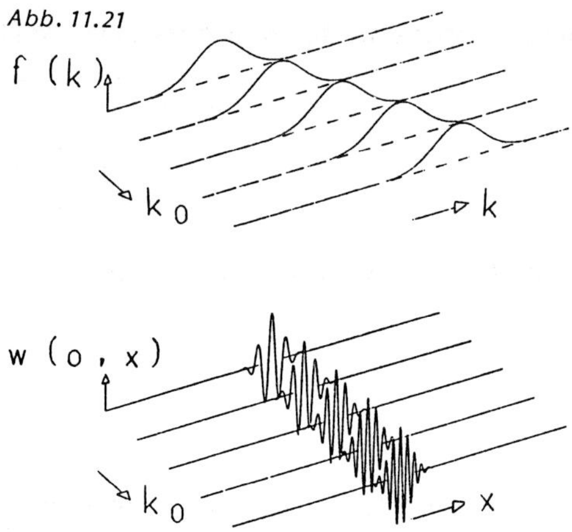

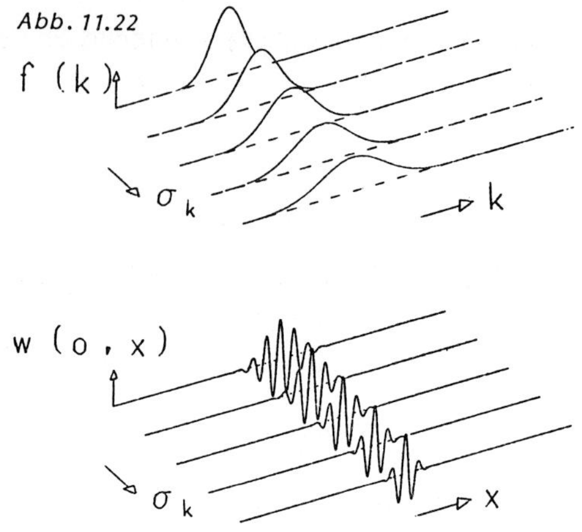

Abb.11.21. Spektralfunktion f(k) (oben) und Auslenkungsfunktion w(t,x) zur Zeit t = 0 (unten) für verschiedene Mittelwerte k_0 der Wellenzahl aber gleiche Breite σ_k der Spektralfunktion

Abb.11.22. Spektralfunktion f(k) (oben) und Auslenkungsfunktion w(t,x) zur Zeit (t = 0) (unten) für gleichen Mittelwert k_0 der Wellenzahl aber verschiedene Breite σ_k der Spektralfunktion

$$\phi(t,x) = -\frac{\sigma_k^2}{\sigma_x^2}\frac{\Gamma}{2}\, t(v_G t - x)^2 + \beta(t) \quad . \tag{11.7.36}$$

Die reelle Lösung der Klein-Gordon-Gleichung, die ein Gaußsches Wellenpaket darstellt, ist dann

$$w(t,x) = \frac{a}{\sqrt[4]{2\pi}\sqrt{\sigma_x}} \exp - \frac{(v_G t - x)^2}{4\sigma_x^2} \cos[\omega_0 t - k_0 x + \phi(t,x)] \quad . \tag{11.7.37}$$

In Abb.11.21 ist diese Auslenkungsfunktion w zur Zeit t = 0 für verschiedene Werte von k_0 dargestellt. Man liest ab, daß die Wellenlänge der Trägerwelle durch k_0 bestimmt wird. Die Amplitudenmodulation

$$\exp\left(-\frac{(v_G t - x)^2}{4\sigma^2}\right) \tag{11.7.38}$$

bewirkt, daß die Wellenfunktion w nur dort wesentlich von Null verschieden ist, wo

$$|v_G t - x| \lesssim \sigma_x(t) \tag{11.7.39}$$

gilt, d.h. für t = 0 im Bereich $|x| \lesssim \sigma_x$. Die zeitliche Entwicklung des Wellenpakets ist in Abb.11.23 dargestellt. Man beobachtet, daß ein durch den Faktor (11.7.38) glockenförmiges Wellenpaket, das als Trägerwelle die Kosinusfunktion hat, mit der *Gruppengeschwindigkeit* v_G in die positive x-Richtung läuft. Die Beziehung (11.7.24) in der Form

$$v_G = \pm \frac{1}{\sqrt{1 + \varkappa^2/k_0^2}}\, c \tag{11.7.40}$$

zeigt, daß die Gruppengeschwindigkeit verschieden von der Phasengeschwindigkeit (11.7.13) und kleiner als c ist.

11.7.5 Unschärferelation. Dispersion

Die räumliche Ausdehnung des Wellenpaketes (11.7.37) ist durch die Breite σ_x (11.7.31) gegeben. Zur Anfangszeit $t = 0$ hat das Wellenpaket minimale räumliche Ausdehnung

$$\sigma_x = \frac{1}{2\sigma_k} \quad .$$

Offenbar ist sie umso kleiner, je größer die Breite des Spektralbereichs σ_k im Wellenzahlraum ist. Zwischen den Breiten im Orts- und Wellenzahlraum gilt für das von uns gewählte Gauß'sche Wellenpaket die Umschärferelation für $t = 0$

$$\sigma_x \sigma_k = \frac{1}{2} \quad .$$

Das ist in Abb.11.22 illustriert, in der Spektral- und Wellenfunktion für verschiedene Werte von σ_k einander gegenübergestellt sind. Für schmale Spek-

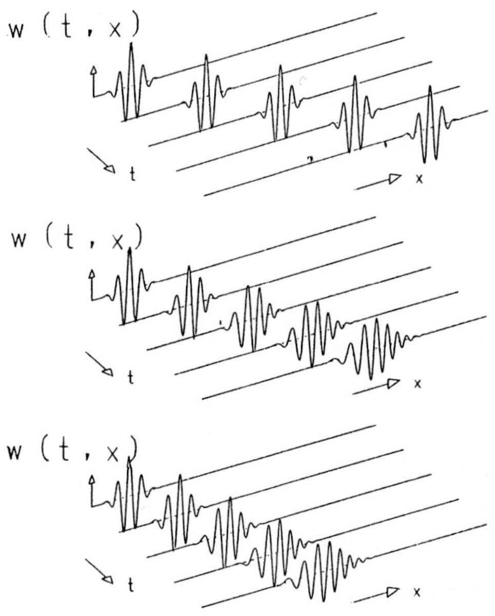

Abb.11.23. Zeitliche Entwicklung eines Wellenpakets für verschiedene Werte von $\varkappa$. Im oberen Teilbild ist $\varkappa > 0$. Sein Wert nimmt nach unten zu. Entsprechend sinkt die Gruppengeschwindigkeit

tralfunktion ist das zugehörige Wellenpaket breit und umgekehrt. Für Zeiten größer als Null gilt diese Gleichung nicht mehr, sondern wegen (11.7.31) nur noch die Ungleichung

$$\sigma_x \sigma_k \geq \frac{1}{2} \quad . \tag{11.7.42}$$

Natürlich kann man fragen, ob es nicht andere Wellenpaketformen als das Gaußsche Paket gibt, die keine solche Beziehung zwischen der Orts- und Wellenzahlbreite zur Folge haben. Es läßt sich jedoch zeigen, daß das von uns gewählte Gaußsche Paket die einschränkendste Unschärferelation erfüllt. Bei anderen Paketen ist die rechte Seite bereits für $t=0$ größer als einhalb.

Die Unschärferelation (11.7.42) ist auch die Grundlage der Gültigkeit der Heisenbergschen Unschärferelation in der Quantenmechanik. Dort ist der Impuls eines Teilchens, das durch ein Wellenpaket beschrieben wird, durch

$$p = \hbar k \tag{11.7.43}$$

gegeben. Dabei ist $\hbar$ mit dem *Planckschen Wirkungsquantum* h durch

$$2\pi\hbar = h = 6.626 \cdot 10^{-34}\ \mathrm{Ws}^2 \tag{11.7.44}$$

verknüpft. Die Impulsunschärfe ist dann

$$\sigma_p = \hbar\sigma_k$$

und wir gelangen von (11.7.42) zur *Heisenbergschen Unschärferelation*

$$\sigma_x \sigma_p \geq \frac{\hbar}{2} \quad . \tag{11.7.45}$$

Sie besagt, daß das Produkt der Orts- und Impulsunschärfe eines Teilchens stets größer oder gleich $\hbar/2$ ist.

Die Gleichung (11.7.31) und die Abb.11.22 zeigen auch, daß die räumliche Breite eines Wellenpaketes mit wachsender Zeit wächst, wenn $\varkappa \neq 0$ ist. Man nennt diesen Vorgang die *Dispersion* des Wellenpaketes. Sie ist wesentlich bestimmt durch die Größe Γ, die die zweite Ableitung der Kreisfrequenz nach der Wellenzahl ist, vgl. (11.7.24). Offenbar wird sie für große Mittelwerte k_0 der Wellenzahl des Wellenpaketes kleiner und tendiert nach Null für $k_0 \to \infty$. Die Unvermeidlichkeit der Dispersion bei Wellenpaketen der Klein-Gordon-Gleichung sieht man sofort ein, wenn man bedenkt, daß die Phasengeschwindigkeit (11.7.13) für Wellen verschiedener Wellenzahl verschieden ist, so daß die Komponenten des Paketes verschieden schnell laufen und es dadurch zu einer Verbreiterung des Paketes kommen muß.

Abbildung 11.23 gibt direkt eine Veranschaulichung der Zeitabhängigkeit der Breite σ_x des Wellenpaketes, vgl. (11.7.31). Im Fall der d'Alembert-Gleichung ($\varkappa=0$, $\Gamma=0$) bleibt die Breite konstant, anderenfalls nimmt sie zu. Auch die Gruppengeschwindigkeit, mit der sich das Paket bewegt, hängt von $\varkappa$ ab. Für $\varkappa=0$ ist $v_G=c$, für wachsende $\varkappa$ fällt v_G mit $\varkappa$, vgl. (11.7.24).

*11.8 Räumliche Wellenvorgänge

Wir haben bisher räumlich eindimensionale Wellenvorgänge diskutiert. Die Verallgemeinerung auf drei Raumdimensionen ist für die meisten Wellengrößen leicht zu vermuten. Das Verfahren, das uns zu den richtigen Gleichungen führt, nutzt konsequent die Rotationsinvarianz. Für isotrope, d.h. rotationsinvariante Medien, in denen die Eigenschaften, die wir für die Massenpunktkette in ihrer Ausdehnungsrichtung vorausgesetzt haben, in beliebiger Raumrichtung gelten, können die räumlichen Gleichungen durch eine richtungsunabhängige Formulierung der eindimensionalen Beziehungen gewonnen werden. Wir fassen die x-Koordinate in den bisherigen Gleichungen als die Koordinate $x_\parallel$ einer im Dreidimensionalen beliebigen aber zunächst festen Richtung $\vec{e}_\parallel$ auf. In einem dreidimensionalen kartesischen Koordinatensystem bezeichnen wir die Basisvektoren mit $\vec{e}_1$, $\vec{e}_2$, $\vec{e}_3$. Es gilt die Zerlegung

$$\vec{e}_\parallel = \sum_{i=1}^{3} c_i \vec{e}_i \tag{11.8.1}$$

wobei die Richtungskosinus c_i durch die Skalarprodukte

$$c_i = \vec{e}_\parallel \cdot \vec{e}_i \tag{11.8.2}$$

gegeben sind. Damit gilt auch

$$\vec{x}_\parallel = x_\parallel \vec{e}_\parallel = \sum_{i=1}^{3} x_{\parallel i} \vec{e}_i \quad , \tag{11.8.3}$$

mit den Komponenten

$$x_{\parallel i} = x_\parallel (\vec{e}_\parallel \cdot \vec{e}_i) = x_\parallel c_i \quad . \tag{11.8.4}$$

Im dreidimensionalen Raum ist die Ableitung $\partial/\partial x$, die in den Gleichungen der eindimensionalen Kette auftritt, als die Ableitung $\partial/\partial x_\parallel$ entlang der beliebigen Richtung $\vec{e}_\parallel$ aufzufassen

$$\frac{\partial}{\partial x} \rightarrow \frac{\partial}{\partial x_\parallel} \quad . \tag{11.8.5}$$

Für eine Funktion $f(x_1,x_2,x_3)$ der drei räumlichen Variablen x_1,x_2,x_3 ist die Ableitung in die Richtung $\vec{e}_\parallel$ durch

$$\frac{\partial}{\partial x_{\shortparallel}} f = \frac{\partial}{\partial x_{\shortparallel}} f(x_{\shortparallel 1}, x_{\shortparallel 2}, x_{\shortparallel 3}) = \sum_{i=1}^{3} \frac{dx_{\shortparallel i}}{dx_{\shortparallel}} \left(\frac{\partial f}{\partial x_i}\right)_{x_i = x_{\shortparallel i}} \tag{11.8.6}$$

gegeben. Mit Hilfe der Beziehung (11.8.4) finden wir

$$\frac{dx_{\shortparallel i}}{dx_{\shortparallel}} = c_i = \vec{e}_{\shortparallel} \cdot \vec{e}_i \tag{11.8.7}$$

und

$$\frac{\partial}{\partial x_{\shortparallel}} = \sum_{i=1}^{3} \vec{e}_{\shortparallel} \cdot \vec{e}_i \left(\frac{\partial f}{\partial x_i}\right)_{x = x_{\shortparallel i}} = \vec{e}_{\shortparallel} \cdot \vec{\nabla} f \quad . \tag{11.8.8}$$

Dabei haben wir die Summe über die Produkte der Basisvektoren $\vec{e}_i$ und der Ableitungen nach den zugehörigen Koordinaten x_i zum Gradienten von f zusammengefaßt, der wie wir im Abschnitt 4.8.5 gesehen haben, durch den Nabla-Operator

$$\vec{\nabla} = \vec{e}_1 \frac{\partial}{\partial x_1} + \vec{e}_2 \frac{\partial}{\partial x_2} + \vec{e}_3 \frac{\partial}{\partial x_3} \tag{11.8.9}$$

dargestellt werden kann. Damit haben wir für den Übergang von einer zu drei räumlichen Dimensionen die Ersetzungsregel

$$\partial/\partial x \rightarrow \vec{\nabla} \quad . \tag{11.8.10}$$

In Gleichungen, die wegen der Isotropie des Mediums alle Richtungen in gleicher Weise behandeln, ist dann die zweite Ableitung $\partial^2/\partial x^2$ des eindimensionalen Modells durch

$$\frac{\partial^2}{\partial x^2} \rightarrow \vec{\nabla} \cdot \vec{\nabla} = \Delta = \frac{\partial^2}{\partial x_1^2} + \frac{\partial^2}{\partial x_2^2} + \frac{\partial^2}{\partial x_3^2} \tag{11.8.11}$$

zu ersetzen. Das Skalarprodukt $\Delta = \vec{\nabla} \cdot \vec{\nabla}$ des Nabla-Operators mit sich selbst nennt man *Laplace-Operator*. Damit ist klar, warum wir die Erweiterung der eindimensionalen d'Alembert-Gleichung in der Form (11.1.26) vorzunehmen hatten. Wir schreiben sie jetzt als

$$\frac{1}{c^2} \frac{\partial^2 w}{\partial t^2} - \Delta w = 0 \quad . \tag{11.8.12}$$

Die kanonische Impulsdichte ist wieder

$$\vec{\pi}(t, \vec{x}) = \mu \frac{\partial \vec{w}}{\partial t} \quad . \tag{11.8.13}$$

Allerdings ist sie jetzt eine Dichte pro Volumeneinheit, da μ eine Massendichte pro Volumeneinheit ist. Mit dem Volumenelement $\Delta V = \Delta x_1 \Delta x_2 \Delta x_3$ gilt

$$\Delta m = \mu \Delta V \quad .$$

Die kanonische Impulsstromdichte ist jetzt ein Tensor, da sie zwei Richtungen, die der Strömung und der kanonischen Impulsdichte, beschreiben muß

$$\underline{\underline{\sigma}}(t,\vec{x}) = -\mu c^2 \vec{\nabla} \otimes \vec{w} \quad , \quad \sigma_{ik} = -\mu c^2 \frac{\partial}{\partial x_i} w_k \quad . \tag{11.8.14}$$

Die Kontinuitätsgleichung lautet

$$\frac{\partial}{\partial t} \vec{\pi}(t,\vec{x}) + \vec{\nabla} \cdot \underline{\underline{\sigma}} = 0 \quad . \tag{11.8.15}$$

Sie ist nichts anderes als die d'Alembert-Gleichung in drei Dimensionen, wie man durch Einsetzen der Ausdrücke für $\vec{\pi}$ und $\underline{\underline{\sigma}}$ findet. Den zweiten Term in (11.8.15) nennt man die *Divergenz* des Tensors $\underline{\underline{\sigma}}$. Die Energiedichte pro Volumeneinheit ist nun

$$\eta(t,\vec{x}) = \frac{\mu c^2}{2} \left[\frac{1}{c^2} \left(\frac{\partial \vec{w}}{\partial t} \right)^2 + \sum_{i=1}^{3} \left(\frac{\partial \vec{w}}{\partial x_i} \right)^2 \right] \quad , \tag{11.8.16}$$

die zugehörige Energiestromdichte ist ein Vektor, dessen Richtung an jedem Ort die Strömungsrichtung der Energie angibt. Man findet ihn wieder mit der Ersetzung (11.8.10) und erhält

$$\vec{S}(t,\vec{x}) = -\mu c^3 (\vec{\nabla} \otimes \vec{w}) \cdot \frac{1}{c} \frac{\partial \vec{w}}{\partial t} = \sum_{i=1}^{3} S_i \vec{e}_i \tag{11.8.17}$$

mit den Komponenten

$$S_i = -\mu c^3 \sum_{k=1}^{3} \left(\frac{\partial}{\partial x_i} w_k \right) \frac{1}{c} \frac{\partial w_k}{\partial t} \quad . \tag{11.8.18}$$

Energieerhaltung ist jetzt durch die Kontinuitätsgleichung der Form

$$\frac{\partial \eta}{\partial t} + \vec{\nabla} \cdot \vec{S} = 0 \tag{11.8.19}$$

oder in Komponenten ausgeschrieben

$$\frac{\partial \eta}{\partial t} + \sum_{i=1}^{3} \frac{\partial S_i}{\partial x_i} = 0 \tag{11.8.20}$$

gewährleistet. Der zweite Term in (11.8.19) heißt die Divergenz des Vektors $\vec{S}$.

Die Impulsdichte pro Volumeneinheit ist in drei Raumdimensionen ein Vektor, da der mechanische Impuls eine Vektorgröße ist. Er ist wieder durch den Zusammenhang (11.8.20) mit der Energiestromdichte gegeben.

$$\vec{p}(t,\vec{x}) = \frac{1}{c^2} \vec{S}(t,\vec{x}) \quad . \tag{11.8.21}$$

Schließlich kommen wir zur Impulsstromdichte. Da diese Größe die gerichtete Strömung der Vektorgröße Impulsdichte angibt, muß sie ein Tensor sein. Man findet sie wieder durch die Multiplikation der Wellengleichung mit $(\partial w_k/\partial x_i)$ analog zu Abschnitt 11.3.3. Das Ergebnis für die Komponenten des

Tensors lautet

$$T_{ik} = -\mu c^2 \left\{ \frac{\partial \vec{w}}{\partial x_i} \cdot \frac{\partial \vec{w}}{\partial x_k} + \delta_{ik} \mathscr{L} \right\} \tag{11.8.22}$$

wobei $\mathscr{L}(t,\vec{x})$ die *Lagrange-Dichte* des Feldes bei

$$\mathscr{L} = \frac{\mu c^2}{2} \left[\frac{1}{c^2} \left(\frac{\partial \vec{w}}{\partial t} \right)^2 - \sum_{i=1}^{3} \left(\frac{\partial \vec{w}}{\partial x_i} \right)^2 \right] \quad . \tag{11.8.23}$$

Der Vergleich mit (11.8.16) zeigt, daß sie gerade die Differenz der kinetischen und potentiellen Energiedichte der Kette ist.

Der Tensor T_{ik} ist symmetrisch, er heißt *Spannungstensor*. Offenbar ist sein Matrixelement T_{11} identisch mit der entsprechenden eindimensionalen Impulsstromdichte, Abschnitt 11.3.3, (die gleich der Energiedichte $\eta(t,x)$ ist), wenn die Ableitungen nach x_2 und x_3 Null gesetzt werden, um den eindimensionalen Fall zu erhalten.

Die Impulserhaltung wird wieder durch die Kontinuitätsgleichung für die —jetzt vektorielle— Impulsdichte und die zugehörige Impulsstromdichte gewährleistet

$$\frac{\partial p_k}{\partial t} + \sum_{i=1}^{3} \frac{\partial}{\partial x_i} T_{ik} = 0, \qquad k = 1,2,3 \quad . \tag{11.8.24}$$

In vektorieller Form ist dies nach den Regeln der Tensorrechnung auch kürzer durch

$$\frac{\partial \vec{p}}{\partial t} + \vec{\nabla} \underline{\underline{T}} = 0 \tag{11.8.25}$$

gegeben. Den zweiten Term in (11.8.25) nennt man Divergenz von $\underline{\underline{T}}$. Er ist bis auf ein Minuszeichen die dreidimensionale Kraftdichte pro Volumeneinheit

$$\vec{f}(t,\vec{x}) = -\vec{\nabla} \underline{\underline{T}} \quad . \tag{11.8.26}$$

Die Gleichungen (11.8.24,25) sind die dreidimensionale Verallgemeinerung von (11.3.30).

12. Relativistische Mechanik

Alle unseren bisherigen Diskussionen und Ergebnisse waren Konsequenzen der Newtonschen Bewegungsgesetze. Allerdings traten in den Experimenten, die zur Aufstellung dieser Gesetze führten, wie auch in allen Experimenten, mit denen wir Konsequenzen aus den Newtonschen Gesetzen überprüften, nur verhältnismäßig kleine Geschwindigkeiten auf. Jedenfalls waren sie klein im Vergleich zur Geschwindigkeit des Lichts im Vakuum $c = 2{,}998 \cdot 10^8\ \mathrm{ms}^{-1}$. Geschwindigkeiten dieser Größenordnung können von makroskopischen Körpern nur unter extrem hohem Energieaufwand erreicht werden. Im kosmologischen und subatomaren Bereich treten jedoch leicht Geschwindigkeiten auf, die nicht zu weit von c entfernt sind. Wir werden feststellen, daß in diesem Geschwindigkeitsbereich die Newtonschen Gesetze nicht länger gültig sind. Sie müssen zu allgemeineren Gleichungen erweitert werden, die die ursprünglichen Gesetze als Grenzfall enthalten. Es sind die Bewegungsgleichungen der *speziellen Relativitätstheorie*. Es ist interessant festzuhalten, daß die spezielle Relativitätstheorie nun keineswegs erst nach Experimenten mit schnell bewegten Elementarteilchen entwickelt wurde, sondern lange bevor diese Experimentiertechniken zur Verfügung standen. Sie wurde deshalb zunächst nur durch sehr indirekte Experimente bestätigt und blieb längere Zeit umstritten. Heute ist sie experimentell völlig gesichert.

Anstoß für die Aufstellung der speziellen Relativitätstheorie gab das Transformationsverhalten der physikalischen Grundgesetze. Wir haben im Abschnitt 7.1.4 festgestellt, daß die Newtonschen Gleichungen unter Galilei-Transformationen ungeändert bleiben. Die Grundgesetze der Elektrizitätslehre, die Maxwellschen Gleichungen, verändern sich jedoch unter Galilei-Transformationen. Sie bleiben dagegen unter einer anderen Gruppe von Transformationen, den Lorentz-Transformationen, ungeändert. Einstein forderte um 1905 in seinem Relativitätspostulat, daß alle Naturgesetze das gleiche Transformationsverhalten zeigen sollten. Aus dem experimentellen Befund der Konstanz der Lichtgeschwindigkeit in allen Bezugssystemen, der der Gültigkeit der Galilei-Transformation widerspricht, zog er die Folgerung, daß auch die Grundgesetze der Mechanik Lorentz-invariant zu formulieren seien.

Wir diskutieren zunächst das grundlegende Experiment von Michelson und Morley über die Gleichheit der Lichtgeschwindigkeit in allen Bezugssystemen und gewinnen dann die Lorentz-Transformation aus dem Ergebnis des Experiments und zwei einfachen Forderungen. Dabei zeigt sich, daß neben den räumlichen Koordinaten auch die Zeit beim Übergang in ein anderes Bezugssystem transformiert wird. Nach einer ersten Diskussion der Eigenschaften der Lorentz-Transformation fassen wir Ortsvektor und Zeit zu einem Vierervektor zusammen und erkennen die Lorentz-Transformation als Rotation im Raum der Vierervektoren. Mit Hilfe des Vierervektorformalismus stellen wir schließlich die relativistischen Gesetze der Mechanik, das berühmte Äquivalenzprinzip von Energie und Masse und die relativistischen Erhaltungssätze für Energie und Impuls auf. Viele der gewonnenen Ergebnisse werden an experimentellen Beispielen exemplifiziert.

12.1 Unabhängigkeit der Lichtgeschwindigkeit vom Bezugssystem

Daß das Licht sich nicht augenblicklich ausbreitet, sondern mit endlicher Geschwindigkeit, wurde 1676 von Roemer festgestellt, der die Laufzeit eines (durch den Austritt eines Jupiter-Mondes aus dem Schatten des Planeten definierten) Lichtsignals über die Strecke des Erdbahndurchmessers beobachtete. Seitdem ist eine Vielzahl von astronomischen und terrestrischen Methoden zur Messung der Lichtgeschwindigkeit entwickelt worden. Sie wird gegenwärtig mit

$$c = (2{,}997\,925 \pm 0{,}000\,003) \cdot 10^8 \ \mathrm{ms}^{-1} \tag{12.1.1}$$

angegeben. Da das Licht eine Wellenerscheinung ist, ist seine Geschwindigkeit nicht von der Geschwindigkeit des Erregers, also der Lichtquelle abhängig. Im Abschnitt 11.5 führten wir als Beispiel an, daß die Ausbreitungsgeschwindigkeit einer Bugwelle nicht von der Geschwindigkeit des Schiffes abhängt, das sie erzeugt. Die Ausbreitungsgeschwindigkeit soll dabei von einem Beobachter gemessen werden, der im Bezug auf das Medium, in dem sich die Welle ausbreitet, ruht. Bewegt sich jedoch die Meßapparatur des Beobachters mit der Geschwindigkeit $\vec{v}$ gegenüber dem Medium und mißt er die Geschwindigkeit eines Wellenzuges, der sich relativ zum Medium mit der Geschwindigkeit $\vec{c}$ bewegt, so stellt er nach unseren bisherigen Vorstellungen in seinem System die Geschwindigkeit

$$\vec{c}\,' = \vec{c} - \vec{v} \tag{12.1.2}$$

fest.

Dieser Effekt kann zur Feststellung einer Relativgeschwindigkeit zwischen Beobachter und Medium benutzt werden, z.B. mit Hilfe der in Abb.12.1 skizzierten Apparatur. Am Punkt A befinden sich ein Wellenerreger und ein Detektor,

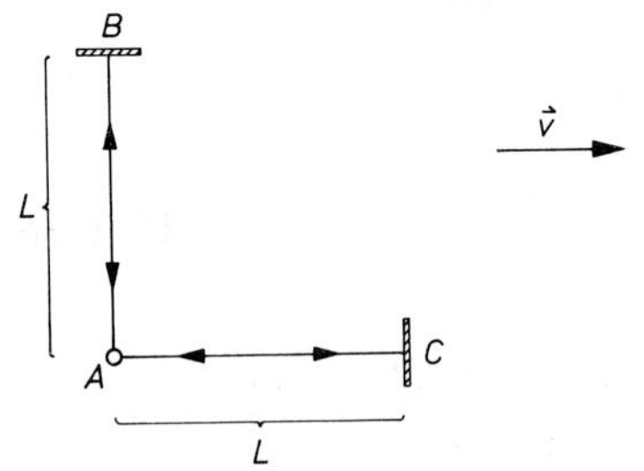

Abb. 12.1. Anordnung zur Laufzeitbestimmung einer Welle über Meßstrecken parallel bzw. senkrecht zur Geschwindigkeit $\vec{v}$ der Apparatur

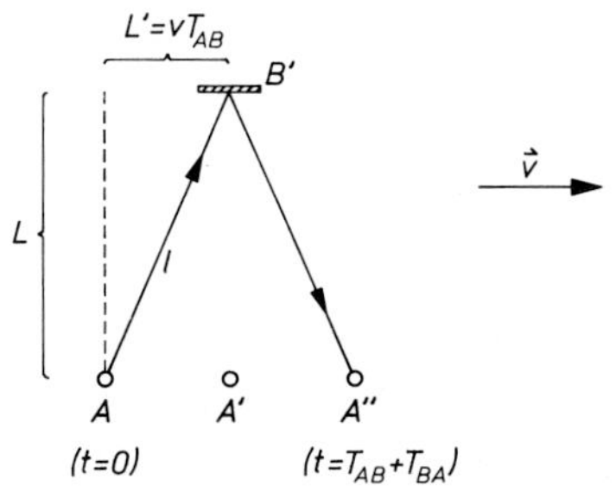

Abb. 12.2. Zur Berechnung der Laufzeit über die Meßstrecke senkrecht zur Bewegungsrichtung $\vec{v}$

an den Punkten B und C, die sich beide im Abstand L von A befinden, je ein Reflektor. Gemessen wird die Laufzeit, die ein Wellenzug für die Wege ABA bzw. ACA benötigt. Ist die Apparatur gegenüber dem Medium in Ruhe, so sind beide Laufzeiten gleich

$$T_{ABA} = T_{ACA} = \frac{2L}{c} \quad .$$

Bewegt sich die Apparatur jedoch mit der Geschwindigkeit $\vec{v}$ in Richtung AC, so sind die Laufzeiten verschieden. Wir können sie wie folgt berechnen: Auf der Strecke AC hat die Welle im System des Beobachters die Geschwindigkeit c - v, auf dem Rückweg die Geschwindigkeit c + v. Die Laufzeit ist also

$$T_{ACA} = \frac{L}{c-v} + \frac{L}{c+v} = \frac{2Lc}{c^2-v^2} = \frac{2L}{c(1-v^2/c^2)} \quad . \tag{12.1.3a}$$

Die Laufzeit T_{ABA} berechnen wir am besten im System des Mediums. Wird die Welle zur Zeit t = 0 vom Punkt A ausgesandt und hat sie den Reflektor B zur Zeit $t = T_{AB}$ erreicht, so hat dieser den Weg $L' = T_{AB}v$ in Richtung $\vec{v}$ zurückgelegt (Abb.12.2) und befindet sich im Abstand $\ell = \sqrt{L^2+L'^2}$ vom Ausgangsort der Welle. Da die Geschwindigkeit der Welle im Medium durch $c = \ell/T_{AB}$ gegeben ist, gilt

$$c^2 = (L^2+L'^2)/T_{AB}^2 = (L^2+T_{AB}^2 v^2)/T_{AB}^2 \quad , \quad T_{AB} = \frac{L}{c\sqrt{1-v^2/c^2}} \quad .$$

Aus Symmetriegründen ist

$$T_{ABA} = 2T_{AB} = \frac{2L}{c\sqrt{1-v^2/c^2}} \tag{12.1.3b}$$

und verschieden von T_{ACA}. Für den Fall $v \ll c$ können wir die Ausdrücke (12.1.3) nach Potenzen von v^2/c^2 entwickeln und erhalten

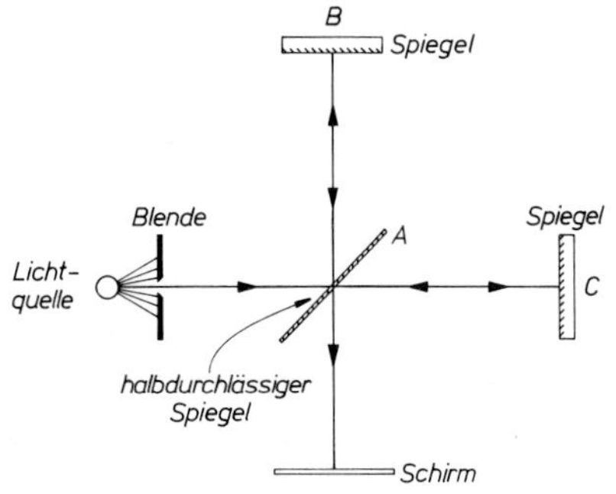

Abb. 12.3. Schema des Experiments von Michelson und Morley

$$T_{ACA} = \frac{2L}{c}\left(1 + \frac{v^2}{c^2}\right) \quad , \quad T_{ABA} = \frac{2L}{c}\left(1 + \frac{1}{2}\frac{v^2}{c^2}\right) \quad . \tag{12.1.4}$$

Die Laufzeitdifferenz ist dann

$$\Delta T = T_{ACA} - T_{ABA} = \frac{L}{c}\frac{v^2}{c^2} \quad . \tag{12.1.5}$$

Experiment 12.1. Michelson-Morley-Experiment über die Unabhängigkeit der Lichtgeschwindigkeit vom Bezugssystem.

Eine Apparatur nach dem Prinzip von Abb.12.1 wurde 1887 von Michelson und Morley entwickelt und zur Messung des Einflusses der Geschwindigkeit v der Erdbewegung im Weltraum auf die Lichtgeschwindigkeit c benutzt. Sie ist schematisch in Abb.12.3 dargestellt. Ein halbdurchlässiger Spiegel A sorgt dafür, daß das von einer Lichtquelle ausgehende Lichtbündel in 2 Teilbündel zerlegt wird, die die senkrecht zueinander stehenden Wege ABA und ACA zurücklegen. Nach der Rückkehr zur Teilerplatte A gelangt wenigstens ein Teil des Lichts der beiden Teilbündel (nach einem gemeinsamen Weg, der keinen zusätzlichen Laufzeitunterschied hervorruft) auf einen Schirm. Eine Laufzeitdifferenz gibt Anlaß zu Interferenzfiguren auf dem Schirm.

Deutlich sichtbar ist noch eine Laufzeitdifferenz Δt, in der das Licht eine halbe Wellenlänge zurücklegen würde. Bei der Wellenlänge $\lambda = 6 \cdot 10^{-7}$ m von gelbem Licht ist $\Delta t = \lambda/(2c) = 10^{-15}$ s.
Justiert man nun zunächst die Apparatur so, daß die Richtung AC in Richtung der Umlaufbewegung der Erde um die Sonne ($v = 3 \cdot 10^4 \mathrm{ms}^{-1}$), die Richtung AB aber senkrecht dazu zeigt und dreht sie dann um 90^0, so wechselt der Laufzeitunterschied über beide Strecken sein Vorzeichen, und man erwartet einen Effekt von der Größe $2\Delta T$. Die Laufstrecke L kann durch Einbau mehrerer Spiegel leicht auf 30 m gebracht werden, ohne daß die Apparatur zu groß wird. Dann ist

$$2\Delta T = \frac{2L}{c}\frac{v^2}{c^2} = \frac{2 \cdot 30}{3 \cdot 10^8}\left(\frac{3 \cdot 10^4}{3 \cdot 10^8}\right)^2 \mathrm{s} = 2 \cdot 10^{-15}\ \mathrm{s} \quad .$$

Der Effekt ist also bei entsprechender Sorgfalt durchaus meßbar. Er ist jedoch weder von Michelson und Morley noch später von anderen Experimentatoren, die die Meßgenauigkeit auf das mehr als 100fache gesteigert haben, beobachtet worden.

Aus dem negativen Ergebnis des Michelson-Morley-Experiments muß man schließen, daß die Geschwindigkeit des Lichts nicht vom Bezugssystem des Lichts abhängt, sondern für jeden Beobachter unabhängig von seinem Bewegungszustand den Wert (12.1.1) hat.

Bevor wir die weitreichenden Konsequenzen verfolgen, die dieser Schluß für die Entwicklung der Physik gehabt hat, sei noch eine kurze Bemerkung zum "Äther" gemacht. Mechanische Wellen im Sinne von Kapitel 11 können sich nur in einem elastischen Medium entwickeln und ausbreiten. Mit Hilfe eines dem Michelson-Versuch analogen Experiments kann man die Bewegung des Beobachters relativ zum Medium feststellen. Nun durchläuft das Licht auch den Raum zwischen den Gestirnen und künstlich erzeugtes Vakuum, braucht also keinerlei materiell nachweisbares Medium für seine Ausbreitung. Man hielt jedoch an der Anschauung fest, daß irgendein - wohl besonders leichter - Stoff, der "Äther", den ganzen Raum erfülle und die Lichtausbreitung bewirke. Man nahm dann weiter sinnvollerweise an, daß der Äther im Bezug auf den Fixsternhimmel ruhe. Der Michelson-Versuch wurde durchgeführt, um die Existenz des Äthers ganz unabhängig von seiner materiellen Beschaffenheit nachzuweisen. Sein negatives Ergebnis hat den Begriff des Äthers endgültig entbehrlich gemacht. Wir stellen uns unter einer Lichtwelle nicht - wie im Fall einer mechanischen Welle - eine sich räumlich und zeitlich entwickelnde Störung einer materiellen Anordnung vor, sondern eine sich räumlich und zeitlich vollziehende Veränderung von elektrischen und magnetischen Feldstärken, deren Existenz auch im Vakuum möglich ist. Der Äther hätte schließlich ein Bezugssystem, nämlich das, in dem der Äther ruht, ausgezeichnet. Seine Nichtexistenz läßt den Schluß zu, daß prinzipiell alle Bezugssysteme gleichwertig sind.

12.2 Lorentz-Transformation

12.2.1 Versagen der Galilei-Transformation

Der experimentelle Befund im Abschnitt 12.1 steht im Gegensatz zur Galilei-Transformation, die wir bisher als die Transformation kennengelernt haben, die gegeneinander gleichförmig geradlinig bewegte Koordinatensysteme miteinander verbindet.

Bezeichnen wir zwei Koordinatensysteme mit K und K', die zur Zeit $t = 0$ miteinander zusammenfallen, und geben wir dem System K' die Geschwindigkeit v in x-Richtung, so erhalten wir aus Gleichung (7.1.47) die Verknüpfung

$$\begin{aligned} x' &= x - vt \\ y' &= y \\ z' &= z \quad . \end{aligned} \tag{12.2.1}$$

Da die Galilei-Transformation eine rein räumliche Transformation ist, ist der Zeitablauf in beiden Systemen derselbe

$$t' = t \quad . \tag{12.2.2}$$

Betrachten wir nun im Koordinatensystem K ein Lichtsignal, das zur Zeit $t = 0$ vom Ursprung ausgeht und sich in x-Richtung mit der Geschwindigkeit c ausbreitet, so erreicht dieses Signal nach Ablauf der Zeit t einen Punkt

$$x = ct \quad . \tag{12.2.3}$$

Da die Koordinatensysteme K und K' zur Zeit $t = 0$ zusammenfallen, verläßt das Signal zur Zeit $t = 0$ ebenfalls den Ursprung von K'. Wegen (12.2.1) erreicht es nach Ablauf von t den Punkt

$$x' = x - vt = ct - vt = (c-v)t \quad . \tag{12.2.4}$$

Im System K' bewegt sich daher das Licht mit der Geschwindigkeit

$$c' = c - v \quad . \tag{12.2.5}$$

Die Galilei-Transformation sagt somit eine Abhängigkeit der Lichtgeschwindigkeit vom Bezugssystem voraus und steht also im Widerspruch zum Experiment. Dessen Aussage ist nämlich im Gegensatz zu (12.2.4)

$$x' = ct' \quad . \tag{12.2.6}$$

Der Vergleich mit (12.2.3) zeigt, daß $t' \neq t$ sein muß, daß also im Gegensatz zur Galilei-Transformation auch die Zeit beim Übergang von K nach K' transformiert werden muß.

12.2.2 Gleichzeitigkeit

Zur Messung der Zeit an verschiedenen Orten des gleichen Bezugssystems benötigt man Uhren an diesen Orten, die die gleiche Zeit anzeigen (synchron laufen). Die Synchronisation dieser Uhren, d.h. die Einstellung des gleichen Zeitnullpunktes kann nun nicht etwa dadurch geschehen, daß man alle Uhren zu einem Punkt des Koordinatensystems bringt, dort synchronisiert und zu ihren Meßpositionen zurücktransportiert. Dieser Transport würde eine Bewegung der Uhren erfordern. In jedem System einer Uhr würde die Zeit anders ablaufen als im ursprünglichen System und die Synchronisation wäre verloren gegangen. Nach Einstein benutzt man zur Synchronisation der Uhren, die sich an verschiedenen Orten befinden, folgendes Verfahren: Man mißt zunächst den Abstand aller Uhren vom Koordinatenursprung. Die Uhr mit der Nummer i habe den Abstand a_i vom Ursprung. Wegen der konstanten Ausbreitungsgeschwindigkeit des Lichtes benötigt ein Lichtsignal vom Ursprung zum Ort der Uhr i die Zeit

$$t_i = \frac{a_i}{c} \quad .$$

Wird nun zum Zeitpunkt t = 0 vom Ursprung aus ein Lichtsignal in alle Richtungen ausgesandt, so sind die Uhren synchronisiert, wenn sie bei der Ankunft des Lichtsignals jeweils die Zeit t_i anzeigen. Durch diese Definition ist die Gleichzeitigkeit an verschiedenen Orten auf die Gleichzeitigkeit an einem Ort (hier am Koordinatenursprung) zurückgeführt. Im nächsten Abschnitt werden wir bei der Herleitung der Lorentz-Transformation von dieser Definition wesentlichen Gebrauch machen.

12.2.3 Lorentz-Transformationen

Wir betrachten nun die Beschreibung physikalischer Vorgänge in Koordinatensystemen, die relativ zueinander bewegt sind. Dazu gehen wir von einer besonders einfachen Situation aus. Das Koordinatensystem K' bewege sich relativ zum Koordinatensystem K in Richtung der x-Achse mit der Geschwindigkeit v, d.h. für die Beschreibung des Ursprungs 0' des Koordinatensystems K' im Koordinatensystem K gilt für die x-Koordinate

$$x = vt \quad ,$$

wenn die beiden Ursprünge 0 und 0' zur Zeit t = 0 übereinstimmten (Abb.12.4). Für die y und z Koordinate des Ursprungs 0' gilt unter dieser Voraussetzung

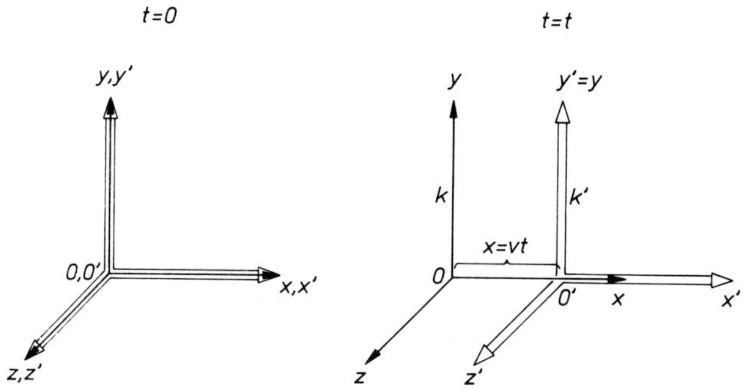

Abb. 12.4. Zwei Koordinatensysteme K und K' haben parallele Achsen. K' bewegt sich relativ zu K mit der Geschwindigkeit v in x-Richtung. Beide Systeme fallen zur Zeit t = 0 zusammen (links). Zu einer beliebigen Zeit t haben ihre Ursprünge den Abstand vt voneinander

$$y = 0 \quad \text{und} \quad z = 0$$

unabhängig von der Zeit. Da die Translationsinvarianz weiterhin gültig sein soll, gilt dann aber, daß die y und z Koordinate jedes Punktes ungeändert bleibt.

Bei relativer Bewegung der Systeme in x-Richtung gelten daher die trivialen Transformationsgleichungen

$$y' = y \quad z' = z \quad . \tag{12.2.7}$$

Die Lorentz-Transformationen für x und t gewinnen wir aus folgenden Forderungen:

I) *Linearität*

Wir fordern, daß x' eine lineare Funktion von x unt t und entsprechend x eine lineare Funktion von x' und t' sei.

$$\begin{aligned} x' &= \gamma(x+\alpha t) \quad , \\ x &= \gamma'(x'+\alpha' t') \quad . \end{aligned} \tag{12.2.8}$$

Da der Ursprung von K' (x'=0) im System K bei x = vt liegt, gilt

$$x' = 0 = \gamma(vt+\alpha t)$$

also ist

$$\alpha = -v \quad .$$

Entsprechend ist

$$\alpha' = v \quad .$$

Insgesamt haben wir

$$\begin{aligned} x' &= \gamma(x-vt) \\ x &= \gamma'(x'+vt') \end{aligned} \tag{12.2.9}$$

II) *Reziprozität*

Sie bedeutet, daß die beiden Systeme K, K' durch keine physikalische Messung unterschieden werden können. Den Inhalt dieser Forderung demonstrieren wir am folgenden Beispiel:

Die Endpunkte x_1, x_2 eines Stabes, der im System K ruht und dort die Länge ℓ hat, sind im System K' zur gleichen Zeit $t^{(1)'}$ durch $x_1^{(1)'}$ und $x_2^{(1)'}$ gegeben. Es gilt

$$\begin{aligned} x_1^{(1)} &= \gamma'\left[x_1^{(1)'}+vt^{(1)'}\right] \\ x_2^{(1)} &= \gamma'\left[x_2^{(1)'}+vt^{(1)'}\right] \quad . \end{aligned} \tag{12.2.10}$$

Somit haben wir

$$\ell = x_2^{(1)} - x_1^{(1)} = \gamma'\left[x_2^{(1)'}-x_1^{(1)'}\right] = \gamma'\ell^{(1)'} \quad . \tag{12.2.11}$$

Für den im System K' ruhenden Stab gilt, wenn seine Endpunkte von K aus zu gleichen Zeiten $t^{(2)}$ beobachtet werden

$$\begin{aligned} x_1^{(2)'} &= \gamma\left[x_1^{(2)}-vt^{(2)}\right] \\ x_2^{(2)'} &= \gamma\left[x_2^{(2)}-vt^{(2)}\right] \end{aligned} \tag{12.2.12}$$

oder

$$\ell = x_2^{(2)'} - x_1^{(2)'} = \gamma\left[x_2^{(2)}-x_1^{(2)}\right] = \gamma\ell^{(2)} \quad . \tag{12.2.13}$$

Die Forderung der Reziprozität bedeutet nun, daß der in K ruhende Stab, von K' aus beobachtet, die gleiche Länge besitzen muß, wie der in K' ruhende Stab, der von K aus beobachtet wird:

$$\ell^{(1)'} = \ell^{(2)} \tag{12.2.14}$$

oder

$$\gamma' = \gamma \quad . \tag{12.2.15}$$

Zur Herleitung dieses Ergebnisses mußte der oben eingeführte Begriff der Gleichzeitigkeit benutzt werden.

Die Gleichungen (12.2.9) vereinfachen sich jetzt zu

$$x' = \gamma(x-vt) \quad ,$$
$$x = \gamma(x'+vt') \quad . \tag{12.2.16}$$

III) *Konstanz der Lichtgeschwindigkeit*

Die Aussage, daß die Lichtgeschwindigkeit unabhängig vom Bezugssystem ist, drückte sich in den Gleichungen (12.2.3) und (12.2.6) aus. Durch Einsetzen in (12.2.16) erhalten wir

$$ct' = \gamma(c-v)t \quad ,$$
$$ct = \gamma(c+v)t' \quad . \tag{12.2.17}$$

Durch Elimination von t' und Auflösung nach γ erhält man

$$\gamma = \frac{1}{\sqrt{1-\beta^2}} \quad , \quad \beta = \frac{v}{c} \quad , \tag{12.2.18}$$

was die letzte offene Konstante bestimmt.

Die Transformation, die t' mit t und x verknüpft erhält man, indem man in der unteren Gleichung (12.2.16) x' durch Einsetzen der oberen Gleichung eliminiert

$$t' = \gamma(t-\beta\frac{x}{c}) \quad . \tag{12.2.19}$$

Entsprechend ergibt sich der Zusammenhang

$$t = \gamma(t'+\beta\frac{x'}{c}) \quad . \tag{12.2.20}$$

Der gesamte Satz von Transformationsformeln lautet also

$$t' = \gamma(t-\beta\frac{x}{c}) \quad ,$$
$$x' = \gamma(x-\beta ct) \quad ,$$
$$y' = y \quad ,$$
$$z' = z \quad , \qquad (12.2.21)$$

und ihre Umkehrung ist

$$t = \gamma(t'+\beta\frac{x'}{c}) \quad ,$$
$$x = \gamma(x'+\beta ct') \quad ,$$
$$y = y' \quad ,$$
$$z = z' \quad . \qquad (12.2.22)$$

12.2.4 Invarianz des Viererabstandes

Betrachten wir jetzt ein Teilchen, das sich im System K mit der Geschwindigkeit w in x-Richtung bewegt, so ist der Zusammenhang zwischen dem Zeitintervall Δt und dem in ihm zurückgelegten Wegstück Δx

$$\Delta x = w\Delta t \quad . \qquad (12.2.23)$$

Im System K', das sich mit der Geschwindigkeit v relativ zu K bewegt, lautet die Bahngleichung dann

$$\Delta x' = w'\Delta t' \qquad (12.2.24)$$

mit

$$w' = \frac{w-v}{1-\frac{w}{c}\frac{v}{c}} \quad . \qquad (12.2.25)$$

Dieses Ergebnis erhält man durch Einsetzen der Beziehungen für $\Delta t = t_2-t_1$ und $\Delta x = x_2-x_1$ aus (12.2.23) in (12.2.24). In einer nichtrelativistischen Rechnung hätten wir als Ergebnis der Subtraktion der Geschwindigkeiten w und v

$$w' = w - v$$

erwartet. Für $w \ll c$, $v \ll c$ ist das auch die Aussage von (12.2.25). Falls

$$w = c \quad \text{und} \quad v = -c$$

ist, würde die nichtrelativistische Rechnung

$$w' = 2c$$

ergeben, während (12.2.25) durch

$$w' = c$$

zeigt, daß die Lichtgeschwindigkeit nicht überschritten werden kann. Ganz allgemein gilt für $w = c$

$$w' = c$$

für beliebige Relativgeschwindigkeiten v zwischen den Systemen K und K', d.h. ein Teilchen, das sich in einem System mit Lichtgeschwindigkeit bewegt, hat diese Geschwindigkeit in allen Systemen. Anders ausgedrückt kann man sagen, die Größe

$$c^2(\Delta t)^2 - (\Delta x)^2$$

bleibt bei Lorentz-Transformationen erhalten, es gilt offenbar

$$c^2(\Delta t)^2 - (\Delta x)^2 = 0 = c^2(\Delta t')^2 - (\Delta x')^2 \quad . \tag{12.2.26}$$

Man rechnet nach, daß eine solche Invarianz auch für Teilchen gilt, die sich *nicht* mit Lichtgeschwindigkeit bewegen (d.h. für die $c^2(\Delta t)^2-(\Delta x)^2 \neq 0$ gilt)

$$\begin{aligned} c^2(\Delta t)^2 - (\Delta x)^2 &= c^2\,\gamma^2\left(\Delta t'+\beta\frac{\Delta x'}{c}\right)^2 - \gamma^2(\Delta x'+\beta c\Delta t')^2 \\ &= c^2\,\gamma^2\left[(\Delta t')^2+2\beta\frac{\Delta x'\Delta t'}{c} + \beta^2\frac{(\Delta x')^2}{c^2}\right] \\ &\quad - \gamma^2\left[(\Delta x')^2+2\beta c\Delta x'\Delta t'+\beta^2 c^2(\Delta t')^2\right] \\ &= \gamma^2(1-\beta^2)\left[c^2(\Delta t')^2-(\Delta x')^2\right] = c^2(\Delta t')^2 - (\Delta x')^2 . \end{aligned} \tag{12.2.27}$$

Bewegt sich das Teilchen nicht in x-Richtung, so gilt wegen

$$\Delta y' \neq \Delta y \quad \text{und} \quad \Delta z' \neq \Delta z$$

als Verallgemeinerung von (12.2.27) aus Gründen der Rotationsinvarianz

$$c^2(\Delta t)^2 - (\Delta x)^2 - (\Delta y)^2 - (\Delta z)^2 = c^2(\Delta t')^2 - (\Delta x')^2 - (\Delta y')^2 - (\Delta z')^2$$

bzw.

$$c^2(\Delta t)^2 - (\Delta\vec{r})^2 = c^2(\Delta t')^2 - (\Delta\vec{r}\,')^2 \quad . \qquad (12.2.28)$$

Die Größe $\sqrt{c^2(\Delta t)^2-(\Delta\vec{r})^2}$ bezeichnen wir als *Viererabstand* der Punkte mit der zeitlichen Koordinate t_2 bzw. t_1 und den drei räumlichen Koordinaten $\vec{r}_2$ bzw. $\vec{r}_1$. Die Beziehung (12.2.28) sagt aus, daß der Viererabstand bei Lorentz-Transformationen invariant bleibt, so wie der räumliche Abstand $\sqrt{(\Delta\vec{r})^2}$ bei räumlichen Rotationen invariant ist.

12.2.5 Längenkontraktion und Zeitdilatation

Schon in Abschnitt 12.2.2 hatten wir festgestellt, daß die Konstanz der Lichtgeschwindigkeit dazu führt, daß die Länge eines Objektes, das von zwei verschiedenen Systemen aus beobachtet wird, in den beiden Systemen verschieden ist. Wir wiederholen hier noch einmal die Berechnung der Längenänderung mit Hilfe der Lorentz-Transformation. Seien die Komponenten eines in K ruhenden Stabes

$$\ell_x = x_2 - x_1 \quad , \quad \ell_y = y_2 - y_1 \quad , \quad \ell_z = z_2 - z_1 \quad . \qquad (12.2.29)$$

Im System K' ist der Stab ein bewegtes Objekt. Längenmessung an bewegten Objekten ist definiert als gleichzeitige Bestimmung der Position der Endpunkte des Objektes. Die Lorentz-Transformation (12.2.21) liefert uns die Positionen der Endpunkte zu gleichen Zeiten im System K'. Die Transformation von K nach K' liefert

$$\begin{aligned} &ct'_k = \gamma c t_k - \beta\gamma x_k \quad , \quad x'_k = \gamma x_k - \beta\gamma c t_k \quad , \\ &y'_k = y_k \quad , \quad z'_k = z_k \quad , \quad k = 1,2 \quad . \end{aligned} \qquad (12.2.30)$$

Wegen der Bedingung der gleichzeitigen Bestimmung der beiden Endpunkte muß

$$t'_1 = t'_2 \qquad (12.2.31)$$

gelten, woraus

$$c(t_2-t_1) = \beta(x_2-x_1)$$

folgt. Für die x-Komponente der Länge erhalten wir somit

$$\begin{aligned}\ell'_x &= x'_2 - x'_1 = \gamma(x_2-x_1) - \beta\gamma c(t_2-t_1)\\ &= \gamma(x_2-x_1) - \gamma\beta^2(x_2-x_1) = \gamma(1-\beta^2)(x_2-x_1)\\ &= \frac{1}{\gamma}(x_2-x_1) = \frac{1}{\gamma}\ell_x \end{aligned} \qquad (12.2.32)$$

und

$$\ell'_y = \ell_y \quad , \quad \ell'_z = \ell_z \quad .$$

Die Projektion des Stabes auf der x-Achse ist also um den Faktor $1/\gamma(<1)$ im System K' kürzer als im Ruhesystem K des Stabes. Diesen Effekt der Lorentz-Transformation bezeichnet man als *Längenkontraktion*. Die zur Relativbewegungsrichtung senkrechten Komponenten bleiben ungeändert.

Die Gleichung für ℓ'_x hätte man natürlich auch durch die Transformation von x' nach x erhalten können:

$$\ell_x = x_2 - x_1 = \gamma(x'_2-x'_1) + \beta\gamma c(t'_2-t'_1) \quad . \qquad (12.2.33)$$

Wegen der Gleichzeitigkeit $t'_1 = t'_2$ findet man sofort die obige Formel.

Wir untersuchen nun, wie sich die Zeitdifferenz $\Delta t = (t_2-t_1)$ zweier Ereignisse, die im System K am gleichen Ort x stattfinden, im System K' darstellt. Mit Hilfe der Transformation (12.2.21) berechnen wir die Zeitpunkte t'_2, t'_1 der Ereignisse im System K'

$$t'_2 = \gamma(t_2-\beta\frac{x}{c}) \quad , \quad t'_1 = \gamma(t_1-\beta\frac{x}{c}) \quad . \qquad (12.2.34)$$

Die Zeitdifferenz $\Delta t' = t'_2 - t'_1$ beider Ereignisse ist im System K' um den Faktor γ gedehnt

$$\Delta t' = \gamma\Delta t \quad . \qquad (12.2.35)$$

Dieses Phänomen heißt *Zeitdilatation*.

Experiment 12.2. Abhängigkeit der Lebensdauer des Müons von seiner Geschwindigkeit

Die Zeitdilatation ist experimentell mit großer Genauigkeit bestätigt. Als Beispiel möge die Messung der mittleren Lebensdauer eines Elementarteilchens, des Müons, dienen. In Ruhe zerfällt ein Müon nach einer mittleren Lebensdauer von $\tau = 2{,}20\cdot10^{-6}$s in andere Teilchen (ein Elektron und zwei Neutrinos). Hält man Müonen jedoch dauernd auf einer konstanten Geschwindigkeit v, indem man sie - geführt durch Magnetfelder - auf einer Kreisbahn umlaufen läßt, so verlängert sich die mittlere Zeit bis zum Zerfall auf $\gamma\tau$. In dem bisher genauesten Experiment wurde $\beta = 0.9994$ und damit $\gamma = 28.87$ erreicht. (Die Tatsache, daß die Müonen wegen ihrer Bewegung auf der Kreisbahn beschleunigt sind, wird vernachlässigt).

12.2.6 Lorentz-Transformation in beliebiger Richtung

Die Herleitung der Lorentz-Transformation im Abschnitt 12.2.2 beschränkte sich auf den Fall, daß die Relativgeschwindigkeit $\vec{v}$ zwischen den Systemen K und K' in Richtung der x-Achse beider Systeme war. Für beliebige Relativgeschwindigkeit $\vec{v}$ gewinnen wir die Lorentz-Transformation eines beliebigen Vektors $\vec{r}$ im System K über die Zerlegung in einen Anteil

$$\vec{r}_{\parallel} = \frac{\vec{\beta}}{\beta}\left(\vec{r}\cdot\frac{\vec{\beta}}{\beta}\right) \quad \text{parallel zu} \quad \vec{\beta} = \frac{\vec{v}}{c} \tag{12.2.36}$$

und einen Anteil

$$\vec{r}_{\perp} = \vec{r} - \vec{r}_{\parallel} = \vec{r} - \frac{\vec{\beta}}{\beta}\frac{(\vec{r}\cdot\vec{\beta})}{\beta} \quad , \tag{12.2.37}$$

$$\vec{r} = \vec{r}_{\parallel} + \vec{r}_{\perp} \quad . \tag{12.2.38}$$

Den Vektor $\vec{r}\,'$ im Bezugssystem K' zerlegt man analog

$$\vec{r}\,' = \vec{r}\,'_{\parallel} + \vec{r}\,'_{\perp} \quad \text{mit} \quad \vec{r}\,'_{\parallel} = \frac{\vec{\beta}}{\beta}\frac{(\vec{r}\,'\cdot\vec{\beta})}{\beta} \quad \text{und} \quad \vec{r}\,'_{\perp} = \vec{r}\,' - \vec{r}\,'_{\parallel} \quad . \tag{12.2.39}$$

Entsprechend der Argumentation in Abschnitt 12.2.2 bleibt $\vec{r}_{\perp}$ ungeändert

$$\vec{r}\,'_{\perp} = \vec{r}_{\perp} \quad .$$

Die Zeit t und $\vec{r}_{\parallel}$ dagegen transformieren sich analog zu (12.2.21) mit den Entsprechungen ($\beta=|\vec{v}|/c$)

$$x \mathrel{\hat{=}} \frac{\vec{r}_{\parallel}\cdot\vec{\beta}}{\beta} \quad , \quad x' \mathrel{\hat{=}} \frac{\vec{r}\,'_{\parallel}\cdot\vec{\beta}}{\beta} \quad .$$

Damit erhalten wir wegen $\vec{r}_{\parallel}\cdot\vec{\beta} = \vec{r}\cdot\vec{\beta}$

$$t' = \gamma\left(t - \beta\frac{\vec{r}\,'_{\parallel}\cdot\vec{\beta}}{\beta c}\right) = \gamma\left(t - \frac{\vec{r}\cdot\vec{\beta}}{c}\right) \tag{12.2.40}$$

und

$$\frac{\vec{r}'_\parallel \cdot \vec{\beta}}{\beta} = \gamma\left(\frac{\vec{r}_\parallel \cdot \vec{\beta}}{\beta} - \beta ct\right) \quad ,$$

bzw. wegen $\vec{r}'_\parallel \cdot \vec{\beta} = \vec{r}' \cdot \vec{\beta}$

$$\frac{\vec{r}' \cdot \vec{\beta}}{\beta} = \gamma\left(\frac{\vec{r} \cdot \vec{\beta}}{\beta} - \beta ct\right) \quad .$$

Durch Einsetzen dieser Beziehung in (12.2.39) erhalten wir

$$\vec{r}' = \frac{\vec{\beta}}{\beta}\gamma\left(\frac{\vec{r} \cdot \vec{\beta}}{\beta} - \beta ct\right) + \vec{r}_\perp = \vec{r} - \vec{r}_\parallel + \frac{\vec{\beta}}{\beta}\gamma\frac{\vec{r} \cdot \vec{\beta}}{\beta} - \gamma\vec{\beta}ct \quad .$$

Unter Benutzung von (12.2.18) und (12.2.36) finden wir

$$\vec{r}' = \vec{r} + \vec{\beta}(\vec{\beta} \cdot \vec{r})\frac{\gamma^2}{1+\gamma} - \gamma\vec{\beta}ct \quad . \tag{12.2.41}$$

An dieser Stelle sei betont, daß zur Herleitung der Transformationsformeln (12.2.40,41) die Isotropie des Raumes benutzt wurde. Sie erlaubt die Rotation des Koordinatensystems derart, daß die x-Achse in $\vec{\beta}$-Richtung liegt. In diesem System kann die Lorentz-Transformation entsprechend (12.2.21) ausgeführt werden. Wird anschließend die Rotation rückgängig gemacht, erhält man gerade die beiden obigen Transformationsformeln.

12.3 Vierervektoren

Da die Lorentz-Transformation sowohl den Ortsvektor wie die Zeit transformiert, liegt die Erweiterung des dreidimensionalen Raumes zu einem vierdimensionalen Raum unter Einschluß der Zeit nahe. Als Basissystem wählen wir 4 Vektoren $\underset{\sim}{e}_\mu$, $\mu = 0, 1, 2, 3$. Die Vektoren $\underset{\sim}{e}_1$, $\underset{\sim}{e}_2$, $\underset{\sim}{e}_3$ spannen einen dreidimensionalen Ortsraum auf, $\underset{\sim}{e}_0$ erweitert ihn auf vier Dimensionen und definiert eine Zeitachse. Ein Vektor $\underset{\sim}{x}$ in diesem vierdimensionalen Raum-Zeit-Kontinuum (Wir nennen es den *Minkowski-Raum*) hat die Gestalt

$$\underset{\sim}{x} = \sum_{\mu=0}^{3} x^\mu \underset{\sim}{e}_\mu = x^0\underset{\sim}{e}_0 + x^1\underset{\sim}{e}_1 + x^2\underset{\sim}{e}_2 + x^3\underset{\sim}{e}_3 \quad . \tag{12.3.1}$$

Im folgenden machen wir Gebrauch von der *Einsteinschen Summenkonvention*, mit der folgende Kurzschreibweise vereinbart wird

$$\sum_{\mu=0}^{3} x^\mu \underset{\sim}{e}_\mu =: x^\mu \underset{\sim}{e}_\mu \quad . \tag{12.3.2}$$

Das bedeutet, daß in jedem Produkt, in dem ein Index einmal oben und einmal unten geschrieben wird, über diesen Index zu summieren ist. Das Summenzeichen wird nicht mehr geschrieben.

Der *Viererverktor* $\underset{\sim}{x}$ legt den Ort durch

$$\vec{x} = \sum_{i=1}^{3} x^i \vec{e}_i \tag{12.3.3}$$

und die Zeit durch die Nullkomponente

$$x^0 = ct \quad , \tag{12.3.4}$$

die selbst die Dimension einer Länge hat, fest.

Wenn man das Längenquadrat $(x^0)^2 - (x^1)^2 - (x^2)^2 - (x^3)^2$ des Vierervektors x als Skalarprodukt

$$\underset{\sim}{x} \cdot \underset{\sim}{x}$$

des Vierervektors $\underset{\sim}{x}$ mit sich selbst darstellen will, muß man für die Skalarprodukte der Basisvektoren $\underset{\sim}{e}_\mu$ folgende Wahl treffen

$$\begin{aligned} &\underset{\sim}{e}_0 \cdot \underset{\sim}{e}_0 = 1 \\ &\underset{\sim}{e}_m \cdot \underset{\sim}{e}_m = -1 \quad \text{für} \quad m = 1,2,3 \\ &\underset{\sim}{e}_\mu \cdot \underset{\sim}{e}_\nu = 0 \quad \text{für} \quad \mu \neq \nu \quad . \end{aligned} \tag{12.3.5}$$

Mit Hilfe der *Matrix des metrischen Tensors*

$$g^{\mu\nu} = g_{\mu\nu} = \begin{pmatrix} 1 & 0 & 0 & 0 \\ 0 & -1 & 0 & 0 \\ 0 & 0 & -1 & 0 \\ 0 & 0 & 0 & -1 \end{pmatrix} \tag{12.3.6}$$

lassen sich diese Relationen zu

$$\underset{\sim}{e}_\mu \cdot \underset{\sim}{e}_\nu = g_{\mu\nu} \tag{12.3.7}$$

zusammenfassen. Damit gilt dann

$$\underset{\sim}{x} \cdot \underset{\sim}{x} = (x^\mu \underset{\sim}{e}_\mu) \cdot (x^\nu \underset{\sim}{e}_\nu) = x^\mu x^\nu (\underset{\sim}{e}_\mu \cdot \underset{\sim}{e}_\nu) = x^\mu x^\nu g_{\mu\nu} = x^\mu g_{\mu\nu} x^\nu$$
$$= (x^0)^2 - (x^1)^2 - (x^2)^2 - (x^3)^2 \quad , \qquad (12.3.8a)$$

d.h. das Skalarprodukt eines Vierervektors $\underset{\sim}{x}$ mit sich selbst ist gleich dem Quadrat des Viererabstandes vom Ursprung (vgl.Abschnitt 12.2.4).

Für das Skalarprodukt zweier Vierervektoren $\underset{\sim}{x}$ und $\underset{\sim}{y}$ gilt

$$\underset{\sim}{x} \cdot \underset{\sim}{y} = (x^\mu \underset{\sim}{e}_\mu) \cdot (y^\nu \underset{\sim}{e}_\nu) = x^\mu g_{\mu\nu} y^\nu = x^0 y^0 - x^1 y^1 - x^2 y^2 - x^3 y^3$$
$$= x^0 y^0 - \vec{x}\vec{y} \quad . \qquad (12.3.8b)$$

Die Einführung der raumartigen Basisvektoren $\underset{\sim}{e}_m$ mit negativem Quadrat $(\underset{\sim}{e}_m \cdot \underset{\sim}{e}_m) = -1$ macht es erforderlich, dem Dreieranteil eines Vierervektors $\underset{\sim}{w}$

$$\sum_{i=1}^{3} w^i \underset{\sim}{e}_i$$

der auch negatives Quadrat hat, den Dreiervektor

$$\vec{w} = \sum_{i=1}^{3} w^i \vec{e}_i \qquad (12.3.9)$$

zuzuordnen, der positives Quadrat hat. Auf diese Weise werden Vergleiche zwischen Dreieranteilen von Vierervektoren und nichtrelativistischen Dreiervektoren, die nicht immer trivial sind, möglich.

12.4 Relativistische Punktmechanik eines einzelnen Teilchens

12.4.1 Eigenzeit. Vierergeschwindigkeit. Viererimpuls. Relativistische Bewegungsgleichung

Unter Galilei-Transformationen bleibt die Zeit ungeändert

$$t' = t \quad , \qquad (12.4.1)$$

eine Invariante. Deswegen änderte sich der Transformationscharakter einer Größe bei Zeitableitung nicht. Zum Beispiel war die zeitliche Ableitung des Orts*vektors* der Geschwindigkeits*vektor*

$$\dot{\vec{r}} = \frac{d}{dt}\vec{r} \quad .$$

Offenbar besteht derselbe Sachverhalt bei Lorentz-Transformationen, wenn die Variable, nach der differenziert wird, wiederum eine Invariante - jetzt unter Lorentz-Transformationen - ist. Die Zeit t in einem System ist die Nullkomponente eines Vierervektors und damit keine Invariante. Aus dem Vierervektor $\underset{\sim}{x}$ läßt sich aber eine Invariante, nämlich die *Bogenlänge* s der von ihm im vierdimensionalen Raum beschriebenen Bahn $\underset{\sim}{x}(t)$ bilden. Das Differential der Bogenlänge ist gegeben durch

$$(ds)^2 = (d\underset{\sim}{x}) \cdot (d\underset{\sim}{x}) = (dx^0)^2 - (dx^1)^2 - (dx^2)^2 - (dx^3)^2 \qquad (12.4.2)$$

und als Quadrat des Vierervektors $d\underset{\sim}{x}$ invariant. Durch Ausklammern von $dx^0 = cdt$ erhalten wir

$$ds = c\sqrt{1 - \frac{1}{c^2}\left(\frac{d\vec{x}}{dt}\right)^2}dt = c\sqrt{1 - \frac{\vec{v}^2}{c^2}}\,dt \quad , \qquad (12.4.3)$$

so daß man die invariante Bogenlänge durch Integration über die Zeit gewinnen kann

$$s(t) = c\int_0^t \sqrt{1 - \frac{\vec{v}^2}{c^2}}\,dt \quad . \qquad (12.4.4)$$

Dabei wurde s(0) = 0 gewählt. Durch Division mit c erhalten wir eine weitere Invariante

$$\tau = \frac{s}{c} = \int_0^t \sqrt{1 - \frac{\vec{v}^2}{c^2}}\,dt \qquad (12.4.5)$$

bzw.

$$d\tau = \frac{ds}{c} = \sqrt{1 - \frac{\vec{v}^2}{c^2}}\,dt = \frac{1}{\gamma}\,dt \quad . \qquad (12.4.6)$$

Die Invariante τ hat die Dimension einer Zeit. In einem Bezugssystem, das so mit dem Massenpunkt mitbewegt wird, daß er darin ruht (*Ruhsystem*), gilt

$\vec{v} = 0$. In diesem System ist

$$\tau = \int dt = t \qquad (12.4.7)$$

die Zeit. Allgemein wird τ als *Eigenzeit* bezeichnet. Für konstante Geschwindigkeit

$$\vec{v} = \frac{d\vec{x}}{dt} = \text{const.}$$

des Massenpunktes gilt ($\vec{\beta}=\vec{v}/c$)

$$\tau = \sqrt{1-\beta^2}\, t = \frac{1}{\gamma}\, t \quad . \qquad (12.4.8)$$

Das bedeutet, daß die Zeit t in einem System, in dem sich der Massenpunkt mit konstanter Geschwindigkeit $\vec{v}$ bewegt, um den Faktor γ im Vergleich zur Eigenzeit gedehnt ist (Zeitdilatation, vgl.Abschnitt 12.2.5).

Die Differentiation physikalischer Größen nach der Eigenzeit, die eine Invariante ist, verändert deren Eigenschaften unter Lorentz-Transformationen nicht. Deshalb definieren wir nun analog zu den Begriffsbildungen der nichtrelativistischen Mechanik die *Vierergeschwindigkeit* $\underset{\sim}{u}$ als Ableitung des Vierervektors $\underset{\sim}{x}$ nach der Eigenzeit

$$\underset{\sim}{u} = \frac{d\underset{\sim}{x}}{d\tau} = \frac{dx^{\mu}}{d\tau}\underset{\sim}{e}_{\mu} \quad . \qquad (12.4.9)$$

Die Vierergeschwindigkeit $\underset{\sim}{u}$ ist ein Vierervektor. Den Zusammenhang zwischen der Vierergeschwindigkeit $\underset{\sim}{u}$ und der Dreiergeschwindigkeit $\vec{v}$ finden wir durch die Umrechnung der Ableitung nach der Eigenzeit in die Zeit t gemäß (12.4.6)

$$\underset{\sim}{u} = u^{\mu}\underset{\sim}{e}_{\mu} = \frac{dx^{\mu}}{d\tau}\underset{\sim}{e}_{\mu} = \gamma\frac{dx^{\mu}}{dt}\underset{\sim}{e}_{\mu} = \gamma\frac{dct}{dt}\underset{\sim}{e}_{0} + \gamma\sum_{i=1}^{3}\frac{dx^{i}}{dt}\underset{\sim}{e}_{i}$$

$$= \gamma c\underset{\sim}{e}_{0} + \gamma\sum_{i=1}^{3} v^{i}\underset{\sim}{e}_{i} \quad . \qquad (12.4.10)$$

Nullkomponente und Dreieranteil $\vec{u}$ des Vierervektors $\underset{\sim}{u}$ sind mit der Konvention (12.3.9) durch die Beziehungen

$$u^{0} = \gamma c \quad , \quad \vec{u} = \sum_{i=1}^{3} u^{i}\vec{e}_{i} = \gamma\sum_{i=1}^{3} v^{i}\vec{e}_{i} = \gamma\vec{v} \qquad (12.4.11)$$

mit der Dreiergeschwindigkeit $\vec{v}$ verknüpft. Das Quadrat von $\underset{\sim}{u}$ ist eine Konstante

$$\underset{\sim}{u} \cdot \underset{\sim}{u} = \gamma^2 c^2 - \gamma^2 \vec{v}^2 = c^2 \qquad (12.4.12)$$

und gleich dem der Lichtgeschwindigkeit. Zum Verständnis der Vierergeschwindigkeit $\underset{\sim}{u}$ betrachten wir den Zusammenhang zwischen $\vec{u}$ und $\vec{v}$. Ein Teilchen hat in seinem Ruhesystem K_R die Geschwindigkeit

$$\vec{v}_R = 0 \qquad (12.4.13)$$

und damit wegen (12.4.10 und 11) auch (γ_R=1) die Vierergeschwindigkeit

$$u_R^0 = c \quad , \quad \vec{u}_R = \gamma_R \vec{v}_R = 0 \quad . \qquad (12.4.14)$$

Betrachten wir jetzt das Teilchen aus einem relativ zu K_R mit $(-\vec{v})$ bewegten System K, d.h. der Ursprung 0 des Systems K bewege sich im Ruhesystem K_R des Teilchens mit der Geschwindigkeit $(-\vec{v})$. Dann hat 0_R im System K die Geschwindigkeit $\vec{v}$. Die Geschwindigkeit des Teilchens im System K kann man nun auch durch eine Lorentz-Transformation, die aus dem Ruhesystem K_R in das bewegte System K führt, berechnen. Dazu legen wir die $\vec{e}_1$-Achse in Richtung von $\vec{v}$ und finden als transformierte Geschwindigkeit

$$\begin{aligned} u^0 &= \gamma(u_R^0 - \beta u_R^1) = \gamma c \quad , \\ u^1 &= \gamma(u_R^1 - \beta u_R^0) = \gamma(u_R^1 + \frac{v}{c} u_R^0) \quad , \\ u^2 &= u_R^2 \quad , \\ u^3 &= u_R^3 \quad . \end{aligned} \qquad (12.4.15a)$$

Wegen (12.4.14) folgt dann

$$u^0 = \gamma c \quad , \quad u^1 = \gamma v \quad , \quad u^2 = 0 \quad , \quad u^3 = 0 \quad . \qquad (12.4.15b)$$

Der Massenpunkt hat im bewegten System die Vierergeschwindigkeit

$$u^0 = \gamma c \quad , \quad \vec{u} = \frac{d\vec{x}}{d\tau} = \gamma \vec{v} \qquad (12.4.16)$$

und die Dreiergeschwindigkeit

$$\frac{d\vec{x}}{dt} = \frac{1}{\gamma}\frac{d\vec{x}}{d\tau} = \vec{v} \quad , \tag{12.4.17}$$

wie erwartet, da O_R im System K die Geschwindigkeit $\vec{v}$ hat. Wieder sieht man, daß der Unterschied zwischen $\vec{u}$ und $\vec{v}$ im bewegten System daherrührt, daß $\vec{v}$ durch Differentiation von $\vec{x}$ nach dt, während $\vec{u}$ durch Differentiation nach $d\tau$ erhalten wird.

Der *Viererimpuls* eines Teilchens wird als Produkt aus der Ruhmasse m und der Vierergeschwindigkeit $\underset{\sim}{u}$ definiert

$$\underset{\sim}{p} = m\underset{\sim}{u} \tag{12.4.18}$$

ist ist damit selbst ein Vierervektor.
Sein Quadrat errechnet sich mit Hilfe von (12.4.12) sehr einfach

$$\underset{\sim}{p} \cdot \underset{\sim}{p} = m^2 \underset{\sim}{u} \cdot \underset{\sim}{u} = m^2 c^2 \quad . \tag{12.4.19}$$

Der Viererimpuls hat die Zerlegung

$$\underset{\sim}{p} = m\underset{\sim}{u} = m\gamma c\, \underset{\sim}{e}_0 + m\gamma \sum_{i=1}^{3} v^i \underset{\sim}{e}_i \quad . \tag{12.4.20}$$

Nullkomponente und Dreieranteil des so definierten Impulses sind also

$$p^0 = m\gamma c = Mc \quad , \quad \vec{p} = m\gamma\vec{v} = M\vec{v} \quad . \tag{12.4.21}$$

In der Darstellung $M\vec{v}$ haben wir die *geschwindigkeitsabhängige Masse*

$$M(\vec{v}) = m\gamma = \frac{m}{\sqrt{1 - \frac{\vec{v}^2}{c^2}}} \tag{12.4.22}$$

eingeführt. Für Geschwindigkeiten $\vec{v} \ll c$ ist sie näherungsweise gleich m.

Daß der Dreieranteil $\vec{p}$ des so definierten Viererimpulses tatsächlich die richtige Verallgemeinerung des Newtonschen Ausdrucks $m\vec{v}$ ist, sieht man wieder ein, wenn man den Impuls eines im System K_R ruhenden Teilchens im System K, das sich mit der Geschwindigkeit $(-\vec{v})$ bewegt, berechnet. Im System K_R gilt ($\gamma_R=1$) mit (12.4.14)

$$p_R^0 = mu_R^0 = mc \quad , \quad \vec{p}_R = m\vec{u}_R = 0 \quad . \qquad (12.4.23)$$

Im System K (gegen K_R mit $-\vec{v}$ bewegt) gilt mit (12.4.15b)

$$p^0 = mu^0 = m\gamma c = Mc \quad , \quad \vec{p} = m\vec{u} = m\gamma\vec{v} = M\vec{v} \quad , \qquad (12.4.24)$$

in Übereinstimmung mit (12.4.21). Dieses Ergebnis hätte man natürlich auch ohne Benutzung der Ausdrücke (12.4.15b) für u^0 und $\vec{u}$ direkt durch Lorentz-Transformation von p_R^0, $\vec{p}_R$ (analog zu (12.4.15a)) erhalten können. Würde man den Impuls im bewegten System K als $m\vec{v}$ definieren, so würde eine Lorentz-Transformation ins Ruhesystem offenbar nicht zu $\vec{p}_R = 0$ führen. Wir haben damit gesehen, daß die Definition (12.4.18) sinnvoll ist. Der Newtonsche Ansatz für den Impuls approximiert nur für kleine Geschwindigkeiten den relativistischen Ausdruck (12.4.24), Identität gilt streng nur im Ruhesystem.

12.4.2 Relativistische Bewegungsgleichung. Äquivalenz von Masse und Energie. Impulserhaltungssatz

Zur Gewinnung einer relativistischen Bewegungsgleichung analog zum 2. Newtonschen Gesetz kann man die Ableitung des Impulsvierervektors nach der Eigenzeit betrachten. Da die Eigenzeit eine Invariante ist, ist $d\underset{\sim}{p}/d\tau$ ein Vierervektor. Eine Verallgemeinerung der Newtonschen Bewegungsgleichung

$$\frac{d}{dt}\vec{p} = \vec{F} \qquad (12.4.25)$$

in eine Form, die in allen Koordinatensystemen dieselbe Gestalt hat, muß die invariante Ableitung dp/dτ mit einem Kraftvierervektor $\underset{\sim}{K}$, der *Minkowski-Kraft*, verknüpfen

$$\frac{d}{d\tau}\underset{\sim}{p} = \underset{\sim}{K} \quad . \qquad (12.4.26)$$

Durch Zerlegung in Nullkomponente und Dreieranteil erhalten wir

$$\frac{dp^0}{d\tau}\underset{\sim}{e}_0 + \sum_{i=1}^{3}\frac{dp^i}{d\tau}\underset{\sim}{e}_i = K^0\underset{\sim}{e}_0 + \sum_{i=1}^{3}K^i\underset{\sim}{e}_i \quad , \qquad (12.4.27)$$

bzw.

$$\frac{dp^0}{d\tau} = K^0 \quad , \quad \frac{d\vec{p}}{d\tau} = \sum_{i=1}^{3}\frac{dp^i}{d\tau}\vec{e}_i = \sum K^i\vec{e}_i = \vec{K} \quad . \qquad (12.4.28)$$

Wegen (12.4.6) gilt nun

$$\frac{d\vec{p}}{dt} = \frac{1}{\gamma}\frac{d\vec{p}}{d\tau} = \frac{1}{\gamma}\vec{K} \quad , \tag{12.4.29}$$

so daß man durch Vergleich mit (12.4.25) den Zusammenhang zwischen Minkowski-Kraft und Newton-Kraft findet

$$\vec{K} = \gamma\vec{F} \quad . \tag{12.4.30}$$

Auf die Bedeutung der Nullkomponente K^0 der Minkowski-Kraft, die zunächst keine Entsprechung in der Newtonschen Mechanik hat, kommen wir in Abschnitt 12.4.3 zurück.

Wir betrachten zunächst die kräftefreie Bewegung

$$\vec{F} = 0 \quad , \quad \text{d.h.} \quad \vec{K} = 0 \quad . \tag{12.4.31}$$

Es gilt der Impulserhaltungssatz (1. Newtonsches Gesetz)

$$\frac{d}{dt}\vec{p} = 0 \quad , \quad \text{d.h.} \quad \vec{p} = \text{const.} \quad , \tag{12.4.32}$$

d.h. der Dreieranteil des Impulses ist erhalten. Wegen (12.4.19) gilt

$$p^0 = \sqrt{m^2c^2+\vec{p}^2} \quad , \tag{12.4.33}$$

damit ist auch die Nullkomponente des Viererimpulses zeitlich konstant. Insgesamt gilt im kräftefreien Fall also der Viererimpulserhaltungssatz

$$\frac{d}{dt}\underset{\sim}{p} = 0 \quad , \quad \underset{\sim}{p} = \text{const} \quad . \tag{12.4.34}$$

Zur physikalischen Interpretation der Nullkomponente entwickeln wir p^0 für kleine Impulse ($\vec{p}^2 \ll m^2c^2$)

$$p^0 = mc\left(1+\frac{\vec{p}^2}{m^2c^2}\right)^{1/2} = mc\left(1+\frac{\vec{p}^2}{2m^2c^2}+\ldots\right) = mc + \frac{1}{c}\frac{\vec{p}^2}{2m} + \ldots \tag{12.4.35}$$

Der zweite Term ist bis auf den Faktor $1/c$ die nichtrelativistische kinetische Energie $\vec{p}^2/2m$. Die weiteren Terme sind von höherer Ordnung. Die zeitlich konstante Größe cp^0, die die Nullkomponente des Vierervektors $c\underset{\sim}{p}$ ist,

$$E_E = cp^0 = mc^2\left(1 + \frac{\vec{p}^2}{m^2c^2}\right)^{1/2} = m\gamma c^2 = Mc^2 \tag{12.4.36}$$

kann als Energie des kräftefreien Teilchens aufgefaßt werden. Sie geht für $\vec{p} = 0$ nicht gegen Null sondern in die *Ruhenergie*

$$E_0 = mc^2 \tag{12.4.37}$$

über. Es ist nicht angebracht, die konstante Ruhenergie mc^2 von cp_0 zu subtrahieren. Zwar hätte man dann eine kinetische Energie, die im Grenzfall $\vec{v}^2 \ll c^2$ in die nichtrelativistische kinetische Energie $mv^2/2$ überginge. Sie hätte jedoch nicht mehr die Transformationseigenschaften der Nullkomponente eines Vierervektors. Offenbar ist das Ergebnis (12.4.36) dahingehend zu interpretieren, daß der Masse M die Energie $E_E = Mc^2$ äquivalent ist. Diese Deutung des Ausdrucks (12.4.36) wurde von Einstein gegeben. Wir bezeichnen die Energie E_E deshalb als *Einstein-Energie*. Im Abschnitt 12.6 werden wir Beispiele für die experimentelle Verifikation dieser Formel geben.

Mit (12.4.36) läßt sich das Quadrat (12.4.19) des Viererimpulses jetzt in der Form

$$\underset{\sim}{p} \cdot \underset{\sim}{p} = m^2c^2 = p^{o2} - \vec{p}^2 = \frac{E_E^2}{c^2} - \vec{p}^2 = M^2c^2 - \vec{p}^2 \tag{12.4.38}$$

schreiben. Man erhält die Beziehung

$$E_E^2 = m^2c^4 + \vec{p}^2c^2 \tag{12.4.39}$$

zwischen Einstein-Energie, Ruhmasse und räumlichen Impuls.

12.4.3 Energieerhaltungssatz

Aus der Bewegungsgleichung (12.4.26) leiten wir wie früher unter der Annahme, daß sich die Newtonsche Kraft aus einem Potential herleiten läßt, d.h. aus

$$\vec{F}(\vec{x}) = -\vec{\nabla}V(\vec{x}) \quad , \tag{12.4.40}$$

den relativistischen Energiesatz her. Dazu gehen wir von der mit der Vierergeschwindigkeit $\underset{\sim}{u}$ skalar multiplizierten Bewegungsgleichung aus

$$\underset{\sim}{u} \cdot \frac{d}{d\tau}\underset{\sim}{p} = \underset{\sim}{u} \cdot \underset{\sim}{K} \quad . \tag{12.4.41}$$

Die linke Seite läßt sich als Ableitung des Quadrates der Vierergeschwindigkeit schreiben

$$\frac{m}{2}\frac{d}{d\tau}(\underset{\sim}{u}\cdot\underset{\sim}{u}) = \underset{\sim}{u}\cdot\underset{\sim}{K} \quad . \tag{12.4.42}$$

Wegen $\underset{\sim}{u}\cdot\underset{\sim}{u} = c^2$ verschwindet die linke Seite und wir haben

$$\underset{\sim}{u}\cdot\underset{\sim}{K} = 0 \quad , \tag{12.4.43}$$

d.h. die Vierergeschwindigkeit $\underset{\sim}{u}$ steht auf der Minkowski-Kraft senkrecht. Aus dieser Beziehung läßt sich die physikalische Bedeutung der Nullkomponente der Minkowski-Kraft gewinnen, wenn man (12.4.11) und (12.4.30) benutzt. Zunächst gilt

$$0 = \underset{\sim}{u}\cdot\underset{\sim}{K} = u^0K^0 - \vec{u}\cdot\vec{K} = \gamma cK^0 - (\gamma\vec{v})\cdot(\gamma\vec{F}) \quad , \tag{12.4.44}$$

woraus wegen (12.4.40)

$$K^0 = \frac{\gamma}{c}(\vec{v}\cdot\vec{F}) = \frac{\gamma}{c}\frac{d\vec{x}}{dt}(-\vec{\nabla}V) = -\frac{\gamma}{c}\frac{d}{dt}V[\vec{x}(t)] = -\frac{\gamma}{c}\frac{d}{dt}E_{pot} \tag{12.4.45}$$

folgt. Die Nullkomponente der Minkowski-Kraft hängt somit mit der totalen zeitlichen Änderung der potentiellen Energie zusammen.

Setzt man dieses Ergebnis in die Nullkomponente der Bewegungsgleichung (12.4.28) ein, so folgt

$$\gamma\frac{d}{dt}p^0 = \frac{d}{d\tau}p^0 = K^0 = -\frac{\gamma}{c}\frac{d}{dt}E_{pot} \quad . \tag{12.4.46}$$

Die Nullkomponente der Bewegungsgleichung (12.4.28) ist somit dem relativistischen Energiesatz äquivalent

$$\frac{d}{dt}\left(p^0 + \frac{1}{c}E_{pot}\right) = 0 \quad . \tag{12.4.47}$$

d.h. mit (12.4.36) $p^0 = \frac{1}{c}E_E$ folgt

$$\frac{d}{dt}(E_E + E_{pot}) = 0 \quad , \quad \text{d.h.} \quad E_E + V = E = \text{const.} \quad . \tag{12.4.48}$$

Die Beziehung kann natürlich auch direkt als Konsequenz des Dreieranteils der Bewegungsgleichung (12.4.26) in Analogie zum nichtrelativistischen Energiesatz (Abschnitt 4.8.7) hergeleitet werden. Man geht aus von (12.4.20)

$$\frac{d}{dt}\vec{p} = \vec{F} \quad ,$$

multipliziert mit $\vec{u} = \gamma\vec{v}$ und erhält

$$\frac{m}{2} \frac{d}{dt}(\vec{u}^2) = \vec{u}\frac{d}{dt}m\vec{u} = \gamma\vec{v}\vec{F} = -\gamma\frac{d}{dt}E_{pot} \quad . \tag{12.4.49}$$

Wegen

$$\vec{u}^2 = u^{02} - c^2 \quad \text{und} \quad u^0 = \gamma c$$

gilt

$$\frac{m}{2}\frac{d}{dt}(\vec{u}^2) = \frac{m}{2}\frac{d}{dt}(u^{02}) = \frac{1}{2}\frac{d}{dt}(m\gamma^2c^2) = \frac{2\gamma}{2}\frac{d}{dt}(m\gamma c^2) = \gamma\frac{d}{dt}E_E \tag{12.4.50}$$

(12.4.49) und (12.4.50) liefern wieder den Energiesatz.

12.5 Relativistische Mechanik von Mehrteilchensystemen

12.5.1 Definition des Systems. Bewegungsgleichungen

Wir betrachten ein N-Teilchensystem ohne äußere Kräfte, dessen innere Kräfte sich aus einem Potential $V(\vec{x}_1,\ldots,\vec{x}_N)$ herleiten. Die Kraft $\vec{F}_i$ auf den Massenpunkt m_i ist dann durch

$$\vec{F}_i(\vec{x}_1,\ldots,\vec{x}_N) = -\vec{\nabla}_i V(\vec{x}_1,\ldots,\vec{x}_N) \tag{12.5.1}$$

gegeben. Das Potential sei

I) translationsinvariant, d.h. es hänge nur von den Differenzen $(\vec{x}_i-\vec{x}_k)$ der Ortsvektoren ab,

II) rotationsinvariant, d.h. es sei ein Skalar unter dreidimensionalen Rotationen.

Es ist klar, daß dieses Potential nicht in jedem Lorentz-System die obige Gestalt haben kann, nach einer Lorentz-Transformation ist das transformierte Potential zeitabhängig.

Die Teilchen m_i werden in einem Koordinatensystem K, $x^0 = ct$ und $\vec{x}$, beschrieben, so daß sich jede Teilchenbahn als eine Funktion der Zeit t darstellen läßt

$$\vec{x}_i = \vec{x}_i(t) \quad . \tag{12.5.2}$$

Jede Teilchenbahn $\vec{x}_i$ definiert eine Bogenlänge s_i durch

$$s_i = c \int_0^t \sqrt{1 - \frac{1}{c^2}\left(\frac{d\vec{x}_i}{dt}\right)^2}\, dt \tag{12.5.3}$$

und damit die Eigenzeit des Teilchens i

$$\tau_i = \frac{1}{c}\, s_i = \int_0^t \sqrt{1 - \frac{1}{c^2}\left(\frac{d\vec{x}_i}{dt}\right)^2}\, dt \quad . \tag{12.5.4}$$

Der differentielle Zusammenhang zwischen den Eigenzeiten τ_i und der Zeit t des Koordinatensystems ist offenbar durch

$$d\tau_i = \frac{1}{\gamma_i}\, dt \quad , \quad \gamma_i = \frac{1}{\sqrt{1 - \frac{\vec{v}_i^2}{c^2}}} \tag{12.5.5}$$

gegeben. Die Teilchenimpulse sind wieder wie beim Einteilchensystem durch

$$\underset{\sim}{p}_i = m_i \underset{\sim}{u}_i = m_i \frac{d\underset{\sim}{x}_i}{d\tau_i} = m_i \gamma_i \frac{d\underset{\sim}{x}_i}{dt} \tag{12.5.6}$$

definiert, dabei ist

$$\underset{\sim}{u}_i = \frac{d\underset{\sim}{x}_i}{d\tau_i} = \gamma_i \frac{d\underset{\sim}{x}_i}{dt} \tag{12.5.7}$$

die Vierergeschwindigkeit des i-ten Teilchens. Wieder sind die Quadrate von $\underset{\sim}{u}_i$ und $\underset{\sim}{p}_i$ Konstanten

$$\underset{\sim}{u}_i^2 = \underset{\sim}{u}_i \cdot \underset{\sim}{u}_i = c^2 \tag{12.5.8}$$

$$\underset{\sim}{p}_i^2 = (m_i \underset{\sim}{u}_i)^2 = m_i^2 c^2 \quad . \tag{12.5.9}$$

Die Bewegungsgleichungen sind wieder durch die Gleichheit von Eigenzeitableitungen der Viererimpulse und Minkowski-Kräften gegeben

$$\gamma_i \frac{d}{dt} \underset{\sim}{p}_i = \frac{d}{d\tau_i} \underset{\sim}{p}_i = \underset{\sim}{K}_i \quad , \quad i=1,\ldots,N \quad . \tag{12.5.10}$$

Zwischen dem Dreieranteil der Minkowski-Kraft $\vec{K}_i$ und der Newtonschen Kraft $\vec{F}_i$ besteht wieder die Beziehung

$$\vec{K}_i = \gamma_i \vec{F}_i \quad , \tag{12.5.11}$$

damit im Koordinatensystem K wieder die Newtonschen Bewegungsgleichungen

$$\frac{d}{dt} \vec{p}_i = \vec{F}_i \quad . \tag{12.5.12}$$

gelten.

12.5.2 Erhaltungssätze

Wegen der Translationsinvarianz hängt das Potential V nur von den Differenzen der Vektoren $\vec{x}_i$ ab und es gilt

$$\sum_{i=1}^{N} \vec{F}_i = - \sum_{i=1}^{N} \vec{\nabla}_i V(\vec{x}_1,\ldots,\vec{x}_N) = - \vec{\nabla}_{\Sigma\vec{x}_i} V(\vec{x}_1,\ldots,\vec{x}_N) = 0 \quad . \tag{12.5.13}$$

Die letzte Gleichung gilt, weil V nur von den Differenzen, wegen Translationainvarianz aber nicht von der Summe $\Sigma\vec{x}_i$ aller Ortsvektoren abhängt. Somit verschwindet die Summe aller Kräfte auf das N-Teilchensystem. Damit haben wir für die Summe der Dreieranteile der Impulse

$$\frac{d}{dt} \sum_{i=1}^{N} \vec{p}_i = \sum_{i=1}^{N} \frac{d}{dt} \vec{p}_i = \sum_{i=1}^{N} \vec{F}_i = 0 \quad . \tag{12.5.14}$$

Der Dreieranteil des Gesamtimpulses

$$\vec{P} = \sum_{i=1}^{N} \vec{p}_i = \sum_{i=1}^{N} m_i \gamma_i \frac{d\vec{x}_i}{dt} = \sum_{i=1}^{N} M_i \frac{d\vec{x}_i}{dt} \tag{12.5.15}$$

ist eine erhaltene Größe

$$\frac{d\vec{P}}{dt} = 0 \quad , \quad \vec{P} = \text{const.} \quad . \tag{12.5.16}$$

Es gilt der Impulserhaltungssatz für ein relativistisches Mehrteilchensystem mit translationsinvariantem Potential.

Den Energieerhaltungssatz findet man wieder durch Betrachtung der Null-Komponenten der Bewegungsgleichungen. Es gilt wie im Einteilchenfall, daß die Vierergeschwindigkeit $\underset{\sim}{u}_i$ senkrecht auf der Minkowski-Kraft $\underset{\sim}{K}_i$ steht

$$0 = \frac{1}{2}\frac{d}{d\tau_i} m_i c^2 = \frac{1}{2}\frac{d}{d\tau_i} m_i(\underset{\sim}{u}_i)^2 = \underset{\sim}{u}_i \cdot \frac{d}{d\tau_i} m_i \underset{\sim}{u}_i$$

$$= \underset{\sim}{u}_i \cdot \frac{d}{d\tau_i} \underset{\sim}{p}_i = \underset{\sim}{u}_i \cdot \underset{\sim}{K}_i \quad . \tag{12.5.17}$$

Damit erhalten wir für die Nullkomponente der Minkowski-Kraft

$$K_{i0} = \frac{1}{u_{i0}} \vec{u}_i \cdot \vec{K}_i = \frac{1}{\gamma_i c} \vec{u}_i \cdot \vec{K}_i = \frac{\gamma_i}{c} \vec{v}_i \vec{F}_i = -\frac{\gamma_i}{c} (\vec{v}_i \vec{\nabla}_i V) \quad . \tag{12.5.18}$$

Durch Einsetzen dieses Resultates in die Nullkomponente der Bewegungsgleichung erhalten wir

$$\frac{d}{dt}\left(\frac{1}{c}E_E\right) = \frac{d}{dt}\sum_{i=1}^{N} p_i^0 = \sum_{i=1}^{N} \frac{1}{\gamma_i}\frac{d}{d\tau_i} p_i^0 = \sum_{i=1}^{N} \frac{1}{\gamma_i} K_i^0$$

$$= -\frac{1}{c}\sum_{i=1}^{N} (\vec{v}_i \cdot \vec{\nabla}_i V) = -\frac{1}{c}\frac{d}{dt} E_{pot} \tag{12.5.19}$$

mit

$$E_{pot} = V(\vec{x}_1(t),\ldots,\vec{x}_N(t)) \quad , \tag{12.5.20}$$

also den Energieerhaltungssatz

$$\frac{d}{dt}(E_E+E_{pot}) = 0 \quad , \quad \text{d.h.} \quad E_E + E_{pot} = E = \text{const.} \tag{12.5.21}$$

für ein relativistisches Mehrteilchensystem mit konservativen Kräften.

12.6 Elementarteilchenreaktionen bei relativistischen Geschwindigkeiten

Während makroskopische Körper praktisch immer Geschwindigkeiten haben, die im Vergleich zur Lichtgeschwindigkeit so klein sind, daß sich keine Abweichungen von der Newtonschen Mechanik bemerkbar machen, lassen sich Elementarteilchen verhältnismäßig leicht auf Geschwindigkeiten beschleunigen, die an die Lichtgeschwindigkeit heranreichen. In der Elementarteilchenphysik muß daher nach den Gesetzen der relativistischen Mechanik gerechnet werden.

12.6.1 Einheiten für Geschwindigkeit, Energie, Impuls und Masse in der Elementarteilchenphysik

Zur Beschreibung von Meßgrößen aus der Elementarteilchenphysik sind SI-Einheiten wenig geeignet, weil die Teilchenmassen gegenüber der SI-Einheit 1 kg extrem klein, die Geschwindigkeiten dagegen gegenüber 1 ms^{-1} extrem hoch sind. Die gebräuchlichen Einheiten sind wie folgt definiert.

Alle elektrisch geladenen Elementarteilchen haben eine (positive oder negative) Ladung vom Betrag der Elektronenladung

$$e = 1{,}602 \cdot 10^{-19}\ \mathrm{C} = 1{,}602 \cdot 10^{-19}\ \mathrm{As} \quad .$$

Läßt man ein Teilchen dieser Ladung die Potentialdifferenz U = 1 Volt durchlaufen, so erhält es die kinetische Energie

$$E = eU = 1{,}602 \cdot 10^{-19}\ \mathrm{VAs} = 1{,}602 \cdot 10^{-19}\ \mathrm{Ws} = 1\ \mathrm{eV} \quad . \tag{12.6.1}$$

Sie wird als 1 Elektronenvolt, abgekürzt 1 eV, bezeichnet. Die in der Elementarteilchenphysik gebräuchliche Energieeinheit ist

$$1\ \mathrm{MeV} = 10^{6}\ \mathrm{eV} = 10^{-3}\ \mathrm{GeV} \quad .$$

Aus dieser Energieeinheit können nun mit Hilfe der Beziehungen

$$M = \frac{E}{c^2} \quad \text{und} \quad |\vec{p}| = p = \frac{1}{c}\sqrt{E^2 - m^2c^4} \tag{12.6.2}$$

(vgl.(12.4.26) und (12.4.38)) Einheiten für Masse und Impuls gewonnen werden, indem man die Energieeinheit durch die Lichtgeschwindigkeit bzw. ihr Quadrat dividiert.

In der Elementarteilchenphysik setzt man nun die Lichtgeschwindigkeit nach Betrag und Einheit gleich Eins

$$c = 1 \quad , \tag{12.6.3}$$

d.h. man mißt alle Geschwindigkeiten in Einheiten der Lichtgeschwindigkeit

($v=0,9$ bedeutet übertragen in konventionelle Einheiten $v=0,9\,c = 0,9\cdot 3\cdot 10^8$ ms^{-1}). Die Konvention $c = 1$ vereinfacht viele Formeln erheblich, so gilt jetzt für ein kräftefreies Teilchen der Ruhmasse m, des Viererimpulses $\underset{\sim}{p}$ mit Dreieranteil $\vec{p}$, der Geschwindigkeit $\vec{v}$ und der Energie E

$$\underset{\sim}{p}\underset{\sim}{p} = m^2 = E^2 - \vec{p}^{\,2} \quad , \quad \vec{p} = m\gamma\vec{v} \quad , \quad E = m\gamma \quad , \tag{12.6.4a}$$

d.h.

$$\vec{\beta} = \vec{v} = \frac{\vec{p}}{E} \quad , \quad \gamma = (1-\beta^2)^{-1/2} = \frac{E}{m} \quad , \tag{12.6.4b}$$

vgl. (12.4.19), (12.4.21), (12.4.38). Als Einheit für Masse und Impuls muß jetzt ebenfalls die Energieeinheit 1 MeV gewählt werden. Den Bezug zu den konventionellen Einheiten erhält man durch die einfachen Rechnungen

$$1\text{ MeV} \mathrel{\hat{=}} \frac{1{,}6\cdot 10^{-13}\text{ Ws}}{(3\cdot 10^8)^2 (\text{m s}^{-1})^2} = 1{,}78 \cdot 10^{-30}\text{ kg} \quad , \tag{12.6.5a}$$

$$1\text{ MeV} \mathrel{\hat{=}} \frac{1{,}6\cdot 10^{-13}\text{ Ws}}{3\cdot 10^8\text{m s}^{-1}} = 6\cdot 10^{-22}\text{ kg m s}^{-1} \quad . \tag{12.6.5b}$$

Als Zahlenbeispiel berechnen wir Gesamtenergie, Impuls, Geschwindigkeit und Lorentzfaktor für ein Elektron (Ruhmasse m=0,511MeV), das die elektrische Potentialdifferenz 10 kV durchlaufen hat. (Diese Spannung wird etwa zur Beschleunigung von Elektronen in den Bildröhren von Fernsehgeräten benutzt). Die Bewegungsenergie des Elektrons ist dann $E' = 10$ keV, seine Gesamtenergie ist

$$E = m + E' = 0{,}521\text{ MeV} \quad ,$$

sein Impuls hat den Betrag

$$p = \sqrt{E^2 - m^2} = 0{,}102\text{ MeV} \quad .$$

Seine Geschwindigkeit ist mit

$$v = p/E = 0{,}2 \quad ,$$

bereits 1/5 der Lichtgeschwindigkeit. Der Lorentzfaktor hat den Wert

$$\gamma = E/m = 1{,}02 \quad .$$

12.6.2 Erhaltung des Gesamtviererimpulses bei Teilchenreaktionen

Die einfachsten mechanischen Vorgänge sind die Stoßprozesse zweier Teilchen: Zwischen den Teilchen A und B wirken kurzreichweitige Potentiale, die für Abstände

$$|\vec{x}_A-\vec{x}_B|^2 > R^2$$

der beiden Stoßpartner praktisch verschwinden. Vor dem Stoß, d.h. solange die Teilchen weiter als R voneinander entfernt sind, bewegen sie sich kräftefrei. Es gilt

$$\underset{\sim}{p}_A = \text{const.} \quad , \quad \underset{\sim}{p}_B = \text{const.} \quad . \tag{12.6.6}$$

Während der Wechselwirkung ändern sich $\underset{\sim}{p}_A$ und $\underset{\sim}{p}_B$ und erhalten die Werte $\underset{\sim}{p}'_A$ und $\underset{\sim}{p}'_B$, die nach der Wechselwirkung wieder einzeln konstant bleiben.

Da während der Wechselwirkung nur innere Kräfte zwischen den Stoßpartnern wirken, gilt die Erhaltung des Dreieranteils $\vec{p}$ des Viererimpulses $\underset{\sim}{p}$ des Systems

$$\vec{P} = \vec{p}_A + \vec{p}_B = \vec{p}'_A + \vec{p}'_B = \vec{P}' \quad . \tag{12.6.7}$$

Außerhalb des Wechselwirkungsbereichs ist auch die Nullkomponente des Gesamtviererimpulses konstant, da dort die potentielle Energie verschwindet. Mit der Konvention c = 1 gilt also

$$P^0 = p_A^0 + p_B^0 = E_A + E_B = E = E' = E'_A + E'_B = p_A^{0'} + p_B^{0'} = P^{0'} \quad . \tag{12.6.8}$$

Insgesamt können wir feststellen, daß der Viererimpuls des Systems vor und nach dem Stoß gleich ist

$$\underset{\sim}{P} = \underset{\sim}{p}_A + \underset{\sim}{p}_B = \underset{\sim}{p}'_A + \underset{\sim}{p}'_B = \underset{\sim}{P}' \quad . \tag{12.6.9}$$

Das Bezugssystem, in dem der Gesamtimpuls verschwindet bezeichnen wir wieder als Schwerpunktsystem.

Auch bei Reaktionen vom Typ

$$A + B \to C + D + E + \ldots \quad , \tag{12.6.10}$$

bei denen im Endzustand nicht die gleichen Teilchen wie im Anfangszustand vorliegen, gilt die Erhaltung des Gesamtviererimpulses

$$\underset{\sim}{P} = \underset{\sim}{p}_A + \underset{\sim}{p}_B = \underset{\sim}{p}_C + \underset{\sim}{p}_D + \underset{\sim}{p}_E + \ldots = \underset{\sim}{P}' \quad . \tag{12.6.11}$$

Sie ist experimentell an vielen Reaktionen mit großer Genauigkeit nachgewiesen worden. Wir wollen sie jetzt an einer Reihe von Beispielen studieren.

12.6.3 Elastischer Stoß von Elementarteilchen

Ein Stoß zweier Teilchen heißt elastisch, wenn die Reaktion vom Typ

$$A + B \rightarrow A + B \tag{12.6.12}$$

ist, die Teilchen selbst sich also nicht verändern. Mit Hilfe von (12.6.4) können wir die Energien in (12.6.8) durch die Ruhmassen und die Dreieranteile der Impulse ausdrücken

$$\sqrt{m_A^2+p_A^2} + \sqrt{m_B^2+p_B^2} = \sqrt{m_A^2+p_A'^2} + \sqrt{m_B^2+p_B'^2} \tag{12.6.13}$$

Wie in der nichtrelativistischen Mechanik (Abschnitt 5.5.4) betrachten wir nun den elastischen Stoß im Schwerpunktsystem und im Laborsystem.

I) *Stoß im Schwerpunktsystem*

Bezeichnen wir ähnlich wie in der nichtrelativistischen Mechanik Dreieranteile von Impulsen im Schwerpunktsystem mit $\vec{\pi}$, Energien mit ε und Viererimpulse mit $\underset{\sim}{\pi}$, so gilt

$$\vec{\pi}_A + \vec{\pi}_B = \vec{\pi}'_A + \vec{\pi}'_B = 0 \quad , \tag{12.6.14}$$

d.h.

$$\vec{\pi}_A = -\vec{\pi}_B \quad , \quad \vec{\pi}'_A = -\vec{\pi}'_B \quad .$$

Die Impulse der Teilchen A und B sind sowohl vor wie nach dem Stoß entgegengesetzt gleich. Da sich die Massen beim elastischen Stoß nicht ändern, liefert dann der Energieerhaltungssatz (12.6.13), daß alle Beträge der Dreierimpulse gleich sind

$$\pi_A = \pi_B = \pi'_A = \pi'_B = \pi \quad . \tag{12.6.15}$$

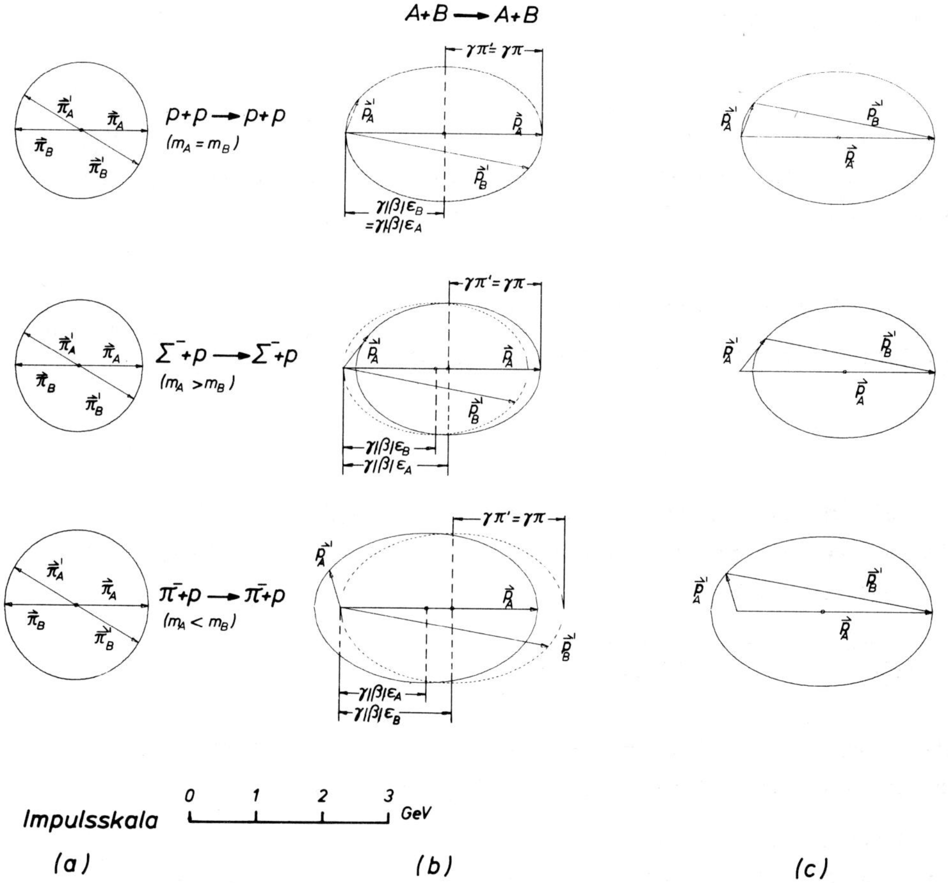

Abb. 12.5a-c. Impulsvektoren beim elastischen Stoß A + B → A + B zweier Teilchen im Schwerpunktsystem (a) bzw. Laborsystem (b) und (c). Der Laborimpuls des einfallenden Teilchens ist p_A = 3 GeV. Das Targetteilchen B ist ein Proton (p). Das einfallende Teilchen ist
in Zeile 1 ein Proton (p)
in Zeile 2 ein Sigma-Hyperon (Σ^-)
in Zeile 3 ein Pion (π^-)

Wie im nichtrelativistischen Fall ändern sich beim elastischen Stoß im Schwerpunktsystem nur die Richtungen, nicht aber die Beträge der Impulse (Abb.12.5a).

II) *Geschwindigkeit eines beliebigen Systems relativ zum Schwerpunktsystem*
Das Quadrat des Gesamtviererimpulses

$$\underset{\sim}{P} = \underset{\sim}{p}_A + \underset{\sim}{p}_B$$

ist wie jedes Skalarprodukt aus Vierervektoren eine Invariante, hat also stets den gleichen Wert, ob es nun im Schwerpunktsystem oder in einem beliebigen anderen System berechnet wird.

Wir wenden die Beziehungen (12.6.4) auf den Gesamtviererimpuls an

$$\underset{\sim}{P}\underset{\sim}{P} = M^2 = s \quad , \tag{12.6.16}$$

$$\vec{P} = \vec{p}_A + \vec{p}_B = \gamma\vec{V}\sqrt{s} \quad , \tag{12.6.17}$$

$$E = E_A + E_B = \gamma\sqrt{s} \quad , \tag{12.6.18}$$

$$\vec{V} = \frac{\vec{P}}{E} \quad , \quad \gamma = (1-V^2)^{-1/2} \quad . \tag{12.6.19}$$

Dabei ist $\vec{V}$ die Geschwindigkeit des Systems der beiden Teilchen gegenüber einem Bezugssystem, in dem $\vec{P}$ verschwindet, also gegenüber dem Schwerpunktsystem. Die Größe $M = \sqrt{s}$ heißt *invariante Masse* des Systems.

III) *Transformation ins Laborsystem*
Im Laborsystem ruht das Teilchen B vor dem Stoß, d.h. $\vec{p}_B = 0$. Die Geschwindigkeit des Laborsystems relativ zum Schwerpunktsystem ist dann durch

$$\vec{V} = \frac{\vec{p}_A}{E_A+E_B} = \frac{\vec{p}_A}{\sqrt{m_A^2+p_A^2}+m_B} \tag{12.6.20}$$

gegeben, kann also direkt aus dem Laborimpuls des Teilchens A und den Massen beider Teilchen berechnet werden. Noch einfacher gewinnt man $\vec{V}$ aus dem Impuls $\vec{\pi}_B$ des Teilchens B im Schwerpunktsystem. Da das Laborsystem das Ruhsystem von B ist, bewegt es sich im Schwerpunktsystem mit der Geschwindigkeit $\vec{v}_B = \vec{V}$. Da nach (12.6.4) $\vec{\pi}_B = m_B\gamma\vec{v}_B$ und $\varepsilon_B = m_B\gamma$ ist, gilt

$$\vec{V} = \vec{\beta} = \frac{\vec{\pi}_B}{\varepsilon_B} = \frac{\vec{\pi}_B}{\sqrt{m_B^2+\pi_B^2}} \quad . \tag{12.6.21}$$

Jeder Viererimpuls $\underset{\sim}{p}$ im Laborsystem ist über eine Lorentz-Transformation mit dem entsprechenden Vierervektor $\underset{\sim}{\pi}$ im Schwerpunktsystem verknüpft. Sind E bzw. ε die Energiekomponenten, $p_\parallel$ bzw. $\pi_\parallel$ und $p_\perp$ bzw. $\pi_\perp$ die Impulskomponenten parallel bzw. senkrecht zur Relativgeschwindigkeit $\vec{V}$, so lautet diese Transformation

$$\left.\begin{aligned} E &= \gamma\varepsilon - \gamma\beta\pi_\parallel \\ p_\parallel &= -\gamma\beta\varepsilon + \gamma\pi_\parallel \\ p_\perp &= \pi_\perp \end{aligned}\right\} \quad \beta = \frac{\pi_{B\parallel}}{\varepsilon_B} \quad , \quad \gamma = \frac{\varepsilon_B}{m_B} = (1-\beta^2)^{-1/2} \quad . \tag{12.6.22}$$

Für einen Impulsvektor $\vec{p}$ erhalten wir also folgendes Ergebnis: Seine Komponente senkrecht zu $\vec{V}$ bleibt ungeändert, seine Komponente parallel zu $\vec{V}$ wird zunächst um den Lorentz-Faktor γ gestreckt und dann um den Betrag $-\gamma\beta\varepsilon$ vergrößert. Im Schwerpunktsystem haben alle Impulsvektoren den festen Betrag π.

Die Energie $\varepsilon = \sqrt{m^2+\pi^2}$ hängt nicht von der Richtung des Impulses ab. Für jedes Teilchen ist $-\gamma\beta\varepsilon$ eine Konstante. Der Impulsvektor liegt nicht - wie im Schwerpunktsystem - auf einem Kreis, sondern auf einer Ellipse, die durch Streckung in einer Koordinatenrichtung um γ und Verschiebung um $-\gamma\beta\varepsilon$ aus einem Kreis entsteht. Für den Impulsvektor $\vec{p}'_B$ des Teilchens B nach dem Stoß geht die Ellipse durch den Ursprung (Abb.12.5b). Das sieht man sofort ein, weil das Laborsystem das Ruhsystem des Teilchens B ist. Wird es beim "Stoß" garnicht beeinflußt, so muß $\vec{p}'_B = \vec{p}_B = 0$ sein. Das zeigt auch die Rechnung. Setzt man nämlich $\vec{\pi}'_B = \vec{\pi}_B$, d.h. $\pi'_{B\parallel} = \pi_{B\parallel}$, $\pi'_{B\perp} = 0$, so liefert (12.6.22) das Ergebnis

$$p'_{B\parallel} = \gamma\left(-\frac{\pi_{B\parallel}}{\varepsilon_B}\varepsilon_B+\pi_{B\parallel}\right) = 0 \quad , \quad p'_{B\perp} = 0 \quad .$$

Die Ellipse, die den Impuls des $\vec{p}'_A$ Teilchens A nach dem Stoß kennzeichnet, hat die gleiche Form, wie die zu B gehörende, da die Form der Ellipse durch den Term $\gamma\pi_\parallel$ in (12.6.22) bestimmt wird und beide Teilchen den gleichen Wertebereich von $\pi_\parallel$ durchlaufen. Die Impulsellipse von A ist jedoch gegenüber der von B verschoben, wenn $\varepsilon_A \neq \varepsilon_B$, d.h. $m_A \neq m_B$. Sie ist nach rechts (bzw. links) verschoben, wenn $m_A > m_B$ (bzw. $m_A < m_B$) ist, da dann der Term $-\gamma\beta\varepsilon$, der die Verschiebung des Ellipsenmittelpunktes gegen den Koordinatenursprung angibt, größer bzw. kleiner ist als beim Teilchen B. In Abb.12.5 sind die Impulsvektoren für alle drei Fälle ($m_A \lesseqgtr m_B$) der elastischen Streuung sowohl im Schwerpunktsystem wie im Laborsystem dargestellt. Die Streuung im Laborsystem ist auf zwei Weisen dargestellt: Einmal sind beide Impulsellipsen angegeben, im anderen Fall nur die Ellipse von A. Zusätzlich ist der Laborimpuls $\vec{p}_A$ des Teilchens A vor dem Stoß gekennzeichnet. Zu jedem Vektor $\vec{p}'_A$ findet man dann den zugehörigen Vektor $\vec{p}'_B$ als die Differenz $\vec{p}'_B = \vec{p}_A - \vec{p}'_A$ (Abb.12.5c). Diese Konstruktion entspricht der der Abb.5.9 für den nichtrelativistischen elastischen Stoß. Wie dort beobachtet man, daß nur im Fall $m_A < m_B$ das ursprünglich einlaufende Teilchen A um mehr als 90^0 abgelenkt werden kann. Für $m_A > m_B$ liegt der maximale Ablenkwinkel sogar unter 90^0.

Die Abb.12.5 sind für $p_A = 3$ GeV berechnet worden, also einen Laborimpuls des einfallenden Teilchens, der mit modernen Beschleunigern leicht zu erreichen ist. Als ursprünglich ruhendes Teilchen (sog."Target"-Teilchen) wurde das Proton gewählt, das als Kern des Wasserstoff-Atoms sehr einfach zur Verfügung steht. Die einfallenden Teilchen (Pion, Proton bzw. Sigma-Hyperon) wurden einer kurzen Liste wichtiger Elementarteilchen (Tabelle 12.1) entnommen, die wir noch für weitere Beispiele benutzen werden.

Tabelle 12.1. Namen und Eigenschaften einiger Elementarteilchen

Name	Kurzzeichen	Q (Ladung)	B (Baryonenzahl)	S (Strangeness)	L (Leptonenzahl)	m (Ruhmasse)
Photon (Lichtquant)	γ	0	0	0	0	0
Elektron	e^-	-1	0	0	1	0.511
Positron	e^+	+1	0	0	-1	0.511
Pion	π^-	-1	0	0	0	140
	π^+	+1	0	0	0	140
	π^0	0	0	0	0	135
Kaon	K^-	-1	0	1	0	494
	K^0	0	0	1	0	498
Antikaon	K^+	+1	0	-1	0	494
	$\overline{K}^0$	0	0	-1	0	498
Proton	p	1	1	0	0	938
Antiproton	$\overline{p}$	-1	-1	0	0	938
Lambda	Λ	0	1	-1	0	1116
Antilambda	$\overline{\Lambda}$	0	-1	1	0	1116
Sigma	Σ^+	1	1	-1	0	1189
	Σ^0	0	1	-1	0	1192
	Σ^-	-1	1	-1	0	1197
Antisigma	$\overline{\Sigma}^-$	-1	-1	1	0	1189
	$\overline{\Sigma}^0$	0	-1	1	0	1192
	$\overline{\Sigma}^+$	1	-1	1	0	1197

Einheit der Ladung: $e = 1{,}6 \cdot 10^{-19}$ As
Einheit der Masse: $1\ \text{MeV} = 1{,}78 \cdot 10^{-30}$ kg

12.6.4 Inelastischer Stoß. Teilchenerzeugung und -vernichtung

Wir haben schon bemerkt, daß auch in inelastischen Reaktionen vom Typ (12.6.10) die Erhaltung des Gesamtviererimpulses in der Form (12.6.11) gilt. Daneben müssen noch andere Größen bei der Reaktion erhalten bleiben, z.B. die elektrische Ladung

$$Q_A + Q_B = Q_C + Q_D + Q_E + \ldots \quad , \qquad (12.6.23)$$

aber auch andere formal der Ladung ähnliche Größen, die Baryonen- und Leptonenzahl (siehe Tabelle 12.1). Betrachten wir jetzt die Einschränkungen, die die Energie-Impuls-Erhaltung (12.6.11) für mögliche Reaktionen bedeutet. Durch Quadrieren erhalten wir

$$s = (p_A+p_B)(p_A+p_B) = (p_C+p_D+\ldots)(p_C+p_D+\ldots) \qquad (12.6.24)$$

Beide Seiten bestehen aus invarianten Quadraten von Viererimpulsen, die wir im Schwerpunktsystem berechnen

$$s = (\varepsilon_A+\varepsilon_B)^2 - (\vec{\pi}_A+\vec{\pi}_B)^2 = (\varepsilon_C+\varepsilon_D+\ldots)^2 - (\vec{\pi}_C+\vec{\pi}_D+\ldots)^2$$

oder

$$\sqrt{s} = \varepsilon_A + \varepsilon_B = \varepsilon_C + \varepsilon_D + \ldots \quad ,$$

da die Summe der Impulsvektoren im Schwerpunktsystem verschwindet. Mit (12.6.4) können wir die Beziehung durch Massen und Impulse ausdrücken

$$\sqrt{s} = \sqrt{m_A^2+\pi_A^2} + \sqrt{m_B^2+\pi_B^2} = \sqrt{m_C^2+\pi_C^2} + \sqrt{m_D^2+\pi_D^2} + \ldots \quad . \qquad (12.6.25)$$

Die rechte Seite hat ein Minimum für den Fall $\pi_C = \pi_D = \ldots = 0$, in dem alle Impulse der Sekundärteilchen im Schwerpunktsystem verschwinden. Energieerhaltung erfordert also, daß die linke Seite mindestens diesen Wert hat

$$\sqrt{s} \geq m_C + m_D + \ldots \quad . \qquad (12.6.26a)$$

Das ist unabhängig von den Impulsen der Teilchen A und B nur dann der Fall, wenn

$$m_A + m_B \geq m_C + m_D + \ldots \qquad (12.6.26b)$$

gilt. Reaktionen, die nach dieser Bedingung ablaufen, heißen - analog zur chemischen Terminologie - *exotherm* (oder - falls das Gleichheitszeichen gilt - *energieneutral*). Die Energie, die der Differenz der Massen des End- bzw. Anfangszustandes entspricht, wird in zusätzliche Bewegungsenergie umgesetzt.

Aber auch *endotherme* Reaktionen, für die

$$m_A + m_B < m_C + m_D + \ldots \qquad (12.6.27)$$

gilt, können ablaufen, sofern nur die Bedingung (12.6.26) erfüllt ist. Dann wird Bewegungsenergie des Anfangszustandes zur Massenerzeugung benutzt. Als die Existenz des Antiprotons (Tabelle 12.1) vermutet aber noch nicht nachgewiesen war, wurde (12.6.26) benutzt, um die Größe eines Protonenbeschleunigers zu planen, der die Reaktion

$$p + p \rightarrow p + p + \overline{p} + p$$

ermöglichen sollte. Im Laborsystem lautet die Beziehung (m: Protonenmasse, p: Impuls des einfallenden Protons)

$$\sqrt{s} = \sqrt{(E_A+E_B)^2-(\vec{p}_A+\vec{p}_B)^2} = \sqrt{(\sqrt{m^2+p^2}+m)^2-p^2} \geq 4\ m \quad .$$

Durch Quadrieren und Auflösen nach p erhält man

$$p \geq m\sqrt{48} = 6.5\ \mathrm{GeV} \quad .$$

Reaktionen mit zwei Teilchen im Endzustand haben wieder besonders einfache Eigenschaften. Man erfaßt sie wie folgt: Ist sichergestellt, daß die Reaktion energetisch erlaubt ist, d.h. ist (12.6.26) erfüllt, so berechnet man aus den Massen und Impulsen des Anfangszustandes die Invariante $\sqrt{s}$, also die Gesamtenergie im Schwerpunktsystem. Sie kann aber auch durch die Massen m_C und m_D und den Betrag π' des Impulses der Teilchen im Endzustand ausgedrückt werden. Die Impulserhaltung liefert im Schwerpunktsystem

$$\vec{\pi}_A + \vec{\pi}_B = 0 = \vec{\pi}_C + \vec{\pi}_D \quad ,$$

d.h.

$$\vec{\pi}_A = -\vec{\pi}_B \quad , \quad \pi_A = \pi_B = \pi \quad ; \quad \vec{\pi}_C = -\vec{\pi}_D \quad , \quad \pi_C = \pi_D = \pi' \quad .$$

Der Betrag π' kann mit dem Energieerhaltungssatz

$$\sqrt{s} = \sqrt{m_C^2+\pi'^2} + \sqrt{m_D^2+\pi'^2}$$

aus der Invarianten $\sqrt{s}$ gewonnen werden, die durch die Massen und Impulse der Teilchen des Anfangszustandes gegeben ist. Benutzt man auch für den Anfangszustand die Schwerpunktimpulse, so erhält man

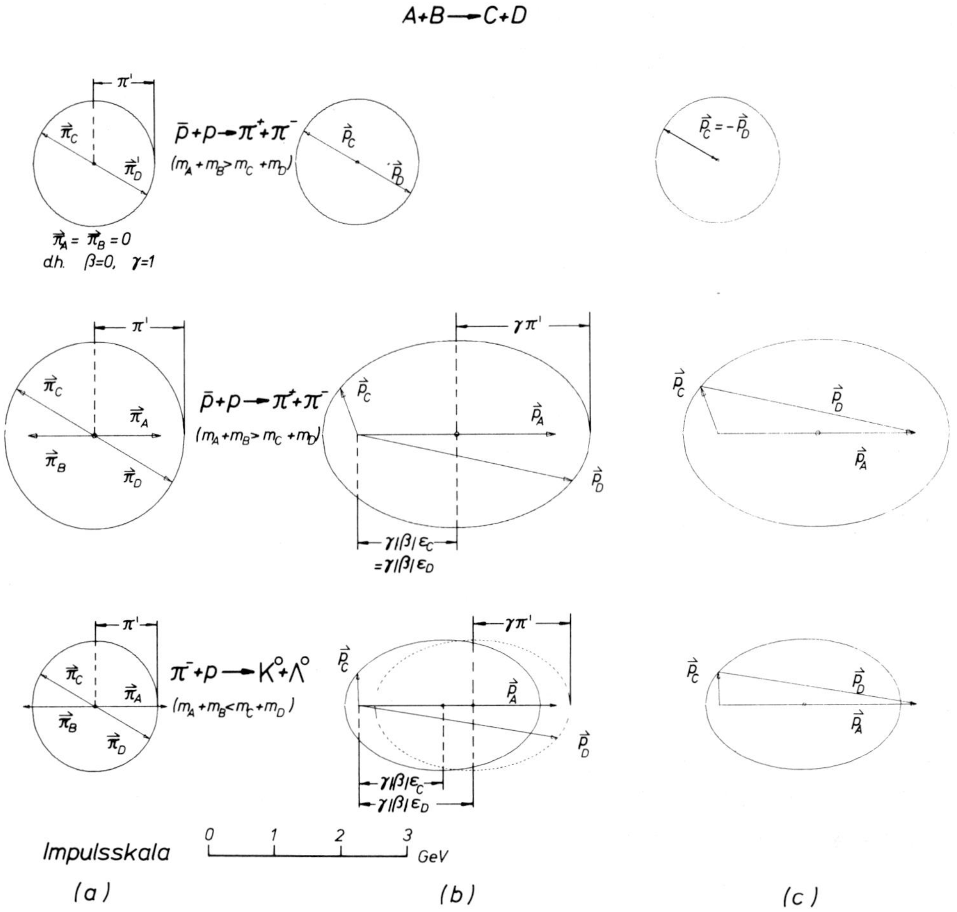

Abb. 12.6a-c. Impulsvektoren beim inelastischen Stoß A + B → C + D im Schwerpunktsystem (a) bzw. Laborsystem (b) und (c).
Zeile 1: Die exotherme Reaktion Antiproton + Proton → Pion + Pion ($\bar{p}+p \to \pi^+ + \pi^-$) Die Reaktion erfolgt in Ruhe; d.h. der Impuls des einfallenden Antiprotons verschwindet. Schwerpunkt- und Laborsystem stimmen überein.
Zeile 2: Die gleiche Reaktion wie in Zeile 1, jedoch für einen Laborimpuls des einfallenden Teilchens von 3 GeV.
Zeile 3: die endotherme Reaktion Pion + Proton → Kaon + Lambda ($\pi^- + p \to K^0 + \Lambda^0$) für einen Laborimpuls des einfallenden Pions von 3 GeV

$$\sqrt{s} = \sqrt{m_A^2+\pi^2} + \sqrt{m_B^2+\pi^2} = \sqrt{m_C^2+\pi'^2} + \sqrt{m_D^2+\pi'^2} \quad .$$

Man sieht, daß $\pi' \lesseqgtr \pi$ gilt, je nachdem ob $m_A + m_B \lesseqgtr m_C + m_D$, d.h. die Reaktion endotherm, energieneutral oder exotherm verläuft. Die Transformation der Sekundärimpulse im Laborsystem erfolgt nach (12.6.22).

In Abb.12.6 sind die Impulsvektoren zweier exothermer und einer endothermen Reaktion dargestellt.

12.6.5 Zerfall von Elementarteilchen

Auch für den spontanen Zerfall eines Teilchens, etwa nach dem Schema

$$A \to B + C$$

gilt die Erhaltung des Viererimpulses

$$\underset{\sim}{p}_A = \underset{\sim}{p}_B + \underset{\sim}{p}_C \quad .$$

Im Ruhsystem von A gilt für den Impulsvektor

$$\vec{\pi}_A = 0 = \vec{\pi}_B + \vec{\pi}_C \quad ,$$

d.h.

$$\vec{\pi}_B = -\vec{\pi}_C \quad , \quad \pi_B = \pi_C = \pi' \quad .$$

Der Energieerhaltungssatz lautet

$$\varepsilon_A = \varepsilon_B + \varepsilon_C \quad ,$$

d.h.

$$m_A = \sqrt{m_B^2+\pi'^2} + \sqrt{m_C^2+\pi'^2} \quad .$$

Aus dieser Beziehung kann man den Betrag π' des Impulses der Zerfallsteilchen im Schwerpunktsystem gewinnen. Hat das Teilchen A gegenüber einem Beobachter im Labor den Impuls $\vec{p}_A$, so gilt entsprechend (12.6.19), daß es sich gegenüber seinem Ruhsystem mit der Geschwindigkeit

$$\vec{v} = \vec{\beta} = \frac{\vec{p}}{E} = \frac{\vec{p}}{m\gamma}$$

bewegt. Aus den Impulsvektoren $\vec{\pi}_B$, $\vec{\pi}_C$ im Schwerpunktsystem gewinnt man durch die Lorentz-Transformation (12.6.22) mit diesen Werten für β und γ die Impulse $\vec{p}_B$ und $\vec{p}_C$ im Laborsystem.

In Abb.12.7 sind die Zerfälle zweier Elementarteilchen im Schwerpunktsystem dargestellt und in einem Laborsystem, in dem die Teilchen einen Impuls

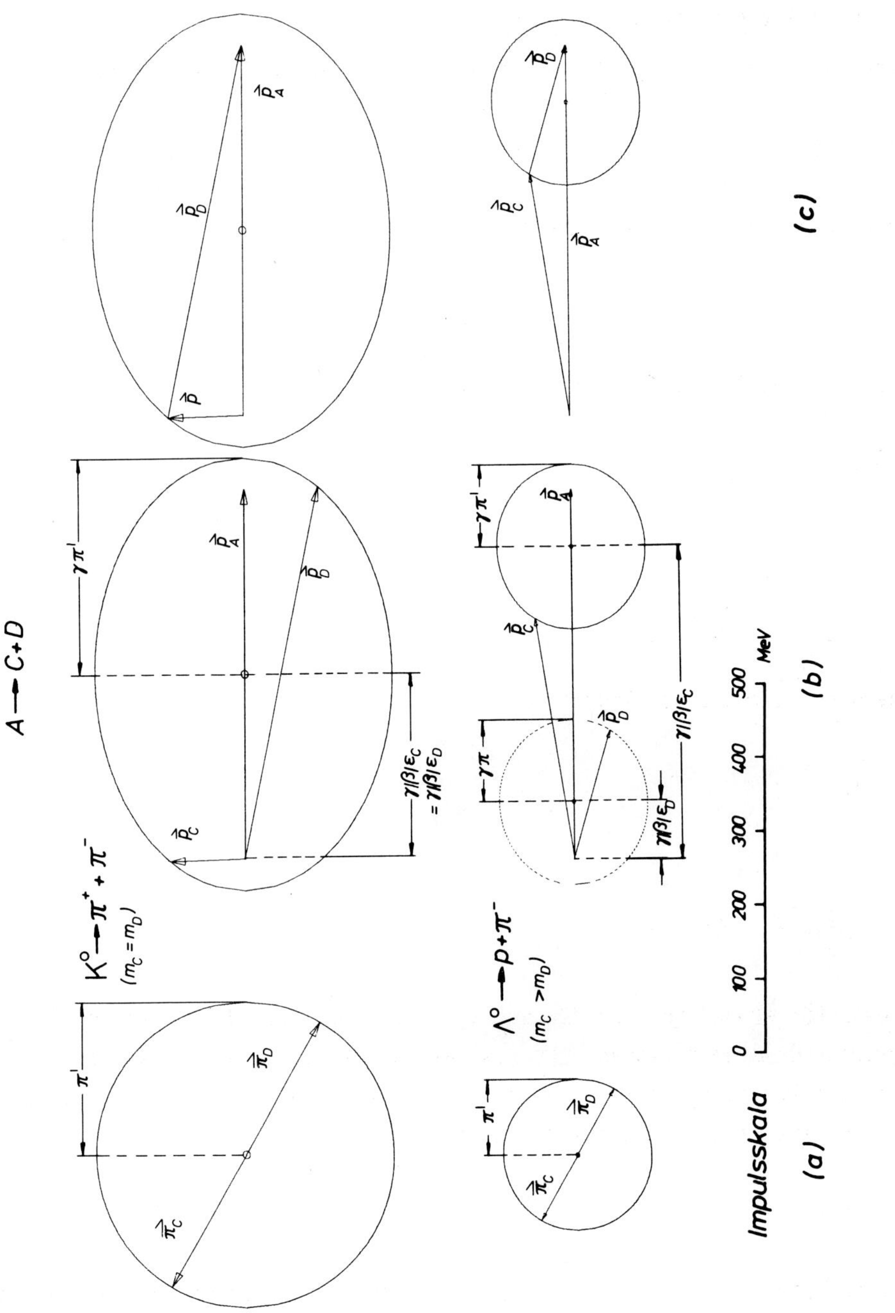

Abb. 12.7. Impulsvektoren beim Zerfall eines Teilchens $A \to B + C$ im Ruhsystem des Teilchens (a) und in einem System, in dem es sich mit dem Impuls p_A = 500 MeV bewegt (b) und (c).
Zeile 1: Zerfall eines Kaons in zwei Pionen ($K^0 \to \pi^+ + \pi^-$).
Zeile 2: Zerfall eines Lambda-Teilchens in ein Proton und ein Pion ($\Lambda^0 \to p + \pi^-$)

p_A = 500 MeV haben. Wieder liegen die Impulsvektoren im Schwerpunktsystem auf Kreisen und im Laborsystem auf Ellipsen. Haben die beiden Zerfallsteilchen verschiedene Massen, so sind die Ellipsen wegen des Terms $-\gamma\beta\varepsilon$ in (12.6.22) gegeneinander verschoben. Für sehr verschiedene Massen kann die Verschiebung so groß werden, daß kein Überlapp mehr besteht. Das schwerere Zerfallsteilchen hat dann im Labor immer den größeren Impuls.

12.6.6 Beobachtung von Elementarteilchenreaktionen in der Blasenkammer

Stoß- und Zerfallsprozesse können besonders leicht in Spurenkammern beobachtet werden, in denen elektrisch geladene Teilchen längs ihrer Bahn eine sichtbare Spur hinterlassen. Besonders günstig ist die Benutzung einer mit überhitztem flüssigem Wasserstoff gefüllten Kammer. In einer solchen Blasen-

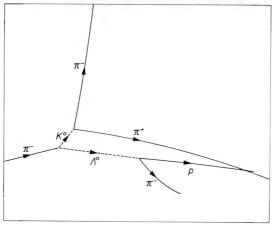

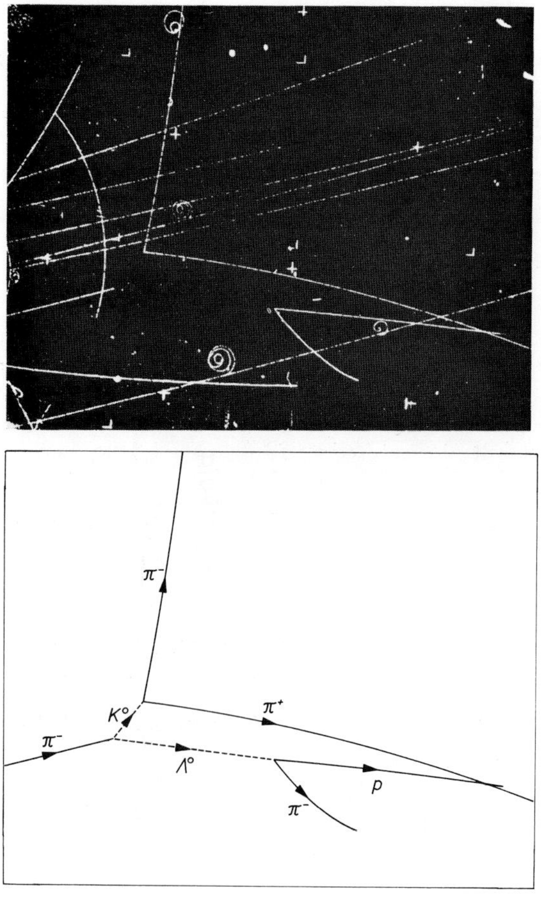

Abb. 12.8. Blasenkammeraufnahme (und erläuternde Skizze) der Reaktionen

$\pi^- p \to K^0 + \Lambda^0$

$\Lambda^0 \to p + \pi^-$

$K^0 \to \pi^+ + \pi^-$

kammer erwärmen die Teilchen die Flüssigkeit längs ihrer Bahn und leiten so eine lokale Verdampfung ein. Die entstehenden Bläschen können photographiert werden. Umgibt man die Kammer mit einem Magnetfeld, so werden die Bahnen der Teilchen gekrümmt und zwar um so stärker, je geringer der Impuls der Teilchen ist. Die Messung der Krümmung erlaubt damit eine Impulsbestimmung.

Experiment 12.3. Erzeugung und Zerfall von Elementarteilchen

Abb.12.8 zeigt die Aufnahme einer Blasenkammer kurz nach dem Einschuß einiger negativer Pionen. Eines dieser Pionen reagiert mit einem Proton der Kammerfüllung (Protonen sind die Atomkerne des Wasserstoffs). Dabei ensteht ein Kaon und ein Lambda-Teilchen

$$\pi^- + p \rightarrow K^0 + \Lambda^0$$

(vgl.Abb.12.6 Zeile 3). Da die beiden erzeugten Teilchen elektrisch neutral sind, hinterlassen sie keine Spur. Der Reaktionspunkt zeichnet sich dadurch aus, daß die Spur des einfallenden Pions dort endet. Die beiden erzeugten Teilchen zerfallen jedoch nach kurzer Flugstrecke in je zwei geladene Teilchen

$$K^0 \rightarrow \pi^+ + \pi^- \quad , \quad \Lambda^0 \rightarrow p + \pi^-$$

(vgl.Abb.12.7), die ihrerseits Spuren hinterlassen. Der Unterschied der beiden Zerfälle ist augenfällig. Insbesondere wird deutlich, daß das Pion aus dem Zerfall des Lambda-Teilchens einen wesentlich geringeren Impuls (größere Bahnkrümmung) hat als das Proton.

12.6.7 "Energieausbeute" bei Massenumwandlung

Im Abschnitt 12.6.4 haben wir die Reaktion

$$A + B \rightarrow C + D \tag{12.6.28}$$

immer als abgeschlossenes System betrachtet. Die Gesamtenergie

$$E_A + E_B = E_C + E_D \tag{12.6.29}$$

wurde durch die Reaktion nicht verändert.

Wir können aber auch auf beiden Seiten der Reaktionsgleichung (12.6.28) die Energie betrachten, die in Form von Ruhmasse vorhanden ist. Sie ist natürlich keine Erhaltungsgröße mehr, sondern wird durch eine Bewegungsenergie ergänzt, die die Energiebilanz wieder herstellt. Die Energie

$$\Delta E = m_A + m_B - (m_C+m_D)$$

heißt Energieausbeute der Reaktion (12.6.28). Sie ist natürlich maximal für den Fall $m_C = m_D = 0$, etwa im Fall der Elektron-Positron-Vernichtung in zwei Photonen

$$\Delta E(e^+e^- \to \gamma+\gamma) = 2m_e = 1{,}022 \text{ MeV} \quad .$$

Bei der völligen Zerstrahlung eines Proton-Antiproton-Paares würde die Energie

$$\Delta E(\overline{p}+p \to \text{Photonen}) = 2m_p = 1876 \text{ MeV}$$

freiwerden.

Gelänge es, 1 Gramm Antiprotonen bereitzustellen und es mit 1 Gramm Protonen zu vernichten, so würde die Energie

$$\begin{aligned} E &= A\Delta E(\overline{p}+p \to \text{Photonen}) = 6{,}12 \cdot 10^{23} \cdot 1876 \text{ MeV} \\ &= 1{,}13 \cdot 10^{27} \text{ MeV} \\ &= 1{,}6 \cdot 1{,}13 \cdot 10^{27} \cdot 10^{-13} \text{ Ws} \\ &= 1{,}8 \cdot 10^{14} \text{ Ws} = \frac{1{,}8}{3{,}6} \cdot 10^8 \text{ kWh} = 5 \cdot 10^7 \text{ kWh} \end{aligned}$$

entstehen, und zwar nach vielfältigen Absorptionsprozessen der Photonen in Materie schließlich in Form von Wärme. (A ist die Anzahl der Protonen in einem Gramm Wasserstoff, allgemein die Zahl der Moleküle in einem Mol). Dieser Prozeß ist technisch jedoch nicht realisierbar, weil keine natürlichen Antiprotonen zur Verfügung stehen.

Gegenwärtig versucht man, den Kernfusionsprozeß

$$^2\text{D} + {}^2\text{D} \to {}^4\text{He}$$

für die Energiegewinnung auszunutzen, bei dem zwei Deuteriumkerne (jeweils bestehend aus 2 Nukleonen) zu einem Heliumkern (mit 4 Nukleonen) "verschmolzen" werden. Dabei wird die Energie ΔE frei.

$$\Delta E = 2m_D - m_{He} = 2{,}4 \text{ MeV} \quad . \qquad (12.6.30)$$

Bezogen auf 2 Mol Deuterium, also 4 Gramm, liefert die Fusionsreaktion die Energie

$$E = A \cdot \Delta E = 1{,}45 \cdot 10^{24} \text{ MeV} = 6{,}4 \cdot 10^4 \text{ kWh} \quad .$$

Wir können uns fragen, wieso die Massendifferenz (12.6.30) überhaupt von Null verschieden ist, obwohl wir doch behauptet haben, sowohl die beiden Deuteronen, wie auch der Heliumkern bestünden aus insgesamt 4 Nukleonen. Die Antwort besteht darin, daß die Nukleonen im Helium fester gebunden sind. Soll der Heliumkern in zwei Deuteronen aufgebrochen werden, so muß die Energie ΔE wieder aufgebracht werden. Wir können diesen Gedankengang quantitativ an einem makroskopischen Analogon demonstrieren.

Eine Schraubenfeder mit der Federkonstante $D = 1\ \mathrm{N\,m^{-1}} = 1\ \mathrm{kg\,s^{-2}}$ werde um 1 m aus ihrer Ruhelage ausgelenkt. Dabei muß die Arbeit

$$\Delta E = A = -\int_{x=0}^{1} F\,dx = \int_{x=0}^{1} Dx\,dx = \left[\frac{D}{2}x^2\right]_0^1 = 0.5\ \mathrm{Nm} = 0{,}5\ \mathrm{Ws}$$

gegen die Feder geleistet werden. Läßt man die Feder wieder los, so wird nach Abklingen eines Schwingungsvorganges schließlich die Energie ΔE in Form von Wärme an die Umgebung abgegeben sein. Die "Bindungsenergie" ΔE hat ausgedrückt in MeV den Wert

$$\Delta E = 0{,}5\ \mathrm{Ws} = 0{,}8 \cdot 10^{19}\ \mathrm{eV} = 0{,}8 \cdot 10^{13}\ \mathrm{MeV} \quad .$$

Das entspricht einer Masse von

$$\Delta m = \frac{\Delta E}{c^2} = \frac{0{,}5}{(3\cdot 10^8)^2} = 5{,}5 \cdot 10^{-17}\ \mathrm{kg} \quad .$$

Die Feder hat damit im entspannten Zustand eine um den Betrag Δm geringere Masse. An diesem letzten Zahlenbeispiel wird wieder deutlich, warum im nichtatomaren Bereich die Masse nach wie vor in sehr guter Näherung als erhalten gelten kann.

*12.7 Vierertensoren

Wir wollen nun die mathematische Struktur der Lorentz-Transformationen, die die Grundlage der Relativitätstheorie bilden, etwas genauer untersuchen. Dabei wird sich herausstellen, daß sie als Anwendung eines Vierertensors auf einen Vierervektor aufgefaßt werden können und daß der Tensor große Ähnlichkeit zu den Drehtensoren $\underline{\underline{R}}$ aus Kapitel 7 aufweist. Betrachten wir zunächst Tensoren im Minkowski-Raum.

Wieder nennen wir Paare von Basisvektoren des vierdimensionalen Raumes

$$(\underset{\sim}{e}_\mu, \underset{\sim}{e}_\nu) = \underset{\sim}{e}_\mu \otimes \underset{\sim}{e}_\nu \tag{12.7.1}$$

Basistensoren zweiter Stufe. Sie spannen einen 16-dimensionalen Raum auf, in dem ein beliebiger Vierertensor zweiter Stufe durch

$$\underset{\approx}{T} = T^{\mu\nu} \underset{\sim}{e}_\mu \otimes \underset{\sim}{e}_\nu \quad , \tag{12.7.2}$$

definiert ist. Dabei ist wieder die Einsteinsche Summenkonvention anzuwenden, die eine Summation über beide Indizes μ und ν vorschreibt. Diese Vierertensoren vermitteln wiederum Abbildungen von Vierervektoren in Vierervektoren

$$\begin{aligned}\underset{\sim}{x}' = \underset{\approx}{T}\underset{\sim}{x} &= T^{\mu\nu} \underset{\sim}{e}_\mu \otimes \underset{\sim}{e}_\nu \cdot x^\rho \underset{\sim}{e}_\rho \\ &= T^{\mu\nu} x^\rho \underset{\sim}{e}_\mu (\underset{\sim}{e}_\nu \cdot \underset{\sim}{e}_\rho) \\ &= T^{\mu\nu} x^\rho \underset{\sim}{e}_\mu g_{\nu\rho} = T^{\mu\nu} g_{\nu\rho} x^\rho \underset{\sim}{e}_\mu \quad .\end{aligned} \tag{12.7.3}$$

Der Vektor $\underset{\approx}{T}\underset{\sim}{x}$ hat die Komponenten

$$x'^\mu = T^{\mu\nu} g_{\nu\rho} x^\rho \quad . \tag{12.7.4}$$

Geradeso wie diese verallgemeinern sich auch die anderen Regeln der Tensorrechnung auf Vierertensoren.

Die Identität im Minkowski-Raum ist

$$\underset{\approx}{I} = \underset{\approx}{G} = g^{\mu\nu} \underset{\sim}{e}_\mu \otimes \underset{\sim}{e}_\nu = \underset{\sim}{e}_0 \otimes \underset{\sim}{e}_0 - \underset{\sim}{e}_1 \otimes \underset{\sim}{e}_1 - \underset{\sim}{e}_2 \otimes \underset{\sim}{e}_2 - \underset{\sim}{e}_3 \otimes \underset{\sim}{e}_3 \quad , \tag{12.7.5}$$

denn es gilt die Beziehung

$$\begin{aligned}\underset{\approx}{G}\underset{\sim}{x} &= g^{\mu\nu} \underset{\sim}{e}_\mu \otimes \underset{\sim}{e}_\nu x^\rho \underset{\sim}{e}_\rho \\ &= g^{\mu\nu} \underset{\sim}{e}_\mu x^\rho (\underset{\sim}{e}_\nu \cdot \underset{\sim}{e}_\rho) \\ &= g^{\mu\nu} \underset{\sim}{e}_\mu x^\rho g_{\nu\rho} = g^{\mu\nu} g_{\nu\rho} x^\rho \underset{\sim}{e}_\mu \\ &= g^\mu{}_\rho x^\rho \underset{\sim}{e}_\mu = x^\mu \underset{\sim}{e}_\mu = \underset{\sim}{x} \quad .\end{aligned} \tag{12.7.6}$$

Dabei wurde ausgenutzt, daß das Produkt der Matrizen $g^{\mu\nu}\, g_{\nu\rho}$ gleich der vierdimensionalen Einheitsmatrix ist, die wir aus formalen Gründen durch $g^{\mu}{}_{\rho}$ bezeichnen wollen

$$g^{\mu\nu}\, g_{\nu\rho} = \delta_{\mu\rho} =: g^{\mu}{}_{\rho} \quad . \tag{12.7.7}$$

Da die Skalarprodukte der Basisvektoren nicht durch die Elemente $\delta_{\mu\nu}$ der vierdimensionalen Einheitsmatrix, sondern durch $g_{\mu\nu}$ gegeben werden, sind auch die Matrixelemente der Identität $\underset{\approx}{I}$ nicht $\delta_{\mu\nu}$ sondern $g_{\mu\nu}$. Wegen dieses Zusammenhanges zwischen dem Skalarprodukt und damit dem Abstand (Metrik) und der Matrix des Identitätstensors $\underset{\approx}{I}$ nennt man diesen auch *metrischen Tensor*. Mit seiner Hilfe läßt sich das Skalarprodukt der Einheitsvektoren auch so schreiben

$$\underset{\sim}{e}_{\mu} \cdot \underset{\sim}{e}_{\nu} = \underset{\sim}{e}_{\mu}\, \underset{\approx}{G}\, \underset{\sim}{e}_{\nu} \quad , \tag{12.7.8}$$

denn

$$\underset{\sim}{e}_{\mu}\, \underset{\approx}{G}\, \underset{\sim}{e}_{\nu} = \underset{\sim}{e}_{\mu}(g^{\rho\sigma}\underset{\sim}{e}_{\rho}\otimes\underset{\sim}{e}_{\sigma})\underset{\sim}{e}_{\nu} = g^{\rho\sigma}(\underset{\sim}{e}_{\mu}\cdot\underset{\sim}{e}_{\rho})(\underset{\sim}{e}_{\sigma}\cdot\underset{\sim}{e}_{\nu})$$

$$= g^{\rho\sigma}\, g_{\mu\rho}\, g_{\sigma\nu} = g_{\mu\rho}\, g^{\rho}{}_{\nu} = g_{\mu\nu} = \underset{\sim}{e}_{\mu} \cdot \underset{\sim}{e}_{\nu} \quad . \tag{12.7.9}$$

Zur Vereinfachung vieler Rechnungen liegt es nahe, neben dem Satz der Basisvektoren $\underset{\sim}{e}_{\nu}$, $(\nu=0,1,2,3)$, noch den Satz

$$\underset{\sim}{e}^{\nu} := g^{\nu\lambda}\underset{\sim}{e}_{\lambda} \tag{12.7.10}$$

von Basisvektoren zu betrachten.

Im einzelnen bedeutet das

$$\underset{\sim}{e}^{0} = \underset{\sim}{e}_{0} \quad , \quad \underset{\sim}{e}^{1} = -\underset{\sim}{e}_{1} \quad , \quad \underset{\sim}{e}^{2} = -\underset{\sim}{e}_{2} \quad , \quad \underset{\sim}{e}^{3} = -\underset{\sim}{e}_{3} \quad , \tag{12.7.11}$$

d.h. daß der zeitartige Vektor $\underset{\sim}{e}^{0}$ ungeändert ist, während die raumartigen Vektoren $\underset{\sim}{e}^{i}$ aus den $\underset{\sim}{e}_{i}$ durch Spiegelung hervorgehen. Damit gilt jetzt

$$\underset{\sim}{e}_{\mu} \cdot \underset{\sim}{e}^{\nu} = g^{\rho\nu}\, \underset{\sim}{e}_{\mu} \cdot \underset{\sim}{e}_{\rho} = g^{\rho\nu}\, g_{\mu\rho} = g_{\mu}{}^{\nu} = \delta_{\mu\nu} \quad , \tag{12.7.12}$$

so daß alle Skalarprodukte von zwei Basisvektoren aus verschiedenen Sätzen bei gleichen Indizes gleich Eins und sonst Null sind. Die beiden Sätze $\underset{\sim}{e}_{\mu}$ und $\underset{\sim}{e}^{\nu}$ sind "biorthogonal" zueinander.

Mit Hilfe der beiden Sätze von Basisvektoren läßt sich nun jeder Vektor $\underset{\sim}{x}$ auf zwei verschiedene Weisen darstellen

$$\underset{\sim}{x} = x^{\mu}\, \underset{\sim}{e}_{\mu} \quad \text{und} \quad \underset{\sim}{x} = x_{\mu}\, \underset{\sim}{e}^{\mu} \quad , \tag{12.7.13}$$

wobei als Zusammenhang zwischen den *kovarianten* Komponenten x_μ und *kontravarianten* Komponenten x^μ

$$x_\mu = g_{\mu\nu}\, x^\nu \quad , \quad x^\nu = g^{\nu\mu}\, x_\mu \tag{12.7.14}$$

gilt. Damit verifiziert man sofort die Richtigkeit von (12.7.20). Unter Ausnutzung der beiden Darstellungen (12.7.20) kann man das Skalarprodukt jetzt in die Form

$$\underset{\sim}{x} \cdot \underset{\sim}{y} = x^\mu\, g_{\mu\nu}\, y^\nu = x^\mu\, y_\mu = x_\mu\, y^\mu \tag{12.7.15}$$

bringen. Eine ähnliche Verkürzung kann man in der Darstellung für den Identitätstensor erreichen

$$\underset{\approx}{G} = g^{\mu\nu}\, \underset{\sim}{e}_\mu \otimes \underset{\sim}{e}_\nu = \underset{\sim}{e}^\mu \otimes \underset{\sim}{e}_\nu = \underset{\sim}{e}_\mu \otimes \underset{\sim}{e}^\nu = g_{\mu\nu}\, \underset{\sim}{e}^\mu \otimes \underset{\sim}{e}^\nu \quad . \tag{12.7.16}$$

*12.8 Rotationen im Minkowski-Raum. Homogene Lorentz-Transformationen

Analog zu den Rotationen im dreidimensionalen Euklidischen Raum, bezeichnen wir den Übergang von einem Basissystem $\underset{\sim}{e}_\mu$ (μ=0,1,2,3) zu einem anderen

$$\underset{\sim}{e}'_\mu = \underset{\approx}{\Lambda}\, \underset{\sim}{e}_\mu \tag{12.8.1}$$

als eine Rotation im Minkowski-Raum. Offenbar wird dieser Übergang von dem Vierertensor

$$\underset{\approx}{\Lambda} = \underset{\sim}{e}'_\rho \otimes \underset{\sim}{e}^\rho = g^{\rho\sigma}\, \underset{\sim}{e}'_\rho \otimes \underset{\sim}{e}_\sigma = \underset{\sim}{e}'^\sigma \otimes \underset{\sim}{e}_\sigma \tag{12.8.2}$$

geleistet, wie man leicht nachrechnet

$$\underset{\approx}{\Lambda}\underset{\sim}{e}_\mu = \underset{\sim}{e}'_\rho \otimes \underset{\sim}{e}^\rho\, \underset{\sim}{e}_\mu = \underset{\sim}{e}'_\rho\, g^\rho{}_\mu = \underset{\sim}{e}'_\mu \quad ,$$

$$\underset{\approx}{\Lambda}\underset{\sim}{e}^\mu = \underset{\sim}{e}'^\rho \otimes \underset{\sim}{e}_\rho\, \underset{\sim}{e}^\mu = \underset{\sim}{e}'^\rho\, g_\rho{}^\mu = \underset{\sim}{e}'^\mu \quad . \tag{12.8.3}$$

Für einen beliebigen Vektor

$$\underset{\sim}{x} = x^\mu\, \underset{\sim}{e}_\mu = x_\mu\, \underset{\sim}{e}^\mu \tag{12.8.4}$$

finden wir als Transformationsformel

$$\underset{\sim}{x}' = \underset{\approx}{\Lambda}\underset{\sim}{x} = \underset{\sim}{e}'_\rho \otimes \underset{\sim}{e}^\rho\, x^\mu\, \underset{\sim}{e}_\mu = \underset{\sim}{e}'_\rho\, g^\rho{}_\mu\, x^\mu = x^\mu\, \underset{\sim}{e}'_\mu \quad , \qquad \text{bzw.}$$

$$\underset{\sim}{x}' = \underset{\approx}{\Lambda}\underset{\sim}{x} = \underset{\sim}{e}'^\rho \otimes \underset{\sim}{e}_\rho\, x_\mu\, \underset{\sim}{e}^\mu = \underset{\sim}{e}'^\rho\, g_\rho{}^\mu\, x_\mu = x_\mu\, \underset{\sim}{e}'^\mu \quad . \tag{12.8.5}$$

Analog zu den dreidimensionalen Rotationen hat der gedrehte Vektor $\underset{\sim}{x}'$ bezüglich des gedrehten Basissystems dieselben Komponenten wie $\underset{\sim}{x}$ bezüglich des ursprünglichen Basissystems. Als Zerlegung des Tensors $\underset{\approx}{\Lambda}$ mit den vollständigen Sätzen von Basistensoren

$$\underset{\sim}{e}_\mu \otimes \underset{\sim}{e}^\nu \quad , \quad \underset{\sim}{e}^\mu \otimes \underset{\sim}{e}_\nu \quad , \quad \underset{\sim}{e}_\mu \otimes \underset{\sim}{e}_\nu \quad , \underset{\sim}{e}^\mu \otimes \underset{\sim}{e}^\nu$$

haben wir

$$\begin{aligned} \underset{\approx}{\Lambda} &= \Lambda^\mu{}_\nu\, \underset{\sim}{e}_\mu \otimes \underset{\sim}{e}^\nu = \Lambda_\mu{}^\nu\, \underset{\sim}{e}^\mu \otimes \underset{\sim}{e}_\nu \\ &= \Lambda^{\mu\nu}\, \underset{\sim}{e}_\mu \otimes \underset{\sim}{e}_\nu = \Lambda_{\mu\nu}\, \underset{\sim}{e}^\mu \otimes \underset{\sim}{e}^\nu \quad . \end{aligned} \tag{12.8.6}$$

Dabei sind die $\Lambda^\mu{}_\nu$, $\Lambda_\mu{}^\nu$, $\Lambda^{\mu\nu}$, $\Lambda_{\mu\nu}$ die Matrixelemente des Tensors $\underset{\approx}{\Lambda}$ bezüglich der verschiedenen Basissysteme. Wir fassen sie zu Matrizen zusammen, wie z.B.

$$\begin{pmatrix} \Lambda_{00} & \Lambda_{01} & \Lambda_{02} & \Lambda_{03} \\ \Lambda_{10} & \Lambda_{11} & \Lambda_{12} & \Lambda_{13} \\ \Lambda_{20} & \Lambda_{21} & \Lambda_{22} & \Lambda_{23} \\ \Lambda_{30} & \Lambda_{31} & \Lambda_{32} & \Lambda_{33} \end{pmatrix} \quad .$$

Ihre Werte gewinnt man durch Multiplikation des Tensors $\underset{\approx}{\Lambda}$ mit den entsprechenden Basisvektoren von links und rechts

$$\begin{aligned} \underset{\sim}{e}^\mu\, \underset{\approx}{\Lambda} \underset{\sim}{e}_\nu &= \underset{\sim}{e}^\mu\, \Lambda^\rho{}_\sigma\, \underset{\sim}{e}_\rho \otimes \underset{\sim}{e}^\sigma\, \underset{\sim}{e}_\nu = \Lambda^\rho{}_\sigma (\underset{\sim}{e}^\mu \cdot \underset{\sim}{e}_\rho)(\underset{\sim}{e}^\sigma \cdot \underset{\sim}{e}_\nu) \\ &= \Lambda^\rho{}_\sigma\, g^\mu{}_\rho\, g^\sigma{}_\nu = \Lambda^\mu{}_\nu \quad . \end{aligned} \tag{12.8.7}$$

Ganz entsprechend gilt für die anderen Matrixelemente

$$\Lambda_\mu{}^\nu = \underset{\sim}{e}_\mu\, \underset{\approx}{\Lambda} \underset{\sim}{e}^\nu \quad , \quad \Lambda^{\mu\nu} = \underset{\sim}{e}^\mu\, \underset{\approx}{\Lambda} \underset{\sim}{e}^\nu \quad , \quad \Lambda_{\mu\nu} = \underset{\sim}{e}_\mu\, \underset{\approx}{\Lambda} \underset{\sim}{e}_\nu \quad . \tag{12.8.8}$$

Ihr Zusammenhang ergibt sich aus der Relation (12.7.10) zwischen den Basissystemen $\underset{\sim}{e}_\mu$ und $\underset{\sim}{e}^\mu$ (μ=0,1,2,3)

$$\Lambda^\mu{}_\nu = \Lambda^{\mu\rho}\, g_{\rho\nu} = g^{\mu\rho}\, \Lambda_{\rho\nu} = g^{\mu\rho}\, \Lambda_\rho{}^\sigma\, g_{\nu\sigma} \quad . \tag{12.8.9}$$

Es ist offensichtlich eine Regelmäßigkeit dieses Formalismus, daß das Anheben oder Absenken von Indizes mit geeignet gewählten Matrizen ($\underset{\approx}{g}$) bewerkstelligt wird. Die Umkehrtransformation vom System $\underset{\sim}{e}'_\mu$ in das ursprüngliche System $\underset{\sim}{e}_\mu$ wird offenbar von dem zu $\underset{\approx}{\Lambda}$ adjungierten Tensor

$$\underset{\approx}{\Lambda}^+ = \underset{\sim}{e}^\rho \otimes \underset{\sim}{e}'_\rho = g^{\rho\sigma}\, \underset{\sim}{e}_\rho \otimes \underset{\sim}{e}'_\sigma = \underset{\sim}{e}_\rho \otimes \underset{\sim}{e}'^\rho \tag{12.8.10}$$

geleistet. Die Transformationen

$$\underset{\approx}{\Lambda}^+ \underset{\approx}{\Lambda} = (\underset{\sim}{e}^\rho \otimes \underset{\sim}{e}'_\rho)(\underset{\sim}{e}'^\sigma \otimes \underset{\sim}{e}_\sigma) = \underset{\sim}{e}^\rho \otimes \underset{\sim}{e}_\rho = \underset{\approx}{G} = \underset{\approx}{I} \tag{12.8.11}$$

und

$$\underset{\approx}{\Lambda}\underset{\approx}{\Lambda}^{+} = (\underset{\sim}{e}'_{\rho}\otimes\underset{\sim}{e}^{\rho})(\underset{\sim}{e}_{\sigma}\otimes\underset{\sim}{e}'^{\sigma}) = \underset{\approx}{G} = \underset{\approx}{I} \qquad (12.8.12)$$

sind als Hintereinanderausführung einer Rotation und ihrer Inversen die identischen Abbildungen. Die beiden Beziehungen (12.8.11) und (12.8.12) heißen *Unitaritätsrelationen*.

Die Darstellungen des adjungierten Tensors $\underset{\approx}{\Lambda}^{+}$ in den verschiedenen Basissystemen werden durch die Beziehungen

$$\underset{\approx}{\Lambda}^{+} = \Lambda^{+\mu}{}_{\nu}\,\underset{\sim}{e}_{\mu}\otimes\underset{\sim}{e}^{\nu} = \Lambda^{+\nu}_{\mu}\,\underset{\sim}{e}^{\mu}\otimes\underset{\sim}{e}_{\nu} = \Lambda^{+\mu\nu}\,\underset{\sim}{e}_{\mu}\otimes\underset{\sim}{e}_{\nu} = \Lambda^{+}_{\mu\nu}\,\underset{\sim}{e}^{\mu}\otimes\underset{\sim}{e}^{\nu} \qquad (12.8.13)$$

mit den adjungierten Matrixelementen

$$\Lambda^{+\mu}{}_{\nu} = \Lambda_{\nu}{}^{\mu} \quad , \quad \Lambda^{+\nu}_{\mu} = \Lambda^{\nu}{}_{\mu} \quad , \quad \Lambda^{+\mu\nu} = \Lambda^{\nu\mu} \quad , \quad \Lambda^{+}_{\mu\nu} = \Lambda_{\nu\mu} \qquad (12.8.14)$$

gegeben. Die Unitaritätsrelationen (12.8.11) und (12.8.12) spiegeln sich in den Unitaritätsrelationen für die Matrizen wieder. Wir rechnen sie für eine Darstellungsmatrix vor

$$\underset{\approx}{\Lambda}^{+}\underset{\approx}{\Lambda} = (\Lambda^{+\mu}{}_{\nu}\,\underset{\sim}{e}_{\mu}\otimes\underset{\sim}{e}^{\nu})(\Lambda^{\rho}{}_{\sigma}\,\underset{\sim}{e}_{\rho}\otimes\underset{\sim}{e}^{\sigma}) = \Lambda^{+\mu}{}_{\nu}\,\Lambda^{\rho}{}_{\sigma}(\underset{\sim}{e}^{\nu}\cdot\underset{\sim}{e}_{\rho})\,\underset{\sim}{e}_{\mu}\otimes\underset{\sim}{e}^{\sigma}$$

$$= \Lambda^{+\mu}{}_{\nu}\,\Lambda^{\rho}{}_{\sigma}\,g^{\nu}{}_{\rho}\,\underset{\sim}{e}_{\mu}\otimes\underset{\sim}{e}^{\sigma} = \Lambda^{+\mu}{}_{\nu}\,\Lambda^{\nu}{}_{\sigma}\,\underset{\sim}{e}_{\mu}\otimes\underset{\sim}{e}^{\sigma} = \underset{\approx}{G} = g^{\mu}{}_{\sigma}\,\underset{\sim}{e}_{\mu}\otimes\underset{\sim}{e}^{\sigma}. \qquad (12.8.15)$$

Durch Vergleich der Koeffizienten der unabhängigen Basistensoren finden wir

$$\Lambda^{+\mu}{}_{\nu}\,\Lambda^{\nu}{}_{\sigma} = g^{\mu}{}_{\sigma} \quad . \qquad (12.8.16)$$

Ganz analog gilt

$$\Lambda^{+}_{\mu\rho}\,\Lambda^{\rho}{}_{\sigma} = g_{\mu\sigma} \quad , \quad \Lambda^{+}_{\mu\rho}\,\Lambda^{\rho\sigma} = g_{\mu}{}^{\sigma} \quad ,$$

$$\Lambda^{\mu}{}_{\nu}\,\Lambda^{+\nu}{}_{\rho} = g^{\mu}{}_{\rho} \quad , \quad \text{usw.} \qquad (12.8.17)$$

Wie bei allen Komponentengleichungen gewinnt man formal stets eine aus der anderen durch Anheben oder Absenken der Indizes mit geeigneten Matrizen ($\underset{\approx}{g}$) wie in Gleichung (12.8.9) angegeben.

Die wichtigste Eigenschaft der Rotationen im Minkowski-Raum ist nun, daß sie die Skalarprodukte invariant lassen. Sei

$$\underset{\sim}{x}' = \underset{\approx}{\Lambda}\underset{\sim}{x} \quad \text{und} \quad \underset{\sim}{y}' = \underset{\approx}{\Lambda}\underset{\sim}{y} \quad , \qquad (12.8.18)$$

dann gilt mit der vierdimensionalen Verallgemeinerung von (2.5.24)

$$\underset{\approx}{\Lambda}\underset{\sim}{x} = \underset{\sim}{x}\underset{\approx}{\Lambda}^{+}$$

die Invarianzbeziehung

$$\underset{\sim}{x}' \cdot \underset{\sim}{y}' = (\underset{\approx}{\Lambda}\underset{\sim}{x}) \cdot (\underset{\approx}{\Lambda}\underset{\sim}{y}) = (\underset{\sim}{x}\underset{\approx}{\Lambda}^{+}) \cdot (\underset{\approx}{\Lambda}\underset{\sim}{y}) = \underset{\sim}{x}(\underset{\approx}{\Lambda}^{+}\underset{\approx}{\Lambda})\underset{\sim}{y} = \underset{\sim}{x}\underset{\approx}{G}\underset{\sim}{y} = \underset{\sim}{x} \cdot \underset{\sim}{y} \quad . \tag{12.8.19}$$

Das Skalarprodukt der mit $\underset{\approx}{\Lambda}$ gedrehten Vektoren $\underset{\sim}{x}'$, $\underset{\sim}{y}'$ ist gleich dem der ursprünglichen Vektoren $\underset{\sim}{x}$, $\underset{\sim}{y}$.

$$\begin{aligned} x'^0 y'^0 - \vec{x}'\vec{y}' &= x'^{\mu}\, y'_{\mu} = \underset{\sim}{x}' \cdot \underset{\sim}{y}' = \underset{\sim}{x} \cdot \underset{\sim}{y} \\ &= x^{\mu}\, y_{\mu} = x^0 y^0 - \vec{x}\vec{y} \quad . \end{aligned} \tag{12.8.20}$$

Dies ist aber die Eigenschaft der Lorentz-Transformationen wie sie im Abschnitt 12.3 diskutiert wurde. Sie haben sich damit als Rotationen im Minkowski-Raum erwiesen.

12.8.1 Lorentz-Schub in x-Richtung

Als Beispiel geben wir die Lorentz-Transformation von einem System in ein relativ dazu in x-Richtung mit der Geschwindigkeit v bewegtes System an. Diese Lorentz-Transformation bezeichnet man auch als Schub in x^1-Richtung. Die allgemeine Transformationsformel lautet

$$x' = \Lambda^{\mu}{}_{\nu}\, x^{\nu} \quad .$$

Für den Schub $\underset{\approx}{\lambda}_{(1)}$ in x-Richtung hat die Matrix die Form - vgl.(12.2.21) -

$$(\underset{\approx}{\lambda}^{\mu}_{(1)\nu}) = \begin{pmatrix} \gamma & -\gamma\beta & 0 & 0 \\ -\gamma\beta & \gamma & 0 & 0 \\ 0 & 0 & 1 & 0 \\ 0 & 0 & 0 & 1 \end{pmatrix} \quad . \tag{12.8.21}$$

Sie erfüllt die Unitaritätsrelationen (11.4.16). Wegen der Beziehung

$$\gamma^2 - \beta^2\gamma^2 = 1 \tag{12.8.22}$$

kann man den Lorentz-Schub auch durch hyperbolische Winkelfunktionen parametrisieren. Man wählt

$$\cosh u = \gamma \qquad \sinh u = -\beta\gamma \tag{12.8.23}$$

und gewinnt so die Matrix

$$(\lambda^{\mu}_{(1)\nu}) = \begin{pmatrix} \cosh u & \sinh u & 0 & 0 \\ \sinh u & \cosh u & 0 & 0 \\ 0 & 0 & 1 & 0 \\ 0 & 0 & 0 & 1 \end{pmatrix} \quad , \tag{12.8.24}$$

die eine formale Ähnlichkeit mit einer Rotationsmatrix aufweist.

12.8.2 Lorentz-Schub in beliebiger Richtung

Eine Lorentz-Transformation, die in ein System führt, das sich mit der Geschwindigkeit $\vec{v}$ in beliebiger Richtung gegen das ursprüngliche bewegt, wobei keine räumlichen Drehungen auftreten, nennt man einen Lorentz-Schub in $\vec{v}$-Richtung. Er hat nach (11.2.40/41) die Gestalt ($\vec{\beta}=\frac{1}{c}\vec{v}$)

$$(\underset{\approx}{\lambda}^{\mu}{}_{\nu}) = [\underset{\approx}{\lambda}(\vec{\beta})^{\mu}{}_{\nu}] = \begin{pmatrix} \gamma & -\gamma\beta_1 & -\gamma\beta_2 & -\gamma\beta_3 \\ -\gamma\beta_1 & 1+\frac{\gamma^2}{1+\gamma}\beta_1\beta_1 & \frac{\gamma^2}{1+\gamma}\beta_1\beta_2 & \frac{\gamma^2}{1+\gamma}\beta_1\beta_3 \\ -\gamma\beta_2 & \frac{\gamma^2}{1+\gamma}\beta_2\beta_1 & 1+\frac{\gamma^2}{1+\gamma}\beta_2\beta_2 & \frac{\gamma^2}{1+\gamma}\beta_2\beta_3 \\ -\gamma\beta_3 & \frac{\gamma^2}{1+\gamma}\beta_3\beta_1 & \frac{\gamma^2}{1+\gamma}\beta_3\beta_2 & 1+\frac{\gamma^2}{1+\gamma}\beta_3\beta_3 \end{pmatrix} \quad (12.8.25)$$

12.8.3 Räumliche Rotationen im Minkowski-Raum

Die Rotationen $\underline{\underline{R}}$ im dreidimensionalen Raum, die die Zeit t' = t unverändert lassen, haben im Minkowski-Raum die Tensoren $\underset{\approx}{R}$ mit der Darstellungsmatrix

$$(\underset{\approx}{R}^{\mu}{}_{\nu}) = \begin{pmatrix} 1 & 0 & 0 & 0 \\ 0 & R_{11} & R_{12} & R_{13} \\ 0 & R_{21} & R_{22} & R_{23} \\ 0 & R_{31} & R_{32} & R_{33} \end{pmatrix} , \quad (12.8.26)$$

dabei sind R_{ik} die Matrixelemente des dreidimensionalen Rotationstensors (7.1.31).

12.8.4 Lorentz-Transformationen ohne Spiegelung und Zeitumkehr

Die allgemeinste Lorentz-Transformation, bei der ein räumliches Rechtssystem wieder in ein Rechtssystem übergeht und die Zeitrichtung unverändert bleibt (d.h. ohne Zeitumkehr), ist ein Produkt aus einem Lorentz-Schub $\underset{\approx}{\lambda}$ und einer räumlichen Rotation $\underset{\approx}{R}$.

$$\underset{\approx}{\Lambda} = \underset{\approx}{R}\underset{\approx}{\lambda} \quad . \quad (12.8.27)$$

12.8.5 Räumliche Spiegelung im Minkowski-Raum. Zeitumkehr. Inversion

Die vierdimensionale Darstellung $\underset{\approx}{S}$ der räumlichen Spiegelung hat die Matrix

$$(\underset{\approx}{S}^{\mu}{}_{\nu}) = \begin{pmatrix} 1 & 0 & 0 & 0 \\ 0 & -1 & 0 & 0 \\ 0 & 0 & -1 & 0 \\ 0 & 0 & 0 & -1 \end{pmatrix} \quad . \tag{12.8.28}$$

Entsprechend wird die Zeitumkehr $\underset{\approx}{T}$ im Minkowski-Raum durch die Matrix

$$(\underset{\approx}{T}^{\mu}{}_{\nu}) = \begin{pmatrix} -1 & 0 & 0 & 0 \\ 0 & 1 & 0 & 0 \\ 0 & 0 & 1 & 0 \\ 0 & 0 & 0 & 1 \end{pmatrix} \tag{12.8.29}$$

dargestellt. Die Hintereinanderausführung von Raumspiegelung und Zeitumkehr nennen wir Inversion $\underset{\approx}{TS}$. Ihre Matrix hat die Gestalt

$$(\underset{\approx}{TS})^{\mu}{}_{\nu} = (\underset{\approx}{ST})^{\mu}{}_{\nu} = - g^{\mu}{}_{\nu} \quad . \tag{12.8.30}$$

12.8.6 Allgemeine Lorentz-Transformationen

Die allgemeinste Gruppe von Transformationen im Minkowski-Raum, die das vierdimensionale Skalarprodukt invariant lassen, besteht aus folgenden Transformationen

$$\underset{\approx}{\Lambda}_R = \underset{\approx}{R\lambda} \quad , \quad \underset{\approx}{\Lambda}_{SR} = \underset{\approx}{SR\lambda} \quad , \quad \underset{\approx}{\Lambda}_{TR} = \underset{\approx}{TR\lambda} \quad , \quad \underset{\approx}{\Lambda}_{TSR} = \underset{\approx}{TSR\lambda} \quad . \tag{12.8.31}$$

Die vier Typen von Transformationen zusammen bilden die Gruppe der *homogenen Lorentz-Transformationen.*

Durch stetige Veränderung der Drehwinkel und der Geschwindigkeit der Relativbewegung kann

$\underset{\approx}{\Lambda}_R$ stetig in die Identität $\underset{\approx}{G}$,

$\underset{\approx}{\Lambda}_{SR}$ stetig in die Raumspiegelung $\underset{\approx}{S}$,

$\underset{\approx}{\Lambda}_{TR}$ stetig in die Zeitumkehr $\underset{\approx}{T}$,

$\underset{\approx}{\Lambda}_{TSR}$ stetig in die Inversion $\underset{\approx}{TS} = \underset{\approx}{ST}$. (12.8.32)

übergeführt werden.

*12.9 Graphische Veranschaulichung der Vierervektoren und ihrer Transformationen

Vierervektoren können graphisch nicht vollständig dargestellt werden, weil uns kein vierdimensionaler Raum zur Verfügung steht. Beschränken wir aber die Bewegung auf nur eine räumliche Koordinate x^1, so können wir eine Ebene aus

$\underset{\sim}{e}_0$ und $\underset{\sim}{e}_1$ aufspannen - sie stellt einen zweidimensionalen Minkowski-Raum dar - in die wir den Vierervektor

$$\underset{\sim}{x} = x^0\underset{\sim}{e}_0 + x^1\underset{\sim}{e}_1$$

einzeichnen können (Abb.12.9a).

Die Bewegung eines Massenpunktes längs der räumlichen Koordinate x_1 ist durch Angabe der Funktion

$$x^1 = x^1(t)$$

für alle Zeiten t vollständig beschrieben. Im Minkowski-Raum beschreibt der Punkt eine Bahn, die durch die Parameterdarstellung

$$x^0 = ct \quad ,$$
$$x^1 = x^1(t) \quad ,$$

oder - allgemeiner -

$$\underset{\sim}{x} = \underset{\sim}{x}(t)$$

gegeben ist. Diese Bahn im Minkowski-Raum wurde von Minkowski selbst als *Weltlinie* des Massenpunkts bezeichnet. Sie beschreibt die Bewegung des Massenpunktes zu allen Zeiten vollständig.

Untersuchen wir nun die Weltlinien, auf denen sich ein Punkt bewegen kann, der sich zur Zeit $t = 0$ am Ort $x^1 = 0$ aufhält. Für den Betrag v der Geschwindigkeit jedes Massenpunktes gilt $v < c$. (Aus (12.6.4) geht hervor, daß für Teilchen nichtverschwindender Masse bei allen endlichen Energien $\beta < 1$ bleibt). Damit bleiben die möglichen Weltlinien auf dem Bereich zwischen den beiden Winkelhalbierenden in Abb.12.9a beschränkt. Ein Lichtsignal, das stets die Geschwindigkeit c hat, muß sich dagegen gerade auf einer der Winkelhalbierenden bewegen.

Spannt man den Minkowski-Raum aus zwei Ortskoordinaten x^1, x^2 und der Zeitkoordinate $x^0 = ct$ auf (Abb.12.9b), so spannen die möglichen Weltlinien für Lichtsignale einen Doppelkegel auf, dessen Achse die x-Achse ist und der einen Öffnungswinkel von 90^0 hat. Seine vierdimensionale Verallgemeinerung heißt *Lichtkegel*. Der Kegel in Abb.12.9b ist die Projektion des Lichtkegels auf eine Zeit- und zwei Raumdimensionen. Weltlinien von materiellen Teilchen, die den Ursprung durchlaufen, verlaufen dauernd innerhalb des Lichtkegels, solche von Lichtsignalen auf dem Lichtkegel. Diese Erkenntnis wird manchmal wie folgt ausgesprochen. Jeder Punkt innerhalb des oberen Lichtkegels ($x^0>0$)

(a)

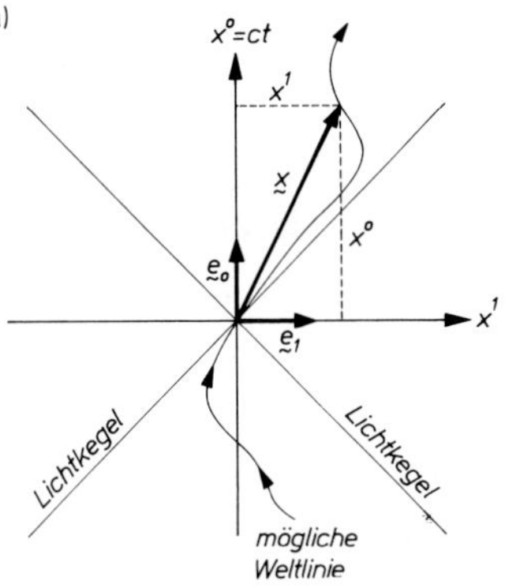

Abb. 12.9a und b. Graphische Darstellung eines Vierervektors $\underset{\sim}{x}$ in einem Minkowski-Raum mit nur einer Ortskoordinate (a) bzw. zwei Ortskoordinaten (b)

(b)

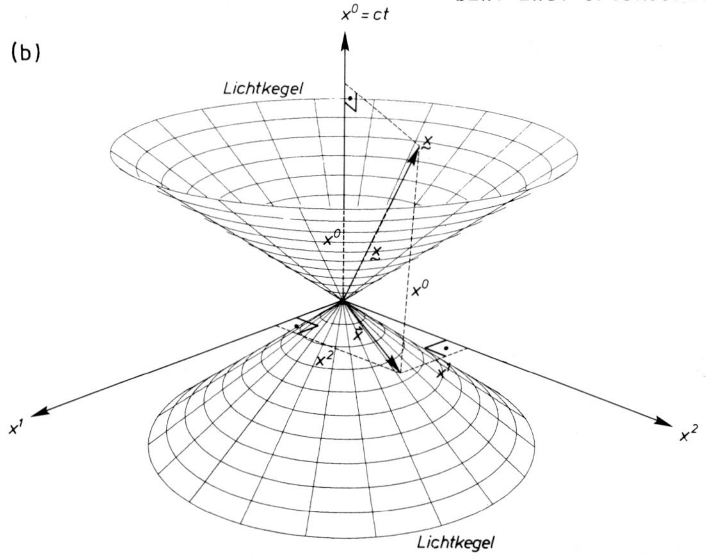

kann vom Ursprung aus mit einem materiellen Teilchen oder einem Lichtsignal erreicht und (prinzipiell) auch beeinflußt werden. Dieses Gebiet heißt "objektive Zukunft" im Bezug auf den Ursprung. Umgekehrt können geeignete Signale von jedem Punkt innerhalb des unteren Lichtkegels den Ursprung erreichen und das Geschehen dort beeinflussen. Er bildet die "objektive Vergangenheit" im Bezug auf den Ursprung. Punkte außerhalb des Lichtkegels sind durch keinerlei Signale zu erreichen. Auf das Geschehen dort kann kein Einfluß ausgeübt werden. Sie bilden den Bereich der "objektiven Gegenwart". Die Gebiete innerhalb und außerhalb des Lichtkegels unterscheiden sich dadurch, daß für das Quadrat des Viererabstandes eines Punktes vom Ursprung

$$\underset{\sim}{x}\,\underset{\sim}{x} = (x^0)^2 - (\vec{x})^2 = \text{const} \begin{cases} < 0 & \text{außerhalb des Lichtkegels} \\ = 0 & \text{auf dem Lichtkegel} \\ > 0 & \text{innerhalb des Lichtkegels} \end{cases} \qquad (12.9.1)$$

gilt, da entweder die räumliche oder die zeitliche Komponente den größeren Betrag hat oder beide gleich sind. Punkte innerhalb des Lichtkegels heißen daher auch "zeitartig", solche außerhalb des Lichtkegels "raumartig" und Punkte auf dem Lichtkegel "lichtartig" im Bezug auf den Ursprung. Allgemein werden diese Bezeichnungen für Vierervektoren verwandt, deren Quadrat positiv, negativ bzw. Null ist.

Wir wollen jetzt versuchen, die Auswirkung von Lorentz-Transformationen graphisch darzustellen. Abb.12.10a zeigt den Vierervektor $\underset{\sim}{x}$ in einem Bezugssystem K. In Abb.12.10b ist er in einem Bezugssystem K' dargestellt, daß sich mit der Geschwindigkeit $v = \beta c$ gegenüber K in x^1-Richtung bewegt und zur Zeit $t = t' = 0$ mit ihm zusammenfällt. Dabei bleibt das Skalarprodukt

$$\underset{\sim}{x}\,\underset{\sim}{x} = \underset{\sim}{x}'\,\underset{\sim}{x}' = \text{const}$$

erhalten, d.h.

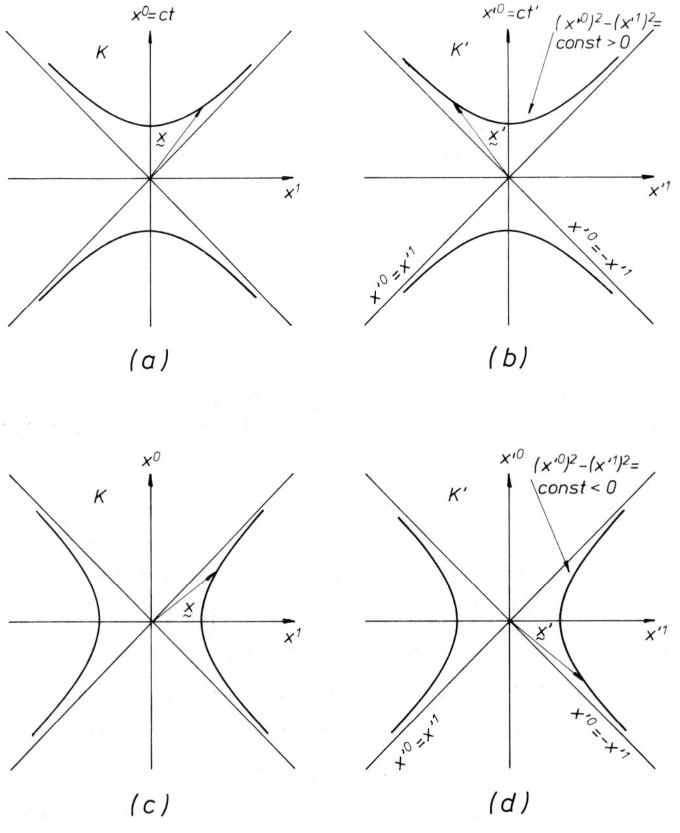

Abb. 12.10a-d. Zeitartiger Vierervektor $\underset{\sim}{x}$ in einem System K (a) und in einem gegenüber K in x^1-Richtung bewegten System K' (b). Durch Lorentz-Transformation wird $\underset{\sim}{x}$ auf einer Hyperbel verschoben. Die entsprechenden Darstellungen für einen raumartigen Vierervektor sind (c) und (d)

$$(x^0)^2 - (x^1)^2 = (x'^0)^2 - (x'^1)^2 = \text{const} \quad . \tag{12.9.2}$$

In unserem zweidimensionalen Minkowski-Raum verschiebt sich die Spitze des Vierervektors durch die Lorentz-Transformation an einen anderen Punkt der durch (12.9.2) beschriebenen Hyperbel. Sie bildet den geometrischen Ort aller Punkte x', die durch Lorentz-Transformationen entlang der x^1-Achse aus $\underset{\sim}{x}$ hervorgehen. Je nachdem, ob der Vierervektor $\underset{\sim}{x}$ zeitartig oder raumartig ist, ob er also innerhalb oder außerhalb des Lichtkegels liegt, ist die Symmetrieachse der beiden Hyperbeläste die x^0-Achse bzw. die x^1-Achse. Unter Lorentz-Transformationen bleiben zeitartige Vierervektoren zeitartig (Abb.12.10a und b), und raumartige bleiben raumartig (Abb.12.10c und d), wie es die Invarianz des Skalarprodukts $\underset{\sim}{x}\,\underset{\sim}{x}$ verlangt. In Abb.12.11 sind die entsprechenden Bilder für eine Galilei-Transformation angegeben. Da hier die Zeit ungeändert bleibt, verschiebt sich die Spitze des Vierervektors auf einer der Geraden $x'^0 = \text{const}$.

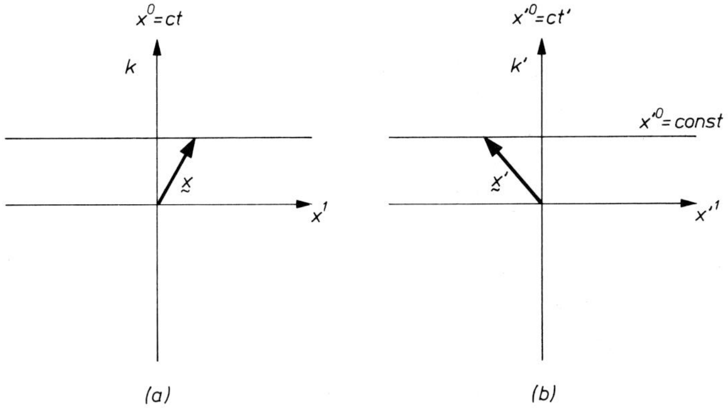

Abb. 12.11. Vierervektor $\underset{\sim}{x}$ in einem System K (a) und einem gegenüber K in x^1-Richtung bewegten System K'. Durch Galilei-Transformation wird $\underset{\sim}{x}$ auf einer Geraden verschoben

Gehen wir jetzt zu der Darstellung von Abb.12.9b über, nehmen also zu x^1 eine zweite räumliche Koordinate x^2 hinzu, so gehen die Hyperbeln aus Abb.12.10 in Hyperboloide über. Dabei besteht das einem zeitartigen Vierervektor entsprechende Hyperboloid aus zwei getrennten Schalen, während das Hyperboloid eines raumartigen Vierervektors einschalig ist (Abb.12.12). Bei Lorentz-Transformation bleiben also die Bereiche "objektive Vergangenheit", "objektive Zukunft" und "objektive Gegenwart" getrennt, obwohl bei Lorentz-Transformationen auch die Zeit transformiert wird und man daher Vergangenheit, Gegenwart und Zukunft nicht mehr durch Angabe der Zeit allein unterscheiden kann.

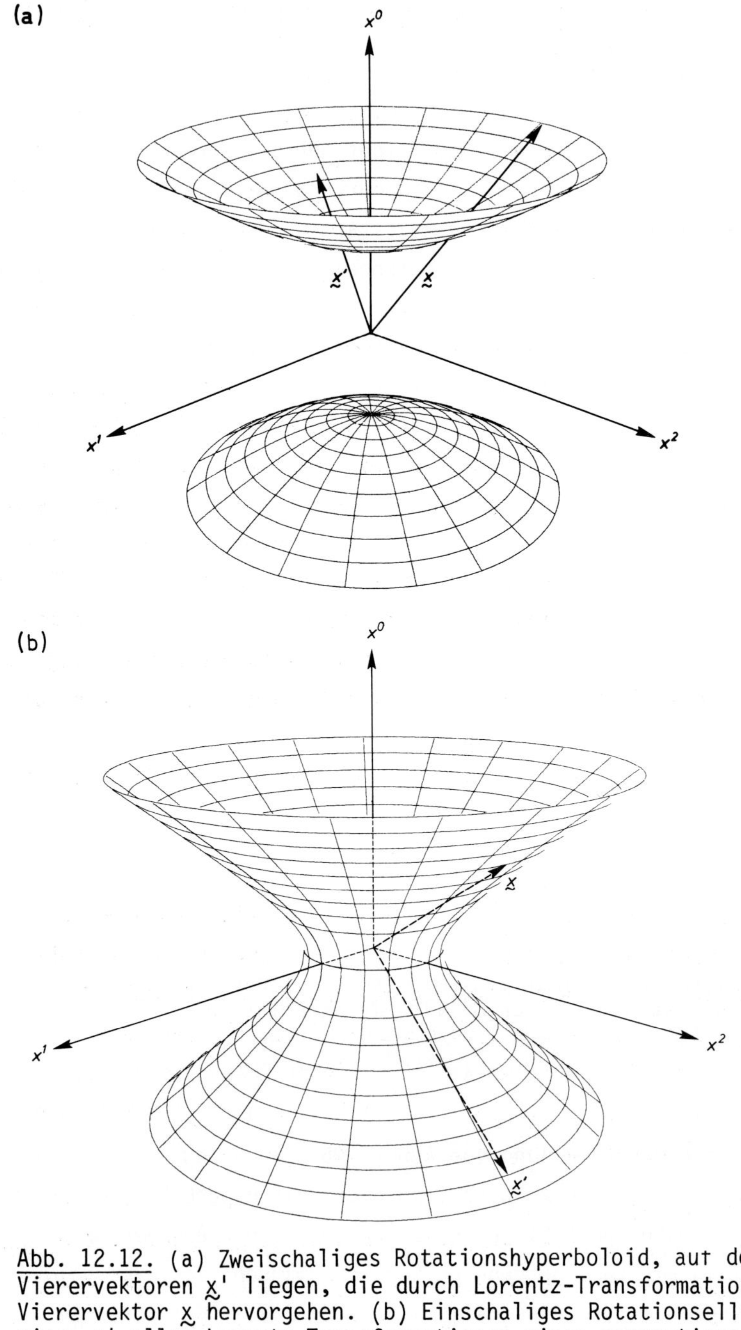

Abb. 12.12. (a) Zweischaliges Rotationshyperboloid, auf dessen Oberfläche alle Vierervektoren $\underset{\sim}{x}'$ liegen, die durch Lorentz-Transformation aus dem zeitartigen Vierervektor $\underset{\sim}{x}$ hervorgehen. (b) Einschaliges Rotationsellipsoid für die Ergebnisse $\underset{\sim}{x}'$ aller Lorentz-Transformationen eines raumartigen Vierervektors $\underset{\sim}{x}$

Die Tatsache, daß sich der Vierervektor $\underset{\sim}{x}$ bei einer Lorentz-Transformation auf einem Hyperboloid bewegt, das durch

$$\underset{\sim}{x}'\,\underset{\sim}{x}' = (x'^0)^2 - (\vec{x}')^2 = \text{const} = \underset{\sim}{x}\,\underset{\sim}{x} \tag{12.9.3}$$

gegeben ist, erlaubt die Konstruktion eines Analogons zu Rotationen im dreidimensionalen Ortsraum. Bei diesen gilt

$$\vec{x}'^2 = \vec{x}^2 = \text{const} \quad . \tag{12.9.4}$$

Die Rotation des Systems der drei Ortskoordinaten $x^1,x^2,x^3 \to x'^1,x'^2,x'^3$ verursacht eine Verlagerung des Ortsvektors im Bezug auf das neue Koordinatensystem. Er bleibt dabei jedoch auf der durch (12.9.4) beschriebenen Kugel. Sie bildet den Ort aller Vektoren $\vec{x}'$, die durch Rotation aus $\vec{x}$ hervorgehen können. Wegen der besonderen Metrik im Minkowski-Raum treten bei der Berechnung des invarianten Viererabstandes $\underset{\sim}{x}\,\underset{\sim}{x}$ Minus-Zeichen auf, die dazu führen, daß die zu (12.9.3) gehörende Fläche aus den Hyperboloiden der Abb.12.12 besteht und keine Kugel ist. Trotzdem bezeichnen wir die Lorentz-Transformationen als Rotationen im Minkowski-Raum, müssen dabei aber berücksichtigen, daß dieser nicht eine euklidische Metrik wie der dreidimensionale Ortsraum hat.

Betrachten wir nun die verschiedenen Arten von Lorentz-Transformationen im einzelnen:

I) Lorentz-Schub $\underset{\approx}{\lambda}$ in beliebiger Richtung $\hat{\vec{v}}$.
Bei einem Lorentz-Schub in Richtung $\hat{\vec{v}}$ wird nur die zeitliche Komponente x^0 und die Raumkomponente in Richtung $\hat{\vec{v}}$, nicht aber die Raumkomponente senkrecht zu $\hat{\vec{v}}$ transformiert. Das entspricht folgender Vorschrift (Abb.12.13). Man legt eine Ebene durch den Punkt $\underset{\sim}{x}$, die parallel zur x^0-Achse und zur Richtung $\hat{\vec{v}}$ verläuft. Die Schnittlinie zwischen dieser Ebene und dem zu $\underset{\sim}{x}$ gehörenden Hyperboloid ist eine Hyperbel, die alle Vektoren $\underset{\sim}{x}'$ enthält, die aus $\underset{\sim}{x}$ durch Lorentz-Schübe in Richtung $\hat{\vec{v}}$ hervorgehen können.

II) Räumliche Rotationen $\underset{\approx}{R}$.
Hier bleibt die Zeitkomponente x^0 konstant. Damit entsprechen alle möglichen Vierervektoren $\underset{\sim}{x}'$ der Schnittlinie zwischen der Ebene $x'^0 = \text{const}$ und dem zu $\underset{\sim}{x}$ gehörenden Rotationshyperboloid (Abb.12.14). Sie ist ein Kreis, der als Projektion der Kugel (12.9.4) auf die x^1-x^2-Ebene aufgefaßt werden kann.

III) Räumliche Spiegelung $\underset{\approx}{S}$.
Bei räumlicher Spiegelung bleibt der Vierervektor $\underset{\sim}{x}$ auf seinem Hyperboloid, kehrt jedoch das Vorzeichen seiner räumlichen Koordinaten um ($\vec{x}' = -\vec{x}$, d.h. $x'^1 = -x^1$, $x'^2 = -x^2$ in Abb.12.15).

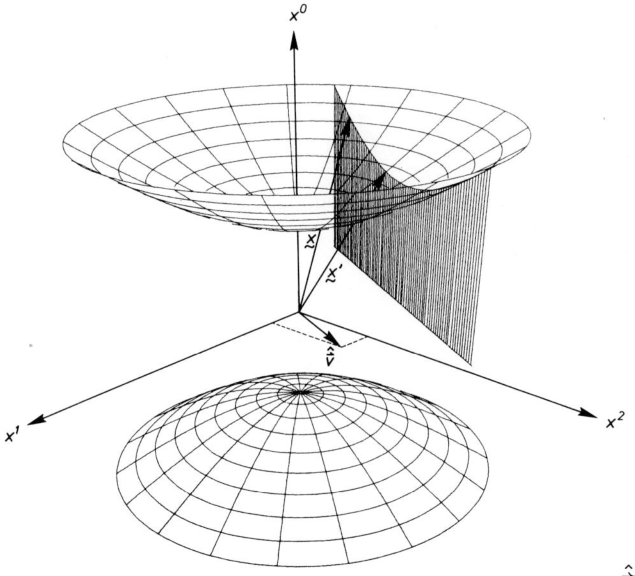

Abb. 12.13. Lorentz-Schub in beliebiger Richtung $\hat{\vec{v}}$: Der transformierte Vierervektor $\underset{\sim}{x}'$ liegt auf einer Hyperbel, die die Schnittlinie zwischen dem Hyperboloid $\underset{\sim}{x}'\underset{\sim}{x}' = \underset{\sim}{x}\,\underset{\sim}{x}$ und einer Ebene ist, die zur x^0-Achse und der Richtung $\hat{\vec{v}}$ parallel ist

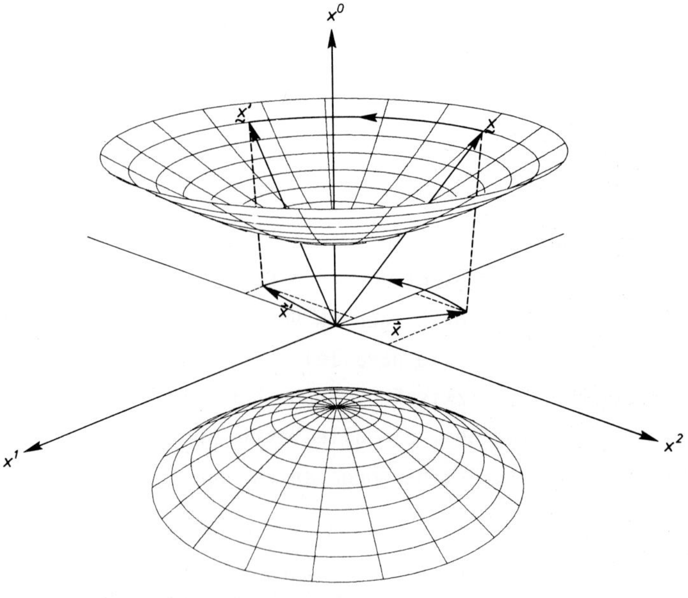

Abb. 12.14. Räumliche Rotation: Der transformierte Vierervektor $\underset{\sim}{x}'$ liegt auf einem Kreis, der die Schnittlinie zwischen dem Hyperboloid $\underset{\sim}{x}'\underset{\sim}{x}' = \underset{\sim}{x}\,\underset{\sim}{x}$ und der Ebene $x'^0 = x^0$ ist

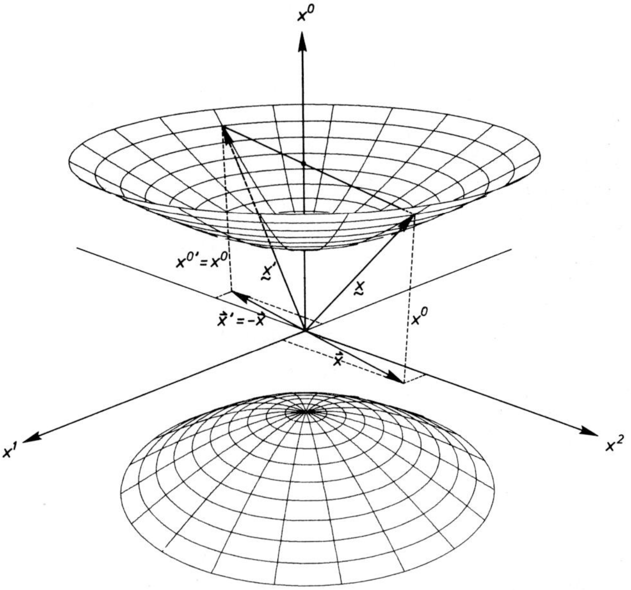

Abb. 12.15. Räumliche Spiegelung: Der transformierte Vierervektor $\underset{\sim}{x}'$ liegt auf dem Hyperboloid $\underset{\sim}{x}'\underset{\sim}{x}' = \underset{\sim}{x}\,\underset{\sim}{x}$. Man erhält ihn durch Fällen des Lotes von $\underset{\sim}{x}$ auf die x^0-Achse und seine Verlängerung bis zum Durchstoßpunkt mit dem Hyperboloid

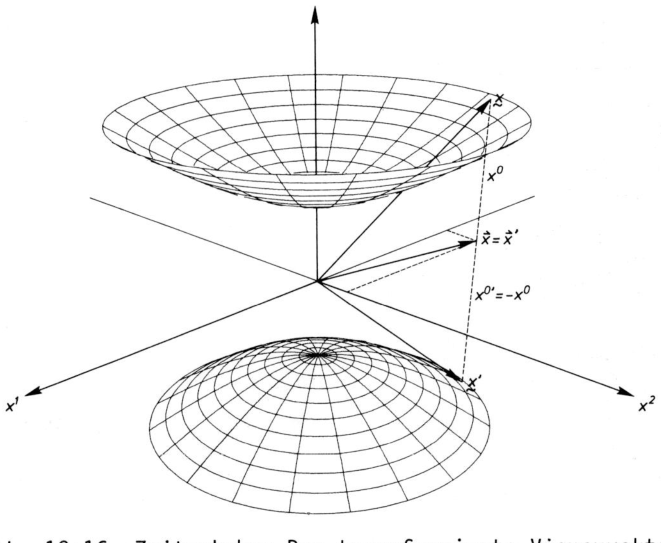

Abb. 12.16. Zeitumkehr: Der transformierte Vierervektor $\underset{\sim}{x}'$ liegt auf dem Hyperboloid $\underset{\sim}{x}'\underset{\sim}{x}' = \underset{\sim}{x}\,\underset{\sim}{x}$. Man erhält ihn durch Fällen des Lotes von $\underset{\sim}{x}$ auf die Ebene der Raumkoordinaten (x^1-x^2-Ebene) und Verlängerung bis zum Durchstoßpunkt mit dem Hyperboloid

IV) Zeitumkehr $\underset{\approx}{T}$.
Hier bleiben die räumlichen Koordinaten erhalten. Die Koordinate x^0 wechselt ihr Vorzeichen. Für zeitartige Vektoren $\underset{\sim}{x}$ liegt $\underset{\sim}{x}'$ auf einer anderen Schale des Hyperboloids als $\underset{\sim}{x}$ (Abb.12.16).

*12.10 Klassifikation physikalischer Größen unter Lorentz-Transformationen

Da wir die Lorentz-Transformationen als unitäre Abbildungen im Minkowski-Raum kennengelernt haben, ist es sinnvoll, physikalische Größen nach ihrem Verhalten unter Lorentz-Transformationen zu klassifizieren, so wie wir sie früher nach ihrem Verhalten unter orthogonalen Transformationen im Ortsraum klassifiziert haben.

12.10.1 Lorentz-Skalare (Invarianten)

Ein Lorentz-Skalar ist eine Größe, die unter Lorentz-Transformationen invariant ist

$$S(\underset{\sim}{x}_1',\dots,\underset{\sim}{x}_N') = S(\underset{\approx}{\Lambda}\underset{\sim}{x}_1,\dots,\underset{\approx}{\Lambda}\underset{\sim}{x}_N) = S(\underset{\sim}{x}_1,\dots,\underset{\sim}{x}_N) \quad . \tag{12.10.1}$$

Alle Skalarprodukte von Vierervektoren sind Invarianten. Insbesondere sind die Eigenzeit τ und die Ruhenergie $E = \frac{1}{c}\sqrt{\underset{\sim}{p}\cdot\underset{\sim}{p}} = mc^2$ Lorentz-Skalare.

12.10.2 Vektoren

Lorentz-Vektoren sind Größen, die sich bei Lorentz-Transformationen wie der Ortsvektor transformieren

$$\underset{\sim}{V}(\underset{\sim}{x}_1',\dots,\underset{\sim}{x}_N') = \underset{\sim}{V}(\underset{\approx}{\Lambda}\underset{\sim}{x}_1,\dots,\underset{\approx}{\Lambda}\underset{\sim}{x}_N) = \underset{\approx}{\Lambda}\underset{\sim}{V}(\underset{\sim}{x}_1,\dots,\underset{\sim}{x}_N) \quad . \tag{12.10.2}$$

Beispiele dafür sind die Vierergeschwindigkeit, der Viererimpuls und die Minkowski-Kraft.

12.10.3 Tensoren

Lorentz-Tensoren zweiter Stufe sind durch folgendes Transformationsverhalten unter Lorentz-Transformationen gekennzeichnet

$$\underset{\approx}{T}(x_1',\dots,x_N') = \underset{\approx}{T}(\underset{\approx}{\Lambda}x_1,\dots,\underset{\approx}{\Lambda}x_N) = \underset{\approx}{\Lambda} \otimes \underset{\approx}{\Lambda}\, \underset{\approx}{T}(x_1,\dots,x_2) \quad . \tag{12.10.3}$$

Das einfachste Beispiel ist der metrische Tensor.

12.10.4 Verhalten von Lorentz-Größen unter räumlichen Rotationen

Da die räumlichen Rotationen $\underset{\approx}{R}$ einerseits wie in (11.4.25) gezeigt zu den Lorentz-Transformationen gehören, sind Lorentz-Skalare auch Skalare unter Rotationen.

Da die räumlichen Rotationen nur auf die räumlichen Komponenten von Vierervektoren wirken, ist die Nullkomponente eines Vierervektors ein Rotationsskalar, die räumlichen Komponenten bilden einen Rotationsvektor.

Genauso überlegt man sich, daß die Komponente T_{00} eines Lorentz-Tensors $\underset{\approx}{T}$ ein Rotationsskalar ist, seine Komponenten T_{0n} bzw. T_{m0} je einen Rotationsvektor bilden und die Komponenten T_{mn} einen Rotationstensor darstellen.

*12.11 Inhomogene Lorentz-Transformationen

Im Minkowski-Raum werden räumliche und zeitliche Translationen zu einer *vierdimensionalen Translation*

$$\underset{\sim}{x}' = \underset{\sim}{x} + \underset{\sim}{a} \qquad (12.11.1)$$

mit dem Vierervektor $\underset{\sim}{a}$ zusammengefaßt.

Wird eine homogene Lorentz-Transformation mit einer Translation kombiniert, so spricht man von einer inhomogenen Lorentz-Transformation

$$\underset{\sim}{x}' = \underset{\approx}{\Lambda}\underset{\sim}{x} + \underset{\sim}{a} \quad . \qquad (12.11.2)$$

Die Gruppe der *inhomogenen Lorentz-Transformationen* heißt *Poincaré-Gruppe*.

Anhang A: Komplexe Zahlen

Komplexe Zahlen sind Paare reeller Zahlen $a = (\alpha,\alpha')$ und $b = (\beta,\beta')$, die die folgenden Rechenregeln erfüllen

$$a + b = (\alpha,\alpha') + (\beta,\beta') = (\alpha+\beta,\alpha'+\beta') \tag{A.1}$$

entsprechend

$$a - b = (\alpha,\alpha') - (\beta,\beta') = (\alpha-\beta,\alpha'-\beta')$$

und

$$ab = (\alpha,\alpha')(\beta,\beta') = (\alpha\beta-\alpha'\beta',\alpha\beta'+\alpha'\beta) \tag{A.2}$$

$$\frac{a}{b} = \frac{(\alpha,\alpha')}{(\beta,\beta')} = \left(\frac{\alpha\beta+\alpha'\beta'}{\beta^2+\beta'^2},\frac{\alpha'\beta-\alpha\beta'}{\beta^2+\beta'^2}\right) \tag{A.3}$$

für $b \neq 0$, d.h. $b \neq (0,0)$

Als zu a *konjugiert komplexe Zahl* a^* wird das Paar eingeführt

$$a^* = (\alpha,-\alpha') \quad . \tag{A.4}$$

Die so definierten Rechenoperationen lassen sich auf die Rechenregeln mit reellen Zahlen formal zurückführen, wenn man das Paar reeller Zahlen in der Form

$$a = \alpha + i\alpha' \tag{A.5}$$

schreibt und für die "imaginäre Einheit" i die Rechenregel

$$i^2 = -1 \tag{A.6}$$

einführt. Die konjugierte komplexe Zahl a* ist dann

$$a^* = \alpha - i\alpha' \quad . \tag{A.7}$$

Man nennt α den *Realteil* Re{a}, α' den *Imaginärteil* Im{α} der komplexen Zahl a:

$$\alpha = \text{Re}\{a\} = \frac{1}{2}(a+a^*) \qquad \alpha' = \text{Im}\{a\} = \frac{1}{2i}(a-a^*) \quad .$$

Für die komplexe Konjugation gelten folgende Rechenregeln, die man leicht verifiziert

$$(a+b)^* = a^* + b^* \qquad (a-b)^* = a^* - b^*$$

$$(a\cdot b)^* = a^* \cdot b^* \qquad \left(\frac{a}{b}\right)^* = \frac{a^*}{b^*} \quad .$$

Komplexe Zahlen lassen sich graphisch in einer komplexen Zahlenebene darstellen (Abb.A.1), indem man den Realteil längs der Abszisse (reelle Achse) und den Imaginärteil längs der Ordinate (imaginäre Achse) eines kartesischen Koordinatensystems aufträgt. Aus den Rechenregeln für die komplexen Zahlen sieht man, daß die Addition der komplexen Zahlen der Addition von Vektoren in der Ebene entspricht.

Entsprechend der Definition bei Vektoren wird als *Betrag* der komplexen Zahl noch

$$a = |a| = \sqrt{\alpha^2+\alpha'^2} = \sqrt{aa^*} \tag{A.8}$$

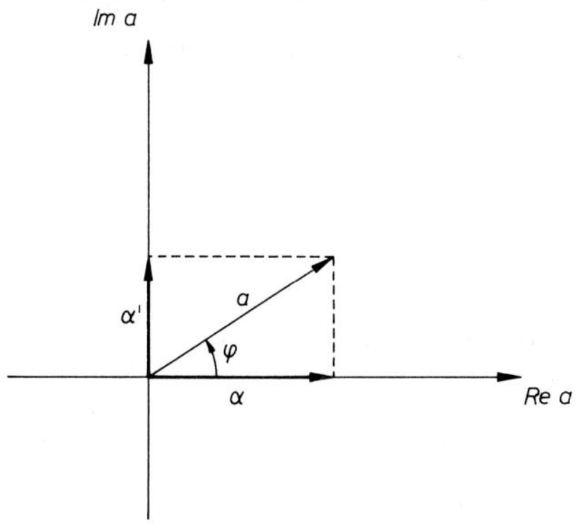

Abb. A.1. Graphische Darstellung einer komplexen Zahl

definiert. Als *Phase* bezeichnet man den Winkel $\varphi = \arg(a)$ des "Vektors der komplexen Zahl" mit der reellen Achse

$$\tan\varphi = \frac{\alpha'}{\alpha} = \frac{\mathrm{Im}\{a\}}{\mathrm{Re}\{a\}} \; , \; \cos\varphi = \frac{\mathrm{Re}\{a\}}{|a|} \quad . \tag{A.9}$$

Damit läßt sich eine "Polardarstellung" der komplexen Zahl geben

$$a = |a|(\cos\varphi + i \sin\varphi) \quad . \tag{A.10}$$

In dieser Darstellung schreibt sich die Multiplikation zweier komplexer Zahlen a_1, a_2

$$\begin{aligned} a_1 a_2 &= |a_1|(\cos\varphi_1 + i \sin\varphi_1)\; |a_2|(\cos\varphi_2 + i \sin\varphi_2) \\ &= |a_1||a_2|[\cos(\varphi_1+\varphi_2) + i \sin(\varphi_1+\varphi_2)] \quad , \end{aligned} \tag{A.11}$$

was man leicht verifiziert, wenn man die bekannten Additionstheoreme der Winkelfunktionen benutzt.

In Verallgemeinerung des reellen Funktionsbegriffes führt man eine *komplexe Funktion* als eine Abbildung der Menge der komplexen Zahlen in sich selbst ein

$$w = f(z) \quad , \tag{A.12}$$

dabei sind w und z komplexe Zahlen. Durch Zerlegung von w in Real- und Imaginärteil

$$w(z) = u(x,y) + iv(x,y) \tag{A.13}$$

erhält man eine Darstellung von w mit Hilfe von zwei reellen Funktionen. Die komplexe Verallgemeinerung einer reellen Funktion f(x) einer reellen Variablen x existiert genau dann in einer Umgebung der Stelle x_0, wenn die Taylor-Reihe von f(x) in einer Umgebung dieser Stelle konvergiert. Über die Taylor-Reihe

$$\begin{aligned} f(x) &= f(x_0) + \frac{1}{1!} f'(x_0)(x-x_0) + \frac{1}{2!} f''(x_0)(x-x_0)^2 + \ldots \\ &= \sum_{n=0}^{\infty} \frac{1}{n!} f^{(n)}(x_0)(x-x_0)^n \end{aligned} \tag{A.14}$$

ist dann die *komplexe Fortsetzung* zu definieren, indem man statt des reellen x komplexe z zuläßt:

$$f(z) = \sum_{n=0}^{\infty} \frac{1}{n!} f^{(n)}(z_0)(z-z_0)^n \quad . \tag{A.15}$$

Als wichtigstes Beispiel diskutieren wir die komplexe Fortsetzung der Exponentialfunktion:

$$e^z = 1 + z + \frac{z^2}{2!} + \frac{z^3}{3!} + \ldots = \sum_{n=0}^{\infty} \frac{z^n}{n!}$$

oder

$$e^{(x+iy)} = 1 + (x+iy) + \frac{(x+iy)^2}{2!} + \frac{(x+iy)^3}{3!} + \ldots$$

$$= \left(1+x+\frac{x^2}{2!}+\frac{x^3}{3!}+\ldots\right)\left(1+iy+\frac{(iy)^2}{2!}+\frac{(iy)^3}{3!}+\ldots\right) = e^x \cdot e^{iy} \quad . \tag{A.17}$$

Die Funktion exp(iy) mit rein imaginärem Argument (iy) steht in folgendem Zusammenhang mit den Winkelfunktionen

$$\cos(y) = 1 - \frac{y^2}{2!} + \frac{y^4}{4!} - \frac{y^6}{6!} + \ldots \quad \text{und} \quad \sin(y) = y - \frac{y^3}{3!} + \frac{y^5}{5!} \mp \ldots \tag{A.18}$$

$$e^{iy} = 1 + iy + \frac{(iy)^2}{2!} + \frac{(iy)^3}{3!} + = \sum_{n=0}^{\infty} \frac{(iy)^n}{n!}$$

$$= \left(1 - \frac{y^2}{2!} + \frac{y^4}{4!} - \frac{y^6}{6!} \pm \ldots\right) + i\left(y - \frac{y^3}{3!} + \frac{y^5}{5!} \mp \ldots\right)$$

d.h.

$$e^{iy} = \cos(y) + i \sin(y) \quad . \tag{A.19}$$

(Mit Hilfe von (A.19) läßt sich (A.10) in der nützlichen Form

$$a = |a| e^{i\varphi} \tag{A.20}$$

schreiben). Insgesamt gilt also als Darstellung der komplexen Exponentialfunktion durch reelle Funktionen

$$e^z = e^{(x+iy)} = e^x(\cos y + i \sin y) \quad . \tag{A.21a}$$

Wegen

$$\cos(-y) = \cos y \quad , \quad \sin(-y) = -\sin y$$

folgt aus (A.19)

$$e^{-iy} = \cos y - i \sin y \quad . \tag{A.22}$$

Zusammen mit (A.19) erhält man

$$\cos y = \frac{1}{2}\,(e^{iy}+e^{-iy}) \;, \; \sin y = \frac{1}{2i}\,(e^{iy}-e^{-iy}) \tag{A.23}$$

und

$$e^{z^*} = e^{(x-iy)} = e^{x}(\cos y - i \sin y) \quad . \tag{A.21b}$$

Über die Darstellungen (A.23) sind jetzt die Winkelfunktionen als komplexe Funktion eines komplexen Argumentes definiert. Insbesondere erhält man für ein rein imaginäres Argument

$$y = i\eta$$

einen einfachen Zusammenhang mit den hyperbolischen Winkelfunktionen cosh (sprich: Cosinus hyperbolicus) und sinh (sprich: Sinus hyperbolicus)

$$\cosh\eta = \frac{1}{2}\,(e^{\eta}+e^{-\eta}) \quad , \quad \sinh\eta = \frac{1}{2}\,(e^{\eta}-e^{-\eta})$$

Es gilt

$$\cos i\eta = \frac{1}{2}\,(e^{-\eta}+e^{\eta}) = \cosh\eta \;, \; \sin i\eta = \frac{1}{2i}\,(e^{-\eta}-e^{\eta}) = i \sinh\eta \tag{A.25}$$

bzw.

$$\cosh i\eta = \frac{1}{2}\,(e^{i\eta}+e^{-i\eta}) = \cos\eta \;, \; \sinh i\eta = \frac{1}{2}\,(e^{i\eta}-e^{-i\eta}) = i \sin\eta \quad . \tag{A.26}$$

Anhang B: Formelsammlung

In diesem Abschnitt sind die wichtigsten Definitionen, Gesetze und Formeln der Mechanik im Zusammenhang wiedergegeben. Die Sammlung erstreckt sich nicht auf mathematische Formeln, die leicht den sehr knapp gehaltenen mathematischen Vorbemerkungen (Kap.2) und dem Anhang A entnommen werden können.

Kinematik

Die *Bahnkurve* eines Massenpunktes im Zeitraum t_0 bis t_1 ist gekennzeichnet durch Angabe seines Ortsvektors $\vec{r}$ als Funktion der Zeit

$$\vec{r} = \vec{r}(t) \quad , \quad t_0 \leq t \leq t_1 \quad .$$

Die *Geschwindigkeit* ist die Ableitung des Ortsvektors nach der Zeit

$$\vec{v} = \frac{d}{dt}\vec{r}(t) = \dot{\vec{r}} \quad .$$

Die *Beschleunigung* ist die Ableitung des Geschwindigkeitsvektors nach der Zeit

$$\vec{a} = \dot{\vec{v}} = \ddot{\vec{r}} \quad .$$

Ist die Beschleunigung $\vec{a} = \vec{a}(t)$ als Funktion der Zeit bekannt und sind Ort und Geschwindigkeit zu einer festen Zeit t_0 - die *Anfangsbedingungen* $\vec{r}_0 = \vec{r}(t_0)$ und $\vec{v}_0 = \vec{v}(t_0)$ - gegeben, so folgt

$$\vec{v}(t) = \vec{v}_0 + \int_{t_0}^{t} \vec{a}(t')dt' \quad , \quad \vec{r}(t) = \vec{r}_0 + (t-t_0)\,\vec{v}_0 + \int_{t_0}^{t} \{\int_{t_0}^{t'} \vec{a}(t'')dt''\}dt' .$$

Tabelle B 1 enthält Anwendungen dieser Formeln auf die Beschleunigungsgesetze der einfachsten Bewegungstypen.

Tabelle B1. Einfache Bewegungstypen

Art der Bewegung	Anfangs- bedingungen	Beschleunigung	Geschwindigkeit	Bahngleichung
Gleichförmig geradlinige Bew. (Abb.3.2)	$\vec{r}_0, \vec{v}_0$	0	$\vec{v}(t) = \vec{v}_0 = \text{const}$	$\vec{r}(t) = \vec{r}_0 + (t-t_0)\vec{v}$
Gleichmäßig beschleunigte Bewegung (Abb.3.3b)	$\vec{r}_0, \vec{v}_0$	$\vec{a} = \vec{a}_0 = \text{const}$	$\vec{v}(t) = (t-t_0)\vec{a}_0+\vec{v}_0$	$\vec{r}(t) = \vec{r}_0 + (t-t_0)\vec{v}_0 + \frac{1}{2}(t-t_0)^2\vec{a}_0$
Gleichförmige Kreisbewegung (Abb.3.4)	$\vec{r}_0 = r\vec{e}_x$ $\vec{v}_0 = \omega r\vec{e}_y$ $(t_0=0)$	$\vec{a} = -\omega^2 r\vec{e}_r$ $= -\omega^2 r\{\cos\omega t\ \vec{e}_x$ $+ \sin\omega t\ \vec{e}_y\}$	$\vec{v} = \omega r\ \vec{e}_\varphi$ $= \omega r\{-\sin\omega t\ \vec{e}_x$ $+ \cos\omega t\ \vec{e}_y\}$	$\vec{r} = r\vec{e}_r$ $= r\{\cos\omega t\ \vec{e}_x$ $+ \sin\omega t\ \vec{e}_y\}$
($\omega=\dot{\varphi}$ bezeichnet die Winkelgeschwindigkeit)		$a = \omega^2 r = \text{const}$ (Zentripetalbeschleunigung)	$v = \omega r = \text{const}$	$r = \text{const}$

Die Newtonschen Grundgesetze der Dynamik

1. Newtonsches Gesetz: Ein Massenpunkt verharrt im Zustand der Ruhe oder der gleichförmig geradlinigen Bewegung, wenn keine Kraft auf ihn wirkt

$$\dot{\vec{r}} = \vec{v} = \text{const} \quad , \quad \text{wenn} \quad \vec{F} = 0 \quad .$$

2. Newtonsches Gesetz: Wirkt auf einen Massenpunkt die Kraft $\vec{F}$, so erfährt er die Beschleunigung $\ddot{\vec{r}} = \dot{\vec{v}} = \vec{a} = \vec{F}/m$:

$$\vec{F} = m\vec{a} = m\ddot{\vec{r}} \quad .$$

3. Newtonsches Gesetz: Besteht zwischen zwei Massenpunkten i und k eine Kraftwirkung, so ist die Kraft $\vec{F}_{ik}$, die k auf i ausübt, entgegengesetzt gleich der Kraft $\vec{F}_{ki}$, die i auf k ausübt ("actio=reactio")

$$\vec{F}_{ik} = -\vec{F}_{ki} \quad .$$

Abgeleitete dynamische Größen für einen Massenpunkt

Ein Massenpunkt befinde sich am Ort $\vec{r}$, er habe die Geschwindigkeit $\vec{v}$, auf ihn wirken die Kräfte $\vec{F}$. Er erfährt dann die *Impulsänderung*

$$d\vec{p} = \vec{F}\,dt \quad \text{im Zeitintervall und}$$

$$\Delta p = \int_{t'=t_0}^{t_1} \vec{F}(\vec{r})\,dt' \quad \text{im Zeitintervall } t_0 \leq t \leq t_1 \quad .$$

Er besitzt den *Impuls*

$$\vec{p} = m\vec{v}$$

und die *kinetische Energie*

$$E_{kin} = T = \frac{m\vec{v}^2}{2} = \frac{\vec{p}^2}{2m} \quad .$$

Bezüglich des Ursprungs erfährt er das *Drehmoment*

$$\vec{D} = \vec{r} \times \vec{F}$$

und hat den *Drehimpuls*

$$\vec{L} = \vec{r} \times \vec{p} \quad .$$

Die Kraft $\vec{F}$ leistet am Massenpunkt die *Arbeit*

$$dW = \vec{F} \cdot d\vec{r} \quad \text{bzw.} \quad W = \int_{C,r_1}^{\vec{r}_2} \vec{F} \cdot d\vec{r}$$

längs eines infinitesimalen Weges $d\vec{r}$ bzw. längs des Weges C mit den Endpunkten $\vec{r}_1$ und $\vec{r}_2$.
Die Zeitableitung der Arbeit heißt *Leistung*

$$N = \frac{dW}{dt} \quad ,$$

das Zeitintegral der Arbeit heißt *Wirkung*

$$dA = Wdt \quad \text{bzw.} \quad A = \int_{t_1}^{t_2} W(t')\, dt' \quad .$$

Potentialfeld und konservatives Kraftfeld

Hängt die Arbeit nicht vom Weg selbst, sondern nur von den Endpunkten ab, so existiert eine skalare Funktion, das *Potential*

$$V(\vec{r}) = - \int_{\vec{r}_0}^{\vec{r}} \vec{F}(\vec{r}\,') \cdot d\vec{r}\,' + V(\vec{r}_0) \quad .$$

Sie ist bis auf die beliebig wählbare Konstante $V(\vec{r}_0)$, die das Potential an einem festen Punkt festlegt, gleich der Arbeit, die gegen die Kraft (Vorzeichen!) geleistet werden muß, um den Massenpunkt von $\vec{r}_0$ nach $\vec{r}$ zu bewegen. Existiert ein Potential, so nennt man die zugehörige Kraft eine *konservative Kraft*

$$\vec{F}(\vec{r}) = -\vec{\nabla} V(\vec{r}) = - \text{grad } V(\vec{r}) \quad .$$

Durch die obige Gleichung gewinnt man eine ortsabhängige Funktion, *das Kraftfeld* $\vec{F}(\vec{r})$, aus einer ortsabhängigen skalaren Funktion, dem Potentialfeld $V(\vec{r})$. Spezielle Kraft- und Potentialfelder sind in Tabelle B 2 zusammengefaßt.

Befindet sich ein Massenpunkt in einem Potentialfeld am Ort $\vec{r}$, so hat er die *potentielle Energie* $E_{pot} = V(\vec{r})$.

Nichtkonservative Kräfte

ergeben sich nicht durch (Orts-)Gradientenbildung aus einem skalaren Potential. Ein wichtiges Beispiel ist die geschwindigkeitsproportionale *Reibungskraft*

$$\vec{F}_R = - R\vec{v} \quad , \quad \text{allgemeiner}$$

$$\vec{F}_R = -R|v|^{\alpha}(\vec{v}/v) \quad .$$

Tabelle B2. Verschiedene Kraft- und Potentialfelder

	Kraftfeld	Potentialfeld	additive Konstante des Potentialfeldes hier festgelegt durch
Gravitationsfeld einer im Koordinatenursprung befindlichen Masse m_1 auf eine Masse m_2	$\vec{F} = -\gamma \frac{m_1 m_2}{r^2} \frac{\vec{r}}{r}$ γ:= Gravitationskonstante $\gamma = 6{,}67 \cdot 10^{11}\ m^3\ s^{-2}$	$V = -\gamma \frac{m_1 m_2}{r}$	$\lim_{r \to \infty} V(r) = 0$
Homogenes Schwerefeld auf eine Masse m in der Nähe der Erdoberfläche	$\vec{F} = m\vec{g}$ $\vec{g}$:= Erdbeschleunigung $g \approx const = 9{,}81\ m\ s^{-2}$	$V = -m\vec{g} \cdot \vec{r}$	$V = 0$ für $r = 0$
Kraftfeld eines harmonischen Oszillators im Koordinatenursprung	$\vec{F} = -D\vec{r}$ D:= Federkonstante	$V = \frac{D}{2} r^2$	$V = 0$ für $r = 0$

Ein System von N Massenpunkten

der Massen m_i an den Orten $\vec{r}_i$ mit den Geschwindigkeiten $\vec{v}_i = \dot{\vec{r}}_i$ und den Impulsen $\vec{p}_i = m_i \vec{v}_i$ besitzt die *Gesamtmasse*

$$M = \sum_{i=1}^{N} m_i \quad ,$$

den *Schwerpunkt*

$$\vec{R} = \frac{1}{M} \sum_{i=1}^{N} m_i \vec{r}_i \quad ,$$

den *Gesamtimpuls*

$$\vec{P} = \sum_{i=1}^{N} \vec{p}_i = \sum_{i=1}^{N} m_i \dot{\vec{r}}_i = M\dot{\vec{R}}$$

und (bezüglich des Ursprungs der Ortsvektoren $\vec{r}_i$) den *Gesamtdrehimpuls*

$$\vec{L} = \sum_{i=1}^{N} \vec{r}_i \times \vec{p}_i = \sum_{i=1}^{N} \vec{L}_i \quad .$$

Ist für die Kräfte $\vec{F}_i$, die auf die Massenpunkte wirken, eine Zerlegung in *äußere Kräfte* $\vec{F}_i^a$ und *innere Kräfte* $\vec{F}_{ij}$ $(j=1,\ldots,N;\vec{F}_{ii}=0)$ möglich

$$\vec{F}_i = \vec{F}_i^a + \sum_{j=1}^{N} \vec{F}_{ij} \quad ,$$

so gilt (wegen der Bedingung $\vec{F}_{ij}=-\vec{F}_{ji}$ des 3. Newtonschen Gesetzes) für die *Änderung des Gesamtimpulses*

$$\frac{d}{dt}(M\dot{\vec{R}}) = \dot{\vec{P}} = \sum_{i=1}^{N} \dot{\vec{p}}_i = \sum_{i=1}^{N} \vec{F}_i^a = \vec{F}^a \quad ,$$

der Gesamtimpuls wird nur durch äußere Kräfte geändert. Dabei bewegt sich der Schwerpunkt so, als ob die Gesamtmasse im Schwerpunkt vereinigt wäre und die Summe $\vec{F}^a$ der äußeren Kräfte dort angriffe.

Verschwindet die Summe der äußeren Kräfte, so gilt der *Impulserhaltungssatz*

$$\dot{\vec{P}} = \sum_{i=1}^{N} \dot{\vec{p}}_i = 0 \quad ; \quad \vec{P} = \sum_{i=1}^{N} \vec{p}_i = \text{const} \quad .$$

Für die Änderung des Gesamtdrehimpulses gilt (vorausgesetzt die inneren Kräfte $\vec{F}_{ik}$ wirken in Richtung der Abstandsvektoren $\vec{r}_i-\vec{r}_k$)

$$\dot{\vec{L}} = \sum_{i=1}^{N} \vec{r}_i \times \dot{\vec{p}}_i = \sum_{i=1}^{N} \vec{r}_i \times \vec{F}_i = \sum_{i=1}^{N} \vec{r}_i \times \vec{F}_i^a = \sum_{i=1}^{N} \vec{D}_i^a = \vec{D}^a \quad ,$$

der Gesamtdrehimpuls wird nur durch ein (von äußeren Kräften verursachtes) *äußeres Drehmoment* $\vec{D}^a$ geändert. Verschwindet das äußere Drehmoment, so gilt der *Drehimpulserhaltungssatz*

$$\dot{\vec{L}} = \sum_{i=1}^{N} \dot{\vec{L}}_i = 0 \quad ; \quad \vec{L} = \sum_{i=1}^{N} \vec{L}_i = \text{const.}$$

Folgen die Kräfte $\vec{F}_i$ durch Gradientenbildung $\vec{\nabla}_i$ nach den Orten $\vec{r}_i$ aus einem gemeinsamen Potential,

$$\vec{F}_i = -\vec{\nabla}_i\, V(\vec{r}_1,\dots,\vec{r}_N) \quad ,$$

so gilt für die Summe der *kinetischen Energie*

$$E_{kin} = \sum_{i=1}^{N} \frac{m_i}{2} \vec{v}_i^{\,2}$$

und der *potentiellen Energie*

$$E_{pot} = V(\vec{r}_1,\dots,\vec{r}_N)$$

der *Energieerhaltungssatz*

$$\dot{E}_{kin} + \dot{E}_{pot} = \dot{E} = 0 \quad ; \quad E_{kin} + E_{pot} = E = \text{const} \quad .$$

Das Schwerpunktsystem

ist dadurch definiert, daß sein Ursprung im Schwerpunkt des Systems ruht. Ein Massenpunkt hat dann den *Ortsvektor im Schwerpunktsystem*

$$\vec{\rho}_i = \vec{r}_i - \vec{R} \quad ,$$

den *Impuls im Schwerpunktsystem*

$$\vec{\pi}_i = m_i \dot{\vec{\rho}}_i = \vec{p}_i - \frac{m_i}{M} \vec{P}$$

und den *Drehimpuls im Schwerpunktsystem*

$$\vec{\lambda}_i = \vec{\rho}_i \times \vec{\pi}_i \quad .$$

Es gilt

$$\sum_{i=1}^{N} m_i \vec{\rho}_i = 0 \quad , \quad \sum_{i=1}^{N} \vec{\pi}_i = 0 \quad .$$

Der *Gesamtdrehimpuls in einem beliebigen System* läßt sich in den Drehimpuls $\vec{L}_s$ des Schwerpunkts und den Gesamtdrehimpuls $\vec{\lambda}$ im Schwerpunktsystem zerlegen

$$\vec{L} = \vec{L}_s + \vec{\lambda} \quad ; \quad \vec{L}_s = \vec{R} \times \vec{P} \quad , \quad \vec{\lambda} = \sum_{i=1}^{N} \vec{\lambda}_i \quad .$$

Das 2-Körper-Problem,

die Beschreibung eines Systems zweier Massenpunkte ohne äußere Kräfte ($\vec{F}_1^a = \vec{F}_2^a = 0$),

$$m_1\ddot{\vec{r}}_1 = \vec{F}_{12} \quad , \quad m_2\ddot{\vec{r}}_2 = \vec{F}_{21} \quad ,$$

läßt sich mathematisch auf ein 1-Körper-Problem zurückführen, wenn die inneren Kräfte $\vec{F}_{12}$ und $\vec{F}_{21} = -\vec{F}_{12}$ nur eine Funktion des *Abstandsvektors*

$$\vec{r} = \vec{r}_2 - \vec{r}_1$$

sind ($\vec{r}$ heißt auch *Vektor der Relativkoordinaten*)

$$\vec{F}_{21} = \vec{F}(\vec{r}_2-\vec{r}_1) = \vec{F}(\vec{r}) \quad .$$

Durch mit den Massen gewichtete) Addition bzw. Subtraktion der beiden Bewegungsgleichungen für $\vec{r}_1$ und $\vec{r}_2$ erhält man Gleichungen für die *Bewegung des Schwerpunkts und des Abstandsvektors*

$$M\ddot{\vec{R}} = 0 \quad , \quad \mu\ddot{\vec{r}} = \vec{F}(\vec{r}) \quad .$$

Die Größe μ heißt *reduzierte Masse des Systems*

$$\mu = \frac{m_1 m_2}{m_1+m_2}$$

Elastischer Stoß

heißt die Wechselwirkung zweier Massenpunkte unter der Wirkung konservativer innerer Kräfte. Damit gilt *Energie-* und *Impulserhaltung*. In weitem Abstand voneinander sind die Massenpunkte kräftefrei, ihre Impulse konstant, ihre potentiellen Energien verschwinden. Ungestrichene bzw. gestrichene Größen gelten für großen Abstand vor bzw. nach der Wechselwirkung. Für die kinetischen Energien bzw. Impulse im Schwerpunktsystem gilt dann

$$\pi_1^2/2m_1 + \pi_2^2/2m_2 = \pi_1'^2/2m_1 + \pi_2'^2/2m_2 \quad ; \quad \vec{\pi}_1 + \vec{\pi}_2 = \vec{\pi}_1' + \vec{\pi}_2' = 0$$

und damit

$$\vec{\pi}_1 = -\vec{\pi}_2 \quad ; \quad \vec{\pi}_1' = -\vec{\pi}_2' \quad ; \quad \pi_1 = \pi_2 = \pi_1' = \pi_2' \quad .$$

Im Schwerpunktsystem werden beim elastischen Stoß nur die Richtungen, nicht die Beträge der Impulse geändert.

Im *Laborsystem*, in dem das Teilchen 2 (Target) vor dem Stoß ruht ($\vec{p}_2=0$) gilt für die Impulse $\vec{p}_1'$, $\vec{p}_2'$ nach dem Stoß (Abb.5.9)

$$\left(\vec{p}_1' - \frac{m_1}{m_1+m_2}\vec{p}_1\right)^2 = \left(\frac{m_2}{m_1+m_2}\vec{p}_1 - \vec{p}_2'\right)^2 = \left(\frac{m_2}{m_1+m_2}\right)^2 \vec{p}_1^{\,2} \quad .$$

Starrer Körper, feste Achse

Die Bewegung eines starren Körpers um eine raumfeste Achse $\hat{\vec{\omega}}$ mit der Winkelgeschwindigkeit ω wird durch Angabe *der vektoriellen Winkelgeschwindigkeit* $\vec{\omega} = \omega\hat{\vec{\omega}}$ beschrieben. Liegt der Aufpunkt der Ortsvektoren in der Achse und zerlegt man den Ortsvektor eines Punktes $\vec{r}_i = \vec{r}_{i\parallel} + \vec{r}_{i\perp}$ in Anteile parallel und senkrecht zur Achse, so hat der Punkt die Geschwindigkeit

$$\vec{v}_i = \vec{\omega} \times \vec{r}_i = \vec{\omega} \times \vec{r}_{i\perp} \quad .$$

Der Körper hat den *Gesamtimpuls*

$$\vec{P} = \sum_{i=1}^{N} m_i\vec{v}_i = M(\vec{\omega}\times\vec{R}) = M(\vec{\omega}\times\vec{R}_\perp) \quad .$$

Bei gleichförmiger Rotation ($\dot{\vec{\omega}}=0$) wirkt auf den Schwerpunkt die *Zentrifugalkraft*

$$\vec{F} = \dot{\vec{P}} = - M\omega^2\vec{R}_\perp \quad .$$

Sind die *Komponente des Drehimpulses in Achsenrichtung*

$$L_{\hat{\omega}} = \vec{L} \cdot \hat{\vec{\omega}}$$

und *die Komponente des Drehmoments in Achsenrichtung*

$$D_{\hat{\omega}} = \vec{D} \cdot \hat{\vec{\omega}} \quad ,$$

sowie das *Trägheitsmoment in Achsenrichtung*

$$\Theta_{\hat{\omega}} = \sum_{i=1}^{N} m_i r_{i\perp}^2 \quad \text{bzw.} \quad \Theta_{\hat{\omega}} = \int_V r_{i\perp}^2 \rho dV \quad ,$$

so ist der Zusammenhang zwischen Drehimpuls und Winkelgeschwindigkeit

$$L_{\hat{\omega}} = \Theta_{\hat{\omega}}\omega \quad ,$$

die *Bewegungsgleichung*

$$\dot{L}_{\hat{\omega}} = D_{\hat{\omega}} \quad ,$$

und die *Rotationsenergie*

$$E_{rot} = \frac{1}{2} \Theta_{\hat{\omega}}\omega^2 = \frac{1}{2\Theta_{\hat{\omega}}} L_{\hat{\omega}}^2 \quad .$$

Bei verschwindendem Drehmoment gilt *Drehimpulserhaltung* und damit *Energieerhaltung*

$$L_{\hat{\omega}} = \text{const} \quad , \quad E_{rot} = \text{const} \quad .$$

Verschiebt man die Achse $\hat{\vec{\omega}}$ parallel um den Abstandsvektor $\vec{b}_\perp$, und befindet sich der Schwerpunkt im Abstand $R_\perp$ von der ursprünglichen Achse, so ist das

Trägheitsmoment um die neue Achse

$$\Theta_{\hat{\omega}'} = \Theta_{\hat{\omega}} + Mb_{\perp}^2 + 2MR_{\perp}b_{\perp} \quad (\textit{Steinerscher Satz}) \quad .$$

Geht die Achse $\hat{\omega}$ durch den Schwerpunkt

$$(\Theta_{\hat{\omega}} = \Theta_{\hat{\omega},S} \quad , \quad R_{\perp} = 0)$$

so ist

$$\Theta_{\hat{\omega}'} = \Theta_{\hat{\omega},S} + Mb_{\perp}^2 \quad .$$

Transformationen zwischen Inertialsystemen

Inertialsysteme sind solche, in denen nur eingeprägte Kräfte zu Beschleunigungen führen. In Abwesenheit solcher Kräfte verharrt der Körper als Folge seiner Trägheit (inertia) im Zustand der gleichförmig geradlinigen Bewegung (oder der Ruhe). Alle Inertialsysteme sind gleichwertig. Transformationen, die von einem Inertialsystem ins andere führen, sind räumliche und zeitliche Translationen, zeitunabhängige Rotationen, Spiegelungen und Galilei-Transformationen.

Durch eine *räumliche Translation* wird jeder Ortsvektor $\vec{r}$ durch Addition mit einem konstanten Vektor $\vec{b}$ in

$$\vec{r}' = \vec{r} + \vec{b}$$

überführt.

Durch eine *zeitliche Translation* wird jeder Zeitpunkt t um die konstante Zeitdifferenz t_0 in

$$t' = t + t_0$$

überführt.

Durch eine *Rotation* mit dem Drehwinkel α um die Achse $\hat{\vec{\alpha}}$ durch den Koordinatenursprung wird jeder Ortsvektor $\vec{r}$ in

$$\vec{r}' = \underline{\underline{R}}\vec{r}$$

überführt. Der *Rotationstensor* hat die Gestalt

$$\underline{\underline{R}}(\vec{\alpha}) = e^{\underline{\underline{\varepsilon}}\vec{\alpha}} = \underline{\underline{1}} + (\sin\alpha)\underline{\underline{\varepsilon}}\hat{\vec{\alpha}} - (\cos\alpha - a)(\underline{\underline{\varepsilon}}\hat{\vec{\alpha}})^2 \quad ,$$

die für infinitesimale Drehwinkel $\Delta\vec{\alpha}$ in

$$\underline{\underline{R}}(\Delta\vec{\alpha}) = \underline{\underline{1}} + \underline{\underline{\varepsilon}}\Delta\vec{\alpha}$$

übergeht und zur *infinitesimalen Rotation*

$$\vec{r}' = \vec{r} + \Delta\vec{\alpha} \times \vec{r}$$

führt. Eine Rotation transformiert ein rechtshändiges System von Basisvektoren $\vec{e}_i$ in ein ebenfalls rechtshändiges Basissystem $\vec{e}_i' = \underline{\underline{R}}\vec{e}_i$. Im System der $\vec{e}_i$ hat $\underline{\underline{R}}$ die *Matrixelemente*

$$R_{mn} = \vec{e}_m \cdot \vec{e}_n' = \cos \sphericalangle (\vec{e}_m, \vec{e}_n') \quad .$$

Durch die *Spiegelungstransformation*

$$\vec{r}' = \underline{\underline{S}}\vec{r} \quad , \quad \underline{\underline{S}} = -\underline{\underline{1}}$$

wird jeder Ortsvektor $\vec{r}$ in sein Negatives $\vec{r}' = -\vec{r}$ überführt. Ein rechtshändiges Basissystem geht dabei in ein linkshändiges über.

Durch eine *Galilei-Transformation*

$$\vec{r}' = \vec{r} + \vec{v}t \quad , \quad \vec{v} = \text{const}$$

wird jeder Ortsvektor einer zeitlich gleichförmigen räumlichen Translation unterworfen.

Klassifikation physikalischer Größen unter Transformationen

Eine physikalische Größe $G = f(\vec{r}_1, \ldots, \vec{r}_N)$, die eine Funktion von N Ortsvektoren ist, wird durch eine Transformation in

$$G' = f(\vec{r}_1', \ldots, \vec{r}_N')$$

überführt. Sie heißt *invariant* unter der Transformation, wenn

$$G' = f(\vec{r}_1', \ldots, \vec{r}_N') = f(\vec{r}_1, \ldots, \vec{r}_N) = G \quad .$$

Eine Funktion, die unter beliebigen räumlichen Translationen invariant ist, kann nur eine Funktion von N-1 unabhängigen Differenzvektoren $\vec{r}_i - \vec{r}_k$ oder von Zeitableitungen $(\dot{\vec{r}}_i, \ddot{\vec{r}}_i)$ der Ortsvektoren sein (Beispiele: Gravitationskraft zwischen 2 Massenpunkten, Geschwindigkeit, Impuls).

Eine Funktion heißt *Skalar* unter Rotationen, wenn sie invariant bleibt

$$S(\vec{r}_1', \ldots, \vec{r}_N') = S(\underline{\underline{R}}\vec{r}_1, \ldots, \underline{\underline{R}}\vec{r}_N) = S(\vec{r}_1, \ldots, \vec{r}_N) \quad .$$

(Beispiele: kinetische Energie, Potential). Wenn ein Skalar bei Spiegelungen sein Vorzeichen ändert, heißt er (genauer) *Pseudoskalar*.

$$P(\vec{r}_1', \ldots, \vec{r}_N') = P(\underline{\underline{S}}\vec{r}_1, \ldots, \underline{\underline{S}}\vec{r}_N) = -P(\vec{r}_1, \ldots, \vec{r}_N)$$

(Beispiel: Spatprodukt).

Eine Funktion heißt *Vektor* unter Rotationen, wenn sie sich wie der Ortsvektor transformiert

$$\vec{V}(\vec{r}_1', \ldots, \vec{r}_N') = \vec{V}(\underline{\underline{R}}\vec{r}_1, \ldots, \underline{\underline{R}}\vec{r}_N) = \underline{\underline{R}}\vec{V}(\vec{r}_1, \ldots, \vec{r}_N)$$

(Beispiele: Kraft, Impuls). Wenn ein Vektor im Gegensatz zum Ortsvektor bei Spiegelungen sein Vorzeichen nicht ändert, heißt er (genauer) *Pseudovektor* oder *Axialvektor*

$$\vec{A}(\vec{r}_1',\ldots,\vec{r}_N') = \vec{A}(\underline{\underline{S}}\vec{r}_1,\ldots,\underline{\underline{S}}\vec{r}_N) = \vec{A}(\vec{r}_1,\ldots,\vec{r}_N)$$

(Beispiele: Drehimpuls, Drehmoment).

Hamiltonfunktion und Hamiltonsche Gleichungen

Sind bei einem N-Körper-System die *kinetische Energie*

$$T = \sum_{i=1}^{N} \frac{p_i^2}{2m_i}$$

und das *Potential*

$$V = V(\vec{r}_1,\ldots,\vec{r}_N,t)$$

gegeben, so lassen sich aus der *Hamiltonfunktion*

$$H = T + V$$

durch Gradientenbildung nach den Orts- bzw. Impulsvektoren die *Hamiltonschen Gleichungen*

$$\dot{\vec{p}}_i = -\vec{\nabla}_{r_i} H \quad , \quad \dot{\vec{r}}_i = \vec{\nabla}_{p_i} H$$

gewinnen, deren erste dem zweiten Newtonschen Gesetz und deren zweite der Definition des Impulses $m\dot{\vec{r}}_i = \vec{p}_i$ entspricht. Durch Angabe der Hamiltonfunktion und der Anfangsbedingungen ist damit ein N-Körper-System vollständig bestimmt.

Symmetrien und Erhaltungssätze

Aus dem Verhalten physikalischer Größen unter Transformationen lassen sich weitreichende Schlüsse ziehen, insbesondere aus den Eigenschaften der Hamiltonfunktion, da sie ein abgeschlossenes N-Körper-System vollständig bestimmt.

Aus der *räumlichen Translationsinvarianz* der Hamiltonfunktion

$$0 = H(\vec{r}_1+\Delta\vec{r},\ldots,\vec{r}_N+\Delta\vec{r},\vec{p}_1,\ldots,\vec{p}_N,t) - H(\vec{r}_1,\ldots,\vec{r}_N,\vec{p}_1,\ldots,\vec{p}_N,t)$$
$$= \left(\sum_{i=1}^{N} \vec{\nabla}_{r_i} H\right)\Delta\vec{r}$$

folgt über die erste Hamiltonsche Gleichung direkt der *Impulserhaltungssatz*

$$-\sum_{i=1}^{N} \vec{\nabla}_{r_i} H = \sum_{i=1}^{N} \dot{\vec{p}}_i = \dot{\vec{P}} = 0 \quad .$$

Aus der *zeitlichen Translationsinvarianz* der Hamiltonfunktion folgt der *Energieerhaltungssatz*

$$\frac{dH}{dt} = \frac{d}{dt}(T+V) = \frac{d}{dt} E_{tot} = 0 \quad .$$

Aus der *Rotationsinvarianz* der Hamiltonfunktion

$$H(\underline{\underline{R}}\vec{r}_1,\ldots,\underline{\underline{R}}\vec{r}_N,\underline{\underline{R}}\vec{p}_1,\ldots,\underline{\underline{R}}\vec{p}_N,t) = H(\vec{r}_1,\ldots,\vec{r}_N,\vec{p}_1,\ldots,\vec{p}_N,t)$$

folgt mittels einer infinitesimalen Rotation $\underline{\underline{R}} = \underline{\underline{1}} + \underline{\underline{\underline{\varepsilon}}}\Delta\vec{\alpha}$ und unter Benutzung beider Hamiltonscher Gleichungen

$$0 = \sum_{i=1}^{N} (\vec{\nabla}_{r_i} H) \cdot (\Delta\vec{\alpha}\times\vec{r}_i) + \sum_{i=1}^{N} (\vec{\nabla}_{p_i} H) \cdot (\Delta\vec{\alpha}\times\vec{p}_i)$$

$$= -\Delta\vec{\alpha} \cdot \sum_{i=1}^{N} (\vec{r}_i\times\dot{\vec{p}}_i + \dot{\vec{r}}_i\times\vec{p}_i) = -\Delta\vec{\alpha}\,\frac{d}{dt}\sum_{i=1}^{N} (\vec{r}_i\times\vec{p}_i)$$

der *Drehimpulserhaltungssatz*

$$\dot{\vec{L}} = \frac{d}{dt}\sum_{i=1}^{N} (\vec{r}_i\times\vec{p}_i) = 0 \quad .$$

Aus der *Spiegelungsinvarianz* der Hamiltonfunktion folgt inder klassischen Physik kein besonderer Erhaltungssatz.

Unter *Galilei-Transformationen* bleibt zwar die Hamilton-Funktion *nicht invariant*, jedoch bleiben die Newtonschen Bewegungsgleichungen

$$\frac{d^2}{dt^2} m_i\vec{r}_i' = \frac{d^2}{dt^2} m_i(\vec{r}_i+\vec{v}\cdot t) = \frac{d^2}{dt^2}\vec{r}_i = \vec{F}_i(\vec{r}_1,\ldots\vec{r}_N) = \vec{F}_i(\vec{r}_1',\ldots\vec{r}_N')$$

für translationsinvariante Kräfte unverändert.

Starrer Körper, Bewegliche Achsen

Zahl der *Freiheitsgrade* eines starren Körpers:

3 Freiheitsgrade der Translation (Lage eines körperfesten Punktes 0' mit dem Ortsvektor $\vec{r}_0$) und

3 Freiheitsgrade der Rotation (Lage des Körpers bezüglich eines raumfesten Koordinatensystems $\vec{e}_1$, $\vec{e}_2$, $\vec{e}_3$).

Die Beschreibung der Lage des Körpers im raumfesten Koordinatensystem geschieht durch Angabe von drei körperfesten (i.a. zeitabhängigen) Vektoren $\vec{e}_1'(t)$, $\vec{e}_2'(t)$, $\vec{e}_3'(t)$, die ein rechtshändiges Basissystem bilden.

Das legt die *Zerlegung* des Ortsvektors $\vec{r}_i$ eines Punktes i des Körpers bezüglich eines ortsfesten Punktes 0 in $\vec{r}_0$ und einen Ortsvektor $\vec{r}_i'$ bezüglich des körperfesten Punktes 0' nahe

$$\vec{r}_i = \vec{r}_0 + \vec{r}_i' \quad .$$

Bezüglich des körperfesten Koordinatensystems hat der Ortsvektor $\vec{r}_i$ die Darstellung

$$\vec{r}_i = \sum_{\ell=1}^{3} r_{i\ell}' \, \vec{e}_\ell'(t) \quad , \quad r_{i\ell}' = \text{const.} \quad , \quad i=1,\dots,N \quad .$$

Mit Hilfe der *momentanen Winkelgeschwindigkeit* $\vec{\omega}(t)$ wird die Geschwindigkeit des Punktes i durch das *Eulersche Theorem*

$$\dot{\vec{r}}_i(t) = \dot{\vec{r}}_0(t) + \vec{\omega}(t) \times \vec{r}_i'(t)$$

beschrieben.

Für die Zeitableitung eines beliebigen Vektors $\vec{w} = \sum_{\ell=1}^{3} w_\ell(t)\vec{e}_\ell = \sum_{\ell=1}^{3} w_\ell'(t)\vec{e}_\ell'(t)$ gilt

$$\dot{\vec{w}}(t) = \sum_{\ell=1}^{3} \dot{w}_\ell'(t) \, \vec{e}_\ell'(t) + \vec{\omega}(t) \times \vec{w}(t) \quad .$$

Mit dem Drehimpuls

$$\vec{L} = \sum_{i=1}^{N} \vec{r}_i \times \vec{p}_i$$

und dem symmetrischen *Trägheitstensor*

$$\underline{\underline{\Theta}} = \sum_{i=1}^{N} m_i \left[\vec{r}_i^{\,2} \underline{\underline{1}} - \vec{r}_i \otimes \vec{r}_i\right]$$

gilt

$$\vec{L} = \underline{\underline{\Theta}}\vec{\omega} \quad .$$

Bezüglich einer festen Achse $\hat{\vec{\omega}}$ ist das *Trägheitsmoment in Achsenrichtung*

$$\Theta_{\hat{\omega}} = \hat{\vec{\omega}} \cdot (\underline{\underline{\Theta}}\hat{\vec{\omega}}) \quad .$$

DerTrägheitstensor kann nach Matrixelementen bezüglich des raumfesten bzw. körperfesten Koordinatensystems zerlegt werden. Nur letztere sind zeitunabhängig

$$\underline{\underline{\Theta}} = \sum_{m,n=1}^{3} \Theta_{mn}(t)\vec{e}_m \otimes \vec{e}_n = \sum_{m,n=1}^{3} \Theta_{mn}' \, \vec{e}_m'(t) \otimes \vec{e}_n'(t) \quad ,$$

$$\Theta_{mn}' = \sum_{i=1}^{N} m_i (r_i'^{\,2} \delta_{mn} - r_{im}' r_{in}') \quad .$$

Durch spezielle Wahl der Basisvektoren $\vec{e}'_m(t)$ (*Hauptträgheitsachsen*) erlangt $\underline{\underline{\Theta}}$ Diagonalform,

$$\underline{\underline{\Theta}} = \sum_{m=1}^{3} \Theta'_m \, \vec{e}'_m(t) \times \vec{e}'_m(t) \quad .$$

Θ'_m heißen *Hauptträgheitsmomente*.

Aus der Darstellung des Trägheitsmomentes um eine feste Achse $\Theta_{\hat{\omega}} = \hat{\vec{\omega}}\underline{\underline{\Theta}}\hat{\vec{\omega}}$ folgt die Gleichung des Trägheitsellipsoids

$$\vec{a}\underline{\underline{\Theta}}\vec{a} = 1$$

für die Vektoren $\vec{a} = \frac{\hat{\vec{\omega}}}{\sqrt{\Theta_{\hat{\omega}}}}$. In Hauptachsenlage gilt $\Theta'_1 \, a_1^2 + \Theta'_2 \, a_2^2 + \Theta'_3 \, a_3^2 = 1$.

Die *Bewegungsgleichung*

$$\dot{\vec{L}} = \frac{d}{dt}(\underline{\underline{\Theta}}\vec{\omega}) = \vec{D}$$

führt für verschwindendes Drehmoment $\vec{D}$ zum *Drehimpulserhaltungssatz*

$$\vec{L} = \underline{\underline{\Theta}}\vec{\omega} = \vec{L}_0 = \text{const} \quad .$$

Mit $\dot{\vec{L}} = \frac{d}{dt}(\underline{\underline{\Theta}}\vec{\omega}) = \underline{\underline{\Theta}}\dot{\vec{\omega}} + \vec{\omega}\times(\underline{\underline{\Theta}}\vec{\omega})$ erhält man die *Eulerschen Gleichungen*

$$\underline{\underline{\Theta}}\dot{\vec{\omega}} + \vec{\omega} \times (\underline{\underline{\Theta}}\vec{\omega}) = \vec{D} \quad ,$$

im System der Hauptträgheitsachsen:

$$\Theta'_1\dot{\omega}'_1 - (\Theta'_2-\Theta'_3)\omega'_2\omega'_3 = D'_1 \quad , \quad \Theta'_2\dot{\omega}'_2 - (\Theta'_3-\Theta'_1)\omega'_3\omega'_1 = D'_2 \quad ,$$

$$\Theta'_3\dot{\omega}'_3 - (\Theta'_1-\Theta'_2)\omega'_1\omega'_2 = D'_3 \; .$$

Der starre Körper hat die *Rotationsenergie*

$$E_{rot} = \frac{1}{2}\,\vec{\omega}\underline{\underline{\Theta}}\vec{\omega} = \frac{1}{2}\,\vec{\omega}\vec{L} = \frac{1}{2}\,\vec{L}\underline{\underline{\Theta}}^{-1}\vec{L}$$

Transformation in Nichtinertialsysteme

In einem Inertialsystem rühren alle Beschleunigungen von *eingeprägten Kräften* $\vec{F}_e$ her. Es gilt die Bewegungsgleichung $m\ddot{\vec{r}} = \vec{F}_e$. Ist ein Bezugssystem gegenüber einem Inertialsystem beschleunigt, so treten in ihm neben den eingeprägten Kräften (zusätzliche) *Scheinkräfte* auf. Zwei wichtige Spezialfälle sind:

I) *geradlinig beschleunigtes System*

Transformation	$\vec{r}'(t) = \vec{r}(t) + \vec{b}(t)$,
Bewegungsgleichung	$m\ddot{\vec{r}}' = \vec{F}'_e + m\ddot{\vec{b}} = \vec{F}'_e + \vec{F}_s$,
eingeprägte Kraft	$\vec{F}'_e(\vec{r}) = \vec{F}_e(\vec{r}-\vec{b})$,
Scheinkraft	$\vec{F}_s = m\ddot{\vec{b}}$.

II) *gleichförmig rotierendes Bezugssystem*

Transformation $\vec{r}\,'(t) = \underline{\underline{R}}(t)\vec{r}(t)$

mit $\underline{\underline{R}}(t) = \sum_{\ell=1}^{3} \vec{e}\,'_\ell(t) \otimes \vec{e}_\ell(t)$

und $\dot{\vec{e}}\,'_\ell(t) = \vec{\omega}(t) \times \vec{e}\,'_\ell(t)$.

Bewegungsgleichung $m\ddot{\vec{r}}\,' = \vec{F}\,'_e - \vec{F}_Z - \vec{F}_C$,

eingeprägte Kraft $\vec{F}\,'_e = \underline{\underline{R}}\vec{F}_e$,

Scheinkräfte

Zentrifugalkraft $\vec{F}_Z = m\omega^2\vec{r}\,'_\perp$,

Corioliskraft $\vec{F}_C = 2m\vec{v}_\perp \times \vec{\omega}$,

wobei

$$\vec{r}\,'_\perp = \vec{r}\,' - (\vec{r}\,'\cdot\hat{\vec{\omega}})\hat{\vec{\omega}} \qquad \vec{v}_\perp = \vec{v}_{rel} - (\vec{v}_{rel}\cdot\hat{\vec{\omega}})\hat{\vec{\omega}} \quad , \quad \vec{v}_{rel} = \underline{\underline{R}}\vec{v} \quad .$$

Schwingungen

In vielen physikalischen Zusammenhängen treten Gleichungen auf, die der Bewegungsgleichung des Federpendels, der *Schwingungsgleichung*

$$\ddot{x} + ax = 0 \quad ,$$

oder Erweiterungen davon entsprechen. Mathematisch besonders einfach wird die Lösung mit Hilfe des *komplexen Lösungsansatzes*

$$x = e^{i\omega t} = \cos\omega t + i\,\sin\omega t$$

Einsetzen des Ansatzes in die Schwingungsgleichung führt zur *charakteristischen Gleichung* für ω mit den Lösungen ω_1, ω_2. Die *allgemeine Lösung* ist

$$x = c_1 e^{i\omega_1 t} + c_2 e^{i\omega_2 t} \quad .$$

Die Konstanten c_1 und c_2 werden aus den *Anfangsbedingungen*

$$x_0 = x(t=t_0=0) \quad , \quad \dot{x}_0 = \dot{x}(t=t_0=0)$$

bestimmt.

Von besonderem Interesse sind die folgenden vier Fälle:

I) *Ungedämpfte Schwingung*

Schwingungsgleichung

$$\ddot{x} + ax = 0 \quad ,$$

charakteristische Gleichung

$$\omega^2 - a = 0 \quad , \quad \text{d.h.} \quad \omega = \pm\omega_0 = \pm\sqrt{a}$$

(*Kreisfrequenz* ω_0, *Frequenz* $\nu = \omega_0/2\pi$, *Periode* $T = 1/\nu = 2\pi/\omega_0$).

Die allgemeinste Lösung

$$x = c_1 e^{i\omega_0 t} + c_2 e^{-i\omega_0 t}$$

ist wegen $c_1 = (x_0 - i\dot{x}_0/\omega_0)/2$, $c_2 = (x_0 + i\dot{x}_0/\omega_0)/2$ explizit reell:

$$x(t) = x_0 \cos\omega_0 t + (\dot{x}_0/\omega_0) \sin\omega_0 t = A \cos(\omega_0 t - \delta) \quad .$$

Dabei ist $A = (x_0^2 + \dot{x}_0^2/\omega_0^2)^{1/2}$ die *Amplitude* und $\delta = \text{arc}\tan(\dot{x}_0/\omega_0 x_0)$ die *Phase* der Schwingung.

II) *Gedämpfte Schwingungen*

Schwingungsgleichung

$$\ddot{x} + 2\gamma\dot{x} + ax = 0 \quad ,$$

charakteristische Gleichung

$$\omega^2 - 2i\omega\gamma - a = 0$$

mit den Lösungen $\Omega_\pm = i\gamma \pm \omega_R$, $\omega_R = \sqrt{\omega_0^2 - \gamma^2}$, $\omega_0^2 = a$.

Die allgemeinste Lösung

$$x = c_1 e^{i\Omega_+ t} + c_2 e^{i\Omega_- t}$$

hat wegen

$$c_1 = (x_0 - i\dot{x}_0/\Omega_-)[\Omega_-/(\Omega_- - \Omega_+)], \quad c_2 = (x_0 + i\dot{x}_0/\Omega_+)[\Omega_+/(\Omega_+ - \Omega_-)]$$

die Form

$$x(t) = e^{-\gamma t} \left[x_0 \cos\omega_R t + \frac{1}{\omega_R}(\dot{x}_0 + \gamma x_0) \sin\omega_R t\right] \quad .$$

Je nachdem, ob ω_R reell, imaginär oder Null ist, unterscheidet man

IIa) *Schwingfall* (ω_R positiv reell):

$$x(t) = A\, e^{-\gamma t} \cos(\omega_R t - \delta) \quad \text{mit}$$

$$A = (x_0^2 + (\dot{x}_0 + \gamma x_0)^2/\omega_R^2)^{1/2} \quad ,$$

$$\delta = \text{arc}\tan[(\dot{x}_0 + \gamma x_0)/x_0\omega_R] \quad .$$

(Der *Dämpfungsfaktor* $e^{-\gamma t}$ bestimmt den Abfall der Schwingungsweiten. Charakteristisch ist die Zeit $\tau_s = 1/\gamma$)

IIb) *Kriechfall* ($\omega_R = i\lambda$, rein imaginär, $\lambda = \sqrt{\gamma^2-\omega_0^2}$):

$$x(t) = \frac{1}{2} e^{-\gamma t} [a_1 e^{-\lambda t} + a_2 e^{\lambda t}] \quad \text{mit}$$

$$a_{1,2} = x_0 \mp (\dot{x}_0 + \gamma x_0)/\lambda \quad .$$

Für $t \gg 1/\gamma$ wird $x(t) = (a_2/2)2^{-(\gamma-\lambda)t}$.

Charakteristisch für den Abfall der Amplitude ist die Zeit $\tau_K = 1/(\gamma-\lambda) > 1/\gamma$

IIc) *Aperiodischer Grenzfall* ($\omega_R=0$):

Eine Grenzbetrachtung liefert $x(t) = e^{-\gamma t} [x_0 + (\dot{x}_0 + \gamma x_0)t]$.

Für $t \gg x_0/(\dot{x}_0+\gamma x_0)$ wird $x(t) = (\dot{x}_0+\gamma x_0)t\, e^{-\gamma t}$.

Die charakteristische Zeit für den Abfall der Schwingungsweite ist $\tau_A = 1/\gamma$.

III) *Erzwungene Schwingungen*

Schwingungsgleichung

$$\ddot{x} + 2\gamma\dot{x} + ax = k \cos\omega t \quad .$$

Für große Zeiten $t \gg 1/\gamma$ bzw. $1/(\gamma-\sqrt{\gamma^2-\omega_0^2})$ hat sie die *Lösung* $x(t) = |C| \cos(\omega t-\eta)$ mit der *komplexen Amplitude*

$$C = |C|e^{i\eta} = -\frac{k(\omega^2-\omega_0^2-2i\gamma\omega)}{(\omega^2-\omega_0^2)^2+4\gamma^2\omega^2} \quad ,$$

deren *Betrag* und *Phase* durch

$$|C| = \frac{k}{\sqrt{(\omega^2-\omega_0^2)^2+4\gamma^2\omega^2}} \quad , \quad \eta = \text{arc cotan}\, \frac{\omega_0^2-\omega^2}{2\gamma\omega}$$

gegeben sind. Die Phase zwischen Auslenkung $x(t)$ und der Erregung $k \cos\omega t$ geht unabhängig von der Dämpfung γ bei der *Resonanzfrequenz* $\omega = \omega_0$ durch $\pi/2$. Für die komplexe Funktion

$$Z = \frac{2\gamma\omega}{k} C = \frac{2\gamma\omega(\omega_0^2-\omega^2)+4i\gamma^2\omega^2}{(\omega^2-\omega_0^2)^2+4\gamma^2\omega^2} = |Z|e^{i\eta}$$

gilt die *Unitaritätsrelation*

$$\text{Im}Z = |Z|^2 = (\text{Re}Z)^2 + (\text{Im}Z)^2 \quad .$$

Sie entspricht einer *Kreisgleichung*

$$(\text{Re}Z)^2 + (\text{Im}Z - \frac{1}{2})^2 = \frac{1}{4}$$

für die Darstellung der Amplitude Z in der komplexen Ebene. Bei *Resonanz* ($\omega=\omega_0$) gilt

$$\eta = \pi/2 \quad , \quad \text{Im}Z = 1 = \max \quad , \quad \text{Re}Z = 0 \quad .$$

Physikalisch entspricht der Imaginärteil *(Absorptivteil)* der Amplitude der im Zeitmittel vom Erreger auf das schwingende System übertragenen *(Wirk-) Leistung*, der Realteil *(Dispersivteil)* dem Zeitmittel der zwischen Erreger und Schwinger hin- und her transferierten *(Blind-) Leistung*.

IV) *Gekoppelte Oszillatoren*

Bewegungsgleichungen

$$\ddot{x}_1 + 2\gamma_1\dot{x} + d_1x_1 - f_1(x_2-x_1) = 0 \quad ,$$

$$\ddot{x}_2 + 2\gamma_2\dot{x}_2 + d_2x_2 - f_2(x_1-x_2) = 0 \quad .$$

Der Ansatz $x_k(t) = A_k e^{i\omega t}$, $k = 1,2$, für die Auslenkung x_k der beiden Oszillatoren führt zu einer charakteristischen Gleichung, die für den Fall ohne Dämpfung $(\gamma_1=\gamma_2=0)$ lautet

$$\omega^2_{1,2} = \frac{1}{2}(d_1+d_2+f_1+f_2) \pm \frac{1}{2}\sqrt{(d_1+f_1-d_2-f_2)^2+4f_1f_2} \quad .$$

Mit

$$A_{ki} = |A_{ki}|\, e^{i\delta_{ki}} \quad , \quad \omega_\pm = \frac{1}{2}(\omega_1 \pm \omega_2) \quad , \quad \delta_{k\pm} = \frac{1}{2}(\delta_{k1} \pm \delta_{k2})$$

kann die allgemeinste Lösung in der Form

$$x_k(t) = 2(|A_{k1}|+|A_{k2}|)\cos(\omega_- t+\delta_{k-})\cos(\omega_+ t+\delta_{k+})$$
$$- 2(|A_{k1}|-|A_{k2}|)\sin(\omega_- t+\delta_{k-})\sin(\omega_+ t+\delta_{k+})$$

oder mit

$$A_k(t) = 2(|A_{k1}|+|A_{k2}|)\cos(\omega_- t+\delta_{k-}) \quad ,$$

$$B_k(t) = -2(|A_{k1}|-|A_{k2}|)\sin(\omega_- t+\delta_{k-}) \quad ,$$

$$A_{mod}(t) = \sqrt{A_k^2(t)+B_k^2(t)} \quad , \quad \gamma_k(t) = \arctan A_k(t)/B_k(t)$$

in der Form

$$x_k(t) = A_{mod}(t)\sin[\omega_+ t+\delta_{k+}+\gamma_k(t)] \quad .$$

Sie stellt eine Schwingung der Frequenz $\omega_+ = (\omega_1+\omega_2)/2$ dar, deren Amplitude mit der Frequenz $\omega_- = (\omega_1-\omega_2)/2$ moduliert ist. Für $\omega_- \ll \omega_+$ heißt diese langsame Amplitudenmodulation *Schwebung*.

Wellen

In vielen Teilgebieten der Physik gibt es räumlich und zeitlich veränderliche Vorgänge (in der Mechanik können sie durch ein Kontinuum gekoppelter Oszillatoren, den *Träger* der Welle, realisiert werden), die durch Wellengleichungen beschrieben werden. Vorgänge, die sich durch eine skalare Größe beschreiben lassen, genügen der Klein-Gordon-Gleichung oder (dem Spezialfall) der d'Alembert-Gleichung. Sie sind hier für nur eine Raumdimension (x) angegeben.

Klein-Gordon-Wellengleichung

$$\frac{1}{c^2}\frac{\partial^2 w}{dt^2} - \frac{\partial^2 w}{\partial x^2} + \frac{\omega_0^2}{c^2} = 0 \quad .$$

Die Konstanten ω_0 und c sind durch die Eigenschaften des Trägers bestimmt. (Im mechanischen Beispiel ist w die Auslenkung eines Oszillators aus seiner Ruhelage).

Spezielle *Lösungen* der Wellengleichung sind zeitlich und räumlich veränderliche (der Bequemlichkeit halber komplex geschriebene) Funktionen, die *harmonischen Wellen*

$$w(x,t) = w_0\, e^{i(\omega t-kx)} = w_0\{\cos(\omega t - kx) + i\,\sin(\omega t - kx)\}$$

mit der *Kreisfrequenz*

$$\omega = \pm\sqrt{c^2k^2 + \omega_0^2} \quad ,$$

der *Frequenz*

$$\nu = \omega/2\pi \quad ,$$

der *Wellenzahl* k bzw. der *Wellenlänge*

$$\lambda = 2\pi/k$$

und der *Phasengeschwindigkeit*

$$v_p = \frac{\omega}{k} = \pm c\sqrt{1 + \omega_0^2/(c^2k^2)} \quad .$$

Sie ist nach dem Betrage nach größer als c. Lediglich im Fall der d'Alembert-Gleichung ($\omega_0 = 0$) gilt $v_p = c$.

Die *allgemeine* Lösung ist eine *Superposition* harmonischer Wellen, ein *Wellenpaket*

$$w(x,t) = \mathrm{Re}\left\{(2\pi)^{-1/2}\int_{-\infty}^{\infty}\tilde{f}(k)\, e^{i(\omega t-kx)}\, dk\right\} \quad .$$

Es ist hier in explizit reeller Form geschrieben. Dabei ist f(k) ein wellenzahlabhängiger *Amplitudenfaktor*, die *Spektralfunktion*,

$$\tilde{f}(k) \quad , \quad \tilde{f}(k) \neq 0 \quad \text{nur für} \quad k \approx k_0 \quad ,$$

der im allgemeinen nur für Wellenzahlen in der Nähe eines Mittelwertes k_0 nicht verschwindet.

Das Maximum des Wellenpaketes bewegt sich mit der *Gruppengeschwindigkeit*

$$v_G = \frac{d\omega}{dk}(k_0) = \frac{\pm c}{\sqrt{1 + \omega_0^2/(c^2 k_0^2)}} \quad .$$

Sie ist dem Betrage nach stets kleiner als c. Da die Gruppengeschwindigkeit von k abhängt, "zerläuft" das Wellenpaket im Laufe der Zeit (*Dispersion*). Nur im Fall der d'Alembert-Gleichung gilt $v_G = v_P = \pm c$. In diesem Fall tritt keine Dispersion auf.

Ist ein Wellenpaket im Ortsbereich σ_x lokalisiert, so überstreicht es einen endlichen Wellenzahlbereich σ_k mit

$$\sigma_x \sigma_k \geq 1/2$$

(*Klassische Unschärferelation*).

Lösungen der *d'Alembert-Gleichung*

$$\frac{1}{c^2}\frac{d^2w}{dt^2} - \frac{\partial w}{\partial x^2} = 0$$

sind beliebige Auslenkungs-Funktionen der Variablen -ct + x bzw. ct + x, die *ohne Formänderung* mit der Geschwindigkeit c bzw. -c in x-Richtung laufen

$$w_+(t,x) = w(-ct + x) \quad , \quad w_-(t,x) = w(ct + x) \quad .$$

Die *allgemeinste Lösung* ist eine Superposition zweier beliebiger Funktionen

$$w = w_1(-ct + x) + w_2(ct + x) \quad .$$

Sie kann (wie oben) aus harmonischen Wellen superponiert werden.

Für das mechanische Modell der Oszillatorkette ist μ die lineare Massendichte (im allgemeinen eine durch den Träger bestimmte Konstante).

Dann sind

die (*kanonische*) *Impulsdichte*

$$\pi = \mu \frac{\partial w}{\partial t} \quad ,$$

die *Energiedichte*

$$\eta = \frac{\mu c^2}{2}\left[\left(\frac{\partial w}{c\partial t}\right)^2 + \left(\frac{\partial w}{\partial x}\right)^2\right]$$

und die (*mechanische*) *Impulsdichte*

$$p = -\pi \frac{\partial w}{\partial x} \quad .$$

(Für den Impulstransport durch die Welle muß p eingeführt werden, weil π den Gesamtimpuls der im wesentlichen ortsfesten Oszillatoren beschreibt.) Mit den Stromdichten

(*kanonische*) *Impulsstromdichte*

$$\sigma = \mu c^2 \frac{\partial w}{\partial x} \quad ,$$

Energiestromdichte,

$$S = -\mu c^3 \left\{\frac{1}{c}\frac{\partial w}{\partial t} \cdot \frac{\partial w}{\partial x}\right\}$$

und (*mechanische*) *Impulsstromdichte*

$$T = \frac{\mu c^2}{2}\left[\left(\frac{\partial w}{c\partial t}\right)^2 + \left(\frac{\partial w}{\partial x}\right)^2\right]$$

(letztere ist nur im eindimensionalen Fall identisch mit η) gelten die *Kontinuitätsgleichungen*

$$\frac{\partial \pi}{\partial t} + \frac{\partial \sigma}{\partial x} = 0 \quad , \quad \frac{\partial \eta}{\partial t} + \frac{\partial S}{\partial x} = 0 \quad , \quad \frac{\partial p}{\partial t} + \frac{\partial T}{\partial x} = 0 \quad .$$

Lorentz-Transformation

Der Befund des Michelson-Experiments, daß die Lichtgeschwindigkeit c in allen Bezugssystemen gleich ist, führt zu folgender linearen Transformation von Ortsvektor $\vec{r}$ und Zeit t beim Übergang in ein Bezugssystem, das sich im ursprünglichen System mit der Geschwindigkeit $v = \beta c$ in x-Richtung bewegt

$$t' = \gamma(t-\beta\frac{x}{c}) \quad , \quad x' = \gamma(x-\beta ct) \quad , \quad y' = y \quad , \quad z' = z$$

mit dem *Lorentzfaktor*

$$\gamma = (1-\beta^2)^{-1/2} = (1-(v/c)^2)^{-1/2} \quad .$$

Nur für $v \ll c$, d.h. $\beta \ll 1$, $\gamma \approx 1$ geht die Lorentz-Transformation in die Galilei-Transformation ($t'=t$, $x'=x-vt$, $y'=y$, $z'=z$) über.

Einfache Konsequenzen der Lorentz-Transformation werden offenbar, einerseits bei der Messung der Länge $\Delta x'$ eines Stabes (durch Bestimmung der Ortskoordinaten x_1', x_2' seiner Endpunkte zur gleichen Zeit $t_1'=t_2'$) im Vergleich zur Länge Δx im ursprünglichen System und andererseits durch Beobachtung der Zeitdifferenz $\Delta t'$ zweier Ereignisse im Vergleich zur Zeitdifferenz Δt im ursprünglichen System, in dem sie am gleichen Ort ($x_1=x_2$, d.h. $\Delta x=0$) stattfinden:

Lorentzkontraktion:

$$\Delta x' = \Delta x/\gamma \quad ,$$

Zeitdilatation:

$$\Delta t' = \gamma \Delta t \quad .$$

Der *Viererabstand* $\sqrt{c^2(t_1-t_2)^2-(\vec{r}_1-\vec{r}_2)^2}$ zweier Punkte mit den "zeitlichen Koordinaten" t_1 bzw. t_2 und den Ortsvektoren $\vec{r}_1$ bzw. $\vec{r}_2$ bleibt bei Lorentz-Transformationen *invariant*

$$c^2(t_1'-t_2')^2 - (\vec{r}_1{}'-\vec{r}_2{}')^2 = c^2(t_1-t_2)^2 - (\vec{r}_1-\vec{r}_2)^2 \quad .$$

Insbesondere gilt (für $\vec{r}_1=0$, $t_1=0$, $\vec{r}_2=\vec{r}$, $t_2=t$)

$$c^2(t')^2 - (\vec{r}\,')^2 = c^2t^2 - \vec{r}^2 \quad .$$

Vierervektoren

werden durch Zusammenfassung der räumlichen Koordinaten $x^1=x$, $x^2=y$, $x^3=z$ und der (mit der Lichtgeschwindigkeit c multiplizierten) Zeit $x^0=ct$ gebildet

$$\underset{\sim}{x} = \sum_{\mu=0}^{3} x^\mu \underset{\sim}{e}_\mu = x^\mu \underset{\sim}{e}_\mu = x^0 \underset{\sim}{e}_0 + x^1 \underset{\sim}{e}_1 + x^2 \underset{\sim}{e}_2 + x^3 \underset{\sim}{e}_3 \quad .$$

Die drei räumlichen Basisvektoren $\underset{\sim}{e}_i$ (i=1,2,3) und der zeitliche Basisvektor $\underset{\sim}{e}_0$ spannen den vierdimensionalen *Minkowski-Raum* auf. (Das Weglassen des Summenzeichens entspricht der Einsteinschen Summations-Konvention). Vereinbart man für die Skalarprodukte der Basisvektoren

$$\underset{\sim}{e}_\mu \cdot \underset{\sim}{e}_\nu = g_{\mu\nu} = \begin{cases} 1; & \mu = \nu = 0 \\ -1; & \mu = \nu = 1,2,3 \\ 0; & \mu \neq \nu \end{cases} ,$$

so gilt für das *Skalarprodukt* eines Vierervektors mit sich selbst

$$\underset{\sim}{x} \cdot \underset{\sim}{x} = (x^\mu \underset{\sim}{e}_\mu) \cdot (x^\nu \underset{\sim}{e}_\nu) = x^\mu x_\nu g_{\mu\nu} \quad ,$$

$$\underset{\sim}{x} \cdot \underset{\sim}{x} = (x^0)^2 - (x^1)^2 - (x^2)^2 - (x^3)^2 = (x^0)^2 - \vec{x}^2 = c^2t^2 - \vec{x}^2 \quad .$$

Es bleibt bei Lorentz-Transformationen invariant.

Durch Operationen, die das Transformationsverhalten nicht ändern, lassen sich aus dem Viorer(orts-)vektor $\underset{\sim}{x}$ weitere Vierervektoren gewinnen.

Relativistische Mechanik eines Massenpunktes

Bewegt sich ein Massenpunkt mit der Geschwindigkeit $\vec{v} = d\vec{x}/dt$, so bleibt der differentielle Viererabstand (die differentielle Bogenlänge im Minkowski-Raum)

$$ds = \sqrt{\underset{\sim}{dx} \cdot \underset{\sim}{dx}} = c\sqrt{1 - \frac{1}{c^2}(d\vec{x}/dt)^2}\, dt = (c/\gamma)\, dt$$

bei Lorentz-Transformationen invariant. Statt nach dt differenziert man deshalb nach

$$d\tau = ds/c = dt/\gamma \quad .$$

Die Größe τ heißt *Eigenzeit* des Massenpunktes. Im Ruhsystem des Massenpunktes ($\vec{v}=0, \gamma=1$) stimmt sie mit der Zeit t überein.

Die *Vierergeschwindigkeit* $\underset{\sim}{u} = dx/d\tau$ hat die Komponenten $u^0=\gamma c$, $\vec{u}=\gamma\vec{v}=\gamma d\vec{x}/dt$ und das Quadrat $\underset{\sim}{u} \cdot \underset{\sim}{u} = c^2$.

Für den *Viererimpuls* $\underset{\sim}{p} = m\underset{\sim}{u}$ gilt $p^0 = m\gamma c = Mc$, $\vec{p} = m\gamma\vec{v} = M\vec{v}$, $\underset{\sim}{p} \cdot \underset{\sim}{p} = m^2c^2$ mit der *geschwindigkeitsabhängigen Masse*

$$M = m\gamma = \frac{m}{\sqrt{1-(v/c)^2}}$$

Die *Einstein-Energie* $E_E = cp^0 = Mc^2 = m\,c^2$ geht für $v = 0$ über in die *Ruhenergie* $E_0 = mc^2$.

Die *relativistische Bewegungsgleichung* $(d/d\tau)\underset{\sim}{p} = \underset{\sim}{K}$ ergibt sich analog zur Newtonschen Gleichung $(d/dt)\vec{p} = \vec{F}$. Dabei gilt für die *Minkowski-Kraft* $\underset{\sim}{K}$: $\vec{K} = \gamma\vec{F}$.

Anhang C: Die wichtigsten SI-Einheiten der Mechanik

In der Tabelle C-1 sind für die wichtigsten mechanischen Größen Dimensionen, SI-Einheit und, falls definiert, deren Kurzzeichen und Name wiedergegeben.

Tabelle C-2 enthält die im SI zugelassenen Vorsilben zur Kennzeichnung von Zehnerpotenzen.

Tabelle C-1. Dimensionen und SI-Einheiten der wichtigsten Größen

Größe	Dimension[1)]	SI-Einheit Bildung aus Basiseinheiten	Kurzzeichen	Name
Länge	ℓ	m		Meter
Masse	m	kg		Kilogramm
Zeit	t	s		Sekunde
Dichte	m/ℓ^3	kg/m^3		
Geschwindigkeit	ℓ/t	m/s		
Beschleunigung	ℓ/t^2	m/s^2		
Kraft	$m\ell/t^2$	kgm/s^2	N	Newton
Impuls	$m\ell/t$	kgm/s=Ns		
Arbeit,Energie	$m\ell^2/t^2$	kgm^2/s^2=Nm	J	Joule
Leistung	$m\ell^2/t^3$	kgm^2/s^3=J/s	W	Watt
Wirkung	$m\ell^2/t$	kgm^2/s=Js		
Winkelgeschwindigkeit, Frequenz	t^{-1}	s^{-1}	Hz	Hertz
Drehmoment	$m\ell^2/t^2$	kgm^2/s^2=Nm		
Drehimpuls	$m\ell^2/t$	kgm^2/s=Nms		
Trägheitsmoment	$m\ell^2$	kgm^2		
Druck	$m\ell^{-1}t^{-2}$	$kgm^{-1}s^{-2}=N/m^2$	Pa	Pascal

1)Als Abkürzungen für Dimensionen dienen ℓ(Länge), m(Masse), t(Zeit)

Tabelle C-2. Vorsilben zur Bildung dezimaler Vielfacher von SI-Einheiten

Vorsilbe	Zeichen	Faktor[1]	Vorsilbe	Zeichen	Faktor[1]
Tera	T	10^{12}	Zenti	c	10^{-2}
Giga	G	10^{9}	Milli	m	10^{-3}
Mega	M	10^{6}	Mikro	µ	10^{-6}
Kilo	k	10^{3}	Nano	n	10^{-9}
Hekto	h	10^{2}	Piko	p	10^{-12}
Deka	da	10^{1}	Femto	f	10^{-15}
Dezi	d	10^{-1}	Atto	a	10^{-18}

[1] Beispiel 2,818 fm = 2,818 Femtometer = $2{,}818 \cdot 10^{-15}$m

Sachverzeichnis

Kursiv gedruckte Seitenzahlen beziehen sich auf die Formelsammlung des Anhangs B